生命化学基础

周晴中 编著

北京大学出版社
PEKING UNIVERSITY PRESS

图书在版编目(CIP)数据

生命化学基础/周晴中编著. —北京:北京大学出版社,2011.3
ISBN 978-7-301-18510-0

Ⅰ.①生… Ⅱ.①周… Ⅲ.①生物化学-高等学校-教材 Ⅳ.①Q5

中国版本图书馆 CIP 数据核字(2011)第 014228 号

书　　　名:生命化学基础
著作责任者:周晴中　编著
责 任 编 辑:郑月娥
封 面 设 计:张　虹
标 准 书 号:ISBN 978-7-301-18510-0/O·0841
出 版 发 行:北京大学出版社
地　　　址:北京市海淀区成府路 205 号　100871
网　　　址:http://www.pup.cn　电子邮箱:zye@pup.pku.edu.cn
电　　　话:邮购部 62752015　发行部 62750672　理科编辑部 62767347　出版部 62754962
印 刷 者:北京鑫海金澳胶印有限公司
经 销 者:新华书店
　　　　　　787mm×1092mm　16 开本　23.25 印张　580 千字
　　　　　　2011 年 3 月第 1 版　2011 年 3 月第 1 次印刷
定　　　价:46.00 元

内容介绍

　　本书源于北京大学化学与分子工程学院本科生"生命化学基础"课教材。本书以蛋白质、核酸、酶、糖、脂与生物膜的结构与功能以及代谢与调控为主线，介绍生命科学的基本概念、基础知识和基本理论，同时介绍生命科学中的一些最新发展。本书重点对蛋白质与核酸进行了比较全面的介绍。糖主要介绍代谢，脂类主要关注生物膜，酶在介绍基本概念的同时注意结合化学学科中的一些研究和进展进行，注意对涉及的药物作用机制进行介绍。

　　本书力图为学生今后进行与生命科学有关的研究和进一步深入学习生命科学知识打下基础，使学生了解到生命运动的基础是生物体内物质分子的化学运动，生命科学的发展需要更多化学家的参与，化学学科的发展与生命科学紧密相关。本书内容注意与学生的化学学科背景结合，注重介绍分子结构与功能的关系，使学生能从分子和分子集合体水平上了解和认识生命中的化学运动，以适合化学学科背景人员从事与生命科学交叉研究的需要。

　　本书可供高等院校化学、化工等专业本科生使用，也可供从事生物工程、生物技术、食品工程、医学、农学的教师、科技工作者和对生物化学专业感兴趣的广大自学者参考。

前　言

　　生命体是由蛋白质、核酸、糖和脂类等生物大分子及许多具有生理活性的小分子组成,在生命活动中这些分子在严格控制下不断相互作用,不断进行合成、分解和相互转化,以保证生命活动的有序进行。生命科学的基础即是在分子水平上研究生命体的组成与结构、代谢与调控,是在化学分子运动的基础上揭示生命现象在分子水平上的物质变化规律,分子水平给予了生命科学无限的活力和前景。同时,生命科学的进展也给化学学科带来了巨大的机遇和挑战,化学与生命科学的交叉和互相渗透是化学发展的大趋势。在生命科学发展历史上,化学学科的成就曾推动了生命科学的发展,生命科学的进展又不断提出许多化学问题并推动化学学科的发展。目前《化学文摘》(CA)摘录的文章一半以上都与生命科学有关,而历届的诺贝尔化学奖几乎一多半都给予了研究生命科学的科学家(见附录"与本书有关的历届诺贝尔化学奖获奖者及其主要贡献")。由于生物化学及在其基础上形成的分子生物学、生物有机和化学生物学等新兴交叉学科突飞猛进的发展,生命化学已成为目前发展迅速的前沿学科之一,新概念、新理论、新成就不断涌现,已成为当代最引人注目的研究领域。因此,奠定坚实的生命化学基础已成为众多化学科技工作者的共同需要。

　　20 世纪 90 年代初,北京大学化学与分子工程学院在唐有祺院士的倡议和带领下,为适应生命科学和现代化学发展的需要,将原为化学专业本科生开设的选修课"生物化学"改为必修课,开设了"生命化学基础"课程。课程以蛋白质、酶、糖、脂、生物膜和核酸的结构与功能以及代谢与调控为主线,在注意学生的化学背景前提下,讲授生命科学的基本概念、基础知识和基本理论,在介绍生命科学中的一些最新发展时,注意引入生物有机化学、酶化学等方面的内容,力图为学生今后进行与生命科学有关的研究和进一步深入学习生命科学知识打下基础。本书在十几年的教学基础上,经过不断修改而定稿。本书希望能较好地为具有化学背景的学生提供学习生命科学的教学需要。由于生命科学发展迅速,加之编者自身水平和经验有限,望广大师生和读者不吝赐教。

　　本课程讲授时主管方是北京大学生命科学学院生物化学系,指定教材是王镜岩、朱圣庚、徐长法主编的《生物化学》,为此本书编排和内容许多地方对该书进行了参照,在此对该书的作者和课程主管方表示感谢!同时向读者推荐该书为本书的重要参考书。本书在写作过程中,陈家华老师提供了部分讲稿,也在此表示感谢。

编者

2010 年 10 月

目　　录

绪　　论

近代科学技术的发展带有明显多学科协同促进的性质。当代化学的一个特点就是化学的研究和发展越来越与生命科学挂钩。化学与生命科学的交叉和互相渗透是化学发展的大趋势。化学在分子水平上的研究给予了生命科学不可限量的活力和前景。化学学科的成就推动了生命科学的发展,生命科学的进展又给化学家提出许多问题并推动化学学科的发展。

一、生命科学是 21 世纪推动社会发展的代表性科学

科学领域正在经历一次根本性变革,推动社会发展的代表性科学正在从信息科学转化为与每个人的生活都密切相关的生命科学。当代的"知识爆炸"正在使迅速发展的生命科学走向世界科学发展的中心舞台。

以基因重组技术为代表的一批科研成果,标志着生命科学研究进入了一个崭新的时代。人们研究生命科学从宏观向微观发展,从分子水平研究生命现象,可以从更新的高度揭示生命的奥秘。基因重组成为人类改造物种、改变遗传过程中的一个崭新技术。1990 年启动的人类基因组计划(Human Genome Project)是 20 世纪生物领域最大胆、最富想象力的研究计划之一。生命科学的发展已开始向人类自身提出挑战。1997 年 2 月公布克隆羊,继而是克隆牛、鼠、猴、猪、猫和兔等。克隆时代正冲击着科学、社会伦理、道德、法律和人体本身。我国卫生部表态,在任何条件下都不允许、不接受生殖性克隆,即克隆人试验,但是人类已有了"上帝之手"。世界各国一方面禁止生殖性克隆人的研究,但另一方面也在进行具有医疗用途的克隆技术以造福人类。

发展中的生命科学正在开始改变传统的农业、畜牧业、医疗,以至人类自己。转基因产品的出现是农业生产中的一场革命。转基因食品就是把动植物的基因加以改变,制造出具备新特征的食品种类。与常规的育种比较,它的基因来源更广泛,既可以把动物基因放到植物中,也可以把微生物的基因放到植物中,甚至可以把人的基因放到植物中,人为创造新物种。1983年世界第一株转基因植物诞生,人类开始有了一双创造新生物的"上帝之手"。到 2002 年,世界上已有 50 多个国家开展转基因植物田间试验,已涉及 60 多种植物。为此,每个国家都要制定自己的转基因食品的政策,每个人也都要决定自己对转基因食品的取舍。我国成功研制的抗虫棉,是把细菌中具有的杀虫蛋白基因转移到棉花中,从而达到杀虫和驱避棉铃虫的目的。带各种颜色棉花的培育也将从根本上改变纺织工业。我国已批准商品化的与食品有关的转基

因产品有保鲜番茄、抗病毒番茄、抗病毒甜椒等几个品种。我国每年进口的大豆绝大多数是转基因大豆,从中提取的大豆油是否食用,每个人都要有自己的选择。另外,抗乙肝西红柿、治血友病的牛奶、含生长激素的牛奶等一些转基因植物和动物药品的出现,也正在改变着传统的制药工业。

已知的人类疾病有 3 万种左右,而目前药物可控制和改善的疾病只有约 150 种。未能控制和改善的疾病大多数与基因有关,每一种疾病大约涉及 5～10 个基因。人类基因组"工作框架图"计划完成后,人们的研究重点转向后基因组计划。从序列基因转移到结构基因和功能基因,将给结构生物学、蛋白质化学和糖化学提出更多的课题。后基因组计划的实施将发现一批功能基因和对研究新药具有指导作用的药用基因。致病基因的确认有助于展开对人体各种疾病的全面大搜索,进而开始基因诊断、基因疗法和基因药物的开发。生物大分子研究水平的提高,必将影响到化学学科的发展,使人们从分子水平了解生命现象的本质,揭示生命科学的奥秘。研究对新药具有指导作用的药物基因,使人类征服癌症、艾滋病(AIDS)等疑难病症加快了日程。人的寿命延长到 150 岁也不是不可能的了。

二、与生命现象相结合是化学发展的一个方向

生命运动的基础是生物体内物质分子的化学运动。生命化学既要研究天然产物或代谢产物的结构解析和全合成,又要研究体内和体外发生的化学过程及它们的模型体系。生物大分子的生理功能是由其结构特点决定的,可以视为分子所具有的广义物化性质的延伸。

化学学科的成就推动了生命科学的发展,生命科学的进展又含有众多化学家的研究成果。结构与功能的关系是生物大分子研究的基础,生物大分子结构研究是目前结构化学的重要研究课题。1953 年 DNA 双螺旋结构分子模型的提出,为从分子水平研究重要生物大分子的结构奠定了"分子生物学"的基础。截至 1998 年,国际生物大分子精细结构数据库中,蛋白质、肽、病毒的三维结构有 6617 个,核酸 536 个,糖 12 个。结构化学不但研究晶体结构,还用高分辨核磁技术研究蛋白质在溶液中的构象,这直接与蛋白质的生理功能相关。疯牛病发病机理的研究表明,疯牛病是牛脑组织中的蛋白由病毒引起立体结构的改变(虽然牛脑蛋白质的氨基酸顺序并没有改变)。1985 年发明的聚合酶链式反应(PCR),使分子生物学在技术上有了一个突破和发展。PCR 能在一个试管内将所要研究的目的基因或某一 DNA 片段于数小时内扩增至十万乃至百万倍,使肉眼能直接观察和判断。可从一根毛发、一滴血,甚至一个细胞中扩增出足量的 DNA 供分析研究和检测鉴定。化学家在大量研究多肽合成和寡核苷酸的基础上,发明了多肽合成仪和 DNA 自动合成仪,使多肽合成和寡聚核苷酸合成成为研究生命科学的常规技术。在此基础上使具有各种生物功能的多肽、简单蛋白质以及 DNA 片段被合成,使用基因重组进行改造的物种和遗传改变的研究工作成为可能。许多在化学中常见的小分子的出色生理功能的发现,使它们再度成为研究热点。如硝酸甘油能缓解心绞痛的机理困惑人们 100 年后,才由于发现 NO 能使血管扩张,是一种传递神经信息的"信息分子"而得到解释。NO 分子的研究又引起人们的重视。

生命科学的发展不断给化学家提出新的问题,需要有更多的化学基础研究成果,从而不断推动化学学科的发展。化学发展的分子工程学的任务是按所需要的性能设计分子并合成分子。从基因工程到蛋白质工程,都是比较系统而典型的分子工程,都需要化学发展的贡献。目前《化学文摘》(CA)摘录的文章一半以上都与生命科学有关。近年的诺贝尔化学奖几乎一多

半都给予了研究生命科学的化学家。化学与生命科学的交叉与相互渗透是化学学科发展的大趋势,并不断促进新体系、新学科的出现,如分子生物学、结构生物学、免疫化学、基因药物学、生物有机、生物无机、生物大分子结构、酶化学、仿生化学、膜工程、蛋白质化学、糖工程和化学生物等。

三、生命科学的发展需要更多化学家参与

生命科学是 21 世纪的带头学科,但生命科学的发展离不开化学学科的支持。化学研究已揭示,生命现象的种种表现的背后都存在着共同的分子模式和原理。不管人和大肠杆菌有多大差别,在分子水平上却有很多共同点:蛋白质的基本氨基酸组成相同,构成大分子的构造单元相同,遗传信息传递都是从 DNA 经 RNA 再到蛋白质,在代谢过程中都是以 ATP 为能量转换的通用货币。三羧酸循环等中心代谢的化学途径,蛋白质分子的三维结构,遗传密码,DNA双螺旋结构等生命中心过程的化学基础的阐明,都是生命科学发展的突出成就。生命科学的神秘色彩只有进入分子水平才开始被揭开,才能不断向前发展。分子水平的研究已给予生命科学不可限量的活力和前景。

生命科学的发展更需要化学学科的进一步发展和突破。传统的化学对小分子间的反应研究较多,反应相对简单、快速。而生命科学中却多是大分子与大分子或大分子与小分子之间的反应,反应速度较慢且复杂,不仅有化学键的断裂、组合及重排,而且涉及如氢键、偶极作用及范德华力等弱相互作用,并关系到分子复杂的结构变化。小分子反应是无序碰撞反应,大分子反应可能是有序反应,涉及高级结构重组、能量传递、信号分子传递等新变化。化学家必须在过去不熟悉的领域,建立大分子与大分子、大分子与小分子间相互作用复杂慢过程的监测、跟踪、定性、定量及理论计算的技术、方法和理论。生物大分子的三维结构信息为成功的药物合理设计奠定了基础,可大大减少药物研制的化学和生物筛选的工作量,提高新药发现的概率,更多更好地进行新药的开发和研制工作。

在研究生命科学的出发点上,化学和生物学是不同的。生物学是从生物整体到器官,再到细胞;而化学则从原子组成的分子出发研究细胞,进而到生物体,即从微观到宏观对生命过程的奥秘进行研究。现已发现生物体的行为并非简单的分子行为,也非简单地由分子的结构所决定。在分子以上、细胞以下这个结构层次是生物学和化学研究的交汇区,尚有大量不解之谜。这个区域存在着多个分子依靠分子间弱相互作用组装或聚集成的具有有序高级结构的分子聚集体。如从化学研究的膜分子到生物学认为的细胞膜,包含着从膜分子层次到细胞膜的飞跃。在这个层次中反应是由细胞中的微环境所决定的,反应是定位的,只有在新的化学技术、方法和理论的指导下才能取得研究成果。

生物体系中的化学反应都是由酶催化的,一般在几毫秒甚至几微秒时间内,在温和的条件下,完成分子的构象转变,共价键、非共价键的形成和断裂,把底物转变成生成物,在代谢中产生、转化和储存能量。这些都是目前化学家在了解、研究、模仿和学习的课题。化学一直在向着分子工程学的方向发展,是要按所需性能设计分子,进而合成分子。化学在这方面已有很大进展,但生命科学从基因工程到蛋白质工程却正在带动化学的分子工程学的进一步发展。化学必将在研究生命科学中得到突破性的发展,生命科学的发展也需要有越来越多的化学家参加。

氨基酸

§1.1　氨基酸概述及其结构特点

自然界存在的各种蛋白质,从细菌到人,都是由 20 种基本氨基酸(amino acid)所组成,这些氨基酸都是 L 型 α-氨基酸(脯氨酸为 α-亚氨基酸)。

一、氨基酸是蛋白质的基本结构单位

蛋白质被酸、碱或蛋白酶催化完全水解得到各种氨基酸的混合物。

(1) 酸水解得 17 种氨基酸:在氮气保护下将蛋白质样品加入 6 mol/L 盐酸溶液中,于 105～110℃水解 24 小时,可得到 17 种 L-氨基酸,但色氨酸完全被破坏,然后过滤、脱色,调 pH 6～7,冷冻干燥得样品。用氨基酸分析仪进行分析,20 种基本氨基酸中可分离得到 17 种和 NH_3(天冬酰胺和谷氨酰胺中酰胺水解脱氨基,变成天冬氨酸和谷氨酸),且基本不消旋。其中丝氨酸及苏氨酸(羟基氨基酸)可能有一小部分分解。

(2) 碱水解得色氨酸:将蛋白质加入 10% 氢氧化钾水溶液中,置于 40±1℃培养箱中水解 16～18 小时。碱性条件下多数氨基酸被破坏并消旋,但可以得到色氨酸。

(3) 酶水解:一般情况下,蛋白质在中性 pH、酶最适温度下水解,不消旋也不破坏氨基酸。用一种蛋白酶不能使蛋白质水解彻底,需要几种酶协同作用才能使蛋白质完全水解。常用的蛋白酶有胰蛋白酶、胰凝乳蛋白酶和胃蛋白酶等。酶水解主要是用于蛋白质的部分水解,水解位点特定,得到的蛋白质片段用于进行蛋白质的一级结构分析。

二、氨基酸的结构特点

20 种基本氨基酸中有 19 种氨基酸是 α-氨基酸,只有脯氨酸是 α-亚氨基酸,它的 α-碳上连接的是亚氨基。α-氨基酸的 α-碳原子上连有一个伯氨基($—NH_3^+$)、一个羧基($—COO^-$)、一个氢原子和一个可变的 R 侧链(或称为 R 基)。这四个不同基团按照四面体方向分布,且 R 不属于任一天然系列化合物。除甘氨酸外,α-氨基酸分子都应该存在着 D-构型和 L-构型两种不同的异构体,参与天然蛋白质组成的仅为 L-氨基酸。D-氨基酸在自然界很少见,但在细菌细胞壁和一些抗体中存在。L-构型的 α-氨基酸的结构通式表示如下:

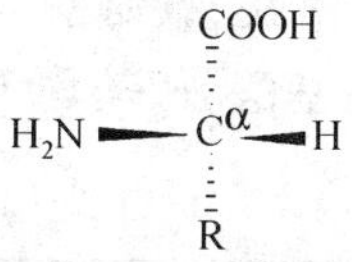

$$\begin{array}{ccc} & COOH & \\ H_2N & \!\!\!\!-C^\alpha\!\!-\!\! & H \\ & R & \end{array} \qquad\qquad \begin{array}{ccc} & COO^- & \\ H_3N^+ & \!\!\!\!-C^\alpha\!\!-\!\! & H \\ & R & \end{array}$$

未电离的氨基酸 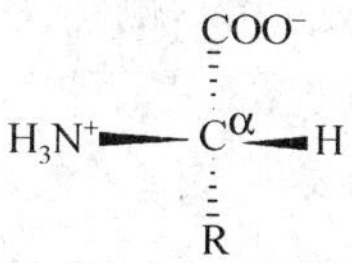　　　　　　　氨基酸偶极离子

　　氨基酸在中性 pH 时,羧基离解成—COO^-(在酸性溶液中,如 pH＝1 时才全变成—$COOH$),带负电荷;氨基质子化成—NH_3^+(在碱性溶液中,如 pH＝11 时才全变成—NH_2),带正电荷。氨基酸在晶体或水中主要是以兼性离子(zwitter ion)或称偶极离子(dipolar ion)的形式存在。氨基酸晶体的熔点很高,一般在 200℃以上,均为白色结晶。每一种氨基酸都有特殊的结晶形状,除酪氨酸和由两个半胱氨酸形成的胱氨酸外,一般在水中都有一定的溶解度。

§1.2　常见蛋白氨基酸、不常见蛋白氨基酸和非蛋白氨基酸

　　生物体内已发现氨基酸有 180 种,可被分为常见蛋白质氨基酸、不常见蛋白质氨基酸和非蛋白氨基酸。常见蛋白质氨基酸(即基本氨基酸)共 20 种,这 20 种氨基酸在自然界至少已存在了 20 亿年。这 20 种氨基酸可产生复杂的、变化多端的三维结构,是蛋白质参加如此众多生物过程的基础。在某些蛋白质中还存在一些不常见的氨基酸,它们是在蛋白质生物合成后,在已合成的肽链上由常见的氨基酸残基经专一酶催化、经化学修饰转化而来的。另外,在各种组织和细胞中还发现了非蛋白氨基酸,有一些是 β-、γ-或 δ-氨基酸,也有一些是 D-氨基酸。

一、常见的蛋白质氨基酸

　　20 种常见蛋白质氨基酸在结构上由于 R 侧链的不同而具有不同的物理化学性质,R 侧链的大小、形状、电荷、形成氢键能力和化学活性都有差异。按侧链 R 基不同,可对常见蛋白质氨基酸进行分类。为使用方便,每个氨基酸常用三个字母或单字母简写表示,如丙氨酸可缩写成 Ala 或 A,脯氨酸缩写成 Pro 或 P。在写长序列氨基酸组成时单字母符号则更常用。

1. 按 R 基化学结构不同分类
(1) 脂肪族氨基酸 15 个
① 中性脂肪族氨基酸 5 个

中文名	英文名	化学名称	三字母符号	单字母符号	备注
甘氨酸	Glycine	L-氨基乙酸	Gly	G	无旋光
丙氨酸	Alanine	L-α-氨基丙酸	Ala	A	
缬氨酸	Valine	L-α-氨基-β-甲基丁酸	Val	V	
亮氨酸	Leusine	L-α-氨基-γ-甲基戊酸	Leu	L	
异亮氨酸	Isoleucine	L-α-氨基-β-甲基戊酸	Ile	I	

它们的结构式为:

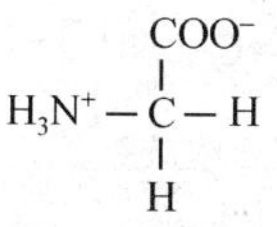

甘氨酸　　　　丙氨酸　　　　缬氨酸　　　　亮氨酸　　　　异亮氨酸
(Gly, G)　　　(Ala, A)　　　(Val, V)　　　(Leu, L)　　　(Ile, I)

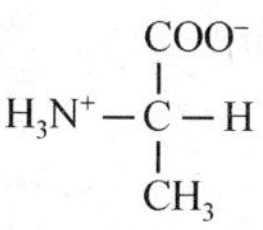

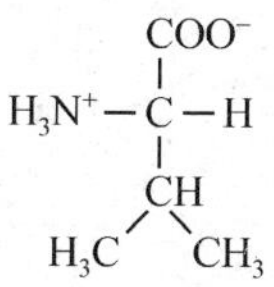

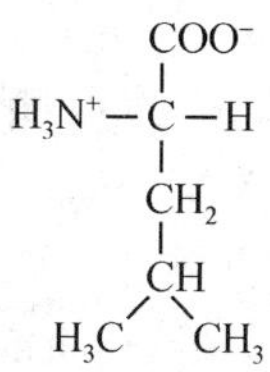

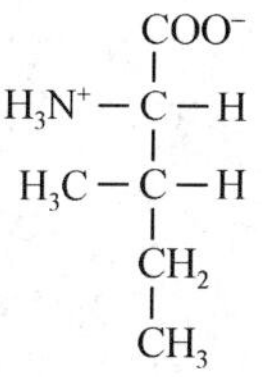

甘氨酸是最简单的氨基酸,侧链为一个 H 原子。丙氨酸、缬氨酸、亮氨酸和异亮氨酸的 R 侧链分别为甲基、异丙基、异丁基、仲丁基,都是疏水性氨基酸,R 基均不活泼。

② 含羟基或含硫的氨基酸 4 个

中文名	英文名	化学名称	三字母符号	单字母符号	备注
丝氨酸	Serine	L-α-氨基-β-羟基丙酸	Ser	S	蚕丝中多
苏氨酸	Threonine	L-α-氨基-β-羟基丁酸	Thr	T	
半胱氨酸	Cysteine	L-α-氨基-β-巯基丙酸	Cys	C	氧化为胱氨酸
甲硫氨酸	Methionine	L-α-氨基-γ-甲硫基丁酸	Met	M	代谢过程甲基供体

结构式为:

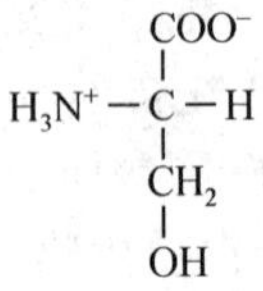

丝氨酸 (Ser, S)　苏氨酸 (Thr, T)　半胱氨酸 (Cys, C)　甲硫氨酸 (Met, M)

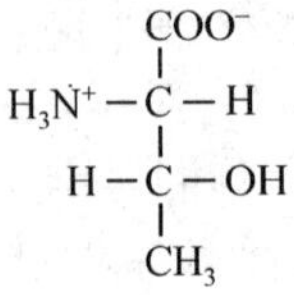

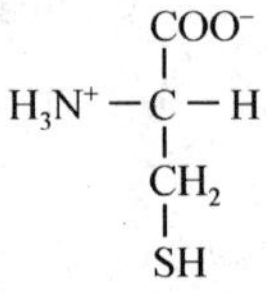

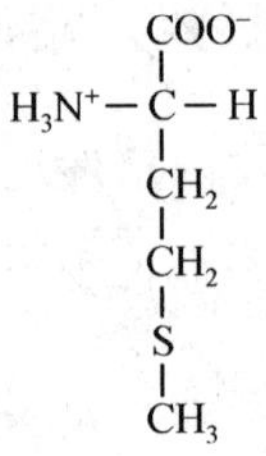

丝氨酸和苏氨酸的 R 侧链含羟基。甲硫氨酸和半胱氨酸的 R 侧链都含一个硫原子,甲硫氨酸又称蛋氨酸,侧链不活泼;半胱氨酸侧链上的—SH 活泼,在蛋白质中常以其氧化型的形式——胱氨酸(cystin(e))存在。两个半胱氨酸可被氧化形成一个二硫键,生成一个难溶于水的胱氨酸,在某些蛋白质中起着特殊的作用。

③ 酸性氨基酸及其酰胺 4 个

中文名	英文名	化学名称	三字母符号	单字母符号	备注
天冬氨酸	Aspartic acid	L-α-氨基丁二酸	Asp	D	
谷氨酸	Glutamic acid	L-α-氨基戊二酸	Glu	E	
天冬酰胺	Asparagine	L-α-氨基丁二酸一酰胺	Asn	N	在生理 pH 范围内,侧
谷氨酰胺	Glutamine	L-α-氨基戊二酸一酰胺	Gln	Q	链均不带电荷

结构式为:

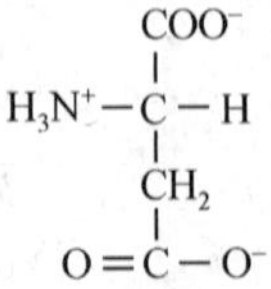

天冬氨酸 (Asp, D)　谷氨酸 (Glu, E)　天冬酰胺 (Asn, N)　谷氨酰胺 (Gln, Q)

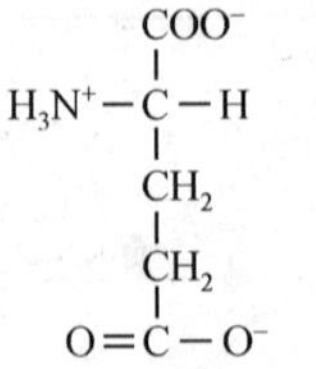

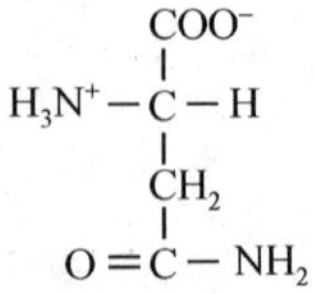

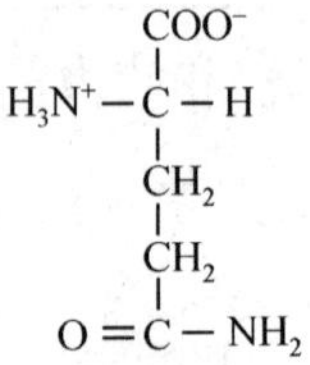

天冬氨酸和谷氨酸的 R 侧链在生理条件下是带负电荷的,它们不带电荷的衍生物是天冬酰胺和谷氨酰胺,末端为酰胺基,而不是一个羧酸根。

④ 碱性氨基酸 2 个

中文名	英文名	化学名称	三字母符号	单字母符号	备 注
赖氨酸	Lysine	L-α,ε-二氨基己酸	Lys	K	
精氨酸	Arginine	L-α-氨基-δ-胍基戊酸	Arg	R	蛋白代谢中重要

结构式为:

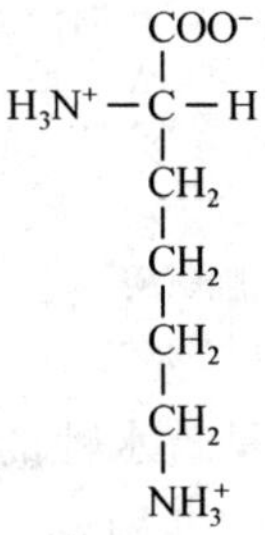

赖氨酸
(Lys, K)

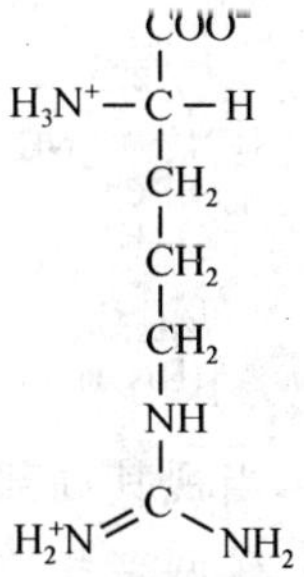

精氨酸
(Arg, R)

赖氨酸和精氨酸在生理条件下带正电荷。

(2) 芳香族氨基酸 3 个

中文名	英文名	化学名称	三字母符号	单字母符号	备 注
苯丙氨酸	Phenylalanine	L-α-氨基-β-苯基丙酸	Phe	F	用于苯丙酮尿症诊断
酪氨酸	Tyrosine	L-α-氨基-β-对羟苯基丙酸	Tyr	Y	
色氨酸	Tryptophan	L-α-氨基-β-吲哚基丙酸	Trp	W	体内可转变为尼克酸

结构式为:

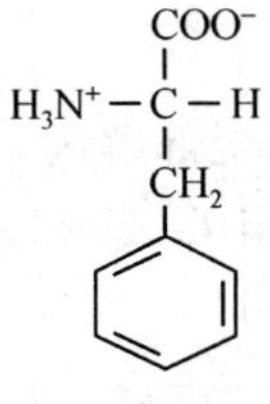

苯丙氨酸
(Phe, F)

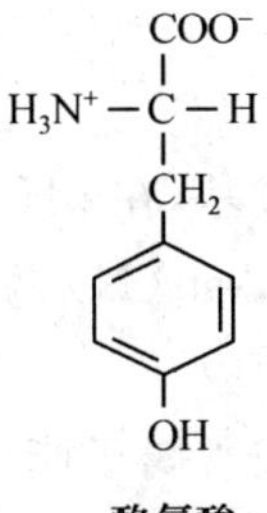

酪氨酸
(Tyr, Y)

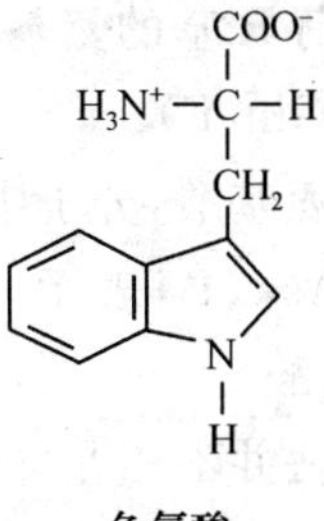

色氨酸
(Trp, W)

苯丙氨酸、酪氨酸和色氨酸的 R 侧链上的芳香环是疏水性的,在紫外区有强的光吸收,在生理条件下都不带电荷。

（3）杂环族氨基酸 2 个

中文名	英文名	化学名称	三字母符号	单字母符号	备　注
组氨酸	Histidine	L-α-氨基-β-咪唑基丙酸	His	H	碱性氨基酸
脯氨酸	Proline	L-α-吡咯烷羧酸	Pro	P	α-亚氨基酸

结构式为：

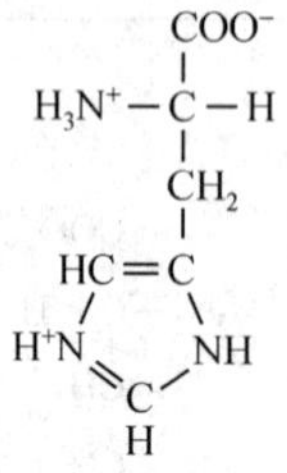

组氨酸
(His, H)

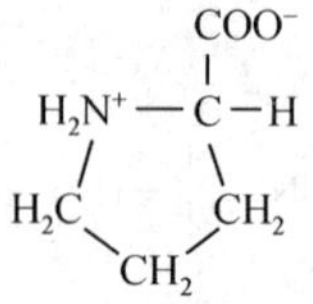

脯氨酸
(Pro, P)

组氨酸是否带正电荷，当视其局部环境而定。脯氨酸是疏水性的 α-亚氨基酸，它的氨基是仲氨基，R 侧链与氨基和 α-碳两者相连，形成环结构，具有刚性构象。

2. 按 R 基极性性质可分成四类

（1）具有非极性 R 基的氨基酸 8 个

Ala(A)　　Val(V)　　Leu(L)　　Ile(I)　　Pro(P)　　Phe(F)　　Trp(W)　　Met(M)

它们在水中的溶解度比带极性 R 基的氨基酸小。

（2）具有极性不带电 R 基的氨基酸 7 个

Gly(G)　　Ser(S)　　Thr(T)　　Cys(C)　　Tyr(Y)　　Asn(N)　　Gln(Q)

它们比非极性 R 基氨基酸在水中溶解度大，侧链的极性基团能与水形成氢键。

（3）带正电荷 R 基的氨基酸 3 个

Lys(K)　　Arg(R)　　His(H)

它们为碱性氨基酸，在 pH 7 时带正电荷。

（4）带负电荷 R 基的氨基酸 2 个

Asp(D)　　Glu(E)

它们为酸性氨基酸，分子中都含两个羧基，在 pH 7 时两个羧基全部解离，分子带负电荷。

另外，可用 Asx(B) 表示 Asp(D) 和 Asn(N) 两个氨基酸；用 Glx(Z) 表示 Glu(E) 和 Gln(Q) 两个氨基酸。

以上分类方法并不相互排斥，如苏氨酸既属于脂肪族氨基酸，又可属于极性氨基酸；酪氨酸既属芳香族氨基酸，又属极性氨基酸。

二、不常见的蛋白质氨基酸

蛋白质中还含有 20 种常见蛋白质氨基酸以外的一些特殊氨基酸（图 1-1）。它们是由相应常见氨基酸进入多肽链后被修饰而来，在一些蛋白质中存在。如 5-羟赖氨酸（5-hydroxyl-ysine）、4-羟脯氨酸（4-hydroxyproline），存在于结缔组织的胶原蛋白中，这些组织的氨基酸加入羟基使胶原纤维趋于稳定,羟化不完全会使胶原不能生成纤维,造成皮肤损伤和血管破裂;在凝血蛋白的凝血酶原中发现的 γ-羧基谷氨酸(γ-carboxyglutamic acid),对其凝血功能十分重要,γ-羧基谷氨酸分子中有三个羧基(γ-碳上两个羧基),若羧化不完全可导致出血症;在细菌紫膜质(bacteriorhodopsine)中的光驱动质子泵蛋白质中有焦谷氨酸(pyroglutamic acid,p-Glu),它是一种光驱动的质子泵蛋白质;在某些涉及细胞生长和调节的蛋白质中发现的磷酸丝氨酸、磷酸苏氨酸、磷酸酪氨酸等磷酸化氨基酸是最常见的被修饰氨基酸。它们是相应的氨基酸参与蛋白质的序列合成,然后含有的羟基再进行可逆性磷酸化的。一些激素的作用正是以各种蛋白质中含有的特定丝氨酸残基的磷酸化和脱磷酸化为媒介的,通过磷酸化和去磷酸化可调节细胞的生长。甲状腺素等含碘氨基酸存在于甲状腺球蛋白中,它们是酪氨酸的碘化衍生物。甲状腺素是一种重要的激素,可增强机体的新陈代谢。甲状腺素过少基础代谢降低,过多为甲亢,心搏加快,人体消瘦。另外,肌肉蛋白中含有甲基化氨基酸,如肌球蛋白含有甲基组氨酸(methylhistidine)和 ε-N-甲基赖氨酸(ε-N-methyllysine)等。

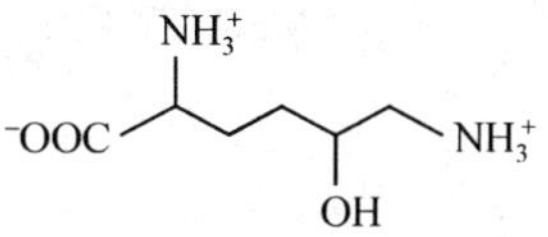

5-羟赖氨酸	4-羟脯氨酸
γ-羧基谷氨酸	焦谷氨酸(吡咯烷酮羧酸)
磷酸丝氨酸	甲状腺素

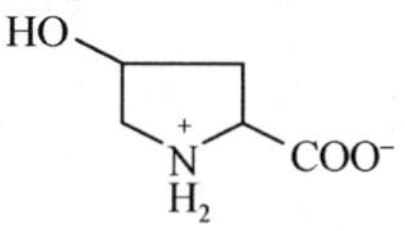

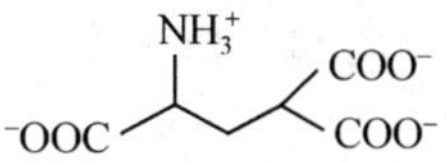

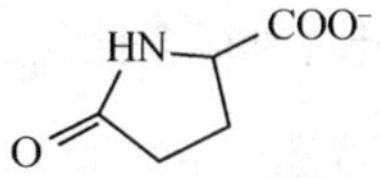

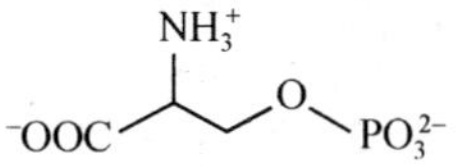

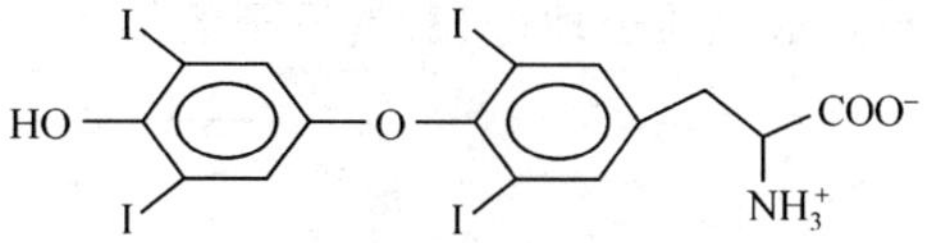

图 1-1　某些不常见的蛋白质氨基酸

三、非蛋白氨基酸

除参与蛋白质组成的 20 种基本氨基酸外,在各种组织和细胞中还发现了另外 150 多种氨基酸。代谢中的许多氨基酸并不参与组成蛋白质,它们大多数为 L 型 α-氨基酸的衍生物,但也有 D-氨基酸,如细菌细胞壁中的 D-Glu 和 D-Ala,另外还有 β-、γ-或 δ-氨基酸。常见的有肌氨酸,为甘氨酸甲基化的产物,是一碳单位代谢中间物,也是放线菌素 D 的结构成分;β-丙氨酸,是泛酸(辅酶 A)的组成部分,为天冬氨酸失羧的产物;γ-氨基丁酸,为传递神经冲动的化学介质,称为神经递质(neurotransmitter),是谷氨酸脱羧的产物;瓜氨酸(L-citruline)和鸟氨酸(L-ornithine)都是蛋白质代谢中尿素循环的中间物;高半胱氨酸(homocysteine)、高丝氨酸(homoserine)等是体内重要的代谢中间产物(图 1-2)。

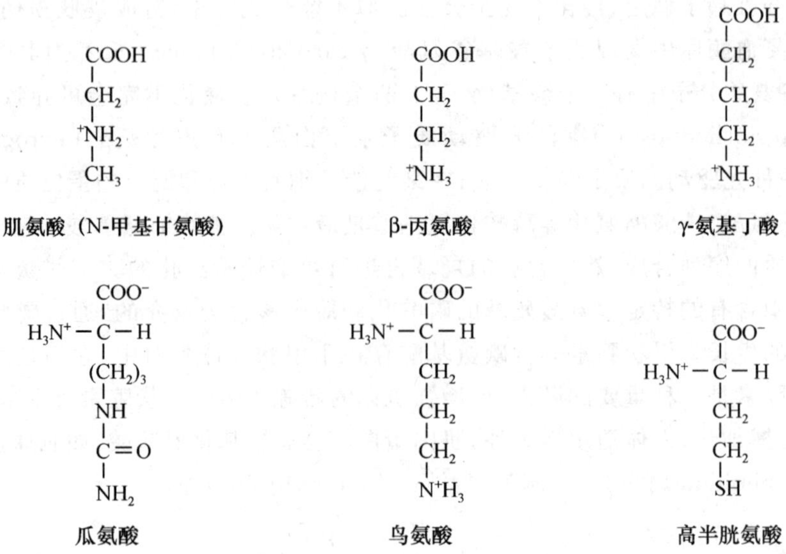

$$
\begin{array}{ccc}
\text{COOH} & \text{COOH} & \text{COOH} \\
| & | & | \\
\text{CH}_2 & \text{CH}_2 & \text{CH}_2 \\
| & | & | \\
{}^+\text{NH}_2 & \text{CH}_2 & \text{CH}_2 \\
| & | & | \\
\text{CH}_3 & {}^+\text{NH}_3 & {}^+\text{NH}_3
\end{array}
$$

肌氨酸（N-甲基甘氨酸）　　　　β-丙氨酸　　　　　　γ-氨基丁酸

$$
\begin{array}{ccc}
\text{COO}^- & \text{COO}^- & \text{COO}^- \\
| & | & | \\
\text{H}_3\text{N}^+ - \text{C} - \text{H} & \text{H}_3\text{N}^+ - \text{C} - \text{H} & \text{H}_3\text{N}^+ - \text{C} - \text{H} \\
| & | & | \\
(\text{CH}_2)_3 & \text{CH}_2 & \text{CH}_2 \\
| & | & | \\
\text{NH} & \text{CH}_2 & \text{SH} \\
| & | & \\
\text{C} = \text{O} & \text{N}^+\text{H}_3 & \\
| & & \\
\text{NH}_2 & &
\end{array}
$$

瓜氨酸　　　　　　　　　鸟氨酸　　　　　　　　高半胱氨酸

图 1-2　某些非蛋白氨基酸

§1.3　氨基酸的酸碱性质

氨基酸的酸碱性质是蛋白质很多性质的基础，也是氨基酸分离和分析工作的基础。

一、氨基酸的两性解离

氨基酸是两性化合物，它们既含酸性基团也含有碱性基团。按照布朗斯特-劳里（Brönsted-Lowry）酸碱质子理论，酸是质子的供体，碱是质子的受体。表示为

$$
\begin{array}{ccc}
\text{HA} \ \rightleftharpoons & \text{A}^- \ + & \text{H}^+ \\
\text{酸} & \text{碱} & \text{质子}
\end{array}
$$

这里酸（HA）和碱（A$^-$）互为共轭酸碱，在适当的条件下互相转化。

当 pH 较低时（高 H$^+$ 浓度），氨基酸中 α-羧基不解离（—COOH）而 α-氨基上却结合一个质子（—NH$_3^+$），可视为二元酸；当 pH 较高时，α-羧基解离（—COO$^-$）而 α-氨基上无质子（—NH$_2$），可视为二元碱。平衡常数按酸性递降顺序编号，表示为 K_{a_1} 和 K_{a_2} 等。

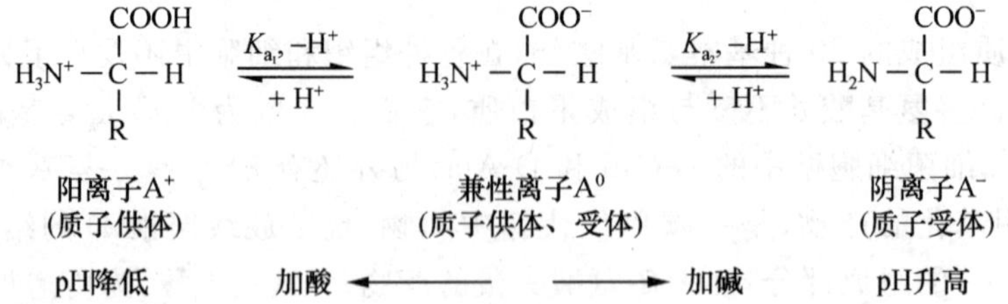

$$
\begin{array}{ccccc}
\text{COOH} & & \text{COO}^- & & \text{COO}^- \\
| & \xrightarrow[+\text{H}^+]{K_{a_1},\,-\text{H}^+} & | & \xrightarrow[+\text{H}^+]{K_{a_2},\,-\text{H}^+} & | \\
\text{H}_3\text{N}^+ - \text{C} - \text{H} & & \text{H}_3\text{N}^+ - \text{C} - \text{H} & & \text{H}_2\text{N} - \text{C} - \text{H} \\
| & & | & & | \\
\text{R} & & \text{R} & & \text{R}
\end{array}
$$

阳离子A$^+$　　　　　　　兼性离子A^0　　　　　　阴离子A$^-$
（质子供体）　　　　　（质子供体、受体）　　　　（质子受体）

pH降低　　　　加酸 ←————　　　————→ 加碱　　　pH升高

简写为：

$$
\text{A}^+ \ \underset{+\text{H}^+}{\overset{K_{a_1},\,-\text{H}^+}{\rightleftharpoons}} \ \text{A}^0 \ \underset{+\text{H}^+}{\overset{K_{a_2},\,-\text{H}^+}{\rightleftharpoons}} \ \text{A}^-
$$

（质子供体）　　　　　　　　　　　　（质子受体）

第一步解离 $\qquad K_{a_1}=\dfrac{[A^0][H^+]}{[A^+]} \qquad pH=pK_{a_1}+lg\dfrac{[A^0]}{[A^+]}$

第二步解离 $\qquad K_{a_2}=\dfrac{[A^-][H^+]}{[A^0]} \qquad pH=pK_{a_2}+lg\dfrac{[A^-]}{[A^0]}$

其中，K_{a_1} 和 K_{a_2} 分别为第一步和第二步的解离常数。综合为亨德森-哈赛尔巴赫(Handerson-Hasselbalch)公式：

$$pH = pK_a + lg\frac{[质子受体]}{[质子供体]}$$

由此公式可以进行如下计算：① 由 pH、$[A^0]/[A^+]$ 或 $[A^-]/[A^0]$，可计算求得氨基酸的常数 pK_a 值。② 氨基酸 pK_a 为常数，可查表获得。若测定了氨基酸溶液的 pH，即可计算出在水溶液中氨基酸的 $[A^0]/[A^+]$ 或 $[A^-]/[A^0]$（$[质子受体]/[质子供体]$）。③ 氨基酸 pK_a 为常数，由推算的 $[质子受体]/[质子供体]$，可计算氨基酸溶液的 pH。

水是主要的生物溶剂。氨基酸在近中性的水中既带负电荷也带正电荷，既是质子的供体又是质子的受体。低 pH 时，质子化氨基酸的 $-NH_3^+$ 和 —COOH 都是质子的供体；高 pH 时，去质子化氨基酸的 $-NH_2$ 和 $-COO^-$ 又都是质子的受体。因此，侧链不解离的中性氨基酸在低 pH 时为二元酸，在高 pH 时为二元碱；侧链解离的酸性氨基酸和碱性氨基酸，在低 pH 时为三元酸，在高 pH 时为三元碱。根据溶液性质不同，氨基酸可带不同的静电荷，从而影响它与其他分子间的相互作用，据此可用于分离和纯化氨基酸和蛋白质。

1. 氨基酸的酸碱性

(1) 带有不解离 R 基的氨基酸的 pK_a 值测定：氨基酸的兼性性质可由氨基酸溶液酸碱滴定得到滴定曲线进行研究。以甘氨酸为例，低 pH 时甘氨酸可视为二元酸，解离曲线见图 1-3。

1 mol Gly 溶于水，溶液 pH=6.00。若用 1 mol NaOH 溶液滴定，以加入的 NaOH 的摩尔数对 pH 作图，得曲线 B。消耗 0.5 mol NaOH 时，在 pH9.60 处有一拐点，此时 $[A^0]=[A^-]$，即甘氨酸兼性离子有一半变成负离子，两个基团均处于碱性形式（$^-OOCCH_2NH_2$），分子电荷数为 -1，此时的 $pK_{a_2}=pH=9.60$。若用 1 mol HCl 滴定，以加入的 HCl 的摩尔数对 pH 作图，得曲线 A。当消耗 0.5 mol HCl 时，在 pH2.34 处得一拐点，此时 $[A^0]=[A^+]$，即甘氨酸兼性离子有一半变成正离子，两个基团均处于酸性形式（$HOOCCH_2NH_3^+$），分子电荷数为 $+1$，此时 $pK_{a_1}=pH=2.34$。

图 1-3 中 pH2.34 的拐点指示甘氨酸的 —COOH 的解离。脂肪酸的 —COOH 解离时 pK_a 值一般为 4~5。氨基酸的 α-COOH 的 pK_{a_1} 值小于 4~5，这是由于 α-碳上 $-NH_3^+$ 的吸电子效应，使解离生成的 $-COO^-$ 趋于稳定。因此，氨基酸的 α-COOH 比脂肪酸的 —COOH 易于解离。R 基不解离的氨基酸的 pK_{a_1} 值范围一般为 1.8~2.9。而图中 pH9.60 的拐点指示甘氨酸的 $-NH_3^+$ 的解离。脂肪胺的 $-NH_3^+$ 解离时 pK_{a_2} 值一般为 10~11，氨基酸的 $-NH_3^+$ 由于 α-COO$^-$ 的吸电子作用，比脂肪胺易于解离。R 基不解离的氨基酸的 pK_{a_2} 值范围一般为 8.8~10.8。

(2) 带有可解离 R 基的氨基酸的 pK_a 值测定：由于可解离 R 基上还有一个酸（碱）性基团，带有可解离 R 基的氨基酸相当于三元酸（碱），有 3 个 pK_a 值，如 Glu 和 Lys 的滴定曲线见图 1-4。当两个解离基团的 pK_a 接近时，两段曲线发生重叠。

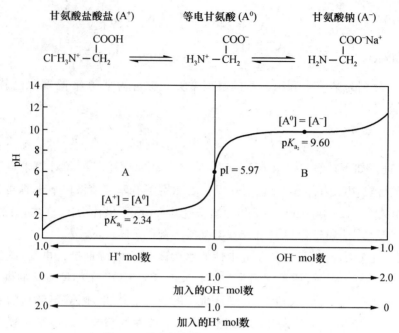

图 1-3 甘氨酸的解离曲线(滴定曲线)

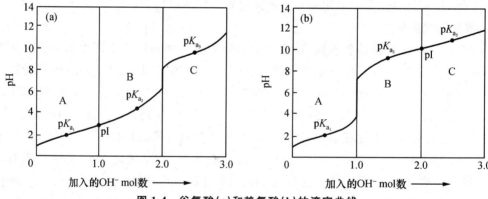

图 1-4 谷氨酸(a)和赖氨酸(b)的滴定曲线

从图 1-4 中可看出,在 pK_a 附近用 NaOH 滴定时 pH 改变最慢,能成为缓冲溶液。如谷氨酸在 pH 为 2.2、4.3 和 9.7 附近为缓冲溶液。

2.〔质子受体〕/〔质子供体〕的计算

例 三(羟甲基)氨基甲烷和它的盐酸盐(Tris 和 Tris・HCl)在水溶液中达成离解平衡,Tris 为质子受体,Tris・HCl 为质子供体,平衡常数已知为 $K_a = 8.3 \times 10^{-9}$。在 100 mmol/L 浓度的 Tris 水溶液中,用盐酸调 pH 为 8.00,求平衡时 Tris 和 Tris・HCl 的浓度。

解 由公式 $pH = pK_a + \lg \dfrac{[质子受体]}{[质子供体]}$,其中 pH=8.00,$pK_a$=8.08,代入得

$$8.00 = 8.08 + \lg([Tris]/[Tris \cdot HCl])$$

解得〔Tris〕/〔Tris・HCl〕=0.82。又已知初始〔Tris〕$_0$=100 mmol/L=〔Tris〕+〔Tris・HCl〕,所以平衡时

$$[\text{Tris}] = 45\,\text{mmol/L}, \quad [\text{Tris} \cdot \text{HCl}] = 55\,\text{mmol/L}$$

二、等电点

1. 定义

某一氨基酸处于净电荷为零的兼性离子状态时介质的 pH 称为该氨基酸的等电点(isoelectric point),用 pI 表示,又称等电 pH、等离子点(其他与氨基酸带电类似的带电颗粒也有等电点)。

从氨基酸解离曲线和解离公式可以看到,氨基酸的带电状况与介质的 pH 有关。当 pH 接近 1 时,氨基酸的可解离基团全部质子化;当 pH 在 13 左右时,氨基酸的可解离基团则全部去质子化。由此可知,低 pH 时氨基酸分子带正电荷,高 pH 时氨基酸分子带负电荷。在中间的某一 pH(因不同氨基酸而异)值时,氨基酸以等电的兼性离子状态存在。等电点时氨基酸分子正负电荷数相等,净电荷为零。对于 Gly,等电点 pI=5.97,为图 1-3 中曲线 A 和曲线 B 之间的拐点,此时 Gly 为兼性离子,净电荷为零。

在等电 pH 时,氨基酸分子在电场中既不向正极也不向负极移动,此时氨基酸为兼性分子,少数解离的正离子或负离子数目也相等,即$[\text{A}^+]=[\text{A}^-]$。当介质 pH 偏离等电点时,氨基酸分子带电荷。当 pH 低于等电点时,氨基酸分子带正电荷,在电场中会向负极移动;pH 高于等电点时,氨基酸分子带负电荷,在电场中会向正极移动。利用这一原理,可对蛋白质和氨基酸用电泳方法进行分离。另外,在等电点时氨基酸溶解度最低,氨基酸易于沉淀析出。由于不同的氨基酸有不同的等电点,当调节溶液的 pH 与某一氨基酸的等电点相同时,则此种氨基酸溶解度最低而最易析出,这也可用于蛋白质和氨基酸的分离。

2. 等电点 pI 的计算

对于带不解离 R 基的氨基酸,其等电点的计算公式为

$$pI = \frac{1}{2}(pK_{a_1} + pK_{a_2})$$

例如,查表 1-1,Gly 的 pK_{a_1} 值为 2.34,pK_{a_2} 值为 9.60。由此计算 Gly 的等电点

$$pI_{Gly} = \frac{1}{2}(pK_{a_1} + pK_{a_2}) = \frac{1}{2}(2.34 + 9.60) = 5.97$$

对于带可解离 R 基的氨基酸,在计算等电点时应考虑 R 基解离的 pK_a 值。如天冬氨酸的解离如下:

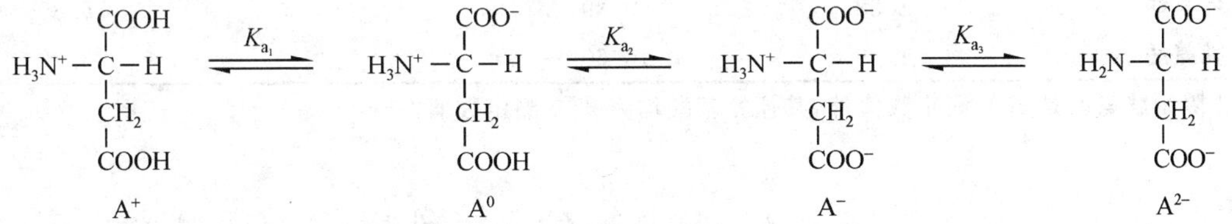

Asp 的 pK_a 值:$pK_{a_1}=2.09$,$pK_{a_2}=3.86$,$pK_{a_3}=9.82$。则

$$pI_{Asp} = \frac{1}{2}(pK_{a_1} + pK_{a_2}) = \frac{1}{2}(2.09 + 3.86) = 2.98$$

又如,赖氨酸的解离如下:

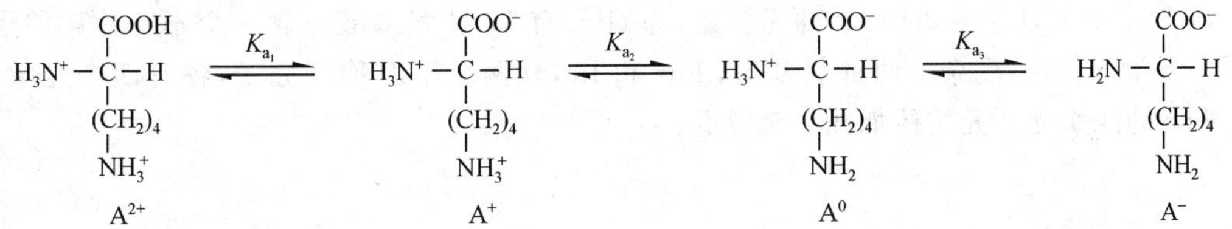

Lys 的 $pK_{a_1}=2.18$，$pK_{a_2}=8.95$，$pK_{a_3}=10.53$。则

$$pI_{Lys}=\frac{1}{2}(pK_{a_2}+pK_{a_3})=\frac{1}{2}(8.95+10.53)=9.74$$

3. 氨基酸的 pK_a 值和 pI 值

表 1-1 列出了 20 种基本氨基酸的 pK_a 值和 pI 值，均为常数；其中 7 种基本氨基酸的 R 基有 pK_a 值。

表 1-1　20 种基本氨基酸的 pK_a 值和等电点

氨基酸	α-COOH pK_a	α-$^+NH_3$ pK_a	侧链 R 基 pK_a	pI
甘氨酸	2.34	9.60		5.97
丙氨酸	2.34	9.69		6.02
缬氨酸	2.32	9.62		5.97
亮氨酸	2.36	9.60		5.98
异亮氨酸	2.36	9.68		6.02
丝氨酸	2.21	9.15		5.68
苏氨酸	2.63	10.43		6.53
半胱氨酸*	1.71	10.78	8.33(SH)	5.02
甲硫氨酸	2.28	9.21		5.75
天冬氨酸	2.09	9.82	3.86(β-COOH)	2.98
天冬酰胺	2.02	8.80		5.41
谷氨酸	2.19	9.67	4.25(γ-COOH)	3.22
谷氨酰胺	2.17	9.13		5.65
精氨酸	2.17	9.04	12.48(胍基)	10.76
赖氨酸	2.18	8.95	10.53(ε-$^+NH_3$)	9.74
组氨酸	1.82	9.17	6.00(咪唑基)	7.59
苯丙氨酸	1.83	9.13		5.48
酪氨酸	2.20	9.11	10.07(OH)	5.66
色氨酸	2.38	9.39		5.89
脯氨酸	1.99	10.60		6.30

* 除半胱氨酸是 30℃测定数值外，其他氨基酸均为 25℃测定数值。

§1.4　氨基酸的光学性质

一、氨基酸的旋光性

20 种基本氨基酸中，只有一种无旋光，为 Gly；有 17 种氨基酸只含一个不对称碳原子，各有两个光学异构体；剩余的两种氨基酸，Thr 和 Ile，含两个不对称碳原子，各有四个光学异构体。Thr 的四个光学异构体如图 1-5 所示。

图 1-5　苏氨酸的光学异构体

L-苏氨酸　(2S, 3R)-(−)苏氨酸　$[\alpha]_D^{20} = -28.4°$

D-苏氨酸　(2R, 3S)-(+)苏氨酸　$[\alpha]_D^{20} = +28.3°$

L-别苏氨酸 (L-allo-thyeonine)　(2S, 3S)-(+)苏氨酸　$[\alpha]_D^{20} = +9.0°$

D-别苏氨酸 (D-allo-thyeonine)　(2R, 3R)-(−)苏氨酸　$[\alpha]_D^{20} = -8.8°$

由两个半胱氨酸氧化连接而成的胱氨酸(cystine)，分子中有两个不对称碳原子，内部对称有内消旋体(meso-cystine)，有三种异构体(图 1-6)。

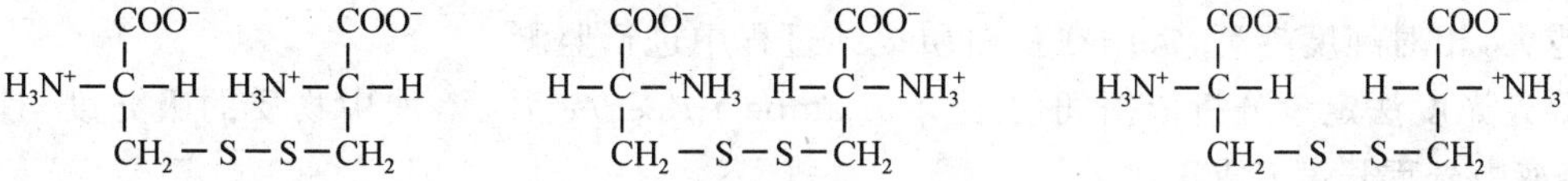

L-胱氨酸　　D-胱氨酸　　内消旋胱氨酸

图 1-6　胱氨酸的光学异构体

氨基酸的旋光符号和大小取决于它的 R 基性质，并与测定的溶液 pH 有关(不同的 pH 条件下氨基和羧基的解离状态不同)。比旋光为 α-氨基酸的物理常数之一，是用来鉴别各种氨基酸的一种根据。

表 1-2　蛋白质中常见 L 型氨基酸的比旋

氨基酸	相对分子质量	$[\alpha]_D(H_2O)/(°)$	$[\alpha]_D(5\,mol/L\ HCl)/(°)$
甘氨酸	75.05		
丙氨酸	89.06	+1.8	+14.6
缬氨酸	117.09	+5.6	+28.3
亮氨酸	131.11	−11.0	+16.0
异亮氨酸	131.11	+12.4	+39.5
丝氨酸	105.06	−7.5	+15.1
苏氨酸	119.18	−28.5	−15.0
半胱氨酸	121.12	−16.5	+6.5
甲硫氨酸	149.15	−10.0	+23.2
天冬氨酸	133.6	+5.0	+25.4
天冬酰胺	132.6	−5.3	+33.2(3 mol/L HCl)
谷氨酸	147.08	+12.0	+31.8
谷氨酰胺	146.08	+6.3	+31.8(1 mol/L HCl)
精氨酸	174.4	+12.5	+27.6
赖氨酸	146.13	+13.5	+26.0
组氨酸	155.09	−38.5	+11.8
苯丙氨酸	165.09	−34.5	−4.5
酪氨酸	181.09		−10.0
色氨酸	204.11	−33.7	+2.8(1 mol/L HCl)
脯氨酸	115.08	−86.2	−60.4
胱氨酸	240.33		−232
羟脯氨酸	131.08	−76.0	−50.5

二、氨基酸的紫外吸收

参与蛋白质组成的芳香族氨基酸含有苯环等芳香环,因而在近紫外区(200~400 nm)有强紫外吸收,这是紫外吸收法定量测定氨基酸溶液浓度的依据。它们的最大光吸收波长 λ_{max} 和摩尔吸光系数 ε 数值如下:

	λ_{max}/nm	$\varepsilon/(L \cdot mol^{-1} \cdot cm^{-1})$
Phe	257	2.0×10^2
Tyr	275	1.4×10^3
Trp	280	5.6×10^3

蛋白质由于含有芳香族氨基酸,也有紫外吸收,一般在 280 nm 波长下测其吸光度。吸光度值越大,相对纯度越高,常用在蛋白质提纯过程中进行监测。

分光光度法定量分析依据朗伯-比尔(Lambert-Beer)定律:溶液中物质的吸光度与其浓度 c 和溶液中光程长度 l 成正比:

$$A = -\lg T = \lg \frac{I_0}{I} = \varepsilon c l$$

式中,A 为吸光度(absorbance),又称光密度(optical density,符号 OD);I_0 为入射光强度;I 为透射光强度;T 为透光率(transmittancy,$T = I/I_0$);ε 为摩尔吸光系数,又称摩尔消光系数 $(L \cdot mol^{-1} \cdot cm^{-1})$;$c$ 为浓度(mol/L);l 为吸收杯的内径或光程长度(cm)。

三、氨基酸的核磁共振

蛋白质中氨基酸残基的电离行为影响其核磁共振谱(NMR)。核磁共振技术在氨基酸和蛋白质的化学表征方面起重要作用。氨基酸分子中质子的化学位移与它所处的化学环境有关,由化学位移的变化可推断出氨基酸的电离状态。氨基酸的电离状态又影响氨基酸核磁谱的偶合常数的大小。测定蛋白质中氨基酸的化学位移和偶合常数的变化,可用于研究蛋白质中氨基酸残基的电离行为。高磁场的 NMR 也可用于测定肽和小蛋白质的三维结构。

习　题

1. 指出蛋白质氨基酸在结构上的共同特点,并写出其中 10 种以上氨基酸的单字母和三字母的缩写符号。

2. 已知谷氨酸的 $pK_{a_1}=2.19$,$pK_{a_2}=4.25$,$pK_{a_3}=9.67$;精氨酸的 $pK_{a_1}=2.17$,$pK_{a_2}=9.04$,$pK_{a_3}=12.48$,计算谷氨酸和精氨酸的 pI 值。

3. 计算出赖氨酸 ε-氨基有 1/5 被解离时溶液的 pH 和谷氨酸 γ-羧基 2/3 被解离时溶液的 pH。

4. 向 pH7.0 的纯水中加入一种氨基酸的结晶后,再测水溶液的 pH 为 6.0,问此氨基酸的 pI 值大于 6.0 还是小于 6.0?

5. 写出侧链含—OH 的氨基酸、侧链含—COOH 的氨基酸和侧链含—SH 的氨基酸及其结构式。

6. 写出 5-羟赖氨酸、γ-羧基谷氨酸、焦谷氨酸、磷酸丝氨酸和甲状腺素的结构式。

7. 写出肌氨酸、β-丙氨酸、γ-氨基丁酸、瓜氨酸和鸟氨酸的结构式。

8. 蛋白质氨基酸中哪几个具有紫外吸收？其中吸收最强是哪个？在蛋白质提纯过程中进行光吸收监测，使用的波长是多少？

9. 写出在生理 pH 条件下，侧链几乎完全带负电的氨基酸和侧链完全带正电的氨基酸的名称。

10. 当氨基酸溶液的 pH＝pI 时，氨基酸（主要）以何种离子形式存在？当 pH＞pI 时，氨基酸（主要）以何种离子形式存在？当 pH＜pI 时，氨基酸（主要）又以何种离子形式存在？

第二章

多肽和蛋白质

§2.1 肽和活性多肽

肽(peptide)是 α-氨基酸的线性聚合物,蛋白质部分水解可形成长短不一的肽段。已发现存在于生物体中的多肽有数万种,所有细胞都能合成多肽。人体很多活性物质都是以肽的形式存在的,涉及激素、神经、细胞生长和生殖等各个领域,生命活动中的细胞分化、神经激素递质调节、肿瘤病变、免疫调节等均与活性多肽密切相关。肽可调节体内各个系统和细胞的生理功能,激活体内有关酶系,促进中间代谢膜的通透性,或通过控制 DNA 转录或影响特异的蛋白合成,最终产生特定的生理效应。化学家由于研究和应用的需要,也会自行设计并合成出天然存在或不存在的各种各样的多肽。1965 年我国科学家完成了结晶牛胰岛素的合成,是世界上第一次人工合成多肽类生物活性物质。

一、肽和肽键结构

1. 命名

肽键(peptide bond)是由一个氨基酸的 α-氨基与另一个氨基酸的 α-羧基失水后形成的共价键。失水后的氨基酸称为氨基酸残基(amino acid residue)。肽由多个氨基酸残基组成。一个多肽链是有方向的,氨基(末)端在左,羧基(末)端在右,氨基端按惯例被认定是多肽链的头。肽的命名从 N 端开始到 C 端,按顺序从左向右写。命名时 N 端氨基酸用-yl(酰)结尾取代-ine(酸),最后一个氨基酸除外仍为酸。如 Ser-Gly-Phe 称为:丝氨酰甘氨酰苯丙氨酸(serylglycylphenylalaine),丝氨酰上有一个游离的 α-氨基,为氨基端残基,苯丙氨酸上有一游离羧基,为羧基端残基。注意不可反过来书写,Phe-Gly-Ser 是一个不同的肽。多肽链的主链是有规则的重复(NH—C_a—CO—),而侧链是变化多端的。

二肽(dipeptide)由两个氨基酸残基组成,含一个肽键;三肽含三个氨基酸残基,两个肽键……,以此类推,N 肽含 N 个氨基酸残基,N−1 个肽键。一般氨基酸残基数目小于 12～25 的肽为寡肽(oligopeptide),大于 20～25 的肽为多肽(polypeptide),50 或 50 以上的肽即为蛋白质。一条多肽链通常一端有一个自由氨基,在另一端有一个自由的羧基,若两个末端基团连在一起则称为环肽(cyclic peptide)。

$$\cdots-\overset{\overset{\displaystyle H}{|}}{N}-\overset{\overset{\displaystyle H}{|}}{\underset{\underset{\displaystyle R_1}{|}}{C}}-\overset{\overset{\displaystyle O}{\|}}{C}-\overset{\overset{\displaystyle H}{|}}{N}-\overset{\overset{\displaystyle H}{|}}{\underset{\underset{\displaystyle R_2}{|}}{C}}-\overset{\overset{\displaystyle O}{\|}}{C}-\overset{\overset{\displaystyle H}{|}}{N}-\overset{\overset{\displaystyle H}{|}}{\underset{\underset{\displaystyle R_3}{|}}{C}}-\overset{\overset{\displaystyle O}{\|}}{C}-\cdots$$

多肽链由一个规则重复的骨架和
变化的侧链 R_1，R_2，R_3，…组成

N端　　Ser　　　　Gly　　　Phe　　C端

$$H_3N^+-\overset{\overset{\displaystyle H}{|}}{\underset{\underset{\underset{\displaystyle OH}{|}}{CH_2}}{C}}-\overset{\overset{\displaystyle O}{\|}}{C}-\overset{\overset{\displaystyle H}{|}}{N}-\overset{\overset{\displaystyle H}{|}}{\underset{\underset{\displaystyle H}{|}}{C}}-\overset{\overset{\displaystyle O}{\|}}{C}-\overset{\overset{\displaystyle H}{|}}{N}-\overset{\overset{\displaystyle H}{|}}{\underset{\underset{\displaystyle CH_2}{|}}{C}}-COO^-$$

2. 肽键结构

肽键由于有两种共振平衡形式，故具有部分双键性质，键长 0.133 nm，介于 C—N 单键 0.145 nm 和 C=N 双键 0.125 nm 之间，具有 40% 双键性质，不易旋转。肽键一般为反式构型。只有 Pro 与氨基酸形成的肽键既可以是反式也可以是顺式，这是由于 Pro 的四氢吡咯环的空间位阻抵消了反式构型的优势所致。

3. 如何描述蛋白质结构

(1) **酰胺平面**：肽键的部分双键性质限制了它的自由旋转，使得肽键的 4 个原子(O、C、N、H)和与之相连的 2 个相邻的 C_α 原子(C_{α_1} 和 C_{α_2})所组成的基团(称为肽单位)，成为肽链主链的重复结构。由于肽链不能自由旋转，这 6 个原子在一个平面上，形成多肽主链的酰胺平面，又称肽平面(peptide plane)。但 C_α—N 和 C_α—C 键(肽键两侧的键)可以旋转，使相邻的肽平面有不同的角度。酰胺平面如图 2-1 所示，肽平面上两个 C_α 原子呈反式排列，氨基上的氢和羰基上的氧也处于反式。肽平面在肽链折叠成三维结构时基本保持平面。

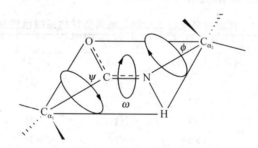

图 2-1　酰胺平面示意图

(2) **二面角**：每一个氨基酸残基只保留两个旋转自由度，使相邻的肽平面有不同的角度，形成二面角。酰胺平面上有三个键参与多肽主链($-C_{\alpha_1}-C-N-C_{\alpha_2}-$)：其中的肽键 (C—N)具有部分双键性质不易旋转，为肽键的扭转角 ω(一般为 180°，Pro 形成的肽键为 0°)；另两个键，一个为第一个氨基酸的 C_{α_1} 与羰基碳形成的单键，可自由旋转，绕此 C_{α_1}—C 单键轴旋转的二面角称为 ψ；另一个为第二个氨基酸的 N 与它的 C_{α_2} 形成的单键，绕此 N—C_{α_2} 单键轴旋转的二面角称为 ϕ。ψ 和 ϕ 称为二面角或构象角，原则上可取 $-180°\sim+180°$ 之间任意值，但实际上多肽链折叠成特定的构象受到立体化学和热力学因素的许多限制，允许的值是很有限的，某些值立体化学是允许的(约 7.7%~20.3%)，其他值是不允许的。多肽链就其主链而言是由多个相邻的肽平面构成的，主链上只有 α-碳的二面角 ϕ 和 ψ 能自由旋转。二面角的正负：ϕ 角从 C_α 向 N 看，顺时针旋转为正，逆时针旋转为负；ψ 角从 C_α 向羰基看，顺时针旋转为正，逆时针旋转为负。肽链构象可用二面角 ψ 和 ϕ(有时还加上扭转角 ω)来描述，可确定多肽链的特定主链构象。不会引起相邻原子发生碰撞的 ϕ 角和 ψ 角的组合可用二面角构象图来表示，也

称为拉氏(Ramachandran)构象图,标出 ϕ 角和 ψ 角组合的完全允许区和部分允许区。在 ϕ(横坐标)对 ψ(纵坐标)所作的 ϕ-ψ 图上,一对二面角 (ϕ,ψ) 为一个点。若再了解肽链上侧链的扭转角度,就可更全面描述多肽的立体结构。

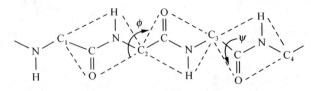

图 2-2   用二面角描述肽链构象

二、肽的物理化学性质

1. 肽的一般性质

短肽的晶体熔点都很高,说明短肽的晶体是离子晶格,在水溶液中也是以偶极离子存在的。多肽中酰胺的氢不易解离,肽的酸碱性质主要取决于末端游离的 α-氨基和 α-羧基,以及侧链 R 基上的可解离基团,如 Glu 的 γ-COOH、Lys 的 ε-NH_2 等。

2. 滴定曲线

多肽也有等电点,为多价离子等电点。多肽是由多个氨基酸残基所组成,有多个电离基团。随着氨基酸残基数目的增加,滴定曲线也变得越来越复杂。以 Gly-Glu-Lys-Ala 四肽为例,在不同 pH 状况下其解离状况如表 2-1 所示。

表 2-1   四肽甘氨酰谷氨酰赖氨酰丙氨酸的酸碱性质分析

溶液的 pH	功能团解离(带电)状况				占优势离子的净电荷
	α-COOH	侧链 COOH	α-NH_2	ε-NH_2	
<3.5	—COOH	—COOH	—NH_3^+	—NH_3^+	+2
3.5~4.5	—COO^-	—COOH	—NH_3^+	—NH_3^+	+1
4.5~7.8	—COO^-	—COO^-	—NH_3^+	—NH_3^+	0
7.8~10.2	—COO^-	—COO^-	—NH_2	—NH_3^+	−1
>10.2	—COO^-	—COO^-	—NH_2	—NH_2	−2

① 当 pH<3.5,末端可解离基团全部质子化,2 个 $^+NH_3$、2 个 COOH,净电荷 +2;

② pH 3.5~4.5,C-末端 COOH 解离(pK_a=3.7),为 2 个 $^+NH_3$、一个 COOH、一个 COO^-,净电荷 +1;

③ pH 4.5~7.8,γ-COOH 解离,2 个 $^+NH_3$、2 个 COO^-(pK_a=4.6),处于等电点,净电荷为 0;

④ pH 7.8~10.2,N-末端 $^+NH_3$ 解离(pK_a=7.8),一个 $^+NH_3$、一个 NH_2、2 个 COO^-,净电荷 −1;

⑤ pH>10.2,ε-$^+NH_3$ 解离,2 个 NH_2、2 个 COO^-,净电荷 −2。

pH 在等电点以上(碱性),多肽带负电荷;pH 在等电点以下(酸性),多肽带正电荷。

3. 旋光性

短肽(一般氨基酸残基数小于 7)的旋光度为该肽中各氨基酸旋光度的总和。长肽或蛋白质由于肽链的盘绕有一定构象,其旋光度不是简单的各氨基酸旋光度的加和。

4. 化学反应

(1) α-NH_2 与茚三酮(ninhydrin)反应:所有 α-氨基酸、多肽和蛋白质与茚三酮在弱酸性溶液中共热均显紫色,为 α-NH_2 的反应(注意:伯胺 R-NH_2 的氨基也可使茚三酮显紫色)。脯氨酸(Pro)由于为仲胺(亚氨基酸),与茚三酮生成黄色物质。

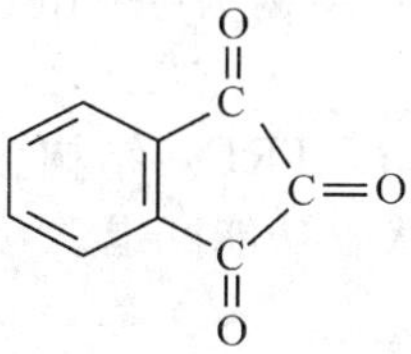

茚三酮 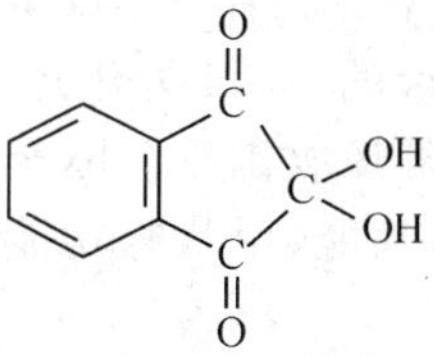 　　　　　水合茚三酮

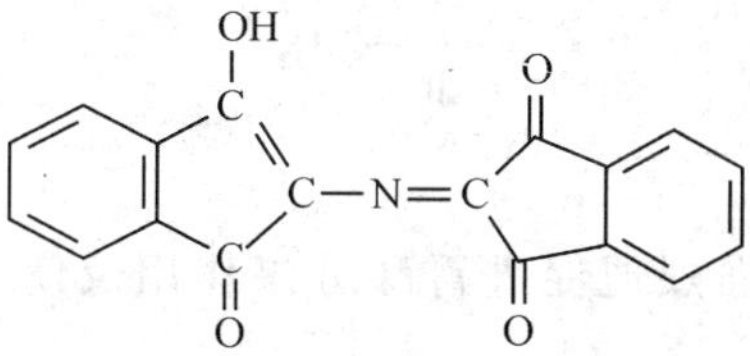

紫色复合物 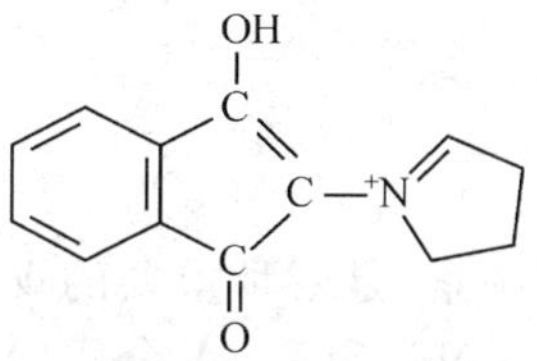 　　　　　黄色物质

（紫色复合物中 —N═ 基团来自氨基酸或多肽的 α-NH$_2$）

茚三酮反应用层析法分离后显色，可用于氨基酸和多肽的定性及定量测定。如测定多肽的氨基酸组成，可将提纯的多肽用盐酸水解成各个氨基酸组分，用磺化聚苯乙烯柱进行离子交换层析分离。分离出的氨基酸可与水合茚三酮一起加热显色，α-氨基酸显紫色，测定 570 nm 下生成的紫色溶液的吸光度值。因氨基酸的数量正比于各显色溶液的吸光率，即可得出每种氨基酸的相对浓度值。亚氨基酸脯氨酸显黄色，最大光吸收在 440 nm 处。此方法可检测出 1 μg 的氨基酸，相当于一个拇指指纹印中的氨基酸含量。

（2）**肽键的双缩脲反应**：双缩脲结构为 H$_2$N—CO—NH—CO—NH$_2$，可由两分子尿素加热缩合而成，分子中含酰胺键（肽键）。双缩脲反应：含有两个或两个以上肽键的化合物（如双缩脲或二肽以上的多肽）在碱性溶液中能与 CuSO$_4$ 生成紫红色或紫蓝色复合物，可用于定性或定量测定蛋白质含量（比色），颜色深浅与蛋白质浓度成正比。多肽、蛋白质中含有肽键，有此反应；氨基酸由于没有肽键，无此反应。

三、活性多肽

多肽为一类重要的药物，往往具有投资少、疗效好的优点。目前多肽类药物或多肽类激素大多数还是从无活性的蛋白质经酶水解制得的。生物体内很多激素、抗生素、活性多肽、毒素等均为多肽。动植物体内存在许多具有生理活性的多肽，它们均具有特定的功能。目前已生产出结构清楚的多肽激素和活性肽，如垂体多肽、缩宫素、加压素、催产素和胰岛素等，以及有调节血压作用的大豆多肽，具有调节血糖作用的苦瓜多肽，具有美容作用的胶原蛋白多肽等。目前已发现，能治疗糖尿病、胃溃疡、胰腺炎的多肽是 14 肽；具有杀菌抗炎性质的环孢是一种环状的 11 肽；目前广泛使用的肾上腺皮质激素是 39 肽，主要应用于治疗风湿性关节炎、支气管炎和肾病；能治疗侏儒症的人体生长激素为多种多肽。下面列举一些活性多肽：

2 肽：如肌肽（carnosine）和鹅肌肽（anserine），分别为 β-Ala-His（β-丙氨酰组氨酸）和 β-丙氨酰-1-甲基组氨酸，在骨骼肌中含量很高，达 20～30 mmol/kg 肌肉，与肌肉收缩有关。肌肽还有抗氧化、抗自由基、消炎和调节免疫的功效。

甜二肽（aspartame，简称 APM），Asp-Phe-OCH$_3$（天冬氨酰苯丙氨酸甲酯），是当前世界上应用最广泛的人工合成二肽甜味剂，比蔗糖甜 200 倍。

3 肽：如还原型谷胱甘肽(reduced glutathioe, GSH)，结构为 γ-Glu-Cys-Gly，维持红细胞及其蛋白质中 Cys 的—SH 处于还原态，结构参见§11.9。

促甲状腺激素释放因子(thyrotropin releasing factor, TRF)：结构为焦谷氨酰组氨酰脯氨酰胺，用做垂体功能、甲状腺功能诊断剂，也可治疗甲状腺功能减退。

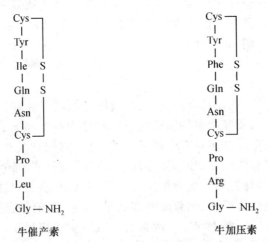

4 肽：如胃泌素，是一种重要的胃肠激素，有强烈地促进胃酸分泌作用及使胃肠道黏膜和胰腺的蛋白质、RNA 和 DNA 合成增加的作用。

5 肽：如脑啡肽(enkephalin)，为体内内源性吗啡，具有类吗啡的作用，在中枢神经系统中形成，可与吗啡受体结合。已知的脑啡肽有：蛋氨酸脑啡肽 Tyr-Gly-Gly-Phe-Met(YGGFM)，Met-脑啡肽与 β-内啡肽(31 肽)的前 5 个氨基酸的序列相同；亮氨酸脑啡肽 Tyr-Gly-Gly-Phe-Leu(YGGFL)。

8 肽：如 α-鹅膏蕈碱(α-amanitin)，是一个环状 8 肽，为剧毒毒素。能与真核生物的 RNA 聚合酶Ⅱ牢固结合而抑制酶的活性，使 RNA 的合成不能进行，但不影响原核生物的 RNA 的合成。RNA 聚合酶Ⅰ、Ⅱ、Ⅲ根据它们对 α-鹅膏蕈碱的敏感作用不同而分类。另外，8 肽中舒缓激肽和蛙皮降压肽等都是人工合成的多肽药物。

9 肽：如催产素，又名缩宫素，为子宫收缩药，促使妊娠子宫收缩，用于引产、催产等。又如加压素，升高血压抗利尿，用于尿崩症。两者只差两个氨基酸，但生理作用极不相同。使用时要特别注意纯度。牛催产素(bovine oxytocin)和牛加压素(bovine vasopressin)结构如下：

```
    Cys ┐                      Cys ┐
    Tyr │                      Tyr │
    Ile │ S                    Phe │ S
    Gln │ S                    Gln │ S
    Asn │                      Asn │
    Cys ┘                      Cys ┘
    Pro                        Pro
    Leu                        Arg
    Gly — NH₂                  Gly — NH₂
     牛催产素                     牛加压素
```

10 肽：如短杆菌肽 S，为抗生素，对革兰氏阳性细菌有强大的抑制作用，但有溶血现象，不能注射用。在临床上用于局部化脓性病症。其环状结构如下(其中 Orn 为鸟氨酸)：

```
L-Leu — D-Phe — L-Pro — L-Val
  |                       |
L-Orn                   L-Orn
  |                       |
L-Val — L-Phe — D-Phe — L-Leu
```

再如,促黄体生成激素释放因子(luteinizing hormone releasing factor,LRF),为激素。

12 肽:促性腺激素释放激素,能增进垂体黄体生成素和卵泡刺激素的合成及分泌。

13 肽:垂体中叶中含有 α-黑色细胞刺激素(13 肽)和 β-黑色细胞刺激素(18 肽),可用于皮肤、头发黑色素缺乏症;做成滴眼剂,能提高视网膜的功能。

14 肽:生长激素释放抑制因子(growth hormone releasing factor,GRF),激素。

16 肽:内啡肽,有镇痛作用。

17 肽:促胃酸激素(gastrin),促进胃酸分泌。

18 肽:丝赖促皮质,为人工合成的长效皮质素类似物。

24 肽:促皮质素(ACTH),治关节炎,已商品化。

26 肽:蜂素溶血肽,有抗关节炎功效。

27 肽:促胰液素,刺激胰液分泌,是人类第一次发现的多肽物质。

29 肽:胰高血糖素(glucagon),胰腺中胰岛细胞分泌的激素,靶细胞是肝脏,通过促进肝糖原分解来提高血糖浓度,促使脂肪、蛋白质分解。

32 肽:降钙素。缩胆囊素,可治疗胆绞痛。

39 肽:促肾上腺皮质激素(ACTH),种属差异仅在 25~33 位上,1~24 位的片段具有全部活性。它可促进肾上腺皮质激素分泌,可治疗某些胶原性疾病、严重支气管哮喘和重症肌无力等。

51 肽:胰岛素(insulin),胰岛 β 细胞基因表达出来的产物。它可提高组织摄取葡萄糖的能力,抑制肝糖原的分解,并促进肝糖原和肌糖原的合成,促使血糖降低,促进脂肪、蛋白质的合成及糖的氧化和贮存。

四、以活性多肽研究为基础的药物研究

血管紧张素转化酶(ACE)抑制剂(ACEI)的开发是高血压治疗史上的重大进展。人体内存在的血管紧张素Ⅰ(Ang Ⅰ)为 10 肽,无活性,但在 ACE 作用下转化为血管紧张素Ⅱ(Ang Ⅱ),为 8 肽,具有收缩血管平滑肌作用,使血压升高。

$$\text{DRVYIHPFHL(Ang Ⅰ)} \xrightarrow{\text{ACE}} \text{DRVYIHPF(Ang Ⅱ)}$$

ACEI 可使 ACE 失活,使 Ang Ⅰ不能形成 Ang Ⅱ,从而降血压。研究 Ang Ⅰ的活性部位及作用机理,进而设计并合成 ACEI,已开发出二十多种降压药物,如巯甲丙脯酸(Captopril)、依那普利(苯丁酯丙脯酸,Enalapril)、赖诺普利(苯丁酯赖脯酸,Lisonopril)等。

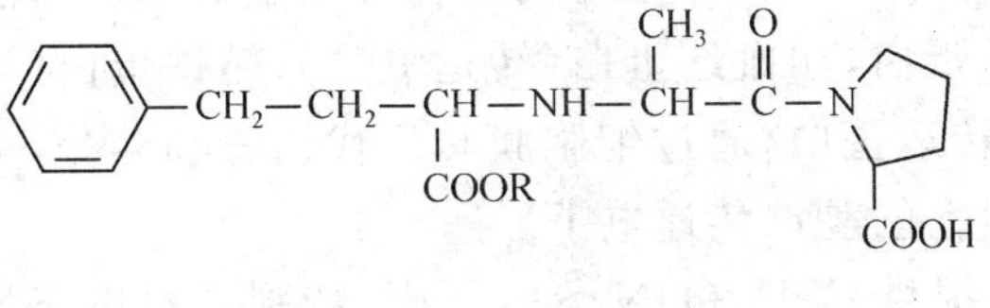

苯丁酯丙脯酸 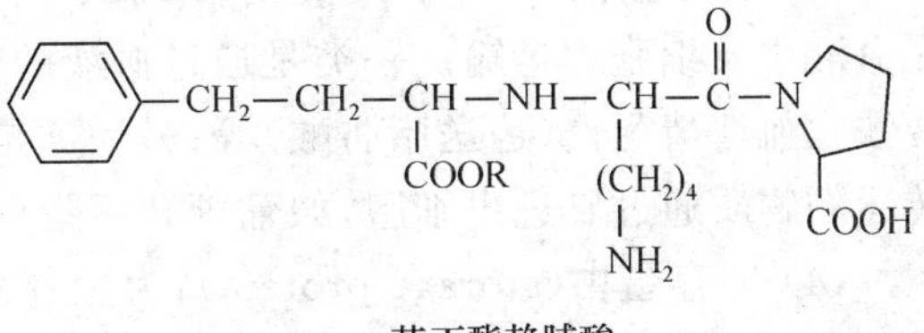   苯丁酯赖脯酸

§2.2 蛋白质的组成和分类

蛋白质几乎在所有生物过程中均起着关键作用,蛋白质和核酸是生命现象的物质基础。生物界蛋白质种类估计有 $10^{10}\sim10^{12}$ 种,是由参与蛋白质组成的 20 种基本氨基酸排列顺序不同的结果。理论上 20 种氨基酸组成的二十肽,其序列异构体为 $A_{20}^{20}=20!$,为 2×10^{18} 种。蛋白质分子是由一条或多条多肽链构成的生物大分子,多肽链是由氨基酸通过肽键首尾共价相连而成,各种多肽链都有自己特定的氨基酸序列。

一、蛋白质的元素组成

蛋白质的元素分析表明,蛋白质含有的主要元素的比例约为:碳 50%,氧 23%,氮 16%,氢 7%,硫 0～3%,另外,还有其他微量元素磷、铁、铜、碘、锌和钼等。蛋白质平均含氮量为 16%,即 1 g 氮代表 6.25 g(16%的倒数)蛋白质。由此,可计算所测粗蛋白质中的蛋白质含量。如用凯氏(Kjedahl)定氮法测得粗蛋白质中氮含量,则蛋白质含量＝蛋白氮含量×6.25。

二、蛋白质的分类

1. 按组成分类

(1) 单纯蛋白质(simple protein):核糖核酸酶、肌动蛋白等蛋白质仅由氨基酸组成,如清蛋白、球蛋白、谷蛋白、谷醇溶蛋白、组蛋白、鱼精蛋白、硬蛋白等。

(2) 缀合蛋白质(conjugated protein):大多数蛋白质除含有氨基酸外还含有非蛋白部分,称为辅基(prosthetic group)或配基(ligand),如糖蛋白、血红素蛋白(hemoprotein)、核蛋白(nucleoprotein)、磷蛋白(phosphoprotein)、脂蛋白、黄素蛋白(flavoprotein)等。

2. 按蛋白质生物学功能分类

(1) 酶(enzyme):生物体内几乎所有化学反应都是由酶分子所催化。作为生物体新陈代谢的催化剂,酶是生物体中含量最多的一类蛋白质。国际生化委员会公布的"酶命名法"中已列出 3000 多种不同的酶,如核糖核酸酶、乙醇脱氢酶、胰蛋白酶等。

(2) 调节蛋白(regulatory protein):调节生物体新陈代谢、细胞的生长和分化。遗传信息的受控顺序表达对细胞有秩序地生长和分化十分重要。基因表达调控中的蛋白因子、阻遏蛋白和一些激素均为蛋白质。这些蛋白质能调节其他蛋白质执行其生理功能的能力,如胰岛素、促生长素(GH)、促甲状腺素(TSH)等。

(3) 转运蛋白(transport protein):很多离子和小分子在生物体内需与转运蛋白结合才能在血液中及细胞内运输。一类是通过血液的转运蛋白,如血红蛋白(转运氧气)、转铁蛋白(运转铁)、血清清蛋白(运送脂肪酸)等;另一类是膜转运蛋白,通过细胞膜转运代谢物和养分,被转运的物质通过它进出细胞,如葡糖转运蛋白、细胞色素 c(传递电子)等。

(4) 贮存蛋白(storage protein):为生物发育提供 C、H、O、N、S 等元素,特别是提供充足的氮素。如种子中谷蛋白、蛋中卵清蛋白、乳中的酪蛋白。另外,铁蛋白贮存 Fe,用于含铁蛋白的合成。

(5) 收缩和游动蛋白(contractile and motile protein):蛋白质为肌肉的主要成分,赋予细胞运动的能力,如肌肉收缩和细胞游动,依靠的是丝状蛋白质分子或丝状聚集体。肌肉的收缩是通过两种纤维状蛋白质,即肌动蛋白和肌球蛋白的相互作用完成的;有丝分裂中染色体的运动和精子的运动是靠鞭毛的推动;动力蛋白和驱动蛋白等可驱使小泡、颗粒和细胞器沿微观轨道移动。

(6) **结构蛋白(structural protein)**:可建造和维持生物体的结构,能给细胞和组织提供强度和保护,多为不溶性纤维状蛋白质。如存在于骨、腱、韧带、皮中的胶原蛋白,构成毛发、角、蹄、甲的 α-角蛋白等,它们使皮肤和骨骼等具有高抗张强度。

(7) **支架蛋白(scaffold protein)**:某些蛋白在细胞应答激素和生长因子的复杂途径中起作用,称为支架蛋白或接头蛋白(adapter protein)。细胞外的刺激物,如激素分子或光强度作用于细胞,可通过一种特异蛋白质介导将细胞外信号传入细胞内。视紫红质是视网膜杆细胞中的光受体蛋白,对光照有反应,位于细胞膜上;由乙酰胆碱等专一小分子触发的受体蛋白可传递神经冲动。

(8) **保护和开发蛋白(protective and exploitive protein)**:与结构蛋白的被动性防护不同,在细胞防御、进攻和开发方面此种蛋白的作用是主动的。抗体是高度专一的蛋白质,在病毒、细菌以及其他蛋白质或高分子化合物(抗原)的影响下由淋巴细胞产生,并能与相应的抗原结合而排除和破坏外来物质对生物体的干扰,如免疫球蛋白。另外,保护蛋白还有血液凝固蛋白、凝血酶和血纤蛋白原,南极鱼和北极鱼血液中的防冻蛋白,蛇毒、蜂毒中的溶血蛋白和神经毒蛋白,以及植物毒蛋白和细菌毒素等。

(9) **异常蛋白(exotic protein)**:具有上述功能以外的功能。如贝类分泌的胶质蛋白能将贝壳牢固黏附在岩石上,昆虫翅膀中存在的节肢弹性蛋白有特殊弹性,原产西非的植物果肉中的应乐果甜蛋白有极高甜度等。

3. 按形状和溶解度分类

(1) **纤维状蛋白(fibrous protein)**:主要作用是构成生物体的结构。这类蛋白具有比较简单而有规则的线性结构,形状呈细棒或纤维状。典型的有角蛋白、胶原蛋白、弹性蛋白和丝蛋白。

(2) **球状蛋白(globular protein)**:多肽链经过折叠构成紧密的球形或椭圆形,亲水的氨基酸侧链位于球蛋白外部,疏水的氨基酸侧链位于分子内部。在水中有一定的溶解度,如细胞中的胞质酶和大多数可溶性蛋白。

(3) **膜蛋白(membrane protein)**:这类蛋白与细胞膜结合在一起,含亲水氨基酸较少,且疏水氨基酸的侧链伸向外部(与膜疏水部位结合)。它们不溶于水,分离时要用加表面活性剂的溶液溶解,使其与膜分开。

三、蛋白质的相对分子质量

蛋白质的相对分子质量很大,约从 6000 到 1×10^6 或更大。相对分子质量小的称为多肽。一般认为蛋白质相对分子质量的下限从胰岛素开始,含有 51 个氨基酸残基(又可称为 51 肽),相对分子质量为 5700。但也有人认为应从核糖核酸酶开始,含有 124 个氨基酸残基,相对分子质量为 12 600。人的血红蛋白的相对分子质量为 64 500,酵母的己糖激酶为 96 000,寡聚蛋白中的谷氨酰合成酶为 600 000,而烟草花叶病毒高达 4×10^7。氨基酸平均相对分子质量为 128,氨基酸残基平均相对分子质量是 110(组成蛋白质一般小氨基酸偏多,且失一分子水)。由蛋白质相对分子质量即可估计出简单蛋白质的氨基酸残基数目。

习　题

1. 某种四肽 α-COOH $pK_a=2.4$，α-NH_3^+ $pK_a=9.8$，侧链 NH_3^+ $pK_a=10.6$，侧链 COOH $pK_a=4.2$，试计算此种多肽的等电点(pI)。

2. 写出 α-氨基酸、多肽与茚三酮在弱酸性溶液中共热产生的化合物的结构式。

3. 氨基酸中哪个基团可与水合茚三酮反应？除脯氨酸外，反应产物显什么颜色？用分光光度法定量测定溶液吸光度的波长是多少？脯氨酸与水合茚三酮反应显什么颜色，最大光吸收在何处？

4. 写出四肽苏氨酰天冬氨酰色氨酰异亮氨酸的化学结构式。

5. 何谓双缩脲反应？氨基酸有无此反应，为什么？

6. 写出肌肽和甜二肽的化学名称。

7. 用氨基酸三字母缩写表示血管紧张素Ⅰ（Ang Ⅰ）在 ACE 作用下转化为血管紧张素Ⅱ（Ang Ⅱ）的反应方程式。

8. 什么是 α-碳原子的二面角 ϕ 和 ψ？什么是肽平面？ψ 和 ϕ 实际允许值是否有限制？

9. 蛋白质平均含氮量是多少，即 1 克氮代表多少克蛋白质？

10. 何谓单纯蛋白，何谓缀合蛋白？

蛋白质的结构和功能

第三章

蛋白质是有着重要功能的生物大分子。决定蛋白质生物功能的关键是它的构象,即分子中原子的三维排布方式。蛋白质具有为基因所规定的确切氨基酸顺序,氨基酸顺序规定了它的构象。功能来自构象,研究蛋白质的多种功能必须研究蛋白质的构象,以及肽链折叠在能量上有利的规律。

§3.1　蛋白质构象

一条或几条多肽链组成蛋白质,多肽链折叠成特殊形状,即形成蛋白质的构象。蛋白质构象主要是指多肽链中一切原子(基团)随 α-碳原子旋转、盘曲而产生的空间排布。蛋白质特有的空间结构称为三维结构。一个特定的蛋白质可以采取多种构象,但在生理条件下只有一种或很少几种在能量上是有利的。如果多肽链中每个相邻氨基酸残基间的主链旋转角度保持不变,多肽链就会形成一个规则的重复构象。

蛋白质构象可分为四个结构层次,可采用下列专门术语:一级结构(primary structure)、二级结构(secondary structure)和三级结构(tertiary structure),有时还涉及四级结构(quaternary structure)。一级结构就是共价主链的氨基酸序列及存在的二硫桥位置,有时也称化学结构。二、三和四级结构又称空间结构(即三维结构)或高级结构。

§3.2　蛋白质一级结构测定

一、蛋白质一级结构

蛋白质中的氨基酸组成和排列顺序,包括共价二硫键的位置,即蛋白质中共价键连接的全部情况,包括存在的链内、链间的二硫键位置,氨基酸数目、类型和顺序。蛋白质中的二硫键往往是肽链折叠后彼此接近的两个半胱氨酸被氧化形成的,可以是一条肽链上处于不同部位的两个半胱氨酸,也可以是不同肽链上的半胱氨酸。通过二硫键,两个半胱氨酸形成胱氨酸。

二、一级结构测定的重要性

蛋白质一级结构的测定十分重要。首先,蛋白质一级结构的决定是阐明其生物活性的分子基础;其次,蛋白质的氨基酸顺序决定其三维结构,而三维结构决定其生物活性和功能。蛋白质中氨基酸顺序是联系 DNA 遗传信息和蛋白质生物功能基础的三维结构的桥梁。第三,蛋白质氨基酸顺序的决定也是分子病理学的一部分,一些疾病的产生就是由于氨基酸顺序的改变,如镰刀形红细胞贫血病就是由于血红蛋白中一个氨基酸的改变。第四,蛋白质氨基酸顺序揭示其进化史,具有同一祖先的蛋白质才有相似的氨基酸顺序。如细胞色素 c 是一种含血红素的电子转运蛋白,存在于所有真核生物的线粒体中。40 个物种的细胞色素 c 序列的研究揭示,在细胞色素 c 中含有 100 多个氨基酸残基,其中有 28 个位置上的氨基酸残基是相同的(图 3-1)。

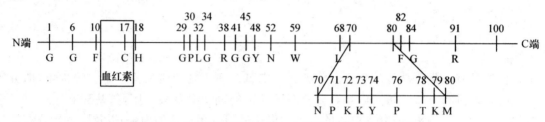

图 3-1　40 个物种的细胞色素 c 中不变氨基酸残基(28 个)

这些不变残基对于细胞色素 c 的生物学功能至关重要,由此可根据细胞色素 c 序列的物种差异建立进化树(图 3-2)。来自任两个物种的细胞色素 c 间序列的氨基酸差异数目越多,则进化位置相差越远。这种系统树与根据经典分类学建立起来的系统树非常一致。根据系统树

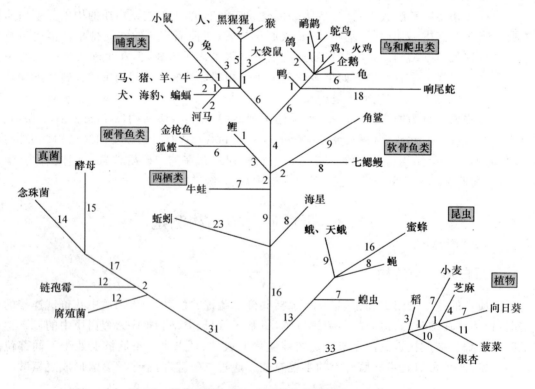

图 3-2　根据细胞色素 c 序列的物种差异建立的进化树
分支线的数字表示物种和潜在(假设)的祖先之间的氨基酸变化

不但可以研究生物从单细胞生物到高等生物的进化过程,还可以粗略估计现存的各物种的分歧(divergence)时间。如人与马是 70～75 百万年前、哺乳动物与鸟是 280 百万年前,脊椎动物和酵母是 1100 百万年前。

三、蛋白质一级结构测序策略

测定蛋白质氨基酸顺序试验的策略是分而治之,样品纯度应大于 97%,需先测相对分子质量(允许误差 10%左右)。相对分子质量为 50 000 的蛋白质大约含有 500 个氨基酸残基,一般要分成十段进行测定。1953 年桑格(F. Sanger)测定了牛胰岛素的氨基酸顺序,第一次向世人展示了蛋白质具有一个确切的氨基酸顺序。为测序 F. Sanger 两次获诺贝尔奖。1958 年,胰岛素结构测定,为蛋白质测序;1980 年,重组 DNA 和 DNA 结构测定,为核酸测序。

蛋白质一级结构测序可以概括为以下几步:

(1) 测定蛋白质分子中多肽链数目:测蛋白质相对分子质量和摩尔数、N-末端和 C-末端残基的摩尔数,确定蛋白质分子中多肽链数目。拆分蛋白质分子的多肽链,寡聚蛋白要用变性剂将亚基拆开。多肽链间若有二硫键,要用氧化剂或还原剂断裂。

(2) 断开多肽链内的二硫键:蛋白质变性后采用过氧化氢氧化法和巯基化合物还原法。

(3) 鉴定 N-末端残基和 C-末端残基:定出氨基酸序列参考点。

(4) 断裂多肽链:按专一方式断裂多肽链成含 20～100 个氨基酸残基的较小肽段,并将它们分离开来。可用酶或化学方法等多种断裂方法(断裂点不一样),将每条多肽链样品降解成几套有重叠序列片段的肽段(或称肽碎片),并进行分离、纯化,以及纯化了的肽段末端残基分析和测氨基酸组成。

(5) 测定各肽段的氨基酸序列:目前最常用的是埃德曼(Edman)降解法,可使用氨基酸自动序列分析仪进行测定(蛋白质的薄膜在一个旋转的圆柱形杯中进行 Edman 降解。试剂和抽提溶剂流过蛋白质的固化膜,而脱下来的 PTH-氨基酸通过高效液相色谱来鉴定)。每一轮 Edman 降解可在不到 2 小时内完成,可以测定包含多至 100 个氨基酸残基的多肽或蛋白质的氨基酸顺序。

(6) 测定片段次序:用重叠肽段确认拼凑出原来完整多肽链的氨基酸序列,重建完整多肽链的一级结构。

(7) 确定半胱氨酸残基间形成的二硫键(—S—S—)位置:二硫键是使多肽链之间交联或使多肽链内成环的共价键。

虽然蛋白质化学结构的内容包括蛋白质的辅基,但蛋白质氨基酸序列测定不包括辅基的成分分析。

四、N-末端和 C-末端氨基酸残基的鉴定

确定氨基酸顺序的参考点,测定肽链的数目。由 N-末端或 C-末端的摩尔数可定出蛋白质是由几条肽链组成的。

1. N-末端分析

(1) 二硝基氟苯(DNFB 或 FDNB)法:氨基酸的 α-NH_2 与 2,4-二硝基氟苯作用产生黄色的 DNP-氨基酸,为桑格(Sanger)反应。

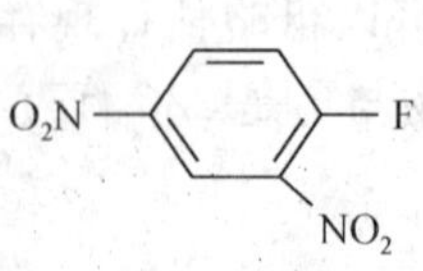

2,4-二硝基氟苯 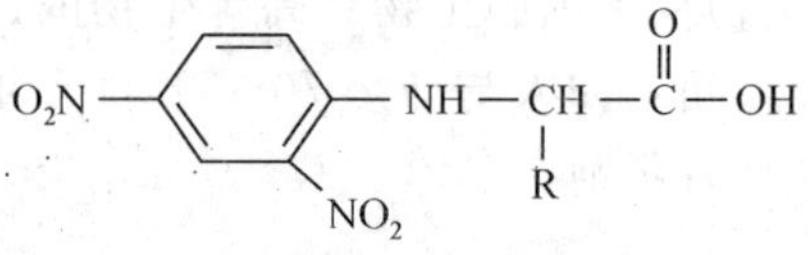   DNP-氨基酸（黄色）

2,4-二硝基氟苯被称为 Sanger 试剂,与肽链游离末端氨基反应生成 DNP-多肽或 DNP-蛋白质,再酸性水解生成 DNP-氨基酸(黄色)。用有机溶剂提取 DNP-氨基酸,色谱分离(HPLC、TLC 或纸层析等)后可进行鉴定和定量测定,由此定出多肽链数目。

此方法在蛋白质氨基酸序列分析的历史上起过很大作用。

(2) 丹磺酰氯(DNS-Cl)法:有荧光,灵敏度高,比 Sanger 法高 100 倍。二甲氨基-萘-5-磺酰氯(DNS-Cl)在碱性条件下与肽链 N-末端的 α-NH_2 反应,酸性($6\,mol/L$ HCl,$110℃$)水解后生成 DNS-氨基酸(肽链中所有肽键都被水解)。DNS-氨基酸在紫外光照射下有强烈的荧光,可用纸电泳或薄层层析进行分离和鉴定。此法样品用量少,几十个 ng(10^{-9} g,约 $10^{-9}\sim10^{-10}$ mol)的氨基酸即可进行 N-末端残基测定。

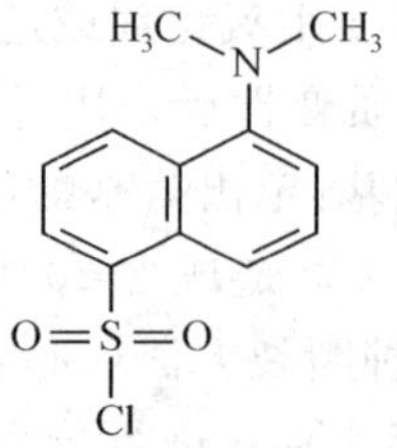

丹磺酰氯(二甲氨基-萘-5-磺酰氯)

(3) Edman 降解:氨基酸的 α-NH_2 与异硫氰酸苯酯(phenylisothiocyanate,PITC)作用生成相应的苯氨基硫甲酰衍生物,然后在微酸性有机溶剂中加热,脱下一个末端氨基的环衍生物,留下比原肽少一个氨基酸的肽(图 3-3)。此法又称异硫氰酸苯酯(PITC)法。PITC 能依次从肽的 N 端将氨基酸残基一个个切下来,可用来测定氨基酸序列。此方法由 P. Edman 于 1950 年提出。反应第一步,PITC 只与肽 N 端的氨基偶联,生成 PITC-肽(苯氨基硫代甲酰肽),而不破坏其他肽键。第二步,在酸性有机溶剂中加热,N-末端氨基酸与 PITC 反应后断裂下来,并生成少一个氨基酸残基的肽。与 PITC 反应的氨基酸转化成 PTH-氨基酸(PTH, phenylthio-hydantoin,苯乙内酰硫脲),用有机溶剂提取干燥后,可用高效液相色谱(HPLC)等方法进行鉴定。

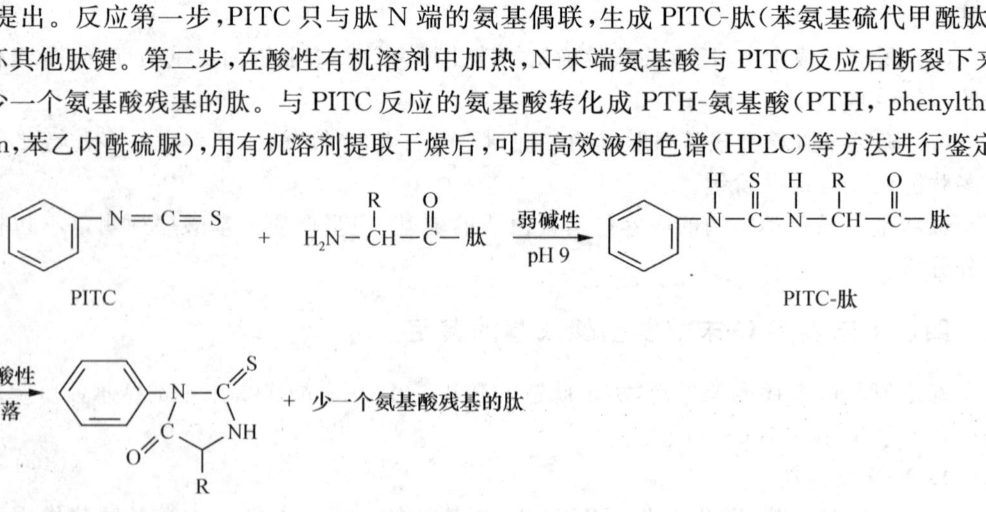

图 3-3 Edman 化学降解

PITC 与多肽链每反应一次,得到一个 PTH-氨基酸和少一个氨基酸残基的肽,此肽在它的 N 端暴露出一个新的游离的末端 α-氨基,又可参加下一轮反应。PTH-氨基酸在紫外区有强吸收,最大吸收值在 268 nm 处,可用薄层色谱(TLC)或 HPLC 快速分离测定。由此发展出氨基酸序列自动分析仪,测定只需 pmol 的蛋白质样品。

(4) **氨肽酶**(amino peptidase)**法**:用蛋白质外切酶从多肽链的 N-末端逐个向里切。根据不同时间切下来的氨基酸种类和数量,推出蛋白质的 N-末端残基序列。此法有局限性,只能用来测 N-末端附近很少几个残基的序列。最常用的是亮氨酸肽酶,水解以 Leu 为 N-末端的多肽时速度最快,其他的水解速度慢。此法对 N-末端残基的氨基酸被封闭的肽(如环肽)特别有用,此时因无—NH_2 而致 Edman 降解无法进行。N-末端残基是焦谷氨酸时,可使用焦谷氨酸氨肽酶。

2. C-末端分析

(1) **肼解法**:蛋白质或多肽与无水肼加热发生肼解反应,除 C-末端氨基酸以游离形式存在外,其余氨基酸都变成相应的氨基酸酰肼化物。肼进攻肽键而不易与—COOH 反应,肼解中 Gln、Asn、Cys 被破坏。反应中生成的氨基酸酰肼可用苯甲醛沉淀下来,游离的氨基酸可层析后鉴定。此法为 C-末端残基测定的重要化学方法。

(2) **还原法**:用 $LiBH_4$ 还原 C-末端氨基酸成氨基醇,肽水解后可分离、鉴定。

(3) **羧肽酶**(carboxypeptidase)**法**:是 C-末端残基测定最有效也最常用的方法。羧肽酶是一类外切酶,专一地从肽链 C-末端开始逐个降解释放出游离氨基酸(图 3-4)。常用的羧肽酶有羧肽酶 A、B、C 及 Y。

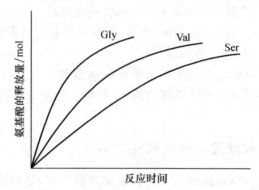

图 3-4　羧肽酶法鉴定 C-末端残基及 C-末端序列示意图
序列是 Ser-Val-Gly

羧肽酶 A:作用除 Pro、Arg、Lys 以外的所有 C-末端残基。

羧肽酶 B:作用碱性氨基酸的 C-末端残基。

羧肽酶 Y:可作用任何 C-末端残基。已被用来设计蛋白质序列仪的自动分析方案。

五、二硫键断裂

胱氨酸中二硫键可用氧化剂(如过甲酸)或还原剂(如巯基乙醇)断裂。半胱氨酸的巯基在空气中氧化则成二硫键。

为确定二硫键(—S—S—)的位置,常用变性剂。如 8 mol/L 尿素或 6 mol/L 盐酸胍使蛋白质变性，分子内部—S—S—露出，并用 $HSCH_2CH_2OH$ 处理，则—S—S—变成两个—SH，再用碘乙醇保护—SH 不被氧化。反应式为：

$$—S—S— + HSCH_2CH_2OH \longrightarrow HS— + —SH + \cdots$$

也可用过甲酸氧化，将—S—S—变成两个磺酸基（$—SO_3^-$）。

$$—S—S— + \overset{\overset{\textstyle O}{\|}}{HCOOH} \longrightarrow —SO_3^- + {}^-O_3S— + \cdots$$

六、氨基酸组成分析

可用氨基酸分析仪进行测定，相对分子质量 30 000 的蛋白质的氨基酸组成分析只需 6 μg 的样品，时间不到 1 小时。

蛋白质样品组成分析一般可用 6 mol/L HCl 在 110℃氮气保护或真空条件下水解 10～24 小时（或用甲基磺酸水解），水解产物用磺化聚苯乙烯离子交换柱分离。蛋白质水解时 20 种氨基酸中 Trp 全被破坏，Ser、Thr 和 Tyr 被部分破坏。Asn 和 Gln 的酰胺基被水解下来生成 Asp、Glu 和铵离子。Ser、Thr 和 Tyr 等被破坏的程度与保温时间有关。为测定它们的含量，可在不同保温时间（24、48、72 小时）测定样品中这几种氨基酸的含量，绘出曲线，外推至时间为零，即可求出这几种氨基酸的含量。为测 Trp 含量，可用 5 mol/L NaOH 在 110℃氮气保护下水解 20 小时，虽然多种氨基酸被破坏，但 Trp 不被破坏，分离后可测定含量。

用已知含量的各种氨基酸标准样品显色作出光吸收标准曲线，再用待测定样品水解分离出的各种氨基酸显色后的光吸收与标准曲线比较，即可测定氨基酸含量。用茚三酮显色可检测出 10 nmol 的氨基酸，荧光显色可检测到 10 pmol 的氨基酸。

测出 Asx（Asp、Asn）和 Glx（Glu、Gln）的量，而酰胺基总量由水解液中 NH_4Cl 量推出，就可计算出 Asp、Glu 和 Asn、Gln 含量。

蛋白质的氨基酸组成可用每百克蛋白质中含氨基酸的克数表示，或每摩尔蛋白质中氨基酸残基的摩尔数表示。许多蛋白质如鸡溶菌酶、牛核糖核酸酶等的氨基酸组成均已确定，可查有关文献获得。

七、肽链部分裂解和肽段的分离纯化

现在氨基酸序列测定一般只能测几十个氨基酸残基肽段，往往需将待测蛋白质先裂解成较小肽段，再分离提纯后测序。裂解要求断裂点少、专一性强、反应产率高，应选用专一性强的蛋白水解酶或化学试剂进行有控制的裂解。

（1）**酶裂解法**：常用的蛋白酶有以下几种（为内切酶或内肽酶），在裂解肽链时作用位点（专一性）见图 3-5 箭头所指处。

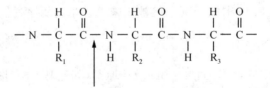

图 3-5 几种蛋白水解酶（内肽酶）的专一性（箭头所指为酶作用位置）

胰蛋白酶(trypsin):水解碱性氨基酸(带正电荷的氨基酸)的羧基所形成的肽键,R_1侧＝Lys,Arg,即要求形成肽键的羧基端为碱性氨基酸。R_2侧＝Pro,抑制水解。

糜蛋白酶(胰凝乳蛋白酶,chymotrypsin):肽键羧基端为芳香族氨基酸,R_1侧＝Phe、Trp或Tyr,水解速度快;为疏水性氨基酸Leu、Met或His,水解速度次之。R_2侧＝Pro,抑制水解。

嗜热菌蛋白酶(thermolysin):肽键氨基端R_2侧＝Phe、Typ、Tyr、Leu、Ile、Val或Met(疏水性氨基酸残基),水解速度快。R_2侧＝Gly或Pro,不水解。R_1或R_3侧＝Pro,抑制水解。

胃蛋白酶(pepsin):特异性不太强,切点多,肽键羧基端或氨基端为芳香族氨基酸(Phe、Typ、Tyr)或疏水性氨基酸如Leu等,水解速度好。R_1侧＝Pro,不水解。

常用的高专一性肽键水解内切酶还有:谷氨酸蛋白酶(葡萄球菌蛋白酶),在磷酸缓冲溶液(pH 7.8)中裂解要求R_1侧为Glu或Asp,在碳酸氢铵缓冲溶液(pH 7.8)或醋酸铵缓冲溶液(pH 4.0)中要求R_1侧＝Glu;精氨酸蛋白酶(梭菌蛋白酶),要求R_1侧＝Arg。

(2) 化学裂解法:溴化氰(BrCN)断裂多肽链中羧基由Met提供的肽键,即R_1侧＝Met。反应如图3-6所示,Met残基与BrCN反应生成肽酰高丝氨酸内酯,Met羧基端与其他氨基酸氨基生成的肽键发生断裂成两个肽段,其中一个肽段C-末端为高丝氨酸内酯,另一个肽段的C-末端为多肽链的原C-末端。

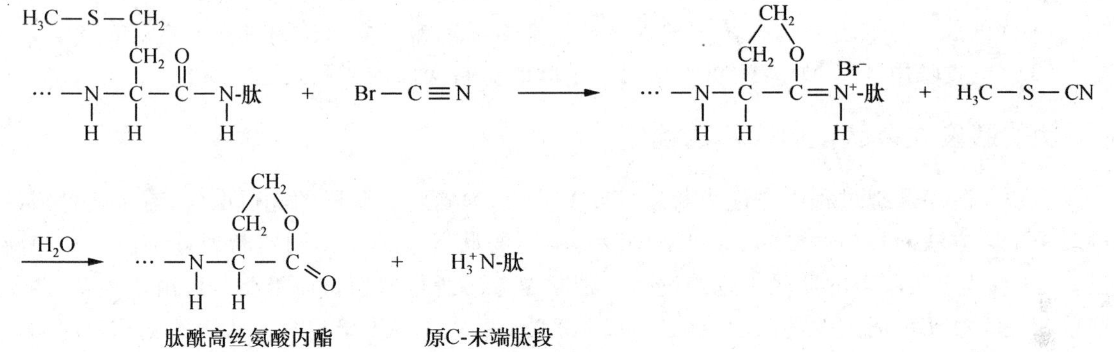

图3-6　BrCN裂解法断裂肽键

八、肽段氨基酸序列的测定

(1) Edman化学降解法:为目前最常用的氨基酸序列测定法,通过N端氨基酸残基与Edman试剂异硫氰酸苯酯(PITC)进行反应来测定。

在形成蛋白质或多肽薄膜的旋转圆柱形杯中(可把肽链的羧基端和不溶性树脂偶联),加入Edman试剂PITC进行Edman降解(50℃,30分钟)。PITC与多肽链N-末端的游离氨基作用,N-末端氨基酸被破坏并水解释出。每反应一次生成一个PTH-氨基酸,用溶剂抽提,以HPLC分离鉴定。每一轮Edman降解可在2小时内完成,剩下减少一个氨基酸残基的肽链,又有新的N-末端参加下一轮反应。由此进行氨基酸序列自动分析,进行几轮反应就能测出几个残基序列。最低样品用量仅5 pmol。但由于每次循环都有一些肽被有限水解或不完全水解,这些不完全水解造成的积累会使得测序无法进行下去,因此此法最多可测定100个氨基酸的肽链顺序,但一般为60~70个氨基酸。

Edman降解现已有多种改进。如DNS-Edman测序,可提高灵敏度。试剂的改进方面,用由荧光基团或有色基团标记的PITC可更灵敏。如用于蛋白质微量顺序分析的有色的Edman

试剂:4-N,N-二甲氨基偶氮苯-4′-异氰酸酯(4-N,N-dimethylaminoazobenzene-4′-isothiocyanate,DABITC),比经典 Edman 方法灵敏约 25 倍,生成的 DABTH-氨基酸是有色化合物,可呈红色斑点,易于区别和检测。

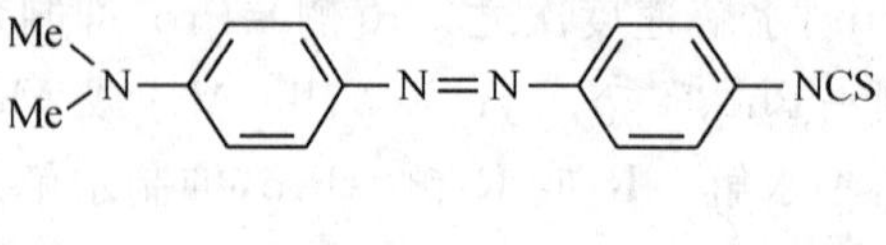

DABITC

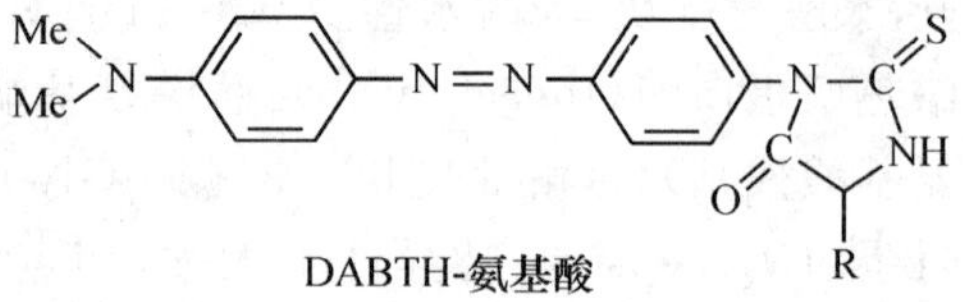

DABTH-氨基酸

(2) **质谱(MS)法**:为使生物大分子离子化,可使用电喷射电离(ESI)。电喷射电离串联质谱法已用于氨基酸序列测定。蛋白质溶液在数千伏高电场中通过毛细管静电分散成微滴,蛋白质离子从微滴中解吸进入气相并进入质谱仪分析。串联质谱法准许蛋白质离子在两台串联在一起的质谱仪上进行分析。第一台用于从蛋白质水解液中分离寡肽,然后选出每一寡肽进行下一步分析。每一个寡肽经碰撞池裂解成离子碎片后,被吸入第二台质谱仪中进行分析。裂解主要发生在寡肽中连接相继氨基酸的肽键上,裂解的碎片为一套大小只差一个氨基酸残基的肽段。碎片之间的相对分子质量之差为各氨基酸残基的质量(特征值),因此可由整套离子碎片质量差推定氨基酸序列。一般 15 肽以下均可用此法。质谱法所需分析样品量少,只需 10^{-12} mol 的肽,且测定速度快,是一种绝对且非常精确地测定蛋白质相对分子质量的方法。

(3) **气-质联用(GC-MS)法**:可直接用于小肽的氨基酸序列的测定。

九、肽段在多肽链中次序的确定

多肽在测序断裂过程中往往会断裂成许多肽段,为确定各肽段的先后次序,需用两种或两种以上不同方法断裂多肽样品,提供至少两套不同的肽段序列。不同的断裂方法由于切口错位,一套断裂方法所得的肽段正好跨过另一种断裂方法所得的切口而重叠。可由重叠肽(两套肽段相互跨过切口而重叠的肽段)确定肽段先后次序,从而拼凑出整个多肽链的氨基酸序列。

如一个 9 肽,用胰蛋白酶水解成三个肽段:

Ala-Gly　　Tyr-Lys　　Glu-Met-Leu-Gly-Arg

用 BrCN 水解成两个肽段:

Leu-Gly-Arg-Ala-Gly　　Tyr-Lys-Glu-Met

从重叠肽段拼凑出整个多肽链为:

Tyr-Lys-Glu-Met-Leu-Gly-Arg-Ala-Gly

复杂的还要经过其他方法证明后,才算最后完成。

十、二硫桥位置的确定

二硫桥定位采用对角线电泳法(diagonal electrophoresis)。一般用切点多、专一性差的胃蛋白酶水解肽链,生成比较小的含二硫桥的肽段混合物。将水解的混合肽段样品点在滤纸中央,在 pH 6.5 进行第一向电泳分离。然后把滤纸用过甲酸蒸气熏,使胱氨酸的—S—S—氧化断裂成两个含磺酰基丙氨酸(带负电荷)的肽。将滤纸转 90°,在完全相同条件下再进行第二向电泳,大多数肽段迁移率未变,位于滤纸对角线上,而含磺酰基丙氨酸的成对肽段由于比原来含二硫键的肽小且负电荷增加,用茚三酮显色后会发现偏离对角线(向正极方向,图 3-7)。

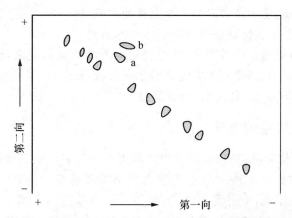

第二向

第一向

图 3-7　对角线电泳图(a,b 两个斑点是由一个二硫键断裂产生的肽段)

将每对含磺酰基丙氨酸的肽段(未用茚三酮显色的)分别提取出,进行氨基酸序列分析,然后与多肽链的氨基酸序列比较,即可推出二硫桥的位置(肽链内或肽链间)。

十一、核苷酸顺序推定法

由于相对分子质量大的蛋白质用氨基酸测序法十分费时,而 DNA 测序技术已相当成熟,越来越多的蛋白质氨基酸序列是由核酸的核苷酸顺序推定的。生物体内蛋白质分子的氨基酸序列是由核酸分子的线性核苷酸序列决定的。可用待测蛋白质做抗原,免疫动物得相应的抗体蛋白。用此抗体再制备此种蛋白质的多核糖体,抗体会与这种多核糖体上含有的该蛋白质模板 RNA(mRNA)结合而沉淀。从沉淀中分离出该 mRNA,并把它反转录出 cDNA(互补 DNA)。测出 cDNA 的核苷酸序列,按碱基互补配对原则,由 cDNA 序列知 mRNA 序列;由于多肽链中氨基酸残基序列是由对应的 mRNA 序列决定的(三联体密码),即可推出蛋白质的氨基酸序列。对于相对分子质量大的(M_r 大于 100 000)或体内含量很低的蛋白质,用此方法十分有效。推定法虽然有其优越性,但仍需配合氨基酸序列分析。如必须知道蛋白质的 N-末端和 C-末端的残基,才能准确找到编码序列(结构基因)。要找到正确的密码读框(reading frame),还必须进行必需的部分氨基酸序列分析。

十二、蛋白质序列数据库

在测定蛋白质序列后,首先应将它与蛋白质数据库中已知的蛋白质序列进行比较,以确定其中是否存在同源性。为此,蛋白质化学家已收集编辑了《蛋白质序列和结构图册》("Altas of Protein Sequence and Structure", Dayhoff, M. O. et al, 1972—1978, Vols 1—5)。由于测定克隆基因的核苷酸序列比测定蛋白质的氨基酸序列更快、更有效、信息更多,现在大多数蛋白质序列都是从基因的核苷酸序列经密码子翻译成氨基酸序列。这些数据库中比较有名的有美国的 PIR(Protein Identification Resource,"蛋白质信息库")、Gen Bank(Gene Sequence Data Bank,"基因序列数据库"),以及欧洲的 EMBL(European Molecular Biology Laboratory Data Bank,"欧洲分子生物学实验室数据库")。

§3.3　蛋白质的三维结构

每一种蛋白质至少都有一种构象在生理条件下是稳定的,这种构象具有生物活性,被称为蛋白质的天然构象。蛋白质的功能取决于蛋白质的三维结构。蛋白质变性后一级结构完好但生物活性丧失，就是由于多肽链伸展开或随机排布的结果。

蛋白质三维结构由氨基酸序列决定，且符合热力学能量最低要求，还与溶剂和环境有关。天然形成的蛋白质三维结构要求：① 主链基团之间形成氢键；② 暴露在溶剂（水）中的疏水性基团最少；③ 多肽链与环境水（必需水）形成氢键。

一、研究蛋白质构象的方法

（1）**X 射线晶体结构分析**：是目前最明确揭示蛋白质大多数原子空间位置的方法，也是当前研究蛋白质三维结构最主要的方法，已为蛋白质结构和功能的研究作出了重大贡献。X 射线晶体学实验由三部分组成：X 射线光源、蛋白质晶体和检测器。用于 X 射线衍射分析的蛋白质的典型晶体为单晶，要求每边约为 0.5 nm，含大约 10^{12} 个蛋白分子。为此，要在不同的实验条件（如不同的缓冲溶液和 pH）来找到合适的结晶条件。

X 射线衍射法的步骤为：蛋白质分离、提纯──→单晶培养──→晶体学初步鉴定──→衍生数据收集──→结晶解析──→结构精修──→结构表达。

X 射线波长为 0.154 nm，与碳碳单键长 0.15 nm 相当。当单色的 X 射线作用于合格的单晶样品，利用相干散射的物理效应和单晶衍射仪反射，互相叠加产生衍射，不同物质的晶体形成各自独立的衍射图案，可反映出该分子中原子的位置。将正空间中的晶体结构交换为与倒易空间对应的分立分布的衍射强度数据组。再以上万个衍射强度数据组为基础通过反变换傅里叶函数计算，结合人的理论分析和结构解析方法，使晶体结构以解析的方式（分数坐标法）或图像显示的方式再现。根据衍射线的方向可以确定晶胞（晶体的重复单位）的大小和形状，根据衍射的强度可确定晶胞中的原子分布。

（2）**其他方法**：核磁共振（NMR）法可测定溶液中的蛋白质结构，它是天然溶解状态下的结构。通过 NMR 可观察蛋白质的扭转角度、质子间距和肽平面间的二面角，结合蛋白质的氨基酸序列组成而计算出蛋白质结构。NMR 法可用来进一步研究蛋白质运动的复杂过程。研究溶液中的蛋白质构象还可用紫外差光谱、荧光和荧光偏振、圆二色性（CD）等方法。另外，还可以将蛋白质在膜上吸附或结合，获得蛋白质的二维结晶，进行电镜观测，经 CT 扫描后再用计算机进行三维重构得到蛋白质的构象。

二、稳定蛋白质三维结构的作用力

蛋白质折叠成紧密结构可伴随构象熵降低，必须靠大量弱的非共价相互作用来维持折叠构象。主要弱相互作用（或称非共价键、次级键），包括氢键、疏水作用（熵效应）、范德华力和离子键（盐键），保证折叠状的蛋白质更稳定。此外，共价二硫键在稳定某些蛋白质构象中也起重要作用，见表 3-1。这些稳定生物系统结构的作用力，在稳定核酸构象和生物膜结构方面也起着重大作用。

表 3-1　蛋白质中存在的几种键的键能

键	氢　键	二硫键	盐　键	疏水作用	范德华力
键能/(kJ·mol^{-1})	13～30	210	12～30	12～20	4～8

注：键能是指断裂该键所需的自由能。

三、蛋白质的二级结构

1. 二级结构概述

蛋白质主链折叠形成的由氢键维系的重复性结构,称为二级结构。由于能量平衡和熵效应,多肽链借助氢键有规则地折叠成特有的 α-螺旋或 β-折叠片等片段,并向一个方向形成有规则的重复结构。二级结构是根据结构的外部特征划分的,可用平面图形来表示其组成范围和相对伸展方向。多肽链折叠后疏水基团埋藏在分子内部,亲水基团暴露在分子表面。而埋在分子内部的主链的极性基团(C═O···H—N)周期性形成氢键相互作用,暴露在分子表面的极性基团与溶剂水形成氢键。

常见的二级结构元件有 α-螺旋、β-折叠片、β-转角和无规卷曲。

2. α-螺旋(α-helix)

是蛋白质中最典型、含量最丰富的二级结构。多肽主链围绕中心轴盘绕成螺旋状紧密卷曲的棒状结构,称为 α-螺旋(图 3-8)。α-螺旋结构中每个肽平面上的羧基氧和酰胺氮上的氢都参与氢键的形成,因此这种构象是相当稳定的。氢键大体与螺旋轴平行。

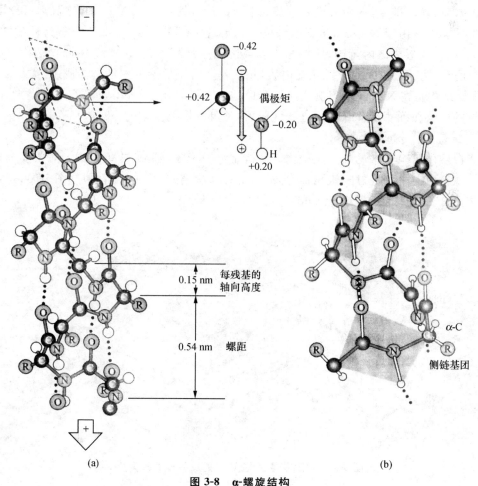

图 3-8 α-螺旋结构

(a)表示螺旋参数;(b)螺旋轴与肽平面大体平行

（1）**结构尺寸**：α-螺旋结构是一种重复性结构。螺旋中二面角 ψ 和 ϕ 分别在 $-57°$ 和 $-47°$ 附近。每圈螺旋约含 3.6 个氨基酸残基，由氢键封闭的环中原子数为 13，此种 α-螺旋又称 3.6_{13}-螺旋。每个残基绕轴旋转 $100°$，沿轴上升 0.15 nm。每圈螺旋沿螺旋轴方向（螺距）为 0.54 nm，螺旋直径（不计侧链）约为 0.5 nm。残基侧链 R 基均伸向螺旋外侧。

$$—\overset{O}{\underset{C}{\parallel}}\boxed{NH—CH—\overset{O}{\underset{R}{C}}}_3\overset{H}{\underset{N}{}}—$$

3.6_{13}-螺旋

（2）**偶极矩和手性**：α-螺旋所有氢键都沿螺旋轴指向同一方向，几乎与中心轴平行，结果使 α-螺旋本身就成了一个偶极矩。N-末端积累部分正电荷，并常有磷酸基等带负电荷的配基与之结合；C-末端则积累部分负电荷。α-螺旋几乎都是右手螺旋（左手螺旋稀少），并具有手性和旋光性，可用圆二色性（CD）光谱来研究。

（3）**影响 α-螺旋形成的因素**：可用多聚氨基酸来研究。R 基小且不带电荷的多肽链易形成 α-螺旋。如多聚丙氨酸，在 pH7 的水中很易自发卷曲形成 α-螺旋。多聚赖氨酸在 pH7 时，R 基带正电荷，静电排斥，不能形成 α-螺旋，但若 pH=12，消除 R 基正电荷后，则可形成 α-螺旋。多聚异亮氨酸由于 R 基大，虽不带电也不易形成 α-螺旋。另外，Pro 由于为仲酰胺，酰胺的氮上无氢，不能形成链内氢键，所以当 Pro 或羟脯氨酸存在时，α-螺旋中断，产生一个结节。α-角蛋白是毛、发、甲、蹄中的纤维状蛋白质，几乎完全由 α-螺旋的多肽链构成。

α-螺旋结构是在 X 射线衍射测出肌红蛋白结构 6 年前就由 Pauling 和 Corey 提出，说明一个多肽链的构象在确切了解它的组分的性质后，是可以推测出来的。

3. β-折叠片（β-pleated sheet）

为蛋白质中第二种常见的二级结构。肽链主链处于较伸展的曲折形式。两条或多条相当伸展的多肽链侧向之间通过氢键相连，形成的折叠片状结构，称为 β-折叠片（图3-9），每条肽链或肽段称为 β-折叠股或 β-股（β-strand）。

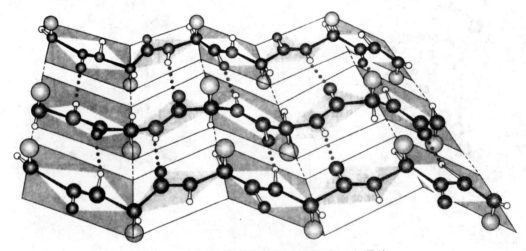

图3-9　在纸"折叠片"上画出的反平行 β-折叠片

肽链:主链呈锯齿状,肽链长轴互相平行。

氢键:在不同的肽链间或同一肽链的不同肽段间形成,氢键与肽链长轴接近垂直。

R基:交替分布在片层平面两侧。

由肽链走向不同β-折叠片可分两种形式:平行结构(相邻肽链同向)和反平行结构(相邻肽链反向),见图3-10。

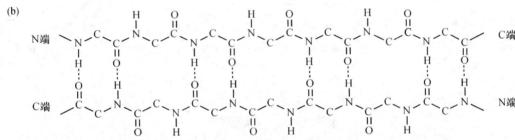

图3-10 在平行(a)和反平行(b)β-折叠片中氢键的排列(图中未画出侧链)

平行结构:相邻肽链同向,均为N→C或C→N(N-末端在同一端),$\phi=-119°$,$\psi=+113°$,比反平行β-折叠片更规则。一般大于5个β-股,并且是大结构。平行折叠片构象的伸展程度略小于反平行折叠片,两个氨基酸残基之间的轴心距为0.325 nm,它的重复周期是0.65 nm。疏水侧链分布在折叠片平面两侧。

反平行结构:相邻肽链反向,一条N→C,另一条C→N,肽链的N-末端顺反排列。$\phi=-139°$,$\psi=+135°$,可少到仅由两个β-股组成。两个氨基酸残基之间的轴心距为0.35 nm,它的重复周期是0.70 nm。疏水侧链通常都排列在折叠片的一侧。

大多数β-折叠股和β-折叠片都有右手扭曲的倾向,以缓解侧链之间的空间应力(steric strain)。纤维状蛋白中β-折叠片主要是反平行的,蚕丝心蛋白几乎完全由扭曲的反平行β-折叠片构成,球状蛋白质平行和反平行两种方式都广泛存在。由2~5条平行或反平行的β链组成的结构单位最为普遍。

4. β-转角(β-turn)和β-凸起(β-bugle)

在球状蛋白质中多肽链必须弯曲、回折和重复定向,所形成的非重复性结构称为β-转角(β-转折),或称β-弯曲(β-bend)或发夹结构(hairpin structure)。多肽链走向的扭转大都通过β-转角完成。β-转角是球状蛋白的一种简单的二级结构元件。β-转角中第n个氨基酸残基的羰基(C=O)与第$n+3$个残基的N—H以氢键键合(如图3-11),形成一紧密的环状稳定结构。

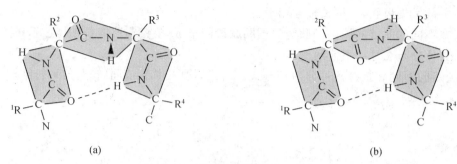

(a)   (b)

图 3-11　两种主要类型的 β-转角

在肽链回折或弯曲时,使多肽链出现 180°急剧回折。图 3-11 所示的两种主要类型的 β-转角,其差别只是中央肽基旋转了 180°。另外还有其他类型,但在蛋白质中不常发现。β-转角处,Gly(R 侧链为 H,可调整其他氨基酸的空间阻碍)和 Pro(有环状结构的侧链,ϕ 角固定,迫使 β-转角形成)出现的概率很高。β-转角多处于蛋白质分子表面,在球状蛋白中含量丰富,约占 25%。

β-凸起是在 β-折叠股中额外插入一个残基(如图 3-12 的 **D**),凸起股产生小弯曲,可引起肽链方向稍有改变,为一种小片非重复结构。β-凸起常作为反平行 β-折叠片中的一种不规则情况而存在。

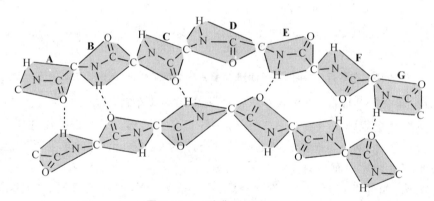

图 3-12　一种典型的 β-凸起

图中一个肽链有 7 个肽平面,**D** 为插入;另一个有 6 个肽平面

5. 无规卷曲(random coil)

又称卷曲(coil),泛指那些不能归入明确的二级结构的多肽区段。实际上无规卷曲并不是完全无规,而是像其他二级结构那样具有明确而稳定的结构。此类有序的非重复结构经常构成酶的活性部位或其他蛋白质特异的功能部位。

四、超二级结构

超二级结构(super-secondary structure)是指在一级结构序列上相邻的二级结构在三维折叠中彼此靠近并相互作用形成的组合体。许多蛋白质中都可见到二级结构的共同重复形式。若干相邻的有规则的二级结构元件(主要是 α-螺旋和 β-折叠片)组合在一起,彼此相互作用形成种类不多的二级结构串。超二级结构可在多种蛋白质中充当三级结构的构件。已知有三种基本的组合形式:αα、βαβ 和 ββ(图 3-13)。

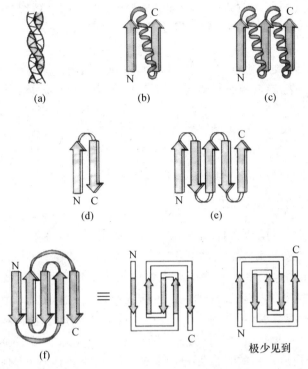

图 3-13　蛋白质中的几种超二级结构

（a）αα；（b）βαβ；（c）Rossman 折叠（βαβαβ）；（d）β-发夹；（e）β-曲折；（f）希腊钥匙拓扑结构

（1）**αα 是一种 α-螺旋束**。通常是两股平行或反平行排列的右手螺旋段缠绕而成的左手卷曲螺旋（或称超螺旋）。但也有三股和四股螺旋。α-螺旋束是 α-角蛋白、肌球蛋白等纤维状蛋白的主要结构元件，也存在于球状蛋白中。

（2）**βαβ 是由两段平行 β-折叠股和一段作为连接链的 α-螺旋组成**。最常见的 βαβ 组合是由三段平行 β-折叠股和两段 α-螺旋构成，相当于两个 βαβ 单元组合在一起，称为 Rossman 折叠（βαβαβ）。β-折叠股之间有氢键连接。

（3）**ββ 就是上述的反平行折叠片**。最简单的 ββ-折叠是 β-发夹（β-hairpin）结构，两个 β-折叠股间通过一个短环（发夹）连接起来。β-曲折（β-meander）是连续的多个反平行 β-折叠股通过紧凑的 β-转角连接而成。希腊钥匙拓扑结构也为 ββ 的一种。

五、结构域

多肽链在二级结构或超二级结构基础上形成的三级结构（局部折叠区），是相对独立的紧密球状实体，称为结构域（structural domain）或域（domain），是球状蛋白质的独立折叠单位。较大的蛋白质常折叠成几个结构域，每个结构域的相对分子质量保持在 1.7×10^4 左右。结构域常常也是功能域，是蛋白分子独立存在的功能单位。对于较小的球状蛋白质分子或亚基，结构域就是三级结构；对于较大的球状蛋白分子或亚基，其三级结构往往由两个或多个结构域缔合而成，为多结构域。

从动力学角度看，多肽链先分别折叠成几个相对独立的区域，再缔合成三级结构，要比整条多肽链直接折叠成三级结构，结构上更为合理。从功能的角度，活性中心都位于结构域之间,通过结构域容易构建特定三维排布,有利于活性中心的形成。结构域之间的柔性肽链形成的铰链区,使结构域容易发生相对运动,有利于活性中心与底物结合,以及别构中心结合调节物发生别构效应。

根据所含二级结构种类和组合方式,结构域大体分为四类:① 全平行 α-螺旋结构域(反平行 α-螺旋结构),其中 α-螺旋占极大的优势;② 平行或混合型 β-折叠片结构域(α,β-结构),是以平行或混合型 β-折叠片为基础的,平行 β-折叠片一般存在于蛋白质的核心处;③ 反平行 β-折叠片结构域(全 β-结构),一般将疏水残基安排在折叠片一侧,亲水残基在另一侧,在自然界出现的概率较高;④ 富含金属或二硫键的结构域(不规则小蛋白结构),其中二级结构少,而与金属形成的配体或二硫键对蛋白质构象起稳定作用。

六、球状蛋白质的三级结构

三级结构为由不同二级结构元件(α-螺旋和 β-折叠片等)折叠组合构成的总三维结构,包括在一级结构中相距较远的肽段之间的几何相互关系和侧链在三维空间中彼此间的相互关系。三级结构通过远距离序列的相互作用来稳定构象。三级结构是建立在二级结构、超二级结构和结构域的基础之上的,是多肽链进一步折叠卷曲形成的复杂的球状分子结构。

蛋白质按其外形和溶解度,可分为纤维状蛋白质(又分为不溶性纤维状蛋白质和可溶性纤维状蛋白质)、球状蛋白质和膜蛋白。自然界大部分蛋白质是球状蛋白质,如酶、抗体、转运蛋白、蛋白质激素等。蛋白质结构的复杂性和功能的多样性主要体现在球状蛋白质中。球状蛋白质有些是单亚基的,称单体蛋白质;有些是多亚基的,称寡聚或多聚蛋白质。

球状蛋白质种类很多,结构也很复杂,各有其三维结构,但仍有如下共同结构特征:① 一种分子可含多种二级结构元件;② 其三维结构具有明显的折叠层次:二级结构——超二级结构——结构域——三级结构——四级结构(多聚体);③ 分子紧密折叠成球体或椭球状实体,所有原子体积占 72%～77%,空腔约 25%,可有水分子存在,而邻近活性部位的区域密度要低,有较大空间可塑性,有利于活性部位和催化基团活动;④ 疏水侧链埋藏在分子内部,亲水侧链暴露在分子表面,以形成稳定的结构,80%～90% 疏水侧链被埋藏,球状蛋白是水溶性的;⑤ 分子表面往往有一个空穴(也称裂沟、口袋),为行使生物功能的活性部位,常用于结合底物、效应物等配体。疏水空穴周围分布疏水侧链,为底物等发生化学反应制造一个疏水微环境。

七、四级结构和亚基

(1)**四级结构**:指寡聚蛋白质中各亚基之间在空间上的相互关系和结合方式。具有四级结构的寡聚蛋白是由两条或多条多肽链构成的,其中每条具有三级结构的多肽链称为亚基或亚单位。寡聚蛋白中独立折叠的球状蛋白质可以通过非共价键彼此缔合在一起,缔合形成聚集体的方式构成蛋白质的四级结构。

(2)**四级结构缔合的驱动力**:稳定四级结构的作用力与三级结构本质相同,均为弱相互作用(氢键、疏水作用、范德华力、盐键)。有的亚基聚合还借助亚基之间的二硫桥,如抗体(为蛋白质),是由两条重链和两条轻链组成的四聚体,二硫键将两条重链与两条轻链连接在一起。

(3)**亚基**:具有四级结构的蛋白质中每个球状蛋白质称为亚基,又称单体。亚基一般是一条多肽链。这些亚基结构可以是相同的,也可以是不同的。大多数寡聚蛋白质分子的亚基数目为偶数,亚基种类一般是一或两种。蛋白质的四级结构涉及亚基种类和数目,以及亚基在整个分子中的空间排布(对称性)、亚基的接触位点(结构互补)和作用力(主要是非共价相互作用)。

(4) **亚基缔合方式**:亚基缔合的主要驱动力是疏水相互作用。缔合专一性则由表面的极性基团的氢键和离子键提供。亚基缔合分为相同亚基之间和不同亚基之间的缔合。相同亚基之间的缔合又分为同种缔合和异种缔合。同种缔合相互作用的表面是相同的,形成封闭的二聚体。对于同种缔合的三聚体和四聚体,则必须利用蛋白质表面上不同的界面。异种缔合中相互作用的表面是不同的,形成开放末端结构,及线性或螺旋形的大聚集体,如病毒颗粒外壳。艾滋病的病原体人免疫缺陷病毒(HIV-Ⅰ)是由几百个外壳蛋白亚基组成的球形壳包被,球形壳是一个很大的四级结构聚集体(图 3-14)。核壳(球形壳包被)包括蛋白 p24 组成的内层和 p18 组成的外层,均为相同亚基的异种缔合。

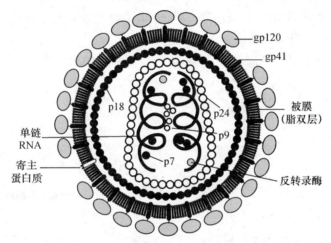

图 3-14 人免疫缺陷病毒(HIV-Ⅰ)结构的剖面图解

不同亚基的聚集体其相互作用的性质更为复杂,在不同亚基间呈现不同的亲和力。

(5) **四级结构对称性**:对称性是四级结构蛋白的主要性质之一,有旋转对称轴,如二聚体、四聚体。

(6) **四级缔合在结构和功能上具有优越性**:亚基缔合使蛋白质的表面积与体积比降低,可增强结构稳定性;编码一个将装配成同种亚基缔合的多聚蛋白质所需的 DNA 比编码另一条相对分子质量相同的多肽链要少,可提高遗传经济性和效率,使编码所需 DNA 减少;四级结构中亚基的缔合具有协同性和别构效应。四级结构使不同单体亚基的催化基团汇集在一起,形成完整的催化部位,协同催化有关联的不同的反应。大多数寡聚蛋白质调节它们的生物活性都借助于亚基的相互作用。

(7) **别构效应**:多亚基蛋白质一般具有多个结合部位,结合在蛋白质分子的特定部位上的配体对该分子和其他部位所产生的影响(如改变亲和力或催化能力),称为别构效应。除活性部位外,还有别的配体(如调节物活效应物)的结合部位,称为别构部位或调节部位。别构蛋白质至少含有两个活性部位或别构部位。别构效应中亚基之间的信息传递是通过蛋白质构象变化实现的,亚基之间的接触点提供了亚基之间的通信机制。别构效应具有协同性,作用部位相同为同促别构效应,作用部位不同为异促协同效应。别构效应具有调节代谢的功能。具有别构效应的蛋白质为别构蛋白质,具有别构效应的酶称为别构酶。如血红素为别构蛋白质,为亚基 α 和 β 组成的四聚体 $\alpha_2\beta_2$,具有这四个亚基单独存在时不具有的性质,如传递氧量增加,还可输送 CO_2 和 H^+,并且功能可被二磷酸甘油所调节。

八、蛋白质的变性和复性

(1) **变性**(denaturation):天然蛋白质分子受某些物理化学因素,如热、紫外线照射或酸、碱、有机溶剂、变性剂的影响,引起生物活性丧失、溶解度降低及物理化学常数改变的过程,称为蛋白质变性。蛋白质变性实质为分子中次级键破坏,天然构象解体。但变性不涉及共价键(肽键和二硫键)的破裂,一级结构保持完好,只是物化性质和生化性质改变。

变性过程往往发生下列现象:蛋白质生物活性丧失,使原来分子内部包藏的侧链暴露出来而发生反应;一些物化性质改变,如疏水基外露,溶解度降低,分子凝集沉淀;分子伸展,蛋白黏度增加,旋光和紫外吸收变化等。蛋白质变性后,由于分子伸展松散而易被蛋白酶水解。生物活性丧失是蛋白质变性的主要特征。

(2) **变性剂**:指能与多肽主链竞争氢键,破坏二级结构的化合物,如尿素、盐酸胍等。

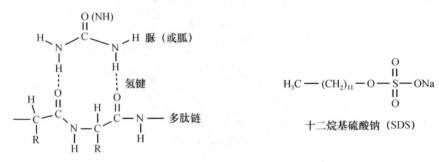

尿素(或胍)与肽链作用方式

表面活性剂可破坏蛋白质疏水相互作用,使非极性基团暴露于介质水中,如十二烷基硫酸钠(SDS)。

变性是一个协调过程,在所加变性剂很窄的浓度范围内、或很窄的 pH、或温度区间内突然发生。有些变性是可逆的。

(3) **复性**:指变性的蛋白质在一定条件下重建其天然构象、恢复其生物活性的过程。

(4) **牛胰核糖核酸酶的变性和复性实验**:牛胰核糖核酸酶(RNA 酶,RNase)是由 124 个氨基酸残基组成单链,分子内包含四个二硫键,其变性和复性过程见图 3-15。

变性:加 8 mol/L 尿素(或 6 mol/L 盐酸胍)和 β-巯基乙醇(还原二硫键成—SH)酶变性剂,使酶分子的紧密结构伸展成松散的无规卷曲构象。此时牛胰核糖核酸酶无酶的活性,发生变性。

复性:将尿素等变性剂和 β-巯基乙醇用透析法除去,酶活性又可逐渐恢复,变性酶的巯基在空气中被氧化,并自发折叠成具有催化活性的酶,最后达原活性的 95%～100%。用旋光、紫外、特性黏度等方法测定全部物化性质,复性后的酶与天然牛胰核糖核酸酶几乎完全相同。牛胰核糖核酸酶中有 8 个半胱氨酸,形成 4 个二硫键,可以有 105 种连接方式,但只有 1 种是会给出酶活性的。在复性过程中若加入极微量的 β-巯基乙醇,有助于二硫键重排,可加速酶的复性。

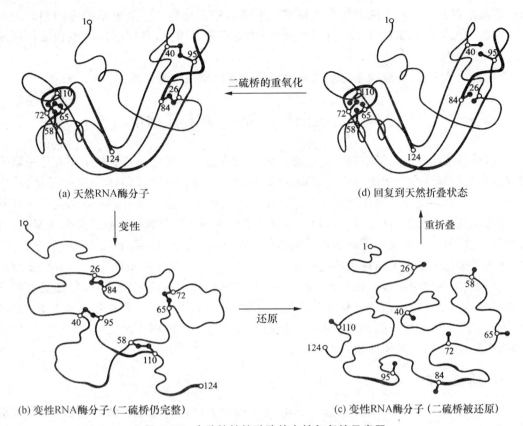

(a) 天然RNA酶分子　　　　　　　　　　　　　　　　(d) 回复到天然折叠状态

(b) 变性RNA酶分子 (二硫桥仍完整)　　　　　　　　(c) 变性RNA酶分子 (二硫桥被还原)

图 3-15　牛胰核糖核酸酶的变性与复性示意图

　　蛋白质变性和复性实验表明,蛋白质复杂的三维结构特征主要取决于一级结构,即其所含氨基酸的组成、顺序和数目。蛋白质的生物学功能是蛋白质天然构象所具有的性质。天然构象是在生理条件下热力学最稳定的结构,即自由能最低的三维结构。

　　由于蛋白质天然构象往往处于能量最低状态,复性生物大分子可以"自我装配"。理论上讲,复性过程受自由能减少所驱使,变性是可逆的。但实际上由于复性所需条件复杂,一般情况不易满足这些条件,使复性常常遇到困难。

九、蛋白质结构预测

　　根据分子生物学一个中心原理:"顺序规定构象,活性依靠结构",蛋白质结构是可预测的。基于氨基酸残基统计的经验预测,由蛋白质氨基酸序列可寻找其二级结构,预测出 α-螺旋、β-折叠和 β-转角等结构。三级结构的预测可用蛋白分子折叠的计算机模拟方法进行。

　　氨基酸残基在二级结构元件中出现的概率是不等的。如在 α-螺旋中多含 Glu、Met、Ala和 Leu,而 Gly 和 Pro 出现的概率很低,但 Gly 和 Pro 却常在 β-转角中出现。β-折叠片中出现Val、Ile 和芳香族氨基酸的概率高,却很少含有 Asp、Glu 和 Pro。这些都说明,含不同的氨基酸残基会倾向于形成不同的二级结构。一般,相邻 6 个残基中若至少含有 4 个倾向于形成螺旋的残基,被认为是螺旋核,可延伸出 α-螺旋;相邻 5 个残基中有 3 个倾向于形成折叠片,则被认为是折叠核,可延伸出 β-折叠片。

　　与二级结构相比,三级结构的预测成功率更小。但随着预测方法和计算机程序的不断改进,也不断取得新的成功。同源蛋白质具有相似的结构和功能。一般氨基酸序列相似的蛋白质,它们的三维结构也相似,三维结构比一级结构更保守。因此,利用已知类似物结构可预测同源蛋白质结构。

全新蛋白质设计、合成和蛋白质工程更需要对蛋白质结构进行预测。

§3.4 蛋白质的结构决定其功能

蛋白质三维结构决定了蛋白质的功能。蛋白质功能又是与它和其他分子相互作用联系在一起的,涉及特异结合。如酶与底物结合,抗原与抗体结合,血红蛋白 Hb 与氧分子结合。

从厌氧生物转化为好氧生物是生物进化中的一大进步。体内葡萄糖释放的能量在有氧条件下为无氧条件下的 18 倍。好氧生物体内必须有循环系统将氧输送到机体的每个部位,转运给贮氧组织贮氧。由于仅依靠氧的扩散来供氧,好氧生物大小只能限制在 1 mm 上下。为此,在生物进化过程中出现了两种重要的与氧结合的蛋白:肌红蛋白和血红蛋白。血红蛋白是血液中的氧载体,在血液中起到载氧和输氧的作用,将氧从肺运送到各组织中;肌红蛋白便于氧在肌肉中转运,在肌肉中起贮氧和氧在肌肉中分配的作用,克服了氧在水中溶解度低的限制,并作为氧的可逆性贮库。能长期潜水的哺乳动物如鲸鱼等,肌肉中肌红蛋白十分丰富,以致它们的肌肉呈棕红色,能长期潜伏在水下。

一、肌红蛋白

肌红蛋白(myoglobin,Mb)是第一个用 X 射线衍射法决定三维结构的蛋白质,分子呈扁平的菱形,大小约为 4.5 nm×3.5 nm×2.5 nm。

(1)三维结构:由一条多肽链(脱辅基肌红蛋白)和一个血红素辅基构成,相对分子质量16 700,含 153 个氨基酸残基,外形紧凑。多肽链近 75% 的氨基酸残基处于 α-螺旋区内,共分8 个 α-螺旋段,全部 α-螺旋为右手型的。最长的螺旋含 23 个残基,最短的 7 个残基。拐弯处α-螺旋受到破坏,是由 1~8 个残基组成的无规卷曲。整个分子结构致密结实,带亲水基团侧链的氨基酸残基几乎全部分布在分子外表面,肌红蛋白是可溶性蛋白;疏水氨基酸残基侧链几乎全埋在分子内部,疏水相互作用对于稳定肌红蛋白的构象很重要。试验表明,松散的肌红蛋白能自发地重新折叠成活性的分子,肌红蛋白复杂的三维结构是脱辅基肌红蛋白所固有的。

(2)辅基血红素(heme):血红素是肌红蛋白和血红蛋白中含有的可与氧结合的非多肽单位辅基。它是一个取代的卟啉,由一个二价铁和原卟啉Ⅸ组成。二价铁是氧结合部位(某些节肢动物的血蓝蛋白是一价铜结合氧)。血红素中的铁原子还能结合其他小分子如 CO、NO 等。原卟啉Ⅸ由四个吡咯环组成,四个吡咯通过甲叉桥连接成四吡咯环系统,与之相连的有四个甲基、两个乙烯基和两个丙酸基(图 3-16)。卟啉类化合物有很强着色力,血红素(铁卟啉)使血液显红色,镁卟啉(叶绿素)使植物呈绿色。

血红素的卟啉环中心的铁离子通常是八面体配位,应有六个配位键,其中四个与卟啉平面分子的氮结合,另外两个与卟啉环面垂直,分布在环面的上下,分别称为第五、第六配位。血红素铁离子直接与四个 His 侧链的氮原子结合,第五配位键与近侧组氨酸的咪唑的氮结合,第六配位处于"开放"状态,可与氧结合,结合后还与一个远处组氨酸紧密接触,被结合的氧夹在组氨酸咪唑环的氮和二价铁离子之间,使氧结合部位成为空间位阻区域,并迫使 CO 成一角度才

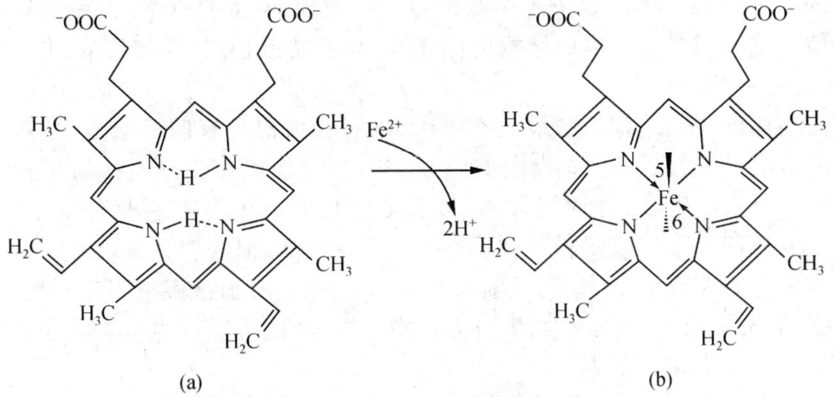

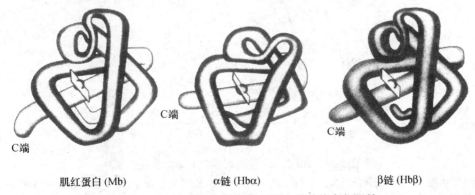

图 3-16　原卟啉 IX (a) 和血红素 (b) 的结构

能与铁结合,削弱 CO 与血红素之间的相互作用,而使氧的结合最优化。铁离子处于二价和三价两种不同的氧化态,其中只有含二价铁的蛋白质可与氧结合,称为亚铁血红素;含三价铁的蛋白质的氧结合部位失活,由水分子代替氧填充该部位,成为三价铁离子的第六配体,称为高铁血红素。蛋白部分的作用首先是固定血红素,并为血红素提供疏水洞穴。一个亚铁血红素基位于疏水的空穴内,被保护而不被氧化成高铁,结合的氧只发生暂时电子重排。氧的结合改变肌红蛋白的构象,铁卟啉由圆顶状变成平面状。

二、血红蛋白

血红蛋白(hemoglobin,Hb)的主要功能为在血液中结合并转运氧气,它存在于血液的双圆盘状红细胞中。Hb 约占红细胞质量的 34%。从肺部经心脏流出的动脉血中 Hb 的氧饱和度约为 96%,而从组织回到心脏的静脉血中 Hb 的氧饱和度仅为 64%。每 100 mL 血流经组织约释放相当于大气压和体温下的 6.5 mL 氧气。血红蛋白的存在使 1 L 血液运载氧的容量从 5 mL 提高到 250 mL,并在运载 CO_2 和 H^+ 中也起到重要作用。

(1) 血红蛋白的结构:脊椎动物血红蛋白由两种亚基、四个多肽链(亚基)组成,如成人的主要血红蛋白 A(HbA)的亚基结构为 $\alpha_2\beta_2$。每个亚基都有一个血红素基、一个氧结合部位。α 链有 141 个氨基酸残基,β 链有 146 个残基,且 α 链、β 链和肌红蛋白的三级结构都非常相似。

肌红蛋白(Mb)　　　　α链(Hbα)　　　　β链(Hbβ)

图 3-17　Hb 的 α 链、β 链和肌红蛋白链的构象相似性

对于人的 α 链、β 链和 Mb 这三种多肽链的分析发现，它们只有 27 个残基是共有的，但高级结构却相似。这表明蛋白质高级结构的保守性，只要功能相同（都与氧结合），高级结构就相似，有时甚至是唯一的。

血红蛋白与肌红蛋白结构上的最大不同在于，血红蛋白具有四级结构，是四聚体，具有单体血红蛋白所没有的新性质，是进化中向前迈出的一步（肌红蛋白只有三级结构）。血红蛋白运载氧量能力增强，比相互独立时增加两倍，还能运载 H^+ 和 CO_2，在氧分压 $p(O_2)$ 变化不大的范围内即可完成载氧和卸氧工作。在肺部血红蛋白氧的饱和度达 96%，为氧合血红蛋白；而在肌肉中氧的饱和度仅为 24%，为去氧血红蛋白。100 mL 血液经过组织时可释放它所携带氧的 3/4，相当于 6.5 mL 氧气。血红蛋白为变构蛋白，功能可受环境中其他分子，如 H^+、CO_2 和 2,3-二磷酸甘油酸（BPG）的调节。

(2) 与氧结合引起血红蛋白构象变化：氧合血红蛋白和去氧血红蛋白在四级结构上有显著不同，发生构象变化。血红蛋白是一种变构蛋白质，可以两种相互转化的构象态存在，分别称为 T（紧张）态和 R（松弛）态。无氧结合时为 T 态，是通过几个盐桥稳定的；氧结合时转变为 R 态。T 态和 R 态之间的构象变化是由亚基-亚基相互作用所介导的。氧和血红蛋白的结合导致血红蛋白出现别构现象。氧与血红蛋白结合具有正协同性同促效应，结合曲线呈 S 形，即一个氧分子与 Hb 结合，使同一 Hb 分子中其余空的与氧结合部位对氧亲和力增加，比较容易再结合第二、三、四个氧分子。氧既是正常配体，又是正同促效应物。Hb 与第一个氧分子结合较为困难，但一旦结合后，再结合第二、三、四个氧则比较容易。结合第四个氧比结合第一个氧结合力要强 300 倍。

三、血红蛋白和肌红蛋白的氧合曲线

1. 氧合曲线

氧合曲线见图 3-18，其中 $p(O_2)$ 为氧分压，表示氧的浓度（氧浓度与氧分压成正比）；Y 为氧饱和百分数，为被占氧合部位与氧合部位总数之比。

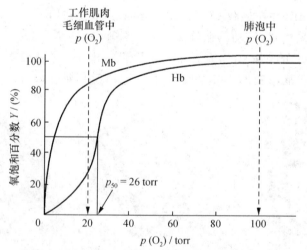

图 3-18 Hb 和 Mb 蛋白氧饱和度与氧分压关系

① Mb 功能为贮氧，氧合曲线为双曲线。氧饱和百分数 Y 随氧分压 $p(O_2)$ 增加而迅速增加，呈线性关系，Mb 对氧有很大亲和力，适宜贮氧。$p(O_2)=1$ torr（1 torr=133.32 Pa）时，$Y=0.5$，半满载；$p(O_2)=20$ torr 时，$Y\approx1$，接近满载。

② Hb 氧合曲线为 S 形曲线，功能为肺部载氧，组织（如肌肉毛细血管中）卸氧

当 $Y=0$，所有氧合部位空着；$Y=1$，所有氧合部位被氧占据；$Y=0.5$，半载，此时所需氧分压大小为对氧亲和力指标。

S 形曲线分析：

(1) 肺区氧分压较高，$p(O_2)\approx 100$ torr（空气中氧分压为 $760\times 21\%=160$ torr），$Y=0.97$，近于 1，载氧；

(2) 组织肌肉中需氧，$p(O_2)\approx 20$ torr，$Y=0.25$，卸氧；

(3) ΔY：氧饱和百分数变化，为血红蛋白输氧效率的指标；

(4) $\Delta p(O_2)$：氧分压变化。肺区和组织肌肉中氧分压变化：$\Delta p(O_2)=100-20=80$ torr。

Hb 氧饱和百分数变化为：$\Delta Y=0.97-0.25=0.72$，表示有近 3/4 氧可从 Hb 上卸下。由此可知在 S 形曲线上，即使 $p(O_2)$ 变化不大（仅 80 torr），也有较多的氧卸下，输氧效率较高，可完成输氧。$\Delta p(O_2)$ 在 $20\sim 100$ torr 范围变化，为 Hb 工作区；相比 Mb 的双曲线，$\Delta p(O_2)$ 在 $20\sim 100$ torr 范围变化，ΔY 只有 0.1，表示氧不易卸下，只能担负贮氧功能。

Hb 与 Mb 功能差别只是因为 Hb 有四个亚基，有四级结构，可进行协同载氧和卸氧工作。氧与血红蛋白的结合是协同进行的。第一个氧与 Hb 结合时要打开亚基间盐键等相互作用，要变构耗能比较困难。变构后再与氧结合就不用再多耗能而比较容易了。血红蛋白的四级结构保证了协同可逆载氧卸氧工作的进行。具有四级结构血红蛋白的脊椎动物成为优异种群，而蚯蚓等低级动物的血红蛋白只有三级结构。氧与肌红蛋白的结合并不协同进行。

2. H^+、CO_2 和 BPG 对血红蛋白氧合曲线的影响

血红蛋白与氧结合受 H^+、CO_2 和 BPG（2,3-二磷酸甘油酸，2,3-bisphosphate glycerate）等的调节。虽然它们与 Hb 结合部位离血红素基甚远，但却极大影响 Hb 与氧的结合。它们的影响是通过别构效应调节的，是 Hb 呈现的又一种别构效应。

(1) 波尔（Bohr）效应：pH 降低（H^+ 增加），CO_2 压力增加，均降低血红蛋白对氧的亲和力，促进血红蛋白释放氧；反之，高浓度氧又促使脱氧血红蛋白释放 H^+ 和 CO_2。波尔效应是 H^+、CO_2 与 O_2 结合之间的别构联系。H^+ 和 CO_2 促进 O_2 从血红蛋白中释放，这是生理上的一个重要效应，提高了 O_2 在代谢活跃的组织如肌肉中的释放；相反，O_2 又促进 H^+ 和 CO_2 在肺泡毛细管中的释放。

图 3-19 中，pH 减少使 S 形曲线右移，而 H^+ 增加、CO_2 增加均使 pH 减少。

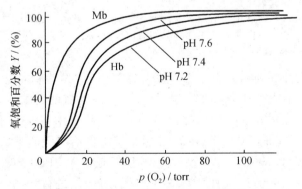

图 3-19　在不同 pH 下 Mb 和 Hb 的氧合曲线
肺中血液 pH 为 7.6，组织中为 7.2，Hb 氧合曲线常在 pH7.4 下进行

波尔效应的生理意义：在组织区（如肌肉）CO_2 产生，为高 CO_2、低 pH 区，pH≈7.2，有利于 Hb 释放氧载 CO_2；在肺区氧吸入，$p(O_2)$ 高，高 pH 区（pH≈7.6），有利于 Hb 与氧结合，放出 H^+ 和 CO_2。

(2) BPG 降低 Hb 对氧的亲和力：血红蛋白对氧的亲和力还受 BPG 的调节。BPG 能与去氧血红蛋白结合，但不能与氧合血红蛋白结合。它可降低血红蛋白对氧的亲和力（低于肌红蛋白）。BPG 是一个负电荷密度很高的小分子，可由糖代谢产生，正常人血液中约含 4.5 mmol/L，约与血红蛋白等摩尔数，即维持 Hb 与 BPG 比例的化学计量。Hb 只有一个与 BPG 结合的部位，位于 Hb 四个亚基缔合形成的中央空穴内。BPG 只作用与氧结合少的 Hb，使 Hb 与氧亲和力降低，有利于在组织区卸氧。BPG 对氧合态的 Hb 亲和力小，在肺部氧分压大时影响不大，即对肺区载氧影响不大。BPG 对氧合态血红蛋白的亲和力大小顺序为：$Hb(O_2) > Hb(O_2)_2 > Hb(O_2)_3 > Hb(O_2)_4$，与 $Hb(O_2)_4$ 完全不结合。

图 3-20 显示出在不同 BPG 浓度下血红蛋白的氧合曲线，BPG 浓度增加，Hb 氧合曲线右移。

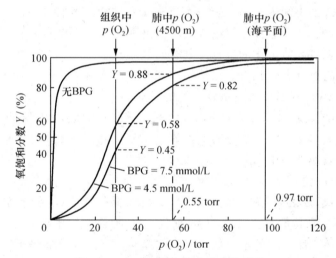

图 3-20　BPG 对 Hb 氧合曲线的影响

① 无 BPG，Hb 氧合曲线为双曲线，对氧亲和力高，不易卸氧。$Y = 0.5$，$p(O_2) ≈ 2$ torr，而在低于 20 torr 时 Hb 为氧饱和，因此氧不能从 Hb 到 Mb。

② 当 BPG=4.5 mmol/L 时（正常生理状况），为 S 形曲线，可卸氧，此时 $Y = 0.5$，$p(O_2) = 26$ torr。

③ 当 BPG=7.5 mmol/L 时（非正常生理状况如高山反应，及病理状况如肺气肿），S 形曲线右移，更易卸氧，满足肌体对氧需求，此时 $Y = 0.5$，$p(O_2) ≈ 34$ torr

BPG 的病理作用：肺气肿病人由于肺区动脉载氧量不足，为保证运送氧气，体内 BPG 量增加，氧合曲线右移，有利于 Hb 在组织区卸氧，保证组织对氧的需求。

BPG 的生理作用：如在 4500 米的高山上 $p(O_2)$ 下降，肺中 $p(O_2)$ 不到 55 torr，对组织供氧量减少 1/4，$\Delta Y = 30\%$（即 0.88−0.58）。正常情况下供给组织的氧量（卸氧量）约为血液所能携带的最大供氧量的 40%（ΔY）。为抵御高山反应，正常人 BPG 浓度几小时即开始上升，两天之内身体中可由 4.5 mmol/L 增加到 7.5 mmol/L，对卸氧进行调解。从图 3-20 可知，由于 BPG 调节对肺中氧的结合影响不大，但对组织中氧的释放有较大影响，使供氧量又恢复到 $\Delta Y = 37\%$（即 0.82−0.45），近 40%。胎儿的血红蛋白（$\alpha_2 \gamma_2$）比成年人的血红蛋白（$\alpha_2 \beta_2$）有较高的亲和力,就是因为它结合 BPG 较少。

四、血红蛋白分子病

导致一个蛋白质中氨基酸改变的基因突变能产生所谓的分子病,是遗传性疾病(genetic disease)。人类已发现 300 多种不同突变的血红蛋白,许多突变是有害的,其中了解最清楚的是镰刀状细胞贫血症(sickle-cell anemia),为一种致命性遗传溶血疾病。这种病人一般活不过 30 岁,黑人中约占 0.4%,为遗传基因突变所致。镰刀状细胞对疟疾病有一定的抗性。

(1)镰刀状细胞贫血症病状:心悸、气短、虚弱和头晕等,为贫血症状。1904 年首次在美国的黑人大学生中发现。

病人检查:心脏异常,血液中含大量细长镰刀形和新月状血红细胞。这种镰刀状红细胞称为 HbS;而正常红细胞为圆形,称为 HbA(图 3-21)。

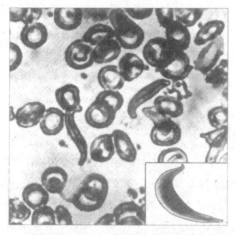

图 3-21 正常的红细胞和镰刀状红细胞的扫描电镜图

病情分析:贫血症状是由于身体中没有足够可承担输氧的红细胞。心脏异常为异常血红蛋白长期刺激所致。

(2)镰刀状细胞贫血症研究:电泳比较细长镰刀状红细胞 HbS 和可承担输氧的正常圆形红细胞 HbA,发现 HbS 和 HbA 电泳速度和等电点均有差异。它们在 pH 8.6 下均向正极移动,但 HbS 比 HbA 稍慢,说明 HbS 比 HbA 少几个带负电荷的基团,相应的等电点也稍低。

氨基酸测序:用胰蛋白酶在同样条件下水解,进行双向纸层析电泳,得指纹图谱(fingerprint)。HbA 与 HbS 均为 28 个肽段,但血红蛋白的 β-链上一个由 8 个氨基酸组成的肽段位置不同。氨基酸序列测定表明,HbA 与 HbS 中 574 个氨基酸残基只有一个氨基酸残基不同。四个亚基 $\alpha_2\beta_2$ 中,α-链完全相同,区别只在于 β-链上 N 端 6-位 Glu(HbA)变为 Val(HbS),即一个带电氨基酸残基(Glu)变为不带电的疏水氨基酸残基(Val)。这一改变在血红蛋白表面上产生一个疏水小区,结果由于疏水相互作用,β-链上 6-Val 与原有的 1-Val 接近,使血红蛋白分子从扁平状压缩变形,形成细长聚集体红细胞,构成镰刀形不溶性的纤维束。这种聚集红细胞与氧结合力降低,输氧能力降低。

值得注意的是,血红蛋白分子四条肽链共 574 个氨基酸残基,只有两个 β-链上的氨基酸被代替(2Glu→2Val),即引起如此严重的疾病。从近几十年人们已破译的三联体密码子的遗传密码来分析:Glu 的遗传密码是 GAG 和 GAA,而 Val 的遗传密码是 GUU、GUC、GUA 和 GUG。只要决定血红蛋白合成的核苷酸序列的 3×574 个核苷酸中改变了一个,即 Glu 的密码中腺苷酸(A)突变为尿苷酸(U),便可引起如此严重的疾病,这确实值得人们去深入研究和注意。

(3) 镰刀状细胞贫血症治疗性矫正:可从降低 β-链 N 端 1-位或 6-位 Val 的疏水性入手。如使 1-Val 的氨基用氰酸钾(KCNO)不可逆地氨甲酰化,降低 Val 的疏水性,即可"矫正"HbS 的构象,使分子重新获得输氧能力。虽然由于氰酸钾也可使其他蛋白 N 端氨甲酰化,有毒副作用,但此研究证实了上述镰刀状细胞贫血症起因研究和分析的正确性,并为以后治疗研究指出一个方向。KCNO 的修饰反应如下:

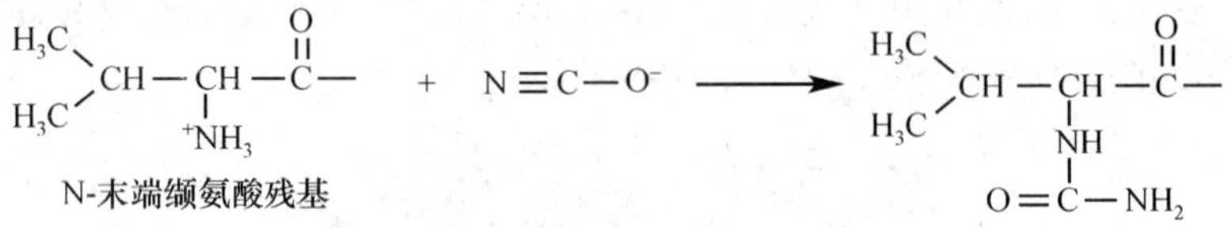

N-末端缬氨酸残基

习　题

1. 写出 Edman 反应的主要试剂的结构式。在多肽序列测定中 Edman 反应的主要特点是什么?

2. 写出 Sanger 试剂和丹磺酰氯的结构式。

3. 一个多肽经分析氨基酸组成是(Ser、Ala、Gly、Tyr、Phe、Asp)和(Lys、Lys)。此肽与二硝基氟苯反应后酸水解生成 DNP-Ala。用胰蛋白酶裂解此肽产生一个二肽及两个三肽,三肽的氨基酸组成分别是:(Phe、Lys、Gly)和(Lys、Ser、Ala);用胰凝乳蛋白酶裂解此肽产生 Asp、一个三肽和一个四肽(Lys、Ser、Ala、Phe),其中三肽与二硝基氟苯反应后酸水解生成 DNP-Gly。请推出此多肽的一级结构。

4. 一个七肽经分析氨基酸组成是 Ser、Ala、Arg、Tyr、Phe、Pro 和 Lys,原本与 Sanger 试剂反应不产生 α-DNP-氨基酸。但经糜蛋白酶作用后断裂成两个肽段,其氨基酸组成分别是:(Pro、Phe、Arg、Lys)和(Ser、Tyr、Ala),且断裂的两个肽段均与 Sanger 试剂反应,分别生成 DNP-Lys 和 DNP-Ser;此多肽经胰蛋白酶作用后也断裂成两个肽段,其氨基酸组成分别是:(Pro、Arg)和(Ser、Tyr、Ala、Phe、Lys)。请推出此七肽的氨基酸序列。

5. 什么是蛋白质的二级结构?有几种基本类型?

6. 简述 α-螺旋和 β-折叠各有何特点?

7. 什么是超二级结构和结构域?超二级结构的三种基本组合形式是什么?

8. 什么是蛋白质的三级结构?共同结构特征是什么?

9. 维持蛋白质构象的次级键有哪些?维持二级结构的主要化学键又是什么?

10. 什么是蛋白质的四级结构,什么是亚基?

11. 举例说明蛋白质一级结构与功能的关系。

12. 由 405 个氨基酸组成的肽链,如全为 α-螺旋结构,其分子长度是多少?如它全为反平行 β-折叠结构,其分子长度又是多少?

13. 一多肽链外形长度为 5.06×10^{-5} cm,相对分子质量为 240 000,只由 α-螺旋和 β-折叠构象组成,试计算其中 α-螺旋构象所占多肽链分子的百分数。

14. 相对分子质量为 15 120 的多肽链,若完全以 α-螺旋形式存在,则该 α-螺旋的长度和圈数是多少?

15. 当① 血浆 pH 从 7.4 变为 7.2;② 肺中 CO_2 分压从 45 torr 降到 15 torr;③ BPG 水平从 4.5 mmol/L 增至 7.5 mmol/L,指出上述变化对于肌红蛋白和血红蛋白对氧的亲和力有什么影响?

16. 什么是别构效应?

17. 煤气中毒的机制是什么?

18. 何谓镰刀状细胞贫血症? 正常血红蛋白(HbA)与镰刀状血红蛋白(HbS)在中性条件下相比,HbS 净电荷增加了多少?

19. 血红蛋白(Hb)四个亚基(ααββ)结构都与肌红蛋白(Mb)类似,但发现 Mb 中许多亲水残基在 Hb 中被疏水残基取代且在 Hb 亚基的外面,对此事实应如何理解?

20. 球状单体蛋白质,相对分子质量由一万增加到十万,分子的疏水基团和亲水基团的比率将如何变化?

第四章 蛋白质分离、纯化和表征

利用蛋白质之间的各种特性差异进行蛋白质分离和纯化,是研究蛋白质结构和性能以及使用具有特殊功能蛋白质的前提。

§4.1　蛋白质相对分子质量测定

每一种蛋白质都有其特定的分子质量。蛋白质相对分子质量的范围是 $6000 \sim 1\,000\,000$ 或更大。

一、根据化学组成推测最低相对分子质量

(1) 由蛋白质中某种微量元素的含量测相对分子质量(准确)：如肌红蛋白、血红蛋白均含铁 0.335%,分别求它们的最低相对分子质量。

肌红蛋白:55.8(Fe 的相对原子质量)$\div 0.335\% = 16\,700$,此值与其他方法测得的相对分子质量相符。

血红蛋白:含铁 0.335%,最低相对分子质量也为 $16\,700$。但用其他方法测得相对分子质量为 $68\,000$,即每一个血红蛋白含有 4 个铁原子,由此计算更为准确的相对分子质量为:$16\,700 \times 4 = 66\,800$。

(2) 由氨基酸含量计算：如牛血清清蛋白含 Trp 0.58%,蛋白质最低相对分子质量为 $35\,200$;每一牛血清清蛋白含有两个 Trp,所以相对分子质量为 $70\,400$。比其他方法测得的值(如 $69\,000$)准确。

二、沉降系数和沉降系数单位

蛋白质分子在溶液中受强大离心力作用时,蛋白质密度大于溶液的密度,蛋白质分子沉降。沉降速度与蛋白质分子大小、密度和分子形状等有关,可用于测相对分子质量。使用超速离心机($6 \sim 8$ 万转/分)测定。蛋白分子在离心机中所受离心力相当于重力加速度的几十万倍。

一种蛋白质在离心场作用下以同一沉降速度移动。蛋白质溶液与溶剂之间有一清晰界面,在沉降分析图谱上呈现一个峰。有几种蛋白质就会在图谱上出现几个峰。沉降界面移动速度代表蛋白质分子的沉降速度。界面处由于浓度差造成折射率不同,可借助光学系统观察

界面移动。折射梯度 dn/dx 与样品浓度梯度 dc/dx 成正比。

沉降系数：蛋白质颗粒在单位离心场恒速沉降时，所受的三个力：离心力、浮力和摩擦力处于稳态平衡中。单位离心场的沉降速度是个定值，称为沉降系数或沉降常数，用 s（注意小写）表示，单位：秒（s）。

$$s = \frac{dx/dt}{\omega^2 x}$$

式中 $\omega^2 x$ 为离心加速度，dx/dt 为沉降速率 v，ω 为角速度，值均可测得。

s 为单位离心场强度的沉降速度，常用来近似描述生物大分子的大小。蛋白质、核酸、核糖体和病毒的沉降系数介于 $(1\sim200)\times10^{-13}$ 秒范围。为方便起见，把 10^{-13} 秒作为一个单位，称为斯维得贝格单位（Svedberg unit）或沉降系数单位，用 S（注意大写）表示，$1\,S=10^{-13}$ 秒，如人的血红蛋白沉降系数为 4.46 S，即为 4.46×10^{-13} 秒。数值越大，分子越大。沉降系数的标准条件定为 20℃，溶剂为水，记做 $s_{20,w}$。

表 4-1　一些蛋白质的沉降系数

蛋白质	相对分子质量	沉降系数 $s_{20,w}$/S
细胞色素 c（牛心肌）	13 370	1.71
肌红蛋白（马心肌）	16 900	2.04
胰凝乳蛋白酶原（牛胰）	23 240	2.54
β-乳球蛋白（山羊乳）	37 100	2.85
血清清蛋白（人）	68 500	4.60
血红蛋白（人）	64 500	4.46
过氧化氢酶（马肝）	247 500	11.30
血纤蛋白原（人）	339 700	7.63
肌球蛋白（鳕鱼肌）	524 800	6.43
烟草花叶病毒	40 590 000	198

利用沉降分析测相对分子质量常用两种方法：沉降速率法和沉降平衡法。超速离心机是分析生物大分子的强有力的工具。

三、凝胶过滤法测相对分子质量

凝胶过滤（gel filtration）可以把要分离的物质按相对分子质量大小分离开，可用于蛋白质脱盐及测定生物大分子和有机高分子的相对分子质量。

基本原理：当不同大小的蛋白质流经凝胶层析柱时，比凝胶孔径大的分子不能进入凝胶珠内网状结构，而被排阻在凝胶珠之外，在凝胶珠之间的空隙向下移动，并最先流出柱外；比网孔小的分子能不同程度地自由出入凝胶珠的内外。由于不同大小的分子所经路径不同，从而得到分离。大分子物质先被洗脱出来，小分子物质后被洗脱出来。

常用的凝胶有：葡聚糖凝胶（Sephadex 或 dextran gel），由线性 α-1,6-葡聚糖与环氧氯丙烷反应生成，聚丙烯酰胺凝胶（Bio-Gel P），由丙烯酰胺和甲叉双丙烯酰胺共聚而成；琼脂糖凝胶（Sepharose 或 Bio-Gel A），可从琼脂中分离制备。

此方法测相对分子质量简单，但要求被分离的分子形状接近球形且不被凝胶所吸附。此法可以直接测不纯样品的相对分子质量。不同蛋白质用凝胶过滤法测其相对分子质量（M_r）

时,洗脱体积与相对分子质量有一定数学关系。随着相对分子质量的减少,蛋白从凝胶过滤柱中被洗脱所需的溶液体积也相应减少。经验公式为

$$\lg M_r = K_1 - K_2 V_e$$

式中 V_e 为某一溶质组分被洗脱下来时洗脱液的体积。

测定:先测几种已知相对分子质量蛋白质 A、B、C 的洗脱体积 V_e(mL),并以它们的相对分子质量的对数值 $\lg M_r$ 对 V_e 作图,得一直线(图 4-1);再测待测样品的 V_e,与标准品的洗脱体积进行比较,即可从图 4-1 确定它的相对分子质量。

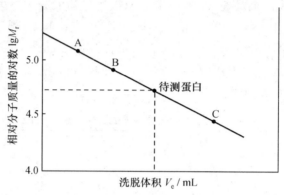

图 4-1　洗脱体积与相对分子质量的关系

四、SDS-聚丙烯酰胺凝胶电泳法(SDS-PAGE)测相对分子质量

聚丙烯酰胺凝胶电泳简称为 PAGE(polyacryamide gel electrophoresis)。蛋白质在外电场作用下进行电泳,移动速度与蛋白质分子的静电荷、分子大小和形状有关。而本方法即是去掉电荷和形状的影响,则电泳的迁移率主要取决于相对分子质量。

测定:在 pH=7.0 的缓冲溶液中,将样品与 1% SDS(十二醇硫酸钠,$CH_3(CH_2)_{11}OSO_3Na$)及 1% 巯基乙醇,37℃保温 3 小时,然后放在聚丙烯酰胺凝胶中进行电泳。SDS 为一种表面活性剂,可破坏蛋白质分子中的疏水相互作用和氢键;巯基乙醇可打开二硫键。结果使寡聚蛋白解离成亚基,亚基的多肽链变性,处于展开状态。SDS 进一步与蛋白质侧链结合形成复合物,在水溶液中均成为雪茄烟形长椭圆棒,直径约 1.8 nm,消除了电泳中形状的影响。一般使用 1.4 g SDS 与 1 g 蛋白质结合,相当于每两个氨基酸残基结合一个 SDS 分子。由于 SDS 在 pH7 时解离,绝大部分为阴离子,与蛋白质结合,使蛋白质肽链覆盖上相当密度的负电荷,大大超过蛋白质分子原有的电荷量,从而消除了蛋白分子净电荷的影响。电泳时结合 SDS 的蛋白质分子都以同样的电荷向正极移动。在聚丙烯酰胺凝胶介质中电泳,可视为以电场为驱动力代替溶剂流动为驱动力的凝胶过滤。此时蛋白质分子的电泳相对迁移率 μ_R 只与多肽链的相对分子质量有关。

$$\lg M_r = K_1 - K_2 \mu_R$$

由此用几种标准单体蛋白质相对分子质量对数值对其相对迁移率 μ_R 作图,即得到标准曲线。由待测样品测定其 μ_R 后,可从标准曲线上查出相对分子质量。此方法所用仪器设备简单,样品用量少,分辨率高,重复性好而得到广泛应用。分离后样品还可回收,并可用于氨基酸测序。

§4.2　蛋白质性质与蛋白质的沉淀

(1) **蛋白质的酸碱性**：蛋白质的酸碱性主要取决于肽链上可解离的 R 基团。对于某些蛋白质，在某一 pH 下它所带的正电荷与负电荷相等，净电荷为零，此 pH 即为该蛋白质的等电点。蛋白质都有自己特定的等电点。当 pH 高于等电点时蛋白质分子带净负电荷，而 pH 低于等电点时蛋白质带净正电荷。在等电点时蛋白质的溶解度最小。在无盐干扰时，一种蛋白质的质子供体解离出来的质子数与质子受体基团结合的质子数相等时的 pH 是该蛋白质的真正等电点，称为等离子点，是该蛋白质的特征常数。

(2) **蛋白质的胶体性质**：蛋白质溶液是亲水胶体系统，相当稳定，分散相质点大小 1～100 nm，水是分散介质。蛋白质分子表面有亲水基团，分子表面形成水化层，在适当 pH 下分子表面都带相同净电荷，与周围反离子构成稳定的双电层。蛋白质分子颗粒周围的双电层和水化层是稳定蛋白质胶体系统的主要因素。

(3) **蛋白质的沉淀**：破坏了蛋白质溶液的稳定性条件，就会产生蛋白质沉淀。蛋白质可用盐析、有机溶剂沉淀、加入重金属盐、加生物碱和某些酸（如三氯乙酸、硝酸）等方法进行沉淀。如临床化验常用加酸沉淀法，除去体液中干扰测定的蛋白质。

几乎所有蛋白质都会因加热变性而凝固。当蛋白质处于等电点时，加热凝固最完全且最迅速。少量盐可促使蛋白质加热变性，如在大豆蛋白质浓溶液中加入少量盐卤（含氯化镁），加热沉淀出的蛋白质即为豆腐。

§4.3　蛋白质的分离纯化

分离蛋白质混合物的方法主要根据蛋白质在溶液中的物理性质：① 分子大小；② 溶解度；③ 电荷；④ 吸附性质；⑤ 对配体分子特异的生物亲和力。一般可分为前处理、粗分级分离和细分级分离几个阶段。等电点沉淀、盐析和有机溶剂分级分离常用于蛋白质分离的前几步，为粗分离。这些分离方法处理量大，既能除去大量杂质和盐，又能浓缩蛋白质溶液。有些蛋白质提取液体积大，可采用超过滤、凝胶过滤、冷冻真空干燥等方法进行浓缩。透析是利用蛋白质分子不能通过半透膜的性质，将小分子和蛋白质分子分开，常用于浓缩和脱盐。细分级分离可用各种层析法，如凝胶过滤、离子交换层析、吸附层析以及亲和层析。必要时可采用电泳法，如区带电泳、圆盘凝胶电泳、毛细管电泳和等电聚焦，都具有很高的分辨率。纤维素离子交换剂和 Sephadex 离子交换剂的离子交换柱层析已广泛用于蛋白质分离纯化。HPLC 和密度梯度离心也是分离蛋白质混合物的好方法。

一、前处理

将蛋白质从组织或细胞中以溶解状态释放出来，并保持天然状态，不丢失生物活性。细胞或组织破碎后，用适当缓冲液（控制 pH）提取蛋白质，使蛋白质进入溶液中，再离心除去杂质。大多数蛋白在低温下比较稳定，因此蛋白质的分级分离操作一般在低温下进行，如 0℃ 以下。在一般情况下，0～40℃时，大部分球状蛋白质随温度升高溶解度增加；40～50℃时，大部分蛋白开始变性。

二、粗分级分离

将蛋白质提取液粗分出所需要的蛋白,除去其他杂蛋白、核酸和多糖等,可采用沉淀法分离。

(1) **等电点沉淀和 pH 控制**:由于不同蛋白有不同等电点,可用调节蛋白溶液 pH 的方法,使要分离的蛋白质净电荷为零,即处于等电点,此时蛋白分子间无静电斥力,溶解度最低,且蛋白保持天然构象聚集沉淀。由此可将等电点不同的蛋白质分开。如工业化大豆蛋白的提取,即先控制 pH 为弱碱性(偏离等电点),溶解蛋白,离心除去纤维等杂质;再调 pH 至弱酸性(等电点处),使蛋白沉出,再离心得到大豆蛋白。又如等电点为 pH 5.2～5.3 的 β-乳球蛋白在此 pH 溶解度最低,而在等电点两侧,溶解度迅速上升。

(2) **盐析**:当溶液中盐浓度增大,离子强度达一定数值时,蛋白质溶解度下降并进一步析出,这一过程称为盐析。盐析析出的蛋白可保持天然构象,能再溶解。同样浓度的二价离子中性盐对蛋白质溶解度的影响比一价离子中性盐要大得多。一般用硫酸铵盐析,因为硫酸铵在水中溶解度高,且溶解度的温度系数较低。如鸡蛋的卵清蛋白水溶液加入硫酸铵至半饱和,球蛋白析出。过滤后酸化至卵清蛋白的等电点 pH 4.6～4.8,常温放置,即可得到卵清蛋白晶体。

盐析是由于盐浓度足够大时,蛋白溶液中大部分以至全部自由水都变为盐离子化的水,蛋白质分子表面的水化层和双电层被破坏,暴露出蛋白质疏水表面,进而聚集沉淀。

与盐析对立的是,当加入低浓度中性盐时,蛋白质溶解度增加,会出现盐溶。由于此时只加入少量盐,蛋白质分子吸附盐的离子而表层带电,使蛋白质分子彼此排斥,与水分子相互作用加强,结果盐溶。

(3) **有机溶剂分级分离法**:与水互溶的有机溶剂,如乙醇等能使蛋白质在水中溶解度显著降低,如生鸡蛋在酒中会凝固。有机溶剂介电常数低,使带相反电荷的分子吸引力增加;与水互溶的有机溶剂与蛋白质争夺水化水,脱去蛋白分子的水化层,从而使蛋白凝固。

由于有机溶剂可使蛋白变性,当使用有机溶剂沉淀蛋白时应在低温(如 −40～−60℃)下进行,且不断搅拌逐滴加入,尽量避免蛋白变性。

(4) **透析**:蛋白质相对分子质量都超过 5000,不能透过透析膜(如玻璃纸膜),而较小的分子则可自由通过。将蛋白质溶液装入透析袋中,并将透析袋浸没在缓冲液中,则小分子透过透析袋进入缓冲液中,而蛋白质留在袋内。不同透析袋可透析相对分子质量 1000～10 000 的各种分子。

三、细分级分离

包括电泳法、层析法、离子交换色谱、凝胶过滤等方法,其规模小,分辨率高。

1. 电泳(electrophoresis)

在外电场作用下,不处于等电状态的带电颗粒(如蛋白质分子)将向着与其电性相反的电极移动的现象,称为电泳或离子泳。

电泳是根据带电分子的电荷不同进行分离的。在分离携带净电荷不同的分子时,还可同时鉴定纯度和研究蛋白质等生物大分子的性质。

电泳迁移率或泳动度(μ):为单位电场强度下,蛋白质分子在溶液中的移动速度。

$$\mu = v/E$$

式中 v 为颗粒泳动速度（cm/s），E 为电场强度。

常用的电泳种类：

（1）**区带电泳**（zone electrophoresis）：在支持物上电泳时，蛋白质混合物被分离成若干区带。由电泳时支持物的不同又分为薄膜电泳和凝胶电泳。

薄膜电泳：使用醋酸纤维薄膜或聚酰胺薄膜，如用于分离血清蛋白。吸附量小，无拖尾。

凝胶电泳：使用聚丙烯酰胺或琼脂糖凝胶。由于凝胶有分子筛效应，可更好分离。又分为水平式和垂直式平板凝胶电泳。

（2）**聚丙烯酰胺凝胶电泳**（PAGE）：又称圆盘凝胶电泳或圆盘电泳，是在区带电泳基础上发展起来的，支持物为聚丙烯酰胺凝胶。它除了电荷效应、分子筛效应外，还有样品浓度效应。凝胶柱由相连两节凝胶组成：浓缩胶和分离胶。分离效果好。人血清蛋白在纸电泳上只分离出 5～7 个组分，而在圆盘电泳上可分离出 30 个条带。

（3）**毛细管电泳**（capillary electrophoresis，CE）：又称高效毛细管电泳（HPCE）。电泳在毛细管中进行（一般内径 50 μm）。毛细管散热好，有助于消除热引起的对流和区带变宽（电泳由于焦尔热会引起径向温度梯度，使谱带变宽。在高压电场作用下必须考虑散热，毛细管可减少温度梯度）。毛细管电泳系统分辨力高，分析进样量少（5～30 μL），可分离手性化合物。一般毛细管长 50～100 cm，电压 10～50 kV，时间 10～30 min，柱效可达百万塔板数，检测灵敏度可达 10^{-19} mol。毛细管电泳不用溶剂，与 HPLC 有互补性。适宜于药品和生物大分子的分离。

（4）**等电聚焦电泳**（isoelectric focusing，IEF）：具有不同等电点的两性电解质载体在电场中自动形成 pH 梯度，使被分离物移动至各自等电点的 pH 处，聚集成很窄的区带。

等电聚焦电泳分辨率很高，适于分离相对分子质量相同而电荷不同的两性分子，在等电点 pH 处由于分子不带电，在电场中不再移动。等电点不同的蛋白质混合物在电场中会分别聚焦在与各自等电点相应的 pH 介质区，形成分离区带。只要它们的等电点有 0.02 pH 单位的差异就可分开，适用于同工酶的分离鉴定。人血清蛋白用等电聚焦电泳可分出 40 多个区带。

pH 梯度制作：可利用两性电解质，如用丙烯酸和多乙撑多胺合成的两性电解质，等电点范围可有 pH＝3～10、2～5、5～8 等多种。它们在电场作用下形成连续平滑的 pH 梯度，并作为电泳的载体。现已有商品出售，商品名 Ampholine。

若用凝胶作介质，则为凝胶等电聚焦电泳。

2. 亲和层析（affinity chromatography）

是利用对配体的特异生物学亲和力的纯化方法。经常只需一步即可将某种所需蛋白从复杂的混合物中高纯度分离出来。根据生物分子与特定固相化配体（ligand）之间的亲和力不同，而使生物分子在一种特制的具有专一吸附能力的吸附剂上进行层析。可互做配体的有：抗原和抗体，激素和受体蛋白，酶和底物，辅酶和调节效应物等。另外，还有疏水层析，将醇溶性蛋白接到柱中填充物上，依靠疏水相互作用可分离提取抗体免疫球蛋白。

用亲和层析分离酶，可将酶的底物或抑制剂接到固体支持物上（如琼脂糖），制成专一吸附剂，并装在层析柱中。当含有这种酶的溶液通过层析柱时，酶就会被吸附，而其他蛋白质则不被吸附先流出，然后再用适当缓冲液将吸附在柱上的酶洗脱下来。如利用伴刀豆球蛋白 A 与葡萄糖特殊的亲和性，可用亲和层析一步提纯植物蛋白伴刀豆球蛋白 A。为此可将层析柱共价结合上葡萄糖残基，将伴刀豆球蛋白 A 的粗提取液通过此柱，伴刀豆球蛋白 A 因与葡萄糖的亲和性而与柱子结合,其他蛋白质则大都不能吸附到柱子上而流出。然后再用浓葡萄糖溶液将伴刀豆球蛋白 A 从柱上洗脱下来。

四、结晶

结晶为蛋白质纯度的一个标志,也是判断制品处于天然状态(不变性)的指标。蛋白质纯则易结晶。结晶时要注意蛋白质的浓度、等电点、温度和加晶种。结晶为蛋白质分离提纯的最后步骤。

习　　题

1. 某蛋白质按质量含 1.65% 亮氨酸和 2.48% 异亮氨酸,计算该蛋白质的最低相对分子质量。(注:两种氨基酸的相对分子质量都是 131)

2. 用凝胶过滤法分离一组蛋白质,相对分子质量分别是:① 90 000、② 43 000、③ 120 000,它们洗脱的顺序应如何?

3. 常用来测定蛋白质相对分子质量的方法有哪几种?其原理是什么?

4. 什么是电泳?什么是聚丙烯酰胺凝胶电泳?

5. 什么是亲和层析?在亲和层析中可互做配体的有哪些?

6. 四种蛋白质的等电点分别是:① 5.0、② 8.6、③ 6.8、④ 9.2,在 pH 8.6 的条件下用电泳分离它们的混合液,这四种蛋白质电泳区带自正极开始的排列顺序如何?

7. 什么是蛋白质的变性作用?引起蛋白质变性的因素有哪些?什么是蛋白质的复性?

8. 何谓盐析作用?常用的中性盐是什么?为什么?

9. 稳定蛋白质胶体系统的主要因素是什么?

10. 多肽 Glu-Asp-His-Arg-Val-Lys 电泳时,指出当 pH 12、pH 3 和 pH 8 时此肽分别移动的方向。

第
五
章

酶

酶是生物催化剂,生命体系中几乎所有化学反应都是在酶催化下进行的。酶是由活细胞产生的,与一般催化剂不同,酶的突出特性就是它们的高度催化效能和特异选择性。酶是生命化学与化学的重要结合点,是研究生命科学的基础。酶的研究已成为生物化学和化学界共同关注的重要课题,并已发展出重要的新学科,如酶学和酶化学等。

酶学与化学的交叉已形成了新的独立学科即酶化学,其研究内容包括:

(1) 研究酶作用机制、酶的抑制剂和激活剂,并借助酶的作用模型设计和制造新的医药或农药。

(2) 人工模拟酶:用小分子(有机)化合物模拟酶的活性部位,研究酶的作用机制,模拟酶的作用方式,制备有工业价值的人工模拟酶。

(3) 以酶为工具催化化学反应的进行,如进行不对称合成,酶具有特殊的优越性。

(4) 根据化学反应机制,设计过渡态类似物为半抗原,与蛋白连接成抗原后,利用哺乳动物免疫系统制备具有预定活性的催化抗体即抗体酶。

(5) 化学酶工程:将酶学与化学工程技术相结合,在工业上使用天然酶和固定化酶进行化学品生产。现在工业上已大规模使用酶,如加酶洗衣粉中使用蛋白酶,食品饮料防腐使用溶菌酶,用固定化酶从淀粉大规模生产果糖浆。

§5.1　酶催化的特点

一、酶具有很强的催化能力

酶在催化反应过程中只显著改变化学反应速度而不改变自己。酶在催化反应时与反应底物结合使底物形成过渡态,可改变反应途径,降低反应活化能。酶可以使反应在极短的时间内达成平衡。

生物体内的生化反应不能缺少酶。生物体系中的绝大多数反应,若没有酶是不可能以可觉察的速度进行的。即使 CO_2 与 H_2O 反应生成碳酸,也是在碳酸酐酶催化下完成的,每个酶分子能在 1 秒钟内水合 10 万个 CO_2 分子,比未经催化的反应加速 10^7 倍。没有碳酸酐酶催化,CO_2 从组织到血液、再到肺泡被排除的转移将不会安全。酶在数量很少时就可以催化反应。

在体外实验中,酶的浓度通常只有 $10^{-8} \sim 10^{-6}$ mol/L,而在体内酶的局部浓度可以高得多。

二、酶是生物催化剂

虽然已发现有催化活性的 RNA 分子(核酶,ribozyme),但目前提到酶仍然指的是蛋白质。酶催化反应的第一步是酶与底物结合,生成具有高度立体专一性的酶-底物复合物。酶结合底物的部位可以是一个,也可以是数个,然后与酶结合的底物在酶的催化基团催化下反应。

1. 反应条件温和

酶促反应一般在常温、常压、接近中性 pH 的条件下进行。酶易失活,凡能使蛋白质变性的因素,如高温、强酸强碱、重金属盐等都能使酶失活。生物固氮在植物中由固氮酶催化进行,在 27℃、中性 pH 条件下,每年可从空气中固定一亿吨氮,从而生成蛋白质等生物物质;而目前工业上从氮气合成氨,使用金属催化剂,需要在 500℃、几百公斤压力下进行。

酶具有很高的催化效率,一般可比非催化反应的反应速度提高 $10^8 \sim 10^{20}$ 倍。酶的效率可以用转换数(TN)来表示。转换数定义为:当酶被底物饱和时,在 1 秒(或 1 分钟)内,1 mol(或 1 μmol)酶能催化底物转变成产物的 mol(或 μmol)数。酶的转换数与 pH、温度和测定酶活力的其他参数有关。大多数酶的转化数为 $1 \sim 10^4$/秒,水解酶的转换数较低,约 $10 \sim 100$/秒,而氧化酶的转换数可高到 $10^6 \sim 10^7$/秒(参见表 5-8)。

2. 酶具有高度专一性(specificity)

酶与底物的结合是有高度选择性的,酶所催化的反应及作用的底物都具有高度专一性。

反应专一性:只催化一种或一类反应。如蛋白酶水解蛋白催化的是肽键的水解(虽然大多数蛋白酶也催化相关的酯键水解)。

底物专一性:只作用一种或一类物质。如麦芽糖酶水解麦芽糖(α-葡萄糖苷)成葡萄糖,纤维二糖酶水解纤维二糖(β-葡萄糖苷)成葡萄糖。这两种酶不可互换底物。

3. 酶活性可被调节控制

(1) 诱导或抑制酶的合成:如消化乳糖的 β-半乳糖苷酶等三种酶的产生受乳糖操纵子(lac operon)控制。大肠杆菌在有葡萄糖时不利用乳糖,无乳糖则不生成这三种酶。但当只有乳糖或其他诱导物出现时,乳糖等可与原系统的阻遏物结合,解除对合成这三种酶的 DNA 表达的抑制,使吸收和分解乳糖的这三种酶合成加快,以便利用体内出现的乳糖。

(2) 激素调节:激素可以通过与细胞膜或细胞内受体结合调节酶的活性,使酶的专一性受生理控制。如乳腺组织中的乳糖合成酶是由两个亚基组成的二聚体:一个催化亚基,一个调节亚基(本身无活性,即乳汁中的 α-乳清蛋白),只有两者结合在一起才催化半乳糖和葡萄糖生成乳糖。怀孕期乳腺中很少生成调节亚基,只有催化亚基存在,此时催化半乳糖与蛋白质反应合成糖蛋白,不催化半乳糖和葡萄糖合成乳糖;但当动物分娩后,激素水平急剧增加,调节亚基大量产生,并与催化亚基一起构成二聚体的乳糖合成酶,修饰并改变催化亚基专一性,从而催化半乳糖和葡萄糖反应生成乳糖(图 5-1)。激素能通过改变酶的专一性来施加它们的生理作用。

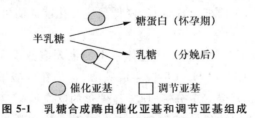

图 5-1 乳糖合成酶由催化亚基和调节亚基组成

（3）**反馈抑制**（feedback inhibition）**调节**：许多物质合成是由一连串反应组成的，催化此物质生成的第一步的酶常被它们的终端产物所抑制（图5-2）。如在细菌中由苏氨酸合成异亮氨酸即按反馈抑制的控制方式进行。由 Thr 合成 Ile 经过五步，当终产物 Ile 浓度达足够水平时，Ile 结合到催化第一步反应的苏氨酸脱氨酶的一个调节部位上去，通过可逆的别构作用，使酶变构而被抑制，不再合成 Ile；当 Ile 浓度下降到一定程度时，酶的抑制解除，又开始合成 Ile。

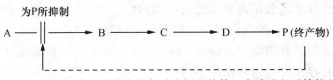

图 5-2　通过终产物可逆的结合对途径中的第一个酶进行反馈抑制

（4）**抑制剂、激活剂调节**：酶的抑制剂、激活剂的研究是药物研究的基础。如磺胺药可抑制四氢叶酸合成所需酶，进而抑制核酸和蛋白质的合成，故可杀菌。又如抗血友病因子可增强有凝血作用的丝氨酸蛋白酶的活性，可明显促进血液凝固过程。

（5）**酶原的激活**：凝血酶、消化酶等酶是先合成一个无活性的前体（酶原），然后在生理上合适的时间和地点被活化成酶，才具有催化活性（图5-3）。如胰蛋白酶原在胰脏中被合成，在小肠中被水解掉一段肽链后才活化成有活性的胰蛋白酶。

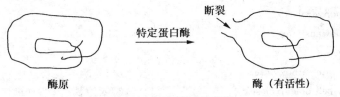

特定蛋白酶

断裂

酶原　　　　　　　　　　　　酶（有活性）

图 5-3　酶原激活示意图

（6）**共价修饰**：将一个较小的基团共价结合在酶上，酶被共价修饰后，活性被调节。如在激酶催化下无活性的酶被磷酸化后表现出催化活性；磷酸基团水解，酶活性又可逆转。

（7）**别构调节**（allosteric regulation）：酶分子的非催化部位与效应物可逆非共价结合，使酶的构象发生改变，进而影响酶的活性，称为酶的别构调节。具有这种调节作用的酶称为别构酶，能使酶分子发生别构作用的物质称为效应物，通常为小分子代谢物或辅因子。正效应物通过别构效应使酶活性增加，又称别构激活剂；负效应物则会使酶活性降低，又称别构抑制剂。许多代谢途径的关键酶都利用别构调节来控制代谢途径之间的平衡。

4. 酶可以使反应物的能量高效率转换

在叶绿体中进行光合作用，酶使光能转换成化学键能。由食物得来的分子在线粒体中所包含的自由能可被转换成腺苷三磷酸（ATP）。肌肉收缩时 ATP 的能量转换成机械能；在细胞和细胞器中，利用 ATP 的能量来运输分子和离子。这些能量的转换都是在酶催化下实现的，能量的转换是高度有组织的机体必不可少的组成部分。

§5.2　酶的化学本质及酶的辅助因子

酶的化学本质是蛋白质。几乎所有酶水解的最终产物都是氨基酸，并具有蛋白质的各种性质。酶可以变性失活，具有等电点，具有不能通过半透膜等胶体性质，还能与茚三酮、双缩脲等试剂反应并显色。

一、酶的化学组成和分类

由化学组成不同,可将酶分为单纯蛋白质和缀合蛋白质(conjugated protein)。单纯蛋白质的酶,如蛋白酶、淀粉酶等水解酶,除蛋白质外不含其他成分。缀合蛋白质除蛋白质外,还要结合一些非蛋白质小分子或金属离子才能表现出酶的活性。一般,缀合蛋白质的酶是由脱辅酶(apoenzyme 或 apoprotein)的蛋白部分和辅助因子或辅因子(cofactor)的非蛋白部分两部分组成。两者结合形成的复合物称为全酶(holoenzyme),即全酶=脱辅酶+辅助因子。脱辅酶和辅助因子各自单独存在时均无催化作用,只有它们组成全酶才起作用。辅助因子可以是一个或多个无机离子如 Zn^{2+} 或 Fe^{2+},也可以是有机化合物。一些可作为酶的辅助因子的金属离子见表 5-1。

表 5-1　可作为酶的辅助因子的金属离子

某些含有或需要金属离子的酶	金属离子
乙醇脱氢酶(alcohol dehydrogenase)	Zn^{2+}
碳酸酐酶(carbonic anhydrase)	Zn^{2+}
羧肽酶(carboxypeptidase)	Zn^{2+}
磷酸水解酶(phosphohydrolase)	Mg^{2+}
磷酸转移酶(phosphotransferase)	Mg^{2+},Mn^{2+}
精氨酸酶(arginase)	Mn^{2+}
丙酮酸羧化酶(pyruvate carboxylase)	Mn^{2+},Zn^{2+}(还需生物素)
细胞色素氧化酶(cytochrome oxidase)	Fe^{2+} 或 Fe^{3+}(铁离子在卟啉环中),Cu^+ 或 Cu^{2+}
过氧化物酶(peroxidase)	Fe^{2+} 或 Fe^{3+}(铁离子在卟啉环中)
过氧化氢酶(catalase)	Fe^{2+} 或 Fe^{3+}(铁离子在卟啉环中)
琥珀酸脱氢酶(succinic dehydrogenase)	Fe^{2+} 或 Fe^{3+}(还需 FAD)
铁黄素蛋白(Fe-flavoprotein)	Fe
酪氨酸酶(tyrosinase)	Cu^+ 或 Cu^{2+}
Cu,Zn-超氧化物歧化酶(superoxide dismutase)	Cu^+ 或 Zn^{2+}
抗坏血酸氧化酶(ascorbic acid oxidase)	Cu^+ 或 Cu^{2+}
丙酮酸磷酸激酶(pyruvate phosphokinase)	K^+(也需要 Mg^{2+})
质膜 ATP 酶(plasma membrane ATPase)	Na^+(也需要 K^+ 及 Mg^{2+})
固氮酶(nitrogenase)	Fe^{2+},Mo^{2+}
脲酶(urease)	Ni^{2+}

辅助因子包括辅酶和辅基。辅酶(coenzyme)是指与脱辅酶结合比较松弛的小分子有机物,经透析可除去,如辅酶 I(NAD$^+$)、辅酶 II(NADP$^+$)。辅基(prosthetic group)则是以共价键与脱辅酶结合,用透析法不可除去,需要经过特定的化学处理才能将其与蛋白部分分开,如黄素腺嘌呤二核苷酸(FAD)、细胞色素氧化酶中的铁卟啉等。辅酶和辅基无严格界限,只是它们与脱辅酶结合的牢固程度不同。酶对于它的辅酶或辅基是有固定要求的,只有与特定的辅酶或辅基搭配,酶才有催化活力。辅酶或辅基的数目虽然有限,但它们往往可以与多种不同的脱辅酶搭配结合,催化多种不同的化学反应。表 5-2 列出一些催化转移电子、原子和基团反

应的酶所包含的辅酶和辅基。

表 5-2　催化转移电子、原子和基团反应的酶所包含的辅酶和辅基

转移的部分	辅　酶	辅　基
H 原子、电子	NAD^+（与维生素 PP 有关）	
H 原子、电子	$NADP^+$（与维生素 PP 有关）	
H 原子		FMN（与维生素 B_2 有关）
H 原子		FDA（与维生素 B_2 有关）
H 原子	CoQ	
电子		铁卟啉
羧基	焦磷酸硫胺素（与维生素 B_1 有关）	
酰基	CoA（与泛酸有关）	
酰基	硫辛酸	
羧基	生物素	
氨基	磷酸吡哆醛（与维生素 B_6 有关）	
甲基、亚甲基、次甲基、甲酰基及亚胺甲基等	四氢叶酸	

二、单体酶、寡聚酶、多酶复合物和同工酶

由酶蛋白分子的复杂程度,酶又可分成单体酶、寡聚酶和多酶复合物。

(1) **单体酶**(monomeric enzyme):一般由一条肽链或多条肽链组成的酶,若是多条肽链,则由二硫键连成一体。这类酶种类不多,一般多为水解酶,如溶菌酶(一条肽链)、胰凝乳蛋白酶(三条肽链)。相对分子质量在 $(13\sim35)\times10^3$ 之间。

(2) **寡聚酶**(oligomeric enzyme):由两个或两个以上的亚基组成的酶,亚基可相同也可不同,绝大多数为偶数个亚基(表 5-3 和表 5-4)。亚基间靠次级键结合而不是共价键结合,彼此容易分开,相对分子质量一般大于 35×10^3。大多数寡聚酶聚合形式为活性型,解聚形式为失活型。许多为调控酶,在代谢调控中起重要作用。

表 5-3　含相同亚基的一些寡聚酶

酶	来源	亚基数	相对分子质量/$(\times10^3)$
苹果酸脱氢酶(malate dehydrogenase)	鼠肝	2	2×37.5
碱性磷酸酶(alkaline phosphatase)	*E. coli*	2	2×40.0
肌酸激酶(creatine kinase)	鸡或兔肌	2	2×40.0
醛缩酶(aldolase)	酵母	2	2×40.0
己糖激酶(hexokinase)	酵母	4	4×27.5
醇脱氢酶(alcohol dehydrogenase)	酵母	4	4×37.0
丙酮酸激酶(pyruvate kinase)	兔肝	4	4×57.2
过氧化氢酶(catalase)	牛肝	4	4×57.5

表 5-4　一些含不同亚基的寡聚酶

酶	来源	亚基数及类型	相对分子质量/×(10³)
果糖-1,6-二磷酸酶(fructose-1,6-diphosphatase)	兔肝	2A	2×29.0
		2B	2×37.0
琥珀酸脱氢酶(succinate dehydrogenase)	牛心	α	70.0
		β	27.0
Na⁺,K⁺-ATP 酶(adenosine triphosphatase)	兔肾	2α	2×95.0
		2β	2×45.0
乳酸脱氢酶(lactate dehydrogenase)	牛心、肝	4H	4×35.0
		4M	
RNA 聚合酶(RNA polymerase)	E. coli	2α	2×39.0
		ββ′	155.0,165.0
		σ	95.0
组氨酸脱羧酶(histidine decarboxylase)	乳酸杆菌	A₅	5×29.9
		B₅	5×9.0
天冬氨酸转氨甲酰酶(aspartate transcarbamylase)	E. coli	(C₃)₂	6×34.0
		(R₂)₃	6×17.0
α-L-岩藻糖苷酶(fucosidase)	大鼠附睾	2α	2×60.0
		2β	2×47.0

（3）**多酶复合体**（multienzyme complex）：几种酶靠非共价键彼此嵌合而成，催化的反应依次连接，上一个反应的产物是下一个反应的底物，有利于这一系列反应的连续进行。这类多酶复合体相对分子质量很高。如糖代谢中丙酮酸脱氢酶复合体，由 60 个亚基、3 种酶组成，相对分子质量约 $4.6×10^6$。

（4）**同工酶**（isoenzyme）：同工酶是催化同一反应，但具有不同分子结构、理化性质、动力学性质和免疫性能的一组酶。它们具有不同的等电点、不同的适宜 pH、不同的底物亲和性及不同的抑制剂效应。具有不同结构性质的同工酶通常是由不同的基因所获得，并分布在身体的不同组织中。如催化丙酮酸和乳酸相互转化反应的乳酸脱氢酶（lactate dehydrogenase，LDH，辅酶 NADH）是由两种不同亚基（H 和 M）组成的四聚体，有五种同工酶（H_4、H_3M、H_2M_2、HM_3 和 M_4）。它们在不同组织中含量不同，反映了同工酶的组织特异性。

§5.3　酶的命名和分类

　　生物体内存在的酶种类繁多，有超过 2500 种不同的生化反应被酶催化。不同组织产生结构不同的变异酶，生物领域具有的不同酶蛋白应超过 10^6 种，现已发现的至少已有 4000 种，必须进行命名并进行分类研究。1961 年以前酶使用的名称都是习惯命名，1961 年以后才有了比较科学和系统的命名和分类。

一、习惯命名法

　　许多酶在系统命名没有确定之前具有的名称，称为习惯命名。命名的原则是：

（1）**根据酶作用的底物命名**：如淀粉酶，催化淀粉水解，作用底物为淀粉；蛋白酶，催化蛋白水解,作用底物为蛋白质。

（2）**根据酶催化反应的性质及类型命名**：如水解酶,催化水解反应;转氨酶,催化转氨反应;氧化酶,催化氧化反应等。

（3）**由上述两原则结合起来命名**：如乳酸脱氢酶,催化底物为乳酸,反应为脱氢反应;琥珀酸脱氢酶,催化底物为琥珀酸,反应为脱氢反应等。

（4）**有时加上酶的来源或酶的其他特点**：根据酶的来源,如胃蛋白酶由动物胃提取,胰蛋白酶由胰脏提取等。根据酶的特点,如碱性磷酸酯酶,最适 pH 8～10,碱性;酸性磷酸酯酶,在酸性条件下作用,最适 pH 5～6。

但也有一些酶的习惯命名并非根据以上原则来确定的,如老黄酶等。

习惯命名缺乏系统性,不严格。如激酶有时指磷酸转移酶,有时又指水解酶。有时一酶数名,有时一名数酶。但习惯命名由于简单,现在有时仍在使用。

二、国际系统命名法

1961 年由国际生物化学协会酶学委员会提出的酶的分类和命名的规则,现已被普遍接受,为国际系统命名法。命名原则为:每一种酶有一个系统命名和一个习惯命名。系统名称要求以酶所催化的整体反应类型为基础,并明确表明酶作用的底物及催化反应性质等,包括底物名称和反应类型两部分。酶的国际系统命名法举例见表 5-5。

表 5-5　酶国际系统命名举例

习惯名称	系统名称	催化反应的反应式
乙醇脱氢酶	乙醇:NAD$^+$ 氧化还原酶	乙醇＋NAD$^+$ —→乙醛＋NADH＋H$^+$
谷丙转氨酶	丙氨酸:α-酮戊二酸氨基转移酶	丙氨酸＋α-酮戊二酸—→谷氨酸＋丙酮酸
脂肪酶	脂肪:水解酶	脂肪＋H$_2$O—→脂肪酸＋甘油
果糖-二磷酸醛缩酶	D-果糖-1,6-二磷酸 D-甘油醛-3-磷酸裂合酶	D-果糖-1,6-二磷酸—→D-甘油醛-3-磷酸＋二羟基丙酮磷酸
三碳糖磷酸异构酶	D-甘油醛-3-磷酸酮醛异构酶	D-甘油醛-3-磷酸—→二羟基丙酮磷酸
异亮氨酰转移核糖核酸合成酶	L-异亮氨酸:转移核糖核酸连接酶	ATP＋L-异亮氨酸＋转移核糖核酸—→AMP＋PP$_i$＋L-异亮氨酸转移核糖核酸

说明:① 乙醇:NAD$^+$ 氧化还原酶,表明酶的底物是乙醇和 NAD$^+$,乙醇为反应中电子给予体,NAD$^+$ 为电子受体,命名时中间用冒号隔开。催化反应是氧化还原反应。

② 若底物之一是水,可将水略去不写,如脂肪酶的系统命名为脂肪:水解酶。

③ 转移核糖核酸为一特殊受体。

三、酶分为六大类并由四位数字编号

国际系统分类法根据酶所催化反应的类型将酶分为六大类;由底物中被作用的基团或键的类型,将每一大类又分为若干亚类;每一亚类又分为若干亚亚类,表示所作用键的类型或反应中基团转移的分类;亚亚类中又有序列排号,均用数字标明。由此,每个酶的编号由四位数字组成,编号前冠以 EC(Enzyme Commision),数字用“.”隔开,如谷丙转氨酶编号为:EC 2.6.1.2,第一位数字“2”表示大类编号为 2,第二位数字“6”表示亚类编号为 6,第三位数字“1”表示亚亚类编号为 1,第四位数字“2”为酶在亚亚类中的排号为 2。酶的分类情况见表 5-6。

表 5-6　酶的分类

编　号	系统名称	习惯名称	反　应
1	**氧化还原酶类**		
1.1	作用于供体的 CHOH 基		
1.1.1	以 NAD^+ 或 $NADP^+$ 为受体		
1.1.1.1	醇:NAD^+ 氧化还原酶	醇脱氢酶	醇＋NAD^+ ⇌ 醛或酮＋NADH
1.1.3	以 O_2 为受体		
1.1.3.4	β-D-葡萄糖:氧氧化还原酶	葡萄糖氧化还原酶	β-D-葡萄糖＋O_2 ⇌ D-葡萄糖-δ-内酯＋H_2O_2
1.2	作用于供体的醛基或酮基		
1.2.1	以 NAD^+ 或 $NADP^+$ 为受体		
1.2.3	以 O_2 为受体		
1.2.3.2	黄嘌呤:氧氧化还原酶	黄嘌呤氧化酶	黄嘌呤＋H_2O＋O_2 ⇌ 尿酸＋H_2O_2
1.3	作用于供体的 CH—CH 基		
1.3.1	以 NAD^+ 或 $NADP^+$ 为受体		
1.3.1.1	4,5-二氢嘧啶:NAD^+ 氧化还原酶	二氢嘧啶脱氢酶	4,5-二氢嘧啶＋NAD^+ ⇌ 尿嘧啶＋NADH
1.3.2	以细胞色素为受体		
1.4	作用于供体的 CH—NH_2 基		
1.4.3	以 O_2 为受体		
1.4.3.2	L-氨基酸:氧氧化还原酶（脱氨基）	L-氨基酸氧化酶	L-氨基酸＋H_2O＋O_2 ⇌ 2-氧(代)酸＋NH_3＋H_2O_2
2	**转移酶类**		
2.1	转移一碳基团		
2.1.1	甲基转移酶类		
2.1.1.2	S-腺苷甲硫氨酸:胍乙酸-N-甲基转移酶	胍乙酸转甲基酶	S-腺苷甲硫氨酸＋胍乙酸 ⇌ S-腺苷高半胱氨酸＋肌酸
2.1.2	羟甲基转移酶类和羟甲酰基转移酶类		
2.1.2.1	L-丝氨酸:四氢叶酸-5,10-羟甲基转移酶	丝氨酸转羟甲基酶	L-丝氨酸＋四氢叶酸 ⇌ 甘氨酸＋5,10-亚甲基四氢叶酸
2.1.3	羧基转移酶类和氨甲酰基转移酶类		
2.2	转移醛基或酮基		
2.3	醛基转移酶类		
2.4	糖基转移酶类		
2.6	转移含氮基团		
2.6.1	氨基转移酶类		
2.6.1.1	L-天冬氨酸:α-酮戊二酸氨基转移酶	天冬氨酸转移酶	L-天冬氨酸＋α-酮戊二酸 ⇌ 草酰乙酸＋L-谷氨酸
2.7	转移含磷基团		
2.8	转移含硫基团		

（续表）

编　号	系统名称	习惯名称	反　应
3	**水解酶类**		
3.1	水解酯键		
3.1.1	羧酸酯水解酶类		
3.1.1.7	乙酰胆碱乙酰水解酶	乙酰胆碱酯酶	乙酰胆碱＋H_2O ⟶ 胆碱＋乙酸
3.1.3	磷酸单酯水解酶类		
3.1.3.9	D-葡糖-6-磷酸磷酸水解酶	葡糖-6-磷酸酶	D-葡糖-6-磷酸＋H_2O ⟶ D-葡萄糖＋H_3PO_4
3.1.4	磷酸二酯水解酶类		
3.1.4.1	正磷酸二酯磷酸水解酶	磷酸二酯酶	磷酸二酯＋H_2O ⟶ 磷酸单酯＋醇
3.2	水解糖苷键		
3.3	水解醚键		
3.4	水解 C—N 键		
3.5	水解非肽 C—N 键		
3.6	水解酸酐键		
3.7	水解 C—C 键		
3.8	水解 C—X 键		
3.9	水解 P—N 键		
3.10	水解 S—N 键		
3.11	水解 C—P 键		
4	**裂合酶类**		
4.1	C—C 裂合酶类		
4.1.1	羧基裂合酶		
4.1.1.1	2-氧（代）酸羧基裂合酶	丙酮酸脱羧酶	2-氧（代）酸 ⟶ 醛＋CO_2
4.1.2	醛裂合酶		
4.1.2.7	酮糖-1-磷酸醛裂合酶	醛缩酶	酮糖-1-磷酸 ⟶ 磷酸二羟丙酮＋醛
4.2	C—O 裂合酶类		
4.2.1	水解作用的裂合酶类		
4.3	C—N 裂合酶类		
4.3.1	氨裂合酶类		
4.3.1.3	L-组氨酸氨裂解酶	组氨酸解氨酶	L-组氨酸 ⟶ 尿刊酸＋NH_3
5	**异构酶类**		
5.1	消旋酶类和差向异构酶类		
5.1.3	作用于糖		
5.1.3.1	D-核酮糖-5-磷酸-3-差向异构酶	磷酸核酮糖差向异构酶	D-核酮糖-5-磷酸 ⟶ D-木酮糖-5-磷酸
5.2	顺-反异构酶类		
5.3	分子内氧化还原酶类		
5.3.1	醛糖和酮糖互交		
5.4	分子内转移酶		
6	**连接酶类**		
6.1	形成 C—O 键		
6.1.1	氨基酸-RNA 连接酶类		
6.1.1.1	L-酪氨酸:tRNA 连接酶（AMP）	L-酪氨酰-tRNA 合成酶	ATP＋L-酪氨酸＋tRNA ⟶ AMP＋焦磷酸＋L-酪氨酸-tRNA

编　号	系统名称	习惯名称	反　应
6.2	形成 C—S 键		
6.3	形成 C—N 键		
6.3.1	羧酸-氨连接酶类		
6.3.2	羧酸-氨基酸连接酶类		
6.4	形成 C—C 键		
6.4.1	羧化酶类		
6.4.1.2	乙酰-CoA:CO₂ 连接酶（ATP）	乙酰-CoA 羧化酶	$ATP + 乙酰\text{-}CoA + CO_2 + H_2O$ $\rightleftharpoons ADP + 正磷酸 + 丙二酰\text{-}CoA$
6.5	形成磷酸酯键		

下面介绍这六大类酶的名称和特性。

(1) 氧化还原酶(oxido-reductases)：可分为氧化酶和脱氢酶两类，催化有电子转移的氧化还原反应，其中一个底物为氢或电子供体。

氧化酶：催化底物脱氢并氧化生成 H_2O_2 或 H_2O。

通式：
$$A \cdot 2H + O_2 \rightleftharpoons A + H_2O_2$$
$$2(A \cdot 2H) + O_2 \rightleftharpoons 2A + 2H_2O$$

如葡萄糖氧化酶(EC 1.1.3.4)，辅酶为 FAD，催化葡萄糖氧化成葡糖酸，并产生过氧化氢；又如细胞色素 c 氧化酶(EC 1.9.3.1)，催化底物脱氢，并生成水。

脱氢酶：催化直接从底物上脱氢的反应，需辅酶 Ⅰ(NAD^+)或辅酶 Ⅱ($NADP^+$)作为氢供体或氢受体。

通式：
$$A \cdot 2H + B \rightleftharpoons A + B \cdot 2H$$

如乳酸脱氢酶(EC 1.1.1.27)，以 NAD^+ 为辅酶，将乳酸氧化成丙酮酸。

亚类和亚亚类：由于作用的电子供体不同，氧化还原酶又分为 18 个亚类。第 1 亚类作用于供体的—CHOH基，第 2 亚类作用于供体的醛基和酮基，第 3 亚类作用于供体的 CH—CH基，等等。由作用的电子受体不同，又分为若干亚亚类，如以 NAD^+ 或 $NADP^+$ 为受体的为 1 亚亚类，以 O_2 为受体的为 3 亚亚类。

值得重视的是氧化还原酶中的氧合酶，如催化甲烷氧合生成甲醇工业价值巨大；过氧化物酶作用于过氧化物，清除自由基，其中超氧化物歧化酶 SOD，具有清除自由基作用，有利于抗衰老和美容。

(2) 转移酶(transferases)：催化一种分子的某一化学基团转移到另一种分子上的反应。

通式：$A\text{-}X + B \rightleftharpoons A + B\text{-}X$　　（式中 B 为被转移的基团）

又分若干亚类。转移一碳单位(包括甲基、羟甲基、甲酰基、羧基、氨甲酰基、咪基等)为第 1 亚类；转移醛基和酮基为第 2 亚类；转移酰基(如乙酰基)为第 3 亚类；转移糖苷基(如己糖基、戊糖基)为第 4 亚类；转移含氮基团(如转氨酶)为第 6 亚类，如常用做肝功能检验的丙氨酸转氨酶(ALT)又称谷丙转氨酶(EC 2.6.1.2)；转移含磷基团(如激酶)为第 7 亚类；转移含硫基团为第 8 亚类。

(3) 水解酶(hydrolases)：催化各种水解反应，在底物的特定键上引入羟基和氢，大多数为细胞外酶。水解酶数量多、分布广，有 11 个亚类。

通式：
$$AB+H_2O \rightleftharpoons A\text{-}OH+B\text{-}H$$

亚类：水解酯键（第 1 亚类），其下又分亚亚类：水解羧酸酯（第 1 亚亚类），如甘油酯水解酶（EC 3.1.1.3），水解磷酸单酯键（第 3 亚亚类），催化磷酸二酯水解成磷酸单酯（第 4 亚亚类），如磷酸二酯酶（EC 3.1.4.1）。水解糖苷键（第 2 亚类），如 α-淀粉酶（EC 3.2.1.1），β-淀粉酶（EC 3.2.1.2），溶菌酶（EC 3.2.1.17）。

(4) **裂合酶**（lyases）：催化从底物移去一个基团而形成双键的反应或其逆反应。

通式：
$$A\text{-}B \rightleftharpoons A+B$$

亚类：C—C 裂合酶（第 1 亚类），如糖代谢中重要的醛缩酶（EC 4.1.2.7），催化果糖-1，6-二磷酸断 C—C 键，生成磷酸二羟丙酮和甘油醛-3-磷酸；C—O 裂合酶（第 2 亚类），如碳酸酐酶，催化碳酸水解，断 C—O 键生成 CO_2 和水；C—N 裂合酶（第 3 亚类），如谷氨酸脱氢酶催化谷氨酸脱氨生成 α-酮戊二酸，进行氧化脱氨基作用；其他还有裂解碳硫键、碳卤键的亚类。

(5) **异构酶**（isomerases）：催化各种同分异构体之间相互转变，使分子发生分子内重排。

通式：
$$A \rightleftharpoons B$$

亚类：消旋酶和差向异构酶（第 1 亚类），如催化核酮糖和木酮糖异构的酶；顺-反异构酶（第 2 亚类）；分子内氧化还原酶（第 3 亚类），其中醛酮异构酶（第 1 亚亚类），如葡糖-6-磷酸异构酶（EC 5.3.1.9），可催化葡糖-6-磷酸转变成果糖-6-磷酸；分子内转移酶（第 4 亚类），如磷酸基团在分子内变位等。

(6) **连接酶**（ligases）：又称合成酶（synthatases），催化有 ATP 参加的合成反应，能量由 ATP 供给，由两种物质合成一种新物质。

通式：
$$A+B+ATP \rightleftharpoons AB+ADP(AMP)+P_i(PP_i)$$

有五个亚类：形成 C—O 键的为第 1 亚类，如在蛋白质生物合成中起重要作用的 L-酪氨酰-tRNA 合成酶（EC 6.1.1.1）；形成 C—S 键的为第 2 亚类；形成 C—N 键的第 3 亚类；形成 C—C 键的第 4 亚类；形成磷酸酯键的第 5 亚类。

酶的系统命名可由《酶学手册》（*Enzyme Handbook*）或一些专著中查阅，包括酶的编号、系统命名、习惯名称、反应式、来源、性质等。但是，酶的系统命名不如习惯命名使用方便，因为系统命名没有考虑酶的来源，另外生物中还存在一些可催化相同反应但有不同氨基酸顺序和不同催化机制的酶，系统命名也不能反映这些差别。目前在科学文献中酶的命名在给出酶的系统名称和编号后，为方便仍常采用习惯命名。

§5.4　酶具有高度专一性

一、结构专一性

酶对底物结构要求严格，有时甚至是绝对的。

(1) **绝对专一性**：只作用一种底物，如脲酶只能水解尿素，碳酸酐酶只作用于碳酸，麦芽糖酶只作用于麦芽糖等。DNA 聚合酶 I 以四种脱氧核苷酸三磷酸为原料，催化合成的 DNA 链中的核苷酸顺序，完全取决于模板 DNA 的核苷酸顺序，错误的概率不到百万分之一，是酶高度专一性的代表。

（2）**相对专一性**：作用于一类结构相近的底物。

族专一性或基团专一性：对作用键的两端基团，一端要求严格，对另一端要求不严格。如 α-D-葡萄糖苷酶，要求糖苷键一端为葡萄糖，另一端可为果糖（如蔗糖），也可为葡萄糖（如麦芽糖）。

键专一性：只作用特定的键，而对键两端基团无严格要求。如脂酶催化酯键的水解，对酯键两边的基团没有严格的要求，只是对不同的酯水解速度不同。蛋白酶催化肽键的水解，不同的蛋白酶对底物的专一性不同，对水解的肽键两边氨基酸有不同的要求。如凝血酶裂解的肽键羧基一侧只能是精氨酸，氨基一侧只能是甘氨酸，胰蛋白酶裂解的肽键羧基端只能是碱性氨基酸，而枯草杆菌蛋白酶对肽键邻近的氨基酸则无要求。

二、立体异构专一性

（1）**旋光异构专一性**：如 L-氨基酸氧化酶，只作用 L-氨基酸，对 D-氨基酸无作用。β-葡糖氧化酶只作用 β-D-葡萄糖转变成葡糖酸，而不作用 α-D-葡萄糖。

这些酶可用于旋光异构体的拆分。如用于氨基酸的拆分，可将欲拆分的 DL-氨基酸先用乙酸酐等乙酰化成 N-乙酰基-DL-氨基酸，再用氨基乙酰化酶水解，此酶只水解 N-乙酰基-L-氨基酸成 L-氨基酸。生成的 L-氨基酸容易与没水解的 N-乙酰基-D-氨基酸分离，从而实现氨基酸的拆分。

（2）**几何异构专一性**：如琥珀酸脱氢酶作用于丁二酸（琥珀酸）脱氢，只生成反丁烯二酸（延胡索酸），不生成顺丁烯二酸。

$$
\begin{array}{ccc}
\underset{|}{CH_2COOH} & \xrightleftharpoons{\text{琥珀酸脱氢酶}} & HOOC—CH \\
CH_2COOH & & \overset{|}{CH—COOH} \\
\text{琥珀酸} & & \text{延胡索酸}
\end{array}
$$

（3）**潜手性识别**：对潜手性分子上的原子有识别性，如酵母醇脱氢酶（辅酶为辅酶Ⅰ，烟酰胺腺嘌呤二核苷酸），只作用于辅酶Ⅰ中烟酰胺环的 C_4 位上的 H_A。

潜手性：分子本身无手性原子，但当用同位素（如氘）取代分子中的一个原子（如氢）时，分子变为手性分子。具有这种性质的分子为潜手性分子。如乙醇分子本不是手性分子，但若用 D（氘）置换分子中 CH_2 的一个 H 原子，就变成为手性分子 $CH_3—CHD—OH$。乙醇即为潜手性分子。

又如甘油分子中 1,3-位的 —CH_2OH 本来是相同的，不是手性分子。当用 ^{14}C 标记一端（1-位或 3-位），就成为手性分子。因此，甘油也是潜手性分子。酶可以区别从有机化学观点看来相同的甘油分子中的 1,3-位。如在甘油磷酸化时，在甘油激酶催化下标记的甘油与 ATP 作用，只生成一种标记产物：甘油-1-磷酸。

$$
\begin{array}{cc}
\underset{|}{^{14}CH_2OH} & \underset{|}{^{14}CH_2—O—PO_3^{2-}} \\
HO—\overset{|}{\underset{|}{^*C}}—H & HO—\overset{|}{\underset{|}{^*C}}—H \\
CH_2OH & CH_2OH
\end{array}
$$

$$^{14}C \text{ 标记甘油} \qquad\qquad \text{甘油-1-磷酸}$$

辅酶活性部位为烟酰胺的脱氢酶，也有特殊的立体专一性。烟酰胺还原型为 NADH，氧化型为 NAD^+。NADH 环中 C_4 上的两个氢不等价，占据的位置有所不同。用 D 代替一个 H，分子为手性分子。脱氢酶在催化氧化还原反应时，NADH 和 NAD^+ 之间发生的氢转移有严格的立体异构专一性。酵母脱氢酶、苹果酸脱氢酶和异柠檬酸脱氢酶等在催化氧化还原反应时，辅酶中的烟酰胺环只有一侧可以加氢和脱氢,即环 C_4 上的 H_A(在烟酰胺平面的前面),如下图的 D(重氢),称为 A 型专一性酶;而谷氨酸脱氢酶和 α-甘油磷酸脱氢酶加氢和脱氢,只在环的另一侧(H_B,在烟酰胺平面的后面),为 B 型专一性酶。

三、酶作用专一性假说

(1) **锁与钥匙(lock and key)学说**:1890 年 Fisher 提出"锁与钥匙"学说,解释了酶作用的专一性,认为酶分子具有催化效能的部位与底物结构上具有紧密的互补性,底物分子像钥匙那样专一地楔入到酶的活性中心部位。认为酶分子具有特定的结构和构象,像锁一样有刚性,底物与酶结合就像钥匙插入锁一样。锁与钥匙学说的缺陷是,把酶和底物刚性化,不能解释酶促反应的可逆性。酶催化反应一般是可逆反应,反应物和产物虽然均为酶的底物,但结构却可以有很大差别,"刚性模板"说显然对此无法解释。

(2) **诱导契合假说(induced-fit hypothesis)**:此假说认为,当酶与底物分子接近时,酶蛋白受底物分子诱导,其构象发生有利于与底物结合的变化,酶与底物在此基础上互补契合并进行反应。图 5-4 中酶分子中有催化基团 A 和 B 及结合基团 C。其中,图(a)表示酶分子活性部位与底物的原有构象。图(b)表示专一性底物引入后,经诱导契合酶分子构象改变,酶分子的催化基团 A 和 B 并列成有利于结合底物的状态,形成酶-底物复合物。图(c)表示体积变大的底物成为非专一性底物,妨碍酶的催化基团 A 和 B 并列,不利于酶与底物结合,如加入竞

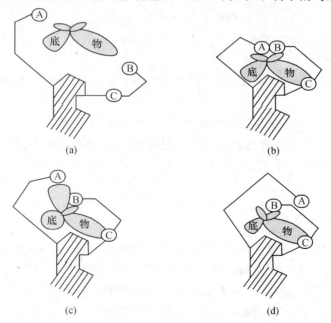

图 5-4 专一性、非专一性底物存在时酶的构象变化模型

争性抑制剂与酶结合。图(d)表示底物缺失某些基团后体积变小,酶蛋白的一个催化基团的连接肽链顶住另一个催化基团,两个催化基团不能并列,也不利于与底物结合,酶也不能起到催化作用。

诱导契合假说认为,酶有柔顺性,酶与底物的关系不是简单的"一把锁配一把钥匙"的关系,而是存在结合点,靠结合点拉在一起后,如手伸进手套一样,底物诱导柔软可变的酶分子变形,最后吻合。酶与底物结合时有显著构象变化,已为 X 射线衍射所证实。酶与底物结合时酶的构象改变是酶高度专一与高效催化的基础。

§5.5　酶催化过渡态理论

酶催化的过渡态理论认为,酶通过某种方式与高能、短寿命底物过渡态结合而起催化作用。反应首先是酶与底物结合,底物转变构象,进而生成酶-底物过渡态。在这个处于底物和产物之间的过渡态构型中,一些键正在形成,另一些键正在断裂。随着反应的进行,能量平衡转向能量较低的产物一边,过渡态不会回到底物。

$$E+S \Longleftrightarrow ES \Longleftrightarrow ES^{\neq} \longrightarrow E+P$$

式中 $S^{\neq}$ 表示反应物过渡态。

底物构象形成过渡态而被活化,如底物葡萄糖与酶结合,原来的椅式构象转变成能量较高的半椅式或船式构象,降低反应活化能,有利于酶的催化反应。底物和酶结合形成中间复合物时,酶和底物彼此适应,酶与它催化底物的反应过渡态的构象和电荷是互补的。

一、过渡态学说的几个基本概念

(1)任何一个化学反应的进行都必须经过活性中间过渡态阶段,反应速率与过渡态底物的浓度成正比。

(2)酶的活性中心对过渡态底物比基态底物有更好的互补性,即酶与过渡态底物有更强的结合力。一般,酶促反应速率为非酶促反应的 $10^{10} \sim 10^{14}$ 倍,即意味着酶与过渡态底物的结合力比基态底物要大 $10^{10} \sim 10^{14}$ 倍。

(3)酶的高度作用专一性不仅寓于底物的静态结构之中,也寓于底物的动态变化(过渡态)之中。

过渡态学说已获得大量过渡态类似物的支持,这些类似物的特点是它们与酶的结合力远远大于天然的底物,为酶的强有力的抑制剂。根据酶促反应中底物的过渡态构象,设计并合成出比过渡态稳定的过渡态类似物,已成为开发设计新医药、新农药和抗体酶半抗原的重要途径。

二、过渡态类似物

底物与酶结合时底物构象变化,形成过渡态。从结构上看,基态底物先变成过渡态,然后才生成产物。过渡态与酶的结合常数比底物大得多,从而可降低反应活化能。在催化上的优势是酶与底物过渡态结构的互补,而不是与原来的底物结构互补。过渡态不稳定,可用稳定的过渡态类似物来模拟。过渡态类似物是在空间结构、疏水性匹配和电子等因素上能够模拟一个酶催化反应过渡态的稳定化合物。它们能与酶紧密结合,一般是该酶的抑制剂。过渡态类似物一般不会往下反应生成产物。过渡态类似物与酶的结合比原底物更牢固。

糖酵解中的一个重要反应是,磷酸二羟丙酮(DHAP)在丙糖磷酸酯异构酶作用下可异构化成 3-磷酸甘油醛(G-3-P)。

$$\text{HOCH}_2\overset{\text{O}}{\underset{}{\text{C}}}\text{CH}_2\text{OPO}_3^- \xrightleftharpoons{\text{丙糖磷酸酯异构酶}} \text{HC}\overset{\text{O}}{\underset{}{}}-\overset{\text{OH}}{\underset{}{\text{CH}}}\text{CH}_2\text{OPO}_3^-$$

DHAP   G-3-P

由反应机理知,DHAP 的过渡态为烯醇式(不稳定):

$$[\text{HOCH}\overset{\text{OH}}{=}\text{CHCH}_2\text{OPO}_3^-]^*$$

根据电子等排理论(—O—、—NH—和—CH₂—等排,—N—和—CH—等排),将过渡态中—CH—在过渡态类似物中用—N—替换,HOCH═替换成肟(HON═),得出 DHAP 的一种稳定的过渡态类似物羟乙基肟磷酸酯。它可与丙糖磷酸酯异构酶结合,为丙糖磷酸酯异构酶的抑制剂。

$$[\text{HOCH}\overset{\text{OH}}{=}\text{CHCH}_2\text{OPO}_3^-]^*$$ $$\text{HON}\overset{\text{OH}}{=}\text{CHCH}_2\text{OPO}_3^-$$

过渡态   过渡态类似物(羟乙基肟磷酸酯)

又如丙酮酸的过渡态为烯醇式丙酮。若将过渡态中的—CH₂—替换成过渡态类似物中的—O—,烯醇式丙酮酸就成为过渡态类似物草酸,可抑制反应经烯醇式丙酮酸过渡态的酶的活性:

$$[\text{CH}_2\overset{\text{OH}}{=}\overset{}{\text{C}}-\overset{\text{OH}}{\underset{}{\text{C}}}\text{O}]^*$$ $$\text{O}\overset{}{=}\overset{\text{OH}}{\underset{}{\text{C}}}-\overset{\text{OH}}{\underset{}{\text{C}}}\text{O}$$

过渡态   过渡态类似物(草酸)

三、过渡态类似物的应用

分析和模拟酶催化反应过渡态的结构,是设计酶抑制剂和药物的一个途径的基础。下面介绍一些过渡态类似物在农药和医药结构设计中的应用。

(1) 有机磷和氨基甲酸酯杀虫剂的结构设计:按神经传导化学递质学说,神经冲动到达神经末梢则释放出化学物质(递质),作用于效应器(或次一级神经元)细胞膜上的受体,使机能活动发生变化,从而完成神经冲动的传递过程。现已发现递质有两种:乙酰胆碱和去甲肾上腺素。在正常情况下,乙酰胆碱(ACh)在神经纤维接头处、或神经效应器连接处及靶细胞与受体接触处释放,完成神经冲动传递后,迅速被乙酰胆碱酯酶(AChE)水解成胆碱和乙酸,神经冲动消失。若乙酰胆碱酯酶被抑制,ACh 水解受到干扰,就会在接头处聚集,神经冲动会继续维持;如再增多,就会引起严重肌无力,最后导致痉挛、麻痹以至死亡。这就是目前广泛使用的有机磷和氨基甲酸酯杀虫剂防治昆虫的依据,尽管它们结构上有着非常明显的差异,化合物数目有上千种。

乙酰胆碱为乙酸和胆碱的羟基形成的酯,酯水解反应的过渡态为四面体,过渡态类似物为磷酸酯,由此众多有机磷化合物被设计和合成,许多已作为农药使用。AChE 催化 ACh 水解是通过两个活性部位完成的,即酯解部位和阴离子部位。ACh 的羧基与酯酶的酯解部位形成共价键,其四价氮上的强正电荷与酯酶的阴离子部位呈静电连接。酶的乙酰化很快导致酯键断裂和胆碱的消除。用底物乙酰胆碱过渡态与酶的复合物结构可更好理解和帮助设计与乙酰胆碱酯酶结构更匹配的乙酰胆碱的过渡态类似物,由此推出氨基甲酸酯类化合物。

分析:① 底物乙酰胆碱,有一个正电荷头基和一个酯键,头基与酯键间的距离大约为两个—CH₂的长度。② 酶的结合部位有一对应的部位带负电荷,有一个可进攻酯键的亲核基团,现已知为 Ser-OH,负电荷与亲核基团间的距离应大约为两个碳原子。③ 乙酰胆碱过渡态如图 5-5 所示,过渡态类似物为乙酰胆碱酯酶的抑制剂。若为磷酸酯,可设计并合成出一系列有机磷杀虫剂。它们的结构应满足以下条件:有四面体磷酸酯基团,有具有正电荷或潜在正电荷的基团,且此基团与磷酸酯基团的间距应大约为两个碳原子。下面分析几种有机磷农药的结构:如对硫磷(1605),硝基吸电子使苯环连接硝基的碳带部分正电荷;内吸磷(1059),硫醚处的硫原子在体内被氧化成亚砜或砜,而使硫原子带部分正电荷;氧化乐果,NH 在酸性条件下加 H 而 N 上带部分正电荷。

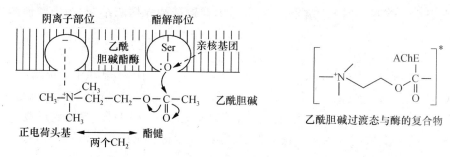

图 5-5　乙酰胆碱酯酶催化乙酰胆碱水解和乙酰胆碱过渡态示意图

另一类乙酰胆碱酯酶的抑制剂为氨基甲酸酯类杀虫剂,也为乙酰胆碱水解反应过渡态的稳定类似物。考虑到杀虫剂要具有穿透昆虫表皮和神经鞘的能力,应具有亲脂性。目前已合成了许多氨基甲酸酯类杀虫剂,如灭多威和仲丁威,结构如下:

（2）医药设计的依据：过渡态类似物已成为当前设计新杀菌剂和药物的重要依据。如腺嘌呤核苷在腺嘌呤核苷脱氨基酶作用下水解脱氨生成次黄嘌呤核苷，由腺嘌呤核苷底物的过渡态推出过渡态类似物肋间型霉素（coformycin），可抑制腺嘌呤核苷脱氨基酶。

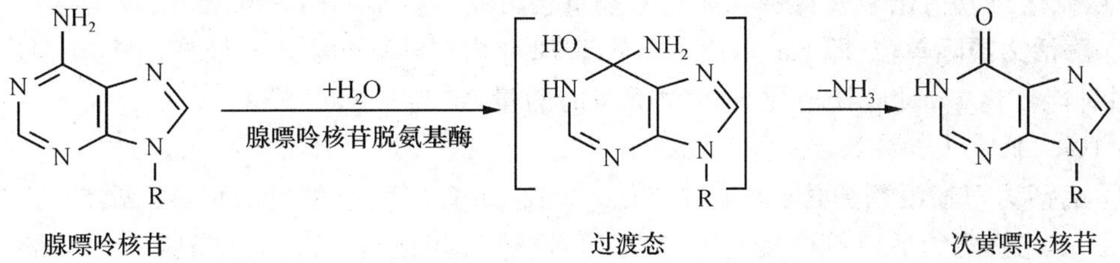

腺嘌呤核苷　　　　　　　　　　过渡态　　　　　　　　　次黄嘌呤核苷

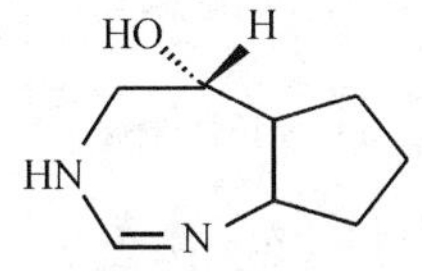

肋间型霉素

反应产物次黄嘌呤核苷是酶的抑制剂（$K_i = 1.6 \times 10^{-4}$ mol/L），但反应过渡态类似物肋间型霉素对酶的抑制可高出多个数量级（$K_i = 1.6 \times 10^{-12}$ mol/L）。其中 K_i 为酶与抑制剂结合的平衡常数，计算公式为

$$K_i = \frac{[E][I]}{[EI]}$$

§5.6　酶活力的测定

在分离纯化酶的过程中，酶存放后及使用前都需测酶活力。测酶活力即测酶催化某一化学反应的能力，检测酶的存在及含量。通过酶活力的测定可以研究酶促反应动力学。另外，在进行酶抑制剂、激活剂的研究中，一些医药、农药筛选和开发过程都要测酶的活力。

一、酶活力

酶活力（enzyme activity）指酶催化某一化学反应的能力。酶活力大小可用在一定条件下所催化的某一化学反应的反应速率来表示。反应速率指单位时间内、单位体积中底物的减少量或产物的增加量。酶活力单位：浓度/单位时间。

研究酶反应速率应以反应初速率为准。因为随酶促反应时间延长，由于底物浓度下降和酶部分失活等，酶促反应速率会下降。反应速率一般在底物变化量5％以内是保持不变的，为反应初速率。为测反应初速率，要用比酶浓度高得多的底物。反应初速率正比于酶的浓度，代表着真实的酶活力。

二、酶的活力单位

酶活力（或称酶的总活力）单位（U, activity unit）指样品酶中的酶的总单位数。酶活力大小即酶含量多少，用酶活力单位即酶单位（U）表示。

酶单位（U）：在一定条件下、一定时间内将一定量的底物转化为产物所需的酶量。酶单位目前主要使用的有以下几种：

(1) **酶国际单位(IU)**：在最适反应条件(温度25℃，最适pH，最适底物浓度)下，每分钟催化1 μmol底物转化为产物所需的酶量，定为一个酶活力单位(1961年国际生化协会酶学委员会及国际纯粹与应用化学联合会临床化学委员会订立)，1 IU＝1 μmol/min。

(2) **酶活力国际单位**：即Katal(简称Kat，1972年由国际酶学委员会推荐)单位。在最适条件下，每秒钟能催化1 mol底物转化为产物所需的酶量，定为1 Kat单位。1 Kat＝1 mol·s^{-1}＝$60×10^6$ IU；1 IU＝1/60 μKat＝16.7 nKat。

(3) **酶活力习惯沿用单位**：每小时催化1 g或1 mL底物所需要的酶量，表示不够严格，但方便。如 α-淀粉酶的活力单位规定为：每小时催化1 g可溶性淀粉液化所需要的酶量，或每小时催化1 mL 2%可溶性淀粉液所需要的酶量。

三、酶的比活力

酶的比活力(specific activity)指1 mg酶蛋白所具有的酶活力单位数。酶的比活力是用来表示酶的纯度的，对同一种酶，比活力越大，酶的纯度越高。酶含量可用每克酶制剂或每毫升酶制剂含有的酶单位即酶的比活力来表示(U/g或U/mL)。在酶提纯过程中酶的比活力越来越高，对于纯酶，酶的比活力为常数，且达最大值。酶的比活力一般用U/mg蛋白表示；有时也用U/g酶制剂或U/mL酶制剂表示酶含量。比活力大小表示单位蛋白质的催化能力。

比活力＝活力U/mg蛋白＝总活力U/mg总蛋白

四、酶活力测定方法

测定酶活力即是根据底物或产物的物理化学性质的变化，测定酶促反应的底物减少量或产物增加量。可以是测定完成一定量反应所需的时间，也可以是测定单位时间内酶催化的化学反应量。为测酶活力，必须知道酶催化反应的方程式，底物消失或产物出现的定量分析方法，以及酶的辅因子、酶的最适pH和最适温度(通常在25～37℃下进行)。

(1) **分光光度法(spectrophotometry)**：若已知酶催化反应中的底物或产物在紫外或可见光的特定波长范围内光吸收不同，测定这一特定波长的光吸收的变化即可得到底物或产物在反应中浓度的变化，从而测定酶活力。测定中可连续读出反应过程中光吸收的变化。两个最常用来测定光吸收的分子是NADH和NADPH，因此含有NADH或NADPH辅酶的氧化还原酶都可以用此方法测定。NAD(P)H(还原型)在340 nm处有光吸收高峰，而NAD(P)$^+$在340 nm处没有吸收，可以测定340 nm处光吸收的变化。如乳酸脱氢酶的活力可以用被它催化的乳酸脱氢反应来测定，按下述反应进行，可测在340 nm处光吸收的增加。

$$\underset{\text{乳酸}}{CH_3\overset{\overset{\displaystyle OH}{|}}{C}HCOO^-} + NAD^+ \underset{\text{乳酸脱氢酶}}{\rightleftharpoons} \underset{\text{丙酮酸}}{CH_3\overset{\overset{\displaystyle O}{\|}}{C}COO^-} + NADH + H^+$$

(2) **酶偶联分析法(enzyme coupling assay)**：酶偶联分析法是将原来没有光吸收变化的酶催化的反应与一些能引起光吸收变化的第二个酶促反应偶联，使没有光吸收的反应产物进而转变成具有光吸收变化的产物来进行测量。如己糖激酶(HK)催化葡萄糖磷酸化反应生成的葡糖-6-磷酸没有光吸收，若在测定己糖激酶活性时加入过量的葡糖-6-磷酸脱氢酶(G-6-PDH)和NADP$^+$，通过测定NADPH在340 nm处的光吸收即可测己糖激酶的活性。

$$\text{葡萄糖} + \text{ATP} \xrightleftharpoons{\text{HK}} \text{葡糖-6-磷酸} + \text{ADP}$$

$$\text{葡糖-6-磷酸} + \text{NADP}^+ \xrightleftharpoons{\text{G-6-PDH}} \text{葡糖酸-6-磷酸} + \text{NADPH} + \text{H}^+$$

（3）**酶联免疫吸附试验**：应用广泛的酶联免疫吸附试验，俗称 ELISA（enzyme linked immunosorbent assay 的缩写），是将抗原和抗体的免疫反应和酶的催化反应相结合的技术，操作简便、灵敏度高且易于重复，已广泛用于临床诊断和分子生物学实验中。此方法虽有多种变型，但原理相同，都是以待测抗原（或抗体）和酶标抗体（或抗原）的特异结合反应为基础，然后通过酶活力测定来确定抗原（或抗体）的含量。酶与抗体（或抗原）结合后，既不改变抗体（或抗原）的免疫学反应的特异性，也不影响酶本身的酶学活性。在合适的底物参与下，标记试剂中的抗体（或抗原）与待测样品中的抗原（或抗体）作用后，酶催化底物反应显色，可以是水解呈色，也可以是供氢体由无色的还原型变为有色的氧化型，进而由分光光度计测定或肉眼、显微镜观察。如在均质酶联免疫试验中，先使酶与半抗原连接形成的酶结合物与相应的抗体反应成标记试剂，由于抗体分子的空间阻碍效应或因酶的构型发生变化而妨碍它与底物作用，酶呈抑制状态；当加入测试样品后，样品中的半抗原竞争性地结合已与酶结合物反应的抗体，此时酶结合物就不再结合抗体分子，酶解除抑制状态而重新变为活化状态，催化底物反应出现光吸收变化，由此就可计算样品中半抗原的含量。常用的辣根过氧化物酶，作用底物 $3,3'$-二氨基联苯胺或 5-氨基水杨酸与过氧化氢反应而显色。均质酶联免疫试验操作步骤都是将待测样品、标记试剂作用后，加入底物溶液，待抗原-抗体竞争结合反应和酶-底物反应平衡后，比色测定并计算结果。标记物可以是全酶，也可以是酶的辅基或辅酶、底物；被标记的可以是抗原，也可以是抗体，以至抗抗体（相当于视抗体为抗原的抗体）。关键是标记试剂的制备。

（4）**荧光法（fluorometry）**：测定底物或产物的荧光性质的变化，灵敏度可比分光光度法要高几个数量级，特别用于快速反应的测定。为防止蛋白质等物质吸收或发射荧光，应尽可能选择可见光范围的荧光进行测定。

（5）**同位素法**：用放射性同位素底物，经酶作用后得到具有放射性的产物，通过测定产物的放射性可换算出酶的活力单位。此法灵敏度极高，常用 ^3H、^{14}C、^{32}P、^{131}I 等标记化合物。如用 $\gamma\text{-}^{32}\text{P-ATP}$ 在蛋白激酶（磷酰化酶）的作用下催化底物组蛋白磷酰化，得到组蛋白的磷酰化产物（^{32}P 标记）。再用三氯乙酸将磷酰化的组蛋白沉淀出来，洗涤后测放射性，通过放射性同位素计数的改变可计算出蛋白激酶的活力。

§5.7　酶促反应动力学

酶促反应动力学以化学动力学为基础，可用来研究底物浓度、抑制剂、pH、温度和激活剂等各种因素对酶促反应速率的影响，对深入研究酶促反应十分重要。酶促反应动力学可用来研究酶的结构与功能的关系，为酶的作用机制提供动力学实验证据，为发挥酶催化的高效率寻找最有利的反应条件，为了解酶在代谢中的作用和药物作用机制提供线索和证据。

一、底物浓度对酶反应速率的影响

化学动力学根据化学反应速率与反应物浓度的关系，常将反应分为一级反应、二级反应和零级反应。在酶促反应中，当酶浓度不变时，用反应速率 v 对底物浓度[S]作图得 v-[S]图，为一双曲线(图 5-6)。曲线分以下几段:OA 段为一级反应,AB 段为混合级反应,BC 段为零级反应。

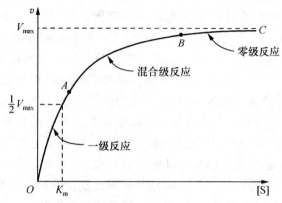

图 5-6　底物浓度[S]对反应初速率v的影响

根据酶催化过渡态理论(酶与底物形成中间复合物已得到实验证实,电子显微镜和 X 衍射均已观察到 ES 复合物的存在,并已分离出一些 ES 复合物),酶 E 催化反应时,首先和底物 S 结合生成中间复合物 ES,然后再生成产物 P,并释放出 E。

$$E+S \Longrightarrow ES \longrightarrow P+E$$

(1) OA 段:底物浓度很小,底物全部与酶形成中间复合物。酶未被底物饱和,有剩余酶。反应速率 v 取决于中间复合物浓度[ES],与底物浓度[S]呈线性关系。v 正比于[S],[S]升高,[ES]升高,表现为一级反应。

$$v = \frac{d[S]}{dt} = k[S]$$

(2) AB 段:底物浓度不大不小,反应速率不再按正比例升高,表现为混合级反应。此时酶渐渐为底物饱和,[ES]慢慢增加,v 也慢慢增加,为分数级反应。

(3) BC 段:当底物浓度[S]足够大时,反应速度趋于最大值 V_{max},酶促反应表现出饱和现象。此时底物过量,[S]>[E],酶已全部转为 ES 而恒定。底物浓度增加但中间复合物浓度不变,[ES]=[E],因此反应速率也恒定,为最大反应速率 V_{max} 且由[E]所决定,表现为零级反应。非催化反应无此饱和现象。

$$\frac{d[S]}{dt} = k$$

二、酶促反应动力学方程式

1. 米氏方程

1913 年 Michaelis 和 Menten 推导出表示底物浓度[S]与反应速率 v 之间定量关系的米氏方程:

$$v = \frac{V_{max}[S]}{K_m + [S]}$$

式中 v 为反应速率,V_{max} 为酶完全被底物饱和时的最大反应速率,[S]为底物浓度,K_m 为米氏常数。

米氏常数 K_m 的物理意义:为反应速率达最大速率 V_{max} 一半时底物的浓度,单位与底物浓度相同,为 mol/L。按米氏常数意义,将 $v=\dfrac{V_{max}}{2}$ 代入米氏方程,得

$$v = \frac{V_{max}}{2} = \frac{V_{max}[S]}{K_m+[S]}$$

两边消去 V_{max},得

$$2[S] = K_m+[S], \quad K_m=[S]$$

由此也推导出:K_m 为反应速率达最大速率 V_{max} 一半时底物的浓度。

2. 米氏方程的推导

酶促反应分两步进行,两步反应都是可逆的。

$$E+S \underset{k_2}{\overset{k_1}{\rightleftharpoons}} ES \underset{k_4}{\overset{k_3}{\rightleftharpoons}} P+E$$

式中 k_1、k_2、k_3、k_4 为反应速率常数,k_1/k_2 表示 E 与 S 的亲和力,k_3/k_4 表示反应速率。

当反应速率为初速度时,产物 P 可忽略不计,k_4 也就忽略不计。一般 k_3 为限速步骤。

$$v = k_3[ES] \qquad\qquad ①$$

(1)**酶-底物复合物(ES)的生成速率**:ES 生成速率只与 k_1、酶的浓度和底物浓度有关,酶的浓度为 $[E]-[ES]$,底物浓度为 $[S]-[ES]$。反应开始时,通常底物浓度远大于酶的浓度,即 $[S]\gg[E]$,此时 $[S]\approx[S]-[ES]$,$[S]$ 即可表示为底物浓度。由此 ES 生成速率为

$$\frac{d[ES]}{dt} = k_1([E]-[ES])\cdot[S]$$

(2)**酶-底物复合物的分解速率**:ES 分解速率与 k_2、k_3 有关。

$$-\frac{d[ES]}{dt} = k_2[ES]+k_3[ES] = (k_2+k_3)[ES]$$

(3)**ES 生成速率和分解速率相等**:稳态下 $[ES]$ 不变,保持动态平衡,ES 生成速率和分解速率相等。

$$k_1([E]-[ES])[S] = (k_2+k_3)[ES]$$

(4)**引入米氏常数 K_m**:

令 $K_m = \dfrac{k_2+k_3}{k_1}$,代入 $K_m = \dfrac{([E]-[ES])\cdot[S]}{[ES]}$,得

$$K_m[ES] = [E][S]-[S][ES]$$

$$[ES] = \frac{[E][S]}{K_m+[S]}$$

将上式代入①式,得

$$v = k_3[ES] = k_3\frac{[E][S]}{K_m+[S]} \qquad\qquad ②$$

(5)**引入最大反应速率 V_{max}(所有酶都被底物饱和时的反应速率)**:

此时 $[E]=[ES]$,

$$V_{max} = k_3[ES] = k_3[E]$$

将此式代入②式,得

$$v = \frac{V_{max}[S]}{K_m+[S]}$$

由此根据稳态理论推导出米氏方程,表达当 K_m 及 V_{max} 已知时 v-[S]的定量关系。

图 5-6 中,开始 OA 段底物浓度[S]很小,远小于 K_m,米氏方程可写成

$$v = \frac{V_{max}[S]}{K_m}$$

v 正比于[S],反应为一级反应。

对于 BC 段,[S]远大于 K_m,米氏方程可写成

$$v = \frac{V_{max}[S]}{[S]} = V_{max}$$

反应速率 v 为极限值 V_{max},反应为零级反应。

三、米氏常数的意义

(1) K_m 是酶的一个特性常数:K_m 大小只与酶性质有关,而与酶浓度无关。当底物确定,反应温度、pH 及离子强度一定时,K_m 值为常数,可用来鉴别酶,进行新酶的鉴定。如对于不同来源或相同来源但在不同发育阶段、不同生理状况下催化相同反应的酶,鉴定是否属于同一种酶。表 5-6 列出一些酶的 K_m 值。各种酶的 K_m 值相差很大,一般 K_m 在 $1 \times 10^{-6} \sim 10^{-1}$ mol/L 之间。测定 K_m 值要在相同测定条件(pH、温度、离子强度)下进行。

表 5-7　一些酶的 K_m 值

酶	底物	$K_m / (mol \cdot L^{-1})$
过氧化氢酶(catalase)	H_2O_2	2.5×10^{-2}
脲酶(urease)	尿素	2.5×10^{-2}
己糖激酶(hexokinase)	葡萄糖	1.5×10^{-4}
	果糖	1.5×10^{-3}
蔗糖酶(sucrase)	蔗糖	2.8×10^{-2}
胰凝乳蛋白酶(chymotrypsin)	N-苯甲酰酪氨酰胺	2.5×10^{-3}
	N-甲酰酪氨酰胺	1.2×10^{-2}
	N-乙酰酪氨酰胺	3.2×10^{-2}
	甘氨酰酪氨酰胺	1.22×10^{-1}
碳酸酐酶(carbonic anhydrase)	HCO_3^-	$(8.0 \sim 9.0) \times 10^{-3}$
谷氨酸脱氢酶(glutamate dehydrogenase)	谷氨酸	1.2×10^{-4}
	α-酮戊二酸	2.0×10^{-3}
	NAD^+	2.0×10^{-5}
	NADH	1.8×10^{-5}
肌酸激酶(creatine kinase)	肌酸	6.0×10^{-4}
	ADP	1.9×10^{-2}
	磷酸肌酸	5×10^{-3}
乳酸脱氢酶(lactate dehydrogenase)	丙酮酸	1.7×10^{-5}
丙酮酸脱氢酶(pyruvate dehydrogenase)	丙酮酸	1.3×10^{-3}
葡糖-6-磷酸脱氢酶(glucose-6-phosphate dehydrogenase)	葡糖-6-磷酸	5.8×10^{-5}

（续表）

酶	底　物	$K_m/(\text{mol} \cdot \text{L}^{-1})$
己糖-6-磷酸异构酶（hexose-6-phosphate isomerase）	葡糖-6-磷酸	7.0×10^{-4}
β-半乳糖苷酶（β-galactosidase）	乳糖	4.0×10^{-3}
溶菌酶（lysozyme）	(NAG)$_6$	6.0×10^{-6}
苏氨酸脱氢酶（threonine deaminase）	苏氨酸	5.0×10^{-3}
青霉素酶（penicillinase）	苄基青霉素	5.0×10^{-5}
丙酮酸羧化酶（pyruvate carboxylase）	丙酮酸	4.0×10^{-4}
	HCO_3^-	1.0×10^{-3}
	ATP	6.0×10^{-5}
精氨酸-tRNA 合成酶（arginine-tRNA-synthetase）	精氨酸	3.0×10^{-6}
	tRNA^{Arg}	4.0×10^{-7}
	ATP	3.0×10^{-4}

（2）K_m 值可用于判断酶的专一性和天然产物：若一种酶有几种底物就有几个 K_m 值，其中 K_m 值最小的底物称为该酶的最适底物，又称天然底物。K_m 值随不同底物而异，可用于帮助判断酶的专一性，并有助于研究酶的活性部位。

（3）$1/K_m$ 可近似表示酶与底物亲和力的大小：真正表示酶与底物亲和力的常数为 $K_S = k_2/k_1$，K_S 为复合物解离平衡常数。当 $k_3 \ll k_2$ 时，$K_m \approx K_S = k_2/k_1$，即可用 $1/K_m$ 来近似表示酶与底物结合的难易程度。

（4）由 K_m 计算反应速率：已知某个酶的 K_m 值，可由某一底物浓度[S]，计算反应速率 v 相当于 V_{max} 的百分比，或反之，由 v 计算[S]。

如加入底物浓度[S]＝$3K_m$，计算反应速度 v。将[S]＝$3K_m$ 代入米氏方程：

$$v = \frac{V_{max}[S]}{K_m + [S]} = \frac{V_{max} \cdot 3K_m}{K_m + 3K_m} = \frac{3}{4}V_{max}$$

（5）K_m 可帮助推断某一代谢反应的方向和途径：酶催化反应一般是可逆反应，正、逆两方向反应的 K_m 不同，K_m 小的反应效率高，为体内主要催化方向。当一系列不同的酶催化一个代谢过程的连锁反应时，可以由各步反应的酶的 K_m 及其相应底物浓度，确定代谢过程的限速步骤。如 A→B→C→D，哪一步 K_m 值大，哪一步即为反应限速步骤。若同一底物可被多种酶催化进行不同的反应，K_m 值不同，K_m 小的为主要反应方向。在底物浓度低时，K_m 小的酶促反应占优势。

四、V_{max}、k_{cat}、f_{ES} 和 k_{cat}/K_m 的意义

（1）V_{max}：酶浓度[E]一定，则对特定底物的 V_{max} 也为一常数。同一酶对不同底物的 V_{max} 也不同，pH、温度和离子强度等也影响 V_{max} 的数值。通常 $v = k_3[ES]$；当[S]很大时，所有酶都被底物所饱和形成 ES，即[E]＝[ES]，酶促反应达到最大速率 V_{max}，则 $V_{max} = k_3[E]$。

（2）k_{cat}：k_3 为酶被底物饱和时每秒钟每个酶分子转换底物的分子数，单位 s^{-1}，又称转换数（TN），或称为催化常数 k_{cat}，数值与温度、pH、离子强度有关。大多数酶的 k_{cat} 为 $1 \sim 10^4/s$，也有高达几十万、一百万的。k_{cat} 越大，酶催化效率越高。

表 5-8　一些酶的最大转换数

酶	转换数 k_{cat}/s^{-1}
碳酸酐酶(carbonic anhydrase)	600 000
乙酰胆碱酯酶(acetylcholinesterase)	25 000
青霉素酶(penicillinase)	2000
乳酸脱氢酶(lactate dehydrogenase)	1000
胰凝乳蛋白酶(chymotrypsin)	100
DNA 聚合酶 Ⅰ(DNA polymerase Ⅰ)	15
溶菌酶(lysozyme)	0.5

（3）f_{ES}：为酶的活性部位被底物饱和的百分数。

$$f_{ES} = \frac{v}{V_{max}} = \frac{\dfrac{V_{max}[S]}{K_m + [S]}}{V_{max}} = \frac{[S]}{K_m + [S]}$$

当 $v = V_{max}$ 时，$f_{ES} = 1$，酶的活性部位全部被底物占据，此时 $[E] = [ES]$。

（4）k_{cat}/K_m：生理条件下大多数酶并不被底物饱和，在体内 $[S]/K_m$ 的比值通常介于 $0.01 \sim 1.0$ 之间。按 $V_{max} = k_{cat}[E]$，当 $[S] \ll K_m$ 时 $K_m + [S] \approx K_m$，自由酶浓度与酶的总浓度 $[E]$ 相当。代入米氏方程中

$$v = \frac{V_{max}[S]}{K_m + [S]} = \frac{V_{max}[S]}{K_m} = \frac{k_{cat}[E][S]}{K_m}$$

由此

$$v = \frac{k_{cat}}{K_m}[E][S]$$

式中 k_{cat}/K_m 为 E 和 S 反应形成产物的表观二级速率常数，上限为 k_1，单位为 $L \cdot mol^{-1} \cdot s^{-1}$，即生成 ES 复合物的速率。在水中扩散速率常数限制了 k_1 的数值，k_{cat}/K_m 数值的上限为 $10^8 \sim 10^9 \ L \cdot mol^{-1} \cdot s^{-1}$。酶的催化效率不能超过 E 和 S 形成 ES 的扩散控制的结合速率。k_{cat}/K_m 作为酶催化效率的参数是恰当的，如乙酰胆碱酯酶和磷酸丙糖异构酶等许多酶的 k_{cat}/K_m 值都在 $10^7 \sim 10^8 \ L \cdot mol^{-1} \cdot s^{-1}$ 的范围内。催化反应速率只受它们与溶液中底物迁移速率的限制。由 k_{cat}/K_m 大小可以比较不同酶或同一种酶催化不同底物的催化效率，参见表 5-9。

表 5-9　胰凝乳蛋白酶选择水解几种 N-乙酰氨基酸甲酯所测 k_{cat}/K_m

在酯中的氨基酸	氨基酸侧链	$(k_{cat}/K_m)/(L \cdot mol^{-1} \cdot s^{-1})$
甘氨酸	—H	1.3×10^{-1}
正缬氨酸	—$CH_2CH_2CH_3$	3.6×10^2
正亮氨酸	—$CH_2CH_2CH_2CH_3$	3.0×10^3
苯丙氨酸	—CH_2Ph	1.0×10^5

五、米氏常数求法

（1）由米氏常数物理意义推导：从图 5-6 的 v-$[S]$ 图中，在 $\frac{1}{2}V_{max}$ 处划一横线，与双曲线交点对应的 $[S]$，即为 K_m 值。此法由于得到的 V_{max} 不准确，K_m 也不准确。

（2）**双倒数法**（Lineweaver-Burk 双倒数作图法）：

米氏方程两边取倒数

$$\frac{1}{v} = \frac{K_m}{V_{max}} \cdot \frac{1}{[S]} + \frac{1}{V_{max}}$$

以 $1/v$-$1/[S]$ 作图,得图 5-7,其中纵轴截距:$1/V_{max}$;横轴截距:$-1/K_m$;斜率:K_m/V_{max}。

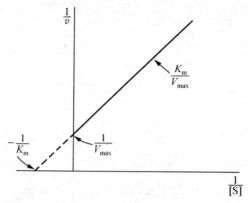

图 5-7　双倒数作图法

此法的缺点是实验点过分集中在直线左下方,影响准确性。

(3) v-$v/[S]$ 法(Eadie-Hofstee 作图法):

将米氏方程改写成

$$v = V_{max} - K_m \frac{v}{[S]}$$

推导过程如下:将米氏方程的分子处加上一个 $K_m V_{max}$,再减去一个 $K_m V_{max}$,

$$v = \frac{V_{max}[S]}{K_m + [S]} = \frac{V_{max}[S] + K_m V_{max} - K_m V_{max}}{K_m + [S]} = \frac{V_{max}(K_m + [S])}{K_m + [S]} - \frac{K_m V_{max}}{K_m + [S]}$$

$$= V_{max} - \frac{v(K_m + [S])}{V_{max}[S]} \frac{K_m V_{max}}{K_m + [S]} = V_{max} - \frac{K_m v}{[S]}$$

即

$$v = V_{max} - K_m \frac{v}{[S]}$$

以 v-$v/[S]$ 作图,得图 5-8,其中,斜率:$-K_m$;纵轴截距:V_{max};横轴截距:V_{max}/K_m。

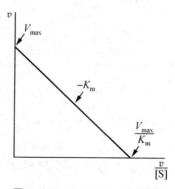

图 5-8　Eadie-Hofstee 作图法

（4）$[S]/v$-$[S]$法（Hanes-Woolf 作图法）：

米氏方程双倒数形式两边同乘以$[S]$得

$$\frac{[S]}{v} = \frac{K_m}{V_{max}} + \frac{1}{V_{max}}[S]$$

以$[S]/v$-$[S]$作图，得图 5-9，其中，斜率：$1/V_{max}$；纵轴截距：K_m/V_{max}；横轴截距：$-K_m$。

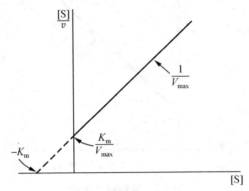

图 5-9　Hanes-Woolf 作图法

（5）Eisenthal 和 Cornish-Bowden 直接线性作图法：

将 v-$v/[S]$法中 $v = V_{max} - K_m\dfrac{v}{[S]}$ 改写为

$$V_{max} = v + \frac{v}{[S]}K_m$$

把$[S]$值标在横轴的负半轴上，测得的 v 数值标在纵轴上，相应的$[S]$和 v 连成直线，这一簇直线交于一点，这一点的坐标即为 K_m 和 V_{max} 值（图 5-10）。另外，很容易识别那些不通过共同交叉点的直线为不正确的观测结果。

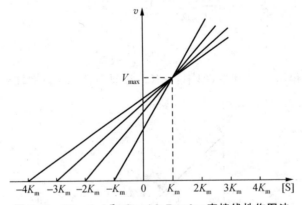

图 5-10　Eisenthal 和 Cornish-Bowden 直接线性作图法

§5.8　酶的抑制作用

由于酶的必需基团化学性质的改变，而不是由于酶变性所引起的酶活力降低或丧失，称为酶的抑制作用（inhibition），一般可用反应速率的变化，如抑制百分数或抑制分数来表示。酶的抑制作用与酶的失活作用(inactivation)不同,酶的失活作用是由酶蛋白的变性所引起的。

许多分子都能够干扰酶的活性,凡能直接作用于酶并使酶的催化反应速率降低的物质均称为抑制剂(inhibitor)。一些酶的抑制剂在细胞代谢过程中,通过抑制特定的酶可控制正常代谢途径;另一些外来的抑制剂,如药品或毒物,通过抑制酶的活性可以达到治病或致死的目的。研究酶的抑制剂,对于研究酶的结构与功能、催化机制和进行药物、农药的设计与筛选都有重要的意义。

一、抑制作用的类型

酶的抑制作用有两种主要类型,不可逆抑制作用和可逆抑制作用。可逆抑制作用又分为竞争性抑制作用、非竞争性抑制和反竞争性抑制作用。

(1) **不可逆抑制作用**:抑制剂与酶必需基团以共价键结合而引起酶活力丧失,不能用透析、超过滤等物理方法除去抑制剂而使酶复ން。酶被不可逆抑制剂化学修饰,如神经毒气中的二异丙基磷酰氟(DIPF)与乙酰胆碱酯酶活性部位的 Ser 残基反应形成共价键,不可逆地抑制了酶的活性;碘乙酰胺可以与 Cys 残基反应,可用来测定酶的活性中心有几个 Cys 残基。

(2) **可逆抑制作用**:抑制剂与酶以非共价键结合而使酶活力降低或丧失,能用物理方法除去抑制剂而使酶复活。

竞争性抑制:抑制剂 I 和底物 S 竞争酶的结合部位,从而影响了底物与酶的正常结合。竞争性抑制剂结构大多与正常的底物结构类似,许多底物过渡态类似物即可作为抑制剂。抑制剂与酶活性部位结合形成 EI 复合物,但不能分解生成产物,从而抑制酶与底物的结合。竞争性抑制可以通过增加底物浓度而解除。如丙二酸或戊二酸对琥珀酸脱氢酶的抑制,增加琥珀酸浓度抑制可以解除。

非竞争性抑制:底物和抑制剂同时与酶结合,非竞争性抑制剂与酶可逆结合的位置不在活性中心处,两者无竞争作用。非竞争性抑制剂与酶结合后引起酶的三维形状的改变而导致酶活性下降。

$$EI+S \longrightarrow ESI \quad 或 \quad ES+I \longrightarrow ESI$$

但 ESI 不能进一步生成产物。

I 与 S 结构无共同之处,酶活性降低或被抑制,不能用增加底物浓度来解除抑制。如 Leu 是精氨酸酶的非竞争性抑制剂。

反竞争性抑制:酶只有与底物结合后才能与抑制剂结合。

$$ES+I \longrightarrow ESI$$

ESI 也不能进一步生成产物。

这种抑制常见于多底物反应中,如肼类化合物抑制胃蛋白酶。

二、可逆抑制作用和不可逆抑制作用的动力学鉴别

加入一定量抑制剂,以 v 对酶浓度[E]作图(图 5-11)。

图中,加入不可逆抑制剂,使直线原点右移,斜率不变,这是由于只有当加入足够量的酶后,使酶的浓度大于不可逆抑制剂,才表现出酶的活力,相当于把原点向右移动。加可逆抑制剂,直线原点不动,斜率变小。

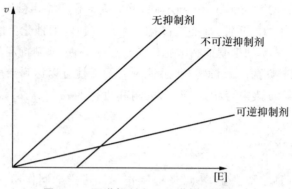

图 5-11　可逆抑制和不可逆抑制的区别

三、可逆抑制作用动力学

以下均分别以 v-$[S]$ 和 $1/v$-$1/[S]$ 作图。

（1）**竞争性抑制**：当底物浓度足够高时 V_{max} 不变。由于要多加底物才能达到原有的反应速度，因此 K_m 变大，表示在竞争性抑制剂存在时酶对底物的亲和性降低。

图 5-12 中，纵轴截距：$1/V_{max}$ 不变，V_{max} 不变，底物浓度足够高，可克服抑制作用；横轴截距：$1/K_m$ 变小，K_m 变大；斜率：K_m/V_{max} 变大。

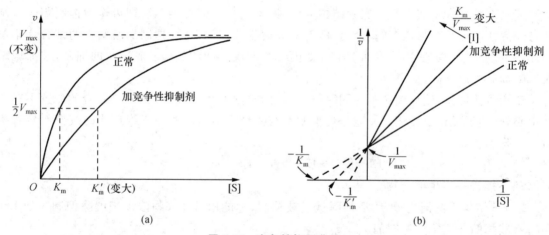

图 5-12　竞争性抑制曲线

（2）**非竞争性抑制**：由于不能靠增加底物浓度克服抑制作用，所以 V_{max} 变小，但抑制剂对于底物和酶的亲和性无影响，I 与 S 结构不类似，K_m 不变。

图 5-13 中，纵轴截距：$1/V_{max}$ 变大，V_{max} 变小；横轴截距：$-1/K_m$ 不变，K_m 不变；斜率：K_m/V_{max} 变大。

（3）**反竞争性抑制**：抑制剂帮助底物与酶结合，亲和性变大，K_m 变小，V_{max} 也变小（图5-14）。

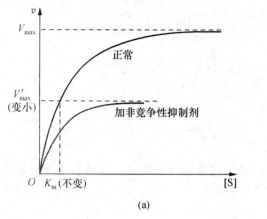 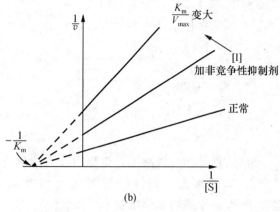

图 5-13　非竞争性抑制曲线

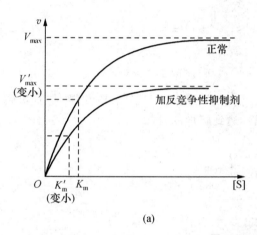 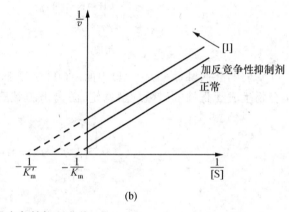

图 5-14　反竞争性抑制曲线

可逆抑制作用的 K_m 和 V_{max} 变化总结于表 5-10 中。

表 5-10　不同类型可逆抑制作用的 K_m 和 V_{max}

类　　型	V_{max}	K_m
竞争性抑制	不变	变大
非竞争性抑制	变小	不变
反竞争性抑制	变小	变小

四、一些重要的抑制剂

1. 不可逆抑制剂

（1）有机磷化合物：抑制某些蛋白酶和脂酶，与酶的活性部位 Ser-OH 共价结合。如抑制胆碱酯酶，使乙酰胆碱不能分解而积累，使一些以乙酰胆碱为传导介质的神经系统处于过度兴奋状态，引起神经中毒。一些神经毒剂（沙林、塔崩）和有机磷农药结构如下：

DFP

敌百虫

敌敌畏

沙林 (sarin)

塔崩 (tabun)

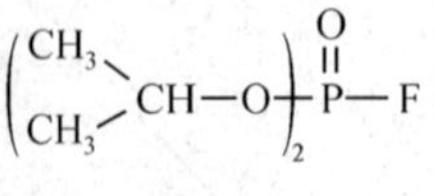

解毒:具有能与磷酸根有更强结合力的化合物,可将酶从酶与有机磷农药结合的复合物中游离出,从而解毒。如使用肟类化合物解磷定(PAM,1-甲基-2-甲醛肟碘吡啶盐),氯磷定(1-甲基-2-甲醛肟氯化吡啶)。

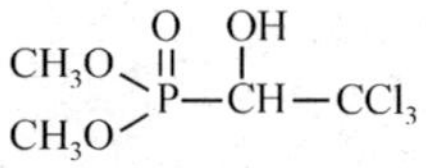

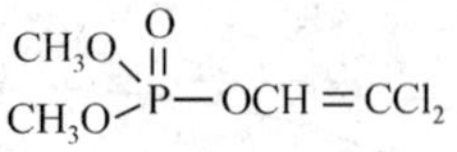

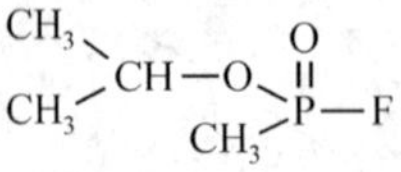

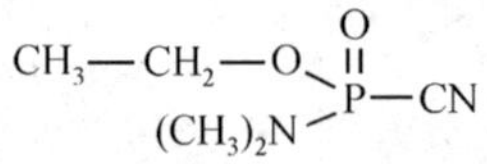

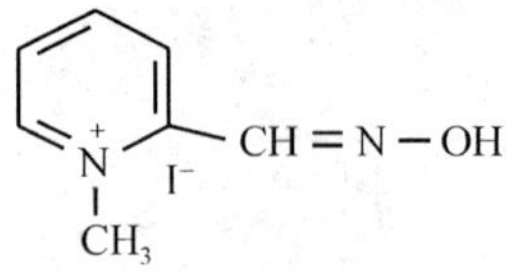

解磷定

氯磷定

它们的醛肟基(═N̈—ÖH)中的—OH 比酶活性中心处的 Ser-OH 的亲核性强,与有机磷化合物生成无毒性的磷酰化解磷定,游离出胆碱酯酶,达到解毒的目的。

磷酰化解磷定

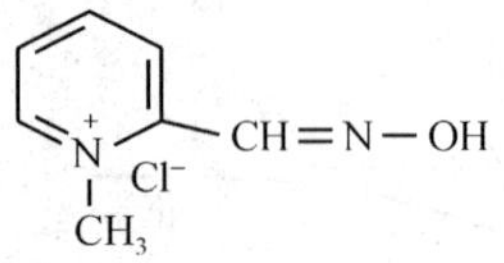

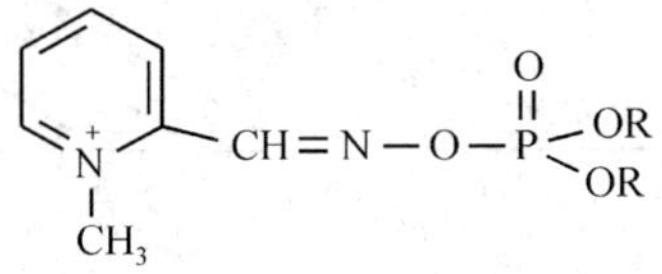

(2) **有机砷化合物**:与酶中 Cys-SH 作用使人畜中毒。如有机砷化合物路易斯毒气与酶的巯基结合使人畜中毒。

路易斯毒气　　酶

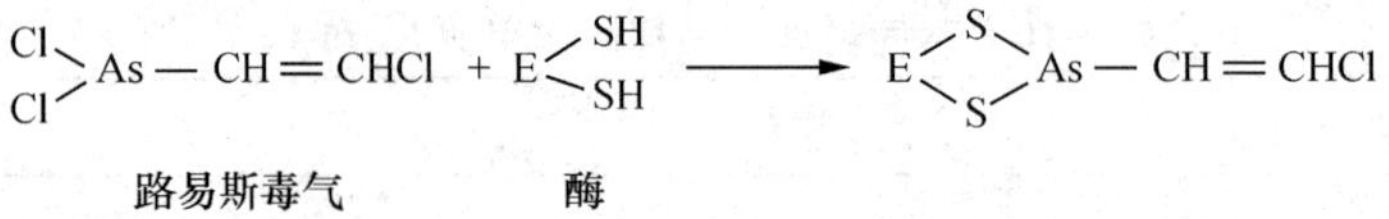

可用含—SH 的化合物作解毒剂,使酶恢复活性。如 BAL 对路易斯毒气有更大的亲和力,使酶恢复活性而解毒。

失活的酶　　BAL　　复活的酶

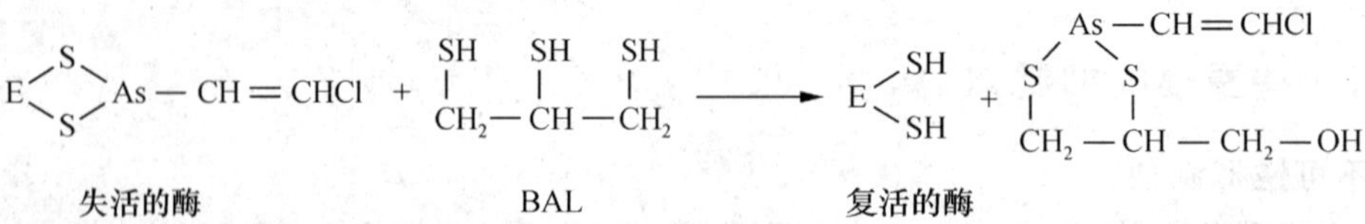

(3) **氰化物**、CO、H_2S:与含铁卟啉的酶,如细胞色素氧化酶中的 Fe^{2+} 络合使酶失活,阻止 O_2 的传递而抑制呼吸。

(4) **青霉素**:与糖肽转肽酶活性部位 Ser-OH 共价结合,使酶失活。该酶在细菌细胞壁合成中使肽聚糖链交联,酶失活则细菌细胞壁合成受阻,损害细菌生长。

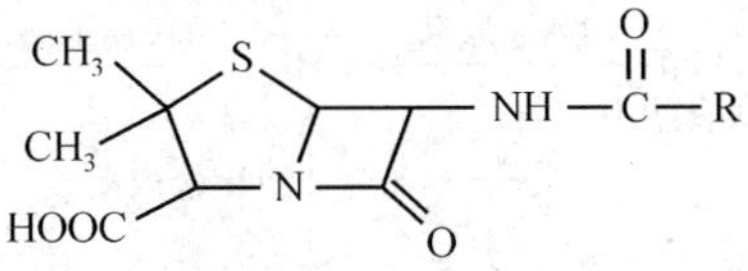

青霉素（R为可变基）

青霉素与糖肽转肽酶活性部位丝氨酸的羟基共价结合反应如下：

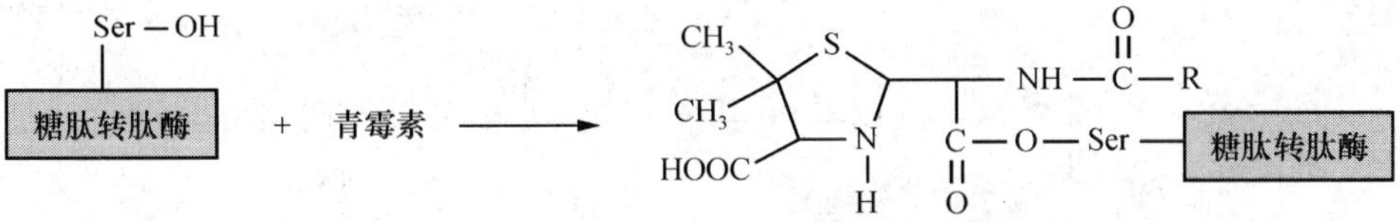

青霉素-酶复合物（酶失活）

青霉素与转肽酶的底物之一的酰基-D-Ala-D-Ala 结构类似，抑制糖肽合成的最后一步。

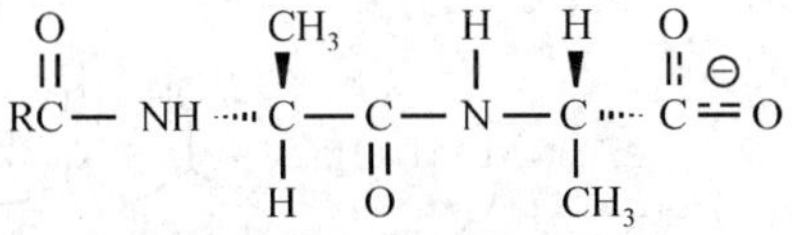

酰基-D-丙氨酰-D-丙氨酸 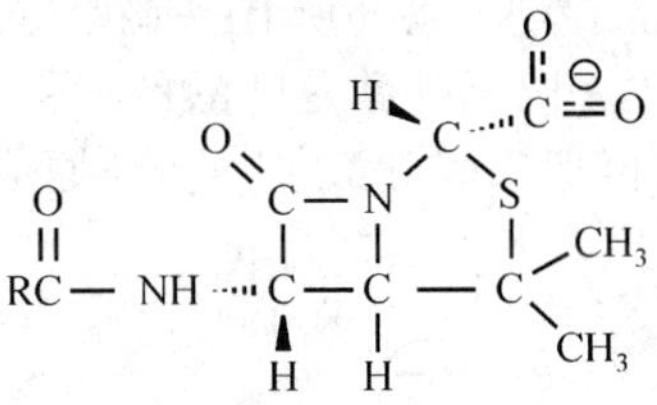 　　　　　　　　　　　青霉素

　（5）对甲苯磺酰-L-赖氨酰氯甲酮（TLCK）：为亲和标记试剂，为根据底物的化学结构设计的专一性不可逆抑制剂。胰蛋白酶要求底物羧基端为碱性氨基酸，以胰蛋白酶底物对甲苯磺酰-L-赖氨酸甲酯（TLME）为模板，设计底物结构类似物对甲苯磺酰-L-赖氨酰氯甲酮（TLCK），与胰蛋白酶活性部位 His_{57} 共价结合，引起酶不可逆失活。

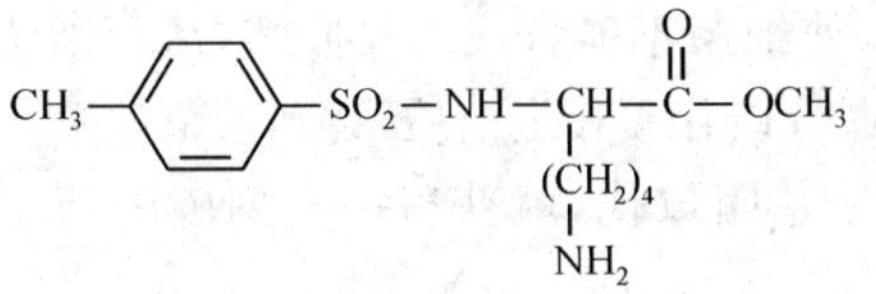

对甲苯磺酰-L-赖氨酸甲酯 (TLME) 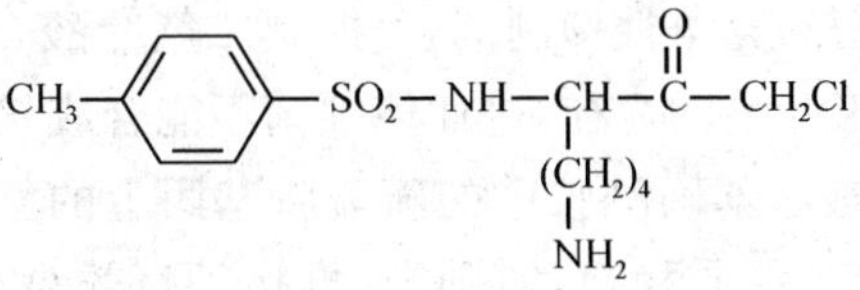 　　　　　　　对甲苯磺酰-L-赖氨酰氯甲酮 (TLCK)

2. 可逆抑制剂

竞争性可逆抑制剂在药品设计和开发方面十分重要。与酶的底物结构类似的过渡态类似物，可选择性抑制病菌或癌细胞代谢中的某些酶，而具有抗菌和抗癌作用。

下面以抑制叶酸合成的磺胺药开发为例，说明竞争性抑制剂在药品设计和开发方面的作用。四氢叶酸是合成核酸的嘌呤核苷酸和蛋白质的重要辅酶，是合成核酸和蛋白质的必需物质。如果缺少四氢叶酸，细菌的生长繁殖就会受到影响。研究发现，人体可直接从食物获取叶酸（folic acid，FA），在二氢叶酸还原酶作用下经二氢叶酸（dihydrofolate，DHF）还原成四氢叶酸（tetrahydrofolate，THF），而细菌只能从对氨基苯甲酸合成二氢叶酸，再还原成四氢叶酸。因此，若抑制二氢叶酸合成酶，就不能从对氨基苯甲酸合成二氢叶酸，即可断绝细菌四氢叶酸来源，从而抑制核酸和蛋白质的合成。

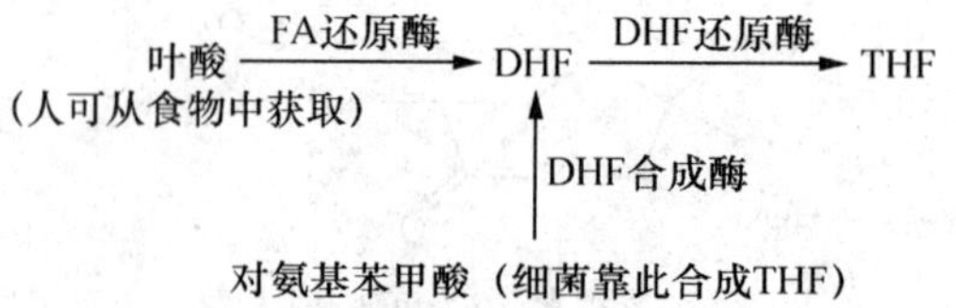

$$\text{叶酸} \xrightarrow[\text{（人可从食物中获取）}]{\text{FA还原酶}} \text{DHF} \xrightarrow{\text{DHF还原酶}} \text{THF}$$

$$\text{DHF} \xleftarrow{\text{DHF合成酶}}$$

对氨基苯甲酸（细菌靠此合成THF）

叶酸结构如下，由 2-氨基-4-羟基-6-甲基蝶呤、对氨基苯甲酸和 L-谷氨酸三部分组成，又称蝶酰谷氨酸。对氨基苯甲酸是叶酸的重要组成部分。

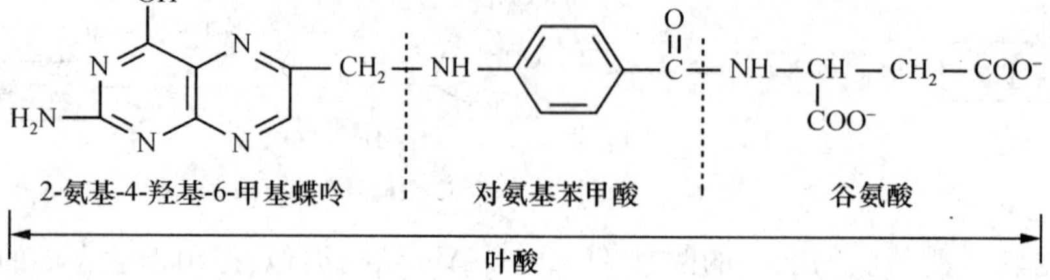

2-氨基-4-羟基-6-甲基蝶呤　　　对氨基苯甲酸　　　谷氨酸

叶酸

叶酸是除了 CO_2 以外所有一碳单位（$-CH_3$、$-CH_2-$、$-CH=$、$-CHO$、$-COOH$）的重要受体和供体。四氢叶酸是叶酸的活性辅酶形式，人体可以通过二氢叶酸还原酶还原从食物得到的叶酸，再把二氢叶酸进一步还原成四氢叶酸（图 5-15）。

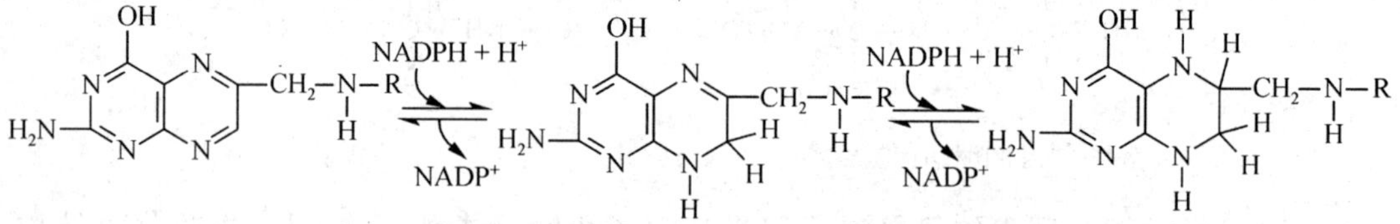

FA　　　　　　　　　DHF　　　　　　　　　THF

图 5-15　二氢叶酸还原酶反应，人类得到四氢叶酸途径

根据人和细菌获得四氢叶酸途径不同设计了磺胺类杀菌剂，关键是阻断从对氨基苯甲酸合成二氢叶酸。磺胺类抗菌剂对氨基苯磺酰胺实际上是对氨基苯甲酸的过渡态类似物，是二氢叶酸合成酶的竞争性抑制剂，可抑制二氢叶酸合成酶，使细菌不能合成二氢叶酸，从而断绝了细菌获得四氢叶酸的途径，进而使细菌不能合成核酸的嘌呤核苷酸和蛋白质，达到杀菌效果。

对氨基苯磺酰胺中的磺酰胺基团上的氢被其他基团取代，就获得一系列磺胺药。磺胺药抗菌谱广，性质稳定，对肺炎、痢疾等疗效显著。

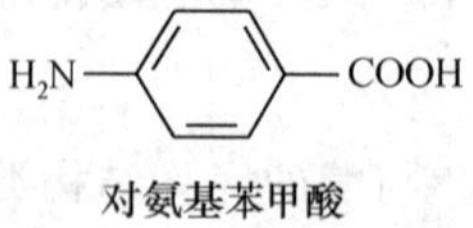

对氨基苯甲酸 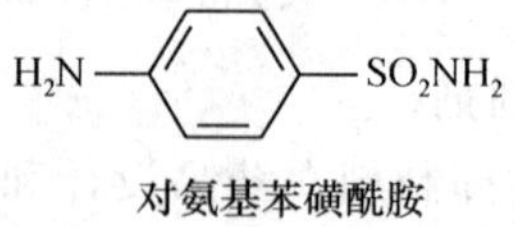　　　　　　　　　　　　　对氨基苯磺酰胺

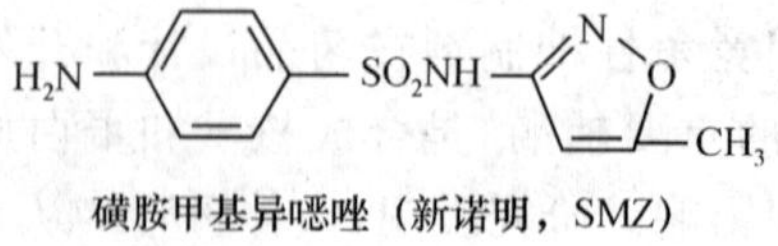

磺胺甲基异噁唑（新诺明，SMZ） 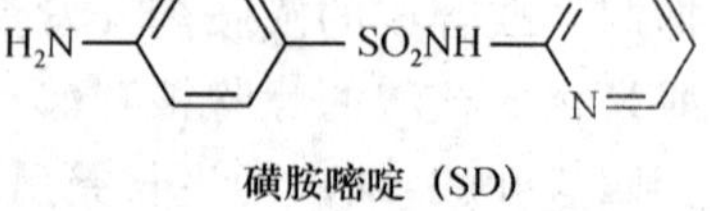　　　　磺胺嘧啶（SD）

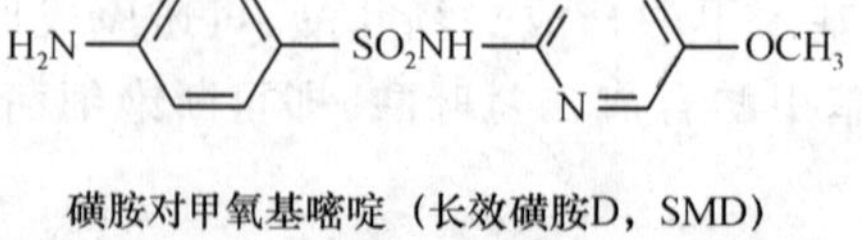

磺胺对甲氧基嘧啶（长效磺胺D，SMD） 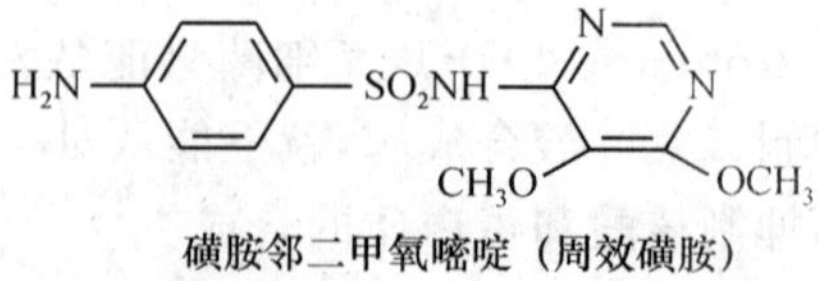　磺胺邻二甲氧嘧啶（周效磺胺）

§5.9 温度、pH 等对酶反应的影响

(1) **酶反应最适温度**：使酶促反应速率达最大值的温度，见图 5-16，以反应速率对温度作图，一般为钟罩形曲线。

每种酶在一定条件下都有其最适温度，动物一般 35～40℃，植物 40～50℃，微生物则差别较大，最高可达 70℃。

(2) **最适 pH**：在此 pH 下酶促反应有最大速率，为酶的特性之一。见图 5-17，一般反应速率对 pH 作图也为钟罩形曲线。一般，酶最适 pH 在 5～8 之间，动物 6.5～8.0，植物及微生物 4.5～6.5。

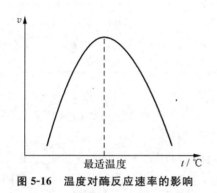

图 5-16　温度对酶反应速率的影响　　　　图 5-17　pH 对酶活力的影响

(3) **激活剂**：凡是能提高酶活性的物质都称为激活剂，大部分是无机离子或简单有机化合物。激活剂不是酶的必需成分，只是影响酶活力高低。

不同的酶可有不同的激活剂。如还原型谷胱甘肽使酶中的—SH 保持活性，为酶的激活剂；EDTA(乙二胺四乙酸)螯合除去重金属离子，也为酶的激活剂。

§5.10　酶的作用机制

一、酶的活性部位

1. 酶活性部位的定义

酶的特殊催化能力只局限在大分子的一定区域，活性部位又称活性中心。酶分子中与酶活力直接相关的区域称为活性中心，分为结合部位和催化部位。结合部位负责与底物结合，决定酶的专一性；催化部位负责催化底物键的断裂或形成，决定酶的催化能力。对需要辅酶的酶，辅酶分子或辅酶分子某一部分的结构往往是酶活性部位组成部分。

2. 酶活性中心特点

(1) **活性中心只占酶分子中相当小的部分**：通常 1%～2%。表 5-11 列举了一些酶活性中心的氨基酸残基。酶一般都由 100 多个以上氨基酸组成，如溶菌酶一共 129 个氨基酸残基，活性中心为 Asp_{52} 和 Glu_{35}；胰凝乳蛋白酶 241 个残基，胰蛋白酶 223 个残基，弹性蛋白酶 240 个

残基,均为蛋白酶,活性中心都是 His_{57},Asp_{102},Ser_{195}。

表 5-11   某些酶活性中心的氨基酸残基

酶	氨基酸残基数	活性中心的氨基酸残基
核糖核酸酶 A(ribonuclease A)	124	His_{12},His_{119},Lys_{41}
溶菌酶(lysozyme)	129	Asp_{52},Glu_{35}
胰凝乳蛋白酶(chymotrypsin)	241	His_{57},Asp_{102},Ser_{195}
胰蛋白酶(trypsin)	223	His_{57},Asp_{102},Ser_{195}
弹性蛋白酶(elatase)	240	His_{57},Asp_{102},Ser_{195}
胃蛋白酶(pepsin)	348	Asp_{32},Asp_{215}
木瓜蛋白酶(papain)	212	Cys_{25},His_{159}
枯草杆菌蛋白酶(subtilsin)	275	His_{64},Ser_{221},Asp_{32}
羧肽酶 A(carboxypeptidase)	307	Arg_{127},Glu_{270},Tyr_{248}
HIV-1 蛋白酶(HIV-1 protienase)	99×2(二聚体)	Asp_{25},$Asp_{25'}$
肝乙醇脱氢酶(alcohol dehydrogenase)	374×2(二聚体)	Ser_{48},His_{51}

(2) **活性中心为三维实体**:活性中心氨基酸残基在一级结构上可能相距甚远,甚至不在一条肽链上,但通过肽链盘绕、折叠在空间结构上相互靠近。因此,空间结构破坏酶即失活。酶的活性中心以外部分可为酶活性中心提供必需的三维结构。

(3) **酶与底物的结构互补**:是指在酶和底物结合过程中,相互构象发生一定变化后才互补,这个动态辨认过程为诱导契合(induced-fit)过程,见图 5-18。结合后酶的催化基团位置正好在它所催化底物键的断裂或即将生成的位置。

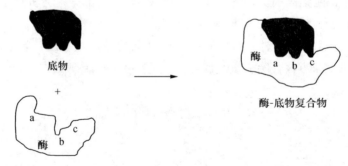

图 5-18   底物和酶相互作用的诱导契合模型
酶在与底物结合后改变了形状,活性部位在与底物结合后形状与底物互补

(4) **活性中心位于酶分子表面的一个裂缝内**:裂缝中为疏水微环境,提高了与底物结合的能力,避免底物被催化反应部位水合而呈裸露状态。裂缝中也含有某些极性氨基酸残基,以便与底物结合有利于催化,底物在此裂缝内有效浓度很高。

(5) **酶与底物结合形成酶-底物复合物**:结合主要靠氢键、盐键、范德华力和疏水相互作用。相互作用的自由能变化在 $-50.2 \sim -12.6\,kJ \cdot mol^{-1}$ 之间(共价键自由能变化 $-21 \sim 460\,kJ \cdot mol^{-1}$)。

(6) **酶活性中心具有柔性和可运动性**:这都是酶催化所必需的。

二、研究酶活性中心的方法

1. 酶侧链基团化学修饰法

(1) **特异性共价修饰**：如二异丙基磷酰氟（DIPF）专一地与酶活性中心 Ser-OH 的羟基共价结合，使酶失活。如胰凝乳蛋白酶共 28 个 Ser，但 DIPF 只与活性中心的 Ser 反应。

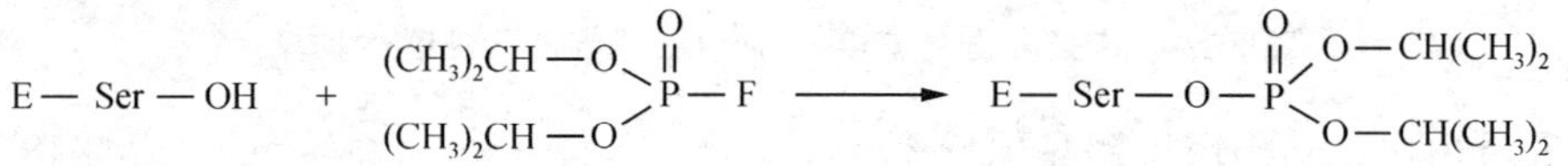

$$E—Ser—OH \quad + \quad \underset{\underset{\text{DIPF}}{}}{(CH_3)_2CH—O} \overset{(CH_3)_2CH—O}{\underset{}{}}\overset{O}{\underset{||}{P}}—F \quad \longrightarrow \quad \underset{\underset{\text{DIP-E}}{}}{E—Ser—O}\overset{O}{\underset{||}{P}}\overset{O—CH(CH_3)_2}{\underset{O—CH(CH_3)_2}{}}$$

酶   DIPF   DIP-E

反应后，用 HCl 将酶部分水解，得含二异丙基磷酸酯（DIP）基团的肽的片段，序列分析定出 DIP-Ser 为 Ser_{195}。

(2) **亲和标记**：用与底物结构相似的修饰剂，对酶活性部位进行专一性共价修饰。如对甲苯磺酰-L-苯丙氨酰氯甲基酮（TPCK）结构与胰凝乳蛋白酶的底物对甲苯磺酰-L-苯丙氨酸乙酯（TPE）类似，TPCK 只与胰凝乳蛋白酶中 His_{57} 结合，说明 His_{57} 为该酶活性部位的一个氨基酸残基。

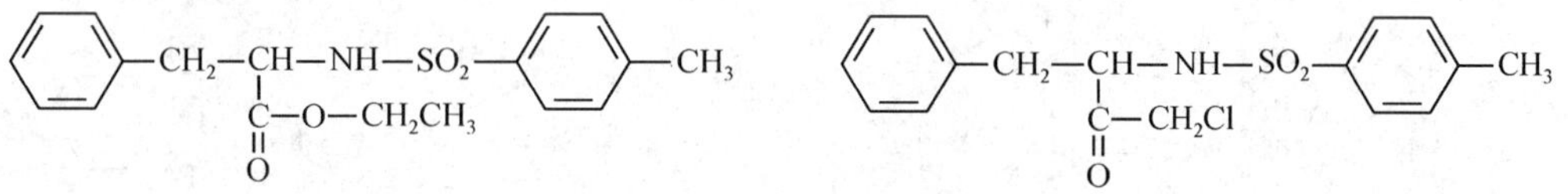

对甲苯磺酰-L-苯丙氨酸乙酯 (TPE)   对甲苯磺酰-L-苯丙氨酰氯甲基酮 (TPCK)

TPCK   胰凝乳蛋白酶   酶烷基化失活

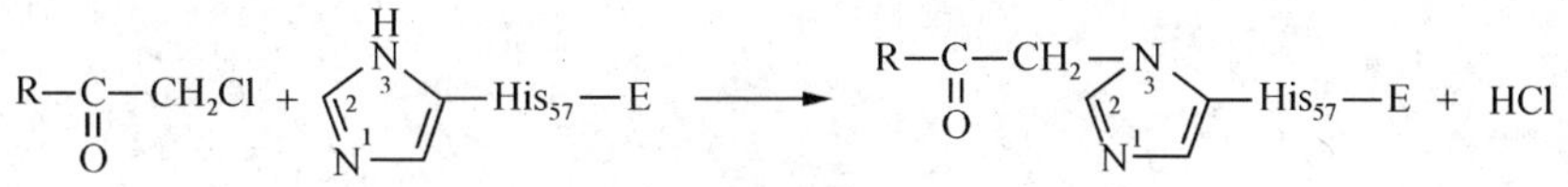

2. X 射线衍射晶体结构分析

可提供酶分子的三维结构，了解酶活性中心氨基酸残基所处相对位置与状态，与底物结合后酶分子在底物周围氨基酸残基排列状况，被作用键周围残基状况等。由此，提出活性中心处氨基酸残基的组成及催化作用形式。

如溶菌酶，对它水解的糖苷键周围氨基酸残基进行分析后，确定酶的催化基团为 Glu_{35} 和 Asp_{52}。

又如胰凝乳蛋白酶经 X 射线晶体结构分析，表明活性中心由 Ser_{195}、His_{57} 和 Asp_{102} 组成，并提出这三个氨基酸残基连在一起形成一个"电荷中继网"，如图 5-19 所示。没有底物时，His_{57} 未质子化，三联体排列为（a）。在加上底物后，Ser_{195} 转移一个质子给 His_{57}，带正电荷的咪唑环通过带负电荷的 Asp_{102} 静电相互作用被稳定，成为（b）。

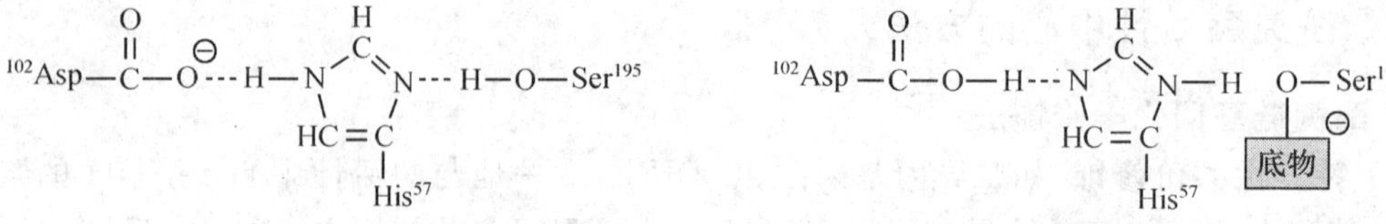

(a) 酶本身 (b) 酶与底物结合

图 5-19 胰凝乳蛋白酶中的 Ser-His-Asp 催化三联体构象

胰凝乳蛋白酶详细作用机制见图 5-20。

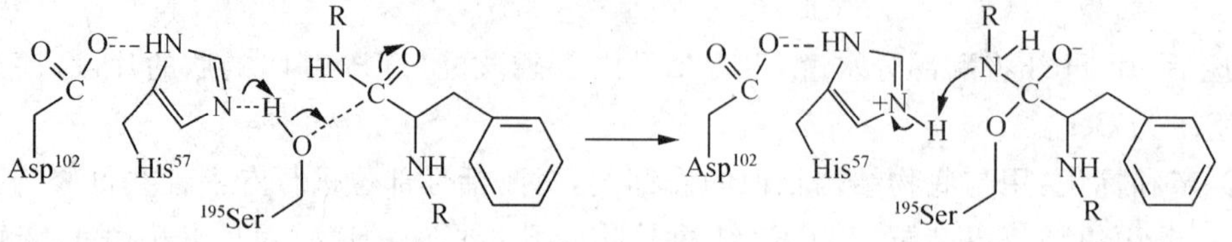

(a) 在酶活性中心处酶与底物结合 (b) 形成共价ES复合物，Ser羟基氧与底物羰基结合

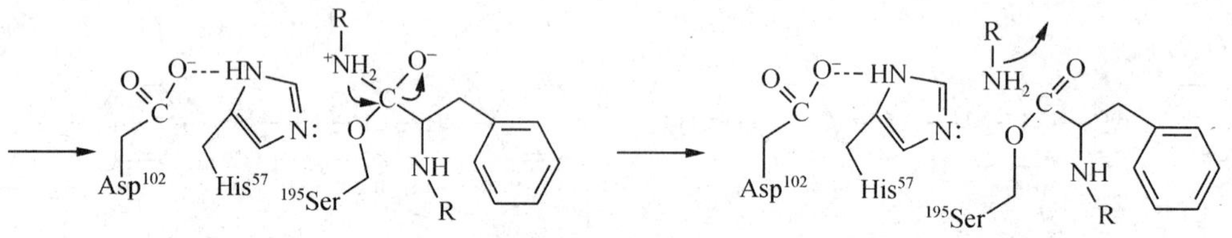

(c) His质子供体提供质子给底物 (d) C—N键断裂，随后释放出RNH₂

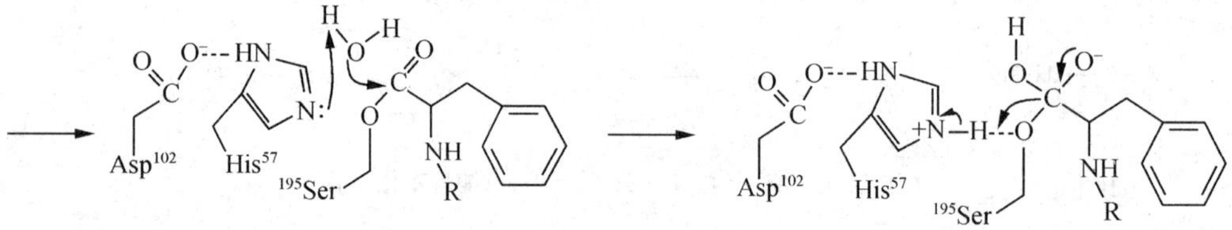

(e) 水介入，进攻底物与Ser形成的酯羰基 (f) 酯水解形成四面体中间物

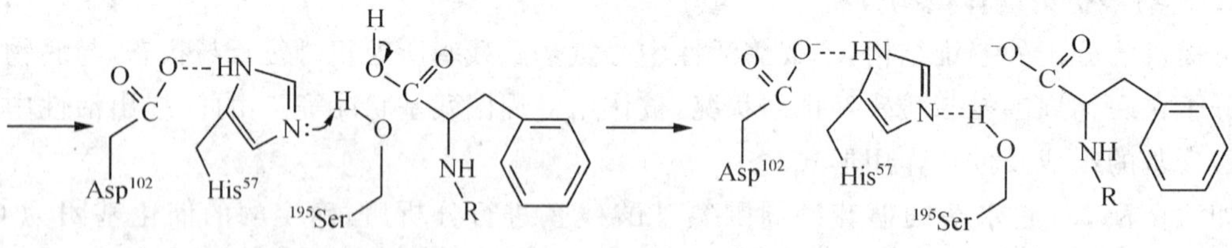

(g) 酯四面体分解成酸和SerOH (h) 羰基产物释放，酶复原

图 5-20 胰凝乳蛋白酶催化反应机制

三、决定酶催化反应效率的因素

（1）邻近效应与定向效应：酶催化反应高效率的一个重要原因是将分子间反应（二级或二级以上的反应）变为分子内反应（一级反应）。

邻近效应：两个分子从稀释溶液中分离并在酶活性部位相互靠近，反应速率提高。底物与酶先形成中间体复合物，分子间反应变成分子内反应，反应速率提高。具体有机化学模式试验可用咪唑催化乙酸对硝基苯酚酯的水解,由分子间催化变为分子内催化来说明。

① 用咪唑(1 mol/L)催化等摩尔乙酸对硝基苯酚酯水解反应,咪唑可催化乙酸对硝基苯酚酯的酯键水解成乙酸和对硝基苯酚,为二级反应,相对速率 $k_{obs} = 35\ L \cdot mol^{-1} \cdot min^{-1}$。

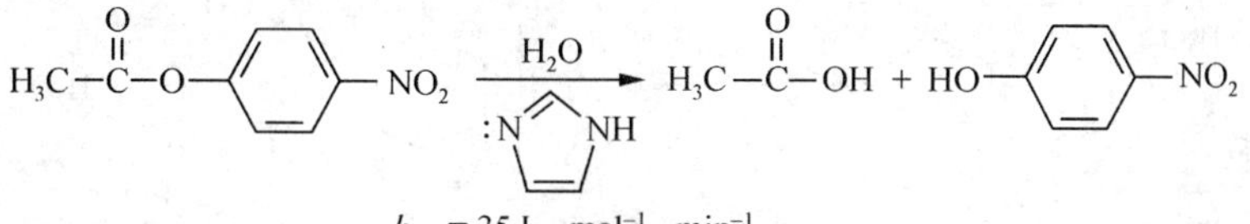

$$k_{obs} = 35\ L \cdot mol^{-1} \cdot min^{-1}$$

② 将咪唑分子先共价连接在对硝基苯酚酯上,再进行分子内咪唑催化酯键水解。此时咪唑基邻近羰基,同在一个分子内,为一级反应,$k_{obs} = 839\ min^{-1}$,比①增速近 24 倍。

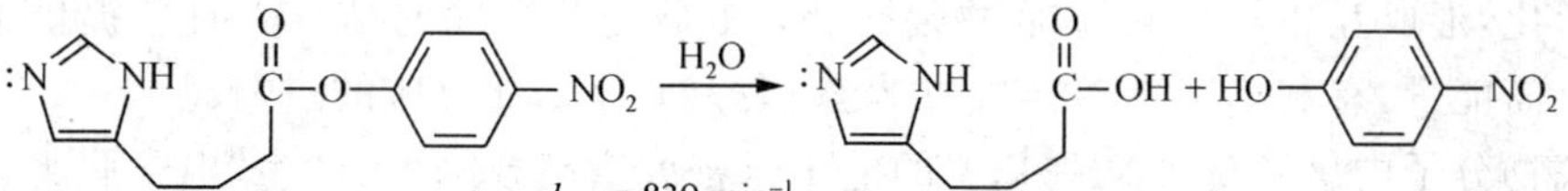

$$k_{obs} = 839\ min^{-1}$$

定向效应:底物反应基团和酶催化基团正确取位会大大加速反应。表 5-12 列出了几个二羧酸单苯酯水解相对速率与结构的关系,说明了定向效应对分子内反应的影响。

表 5-12　二羧酸单苯酯水解相对速率与结构的关系

结　构	反应特点	相对速率 k_{obs}
$CH_3COO^- + CH_3COOPh$	分子间催化	1.0
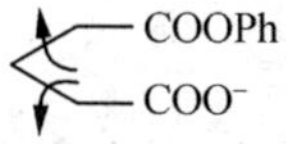	分子内催化,两个自由度	1.0×10^3
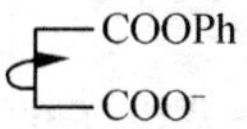	分子内催化,一个自由度	2.2×10^5
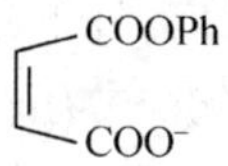	分子内催化,无自由度	1.0×10^7
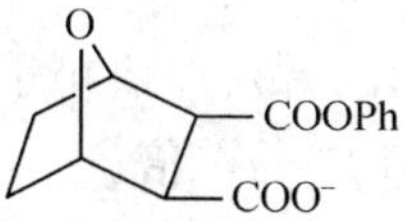	分子内催化,刚性环,不能旋转	1.0×10^8

二羧酸单苯酯水解相对速率和结构关系实验表明:分子内催化反应,当催化基团羧基与酯键愈邻近并有一定取向,反应速率愈大。每移去一个旋转自由度,反应速率约增加 200 倍。

又如制备邻羟基苯丙酸内酯的分子内酯化反应表明:当在分子中引入甲基使羧基和酚羟基定向,反应速率可提高 2.5×10^{11} 倍。

① 邻羟基苯丙酸的内酯化反应,$k_{obs} = 5.9 \times 10^{-6}$。

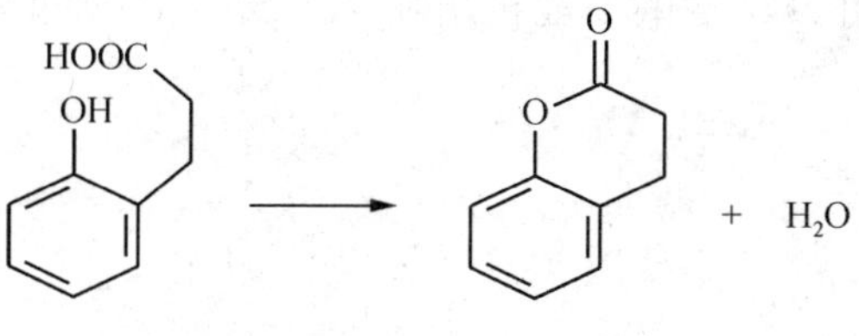

② 引入甲基,使羧基和羟基更好定向,反应速率大大加快,$k_{obs}=1.5\times10^6$。

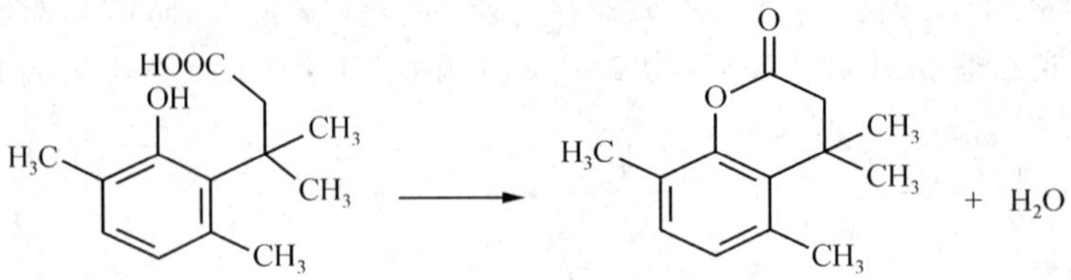

根据理论计算,对于浓度为 10^{-2} mol/L 的底物,如果双分子或三分子反应转变为分子内的反应,反应速率会分别提高 5.5×10^4 或 1×10^{22} 倍。

(2) 底物的扭曲形变导致的催化:酶与底物结合时,酶构象发生改变,同时底物分子也发生扭曲而活化,形成互相契合的酶-底物复合物。底物与酶之间的结合力直接提供了一部分达到过渡态所需能量,有利于底物转换成过渡态,大大加速酶促反应的进行。

酶使底物分子内敏感键中某些基团的电子云密度增高或降低,产生"电子张力",底物扭曲而接近过渡态,更具反应活性。当过渡态转变为产物释放张力,使反应加速。如具有五元环构象的乙烯环磷酸酯,由于构象更接近磷酸酯水解时的过渡态,P—O 键有电子张力,水解速率是不存在张力的磷酸二甲酯的 10^8 倍。

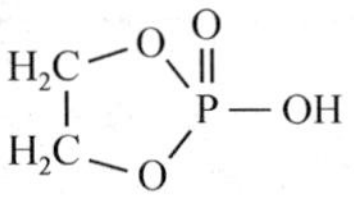

乙烯环磷酸酯 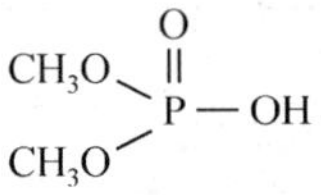 　　　　　　　　　磷酸二甲酯

溶菌酶作用细菌细胞壁,水解由 N-乙酰基葡萄糖胺等构成的糖苷键。溶菌酶与底物结合时会引起 D-糖环构象由椅式变成半椅式,可加速水解。

(3) 广义酸碱催化:酶可以通过提供 H^+ 和 OH^- 或提供可接受质子及电子的供体而进行催化,为广义酸碱催化。如咪唑基既是一个强亲核基团,又是一个有效的广义酸碱催化功能基团。组氨酸的咪唑基的解离常数约为 6.0,在中性条件下,有一半以酸的形式存在,另一半以碱的形式存在。因此,蛋白质中 His 含量虽少,但却占有重要的地位,常构成酶的催化结构的一部分。此外,酶蛋白中有氨基、羧基、巯基、羟基等,它们作为催化剂的有效性依赖其 pK_a,而 pK_a 与活性位点所处的环境有关。广义酸碱催化可提高反应速率 $10^2\sim10^5$ 倍。

(4) 亲核催化或亲电催化:酶分子中氨基酸侧链上有许多能给出电子对的亲核基团,主要有丝氨酸的羟基、半胱氨酸的巯基和组氨酸的咪唑基。它们可进攻底物的缺电子中心如羰基、磷酰基和糖基等,当亲核底物进攻共价中间体可导致产物释放,使亲核物质酰基化、磷酸化和糖基化。催化过程中酶与底物之间形成共价键,生成不稳定的中间复合物,降低反应活化能,使反应加速。这个过程在催化基团转移的酶中特别明显。辅酶中还含有一些亲电中心,如 H^+,还有金属离子 Fe^{3+}、Mg^{2+}、Mn^{2+},酶蛋白中的酪氨酸的羟基和—$^+NH_3$ 也属于亲电中心,亲电基团可以接受电子或供出质子。表 5-13 列出形成共价中间物 ES 的一些酶。

表 5-13　形成共价中间物 ES 的一些酶

酶	反应基团	共价中间物
(1) 胰凝乳蛋白酶 　　弹性蛋白酶 　　酯酶 　　凝血酶 　　枯草杆菌蛋白酶 　　胰蛋白酶	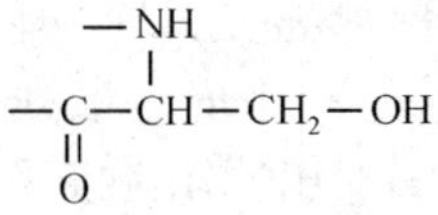 (Ser)	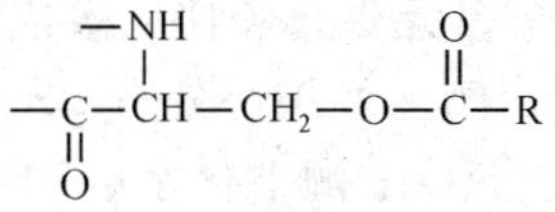 (酰基-Ser)
(2) 甘油醛-3-磷酸脱氢酶 　　木瓜酶	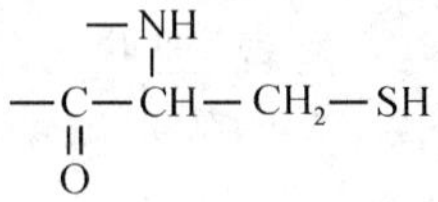 (Cys)	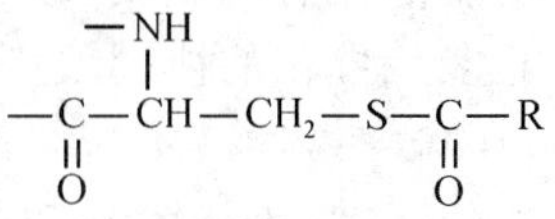 (酰基-Cys)
(3) 碱性磷酸酶 　　葡糖磷酸变位酶	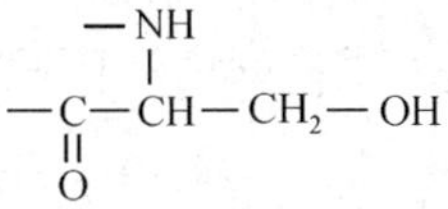 (Ser)	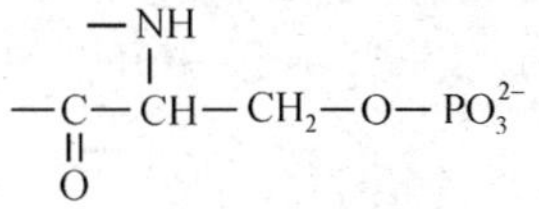 (磷酸-Ser)
(4) 磷酸甘油酸变位酶 　　琥珀酸-CoA 合成酶	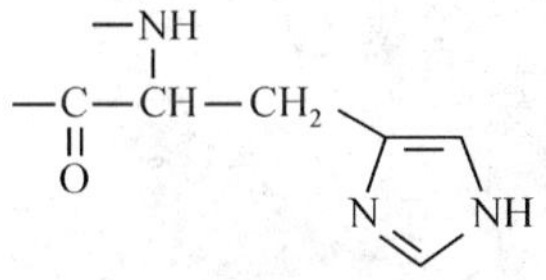 (His)	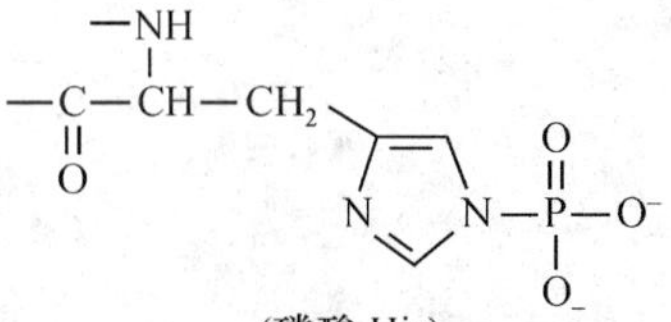 (磷酸-His)
(5) 醛缩酶 　　脱羧酶 　　辅酶为磷酸吡哆醛的酶	$R-NH_3^+$ （氨基）	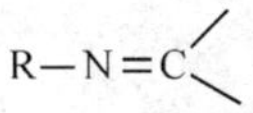 $R-N=C$ （西佛碱）

　　(5) 金属离子催化：几乎三分之一的酶催化需要金属离子。可以与金属离子紧密结合的酶为金属酶（metalloenzymes），含松散结合的金属离子的酶为金属激活酶（metal-activated enzymes）。金属离子可以通过结合底物为反应定向；通过可逆地改变金属离子的氧化态，调节氧化还原反应；通过静电相互作用稳定或屏蔽负电荷。

　　① 金属离子作用与酸、碱催化作用相似。金属离子带正电荷更多、作用更强，且容易维持一定浓度。

　　② 金属离子可通过电荷屏蔽作用而促进反应。如 Mg^{2+} 屏蔽 ATP 中磷酸基负电荷，消除磷酸基负电荷对进攻电子的排斥作用，使 ATP 分子定向而加速激酶的反应，此时激酶真正作用的底物是 Mg^{2+}-ATP，而不是 ATP。

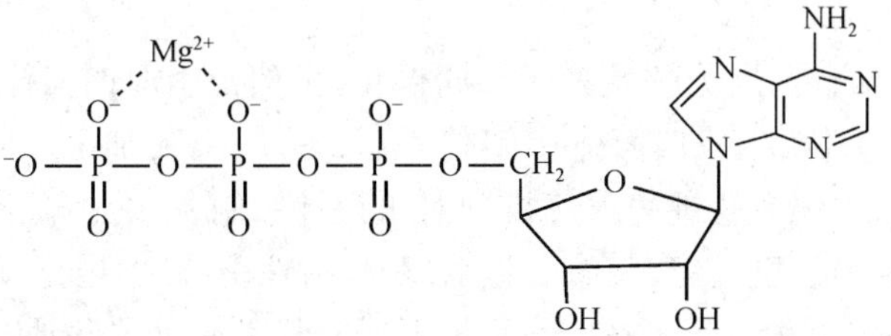

Mg^{2+}-ATP

③ 金属离子通过水离子化,使水分子更具酸性。

许多氧化还原酶都含有不同氧化价的金属离子作辅基,电子转移情况与金属离子的氧化价、配基数目和性质有关。

(6) 多元催化和协同效应:酶催化反应时常常是几个功能基团适当排列共同作用。如胰凝乳蛋白酶活性中心处有 Asp_{102}、His_{57} 和 Ser_{95} 三个氨基酸残基组成"电荷中继网",催化肽键水解;核糖核酸酶催化水解时,His_{12} 起广义碱催化作用,接受一个质子,而 His_{119} 起广义酸作用,和磷酸的氧原子形成氢键。

多功能催化可以改变反应产物,有不同的催化效果。如用有机化学模式的亚胺内酯水解实验研究多元催化的协同效应(图 5-21)。实验发现,亚胺内酯在不同条件下水解会获得不同的产物,在咪唑缓冲液中断 C—O 键而得酰胺,为酯的水解;在磷酸缓冲液中断 C—N 键可进行酰胺键的水解,生成内酯和苯胺。反应时尽管 pH 相同,产物却不同,可分别为酰胺、酯及胺。其区别是,咪唑缓冲液中催化为一般的碱催化;而在磷酸盐缓冲溶液中磷酸根的一个氧负离子为广义碱,一个—OH 为广义酸(H 与 N 结合成键),协同作用为双功能催化。

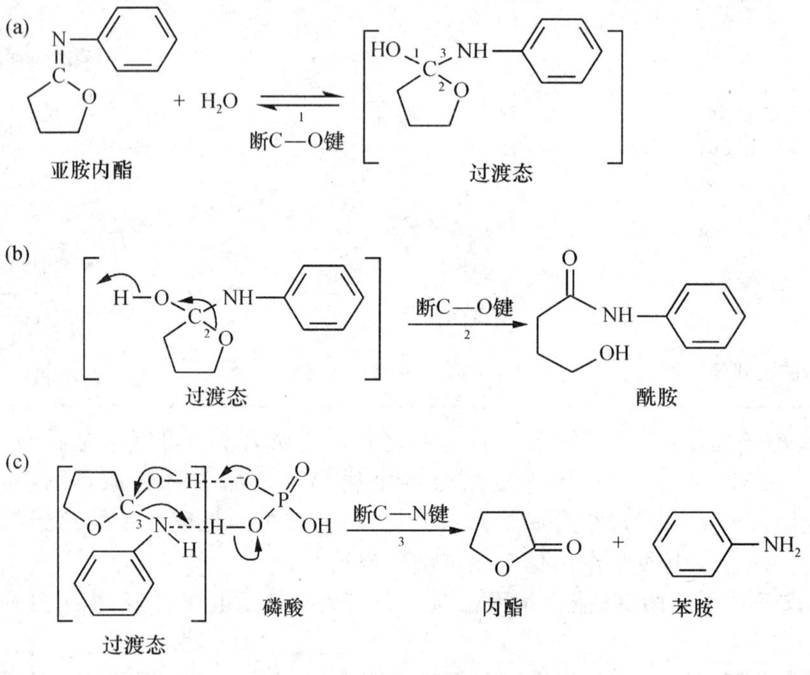

图 5-21 亚胺内酯水解机制

过渡态可能有三种断裂方式:(a) 断 1 处 C—O 键返回亚胺内酯;(b) 断 2 处 C—O 键生成酰胺:在咪唑缓冲液中水解,碱性下 C—O 键易断成酰胺;(c) 断 3 处 C—N 键生成内酯:在磷酸缓冲液中,由于多功能催化生成内酯,酸碱基团协同作用断 C—N 键,为酰胺键水解

由此可提出肽键水解机制为酸碱多元协同催化,虽然都生成四面体中间体,但与酯水解不同。水解第一步,OH^- 进攻生成四面体中间体,第二步 N 上要加上 H,并在氧负离子协同作用下才断 C—N 键,生成胺。肽键的水解机制对于设计和制备肽水解过渡态类似物十分重要。

(7) 微环境效应:酶促反应在酶表面的疏水裂缝(活性中心)中进行,催化基团处于低介电环境中,如同反应在有机溶剂中进行。在疏水环境下反应基团不为水溶剂化,类似于有机反应中的相转移反应的裸离子效应,亲核、亲电反应均可加速。如溶菌酶的活性中心的 Glu_{35} 的羧基在非极性区,催化功能增速 $3×10^6$ 倍。由此设计出具有疏水环境的胶束模拟酶和环糊精模拟酶等。

四、溶菌酶催化反应机制

溶菌酶(lysozyme,EC3.2.1.17)是第一个用 X 射线衍射阐明结构和功能的酶,观察到酶与由 N-乙酰氨基葡萄糖(NAG)和 N-乙酰氨基葡萄糖乳酸(NAM,或称 N-乙酰胞壁酸)交替单位组成的底物的结合。溶菌酶是由 129 个氨基酸残基组成的单一多肽链折叠而成,由 4 个二硫键交联,在一侧有一个裂缝,底物恰好可嵌入这个裂缝。催化作用的关键基团是处于极性区域的天冬氨酸 52(Asp$_{52}$)上解离的羧酸根离子和处于非极性区域的谷氨酸 35(Glu$_{35}$)上不离子化的羧基,它们都与被水解的糖苷键相距约 $0.3~\mu m$。生物功能是催化某些细菌细胞壁多糖的水解。细胞壁是由 NAG 和 NAM 通过 β(1→4)糖苷键交替排列而成的多糖。溶菌酶是一种葡糖苷酶,能催化水解 NAM 的 C_1 与 NAG 的 C_4 之间的糖苷键,但不能水解 NAG 的 C_1 与 NAM 的 C_4 之间的 β(1→4)糖苷键。

N-乙酰氨基葡萄糖(NAG)

N-乙酰氨基葡糖乳酸 (NAM)

溶菌酶底物为 NAG-NAM 交替的六糖,可表示为 ABCDEF。

NAG-NAM-NAG-NAM-NAG-NAM
A　　B　　C　　D　　E　　F

D 和 E 之间的糖苷键是溶菌酶作用的部位(图 5-22)。

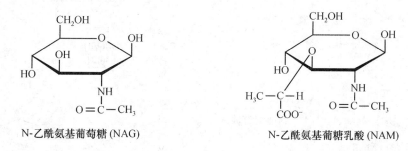

图 5-22　溶菌酶催化水解 NAM(D)及 NAG(E)之间的糖苷键(R 为乳酸)

溶菌酶催化作用机制要点(图 5-23)如下:

(1)在酶活性部位凹穴中,底物受酶影响,D-环发生变形,糖环构象从椅式变成能量较高的半椅式或船式,接近过渡态构象。

(2)酶活性基团处于非极性区的 Glu_{35} 的羧基不解离,提供一个 H^+ 到 D 环与 E 环间的糖苷键上氧原子上,D 环上的 C_1 与氧原子间的糖苷键断开,形成正碳离子(sp^2)过渡态中间物,并为处于极性区的活性基团 Asp_{52} 上的羧基负离子所稳定。六糖中的 E 及 F 两糖残基成HO-EF 离开。

(3)正碳离子中间产物进一步与来自溶剂中的 OH^- 反应,解除 sp^2 张力,ABCD 四糖残基离开酶分子,Glu_{35} 同时质子化恢复原状,为下一轮反应作好准备。

(4)至此一次反应完成,细胞壁打开一个缺口。产物扩散出去后,溶菌酶复原又准备进行新一轮催化反应。

因 Glu 是反应中的电子供体,为催化反应的关键,反应为广义酸碱催化。

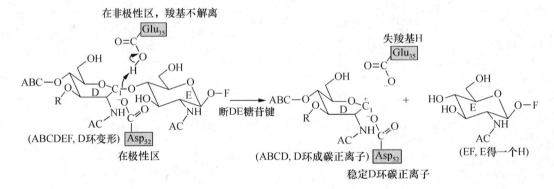

图 5-23 溶菌酶作用机制示意图

§5.11 酶工程简介

酶工程(enzyme engineering)主要研究酶的生产、纯化和固定化技术,酶分子结构的修饰和改造,以及酶在工农业、医药卫生和理论研究等方面的应用。酶制剂在工业中的大规模生产及应用,就是酶学基本原理与化学工程技术或基因重组技术相结合的应用技术。根据研究和解决问题的手段不同,酶工程可分为化学酶工程和生物酶工程。为解决酶的应用和新酶的开发,化学家可通过对酶的化学修饰或固定化处理,改善酶的性质以提高酶的效率和降低成本,或通过化学合成制造人工酶;生物学家用基因重组技术生产酶以及对酶基因进行修饰或设计新基因,生产性能稳定、具有新的生物活性及催化效率更高的酶。随着化学工程技术及基因工程技术的发展,酶工程正得以迅速发展,将成为一个很大的生物技术产业。

一、化学酶工程

包括天然酶、化学修饰酶、固定化酶和人工模拟酶。

1. 天然酶

由于天然酶的不稳定性和分离纯化难、成本高,目前工业用和研究用的商品酶仅几百种。商品化酶的多少直接反映一个国家生物技术的研究发展水平及生物技术产业的品种和规模。已使用的酶有:加酶洗衣粉(蛋白酶),食品饮料防腐(溶菌酶),纺织布褪浆、纸张制造(淀粉酶),皮革软化脱毛(蛋白酶),澄清果汁(果胶酶,果胶为脱水半乳糖醛酸)等。工业用的酶制剂多是用微生物发酵而获得的粗酶。

医药及科研用的酶多从生物材料中分离纯化而得。如医疗上抗肿瘤的 L-天门冬酰胺酶,可水解天门冬氨酸。用于抗肿瘤的根据是,正常细胞中有 L-天门冬酰胺合成酶,可自己合成 Asn,而肿瘤细胞却不能自己合成 Asn。用 L-天门冬酰胺酶水解 Asn,切断外源 Asn,肿瘤细胞由于缺少 Asn 而不能生长,达到抗肿瘤的目的。脲酶可用来治疗尿毒症,方法是将脲酶固定化制成体外尿素去除器,可不断在体外将血液中的尿素除去后再将血液返回体内。

酶在有机合成中的应用:酶由于是高效高选择性的催化剂,已在有机合成中成为有机化学家常用的工具,特别是在手性分子合成中作为催化剂使用,在非手性分子、潜手性分子中引入手性中心,制备手性氨基酸和糖分子等手性分子。酶还常用于实现困难的化学反应,如用酰化酶水解青霉素 G 的侧链酰胺键而不触动分子中的四元环内酰胺键,制备氨基青霉素酸。用酶可简化一些化合物的合成路线,如用 β-酪氨酸酶可一步合成多巴。酶还可完成有机化学中尚不能进行的反应,如用蛋白酶或羧肽酶 A 从猪胰岛素制备人胰岛素(只差一个氨基酸)。一些蛋白酶和酯酶还用于氨基酸的拆分,一些氧化酶用于确定糖类化合物及甾族化合物的手性中心等。

2. 化学修饰酶

为适应研究和医疗应用的要求,已对酶分子进行化学修饰,可改善酶的性能。化学修饰可以修饰酶分子表面,也可以修饰酶分子的内部。如抗白血病药物 L-天门冬酰胺酶的游离氨基用 HNO_2 脱氨基或进行酰化,可使酶稳定性有很大提高;将 α-胰凝乳蛋白酶表面氨基羧甲基化,可使酶的抗不可逆热失活的稳定性大为提高;用葡聚糖修饰超氧化物歧化酶 SOD,用聚乙二醇修饰天冬酰胺酶,均使其半衰期呈几十倍增长,并使酶的抗原性消失,耐热性提高;将聚乙二醇连接到脂肪酶上,可以使酶在有机溶剂中具有有效的催化作用;用戊二醛等一些双功能试剂使酶进行分子间或分子内交联,可使酶更稳定而不易变性;将两种不同的具有药用价值的酶交联在一起,可使两种酶同时在同一部位发生作用而提高药效。

3. 固定化酶(immobilized enzyme)

酶一般催化反应是在水溶液中进行,在催化反应后不易回收再用。由于酶成本高且难于回收,影响了酶在工业上的使用,为此发展了能在工业生产中反复回收使用的固定化酶。

将水溶性酶用物理或化学方法处理,使酶与水不溶性大分子载体结合或把酶包埋在水不溶性凝胶或半透膜的微囊体中,但仍具有酶活性的制剂,称为固定化酶。固定化酶是不溶于水的酶,是当前酶工业化应用的主要形式。已有上百种酶被固定化,在工业、医药、分析、亲和层析、环保、能源开发和科学研究中被广泛应用。如固定化葡糖异构酶已大规模用于生产高果糖玉米糖浆;用固定化氨基酰化酶拆分 DL-氨基酸;用固定化青霉素酰化酶生产 6-氨基青霉烷酸(6-APA);用固定化脂肪酶生产生物柴油等。目前已有近百种固定化酶用于酶电极中,包括各种离子电极、氧电极和二氧化碳电极等。酶电极具有酶的专一性、灵敏性和电位测定的简单性等优点。

工业上固定化酶有很多优点,可以间歇式使用,也可以在连续化生产中使用,便于自动化。反应后酶易从反应系统中分离,有利于产物精制,简化了工艺,使收率和质量提高。由于固定化酶过滤分离后能反复多次使用,大大降低生产成本。酶固定化后往往对温度和酸碱的稳定性提高,便于运输和贮存。固定化酶也存在一些缺点,固定化制备需增加成本,固定化后酶活性降低,固定化酶催化反应时底物先要扩散到酶上才能反应,扩散阻力加大会影响反应的进行。

固定化酶的制备方法有物理法和化学法两大类。物理法有吸附法和包埋法等,优点在于酶不参加化学反应,整体结构保持不变,酶的催化活性得到很好保留。但是由于有一定的空间或立体阻碍作用,对一些反应不适用。化学法有共价偶联法和交联法,是将酶通过化学键连接到天然的或合成的高分子载体上,或使用交联剂通过酶表面的基团将酶交联起来,而形成相对分子质量更大、不溶性的固定化酶的方法。

(1) 吸附法:将酶蛋白通过氢键、疏水作用、范德华力等物理作用吸附在不溶性载体上,如活性炭、白土、硅胶、氧化铝、分子筛、多孔陶瓷、微孔玻璃和离子交换树脂等无机材料上,或纤维素、火棉胶和胶原等有机材料上(吸附量大且酶不易变性),并发展了纳米结构高分子聚合物载体合成新技术。酶在适宜 pH 和离子强度条件下侧链解离基团和离子交换剂相互作用而固定,为离子吸附。如氨基酰化酶、α-淀粉酶、蔗糖酶吸附于 DEAE-纤维素和 DEAE-葡聚糖凝胶上的固定化酶已实现工业化(DEAE 为二乙基氨基乙基的英文缩写),离子交换吸附容量可达 $50\sim150\,mg$ 蛋白/g 载体。吸附法简单、条件温和、价廉,但结合力较弱,易于脱落,使用寿命较短。

用葡萄糖淀粉酶和葡萄糖异构酶制备的固定化酶已在工业上大规模用于从淀粉经葡萄糖制备果糖,以大量替代蔗糖用于食品中。

(2) 共价偶联法:将酶蛋白上的非必需侧链基团与载体上的基团通过化学反应以共价键结合。载体可用具有功能团的天然或合成高分子聚合物。将载体功能团活化后连接上间隔臂,再在温和条件下与酶偶联。间隔臂使酶分子与载体骨架有一定距离,使底物与酶易于接近。此法优点是酶与载体结合牢固,稳定性好;缺点是制备过程复杂,反应条件严格。

① **载体**:应有亲水膨润性,带有可与酶的侧链基团进行共价偶联反应的基团,如天然高分子、葡聚糖凝胶、合成高分子等。这些载体上带有可反应的基团如芳香氨基、羟基、羧基、羧甲基和氨基等。

② **酶**:分子侧链上有氨基、羧基、胍基、酚羟基、巯基、咪唑基和羟基等。

③ **中间臂**:使酶分子与载体骨架有一定距离,长短要合适,避免或减少酶与底物分子接近时载体骨架与底物间存在的空间阻力。

④ **偶联**:先将载体的功能团活化,连接上中间臂,再在温和条件下与酶偶联。如常用的偶联反应有重氮偶联、异硫氰酸苯酯与酶的氨基偶联、载体的羟基与溴化氰反应成亚胺碳酸基后再与酶的氨基偶联或与活泼酯氨解等。

共价偶联不但用于固定化酶,还用于固定化辅酶。固定化辅酶时要避开辅酶分子的催化功能基团、与酶蛋白结合的基团和结合点。固定化辅酶可用做酶的亲和吸附剂,在亲和层析中用于提纯酶,或为一些酶催化提供必要的辅酶物质。固定化辅酶还用于制备模拟酶,为研究酶的作用机制提供试验模型。

目前吸附法和共价偶联法在工业上已得到广泛应用。

（3）**交联法**：用双功能试剂,如戊二醛等将酶分子交联成网状结构,成为不溶性酶。交联法常与吸附法或包埋法结合使用。如将酶吸附于载体上或包埋于凝胶或微囊内,再用交联试剂交联。交联可增进酶的稳定性。

（4）**包埋法**：将酶包裹在凝胶的细微格子中或被半透性聚合膜所包围。小分子底物和产物可自由通过,而酶固定其中。包埋时可先将聚合物单体和酶溶液混合,再用引发剂、交联剂引发单体聚合,一般酶不参加反应。如用海藻酸钠为包埋载体固定化 β-果糖基转移酶制备低聚果糖。包埋方法主要有以下几种。

① **格型包埋**：如将丙烯酰胺单体用 N,N'-甲叉双丙烯酰胺交联形成聚合的胶格,酶分子分散包埋在聚合的胶格中。包埋容量可达 $10\sim100$ mg 蛋白/g 单体。但由于孔径分布范围广,酶会渗漏损失。

② **微囊性包埋**：将一定量的酶溶液包埋在半透性的微孔膜内,膜的孔径大小一致,容许小分子底物和产物自由出入囊内外,而阻止蛋白分子进出。如尼龙膜、火棉胶和醋酸纤维素均可作微胶囊包装材料。

③ **脂质体包埋**：将酶分子分布于脂质双层结构中或附着于脂质体表面上。可用于研究多酶体系共固定和共催化反应,方法简便。酶分子仅被包埋起来而未发生化学变化,故可得到活力较高的固相酶,但对于分子太大的底物脂质体包埋不适用。

包埋法还可用于包埋固定化细胞、细胞器和菌体等。实际上包埋法用于固定化细胞已超过固定化酶,直接包埋细胞可省去酶的分离纯化而降低成本,对于细胞内酶与不稳定的酶更有意义。包埋法固定化酶可以是单一酶发挥作用,也可以是复合酶系统发挥作用,完成部分代谢或发酵过程,包括需辅酶因子参与的合成代谢过程。

在加工、分析和治疗实际应用中,往往是多种酶协同催化,为此可将多酶体系固定化,即将完成某一组反应的多种酶和辅助因子固定化,制备成特定的反应器以达到应用的目的。多酶体系是催化多个连续反应步骤的酶活性集中在一起的体系,如丙酮酸脱氢多酶体系由三种酶组成。多酶体系可用于研究酶在体内形态和作用的模型,研究代谢的调控。偶联酶系的固定化可用凝胶或微囊进行混合包埋,包埋后酶处于游离状态,也可以固定在不同颗粒或膜结构上或共价偶联在同一载体上。

固定化微生物组成的生物反应器已用于生产,如酵母细胞反应器可用于发酵生产酒精、啤酒。另外,用固定化细胞还可生产有机酸、有机溶剂、氨基酸、抗菌素、单克隆抗体和酶等产品。生长中的菌体、细胞器也可用包埋法固定化,如包埋线粒体、叶绿体等。包埋法还用于蛋白质、多肽抗生素、抗体的固定化。

生物传感器是利用生物物质来检测特殊物质的一种检测器,检测非常灵敏迅速,已得到广泛的应用和发展。用固定化酶和离子敏感型电极组成的生物传感器,可用来检测由酶催化的反应底物。不但酶可以作生物传感器,微生物细胞和动植物细胞组织也被用来制备生物传感器。活细胞的利用为生物传感器的再生提供可能。

4. 人工模拟酶

为深入研究酶的催化作用,可挑选出主导酶作用的因素来设计并合成模拟酶,即人工模拟酶。用人工模拟酶可进一步研究一些因素对代谢过程和生化反应机制的影响,在更简单的水平上模拟酶的主要功能,寻找酶促反应的高效率与高度专一性的根源,是实现化学仿生的重要一步。根据酶的结构、功能以及催化机制,用化学合成法合成具有酶催化活性的人工酶(artificial enzyme)制剂,如环糊精模拟酶等,是使用合成化学手段制造"酶的缩影"。模拟酶一般没有蛋白质的肽键骨架,但有酶催化中心的化学基团和酶结合部位,有能容纳底物的具有正确方位和几何构型的结合洞穴。模拟酶一方面提供了酶催化机制的合理模型,另一方面根据酶的结构和机理解释酶使反应速率增加的原因,可进一步加深对酶的认识。总之,一个酶模型应当具有酶催化能力的各种特性,如对底物的选择性,催化反应服从米氏方程(饱和现象),增加反应速度及具有双功能或多功能基团的协同催化作用等。目前模拟酶还是以模拟水解酶为多。模拟酶分子要有合适的电荷、氢键和疏水部位,与底物分子要互补,能稳定反应的过渡态,使反应沿活化能较低的途径进行,必要时可完成对手性分子的分辨。一般模拟酶是模拟酶作用方式,具有酶与底物的结合部位,并引入酶的催化活性基团;但有的模拟酶模拟酶的活性中心,如设计合成的两种仅含有 29 个氨基酸残基的"肽酶",由于含有胰凝乳蛋白酶及胰蛋白酶的催化活性中心的几个关键氨基酸,可分别模拟这两种酶。

(1) 主-客体化学:以冠醚络合物为例,化学合成的冠醚可以和金属离子等各种阳离子形成空穴络合物,而阴离子完全不溶剂化。冠醚的环大小不同,其分子内腔的大小也不同,可以配合的客体阳离子的直径大小也不相同。如果金属离子与冠醚内腔能达到最适匹配,就能给出最大的稳定常数。在冠醚络合物中,冠醚被称为主体或宿主(图 5-24),而与它形成的络合物的配体被称为客体,化学上称为主-客体化学(Host-Guest Chemistry)。主客体络合与酶和它所识别的底物络合的情况相似。主-客体化学的基本意义来源于酶与底物的相互作用。宿主与客体分子之间除了有互补的结构外,还要有相对应的结合点,可以是偶极结合也可以是离子型结合。除冠醚外,胶束和环糊精也可作为宿主,而血红蛋白、叶绿素可结合铁、镁等金属离子,形成主-客体络合物。

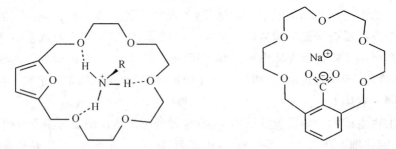

图 5-24 宿主分子实例

宿主和客体分子可以多点结合。三点结合是立体化学上比较稳定的一个构象,基于光学活性主体形成络合物中的不对称识别,可进行光学拆分。若在宿主分子中引入反应基团,可进行立体有择反应。手性冠醚具有选择性结合某些手性分子的能力。手性大环冠醚通过氢键与氨基酸结合,能识别氨基酸盐的对映异构体。若仿照巯基蛋白酶在冠醚化合物中引入反应基团,合成具有两个巯基的冠醚化合物,而成为冠醚模拟酶。该分子在与各种 α-氨基酸酯络合时,还发生了酰基转移反应,模拟了酰基转移酶催化过程中的酰基化一步,加速氨基酸酯的水解。反应模拟了蛋白酶水解形成过渡态中间体时,催化基团(巯基)与底物之间的酰基转移反应。但尚未观察到脱酰基一步的速度增加。

冠醚分子对小分子或离子的选择性识别和络合作用,不但可以用做相转移催化,将金属离子从水相转移、溶解于有机溶剂中,也可以用于研究离子穿越细胞膜的过程。模拟离子载体对于研究细胞膜对离子的渗透性控制很重要。若将冠醚分子设计成三维空间结构的多环化合物,形成立体空穴,与穴状配体形成的络合物称为穴状化合物。穴状化合物也有较大的选择度。改变多环化合物的结构、疏水性和对称性,可改变其与离子的结合能力。在三环冠醚分子中引入氮原子,酸性条件下质子化而成为带正电荷的穴状季铵盐,可与氯离子结合,结果将一个阳离子受体转变成阴离子受体。

(2) **环糊精模拟酶**:环糊精(cyclodextrins)是环状低聚糖的总称,具有葡萄糖 1→4 首尾相连的环状淀粉结构,通常含有 6~12 个 D-吡喃葡萄糖单元,一般研究的是含 6、7、8 个单元葡萄糖的环糊精,分别称为 α-、β-和 γ-环糊精。环糊精分子外部有羟基,二级羟基位于环糊精圆环分子一端,一级羟基位于另一端,有亲水性。分子内部稍呈"V"字形的穴内则为 C—C 键等组成,具疏水性,正好与冠醚相反。环糊精可以和多种与空穴大小相适应的疏水分子形成结晶状包容复合物,疏水作用、氢键、范德华力在复合物形成中均起作用,类似于酶包结有机化合物,具有酶模型的特性。苯环可以进入环糊精分子的疏水空穴内,芳香酯(如乙酸苯酚酯)可被环糊精羟基催化水解,酰基被转移至宿主分子上,形成酰基环糊精共价中间体,然后脱酰基完成反应(图 5-25),反应速度可提高约 250 倍,其过程类似水解酶 α-胰凝乳蛋白酶。

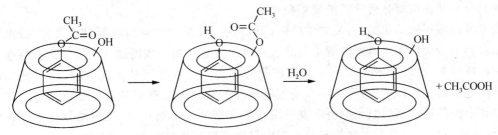

图 5-25　环糊精催化乙酰苯酚酯水解

一些芳香烃的取代反应可以在环糊精分子内选择性地进行,如苯甲醚的氯化反应,通常得到 60% 的对氯苯甲醚、40% 的邻氯苯甲醚,但在环糊精存在下,反应几乎专一地发生在对位。反应并不经过共价中间体,而是由于苯环被环糊精包结,邻位和间位受到屏蔽或封闭,氯化只能专一地发生在对位。

包结作用在酶促催化反应中很重要。在环糊精的羟基处引入其他基团,这些基团可以进入环糊精空穴,使空穴变浅,同时增加疏水底面。由此可改变环糊精与底物结合,开拓提高催化效率的方法。如将环糊精的一个一级羟基变成 $\overset{\overset{\displaystyle CHO}{|}}{—N}—CH_2CH_3$,催化乙酸间硝基或叔丁基苯酯的酰基转移反应可加速 20 倍。为进一步提高催化效率,将环糊精连接可与金属离子形成络合物的基团,如吡啶羧酸、吡啶-2-肟,与镍离子络合后用于乙酸对硝基苯酯水解,结果使反应速度提高 1000 倍。当把环糊精与两个组氨酸分子相连,咪唑基束缚二价锌离子,就提供了一个碳酸酐酶的模型,加入适当的碱,可提高 CO_2 热溶液生成碳酸的反应速度。

仿照 α-胰凝乳蛋白酶的活性中心部位,向环糊精分子中引入含咪唑基的组氨酸,咪唑基与环糊精分子上的一级羟基共同作用,催化乙酸对硝基苯酯水解比 α-环糊精快 80 倍。若再进一步在 β-环糊精上引入催化侧链——咪唑基、羧基,当和环糊精的羟基所处的位置合适时,则催化酯水解的速度与天然酶近似,而它的热稳定性和对 pH 稳定性优于天然酶。

RNA 酶的活性中心有两个组氨酸,催化 RNA 中磷酸二酯的水解。仿照 RNA 酶,在环糊精分子上连接两个咪唑基,用于 4-叔丁基邻苯二酚的环磷酸酯水解时,符合线性水解机制,有很好的选择性。叔丁苯基进入环糊精的空穴,环磷酸基与环糊精上的两个咪唑基接近。一个咪唑基起碱催化作用,传递水分子给底物的磷原子,另一个咪唑基被 N 质子化成咪唑正离子,起酸催化作用,将一个质子传递给环磷酸的氧原子,水解叔丁基对位处的 P—O 键,与通常条件下环磷酸酯水解得到对位和间位异构体的混合物不同,只得到间位异构体。此模型表现了核糖核酸酶的双功能酸碱协同催化作用。

由此将转氨酶的辅基磷酸吡哆醛在氨基转移作用中生成的磷酸吡哆胺与 β-环糊精连接,具有选择性转氨作用,成为转氨酶模型。由于环糊精对芳香环有包结作用(疏水相互作用),此模型化合物将苯丙酮酸、吲哚丙酸转化为苯丙氨酸和色氨酸的速度,比用吡哆胺与这两个酮酸反应的速度快 200 倍以上,而对吡哆胺与丙酮酸反应生成丙氨酸反应无催化作用。

(3) 胶束模拟酶:表面活性剂分子在水溶液中当超过一定浓度(cmc,胶束临界浓度)时都可形成胶束。当胶束仅作为反应介质,即提供一个疏水微环境来影响反应,为一般胶束催化;若胶束不仅提供疏水微环境,对底物进行束缚,如果再将一些催化基团如咪唑、硫醇、羟基和一些辅酶共价或非共价地接在或吸附在胶束上,就有可能提供"活性中心"部位的催化基团,使胶束成为具有酶活性或部分酶活性的胶束模拟酶。

胶束可以模拟酶的根据是:X 射线晶体衍射表明,胶束的结构和球蛋白很类似,胶束对非极性化合物的增溶作用所需要的能量与球蛋白也很接近。蛋白质的变性剂如尿素和胍盐也能使胶束破坏解聚,表现为 cmc 提高。胶束催化的动力学方程也服从米氏方程,既可测到胶束为底物所饱和的现象,也可测到底物为胶束所饱和的现象。抑制剂对胶束催化的抑制作用也与酶催化中的抑制作用类似。但由于胶束没有酶那样的三级结构,胶束与酶相比还存在催化效能低,对底物的专一性不太强等问题。胶束只能模拟某些酶来催化某些反应。

若在一些表面活性剂上接上水解酶活性中心都有的组氨酸残基或咪唑基团,形成胶束后就有可能模拟水解酶,中性条件下水解对硝基苯酚酯比咪唑催化速度提高 36 倍。而当提高 pH 到 9,咪唑基团以阴离子形式存在,在表面活性剂中水解效力比咪唑提高 200～2000 倍。若用疏水性强的底物,胶束模拟酶的催化效力还会进一步提高。如 N-十四酰基组氨酸催化对硝基苯酚己酸酯水解,比催化疏水性低的底物 N-乙酰基组氨酸水解反应速度要高 3300 倍。

N-十四酰基组氨酸

N-乙酰基组氨酸

一些可以形成胶束的肟或氧肟酸(肟和氧肟酸的亲核性高于羟基,在胶束模拟酶研究中常用来代替羟基研究氧负离子的亲核反应),如 N-十二烷基-2-肟甲基吡啶盐,在水中形成具有亲核催化性能的氧负离子胶束,可高效催化磷酸酯和磷氟酸酯的水解。将半胱氨酸中含有的巯基连接在阳离子表面活性剂上,硫代胆碱类表面活性剂如 N-十六烷基硫代胆碱催化对硝基苯酚酯水解,比乙硫醇催化约提速 5000 倍。

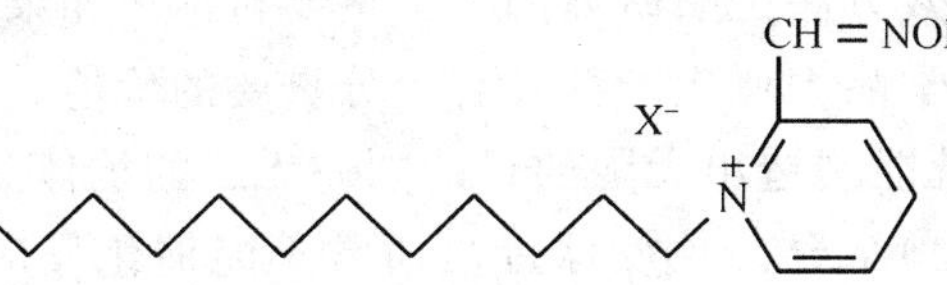

N-十二烷基-2-肟甲基吡啶盐 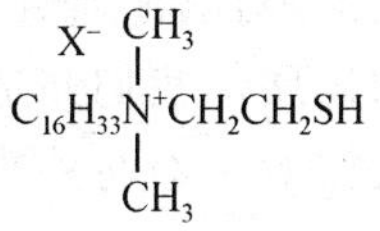   N-十六烷基硫代胆碱

模拟维生素 B_1 活性部位的表面活性剂 N-十二烷基噻唑盐可有效地催化乙偶姻和苯偶姻缩合,反应在近于生理条件下进行。如催化苯甲醛缩合成苯偶姻,收率近 100%。

模拟酶多官能团催化的双官能团胶束,如同时含有氧肟酸和咪唑官能团的下面两个化合物,形成胶束后催化对硝基苯酚酯,在 pH 8 时比咪唑分子催化水解速度高 5000 倍。

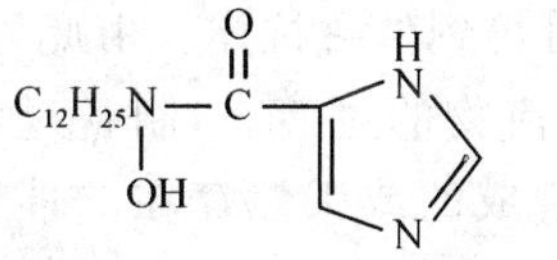

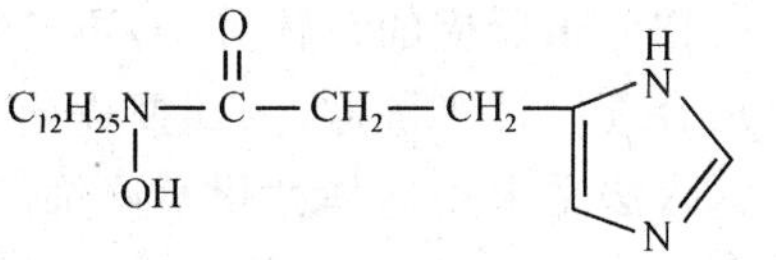

二、生物酶工程

生物酶工程是 DNA 重组等现代生物学技术与酶学相结合的产物,是利用蛋白质超分子结构知识,采用基因工程和蛋白质工程手段,对天然酶实施定向改造和体外分子操作,在开发新型和高质量分析酶试剂等方面意义重大。如利用微生物、动植物细胞作为生物反应器大量生产酶。目前已成功生产出 100 多种酶。生物酶工程技术开创了从分子水平根据遗传设计蓝图创造出超自然的生物机器。主要包括:

(1) 通过基因工程技术,使酶基因发生定位突变,产生遗传性修饰酶(突变酶):应用酶基因的克隆和表达技术,将特定的酶的结构基因前加上高效的启动基因序列和必要的调控序列片段克隆到一定的载体中,再将此杂交表达载体转化到适当的受体细菌或酵母中,通过发酵大量生产所需要的酶。如 α-淀粉酶基因的克隆,使生产酶的能力提高,已成为美国食品药品管理局(FDA)批准的用基因工程菌生产的酶制剂。青霉素酰胺酶基因已在大肠杆菌中表达成功。

(2) 对酶基因进行修饰,产生遗传修饰酶(突变酶):蛋白质工程的发展使人们可以根据蛋白质结构,按设计需要,利用定点诱变技术改变编码蛋白质基因中的 DNA 顺序。经过寄主细胞的表达产生具有特定氨基酸顺序、高级结构、理化性质和生物功能的新蛋白质。通过对酶基因的遗传修饰,可以改变酶的催化活性、底物专一性和最适 pH,还可改变金属酶的氧化还原能力、酶的别构调节功能和酶对辅酶的要求,进一步提高酶的稳定性。如将胰蛋白酶的 216-和 226-位的 Gly 都变为 Ala,则可提高对 Arg 底物和 Lys 底物的专一性;若将枯草杆菌蛋白酶的 222-位 Met 变为 Lys,166-位的 Gly 变为 Lys,最适 pH 由 8.6 变为 9.6,则水解 Glu 邻近肽键能力提高 500 倍。

（3）**设计新酶基因**：由新酶分子蓝图，利用 DNA 重组技术，合成自然界不曾有的新酶。

§5.12　催化抗体（抗体酶）

　　酶在生命过程中扮演着极为重要的角色，但酶不是总可以得到的。由此设计和制备具有预定活性和专一性的蛋白质催化剂的有效方法是酶研究的一个重要目标。如果在实验室能够创造出有用的酶，对酶的研究、医药和化学品工业生产都具有十分重要的价值。

　　免疫学的发展使我们知道，免疫系统能制造出无限数目的独一无二的抗体分子，这些分子可以识别并紧密专一地与外来物质（抗原）结合。免疫球蛋白通常不能催化反应，但它与抗原配体结合时却具有高度专一性与亲和性。催化抗体（catalytic antibody）就是利用哺乳动物的免疫体系的选择性和多变性，经过特定的抗原结构的设计和诱导，借助于基因工程和蛋白质工程，将具有催化活性的基团引入到已具有与底物结合能力的抗体结合位点上，制备具有预定催化活性的蛋白分子。一般产生催化抗体的方法有诱导法和引入法。诱导法是设计好一个反应底物的过渡态类似物作半抗原，再与蛋白质共价连接形成抗原，将抗原作用于动物的免疫系统。在免疫系统产生的众多抗体分子中就有可能产生能与底物特异结合，并具有预定亲和力和催化特定底物分子反应的抗体分子，再经单克隆制备即可得到催化抗体。由此可知，诱导法成功的关键是合理设计半抗原，为此要先研究反应机制、反应物的过渡态，制备过渡态类似物作半抗原。引入法是采用选择性化学修饰的方法，将人工合成的或天然存在的催化基团引入到抗原的结合部位，为抗体引入催化功能成为催化抗体。

　　催化抗体诱导法的研究步骤为：由反应机制确定底物反应过渡态，由反应过渡态的空间构型、电荷分布等设计过渡态类似物作为半抗原，其中含有我们感兴趣的抗原决定簇。合成过渡态类似物并与蛋白（血红蛋白 BSA 或血蓝蛋白 KLH）连接，将半抗原转化成抗原，注射入动物体内，诱导哺乳动物的免疫系统产生抗体。用单克隆技术对产生的抗体进行选择性培养和催化活性筛选，找出具有特定亲和力和催化反应活性的抗体分子，测定催化活性、催化能力，用米氏常数 K_m 和催化速率常数 k_{cat} 表征。再将有催化活性的抗体分子用（小鼠等哺乳动物）腹水法增殖，大量制备抗体酶（abzyme）。对已制备的抗体酶还可以进一步用基因定点突变、与辅助因子结合等方法进行分子修饰改造。

一、免疫系统

　　（1）**免疫**：是指机体免疫系统对抗原物质的一种生物学应答过程，识别和排除抗原性异物，维持机体的生理平衡和稳定。当细菌、病毒等抗原分子进入哺乳动物体内后，免疫系统受到刺激会产生一系列复杂的生理和病理反应。包括免疫细胞对外来抗原分子的识别和摄取，免疫细胞的分化和增殖，免疫细胞之间的相互作用，产生有针对性的专一抗体，与异物结合并使其无毒化。特异性免疫是由细胞免疫和体液免疫共同参加的连续过程。抗原进入机体，在脾或淋巴结处被巨噬细胞吞噬，抗原被分解后和巨噬细胞的核糖核酸结合形成复合物，并浓集于巨噬细胞表面，将抗原信息传递给 T 淋巴细胞（T 细胞）和 B 淋巴细胞（B 细胞）。T 细胞受抗原刺激后转化成淋巴母细胞，迅速增殖，多次分化成抗原特异的致敏淋巴细胞，参与细胞免疫。B 细胞受抗原刺激后转变成浆母细胞，经进一步增殖和分化形成浆细胞，产生抗原特异性抗体，参与体液免疫。

（2）**抗原**：能够在任何动物体内引起免疫反应的一类物质称为抗原。抗原具有免疫原性和反应原性，免疫原性是指能够刺激免疫系统产生特异性免疫反应，形成抗体和致敏淋巴细胞；反应原性是指能够与抗体和致敏淋巴细胞特异结合的性质。

（3）**抗原决定簇**：抗原大分子由众多不同的化学基团组成，有多个不同的抗原决定簇，可以刺激免疫系统产生众多的特异抗体和致敏淋巴细胞。一种抗原决定簇只能和一种相应的抗体结合，有多少个抗原决定簇就会产生多少种抗体。

（4）**完全抗原和半抗原**：抗原分为完全抗原和半抗原。既有免疫原性又有反应原性的物质称为完全抗原，如各种微生物和大多数蛋白质；没有免疫原性但有反应原性的物质为半抗原，它能与已经产生的抗体或致敏淋巴细胞特异地结合，如药物或简单的化合物。半抗原若和大分子蛋白结合后可获免疫原性，变成完全抗原。

二、催化抗体

抗体与酶有许多相似之处。抗体与抗原分子专一性结合，酶与底物分子间结合也有专一性，抗体和酶都有结合中心，都为蛋白质。但差别也是显而易见的。抗体只能与其对应的抗原发生多种免疫反应，最终达到破坏外来物质与抗原结合使其无毒化；而酶是在温和条件下高效特异地催化化学反应。酶应当不超过 10 万种，而被免疫系统制造出来的抗体分子却超过一亿种。免疫系统无疑是开发具有高亲和性受体分子的最丰富的蛋白质源泉。免疫学的发展使科学家已掌握了如何提供对特定配体（抗原）有预定亲和力的抗体分子，并在疾病诊断、将药品导向病灶区（靶向给药）等方面有广泛应用。抗体通常不使它们的配体有化学上的变化。酶的活性部位与反应的基态互补，而不是与过渡态互补。根据过渡态学说，酶与过渡态底物的结合力比与基态底物要大 $10^{10} \sim 10^{14}$ 倍。如果用过渡态类似物作抗原，通过免疫系统诱导出来的抗体就有可能具有催化底物反应的活性。为此，就有必要开发反应底物的过渡态类似物。1986 年 Lerner 与 Schultz 两个实验室以反应机理研究得最清楚的酯水解的四面体过渡态磷酸酯化合物为抗原，诱导制备了世上第一和第二个催化抗体，他们的文章同时在美国 *Science* 杂志上发表。

（1）**催化羧酸酯水解**：Lerner 选择的底物为含有 $F_3C-\overset{\overset{\displaystyle O}{\|}}{C}-NH-$ 的特殊结构片段的苯乙酸苯酚酯，结构为：

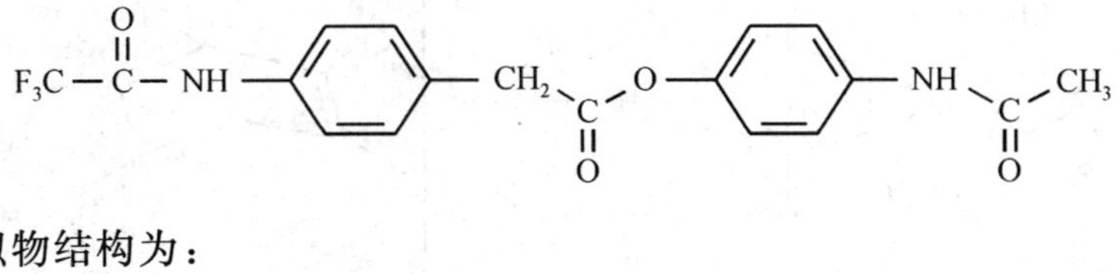

过渡态类似物结构为：

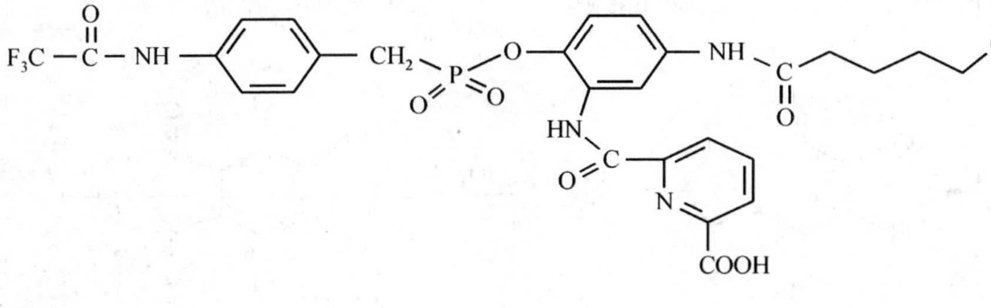

过渡态类似物上的—COOH 的作用是与蛋白(血蓝蛋白 KLH 或牛血清蛋白 BSA)连接制备成完全抗原。经免疫、抗体筛选、单克隆抗体制备,制备出可水解上述底物的催化抗体,并

表现出底物专一性,它只水解含有 $F_3C-\overset{\overset{\displaystyle O}{\|}}{C}-NH-$ 的酯。

测定催化底物水解的活性:一般测定催化抗体催化底物水解的米氏常数 K_m、催化速率常数 k_{cat}。其中一个单克隆抗体催化底物水解速度提高近 1000 倍。

(2) 催化碳酸酯水解: Schultz 选择的底物为碳酸酯,结构为:

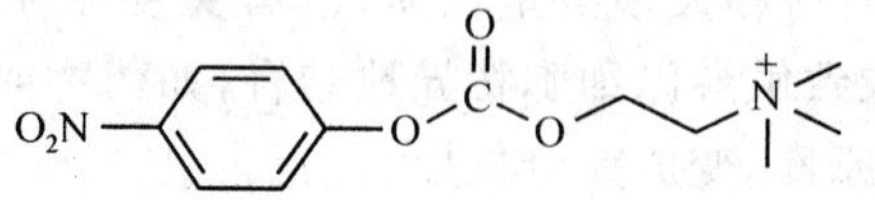

过渡态类似物为磷酸酯,结构为:

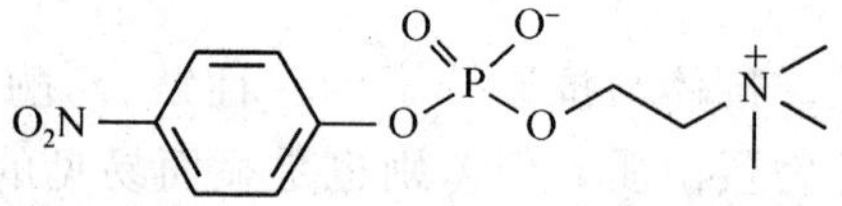

经免疫、抗体筛选出的一个催化抗体,可加速底物碳酸酯水解 770 倍,反应服从酶的米氏方程,K_m 值为 208 μmol/L,k_{cat} 值为 6.1 s^{-1}。筛选到另一个催化抗体可使反应加快 9.2×10^3 倍。

(3) 催化 Diels-Alder 反应: Diels-Alder 反应是有机化学用来在复杂的天然产物和其他分子中形成碳碳键的重要方法之一,但在生物体系中却不存在,自然界显然已选用其他方法代替此反应。Diels-Alder 等环加成反应很适于临近催化,若将两个底物一起束缚在抗体的活性位置上,将会补偿反应中熵损失,从而加速反应的进行。Diels-Alder 反应的过渡态含有一个高度有序排列的相互作用的轨道环,并以单一协调的动力学过程实现碳碳键的断裂与形成,过渡态与产物的结构更为相似。这样设计的过渡态类似物产生的催化抗体易于与产物结合,抑制催化反应。为此设计的半抗原在利用邻近效应能催化的同时,还要考虑消除产物抑制的机制。Hivert 等的设计成功地满足了上述要求,选择催化的 Diels-Alder 反应为二氧代四氯噻吩与 N-乙基马来酰亚胺之间的加成反应:

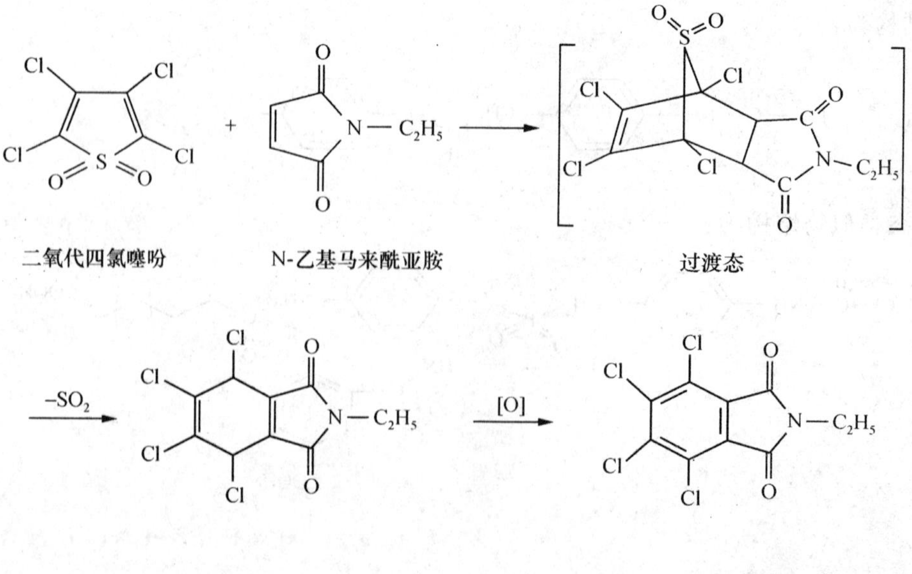

二氧代四氯噻吩　　　　N-乙基马来酰亚胺　　　　　　　　　过渡态

反应产物因自动失 SO_2 而与酶活性部位不匹配,易于离去,使酶可与另外的底物结合继续催化,产物抑制酶的作用降到最低。由此设计反应的过渡态类似物,其结构与反应最终产物具有非常不同的形状。设计并合成的过渡态类似物为:

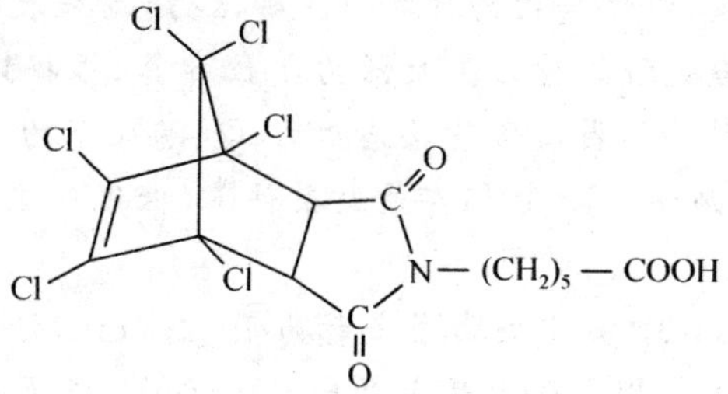

免疫后产生的几个抗体均可催化加速反应,其中一个最好。使用此催化抗体多次催化(>50)没有严重的产物抑制。

(4) 催化可卡因失活:毒品可卡因是一种苯甲酸酯类化合物,水解掉可卡因分子的苯甲酸基则使其失去活性。Landry 等根据水解反应的过渡态设计并合成了过渡态类似物苯磷酸酯作为半抗原,诱导产生抗体 AbE-3B9 可催化可卡因失活而使其解除毒性。

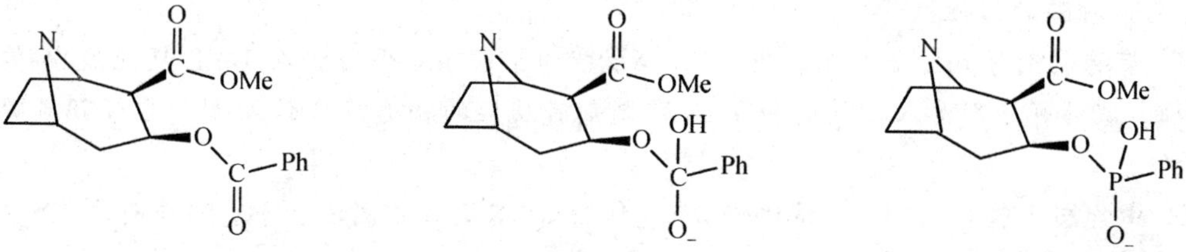

可卡因　　　　　　　水解过渡态　　　　　　过渡态类似物

抗体酶的研究发展迅速,已制备的抗体酶能催化的反应有 20 多种,如水解反应、氧化还原反应、脱羧反应、转酯反应、分子重排反应及金属螯合反应等。有趣的是,抗体酶能催化的反应不但包括酶促反应的六大类型,还可催化生物体内酶所不能催化的反应,如 Diels-Alder 反应。抗体酶催化反应速率一般可加速 $10^3 \sim 10^6$ 倍,最高可达非催化反应速率的 10^7 倍。制备抗体酶的关键是搞清要催化反应的机制和反应过渡态,设计好过渡态类似物。由于过渡态类似物毕竟不是过渡态,抗体酶研究也就遇到不可克服的障碍,目前制备的抗体酶催化效力一般都不如酶。再加上许多化学反应的反应机制并没有真正搞清,过渡态结构还有待探讨,设计的过渡态类似物也就存在着这样或那样的问题,制备的抗体酶也就有成功也有失败。

习　题

1. 酶是如何根据组成分类的? 什么是全酶? 酶的辅助因子有哪些?
2. 酶的系统命名原则是什么? 酶是如何分类的?
3. 简述酶作为生物催化剂的特点。
4. 某酶在溶液中会丧失活性,但若加入巯基乙醇可以避免酶失活,该酶应该是一种什么酶,为什么?

5. 何谓酶活力？测定酶活力时为什么以初速度为准？

6. 何谓单体酶、寡聚酶、多酶复合物和同工酶？

7. 用 25 mg 的蛋白酶粉制剂配制成 25 mL 酶液，取 2 mL 酶液，用凯氏定氮法测得蛋白氮为 0.2 mg；取出 0.1 mL 酶液，以酪蛋白为底物测定酶活力，结果表明每小时产生 1500 μg 酪氨酸。若以每分钟产生 1 μg 酪氨酸的量为 1 个活力单位计算，根据以上数据，求：① 1 mL 酶液中活力单位；② 1 g 酶粉制剂的总蛋白含量及总活力；③ 酶比活力。

8. 2 μg 纯酶（相对分子质量 92×10^3）在最适条件下，催化反应速率为 1 μmol/min，求酶的比活力和转换数。

9. 某酶初提取液为 120 mL，测定蛋白质含量为 10 mg/mL，活力单位 200 U/mL。用硫酸铵盐析法提纯后，体积为 5 mL，测定蛋白质含量为 4 mg/mL，活力单位 810 U/mL。求纯化后的比活力、蛋白质百分产量和酶纯化倍数。

10. 米氏常数的意义是什么？如何求米氏常数？

11. V_{max}、k_{cat}、f_{ES} 和 k_{cat}/K_m 的意义是什么？

12. 竞争性抑制和非竞争性抑制分别使酶促反应的 K_m 和 V_{max} 如何变化？

13. 磺胺类药物能抑制细菌生长，它是什么化合物的结构类似物？它能以什么方式抑制生物体内何种酶的活性？

14. 某酶制剂每 mL 含 12 mg 蛋白，比活力为 42 IU/mg 蛋白。在 1 mL 反应液中，底物浓度饱和时，试计算分别加入 20 μL 和 5 μL 酶制剂时反应的初速度。该酶制剂在使用前是否需要稀释？

15. 由作图法求 K_m 和 V_{max}，试比较 v-[S] 作图法、双倒数作图法、vv/[S] 作图法、[S]/v-[S] 作图法及直接线性作图法的优缺点。

16. α-胰凝乳蛋白催化 N-乙酰-L-Phe-对硝基苯酯水解，在不同的底物浓度下测反应初速度数据如下，求 V_{max}、K_m。

[S]/(μmol·L^{-1})	10	15	20	25	30	35	40	45	50
v_0/(μmol·L^{-1}·min^{-1})	11.7	15.0	17.5	19.4	21.0	22.3	23.3	24.2	25.0

17. 酶催化反应加入和没加入抑制剂的实验数据如下，用双倒数作图法判断加入的抑制剂类型。

底物浓度/(mmol·L^{-1})	2.0	3.0	4.0	10.0	15.0
没加抑制剂时形成产物的量/(μmol·h^{-1})	13.9	17.9	21.3	31.3	37.0
加抑制剂时形成产物的量/(μmol·h^{-1})	8.8	12.1	14.9	25.7	31.3

18. 活细胞测定酶底物通常取这种底物的 K_m 值附近，为什么？

19. 与酶高催化效率有关的因素有哪些，它们是如何提高反应速率的？

20. 简述固定化酶的制备方法。

维生素与辅酶

维生素既不是构成细胞的原料,也不是体内的能源物质,而是生物生长发育和代谢所必需的一类微量有机物质。虽然生物体对它们需要量很少,以 mg 或 μg 计,但由于高等动物丧失了合成它们的能力,不能在体内合成或合成量不足,必须由食物供给。绝大多数维生素在体内是作为酶的辅酶或辅基而发挥作用,因此在代谢中十分重要。维生素缺乏,代谢就会发生障碍,机体不能生长,缺乏不同的维生素就会产生不同的疾病,由于缺乏维生素而发生的疾病称为维生素缺乏病。维生素由溶解性分为脂溶性和水溶性两大类。能溶于非极性溶剂的维生素称为脂溶性维生素,主要包括维生素 A、D、E、K;能溶于极性溶剂的维生素称为水溶性维生素,主要包括维生素 C 和 B 族维生素(维生素 B_1、B_2、PP、B_6,泛酸,生物素,叶酸及维生素 B_{12} 等)。大多数水溶性维生素是辅酶的组分,维生素 B 族在生物体内通过构成辅酶而发挥对物质代谢作用的重要影响。某些物质本身不是维生素,但可在生物体内转化为维生素,被称为维生素原。如胡萝卜素是维生素 A 原,7-脱氢胆固醇是维生素 D 原。

§6.1 水溶性维生素

一、维生素 B_1(Vit B_1)

维生素 B_1 又称硫胺素(thiamine),它的辅酶形式为硫胺素焦磷酸(thiamine pyrophosphate,TPP)。硫胺素焦磷酸为糖代谢中羰基碳(醛和酮)合成与裂解反应的辅酶。

1. 维生素 B_1 的结构和活性部位

Vit B_1 由嘧啶环和噻唑环通过亚甲基相连,其辅酶形式 TPP 的结构见图 6-1。

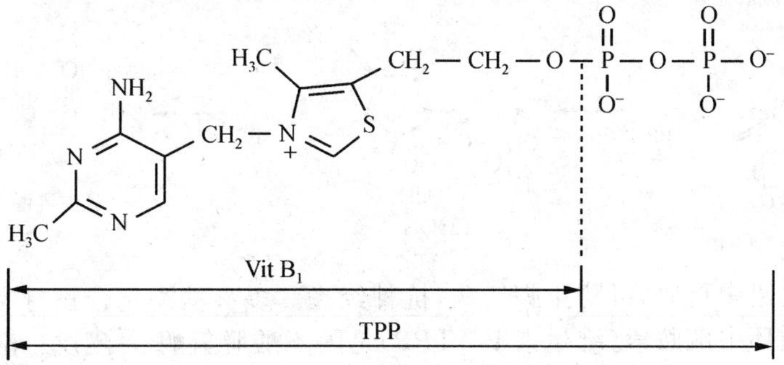

图 6-1 硫胺素焦磷酸结构

活性部位为分子中噻唑环的 C_2 位，2-位上的 H 易离开，有酸性。H 离开后形成伊利德，2-位碳负离子的负电荷被 3-位 N^+ 的正电荷所稳定。

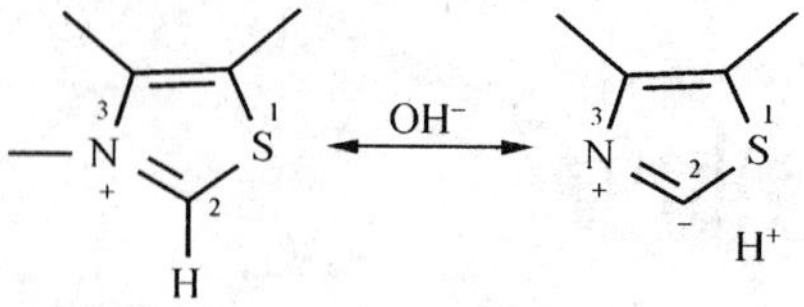

2. 催化的反应

硫胺素焦磷酸(TPP)在催化 α-裂解反应(脱羧酶)、α-缩合反应和 α-酮转移反应(转酮酶)中起重要作用。

(1) TPP 为 α-酮酸脱羧酶的辅酶(α-裂解反应)：TPP 为催化 α-羟酮的形成和裂解、α-酮转移反应的酶的辅酶，如转酮酶和磷酸酮酶等。

$$CH_3-\overset{O}{\overset{\parallel}{C}}-COO^- \xrightarrow{\text{丙酮酸脱羧酶}} CH_3-\overset{O}{\overset{\parallel}{C}}-H + CO_2$$

(2) 催化乙偶姻、苯偶姻缩合反应：TPP 为乙酰乳酸合成酶的辅酶(α-缩合反应)，转移二碳单位。

$$CH_3-\overset{O}{\overset{\parallel}{C}}-H + CH_3-\overset{O}{\overset{\parallel}{C}}-H \longrightarrow CH_3-\overset{O}{\overset{\parallel}{C}}-\overset{OH}{\overset{|}{C}H}-CH_3 \quad \text{(乙偶姻)}$$

$$CH_3-\overset{O}{\overset{\parallel}{C}}-COO^- + CH_3-\overset{O}{\overset{\parallel}{C}}-COO^- \xrightarrow{\text{乙酰乳酸合成酶}} CH_3-\overset{O}{\overset{\parallel}{C}}-\underset{CH_3}{\underset{|}{\overset{OH}{\overset{|}{C}}}}-COO^- + CO_2$$

乙酰乳酸合成酶催化的反应产物是 α-羟基酮。反应通过丙酮酸脱羧生成碳负离子后，再与另一分子丙酮酸分子反应生成 α-乙酰乳酸，是一种缬氨酸与亮氨酸生物合成的中间物。在转酮酶和磷酸酮酶反应中，α-酮转移也是以相似机制进行。TPP 参与的乙酰乳酸合成酶催化丙酮酸缩合成乙酰乳酸的反应机制为：首先 TPP 的噻唑环失去质子形成碳负离子，然后按下述步骤进行：

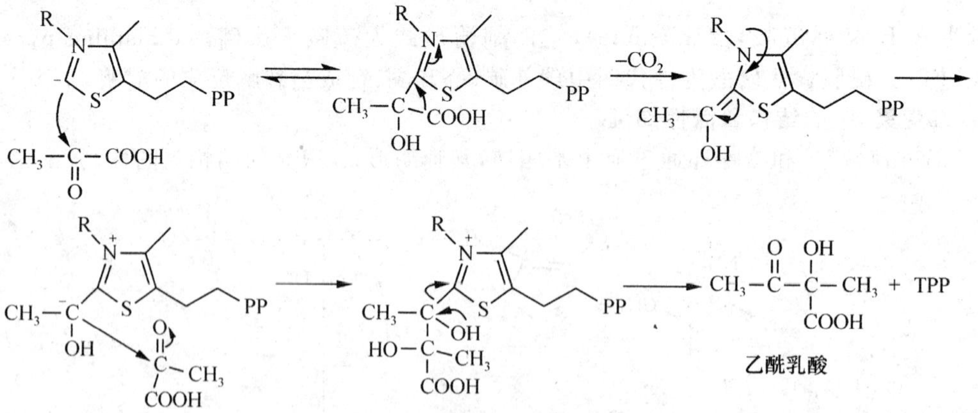

Vit B_1 在糖代谢中重要，可防止脚气病，抗神经炎。多食糖类化合物时应补充 Vit B_1。在糖代谢的柠檬酸循环中硫胺素(维生素 B_1，TPP)是丙酮酸脱氢酶、α-酮戊二酸脱氢酶和戊糖磷酸途径中的转酮酶的辅基。缺乏 TPP 会使糖代谢不正常，表现为神经和心脏方面的症状，手

和脚麻痹,以至震颤,称为脚气病(Beri-beri,原意"走路像羊")。脚气病患者血液中的丙酮酸和 α-酮戊二酸的含量高于正常人,红血球中转酮酶的活性低。这些酶的测定可用于脚气病的确诊。

Vit B_1 已大规模工业化合成生产,用于儿童营养强化剂、饲料添加剂。

二、维生素 PP 和烟酰胺辅酶(辅酶Ⅰ和辅酶Ⅱ)

维生素 PP 包括烟酸(nicotinic)和烟酰胺(nicotinamide,尼克酰胺,Vit B_3),为吡啶的衍生物,与核糖、磷酸、腺嘌呤构成烟酰胺,作为各种脱氢反应的辅酶,传递氢,活性部位为吡啶环的 C_4 位,能接受和给出氢离子。

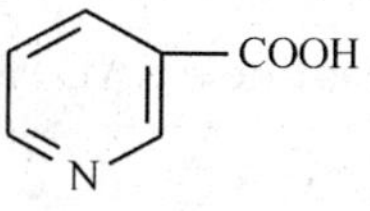

烟酸 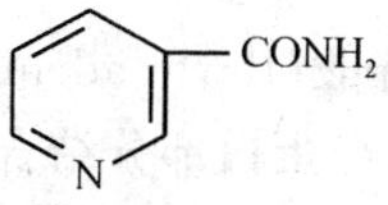　　　　　　　　　　烟酰胺

(1) 烟酰胺辅酶结构式:烟酰胺辅酶包括辅酶Ⅰ和辅酶Ⅱ(图 6-2)。烟酰胺腺嘌呤二核苷酸(nicotinamide adenine dinucleotide),即 NAD^+(氧化型)和 NADH(还原型),为辅酶Ⅰ;烟酰胺腺嘌呤二核苷酸磷酸(nicotinamide adenine dinucleotide phosphate),即 $NADP^+$(氧化型)和 NADPH(还原型),为辅酶Ⅱ。

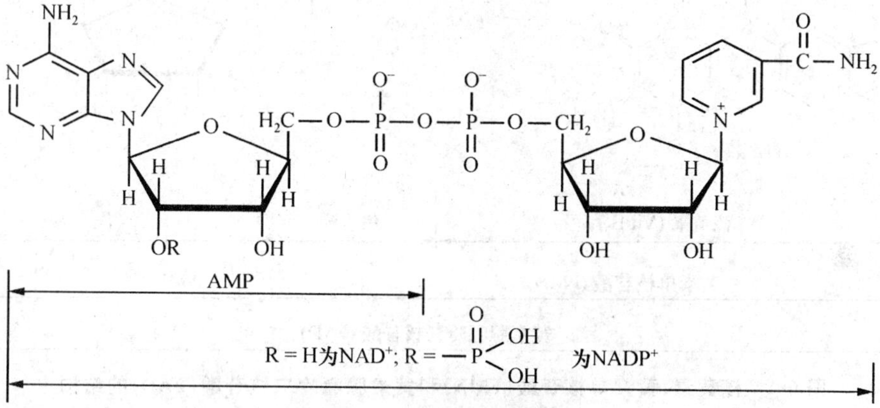

图 6-2　烟酰胺辅酶的结构

从结构上可以看出,烟酰胺辅酶是由两个核苷酸部分组成,一个为腺嘌呤核苷酸(ATP),另一个为以烟酰胺为碱基的核苷酸。烟酰胺辅酶是电子载体,在各种酶促氧化还原反应中起重要作用,它有氧化型和还原型两种,差别只在于它的活性部位烟酰胺部位的变化(图 6-3)。

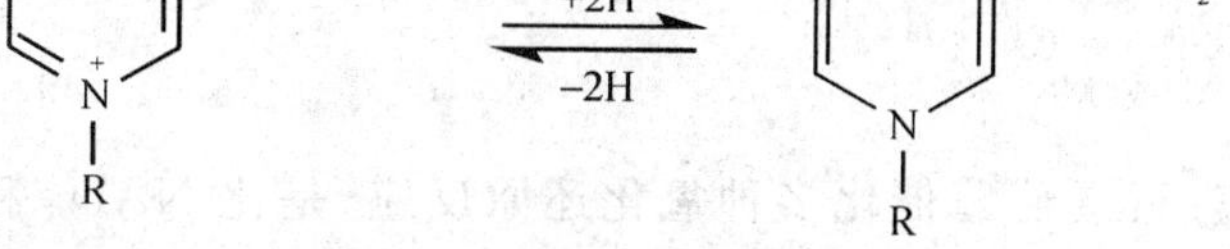

氧化型 (NAD^+ 或 $NADP^+$)　　　　还原型 (NADH 或 NADPH)

图 6-3　烟酰胺的氧化还原状态

(2) **催化的反应**：烟酰胺辅酶为各种脱氢酶（至少六种脱氢酶）的辅酶,催化的反应通式为：

$$MH_2 \ + \ NAD^+ (NADP^+) \xrightarrow[\hspace{1cm}]{\text{脱氢酶}} M \ + \ NADH (NADPH) \ + \ H^+$$

维生素 PP 在细胞呼吸、糖酵解及脂肪合成中重要,是呼吸链传递氢过程中的一环。以玉米为主食时应补充维生素 PP。维生素 PP 可防止癞皮病、口舌炎、糙皮病。大量用于饲料添加剂,如添加量为 $18\sim30$ mg/kg 的猪饲料。

三、维生素 B₂（核黄素）和黄素辅酶

维生素 B₂（Vit B₂）又名核黄素（riboflavin）,在体内以黄素单核苷酸（flavin mononucleotide, FMN）和黄素腺嘌呤二核苷酸（flavin adenine dinucleotide, FAD）形式存在,是体内一些氧化还原酶（黄素蛋白）的辅基,与蛋白部分结合很牢。

(1) **维生素 B₂ 和黄素辅酶的结构**：核黄素是 7,8-二甲基异咯嗪和核糖醇的缩合物,在体内核黄素以黄素单核苷酸和黄素腺嘌呤二核苷酸的形式存在,结构式见图 6-4。

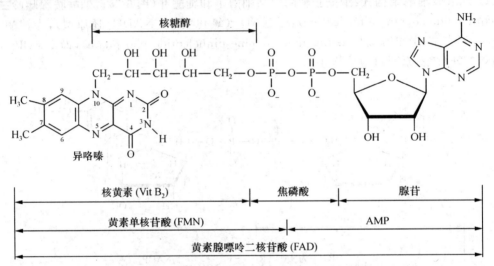

图 6-4　核黄素、黄素单核苷酸(FMN)和黄素腺嘌呤二核苷酸(FAD)的结构

活性部位为异咯嗪环的 1,5-位,此处具有两个活泼的双键。

(2) **催化的反应**：黄素辅酶催化多种氧化还原反应,是比 NAD^+ 和 $NADP^+$ 更强的氧化剂,能被一个电子和两个电子途径还原,且易被分子氧氧化。黄素辅酶能促进糖、脂肪和蛋白质的代谢,对于维持皮肤、黏膜和视觉的正常机能有一定作用。人体缺乏会产生口角炎、唇舌

炎和眼睑炎等。Vit B_2 常作为食品营养强化剂和饲料添加剂使用。

四、泛酸(遍多酸)和辅酶 A(CoA)

泛酸又称遍多酸,广泛存在于生物界。辅酶 A 分子由 β-巯基乙胺、泛酸(β-丙氨酸和 α,γ-二羟-β,β-二甲基丁酸通过酰胺键相连)及 $3',5'$-ADP 所组成。泛酸是辅酶 A 的组成成分,功能基团是 β-巯基乙胺,活性部位为巯基乙胺的—SH,所以辅酶 A 又写成 HSCoA(或 CoASH),是酰基转移酶的辅酶,也是酰基的普遍载体,在代谢中主要起传递酰基作用,酰基通过硫酯键与辅酶 A 相连。若携带乙酰基则为乙酰辅酶 A(乙酰-CoA),在糖代谢、脂代谢、氨基酸代谢中为重要的辅酶,如在丙酮酸氧化脱羧中携带乙酰基,在脂肪酸 β-氧化和生物合成中携带酯酰基、丙二酸单酰基和丁酰基等。可用做各种疾病的重要辅助药物,还用做饲料添加剂。泛酸也是酰基载体蛋白(ACP)的组成部分,ACP 是一种携带酯酰基参与脂肪酸合成的蛋白质。

乙酰辅酶 A 可写成

$$CH_3-\overset{\overset{\displaystyle O}{\|}}{C}-SCoA$$

辅酶 A 的结构见图 6-5。

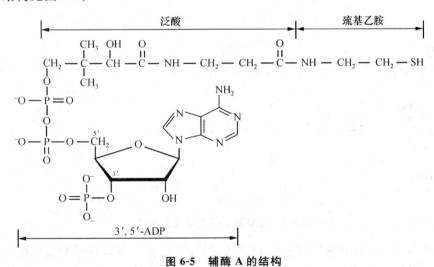

图 6-5　辅酶 A 的结构

五、维生素 B_6 和磷酸吡哆醛、磷酸吡哆胺

(1) **结构和组成**:Vit B_6 包括三种物质——吡哆醛、吡哆胺和吡哆醇,它们在体内可互相转化,通称吡哆素。它们在生物体内是以磷酸酯的形式存在的(图 6-6)。磷酸吡哆醛(pyridoxal-5-phosphate,PLP)和磷酸吡哆胺(pyridoxamine-5-phosphate,PMP)是维生素 B_6 的活性形式。所有转氨酶的辅基都是磷酸吡哆醛,由吡哆醇衍生而来,在转氨过程中磷酸吡哆醛瞬间即转变成磷酸吡哆胺,活性部位为醛基(吡哆醛)或氨基(吡哆胺)。

(2) **催化的反应**:磷酸吡哆醛和磷酸吡哆胺是氨基酸代谢中多种酶的辅酶,能催化转氨、α-脱羧、β-脱羧、消旋、β-消除、γ-消除和羟醛缩合反应等至少七种不同的反应(图 6-7)。除图中所示几种外,PLP 酶还催化氨基酸的 β-碳原子和 γ-碳原子的消除反应和取代反应。

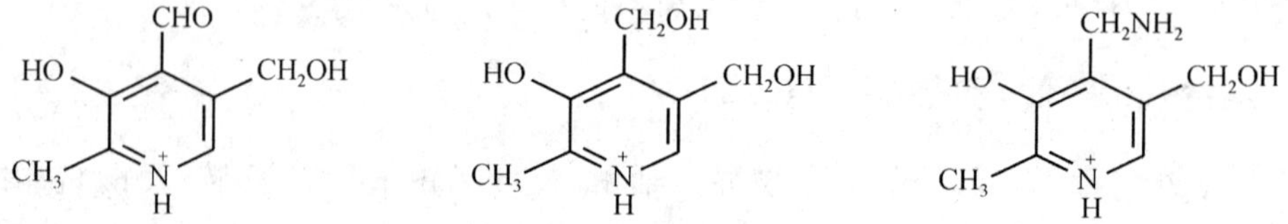

吡哆醛　　吡哆醇　　吡哆胺

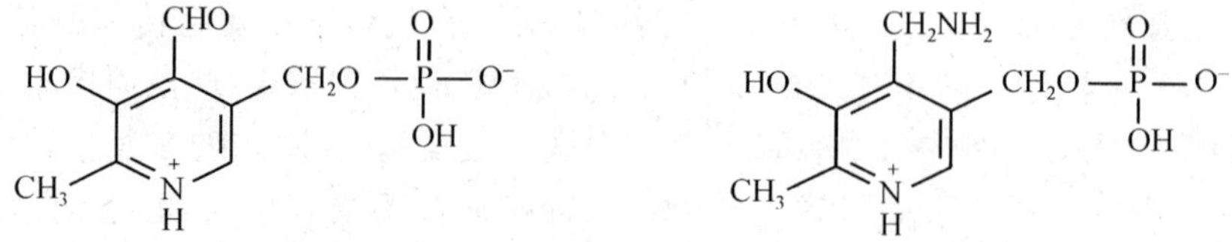

磷酸吡哆醛　　磷酸吡哆胺

图 6-6　维生素 B_6 及其辅酶形式的结构

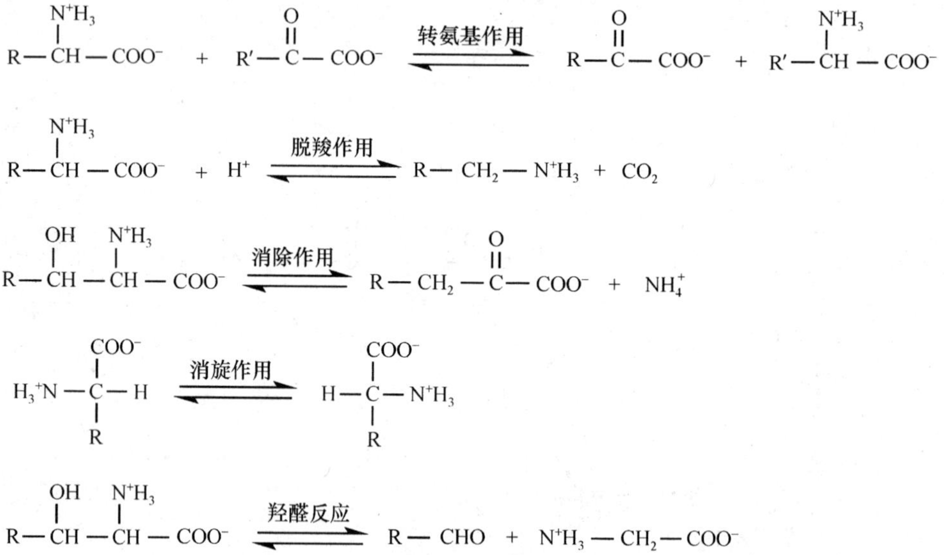

图 6-7　吡哆醛-5-磷酸催化的反应

吡啶环上氮原子的存在使吡哆醛上的醛基更活泼，更易于与氨基酸的氨基反应。磷酸吡哆醛(PLP)的醛基在没有底物时与酶的活性部位上的专门的赖氨酸残基的 ε-氨基形成 Schiff 碱，反应时氨基酸底物的 α-氨基置换活性部位赖氨酸的 ε-氨基。反应一般经醛亚胺、酮亚胺的

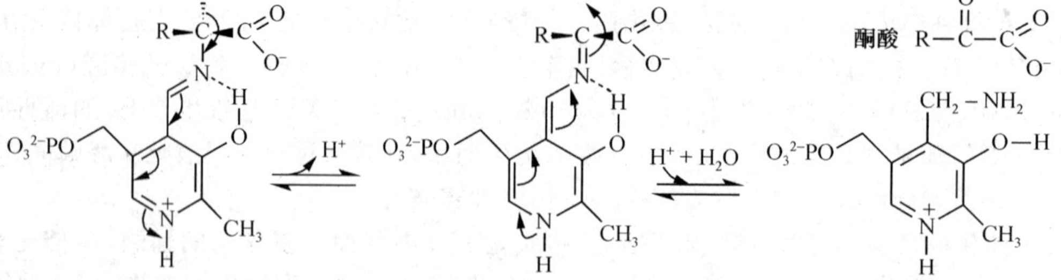

醛亚胺　　酮亚胺　　磷酸吡哆胺

形式进行。如催化转氨反应时,第一步是磷酸吡哆醛与底物 α-氨基酸上的氨基生成 Schiff 碱-醛亚胺,双键移位成酮亚胺后再水解成磷酸吡哆胺(PMP)和 α-酮酸,此反应途径可逆。

转氨反应为:　　　　　　氨基酸$_1$＋E-PLP $\Longleftrightarrow$ α-酮酸$_1$＋E-PMP

　　　　　　　　　　　α-酮酸$_2$＋E-PMP $\Longleftrightarrow$ 氨基酸$_2$＋E-PLP

总反应为:　　　　　　　氨基酸$_1$＋α-酮酸$_2$ $\Longleftrightarrow$ 氨基酸$_2$＋α-酮酸$_1$

(3) PLP 酶催化反应机制: PLP 酶催化的多种反应有相同的机制。当磷酸吡哆醛与底物氨基酸形成 Schiff 碱后,其中的底物构象变换有很大影响。一般易断裂的键总是与吡啶环垂直的键,进行反式消除。由酶上的活性基团和离子、极性和疏水相互作用,决定了哪个构象占优势,从而决定了反应的类型。根据酶的类型可以使氨基酸除去不同基团,醛缩酶脱去 R 基(断 C—C 键),催化的是逆向缩合反应;脱羧酶脱去羧基,为脱羧反应;脱 α-H(断 C—H 键)后可有多种反应,若再断 C—N 键为消除反应,若加水后再断 C—N 键为转氨反应,若再加 H 可为消旋反应(图 6-8)。

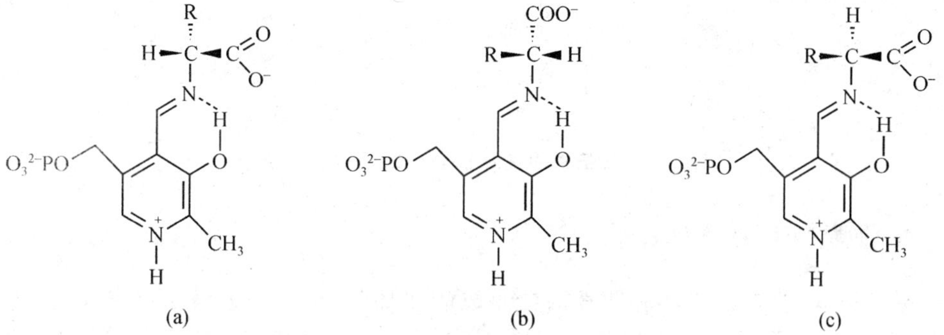

图 6-8　吡哆醛-5-磷酸催化反应机制

(a) R 在上,断 C—C 键脱 R,为羟醛缩合。(b) 羧基在上,断 C—C 键脱羧为脱羧反应。(c) H 在上,断 C—H 键反式脱 H。再断 C—N 键为消除反应;加水后再断 C—N 键,为转氨反应;若加 H 则为消旋反应

Vit B$_6$ 在谷类外皮中含量丰富,肠道细菌也可合成 Vit B$_6$。在临床上 Vit B$_6$ 可用来治疗口唇炎、皮疹和恶心呕吐等症。多食肉类应补充 Vit B$_6$。

六、维生素 B$_{12}$(氰钴胺素)

维生素 B$_{12}$ 在体内有 5′-脱氧腺苷钴胺素(5′-deoxyadenosylcobalamin)和甲基钴胺素两种辅酶形式。5′-脱氧腺苷钴胺素的复杂三维结构已被 X 射线衍射晶体结构分析法测定。钴胺素的核心是带有一个中心钴原子的咕啉环,与卟啉环类似也有四个吡咯单位,环上的取代基为甲基、丙酰胺基和乙酰胺基。其中两个(A 环和 D 环)是直接成键的,另外的则由次甲基桥连接起来。中心钴原子为＋3 价,与四个吡咯的氮成键或配位,第五个取代基为二甲基咪唑的衍生物,第六个取代基可能为—CN(氰钴胺素)、—CH$_3$、—OH 或脱氧腺苷(5′-脱氧腺苷钴胺素)。不带吡咯环上的取代基和钴上的另外两个配位基的钴胺素的咕啉核心,以及氰钴胺素(Vit B$_{12}$)的结构如图 6-9 所示。

Vit B$_{12}$ 为参与 DNA 合成的酶的辅酶,活化甲基,参与甲基转移(如胆碱、甲硫氨酸的生物合成)、分子内重排、核苷酸还原成脱氧核苷酸等三种类型反应,对红细胞成熟重要。缺乏 Vit B$_{12}$,巨红细胞中 DNA 合成受阻,会引起恶性贫血。钴胺素在肝中丰富。动植物都不能合成钴胺素,它只能被微生物合成。

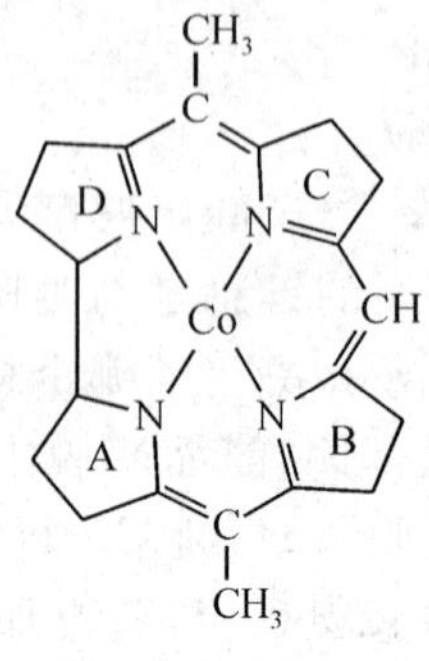

咕啉核心

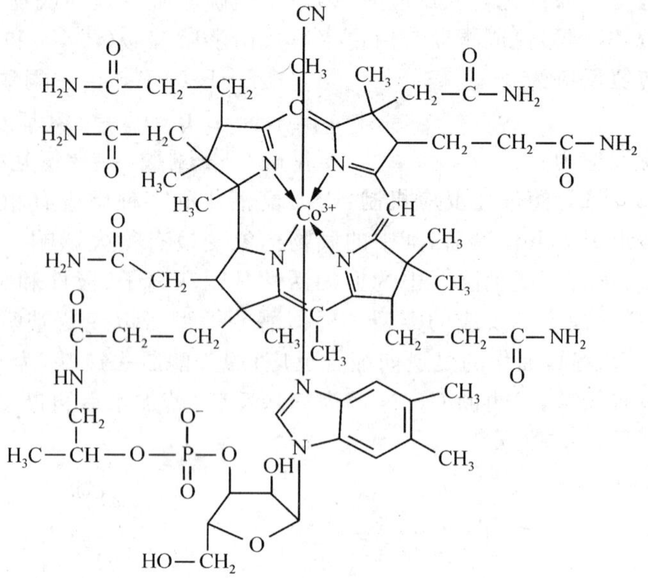

氰钴胺素

图 6-9 钴胺素的咕啉核心和氰钴胺素的结构

七、生物素(Vit H,Vit B₇)

生物素(biotin)是由噻吩环和尿素结合而成的双环化合物,左侧链是一分子戊酸,活性部位在环上 $1'$,$3'$-氮原子处。生物素分子可接受 CO_2,在酶促羧化反应中作为活动羧基载体,催化体内 CO_2 的固定及羧化反应,是多种羧化酶的辅酶。生物素结构如下:

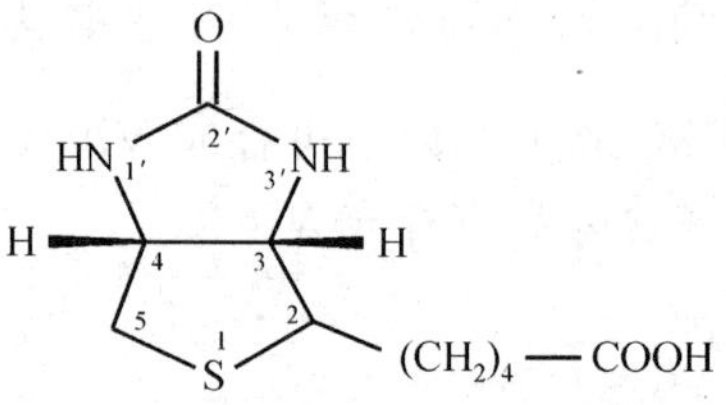

四个生物素分子可与一个亲和素(avidin,抗生物素蛋白)分子特异结合,形成生物素-亲和素体系(BAS)。BAS 及有关技术已发展成重要的免疫化学技术,用于检测、分离提纯,以及制备新型生物传感器。

生物素来源广泛,如可从卵黄中提取。人体也可由肠道细菌合成获得,因此一般很少出现缺乏症。

八、叶酸和四氢叶酸(Vit M,Vit B₁₁)

(1) **叶酸的结构**:叶酸(folic acid,FA),又称蝶酰谷氨酸,由 2-氨基-4-羟基-6-甲基喋啶、对氨基苯甲酸和 1～7 个 L-Glu 三部分组成(图 6-10)。哺乳动物不能合成喋啶环,一般从饮食中或通过其肠道中的微生物获得。

由喋啶环被还原程度的不同,叶酸又分为二氢叶酸(dihydrofolate,DHF)和四氢叶酸(tetrahydrofolate,THF)。其中 THF 是叶酸的活性辅酶形式,又称为辅酶 F、四叶蝶酰谷氨酸,为

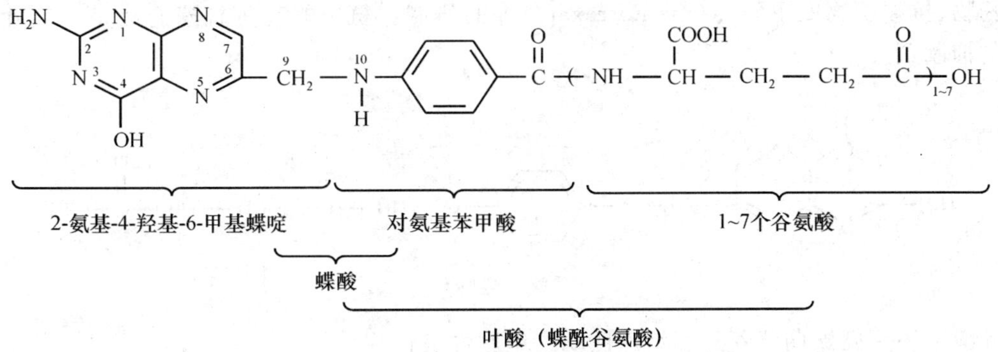

图 6-10　叶酸的结构

一碳单位的重要供体和受体，是转移一碳单位的辅酶。THF 活性部位为喋啶环中的 N^5 和对氨基苯甲酸中的 N^{10}。THF 可携带转移处于三种氧化状态的活化一碳单位，如最还原态的甲基，中间态的亚甲基，最氧化态的次甲基、甲酰基和亚胺甲基等，在嘌呤、嘧啶、丝氨酸和甲硫氨酸的生物合成中起作用。这些一碳单位是可以相互转变的。不同氧化态携带一碳单位连接成不同的叶酸中间体，一碳单位与 N^5 或 N^{10} 结合，或与这两个氮原子同时结合，如图 6-11 所示。

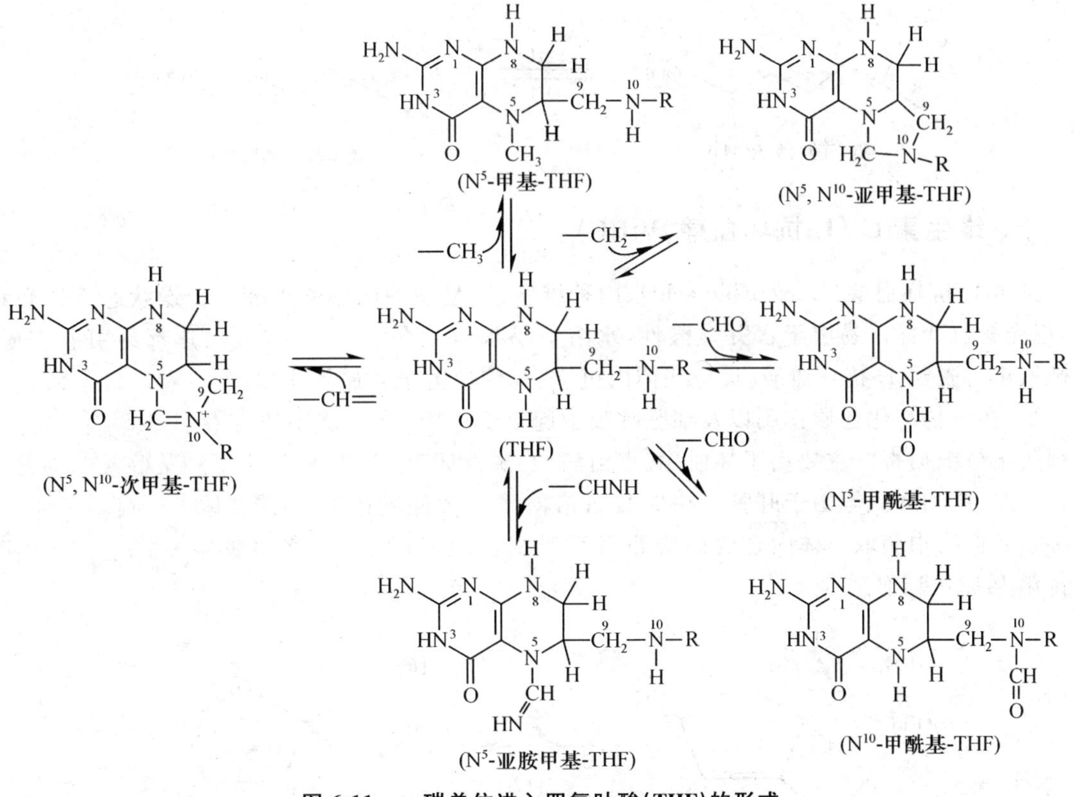

图 6-11　一碳单位进入四氢叶酸（THF）的形式

（2）四氢叶酸为许多抗癌、抗菌药物研究的出发点：四氢叶酸衍生物在多种生物合成中充当一碳单位的供体，而四氢叶酸又在降解反应中充当一碳单位的受体。THF 在嘌呤类和胸腺嘧啶等核苷酸合成中，为一碳单位引入所必需的辅酶，为许多抗癌、抗菌药物研究的出发点，如磺胺药物、抗癌药物氨甲蝶呤(methotrexate)等的研制。氨甲蝶呤等抗癌药物是二氢叶酸还原酶的抑制剂。

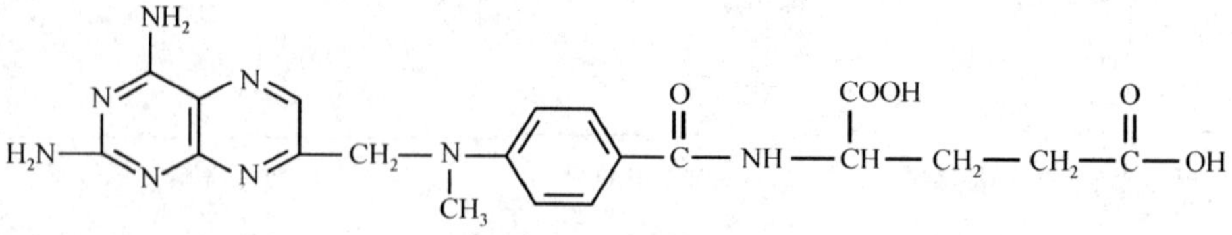

氨甲喋呤

叶酸可用于妊娠期营养药和治疗巨幼红细胞性贫血症。

九、硫辛酸

硫辛酸在体内以闭环二硫化物形式(氧化型,1,2-硫戊环-3-戊酸)和开链还原型(二氢硫辛酸,环打开有两个巯基)两种结构混合存在,并通过氧化还原循环相互转换。硫辛酸作为辅酶在α-酮酸氧化作用和脱羧作用时行使偶联酰基转移和电子转移的功能,为酰基的载体,可传递电子、乙酰基和酰基。硫辛酸是酵母和微生物等的生长因素,是糖代谢中不可缺少的辅助因子。

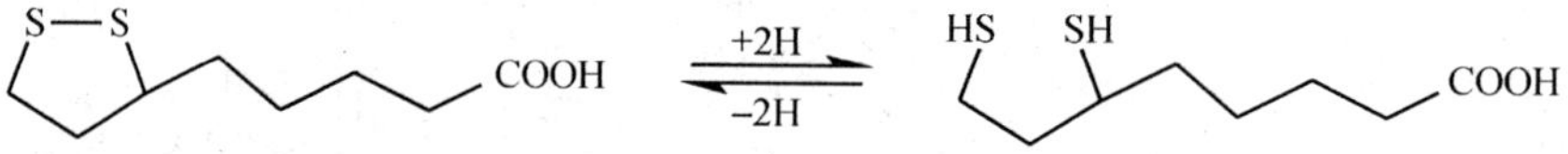

硫辛酸(氧化型)　　　　硫辛酸(还原型)

十、维生素 C (L-抗坏血酸,Vit C)

又名 L-抗坏血酸(L-ascorbic acid)、丙种维生素,是一种己糖酸内酯。干燥状态下比较稳定,遇光颜色变深。易溶于水并显酸性,水溶液易被氧化分解,遇空气或加热都易引起变质。可被氧化为脱氢-L-抗坏血酸,反应在体内可逆,起传递电子和递氢作用,是一种有效的氧化还原系统,在生物氧化还原作用以及细胞呼吸中起重要作用。L-抗坏血酸是优良还原剂,可作防老剂防止组织损害。主要用于坏血病、克山病、心源性休克、慢性肝炎、中毒和某些疾病的补充需要。人、猴和豚鼠等由于肝脏中缺少 L-古洛糖酸-γ-内酯氧化酶,不能在体内合成抗坏血酸,故必须从食物中获取。体内合成是从 D-葡萄糖醛酸出发,经 L-古洛糖酸和 L-古洛糖酸内酯等转化为 L-抗坏血酸。

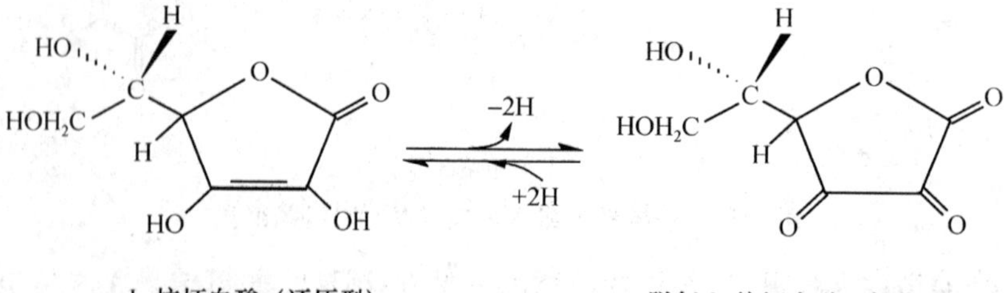

L-抗坏血酸(还原型)　　　　脱氢-L-抗坏血酸(氧化型)

(1) **维生素 C 参与体内的氧化还原反应**:保持巯基酶的活性和谷胱甘肽的还原状态,有解毒的作用。与红细胞氧化还原过程密切相关,可还原高铁血红蛋白,使其恢复输氧能力。可将血浆运铁蛋白、肝脏铁蛋白中的三价铁还原成二价铁,还原肠道内三价铁则有利于铁的吸收。维生素 C 还能促进叶酸转变为四氢叶酸,保护维生素 A、E 及 B 免遭氧化。

(2) **维生素 C 参与体内多种羟化反应**:将多肽链中的脯氨酸及赖氨酸羟化成维持胶原蛋白三级结构十分重要的羟脯氨酸和羟赖氨酸,促进胶原蛋白的合成。维生素 C 还是羟化酶的必需辅因子之一,对于结缔组织伤口的愈合至关重要。维生素 C 使胆固醇羟基化,阻止其变为胆酸排出体外。脑中酪氨酸代谢成尿黑酸所需酶依赖于维生素 C,酪氨酸代谢成儿茶酚的一系列羟化和脱羧反应是由依赖于维生素 C 的多巴胺-β-羟化酶所催化的。

(3) **维生素 C 的其他作用**:维生素 C 还可防止贫血,防止组胺积累,调节前列腺素合成,有助于改善变态反应。维生素 C 刺激免疫系统,可防止和治疗感染。为此,Pauling 引申出“维生素 C 防感冒”,但后来并无定论。

§6.2 脂溶性维生素

脂溶性维生素(lipophilic vitamin)是指溶于脂肪和大部分有机溶剂而不溶于水的维生素。一般指维生素 A、E、K 和 D 四种,它们存在于含有脂类的食物或饲料中,与脂肪一同被吸收,任何增加脂肪吸收的条件,如充足的胆汁和分散的微粒,都会有利于脂溶性维生素的吸收。脂质吸收不良时会引起脂溶性维生素缺乏症。脂溶性维生素可贮存在肝脏和体内脂肪中。可以通过胆汁从粪便中排除,但排出较慢,过多脂溶性维生素的贮存,有可能使动物中毒。植物中一些前体维生素(又称维生素原),可在动物体内转化为脂溶性维生素。

一、维生素 A(Vit A)

又称视黄醇,在体内被氧化成视黄醛。不溶于水和甘油,溶于无水乙醇、甲醇、氯仿、乙醚和油脂等。受紫外光照射后失去效力。在空气中易氧化,其油溶液却很稳定。其前体胡萝卜素存在于多种植物,如胡萝卜、青菜、玉米等中。动物能将胡萝卜素在体内转化成维生素 A 而贮存在肝脏中,鱼肝油中含量特别高,奶油和蛋黄中含量也比较丰富。维生素 A 包括维生素 A_1 和维生素 A_2 两种,A_1 存在于哺乳动物及咸水鱼的肝脏中,A_2 存在于淡水鱼的肝脏中。A_2 的生理活性只为 A_1 的一半,A_2 的结构只比 A_1 多一个双键。

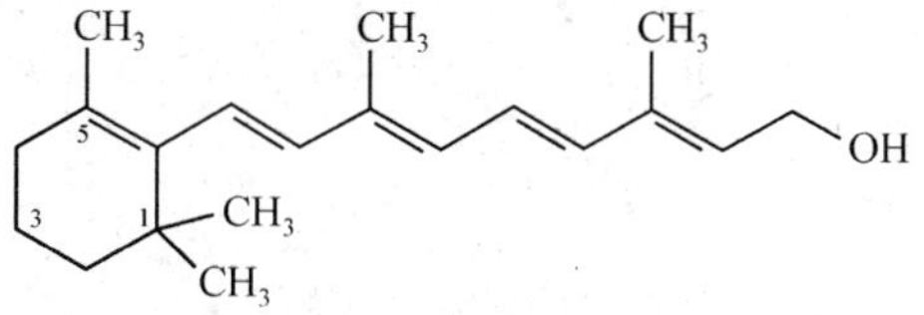

维生素A_1 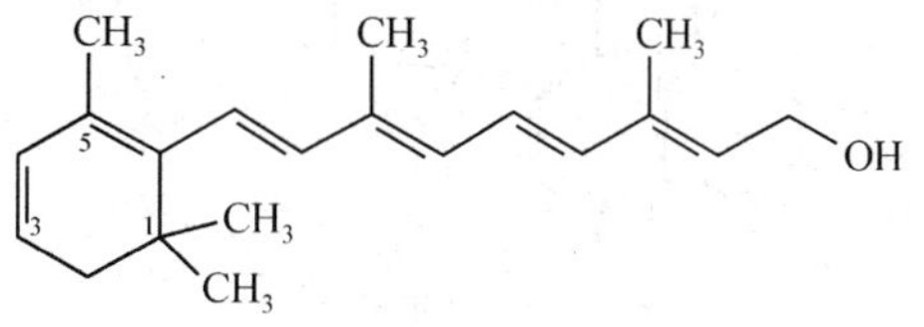   维生素A_2

维生素 A 是构成视觉细胞内感光物质的成分,它的侧链含有四个双键,可有八种顺、反异构体。由视黄醇氧化的视黄醛中重要的是 9-及 11-顺视黄醛。眼球视网膜中对弱光敏感的杆细胞内含有感光物质视紫红质(rhodopin),在光中分解,在暗中再合成,眼睛对弱光的感光性即取决于视紫红质的合成。视紫红质是由 9-及 11-顺视黄醛和视蛋白内的赖氨酸的 ε-氨基通过形成 Schiff 碱缩合而成的一种结合蛋白质。

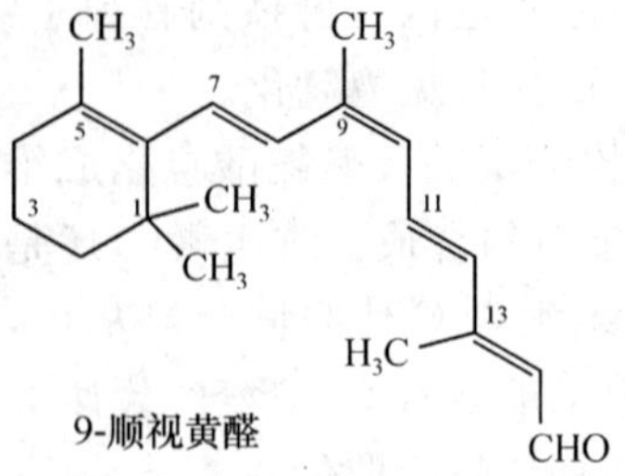

9-顺视黄醛 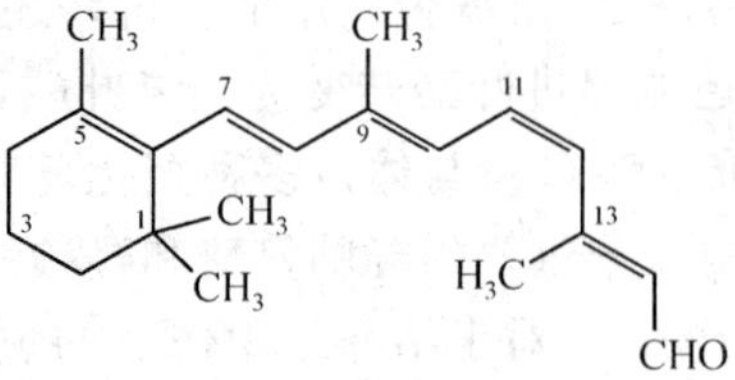   11-顺视黄醛

维生素 A 刺激许多组织中 RNA 的合成,在刺激组织生长、分化中起着重要作用。缺乏维生素 A,机体免疫功能降低。维生素 A 还提高细胞之间的黏附,视黄醇衍生物是糖蛋白合成中糖的携带者。

β-胡萝卜素(β-carotene):又称维生素 A 原。基本单位结构为异戊二烯。一个 β-胡萝卜素分子在小肠内可转化为两分子视黄醇。

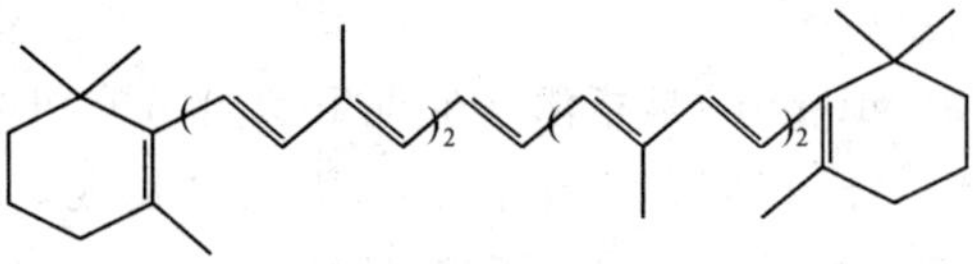

β-胡萝卜素

天然胡萝卜素是 α-、β-、γ- 三种异构体的混合物,以 β- 型最多,也最重要,效力也强。对光不稳定,对热稳定。约 $0.6\,\mu g$ β-胡萝卜素相当于一国际单位维生素 A。在维生素 C 存在下稳定,医疗用途与维生素 A 相同,但使用剂量要加倍。

二、维生素 D(Vit D)

又称骨化醇,指一组具有维生素 D 活性的甾醇化合物,约有 10 种,其中最重要的为维生素 D_2 和 D_3。主要调节动物体内钙磷代谢,防治佝偻病和骨软化病。

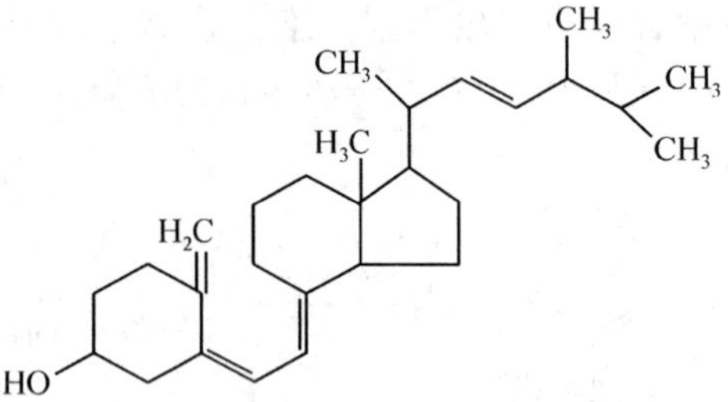

维生素 D_2 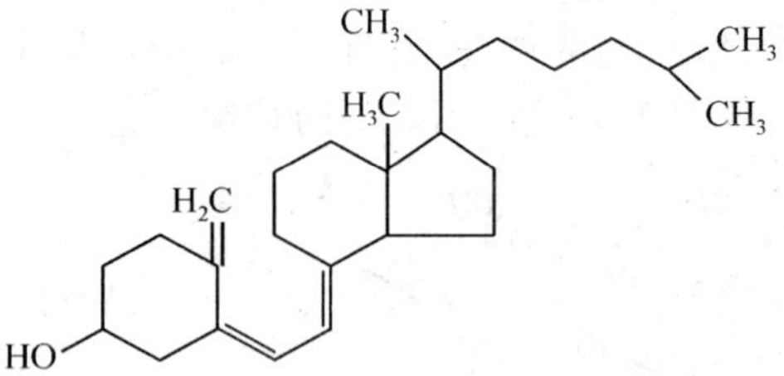   维生素 D_3(胆钙化醇)

(1) **维生素 D_2**:又称钙化甾醇(calciferol)或麦角钙化醇(ergocalciferol),遇光和氧易分解。可以由酵母中提取的麦角甾醇或动物由其前体分子 7-脱氢胆固醇经日光或紫外光照射转化而成。能促进肠内钙、磷的吸收和骨化钙的沉积。

(2) **维生素 D_3**:又称胆钙化醇、胆钙甾醇(cholecalciferol)或胆骨化醇,遇光或潮湿空气中易变质。主要来源于动物组织,体内 7-脱氢胆固醇经日光或紫外线照射可转化成 Vit D_3。作用与 D_2 相似,促进肠内钙、磷吸收和骨内钙、磷沉积。在鱼肝油、鸡蛋、肝脏和鱼子中含量较多,用于骨软化症、佝偻病、婴儿手足搐搦症的防治。

三、维生素 E(生育酚,Vit E)

又称生育酚(tocopherol),为苯并二氢吡喃衍生物。天然生育酚共有八种,由化学结构分为生育酚和生育三烯酚两类。每类又根据甲基数目和位置不同分为 α、β、γ 和 δ 几种,生理活性以 α-型最强,抗氧化性以 δ-型最强。维生素 E 可保护其他物质不被氧化,是动物和人体中最有效的抗氧化剂,可避免脂质中过氧化物产生,捕捉自由基。维生素 E 可与硒(Se)协同通过谷胱甘肽过氧化酶发挥抗氧化作用。维生素 E 广泛存在于植物油、蛋黄、牛奶、谷物、水果及绿色植物中,小麦胚芽油中含量最高。缺乏维生素 E 时,动物生殖器官将受损,胆固醇、甘油三酯等含量增高。临床用于习惯性流产、先兆流产、不孕症及更年期障碍等的治疗。维生素 E 能促进血红素的合成,亦可用于冠心病、高脂血症、动脉粥样硬化症的防治。

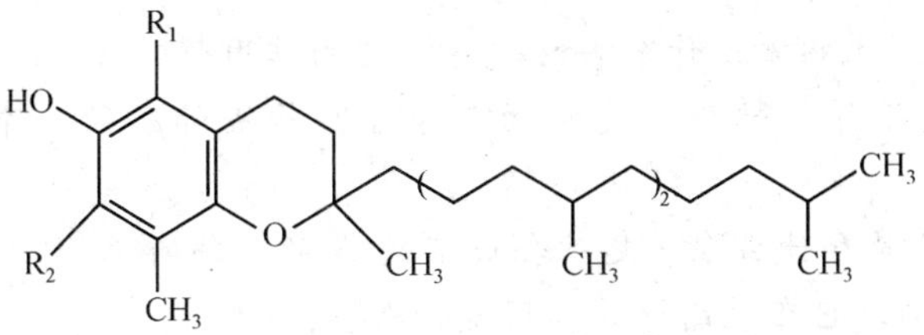

$$\begin{array}{ccc} & R_1 & R_2 \\ \alpha = & -CH_3 & -CH_3 \\ \beta = & -CH_3 & -H \\ \gamma = & -H & -CH_3 \\ \delta = & -H & -H \end{array}$$

维生素 E

四、维生素 K(Vit K)

又称凝血维生素,具有促进凝血功能,是一大类甲萘醌衍生物的总称,主体结构为甲萘醌,而侧链各不相同。天然形成的维生素有两种:K_1(叶绿基甲基萘醌)和 K_2(聚异戊烯甲基萘醌),均为脂溶性,无毒;化学合成的有维生素 K_3(甲萘醌和亚硫酸钠甲萘醌)和 K_4(1,4-二乙酰氧基-2-甲萘醌),为水溶性化合物,是 K_1 的代用品。维生素 K 的主要生理功能是促进肝脏合成凝血酶原,调节另外三种凝血因子的合成。缺少维生素 K,血中凝血因子减少,凝血时间加长。另外,在肝细胞内质网进行的羧化反应也依赖于维生素 K。缺乏维生素 K,动物皮下及肌肉间出血、贫血,且凝血时间延长。维生素 K_1 又名叶绿醌,广泛存在于绿色植物和动物肝中,不稳定,在光照、氧化剂等作用下易分解。用于治疗新生儿出血病、阻塞性黄疸。维生素 K_2 是人体肠道细菌代谢产物。

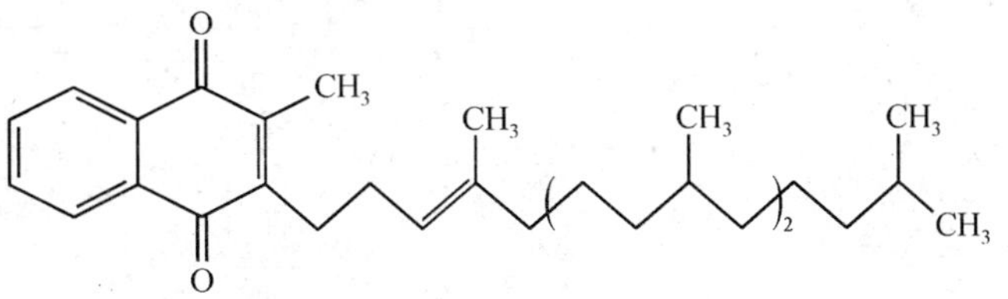

维生素K_1

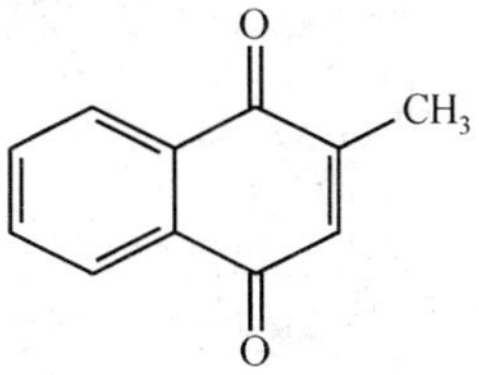

维生素K_3

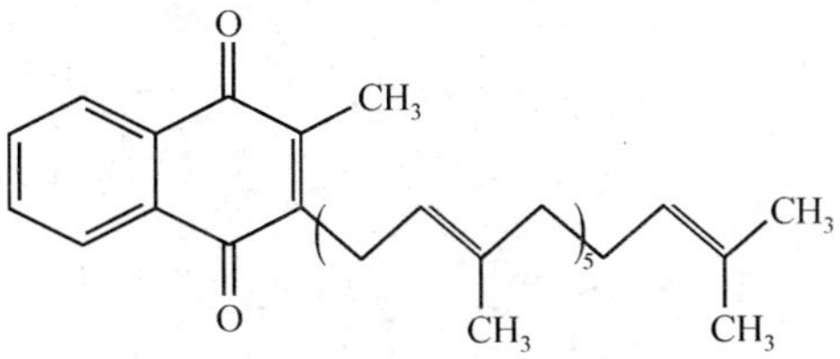

维生素K_2

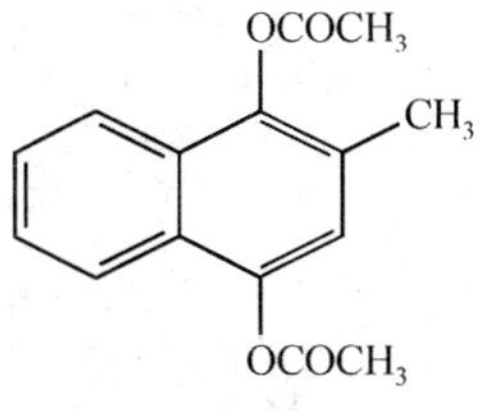

维生素K_4

习　题

1. 什么是维生素？什么是维生素原？什么是维生素缺乏症？

2. 什么是脂溶性维生素？什么是水溶性维生素？每类都包括哪些维生素？

3. 核黄素是什么酶的辅基？其功能基团是什么？

4. TPP 是什么酶的辅酶？化学名称是什么？功能基团是什么？

5. 烟酰胺是什么辅酶的组成成分？这些辅酶又是什么酶的辅酶？其功能基团是什么？

6. 维生素 B_6 包括哪些物质？相应的磷酸酯的结构是什么？催化哪几种反应？并简述吡哆醛-5-磷酸作辅酶时催化反应的机制。

7. 写出生物素的化学结构。生物素是什么酶的辅酶？它的作用是什么？

8. 四氢叶酸分子中参与一碳原子转移的是哪两个原子？构成叶酸的三个主要部分是什么？

9. 泛酸由哪两部分组成，又是和什么在一起结合成辅酶 A 的？辅酶 A 是什么酶的辅酶？

10. 写出 L-抗坏血酸的结构。它在代谢中的作用是什么？

第七章

糖与糖代谢

§7.1 概　述

糖的化学通式为 $C_n(H_2O)_n$ 或 $(CH_2O)_n$，最简单的糖 $n=3$。糖是自然界存在的一类多羟基醛或多羟基酮及其衍生物，是细胞中非常重要的一类物质，是四大类生物分子之一。糖又称碳水化合物，但严格来讲，碳水化合物与糖所指是有区别的。碳水化合物应为聚羟醛、聚羟酮或它们的衍生物，相对分子质量较大，可到 10^6；低相对分子质量的单糖和寡糖因常带有甜味，通称糖。

一、糖的生物学作用

（1）**生物体结构成分**：植物的根、茎、叶等的细胞壁中含大量纤维素、半纤维素和果胶。昆虫和甲壳类动物的外骨骼由壳多糖组成。

（2）**能源物质**：贮存能量，如淀粉、糖原和葡萄糖。

（3）**碳源物质**：为生物体合成其他生物分子如氨基酸、核苷酸和脂肪酸等提供碳骨架。

（4）**细胞识别的信息分子**：大多数蛋白质是糖蛋白（复合糖），如免疫球蛋白、激素、毒素、凝集素、抗原以至酶和结构蛋白等。糖蛋白中的信息分子是糖链。

糖的研究已从糖的结构与作为能源和碳源的研究，转到更加注意糖作为信息物质是如何参与生命过程的。寡糖在生命信息传递中很重要。从红细胞膜中提取的决定血型抗原的称凝集原（agglutinogen），凝集原决定簇是寡糖。B 型血在血红蛋白外端有半乳糖，若用从海南产的咖啡豆中提取的 α-半乳糖苷酶切除掉半乳糖，B 型抗原活性丧失，则呈现 O 型血的典型特征。糖在几乎所有重要生理过程中都有举足轻重的作用。

与作为信息分子糖（复合糖）密切相关的生理过程有：① 生命开始时的卵细胞受精、细胞凝集、胚胎形成，细胞的运转和黏附。② 细胞间的相互识别、通信与相互作用。③ 激素与受体（代谢调控）间的相互识别，抗原与抗体（免疫保护）、病原与宿主细胞的相互作用，组织形态的发生、发育，器官的移植。④ 癌症发生与转移，衰老、病变等过程。⑤ 保护蛋白质不易变性和避免被酶水解。

糖是生物体内重要信息物质,在细胞识别、信号传递与传导、免疫过程、细胞通信和代谢调控中都扮演重要作用。糖的生物学研究已引起化学、生物学、免疫学、细胞学和医学等各方面科学家的重视。在生命过程中糖是与核酸和蛋白质一样重要的物质,寡糖和多糖不仅与蛋白质、脂类等形成缀合物起重要作用,很多寡糖和多糖本身就具备重要的生理功能。

二、糖的结构特点

糖可形成相当复杂的生物大分子。如单糖分子葡萄糖的 6 个碳中就有 4 个不对称碳原子,成环后 C_1 又形成 α、β 两个异头体结构。葡萄糖同分异构体有 $2^5 = 32$ 个。由单糖组成的寡糖和多糖则具有更复杂多样的结构,因此糖分子是携带生物信息的极好载体。多肽与核酸携带信息仅依赖于其组成单体的种类、数量和连接顺序,而糖链携带信息除单体种类、数量和排列外,还有分支结构和异头碳构型。糖的聚合体单位质量携带的信息量比蛋白质和核酸大得多,因此新的计算机元件也在考虑使用糖分子。

三、糖工程

糖工程(Glycotechnology)即糖类药物的研究,是 21 世纪生命研究的又一热点。糖工程包括药用寡糖及类似物的合成,糖蛋白及糖脂中糖的改性修饰,糖与蛋白的连接等内容。糖类药物的研究与开发在快速发展。"抗黏附"类寡糖药物的研究原理是:细胞感染首先是入侵病原体表面的糖蛋白(黏附蛋白),识别细胞表面的寡糖(配体),继而发生黏附作用,引起细胞的感染。若引入与细胞表面寡糖结构(配体)相同或类似的游离寡糖,并使它们与病原体上的黏附蛋白结合即可避免病原体对细胞的感染,而成为"抗黏附"类寡糖药物。此类药物在与病原体的黏附蛋白结合后会被排出体外而防止感染。如已开发的对付幽门螺旋杆菌的糖类药物,可防治胃炎、胃溃疡和十二指肠溃疡;现已鉴定的与人体发炎过程及癌细胞转移密切相关的黏附蛋白 E-Selectin 中的四糖结构,将对抗癌和消炎药的开发具有重要意义。

糖工程研究首先应进行天然产物(如黏附蛋白)的分离和纯化,然后进行微量寡糖的分析以确认结构,最后进行寡糖的合成。为此已发展了寡糖的液相和固相合成,寡糖在溶液中构象的研究,在特殊构象状态下寡糖与蛋白质分子结合等技术。寡糖结构的复杂性使糖工程研究困难重重。如三个结构相同的己糖(如葡萄糖)形成的三糖会有 120 种不同连接,使分析、分离和合成工作都面临挑战。合成寡糖的关键是区域选择性和立体选择性,羟基的保护和去保护的方法和试剂,目前都还存在挑战。而研究抗原与抗体、激素与受体的相互作用又需要合成寡糖决定簇片段。这些都是化学家所必须要解决的问题。

§7.2 糖 的 分 类

糖类按其聚合度分为单糖、寡糖和多糖。

一、单糖

单糖(monosaccharide)是含有一个羰基(醛或酮)的多羟基化合物,不能被水解成更小的糖分子。自然界有数百种单糖及其衍生物,多数为聚糖的单糖单位(构件分子),少数为游离状态。最简单的单糖是三碳糖(丙糖),即属于醛糖的甘油醛和属于酮糖的二羟丙酮。

CHO CH_2OH

H—*C—OH   C=O

CH_2OH CH_2OH

D-甘油醛   二羟丙酮

除二羟丙酮外单糖都含有手性碳原子,具有旋光性。甘油醛有一个不对称碳原子,故有两个立体异构体:D-甘油醛和 L-甘油醛(或 R-、S-型)。

1. D-系单糖

天然糖大多数是 D-系糖。含有 4、5、6、7 个碳原子的糖分别称为四碳糖(丁糖)、五碳糖(戊糖)、六碳糖(己糖)和七碳糖(庚糖)。两种常见的六碳糖是 D-葡萄糖(己醛糖)和 D-果糖(己酮糖)。D 表示离醛基或酮基最远的不对称碳(即 C_5)的绝对构型与 D-甘油醛相同。

(1)D-系醛糖:由 D-甘油醛衍生而来的糖称为 D-系醛糖。四碳糖、五碳糖、六碳糖的 D-系醛糖结构见图 7-1。

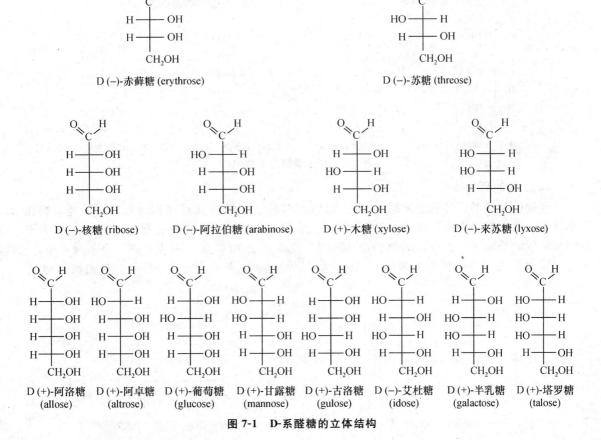

图 7-1 D-系醛糖的立体结构

（2）**糖的差向异构体**（epimer）：在以上己醛糖结构中,葡萄糖和甘露糖仅不对称碳原子 C_2 处的—OH（醛基碳标号为 1）位置不同,其余结构完全相同;葡萄糖和半乳糖仅 C_4 的—OH 位置不同,其余结构完全相同。这种仅一个手性碳原子的构型不同的非对映异构体称为差向异构体。

（3）**D-系酮糖**：由二羟丙酮和 D（一）-赤藓酮糖（四碳糖）衍生出的糖为 D-系酮糖。四碳酮糖、五碳酮糖和六碳酮糖的结构见图 7-2。

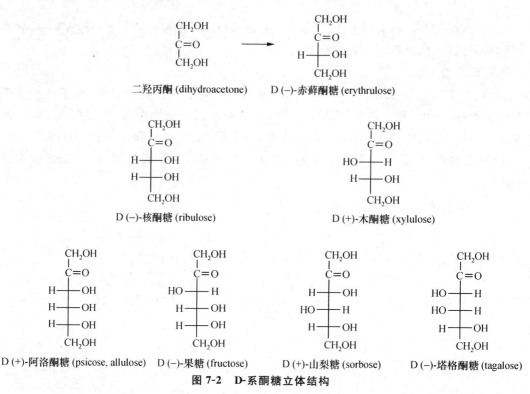

二羟丙酮 (dihydroacetone)　　D (–)-赤藓酮糖 (erythrulose)

D (–)-核酮糖 (ribulose)　　D (+)-木酮糖 (xylulose)

D (+)-阿洛酮糖 (psicose, allulose)　D (–)-果糖 (fructose)　D (+)-山梨糖 (sorbose)　D (–)-塔格酮糖 (tagalose)

图 7-2　D-系酮糖立体结构

2. 单糖的环状结构

开链的单糖形成环状半缩醛或半缩酮结构时,最常见的是五元环和六元环。如葡萄糖在溶液中的主要形式为六元环状,形成分子内半缩醛的吡喃糖。果糖则成为五元环状,形成分子内半缩酮的呋喃糖。葡萄糖和果糖在成环时分别在 C_1 处和 C_2 处又形成另外一个不对称中心。葡萄糖由 C_1 处半缩醛的羟基取向不同,分为 α-D-吡喃葡萄糖（a 键）和 β-D-吡喃葡萄糖（e 键）。

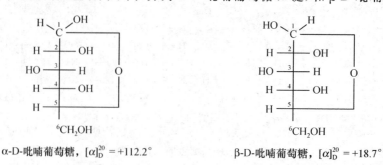

α-D-吡喃葡萄糖, $[\alpha]_D^{20} = +112.2°$　　　β-D-吡喃葡萄糖, $[\alpha]_D^{20} = +18.7°$

用哈沃斯透视式（Haworth 式）表示的吡喃葡萄糖结构如下：

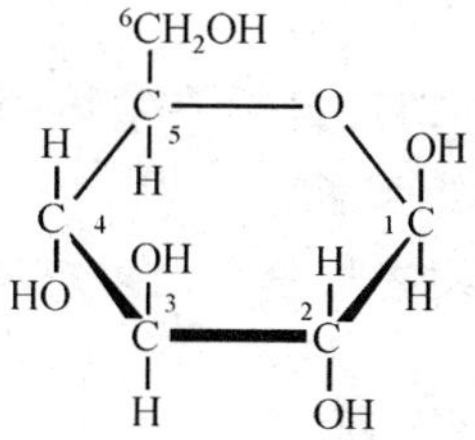

β-D-吡喃葡萄糖 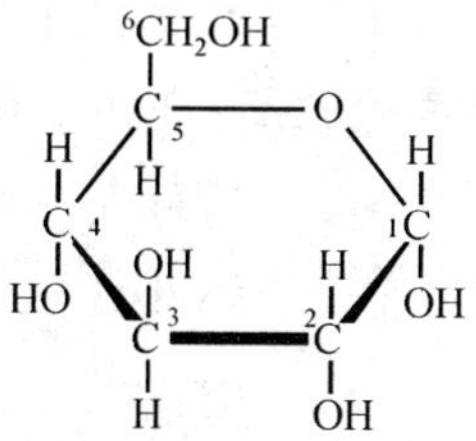　　　　　　　　　α-D-吡喃葡萄糖

六元吡喃糖环有两种无张力的构象,优先存在的构象是椅式（如下图所示）。椅式 β-D-吡喃葡萄糖中的所有羟基都是平行键（e 键）,比船式构象更加稳定。

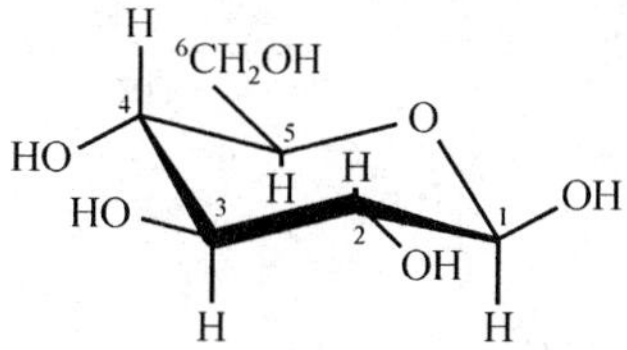

果糖由 C_2 处半缩酮的羟基取向不同,分为 α-D-呋喃果糖（羟基向下）和 β-D-呋喃果糖（羟基向上）。果糖的哈沃斯透视式如下：

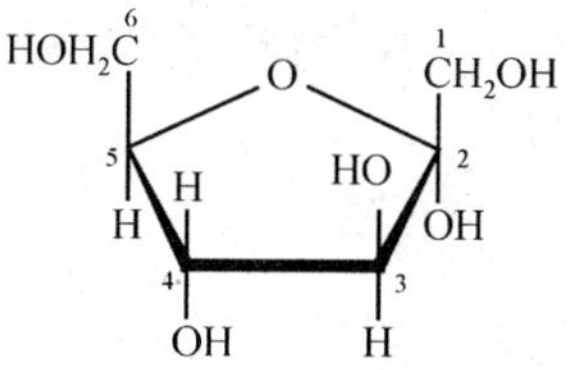

α-D-呋喃果糖 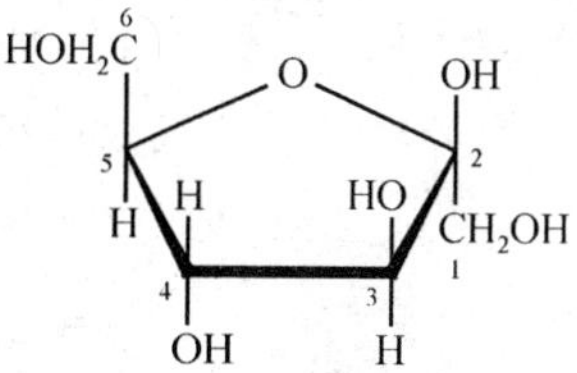　　　　　　　　　　β-D-呋喃果糖

3. 糖苷

单糖的异头碳羟基能通过糖苷键与醇分子中的—OH、硫醇中的—SH 或胺中的—NH_2 连接,失水形成缩醛或缩酮,称为糖苷或苷（glycoside）。通过氧、氮、硫原子连接的糖苷键而成的糖苷分别称为 O-苷（最常见）、N-苷或 S-苷,碳碳直接连接成键的为 C-苷。如在寡糖和多糖中,单糖与另一单糖通过 O-糖苷键相连;在核苷酸和核酸中,戊糖（糖基）经 N-糖苷键与嘧啶碱或嘌呤碱（糖苷配基）相连;假尿嘧啶分子中核糖的 C_1 与尿嘧啶的 C_5 直接相连（参见图 14-2）。

4. 单糖衍生物

（1）**糖醇**:单糖中的醛基或酮基被还原则生成糖醇,天然存在的有丙三醇、木糖醇、山梨醇（D-葡萄醇）、环状的肌醇（为一种环多醇,一般按顺时针方向编号）等。糖醇的名称是由醛糖名称后加醇字而得。

（2）**糖醛酸和糖酸**:醛糖中的羟甲基被氧化成羧酸后所得的产物为糖醛酸,如葡萄糖醛酸;单糖的醛基被氧化成羧基则生成糖酸,如葡糖酸。

（3）**脱氧糖**:单糖的一个或多个羟基被氢原子取代成为脱氧糖,分布最广的是 DNA 中的 2-脱氧-β-D-呋喃核糖。

（4）氨基糖：若糖的羟基被氨基取代则为氨基糖，如 β-D-葡糖胺、β-D-半乳糖胺，它们多数以乙酰氨基的形式存在，如 β-D-N-乙酰葡糖胺。

（5）单糖的磷酸酯和硫酸酯：许多单糖及其衍生物在自然界常以其中一个或多个羟基被磷酸或硫酸所酯化，如 6-磷酸葡糖酯和 4-硫酸-D-半乳糖酯。

此外，单糖是寡糖和多糖的组分，许多单糖衍生物参与复合糖聚糖链的组成。

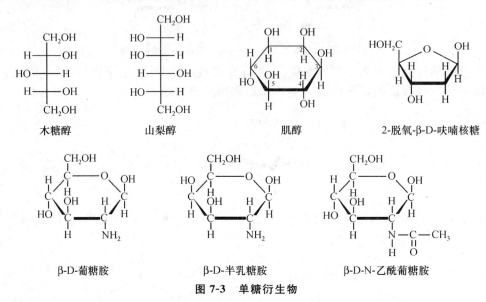

图 7-3　单糖衍生物

二、寡糖

寡糖（oligosaccharide）类别很多，凡能水解成少数（2～20 个）单糖分子的糖均称为寡糖。寡糖的合成、结构、生物活性和作用机制是糖化学的研究重点。

（1）双糖：双糖存在最为广泛。常见的双糖有蔗糖、乳糖、麦芽糖和纤维二糖等（图 7-4）。

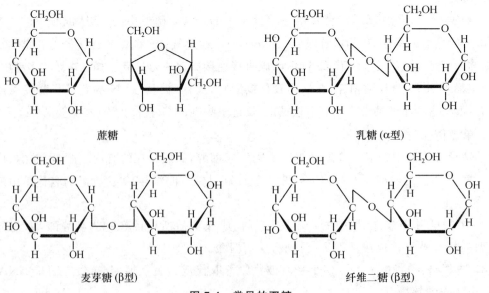

图 7-4　常见的双糖

蔗糖：又称 β-D-呋喃果糖基-α-D-吡喃葡萄糖苷。葡萄糖残基的异头碳是 α-构型，果糖残基的异头碳是 β-构型，能为 α-葡糖苷酶水解，而不被 β-葡糖苷酶水解。

乳糖：又称 4-O-(β-D-吡喃半乳糖基)-D-吡喃葡萄糖，形成糖苷键的半乳糖残基的异头碳是 β-型的，为 β-半乳糖苷酶所水解，由葡萄糖残基异头碳的取向不同又分为 α-乳糖和 β-乳糖。α-乳糖比 β-乳糖易溶于水，甜度也稍大。

麦芽糖：又称 4-O-(α-D-吡喃葡萄糖基)-D-吡喃葡萄糖，为 α-葡萄糖苷酶水解成两分子葡萄糖，为 α-1,4-糖苷键。通常得到的麦芽糖晶体是 β 型的(分子还原端残基的异头碳构型为 β 型)。

纤维二糖：又称 4-O-(β-D-吡喃葡萄糖基)-D-吡喃葡萄糖，是纤维素的二糖单位，主要为 β 型。纤维二糖结构几乎与麦芽糖相同，均为葡二糖，单糖间都是 1,4-连接键。不同的只是糖苷键的构型，纤维二糖是 β-1,4-糖苷键。

(2) 三糖以上的寡糖：三糖如棉子糖(由葡萄糖、果糖和半乳糖各一分子组成，为棉子糖家族同系物寡糖的基础)，龙胆糖(龙胆属植物中的贮存糖)；四糖有水苏糖(广泛分布于植物界的棉子糖家族的一员，含半乳糖两分子，葡萄糖、果糖各一分子)，固氮菌中也有四糖；还有一种六糖为植物激活剂。人乳中存在着从二糖到六糖等几十种寡糖，多数为含乳糖基的高级寡糖。

(3) 环糊精：环糊精是由环糊精葡糖基转移酶作用于支链淀粉而生成的。环糊精一般是由 6、7 或 8 个葡萄糖通过 α-1,4-糖苷键连接而成的无底桶状环状分子，分别称为 α-、β 和 γ-环糊精。环糊精分子结构像一个轮胎，桶的上端外侧是葡萄糖分子的两个仲羟基，下端是葡萄糖分子的 C_6 的伯羟基，即所有葡萄糖残基的 C_6 伯羟基都在大环一面的边缘。环糊精分子内部多碳骨架是疏水的，外部多羟基是亲水的。它既能溶于水，内部又可包结疏水分子或分子的疏水部分到环糊精分子的空隙中，形成在水中有一定溶解度的包含络合物，并使其物理化学性质改变。如对光、热和氧都变得更加稳定，抗氧性增强，溶解度、分散度加大，并可催化某些反应加速。

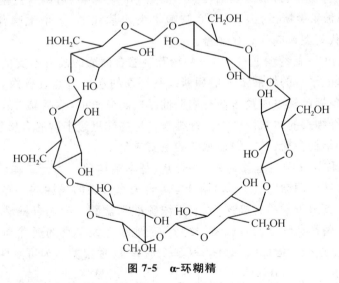

图 7-5 α-环糊精

(4) 糖蛋白中的寡糖：在糖蛋白(glycoprotein)中存在着寡糖。蛋白可通过 Ser 或 Thr 等羟基氨基酸的侧链羟基与寡糖共价相连形成 O-糖苷键(O-糖肽键)，为 O 连接的寡糖，糖链为 O 连接的糖链；而通过天冬酰胺的 γ-酰胺的 N 原子与寡糖形成 N-糖苷键(N-糖肽键)，为 N 连接的寡糖，糖链为 N 连接的糖链。糖链与糖蛋白新生肽链的折叠和缔合关系密切，并影响糖蛋白的分泌和稳定性。糖链还参与分子识别和细胞识别。具有生物活性的糖蛋白包括某些酶、激素和抗体等。

三、多糖

凡能水解成 20 个以上单糖分子的糖称为多糖(polysaccharide),又称聚糖。自然界糖类主要以多糖形式存在,是天然存在的一类高分子化合物,相对分子质量从 3 万到 4 亿。根据生物来源不同,可分为植物多糖、动物多糖和微生物多糖;多糖可以由一种单糖单位组成,也可以由多种单糖单位组成,由此可分为同多糖和杂多糖;根据生物功能,多糖又可分为贮能多糖(如淀粉、糖原)、结构多糖(如纤维素、壳多糖),以及传递信息的多糖,如细胞表面多糖起传递信息的作用,成为细胞专一的识别信号。

1. 同多糖(均一多糖)

由一种单糖组成,常见的有如下几种:

(1) 淀粉: 为植物贮存的养料。天然淀粉一般含直链淀粉和支链淀粉两种组分。直链淀粉指由几百个 D-葡萄糖通过 $\alpha(1\rightarrow4)$ 糖苷键连接而成的线性分子,麦芽糖可视为它的二糖单位;支链淀粉指除 $\alpha(1\rightarrow4)$ 糖苷键外,在分支点处还有 $\alpha(1\rightarrow6)$ 糖苷键。直链淀粉和支链淀粉在物理化学性质方面有明显差别,如直链淀粉仅少量溶于热水,支链淀粉易溶于水,形成稳定的胶体。

(2) 糖原: 又称动物淀粉,分支程度比支链淀粉更高,分支链更短,平均每 8~12 个糖残基发生一次分支,高度分支可增加分子溶解度,有更多的非还原端同时受到 β-淀粉酶、磷酸化酶等降解酶的作用而降解成葡萄糖。糖原主要存在于肝脏和骨骼肌中,分别占肝脏和骨骼肌湿重的 5% 和 1.5%。糖原溶于热水形成胶体溶液,遇碘呈红紫色至红褐色,是动物最易动用的葡萄糖贮库,是体内各器官、特别是大脑可利用的重要代谢燃料,可调节血糖水平。

(3) 菊粉: 是一种果聚糖,约由 31 个 β-呋喃果糖残基和 1~2 个吡喃葡萄糖残基聚合而成。在很多植物中代替淀粉成为贮存多糖。

(4) 纤维素: 为由 D-葡萄糖通过 $\beta(1\rightarrow4)$ 糖苷键缩合而成的没有分支的链状分子,采取完全伸展的构象。相邻、平行的伸展链在葡萄糖残基环面的水平向通过链内和链间的氢键网形成片层结构。若干条糖链聚集成紧密的有周期性晶格的分子束,称微晶或胶束,多个这样的胶束平行地共处形成纤维素的线状微纤维。纤维素是生物圈里最丰富的有机物质,是植物(包括某些真菌和细菌)的结构多糖,是它们细胞壁的主要成分。

(5) 几丁质: 又称聚乙酰氨基葡萄糖、甲壳素,基本结构单位为壳二糖。几丁质是由 2-乙酰氨基-2-脱氧-D-吡喃葡萄糖以 $\beta(1\rightarrow4)$ 糖苷键缩合失水形成的线性均一多糖分子,结构和功能均与纤维素相似,不溶于水和有机溶剂,溶于浓硫酸和盐酸。为无脊椎动物(如虾、蟹、昆虫甲壳)外骨骼和一些菌类细胞壁的有机结构组分,是地球上最丰富的天然高分子化合物之一。用碱脱去乙酰基就生成壳多糖($\beta(1\rightarrow4)$-2-氨基-2-脱氧-D-葡聚糖),为可溶性甲壳素。

甲壳素

壳多糖

2.杂多糖

为由两种以上不同的单糖构成的多糖。常见的有：

（1）**果胶物质**：主要存在于植物的初生细胞壁和细胞之间的中层内，是细胞的黏合物质。果胶物质包括两种酸性多糖——聚半乳糖醛酸和聚鼠李半乳糖醛酸；以及三种中性多糖——阿拉伯聚糖、半乳聚糖和阿拉伯半乳聚糖。每种多糖数目随植物来源、组织和发育阶段不同而不同，侧链中残基的数目、种类、连接方式以及其他取代基存在的情况也随之有相当大的变化。果胶相对分子质量一般为 25 000～50 000（相当于 150～300 个残基），果胶溶液是亲水胶体，在适当的酸度（pH 3）和糖浓度（60％～65％蔗糖）条件下形成凝胶。

（2）**琼脂**：俗称洋菜，为多糖混合物，由琼脂糖和琼脂胶组成。作为琼脂的主要成分琼脂糖是由 D-吡喃半乳糖和 3,6-脱水-L-吡喃半乳糖两个单位交替组成的线性链状分子。D-吡喃半乳糖以 β 型与 3,6-脱水-L-吡喃半乳糖 C_4 位相连，3,6-脱水-L-吡喃半乳糖再以 α 型与 D-吡喃半乳糖 C_3 位相连。琼脂胶是琼脂糖的单糖残基被硫酸基、甲氧基、丙酮酸等取代的衍生物。因此琼脂是多种具有相同主链但不同程度被负电荷基团取代的多糖混合物。

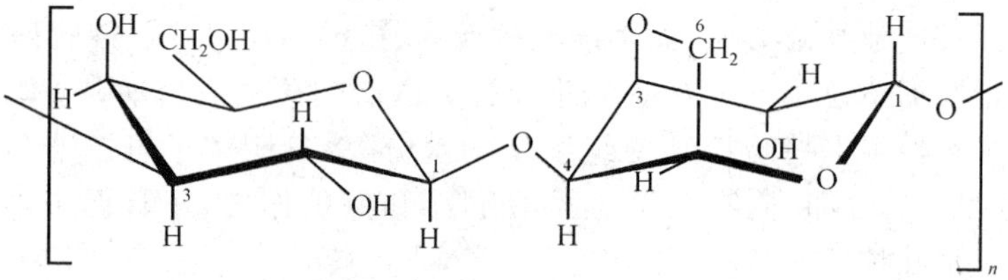

琼脂糖

琼脂不溶于冷水而溶于热水，1％～2％的溶液冷至 40～50℃可形成凝胶，且不被微生物所利用，是微生物固体培养的良好支持物。

（3）**半纤维素**：为溶于碱的植物细胞壁多糖，在细胞壁中与微纤维非共价结合，是细胞壁的一种组分，是植物体中一种重要的支撑物质，大量存在于植物的木质化部分，约占木材干重的 15％～25％，秸秆的 25％～45％。植物细胞壁除去果胶物质后，可用 15％NaOH 溶液提取获得。分子大小约 50～400 个残基。半纤维素包括木聚糖、葡甘露聚糖和半乳葡甘露聚糖、木葡聚糖等多种多糖，是目前造纸黑液的主要组成部分。

四、肽聚糖

属于细菌杂多糖中的结构多糖。肽聚糖（peptidoglycan）又称黏肽（mucopeptide）或胞壁质（murein），是细菌细胞壁的成分。它的基本结构单位胞壁肽（muropeptide）是一个含有四肽侧链的二糖单位。二糖单位由 β-1,4-糖苷键连接的 N-乙酰葡糖胺（NAG）和 N-乙酰胞壁酸（NAM）组成。四肽侧链的 N 端通过酰胺键与 NAM 残基上的乳酸基相连，四肽侧链中氨基酸以 D-型和 L-型交替存在。二糖单位间通过 β-1,4-糖苷键连接成多糖链。肽聚糖也可以看成壳多糖的单糖残基交替被乳酸取代，并通过它连接四肽侧链。肽聚糖分子中平行的多糖链通过四肽侧链被铰链成网格结构。肽聚糖实际上是一个由共价键连接、包围着整个细菌细胞的囊状大分子。青霉素就是通过抑制转肽酶干扰新的细胞壁形成而起抑菌作用的。

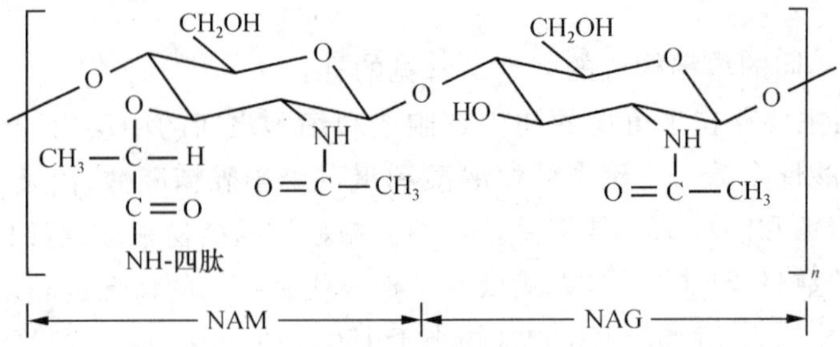

图 7-6　胞壁肽结构

五、糖胺聚糖和蛋白聚糖

1. 糖胺聚糖(glycosaminoglycan,GAG)

曾称黏多糖(mucopolysaccharide)、氨基多糖和酸性多糖,是动物和植物,特别是高等动物结缔组织中的一类结构多糖。糖胺聚糖属于杂多糖,为不分支的长链聚合物。多糖链的特点是由己糖醛酸和己糖胺的二糖重复单位组成,己糖胺为含有葡糖胺或半乳糖胺的氨基糖。多数糖胺聚糖都不同程度地被硫酸化,如4-硫酸软骨素、硫酸角质素等。糖胺聚糖分子电荷密度高,呈酸性,是由于二糖单位中至少有一个糖带有负电荷的羧酸或硫酸基,构成带阴离子多糖链。糖胺聚糖的亲水性可保持疏松结缔组织中的水分,多价阴离子可调节 K^+、Na^+、Ca^{2+} 和 Mg^{2+} 等离子在组织中的分布,附在关节上具有润滑和保护作用,还有促进伤口愈合的作用。糖胺聚糖主要有以下几种:

(1) 透明质酸(hyaluronic acid,HA):是最简单的糖胺聚糖,二糖重复单位为 D-葡萄糖醛酸通过 β-1,3-糖苷键与 N-乙酰氨基葡萄糖相连,二糖单位间以 β-1,4-糖苷键连接。HA 广泛存在于动物结缔组织的细胞外基质,在胚胎、滑液、脐带等组织中尤为丰富,可从雄鸡冠中提取。主要功能是在组织中吸着水,具有润滑作用。

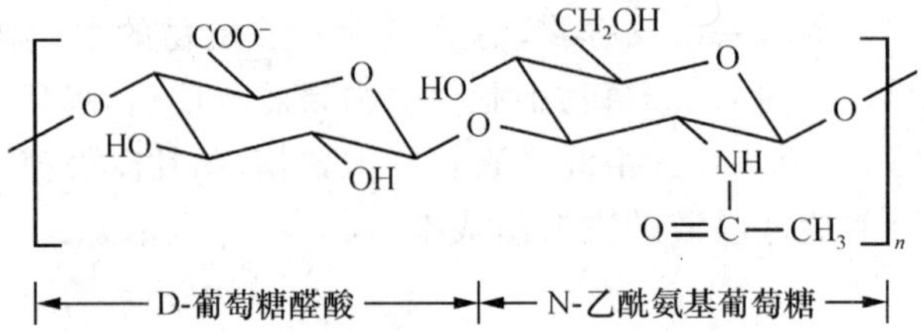

图 7-7　透明质酸(n＝250～25 000)

(2) 肝素(heparin,Hp):首先在肝脏中发现,广泛存在于哺乳动物的肺、肝、皮肤和其他结缔组织的肥大细胞中。为天然抗凝血物质,为抗凝血酶Ⅲ(antithrombin Ⅲ,AT Ⅲ)的增强剂。

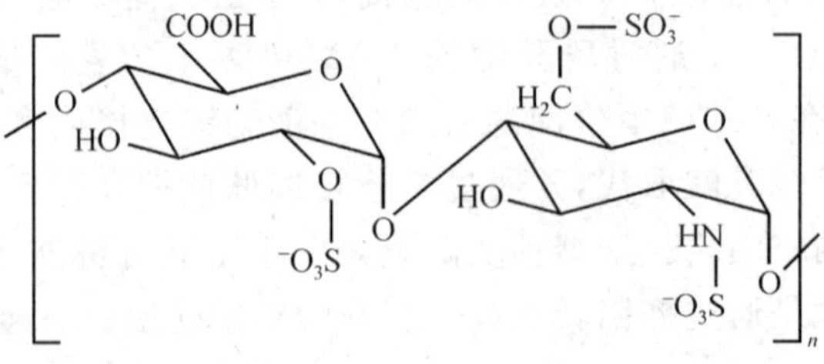

肝素(n＝15～50)

无肝素时抗凝血酶Ⅲ需 $10\sim30$ 分钟才有抑制作用,但在肝素存在下只几秒钟就可使凝血酶失活。可用于防治各种血栓的形成和栓塞,降低胆固醇,治疗动脉硬化。肝素可从猪小肠黏膜或牛肺中提取,已弄清为二糖重复单位,由 $\alpha(1\to4)$ 糖苷键相连。

（3）硫酸软骨素（chondroitin sulfate, CS）：分子一般含 $20\sim60$ 个重复二糖单位。分为 4-硫酸软骨素和 6-硫酸软骨素两类,一般为混合型结构,两种硫酸软骨素都存在。在体内以蛋白聚糖聚集体形式存在于动物软骨、鼻中隔、腱软骨、心脏瓣膜和脐带中。

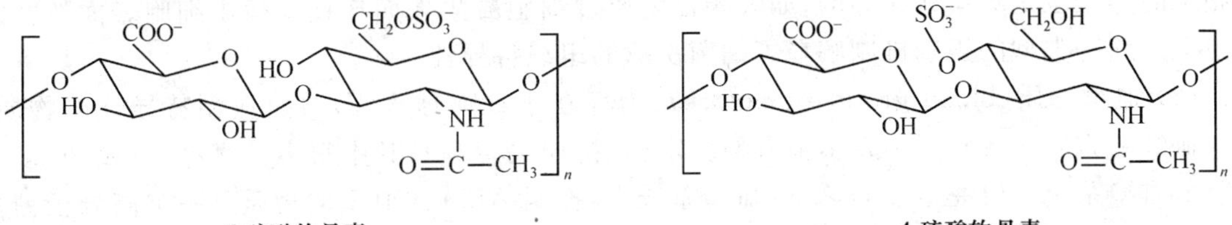

6-硫酸软骨素   4-硫酸软骨素

图 7-8   硫酸软骨素

2. 蛋白聚糖（proteoglycan）

又称黏蛋白、黏多糖蛋白复合物、软骨蛋白等。蛋白聚糖是一类特殊的糖蛋白,由一条或多条糖胺聚糖通过共价键与一个核心蛋白质相连形成蛋白聚糖,除透明质酸外糖胺聚糖多以蛋白聚糖形式存在。与糖蛋白比较,蛋白聚糖中按质量计算糖的比例高于蛋白质,甚至可达 95% 或更高,糖部分主要是不分支的糖胺聚糖链,典型的每条约含 80 个单糖残基。蛋白聚糖主要分布在细胞外基质和细胞表面以及细胞内的分泌颗粒中,具有黏稠性,相对分子质量大,如从软骨中提出的其沉降系数为 $16\,S, M_r=1.6\times10^6$。有的蛋白聚糖可形成蛋白聚糖聚集体,沉降系数可达 $70\,S$ 和 $600\,S$,是高度亲水的多价阴离子,在维持皮肤、关节、软骨等结缔组织的形态和功能方面起重要作用。

六、糖蛋白

糖蛋白（glycoprotein）是一类复合糖或一类缀合蛋白质。许多膜的内在蛋白和分泌蛋白都是糖蛋白。糖蛋白和糖脂中的寡糖链（一般少于 15 个单糖单位）序列多变,结构信息丰富,甚至超过核酸和蛋白质。许多膜蛋白多是糖蛋白,如血型抗原（A、B、O）、细胞膜中的免疫球蛋白、病毒和激素等的膜受体等。糖蛋白还包括促黄体激素、绒毛膜促性腺激素、血清清蛋白、蛋白凝血酶原和纤溶酶原等。另外,核糖核酸酶、卵清蛋白、鱼的抗冻蛋白等也都含有糖链。不同糖蛋白中含糖量变化很大,通常糖成分占糖蛋白质量的 $1\%\sim80\%$。例如胶原蛋白含糖量不到 1%,免疫球蛋白G（IgG）低于 4%,人红细胞膜的血型糖蛋白 60%,胃黏蛋白 82%。一个寡糖链中单糖种类、连接位置、异头碳构型和糖环类型的可能排列组合数目可能是个天文数字。糖蛋白中寡糖链的还原端残基与多肽链氨基酸残基之间的连接方式有 N-糖肽键和 O-糖肽键。N-糖肽键指 β 构型的 N-乙酰葡糖胺 C_1 与天冬酰胺的 γ-酰氨的 N 原子共价连接形成 N-糖苷键。O-糖肽键指环状单糖（N-乙酰半乳糖胺、半乳糖或 L-呋喃阿拉伯糖）的 C_1 与羟基氨基酸的羟基氧原子共价结合形成 O-糖苷键。

糖蛋白中的寡糖链在分子识别和细胞识别等生物学过程中都起重要作用,如细胞黏着、血浆老蛋白的清除、淋巴细胞迁移回归淋巴结和精卵识别等。细胞表面上有一层糖蛋白构成的糖被（或称糖萼）,在细胞通信中起着重要的作用,是细胞识别的必要部分,如同细胞间联络的文字或语言。病毒感染细胞时即通过细胞表面的受体糖蛋白,它们构成膜抗原的决定簇。糖蛋白还可对细胞表面起保护作用和润滑作用。

（1）**凝集素**(lectin)：为一类非抗体的蛋白质或糖蛋白,能与某种类型的寡糖特异性结合,并具有凝集细胞、沉淀聚糖和复合糖的作用。按其来源可分为动物、植物和微生物三大类。伴刀豆凝集素 A(Con A)、花生凝集素等属于植物凝集素;细菌和病毒的凝集素,如流感病毒含红细胞凝集素。根瘤菌和宿主间的选择有很强的专一性,即是由凝集素介导完成的。微生物对宿主的感染也是凝集素介导的,如大肠杆菌通过细胞凝集素而连接于宿主细胞表面的特定位点上。这种类型的识别机制解释了细菌疾病的组织特异性。

（2）**血型物质**(blood group substance)：为存在于红血球表面,决定血型特异性的物质。在人血红细胞表面找到了 100 多种血型决定簇(抗原决定簇),其中很多是寡糖,分属 20 多个独立的血型系统。研究最多的 ABO 血型系统中,控制 ABO 式血型的物质是一类高分子糖蛋白。A 型、B 型或是 O 型物质(亦称 H 型物质)三个抗原决定簇仅在糖亚基末端结构差一个单糖残基。在各种血型中,由共同存在的 H 基因发出指令,合成一种能将某种前体物质转化为 H 型物质的酶。在具有 A 基因(B 基因)的人体内,H 物质再变为 A 物质(或 B 物质)。但 O 型基因则不能使 H 物质发生改变,从而决定了 O 型血球的抗原(一般人都不存在 H 物质的抗体,所以只有使用特殊的抗体才能将 H 物质检测出来)。A 型血的红细胞具有凝集原 A,在寡糖基的非还原端有一个 N-乙酰乳糖胺基(GalNAc),在血清中含有抗 B 凝集素;B 型血的红细胞具有凝集原 B,它有一个乳糖基(Gal),在血清中含有抗 A 凝集素;AB 型血的红细胞兼有凝集原 A 和凝集原 B,但血清中无上述两种凝集素;O 型血的红细胞无两种凝集原,但含有抗 A 凝集素和抗 B 凝集素。此类血型物质在有些人中只存在于他们的红血球或细胞表面,称为非分泌型;在另一些人中,甚至在唾液、精液、汗、泪等体液中也有发现,此称为分泌型。它们都按一定的规律遗传,而且血型物质也不限于人类才有,某些种属的细菌和病毒也存在着类似的物质。

§7.3　糖　酵　解

一、代谢总论

生物体的代谢过程是由许多高度整合的相互交织的化学反应来完成的。代谢使生物细胞可以从周围环境摄取能量和还原能力,合成细胞的大分子构造单元。代谢中反应的数目很多,但反应类型却有限,反应机理通常也不复杂,如双键通常由脱水形成。在各种生命形式中起中心作用的分子也就一百多个,代谢途径也是以共同方式被调节的,其中也有许多共同点。代谢作用的基本目的是形成 ATP、NADPH 和大分子的前体。从食物汲取能量的过程可分为三个阶段:第一阶段食物进入生物体后被消化,大分子先分解成小分子单位,如氨基酸、糖和脂肪酸,这一阶段不产生有用的能量。第二阶段,这些为数众多的小分子进入体内再降解为在代谢中起重要作用的少数几种简单的单位,而这些单位在代谢中起着关键的作用,如乙酰-CoA 中的乙酰基,CoA 是活化的酰基载体。这个阶段也产生一些 ATP。第三阶段是在需氧生物体内,由柠檬酸循环和氧化磷酸化组成,是燃料分子氧化作用的最后共同途径。乙酰-CoA 将乙酰基带入这个循环中,并被完全氧化成 CO_2,而当电子流向最终的受体 O_2 时则产生能量,用于合成 ATP。由食物降解产生的 ATP,大多是在此阶段产生。

代谢遵循热力学定律,体系的能量变化仅取决于初始和最终的状态,而与转变的途径无关。自由能是生物化学中最有用的热力学函数,只有当 ΔG 为负时,反应才能自发进行。热力学上一个不利的反应可以被热力学上一个有利的反应所推动。生物体有的从食物的氧化作用获取能量,为化学能营养生物;有的通过捕获光能获得能量,为光能营养生物。不论来自食物还是光能捕获的能量总是有一部分先用于合成特殊的自由能载体腺苷三磷酸(ATP),而后再参与运动、主动转运和生物合成等过程直接提供能量。

ATP 是高能分子,因为它有两个高能磷酸苷键。ATP 水解为 ADP 或 AMP 时会有大量自由能释放出来。ATP 的水解可以使偶联反应的平衡偏移达到 10^8 倍。ATP 是生物体系中自由能的“通用货币”,它不断形成又不断消耗,转换率很高,是生物体系中自由能的主要直接供体,而不是自由能的贮存形式。ATP-ADP 循环是生物体系中能量交换的基本方式。自由能变化取决于 ATP、ADP 和 AMP 的相对量,同时调节代谢。高能荷代谢时需要促进利用 ATP 的代谢途径,而抑制产生 ATP 的途径。每摩尔 ATP 水解成 ADP 释放出 7300 cal(30.6 kJ)的自由能:$ATP+H_2O \Longleftrightarrow ADP+P_i+7300 \text{ cal/mol}$。水解时释放出的自由能$\geqslant 5000 \text{ cal/mol}$(21 kJ/mol)的化合物称为高能化合物。

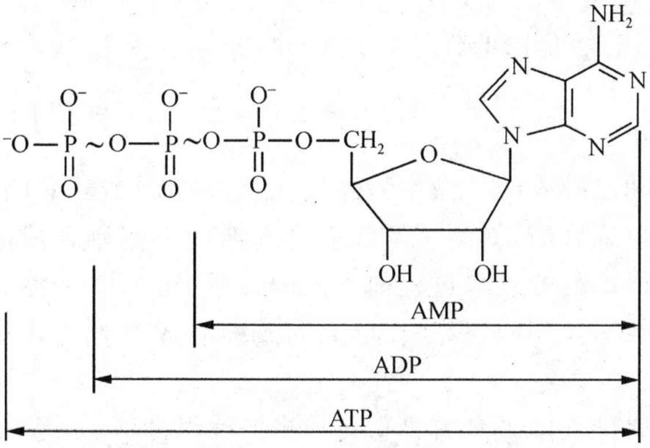

代谢过程是由各种机理所调节的。代谢反应多种多样并交织在一起,但整套反应必须受到严格和灵活的调节。当前最重要的代谢途径已差不多被完全阐明,但代谢调节却还有待深入研究。如酶的数量的控制,酶的降解速率和酶的催化活性的控制,及可对酶进行可逆的变构控制、反馈抑制、共价修饰调节。已发现代谢中生物合成途径和降解途径几乎总是不同的。代谢中的许多反应是由细胞的能量状态所控制的,高能荷抑制产生 ATP 的途径,而促进利用 ATP 的途径。

二、糖酵解概述

糖酵解过程是生物最古老、最原始获得能量的一种方式,不需要氧气。大多数较高等生物虽然进化出利用有氧条件进行生物氧化获得大量自由能的机能,但仍保留了酵解获能的方式。糖酵解是葡萄糖在无氧条件下进行分解转变为丙酮酸同时产生 ATP 所经历的一系列反应。在此过程中,一个葡萄糖分子形成两分子丙酮酸,同时产生两分子的 ATP 提供能量,丙酮酸进入柠檬酸循环被氧化。机体生存需要能量,机体内主要提供能量的物质是 ATP。糖酵解在产生 ATP 的同时,所生成的中间产物也为细胞组分的合成提供建造的必要成分。当这些必要成分的需要增强时,糖酵解作用也会增强。糖酵解还可使葡萄糖以外的多种化合物在酵解的中间阶段进入代谢途径。

生物体通过酵解可以在无氧或供氧不足时给机体提供能量,是生物体共同经历的途径。在需氧生物体内,糖酵解后再通过柠檬酸循环和电子传递链,获得葡萄糖中的大部分能量。酵解过程产生的丙酮酸在无氧条件下由 NADH 还原成乳酸。高等动物肌肉组织中糖酵解最终产物为乳酸,这一过程又称为乳糖发酵。

三、糖酵解和发酵全过程

1. 糖酵解

糖酵解过程在细胞溶胶(胞液)中进行,共有十步反应,分为两阶段进行:① 支付能量的准备阶段:一分子葡萄糖经磷酸化生成两分子三碳糖,消耗两分子 ATP,预先支付能量,包括五步反应。② 放能阶段:即收入阶段,磷酸三碳糖变成丙酮酸,两个三碳糖分子产生四个 ATP,也包括五步反应。

糖酵解的中间产物是六碳单位的葡萄糖或果糖的衍生物,三碳单位的二羟基丙酮、甘油醛或甘油酸和丙酮酸的衍生物。糖酵解中葡萄糖与丙酮酸之间的所有中间产物都是它们的磷酸化合物。磷酸化有以下作用:① 可以使中间产物有极性,不易通过质膜而失散。② 磷酸基团对酶可起到信号基团的作用,有利于与酶结合而被催化。③ 提供 ATP 末端磷酸基团。

2. 发酵

发酵分为乳酸发酵和乙醇发酵。微生物经过无氧条件产生乳酸的过程称为乳酸发酵,其中代谢产物丙酮酸被还原成乳酸,如利用发酵将含乳糖的牛奶制备成酸奶、奶酪等食品;而包括丙酮酸脱羧再还原生成乙醇的发酵过程称为乙醇发酵,可用于酿酒。乳酸发酵和乙醇发酵其基本路线所经历的步骤完全相同,只是在形成丙酮酸后才有差异,一个丙酮酸还原成乳糖,一个丙酮酸脱羧还原成乙醇。

发酵在生物化学发展过程中具有重要意义。当把酵母汁液(不是活酵母)加入蔗糖中发酵产生乙醇,证明发酵可在活细胞外进行,从此打开了现代生物化学大门,新陈代谢变为化学。图 7-9 表示出糖酵解和发酵的全过程。

3. 糖酵解的十步反应

糖酵解可划分为两个阶段。第一阶段是制取能量的准备阶段,包括五步反应:葡萄糖与两分子 ATP 反应,通过磷酸化、异构化、第二次磷酸化,形成果糖-1,6-二磷酸。每次磷酸化都需要 ATP 提供能量。

(1) 葡萄糖(G)在己糖激酶催化下形成葡糖-6-磷酸(G-6-P): 葡萄糖分子进入细胞经磷酸化反应而被活化,并不会再透出细胞外。ATP 的 γ-磷酸基团从 ATP 转移到葡萄糖的 C_6 羟基上,磷酰基的转移是生物化学中的基本反应,将磷酰基从 ATP 上转移至受体上的酶称为激酶。本反应要求有 Mg^{2+} 的存在,反应基本上是不可逆的。己糖激酶所催化的底物除 D-葡萄糖外,还包括其他六碳糖。从动物组织中已分离出四种电泳行为不同的己糖激酶。反应消耗一分子 ATP,己糖激酶为调控酶,它所催化的反应产物 G-6-P 和 ADP 能使该酶受到变构抑制。

葡萄糖(G)在己糖激酶催化下形成葡糖-6-磷酸(G-6-P)的反应为:

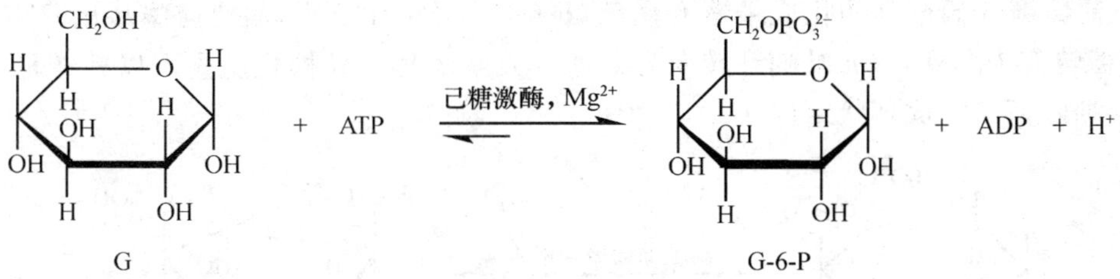

$$G \quad + \quad ATP \quad \underset{}{\overset{\text{己糖激酶，Mg}^{2+}}{\rightleftharpoons}} \quad G\text{-}6\text{-}P \quad + \quad ADP \quad + \quad H^+$$

反应消耗一分子 ATP,己糖激酶为调控酶,它所催化的反应产物 G-6-P 和 ADP 能使该酶受到变构抑制。

当葡萄糖浓度相当高时,肝脏或血液中葡萄糖磷酸化反应则由专一性强的葡萄糖激酶催化。该酶不受 G-6-P 抑制。

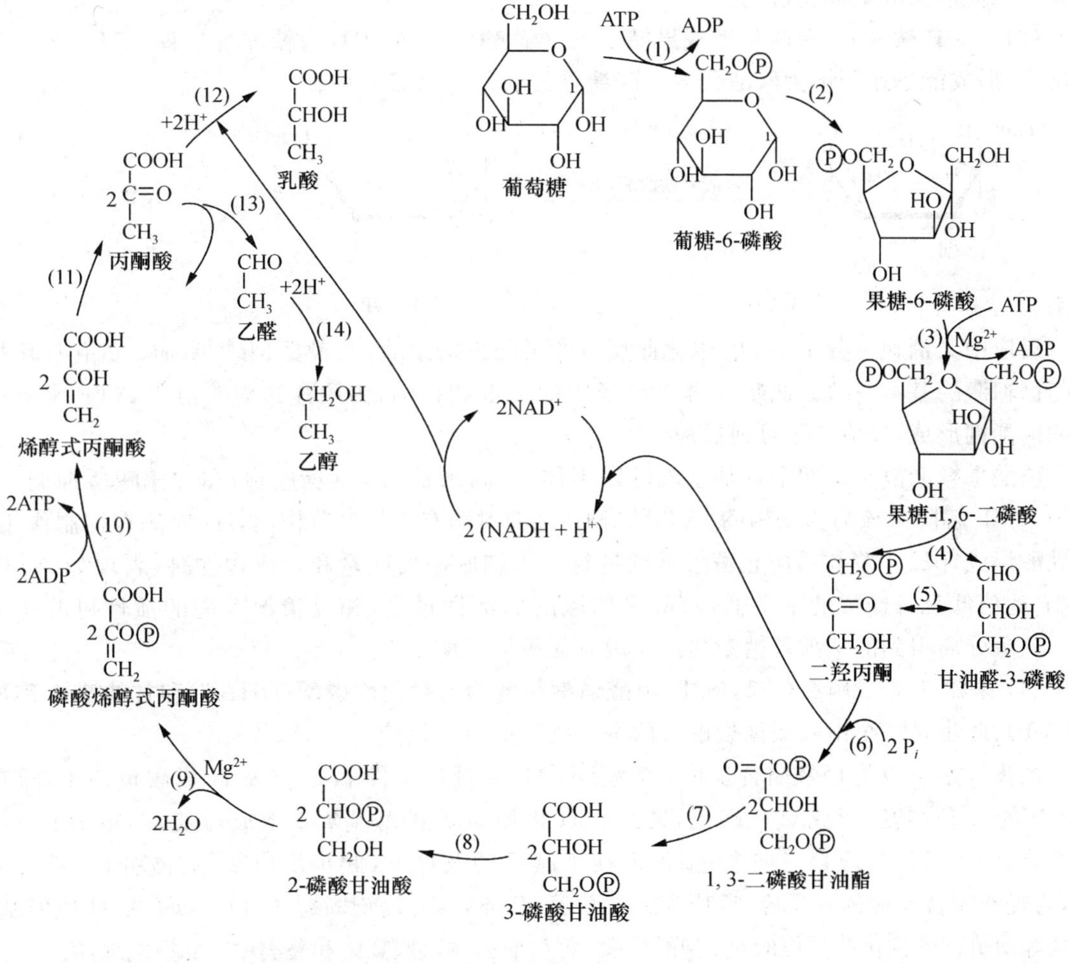

图 7-9　糖酵解和发酵的全过程

注:图中 Ⓟ 代表磷酰基(磷酸基团),P_i 代表无机磷酸,括号内数字代表催化相应反应的酶如下:
(1) 己糖激酶或葡萄糖激酶;(2) 磷酸葡萄糖异构酶;(3) 磷酸果糖激酶;(4) 醛缩酶;(5) 磷酸丙糖异构酶;(6) 磷酸甘油醛脱氢酶;(7) 磷酸甘油酸激酶;(8) 磷酸甘油酸变位酶;(9) 烯醇化酶;(10) 丙酮酸激酶;(11) 非酶促反应;(12) 乳酸脱氢酶;(13) 丙酮酸脱羧酶;(14) 乙醇脱氢酶

（2）**葡萄糖-6-磷酸异构化成果糖-6-磷酸(F-6-P)**：异构化反应，葡萄糖羰基从 C_1 位转移到 C_2 位，醛糖转变为酮糖，六元吡喃环转变为果糖五元呋喃环。异构化反应需以开链形式进行，形成的果糖随后又形成环状结构。

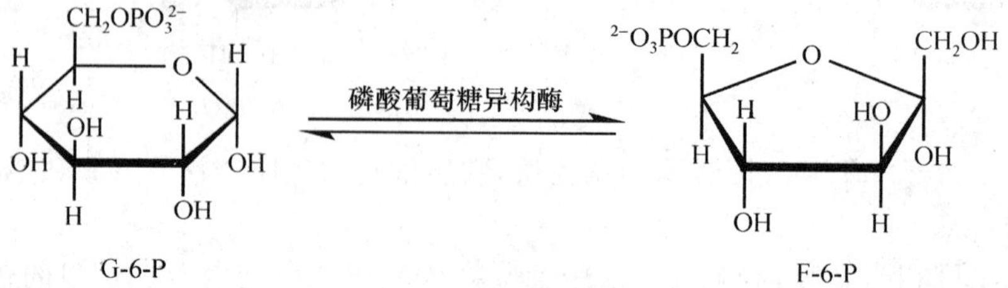

催化反应的酶为磷酸葡萄糖异构酶，是绝对的底物专一性和立体专一性的酶，反应可逆，反应为酶促广义酸碱催化机制。

（3）**F-6-P 被 ATP 磷酸化形成果糖-1,6-二磷酸(F-1,6-2P)**：为糖降解过程中第二个磷酸化反应，形成能迅速裂解为磷酸化的三碳糖单位的化合物 F-1,6-2P。

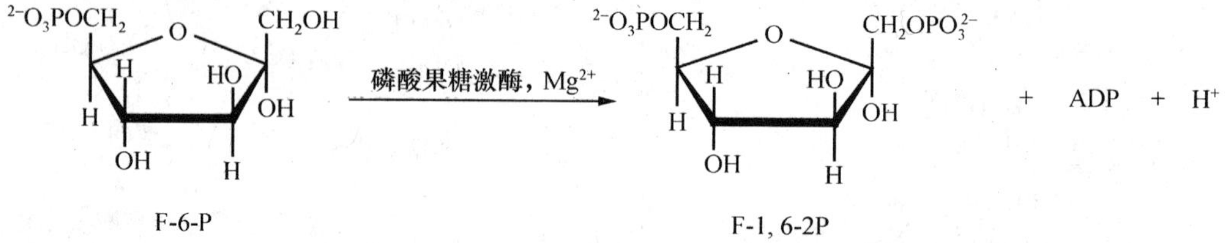

反应中又消耗一分子 ATP，催化此反应的磷酸果糖激酶，也需要 Mg^{2+} 参加。催化作用机制与己糖激酶基本一致。此步为酵解途径中的关键调控酶，为限速步骤。由于 ATP 水解和新的磷酯键形成，反应为不可逆反应。

磷酸果糖激酶是由四个亚基组成的四聚体，为高水平 ATP(反应物)和柠檬酸所抑制，又可为 AMP 解除。该酶为变构酶，ATP/AMP 比例对酶有明显调节作用，H^+ 对酶有抑制作用。当乳酸形成，pH 下降均可阻止酵解继续进行。当细胞需要能量和合成构件时，表现为 ATP/AMP 比值低且柠檬酸的水平低，磷酸果糖激酶的活性最高，相反情况下酶的活性可几乎为零。从兔分离得到的磷酸果糖激酶已发现有三种同工酶。

（4）**果糖-1,6-二磷酸(F-1,6-2P)由醛缩酶裂解为二羟丙酮磷酸(DHAP)和甘油醛-3-磷酸(G-3-P)**：此步是一个由六碳糖裂解为两个三碳糖的可逆反应。

此步的逆反应为羟醛缩合反应，产物 DHAP 在碱性条件下 C_3 位失 H 成碳负离子，进攻 G-3-P 的 C_4 位醛基，形成 C_3—C_4 键，失去的 H 再加到 C_4 的醛基氧上形成羟基，再环化生成环状产物 F-1,6-2P，反应自右向左进行；但在细胞内的条件下，此步反应却是自左向右进行裂解，为羟醛缩合反应的逆反应，反应为 F-1,6-2P 开环，C_3—C_4 键断裂，C_4 位—OH 失 H 成醛基。在高等动植物中催化此反应的是 I 型醛缩酶，而在细菌、酵母、真菌和藻类中为 II 型醛缩酶。

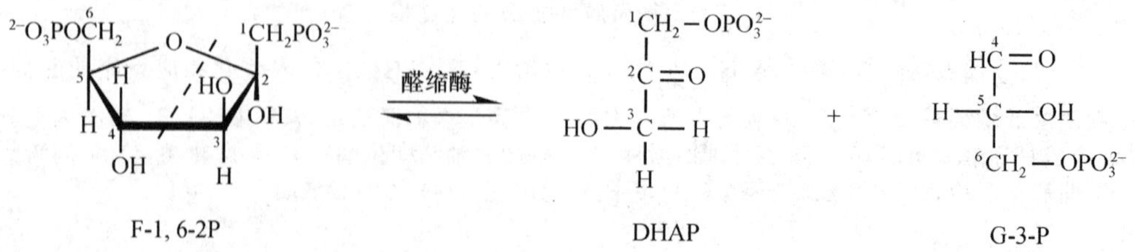

（5）二羟丙酮磷酸（DHAP）异构化成甘油醛-3-磷酸（G-3-P）：在异构酶作用下两者很易实现醛酮互变，反应极其迅速。

$$
\begin{array}{ccc}
CH_2-OH & & HC=O \\
| & \xrightarrow{\text{丙糖磷酸异构酶}} & | \\
C=O & \rightleftharpoons & H-C-OH \\
| & & | \\
CH_2-OPO_3^{2-} & & CH_2-OPO_3^{2-} \\
DHAP & & G\text{-}3\text{-}P
\end{array}
$$

至此准备阶段完成两个磷酸化步骤，六碳糖通过裂解和异构化变成两个甘油醛-3-磷酸，尚未获得能量且还消耗了两个 ATP。

第二阶段是收入阶段，从三碳单位中汲取能量，也包括五步反应。

（6）甘油醛-3-磷酸生成1,3-二磷酸甘油酸：在甘油醛-3-磷酸脱氢酶作用下甘油醛-3-磷酸被氧化成酸，并与磷酸形成混合酸酐，生成1,3-二磷酸甘油酸（1,3-BPG）。在此步反应中甘油醛-3-磷酸的磷酸化作用与氧化相偶联。

$$
\begin{array}{ccc}
HC=O & & O=C-OPO_3^{2-} \\
| & & | \\
H-C-OH + NAD^+ + H_3PO_4 \xrightarrow{\text{甘油醛-3-磷酸脱氢酶}} & H-C-OH + NADH + H^+ \\
| & & | \\
CH_2-OPO_3^{2-} & & CH_2OPO_3^{2-} \\
G\text{-}3\text{-}P & & 1,3\text{-}BPG
\end{array}
$$

① 此步醛基氧化成酸释放能量，形成高能酰基磷酸，是磷酸与甘油酸羧基形成的混合酸酐，具有转移磷酸基的高势能。

② 砷酸盐（磷酸盐的类似物）可破坏1,3-二磷酸甘油酸的形成。砷酸在结构和反应方面与磷酸极为相似，可代替磷酸生成1-砷酸-3-磷酸甘油酸，由于此产物不稳定而迅速水解成3-磷酸甘油酸，使甘油醛-3-磷酸氧化释放的能量未能与磷酸化作用相偶联而被贮存。砷酸盐起着解偶联的作用。

③ 此步 NAD^+ 被还原成 NADH，需 NAD^+ 和 P_i，NAD^+ 需要再生。NAD^+ 再生以保持一定量的 NAD^+，这对于决定酵解能否继续下去很重要。有氧时，NADH 可经氧化呼吸链氧化产生 NAD^+；无氧时，可利用酵解产物丙酮酸氧化 NADH 成 NAD^+，丙酮酸被还原成乳酸，以保证酵解过程继续进行；也可以通过丙酮酸失羧变成乙醛，再由 $NADH+H^+$ 还原成乙醇，也可使 NAD^+ 再生。

④ 甘油醛-3-磷酸脱氢酶的活性部位含有—SH(Cys)，可为 ICH_2COOH 和氟化物所抑制。

（7）由1,3-二磷酸甘油酸（1,3-BPG）形成 ATP：在磷酸甘油激酶作用下，1,3-BPG 转移高能磷酸基团，形成一分子 ATP 和一分子 3-磷酸甘油酸（3-PG）。另外，磷酸甘油酸变位酶可将

$$
\begin{array}{ccc}
O=C-OPO_3^{2-} & & O=C-O^- \\
| & & | \\
H-C-OH + ADP \xrightarrow{\text{磷酸甘油激酶, } Mg^{2+}} & H-C-OH + ATP \\
| & & | \\
CH_2-OPO_3^{2-} & & CH_2-OPO_3^{2-} \\
1,3\text{-}BPG & & 3\text{-}PG
\end{array}
$$

1,3-BPG 转变为 2,3-BPG。2,3-BPG 的合成和降解是糖酵解途径上的支路。2,3-BPG 又是红血球转运氧的调节剂,因此红细胞中糖酵解的缺陷会改变氧的转运。

此步为酵解过程中第一次产生 ATP。由于一个六碳糖可产生两个三碳糖,因此此步共产生两个 ATP。此步为去磷酰基反应,为激酶所催化。

(8) 生成 2-磷酸甘油酸:3-磷酸甘油酸在磷酸甘油酸变位酶催化下异构化成 2-磷酸甘油酸(2-PG),为分子内重排反应,分子内磷酸基的位置移动。催化反应需 2,3-二磷酸甘油酸(2,3-BPG)为引物。

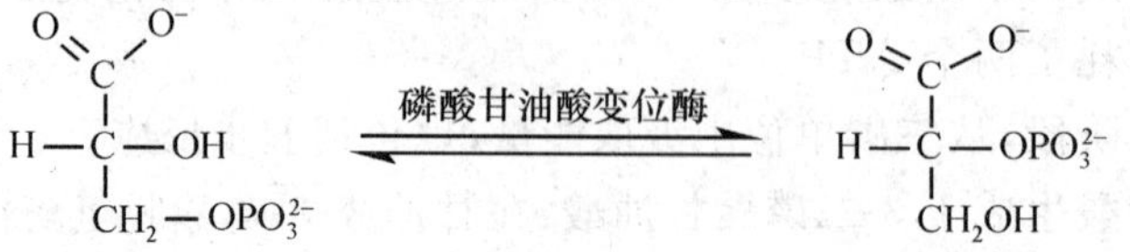

3-PG　　　　　　　　　2-PG

(9) 生成磷酸烯醇式丙酮酸:2-磷酸甘油酸由烯醇化酶脱氢发生磷酸基团变位和脱水,生成磷酸烯醇式丙酮酸,显著提高了分子中磷酸基的转移势能。烯醇磷酸酯具有高的基团转移势能,是第二个具有高能磷酸基团转移势能的酵解中间物。氟化物是烯醇化酶的强抑制剂。

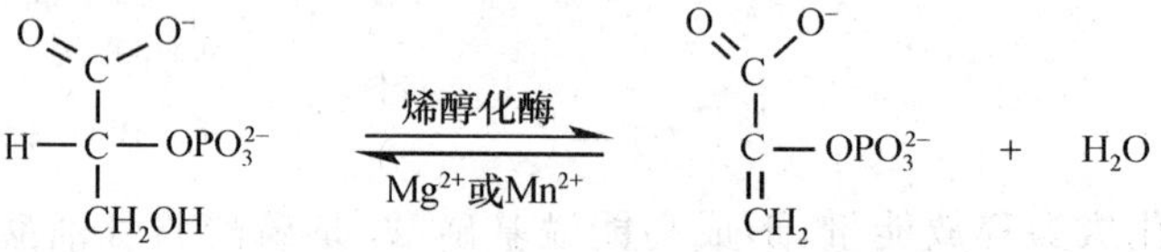

2-PG　　　　　　　　　磷酸烯醇式丙酮酸

(10) 生成丙酮酸并第二次产生 ATP:磷酸烯醇式丙酮酸在丙酮酸激酶作用下,将高能磷酸基团转移给 ADP,变成丙酮酸,并产生一分子 ATP。两分子丙酮酸产生两分子 ATP。

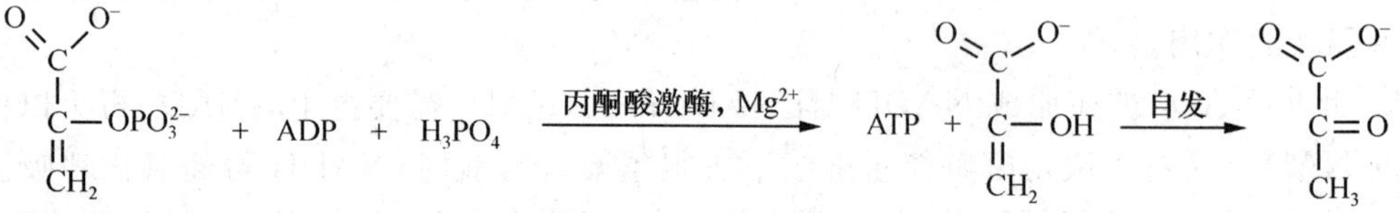

磷酸烯醇式丙酮酸　　　　　　　　　　　　　烯醇式丙酮酸　　　　丙酮酸

此步反应不可逆,酶为变构调控酶,需二价阳离子参与,如 Mg^{2+} 或 Mn^{2+}。ATP、长链脂肪酸、乙酰-CoA、丙氨酸(对此酶有变构抑制效应)都对该酶有抑制作用;而果糖-1,6-二磷酸和磷酸烯醇式丙酮酸都对该酶有激活作用。该酶至少有三种不同类型的同工酶。

催化酵解十步反应的酶的作用机制都已通过化学动力学测定并结合 X 射线结构分析基本得到阐明。酵解酶的催化过程表现出严格的立体专一性,其中两种激酶由于底物能引起酶分子的构象变化,从而防止了底物上高能磷酸基团向水分子的转移,而是直接转移到 ADP 分子上。

四、酵解过程中能量转变估算

酵解过程为一个葡萄糖分子分解为两分子丙酮酸,总反应为:

$$葡萄糖 + 2P_i + 2ADP + 2NAD^+ \longrightarrow 2 \text{丙酮酸} + 2ATP + 2NADH + 2H^+ + 2H_2O$$

反应净产生两分子 ATP。

五、酵解产生的丙酮酸去路

丙酮酸能被转化为乳酸、乙醇和乙酰-CoA。在无氧情况下，酵解要不断运转，必须使 NAD^+ 从 NADH 再生，不断提供 NAD^+，为此可通过丙酮酸生成乳酸和乙醇进行。

(1) 生成乳酸(乳酸发酵)：在许多微生物和高等生物细胞中(如旺盛活动肌肉细胞中)，在乳酸脱氢酶作用下丙酮酸还原成乳酸，将 NADH 氧化成 NAD^+。

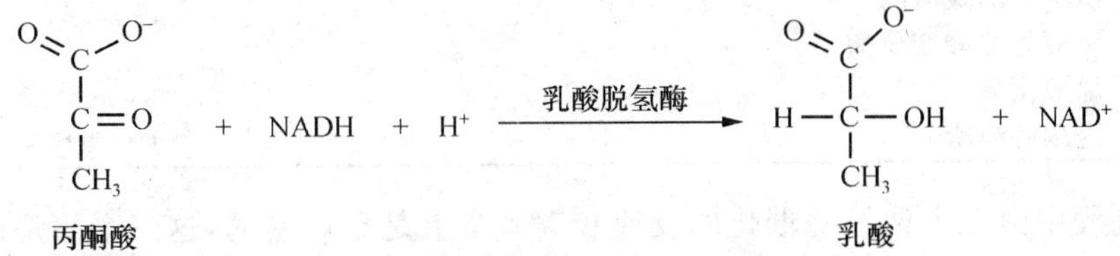

此时每分子葡萄糖在无氧下代谢形成两分子乳酸，反应为：

$$C_6H_{12}O_6(葡萄糖)+2ADP+2P_i \longrightarrow 2C_3H_6O_3(乳酸)+2ATP+2H_2O$$

催化丙酮酸脱羧的乳酸脱氢酶(LDH)为四聚体，有两种不同的亚基(M 型和 H 型)，构成五种同工酶：M_4、M_3H、M_2H_2、MH_3 和 H_4。催化相同的反应，但对底物的 K_m 值不同。M_4 和 M_3H 对丙酮酸 K_m 较小，亲和力大，在骨骼肌和其他依靠糖酵解获能量的组织中占优势；MH_3 和 H_4 相反，对丙酮酸 K_m 较大，亲和力低，在需氧组织中占优势，丙酮酸不易变成乳酸，而朝有氧代谢方向进行，如在心肌中。肌体血液中 LDH 同工酶的比例是比较恒定的，测定比例可作为诊断心悸、肝病等疾患的重要指标之一。

(2) 生成乙醇(乙醇发酵)：酵母等几种微生物在无氧条件下将丙酮酸先脱羧再还原变为乙醇，再生 NAD^+。

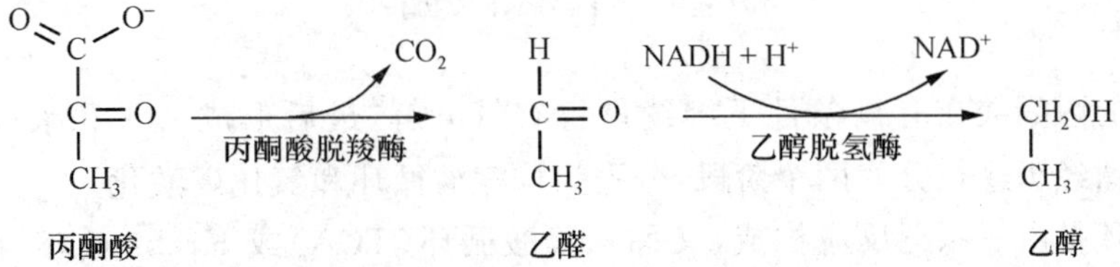

丙酮酸脱羧形成乙醛由丙酮酸脱羧酶催化，此酶的辅因子是焦磷酸硫胺素(TPP)，催化乙醛还原为乙醇的酶是乙醇脱氢酶。

在不需氧的情况下通过生成乙醇再生 NAD^+，使发酵不断进行。乙醇发酵用于酿酒，发面制面包、馒头等过程。酿醋是在无氧情况下形成乙醛，再在有氧条件下氧化成乙酸。

(3) 生成乙酰-CoA：丙酮酸在有氧条件下还可经乙酰-CoA 进入柠檬酸循环(TCA)，以释放更多的能量：

$$丙酮酸+NAD^++HSCoA \longrightarrow 乙酰\text{-}CoA+NADH+H^++CO_2$$

葡萄糖在无氧条件下转变为乳酸或乙醇，只一小部分能量释放，而在有氧条件下由乙酰-CoA 进入柠檬酸循环和电子传递链可释放出更多的能量。

六、糖酵解反应涉及的酶

糖酵解反应涉及 10 个酶和十步反应，可小结如下：

编　号	酶	ATP 变化	备　注
(1)	己糖激酶（肝内为葡萄糖异构酶）	−1	调控酶
(2)	磷酸葡萄糖异构酶		
(3)	磷酸果糖激酶	−1	关键性调控酶
(4)	醛缩酶		
(5)	磷酸丙糖异构酶		
(6)	甘油醛-3-磷酸脱氢酶		需 NAD^+
(7)	磷酸甘油酸激酶	+2	
(8)	磷酸甘油酸变位酶		
(9)	烯醇化酶		
(10)	丙酮酸激酶	+2	调控酶

糖酵解过程中由三个调控酶催化的反应步骤基本上是不可逆的,这三个酶是己糖激酶、磷酸果糖激酶和丙酮酸激酶。己糖激酶受葡萄糖-6-磷酸的抑制。磷酸果糖激酶受高浓度 ATP 和柠檬酸的抑制,被 AMP 和果糖-2,6-二磷酸激活。磷酸果糖激酶受到抑制时,也使葡萄糖-6-磷酸积累。磷酸果糖激酶催化的反应是糖酵解的限速反应,是控制糖酵解的关键性酶。丙酮酸激酶受 ATP 和丙氨酸引起的变构抑制,受果糖-1,6-二磷酸激活。当机体的能荷增加或酵解的中间产物积累时,丙酮酸激酶的活性达到极值。丙酮酸激酶的活性受磷酸化的调节,血液中葡萄糖水平降低时,促使肝脏中的丙酮酸激酶磷酸化,而使其活性降低,糖酵解水平下降,于是肝脏中的葡萄糖的利用下降。因此,丙酮酸激酶对维持血糖浓度的相对稳定性有调节作用。

双糖及多糖经消化后形成的单糖主要是葡萄糖,其他的单糖产物还有果糖、半乳糖、甘露糖等。这些单糖都转变为糖酵解中间产物之一而进入糖酵解的共同途径。

§7.4　柠檬酸循环

酵解产生的丙酮酸在有氧条件下继续进行有氧分解,最后形成 CO_2 和水,并产生 ATP。丙酮酸有氧代谢经历途径分为两个阶段,分别为柠檬酸循环和氧化磷酸化。

柠檬酸循环是由一系列反应构成,又称三羧酸循环(TCA)或 Krebs 循环,在细胞线粒体中进行。柠檬酸循环是燃料分子——糖、脂类和氨基酸代谢的最后共同途径,其中间体可作为许多生物合成的前体。柠檬酸循环途径的发现是生命化学的一项重大成就,1953 年该发现获诺贝尔奖。

大多数燃料分子以乙酰-CoA 的形式进入这个循环。葡萄糖在无氧条件下经酵解转变为丙酮酸,在进入柠檬酸循环之前,先氧化脱羧转变成乙酰-CoA。脱羧反应是放能反应,脱羧形成 CO_2,极有利于朝形成产物的方向进行。脱羧有两种形式:一种是简单脱羧,不伴有氧化还原反应;另一种是氧化脱羧,包括氧化还原反应和脱羧反应,需要 NAD^+ 及其他一些辅助因子。经氧化还原反应氢原子会随载体(NAD^+、FAD)进入电子传递链,经过氧化磷酸化作用形成水分子,并进一步释放能量合成 ATP。

一、柠檬酸循环的发现

柠檬酸循环的发现集中的发展是从 1932 年到 1936 年,德国科学家 H. A. Krebs 参与了此项工作。柠檬酸循环的发现是生物化学领域的一项重大成就。为纪念 Krebs 在这方面的功绩,这一循环又被称为 Krebs 循环,并于 1953 年授予诺贝尔奖。在肾脏和肝脏切片研究中发现,柠檬酸、琥珀酸、延胡索酸及乙酸等化合物在不同动物组织中的氧化速率都是最快的;研究绞碎鸽子胸肌悬浮液中不同物质的氧化,发现若加入某些四碳二羧酸如琥珀酸、延胡索酸和苹果酸,则氧的利用量远远超过四碳二羧酸本身氧化为 CO_2 和 H_2O 所需要的氧分子,它们对耗氧量产生一种催化作用;当在肌肉悬浮液中加入草酰乙酸,则迅速生成柠檬酸,而且发现是由草酰乙酸和一种来自丙酮酸或乙酸的化合物(乙酰-CoA)合成的;柠檬酸通过顺乌头酸而被异构化为异柠檬酸,氧化脱酸生成 α-酮戊二酸,再氧化生成琥珀酸。在这些研究成果的基础上,H. A. Krebs 提出了完整的柠檬酸循环途径。这种环式代谢途径的提出是 Krebs 对代谢的重大贡献,他还提出了尿素生成的鸟氨酸环式循环。

二、丙酮酸形成乙酰辅酶 A

为进入柠檬酸循环的准备阶段。存在于线粒体间质中的丙酮酸氧化脱羧形成的乙酰辅酶 A(乙酰-CoA),是柠檬酸循环氧化二碳片段的碳源,是糖酵解与柠檬酸循环之间的纽带。

$$CH_3-\overset{O}{\overset{\|}{C}}-COO^- + HSCoA + NAD^+ \xrightarrow{\text{丙酮酸脱氢酶复合体}} CH_3-\overset{O}{\overset{\|}{C}}-SCoA + CO_2 + NADH + H^+$$
$$\text{乙酰-CoA}$$

催化此步反应的酶为丙酮酸脱氢酶复合体,反应为氧化还原反应和脱羧反应,是不可逆反应。该酶系实际上是由三种酶高度整合在一起的多酶复合体。这三种酶是丙酮酸脱氢酶(E_1),二氢硫辛酸转乙酰基酶(E_2)和二氢硫辛酸脱氢酶(E_3)。多酶复合体的优越性在于所有的反应中间产物都不需要离开酶的复合体,所有的反应都在组织严密的体系中有秩序地进行。丙酮酸脱氢酶复合体有五种辅助因子:CoA,NAD^+,硫胺素焦磷酸(TPP),硫辛酰胺和 FAD,催化四步反应(图 7-10):① 丙酮酸脱羧反应:丙酮酸脱氢酶(E_1,辅基 TPP)催化丙酮酸与酶的辅基硫胺素焦硫酸(TPP)生成丙酮酸-TPP 加成物,再脱羧形成羟乙基硫胺素焦硫酸(羟乙基-TPP),羟乙基-TPP 的羟乙基氧化成乙酰基的同时,乙酰基转移到二氢硫辛酸转乙酰基酶的辅

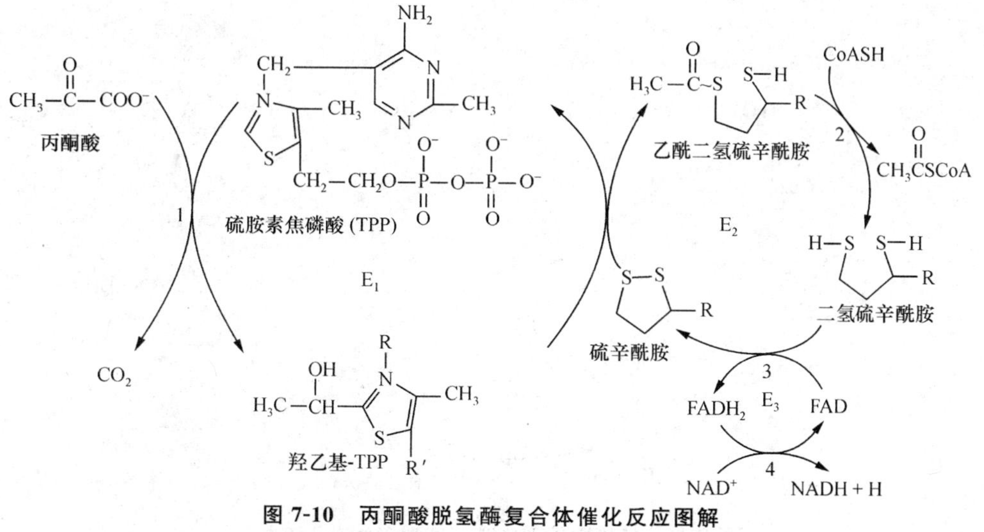

图 7-10 丙酮酸脱氢酶复合体催化反应图解

基硫辛酰胺上,形成乙酰二氢硫辛酰胺。② 生成乙酰-CoA:乙酰二氢硫辛酰胺的乙酰基转移到 CoASH 分子上形成游离的乙酰-CoA,二氢硫辛酸转乙酰基酶(E_2,辅基硫辛酰胺)的辅基转变成还原型二氢硫辛酸。③ 氧化型硫辛酰胺再生:在二氢硫辛酸脱氢酶(E_3,辅基 FAD)催化下,还原型二氢硫辛酸转乙酰基酶氧化成氧化型二氢硫辛酸转乙酰基酶,使氧化型硫辛酰胺再生,辅基 FAD 被还原成 $FADH_2$。④ 还原型的二氢硫辛酸脱氢酶(E_3)再氧化,辅基 $FADH_2$ 氧化成 FAD。这三种酶结构上的整体性使得一套复杂催化反应可相互协调地顺利进行。实验发现,当把这三种酶相混合时就能自发地结合成丙酮酸脱氢酶复合体,说明天然的酶复合体的形成可能是一种自发集合的行为。

砷化物是剧毒物。砷化物除在糖酵解中代替磷酸盐形成自发水解的 1-砷酸-3-磷酸甘油酸,使氧化作用解偶联,对酵解抑制外,砷化物(亚砷酸、有机砷化物等)还在柠檬酸循化中与丙酮酸脱氢酶复合体中的 E_2 辅基硫辛酰胺的巯基发生共价结合,使还原型硫辛酰胺形成失去催化能力的砷化物,如下式所示。

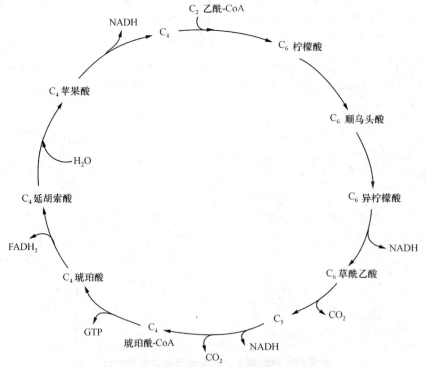

$^-O-As\overset{OH}{\underset{OH}{\diagdown}}$ （或 $R-As=O$） + 二氢硫辛酰胺 $\xrightarrow{-H_2O}$ 砷化物 （或 $R'-As$ ）

亚砷酸　　　有机砷化物　　　二氢硫辛酰胺　　　　　　　　　　砷化物

微生物中许多酶对有机砷化物的毒害比人类更敏感,有机砷化物曾被用做抗生药物治疗锥虫病,但有严重副作用。

三、柠檬酸循环概貌

柠檬酸循环碳原子数目的变化概貌如图 7-11 所示。循环开始为四个碳原子的草酰乙酸

图 7-11 柠檬酸循环中碳原子数目的变化概貌

与循环外的两个碳原子的化合物(乙酰-CoA)合成六个碳原子的柠檬酸,经两步异构化生成异柠檬酸,再氧化成六个碳的草酰琥珀酸,脱羧形成五个碳的二羧酸化合物 α-酮戊二酸;五碳化合物又氧化脱羧形成四个碳的二羧酸化合物(琥珀酰-CoA);四碳化合物经三次转化,先形成一个高能磷酸键化合物(GTP)和琥珀酸,琥珀酸再氧化脱氢成延胡索酸,进而水合形成苹果酸;苹果酸再经过氧化,亚甲基变羰基后,又生成草酰乙酸。两个碳原子的乙酰基形成草酰乙酸进入循环,原草酰乙酸中的两个碳变成 CO_2 离开循环。在四步氧化还原反应中,有三个氢负离子(六个电子)传递到三个 NAD^+ 分子上,一个氢负离子(两个电子)传递到 FAD 上。

四、柠檬酸循环的八个步骤

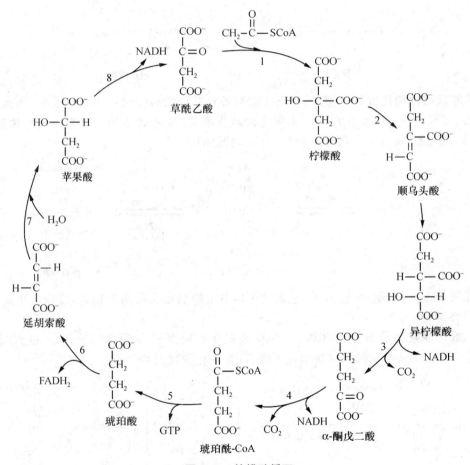

图 7-12 柠檬酸循环

(1) **合成柠檬酸**:草酰乙酸(和水)与乙酰-CoA 缩合形成六碳三羧酸——柠檬酸和辅酶 A (HSCoA),由此开始柠檬酸循环。

反应为草酰乙酸和乙酰-CoA 在柠檬酸合成酶催化下,缩合形成柠檬酰-CoA(为克莱森酯缩合反应),再水解成柠檬酸和 HSCoA。由于硫酯键水解高度放能,使得草酰乙酸在低的生理浓度下(约少于 10^{-6} mol/L)也可以向生成柠檬酸的方向进行。该酶为调控酶,受 ATP、NADH、琥珀酰-CoA 等抑制。此步为柠檬酸循环中的限速步骤,在生理条件下是不可逆的。酶与草酰乙酸结合后发生明显的构象变化。

氟乙酰胺、氟乙酸(均被用做毒鼠药或杀虫剂,比砒霜毒几千倍)有剧毒的机理之一可认为是:经柠檬酸合成酶催化,它们与草酰乙酸反应形成的氟柠檬酸是下步反应乌头酸酶的强有力的抑制剂,抑制柠檬酸循环的下一步反应,使柠檬酸快速积累。而柠檬酸含量增加 10 倍以上时会使动物痉挛,短时间即可死亡。这种本身无大害,但被酶促转化为非常有害的物质所进行的反应,称为致死性合成反应。已发现多种有毒植物叶子中含有氟乙酸,为天然杀虫剂。

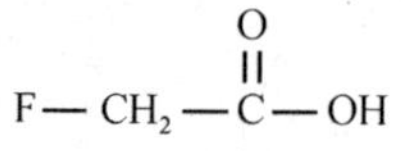

$$F—CH_2—\overset{\overset{\displaystyle O}{\|}}{C}—OH$$

氟乙酸

$$\begin{array}{c} F—CH—COOH \\ | \\ HO—C—COOH \\ | \\ CH_2—COOH \end{array}$$

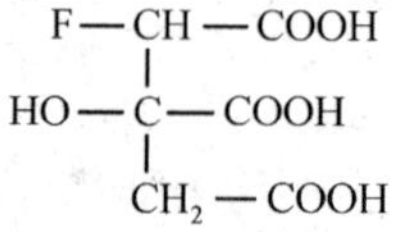

氟柠檬酸

(2) 柠檬酸异构化成异柠檬酸: 在乌头酸酶催化下柠檬酸脱水产生顺乌头酸,再水合形成异柠檬酸,反应可逆。此步反应为下步氧化脱羧作准备,反应式中的三个酸——柠檬酸、顺乌头酸和异柠檬酸均为含三个羧基的羧酸(三羧酸循环)。

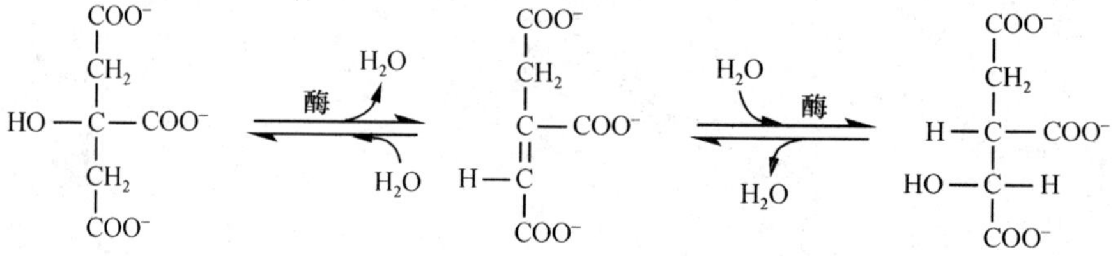

柠檬酸　　　　　　　　　　　　顺乌头酸　　　　　　　　　　　　异柠檬酸

柠檬酸分子为前(潜)手性分子,它的两个羧基能够被乌头酸酶所识别,反应后生成的异柠檬酸为手性分子。

(3) 氧化脱羧生成五碳二羧酸: 异柠檬酸氧化脱羧形成 α-酮戊二酸、CO_2 和 NADH(或 NADPH),反应在异柠檬酸脱氢酶催化下进行,为氧化脱羧反应。

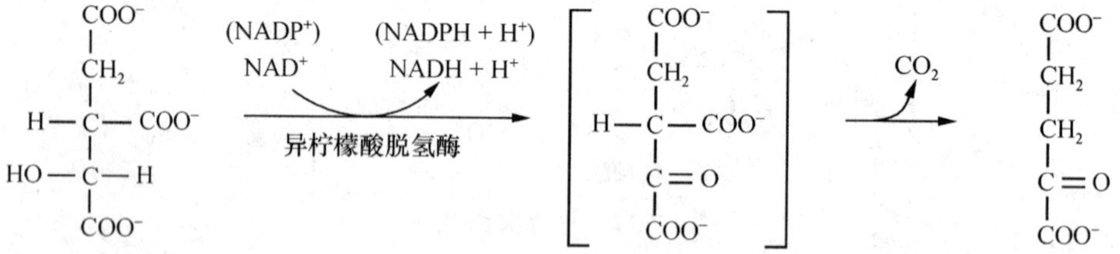

异柠檬酸　　　　　　　　　　　草酰琥珀酸　　　　　　　　　　　α-酮戊二酸

异柠檬酸脱氢酶有两种,分别以 NAD^+ 或 $NADP^+$ 为辅酶。异柠檬酸脱氢酶为变构调节酶,活性受 ADP 激活,受 NADH、ATP 抑制。

(4) 氧化脱羧形成琥珀酰辅酶 A: α-酮戊二酸在 α-酮戊二酸脱氢酶催化下氧化脱羧形成四个碳的琥珀酰-CoA、CO_2 和 NADH,为柠檬酸循环中的第二次氧化脱羧。到此步已被氧化生成两个 CO_2,并使两分子 NAD^+ 还原成 NADH。

$$\begin{array}{c} COO^- \\ | \\ CH_2 \\ | \\ CH_2 \\ | \\ C=O \\ | \\ COO^- \end{array} + NAD^+ + HSCoA \xrightarrow{\alpha\text{-酮戊二酸脱氢酶}} \begin{array}{c} O \\ || \\ C-SCoA \\ | \\ CH_2 \\ | \\ CH_2 \\ | \\ COO^- \end{array} + NADH + H^+ + CO_2$$

α-酮戊二酸　　　　　　　　　　　　　　　　　　　　　　琥珀酰-CoA

酶为 α-酮戊二酸脱氢酶多酶体系,此多酶复合体为调控酶,与催化丙酮酸氧化脱羧变为乙酰-CoA 的复合酶结构相似,辅助因子也相同,反应机理相似。此多酶体系也是由三种酶组成,有五种辅助因子。这三种酶和五种辅助因子是:① α-酮戊二酸脱氢酶(E_1),辅酶:TPP。② 琥珀酰转移酶(E_2),辅助因子:硫辛酸、HSCoA。③ 二氢硫辛酸脱氢酶(E_3),辅助因子:FAD、NAD^+。

(5) **琥珀酰辅酶 A 产生一个高能磷酸键**:此步琥珀酰-CoA 转变成琥珀酸,并直接产生一个高能磷酸键(GDP→GTP)。琥珀酰-CoA 的高能硫酯键和 GDP 及 P_i 发生底物水平的磷酸化作用。反应在琥珀酸-CoA 合成酶(或称琥珀酸硫激酶)催化下进行,反应可逆。在哺乳动物中形成一分子 GTP(GTP 可将 ADP 转变成 ATP,一个 GTP 相当一个 ATP),在植物和微生物中直接形成 ATP。

$$\begin{array}{c} O \\ || \\ C-SCoA \\ | \\ CH_2 \\ | \\ CH_2 \\ | \\ COO^- \end{array} \underset{\text{琥珀酸辅酶A合成酶}}{\overset{GDP+P_i \quad GTP \quad HSCoA}{\rightleftharpoons}} \begin{array}{c} COO^- \\ | \\ CH_2 \\ | \\ CH_2 \\ | \\ COO^- \end{array}$$

琥珀酰-CoA　　　　　　　　　　　　　　　　　　　　　　琥珀酸

这种由不涉及氧化磷酸化的电子传递链与氧形成高能核苷三磷酸的磷酸化作用,称为底物水平的磷酸化作用。

以下三步为琥珀酸变成草酰乙酸,供下一轮柠檬酸循环使用。

(6) **氧化脱氢生成延胡索酸**:琥珀酸在琥珀酸脱氢酶催化下脱氢形成延胡索酸,为氧化脱氢反应,氢的受体是 FAD(因为自由能的变化不足以还原 NAD^+)。

$$\begin{array}{c} CH_2-COO^- \\ | \\ CH_2-COO^- \end{array} \underset{\text{琥珀酸脱氢酶}}{\overset{FAD \quad FADH_2}{\longrightarrow}} \begin{array}{c} HOOC-C-H \\ || \\ H-C-COOH \end{array}$$

琥珀酸　　　　　　　　　　　　　　　　　　　延胡索酸

琥珀酸脱氢酶是柠檬酸循环中唯一嵌入线粒体内膜中的酶,直接连在电子传递链上,其他酶都处于线粒体基质中。琥珀酸脱氢酶与电子传递链中的琥珀酸-Q 还原酶构成完整的酶复合体。琥珀酸氧化形成的还原型 $FADH_2$ 不脱离酶,可将电子传递给电子传递链的辅酶 Q(参见第八章),最终可产生 1.5 个 ATP(从 NADH 分子上每传递一对电子,可产生 2.5 个 ATP分子)。琥珀酸脱氢酶催化的反应是简单的氧化还原反应,是可逆反应。丙二酸是琥珀酸脱氢酶的强抑制剂。

（7）**水合形成 L-苹果酸**：延胡索酸在延胡索酸酶催化下水合形成 L-苹果酸。

$$\underset{\text{延胡索酸}}{\underset{|}{\overset{HOOC-C-H}{\underset{H-C-COOH}{\|}}}} + H_2O \xrightarrow{\text{延胡索酸酶}} \underset{\text{苹果酸}}{\overset{HO-CH-COO^-}{\underset{CH_2-COO^-}{|}}}$$

（8）**草酰乙酸再生**：苹果酸脱氢酶催化 L-苹果酸和 NAD^+ 作用，脱氢后又形成草酰乙酸（注意：已不是原来的草酰乙酸），并产生第三个 NADH 分子。

$$\underset{\text{苹果酸}}{\overset{HO-CH-COO^-}{\underset{CH_2-COO^-}{|}}} + NAD^+ \xrightarrow{\text{苹果酸脱氢酶}} \underset{\text{草酰乙酸}}{\overset{O}{\underset{CH_2-COO^-}{\overset{\|}{\underset{|}{C-COO^-}}}}} + NADH + H^+$$

至此，通过以上八步完成了柠檬酸的一次循环。

放射性同位素实验证明，乙酰-CoA 的二碳片段结合到草酰乙酸上并不是立刻脱羧，转变成异柠檬酸后在柠檬酸循环中脱下的羧基是原来在草酰乙酸分子上的羧基，形成的草酰乙酸为新的草酰乙酸。在柠檬酸循环中草酰乙酸是可再生的底物，而乙酰-CoA 是按化学反应的比例关系被消耗的底物。

五、柠檬酸循环的化学总结算

柠檬酸循环总化学反应式为：

$$乙酰\text{-}CoA + 3NAD^+ + GDP + P_i + FAD + 2H_2O \longrightarrow 2CO_2 + 3NADH + FADH_2 \\ + GTP + 2H^+ + CoASH$$

反应式表明：乙酰-CoA 经柠檬酸循环产生 3 个 NADH、1 个 $FADH_2$ 和 1 个 GTP（或 ATP）。两个碳以 CO_2 形式离开，4 个氢原子形成 3 分子 NADH 和 1 分子 $FADH_2$。

柠檬酸循环只能在有氧条件下进行，因为产生的 3 个 NADH 和 1 个 $FADH_2$，只能经电子传递链和氧化磷酸化被氧化成 NAD^+ 和 FAD 而再生。经电子传递链和氧化磷酸化，NADH 被氧化产生 2.5 个 ATP，而 $FADH_2$ 被氧化只产生 1.5 个 ATP。3 个 NADH 及 1 个 $FADH_2$ 共产生 $3×2.5+1.5=9$ 个 ATP，再加上 1 个 GTP，共产生 $9+1=10$ 个 ATP（以前是 12 个 ATP）。总之，从乙酰-CoA 进入柠檬酸循环开始并经氧化磷酸化，每一次循环最终可产生 10 个 ATP 分子。该循环本身只产生 1 个 ATP（GTP）分子，其他 9 个 ATP 分子是由 3 个 NADH 和 1 个 $FADH_2$ 通过电子传递链经氧化磷酸化生成的。

从丙酮酸脱氢开始计算，每分子丙酮酸氧化脱羧产生 1 个 NADH，合 2.5 个 ATP，所以从丙酮酸开始的柠檬酸循环、氧化磷酸化一次循环共产生 12.5 个 ATP。

从葡萄糖开始，经酵解，1 分子葡萄糖产生 2 分子丙酮酸，2 个 ATP 及 2 个 NADH，再经柠檬酸循环等共产生 $12.5×2=25$ 个 ATP。

所以，1 分子葡萄糖经酵解、柠檬酸循环及氧化磷酸化，共产生 ATP 分子数为：$25+7=32$ 个 ATP。

六、柠檬酸循环是生物合成前体的来源

柠檬酸循环具有双重作用，既是主要的分解代谢途径，提供 ATP，又是许多合成代谢中间

产物前体的来源。柠檬酸循环具有分解代谢和合成代谢的双重性(图 7-13)。

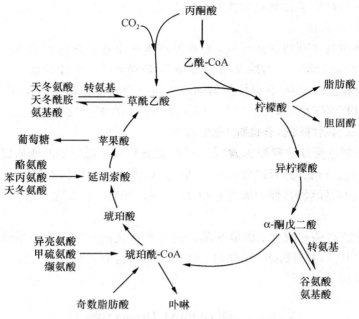

图 7-13　柠檬酸循环双重用途示意图

　　许多氨基酸碳骨架来源于柠檬酸循环。卟啉中的大部分碳原子来自于琥珀酰-CoA。由此可知,柠檬酸循环是新陈代谢的中心环节。必须注意的是,假如柠檬酸循环的中间产物被用于生物合成,它们必须得到补充,否则柠檬酸循环就会停止。对柠檬酸循环中间产物有补充作用的反应称为填补反应,如丙酮酸羧化反应。草酰乙酸可以由丙酮酸羧化得到回补,反应是在丙酮酸羧化酶催化下进行,反应如下:

$$丙酮酸 + CO_2 + ATP + H_2O \rightleftharpoons 草酰乙酸 + ADP + P_i + 2H^+$$

　　由于草酰乙酸或循环中任一种中间产物不足,都会使柠檬酸循环速度降低而使乙酰-CoA浓度增加,但乙酰-CoA是丙酮酸羧化酶的激动剂,会使上述反应加速,从而提高柠檬酸循环的速度。

　　由此可知,柠檬酸循环是新陈代谢的中心环节。在柠檬酸循环中产生还原型 NADH 和 $FADH_2$,再通过电子传递和氧化磷酸化释放自由能形成 ATP。循环的中间产物又在许多生物合成中充当前提原料。

七、柠檬酸循环的调控

1. 丙酮酸脱氢酶复合体的控制

　　(1) **产物控制**:丙酮酸氧化的产物乙酰-CoA 和 NADH 抑制此酶复合体。乙酰-CoA 抑制二氢硫辛酸转乙酰基酶组分,NADH 抑制二氢硫辛酸脱氢酶组分。抑制作用可为 CoA 和 NAD^+ 所逆转。

　　(2) **能荷控制**:细胞中可利用的能量多时则酶复合体活性降低,即受 GTP 所抑制,为 AMP 所活化。

　　(3) **共价修饰调节**:当 ATP/ADP、乙酰-CoA/CoA 和 NADH/NAD^+ 的比值高时,酶的丝

氨酸残基被 ATP 磷酸化的反应促进,酶复合体失活。丙酮酸抑制磷酸化并促进脱磷酸作用,使酶恢复活性。共价修饰是控制酶活性的重要方式。

2. 柠檬酸循环的调控

在柠檬酸循环中有 9 种酶参加反应,调解循环速度中起关键作用的有三种酶:柠檬酸合酶、异柠檬酸脱氢酶和 α-酮戊二酸脱氢酶,这是柠檬酸循环的三个控制点。

(1) 草酰乙酸和乙酰-CoA 合成柠檬酸的反应是一个重要控制点。ATP 是柠檬酸合成酶的变构抑制剂,ATP 水平增加,使酶对于底物乙酰-CoA 的 K_m 提高,较少的乙酰-CoA 即可使酶饱和,柠檬酸合成酶活性降低,合成柠檬酸减少。

(2) 第二个控制点是异柠檬酸脱氢酶。ADP 是异柠檬酸脱氢酶的变构促进剂,酶受 ADP 的变构促进,可增加它对底物的亲和力(K_m 降低)。机体需 ATP 时,ATP 水解使 ADP 浓度增加,异柠檬酸脱氢酶活性增加,促进酶与底物异柠檬酸、NAD^+ 的结合;反之,NADH 可抑制异柠檬酸脱氢酶。

(3) 第三个控制点是 α-酮戊二酸脱氢酶。为它所催化的反应产物琥珀酰-CoA 和 NADH 所抑制。ADP、ATP 等对柠檬酸循环有调节作用。当细胞中 ATP 含量高时,二碳片段进入柠檬酸循环的速率减慢。

§7.5　糖代谢其他途径简介

一、戊糖磷酸途径

戊糖磷酸途径(pentose phosphate pathway)又称戊糖支路、己糖单磷酸途径或磷酸葡萄糖氧化途径。

1. 戊糖磷酸途径的发现

当酵解发生抑制而受阻,如加碘乙酸或氟化物抑制甘油醛-3-磷酸(G-3-P)氧化成 1,3-二磷酸甘油酸,酵解已不可以进行,但却发现葡萄糖仍被消耗。由此可推出,葡萄糖除经糖酵解、TCA 路线外还有其他代谢途径,后发现是戊糖磷酸途径。

2. 戊糖磷酸途径的主要反应

戊糖磷酸途径是糖代谢的第二条重要途径,是葡萄糖分解的另一种机制。该途径可以从磷酸化的六碳糖形成磷酸化的五碳糖,葡萄糖-6-磷酸(G-6-P)氧化脱羧转变成 5-磷酸核酮糖(Ru-5-P),产生两个 NADPH,NADPH 在脂肪酸和固醇类等还原性生物合成中用于提供还原力(电子供体)。戊糖磷酸途径有关作用的酶都存在于细胞溶胶中,$NADP^+$ 在氧化过程中为电子受体。(NADPH 几乎仅用于还原性生物合成,NADH 则主要用于产生 ATP。)戊糖磷酸途径分为氧化阶段和非氧化阶段。

(1) **氧化阶段**:六碳糖脱羧形成五碳糖,并使 $NADP^+$ 还原形成还原型 NADPH。此为戊糖磷酸途径的核心反应:

$$G\text{-}6\text{-}P + 2NADP^+ + H_2O \longrightarrow Ru\text{-}5\text{-}P + 2NADPH + 2H^+ + CO_2$$

葡萄糖-6-磷酸转变为核酮糖-5-磷酸时产生两个 NADPH。反应包括三步:葡萄糖-6-磷酸脱氢成 6-磷酸葡萄糖酸内酯,水解成 6-磷酸葡萄糖酸,再氧化脱羧生成 5-磷酸核酮糖,分别是在葡萄糖-6-磷酸脱氢酶、内酯酶和 6-磷酸葡萄糖酸脱氢酶催化下进行的(图 7-14)。

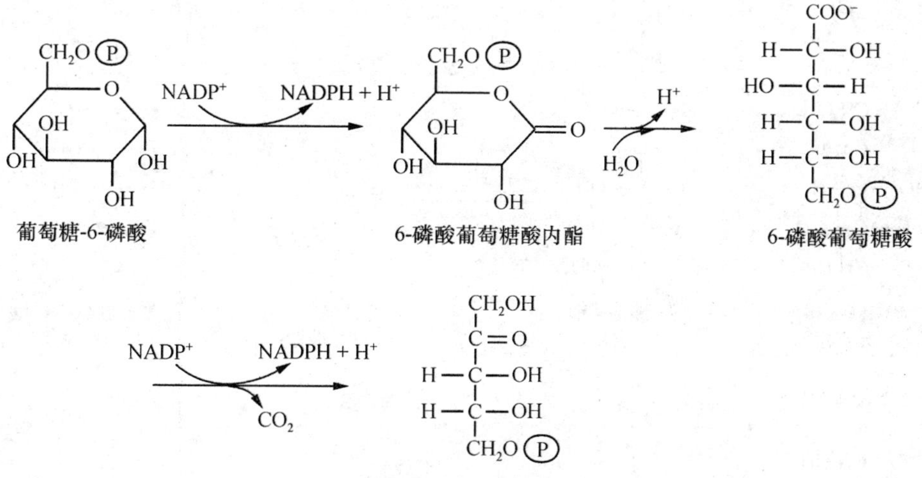

图 7-14　戊糖磷酸途径的氧化阶段

（2）**非氧化反应阶段**：5-磷酸核酮糖（五碳糖）在磷酸戊糖异构酶催化下,通过烯二醇中间产物异构化为核糖-5-磷酸（五碳糖）。由于机体对核糖-5-磷酸的需要量远不及对 NADPH 的需要量,于是 5-磷酸核酮糖还通过插向异构形成木酮糖-5-磷酸（五碳糖）。进而通过下面三个反应转变成果糖-6-磷酸和甘油醛-3-磷酸,使戊糖磷酸途径与糖酵解途径连接起来,并使葡萄糖-6-磷酸再生（图 7-15）。

戊糖磷酸途径与糖酵解途径通过转酮酶和转醛酶联系起来。木酮糖-5-磷酸、景天庚酮糖-7-磷酸和赤藓糖-4-磷酸都在相互转变过程中作为中间产物,反应总和是由三个戊糖形成两个己糖和一个丙糖。反应均为可逆反应,保证了细胞能以极大的灵活性满足自己对糖代谢中间产物及大量还原力的需求。戊糖磷酸途径的速率是由 $NADP^+$ 的水平控制。

戊糖磷酸途径全部反应可表示为：

$$6G\text{-}6\text{-}P + 7H_2O + 12NADP^+ \longrightarrow 6CO_2 + 5G\text{-}6\text{-}P + 12NADPH + 12H^+ + P_i$$

结果是通过磷酸戊糖途径使一个葡萄糖-6-磷酸分子全部氧化为 6 分子 CO_2,并产生 12 个具有强还原力的分子即 12 个 NADPH。

葡萄糖-6-磷酸的去向决定于对 NADPH、核糖-5-磷酸和 ATP 的需要量。当需要核糖-5-磷酸比 NADPH 多时,非氧化反应步骤就相对更加活跃。转酮酶和转醛酶通过上述反应的逆反应将两分子果糖-6-磷酸和糖酵解途径中形成的一分子甘油醛-3-磷酸转变成三分子核糖-5-磷酸而无 NADPH 生成。如果相反,需大量 ATP 和 NADPH 时,戊糖磷酸途径氧化反应活跃,形成两分子 NADPH 和一分子核糖-5-磷酸,然后核糖-5-磷酸通过转酮酶和转醛酶转变为果糖-6-磷酸和甘油醛-3-磷酸,再由糖异生途径转变为葡萄糖-6-磷酸。此时,葡萄糖-6-磷酸的六个碳原子中的五个碳参与形成丙酮酸分子,并产生出 ATP 和 NADPH。糖酵解和戊糖磷酸途径之间的穿插作用,可以调节机体内 NADPH、ATP 和核糖-5-磷酸、丙酮酸的合理水平,满足细胞的需要。由于脂肪组织中要消耗大量的 NADPH 用于从乙酰-CoA 到脂肪酸的还原性生物合成（见 §10.2"脂肪酸的生物合成"）,戊糖磷酸途径在脂肪组织中比在肌肉中活跃得多。

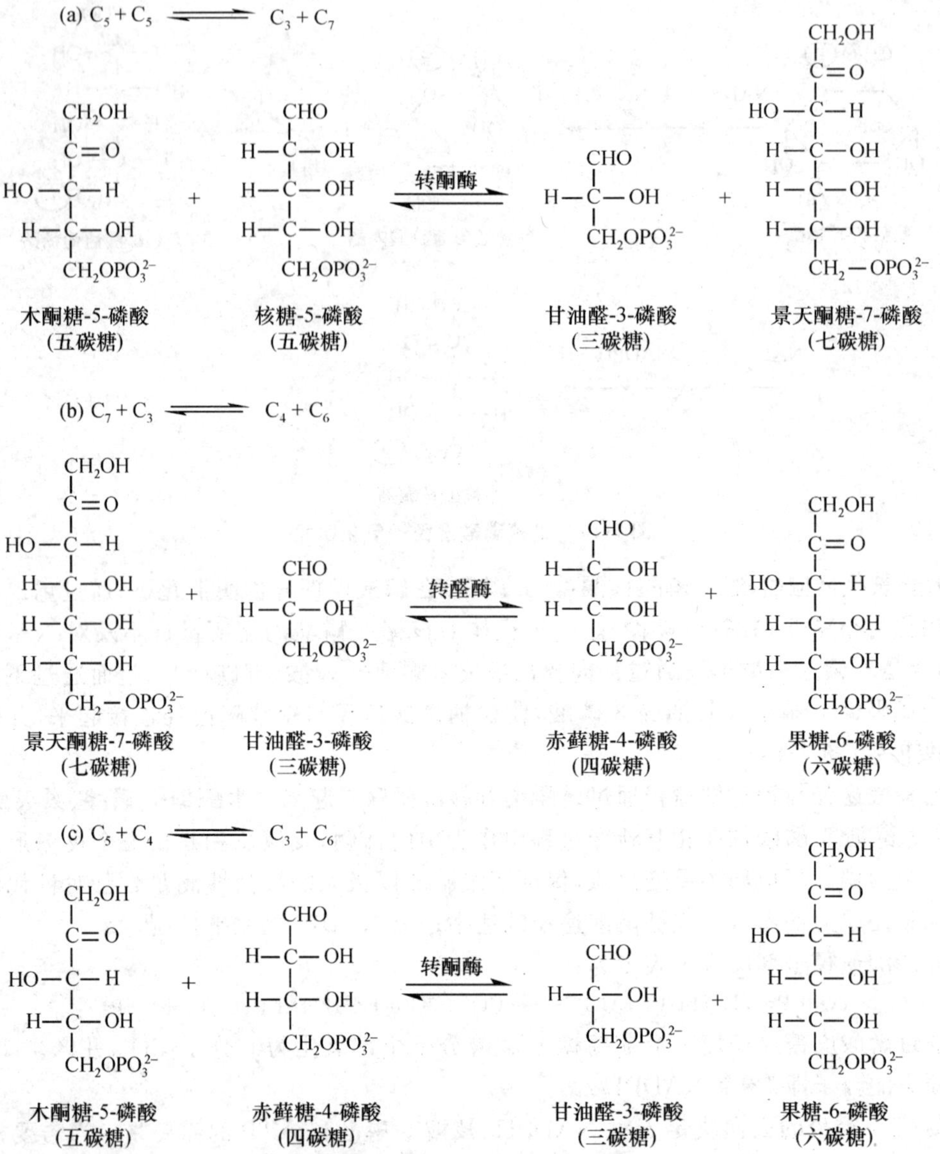

(a) $C_5 + C_7 \rightleftharpoons C_3 + C_7$

木酮糖-5-磷酸　　　　核糖-5-磷酸　　　　　甘油醛-3-磷酸　　　　景天酮糖-7-磷酸
（五碳糖）　　　　　　（五碳糖）　　　　　　（三碳糖）　　　　　　（七碳糖）

(b) $C_7 + C_3 \rightleftharpoons C_4 + C_6$

景天酮糖-7-磷酸　　　甘油醛-3-磷酸　　　　赤藓糖-4-磷酸　　　　果糖-6-磷酸
（七碳糖）　　　　　　（三碳糖）　　　　　　（四碳糖）　　　　　　（六碳糖）

(c) $C_5 + C_4 \rightleftharpoons C_3 + C_6$

木酮糖-5-磷酸　　　　赤藓糖-4-磷酸　　　　甘油醛-3-磷酸　　　　果糖-6-磷酸
（五碳糖）　　　　　　（四碳糖）　　　　　　（三碳糖）　　　　　　（六碳糖）

图 7-15　戊糖磷酸途径的非氧化阶段的三个反应

3．戊糖磷酸途径的生物学意义

（1）产生不同结构分子的糖，如三、四、五、六、七碳糖，特别重要的是五碳糖都来源于戊糖磷酸途径。核糖-5-磷酸及其衍生物用于合成 RNA、DNA、NAD^+、FAD、ATP 和辅酶 A(CoA)等重要生物分子，参与核糖代谢。

（2）是细胞产生还原力（NADPH）的主要途径。NADPH 被视为细胞中易于被利用的还原能力的通货。在大多数生化反应中，NADPH 和 NADH 之间有着根本的区别。一般，NADH 被呼吸链氧化产生 ATP，而 NADPH 则在生物合成中作氢和电子的供体，在还原性生物合成中提供还原力，如脂肪酸和固醇类化合物的合成。NADPH 可维持红细胞中的谷胱甘肽处于还原状态，使氧化型的谷胱甘肽（GSSG）还原成还原型的谷胱甘肽（GSH）而再生。

（3）是植物光合作用从 CO_2 合成葡萄糖的部分途径。

二、葡糖异生

葡糖异生（gluconeogenesis）作用，指的是由非糖物质作为前体合成葡萄糖的作用，对人类和其他动物都是绝对必需的途径。非糖物质包括乳糖、丙酮酸、丙酸、氨基酸和甘油等。凡能生成丙酮酸的物质都可通过糖的异生变为葡萄糖。葡糖异生途径是十分重要的，因为某些组织，如脑、中枢神经系统和红细胞几乎全部是依赖葡萄糖来提供能源的。成年人的脑一般每天需要的葡萄糖约为 120 g，占了整个躯体每天所需要的 160 g 葡萄糖的大部分，必须将血液中的葡萄糖（血糖）维持在一定的水平。当机体饥饿和剧烈运动时，为维持血液中葡萄糖水平，葡糖异生作用就显得格外重要。

葡糖异生的主要场所是在肝脏（也发生在肾脏皮质中），主要起点是丙酮酸。葡糖异生作用需要的酶，除丙酮酸羧化酶位于线粒体基质，葡萄糖-6-磷酸酶结合在光面内质网上外，其余绝大多数酶都是细胞溶胶酶。由丙酮酸转变为葡萄糖时，凡在糖酵解过程中的可逆反应都被葡糖异生作用利用。但葡糖异生并非糖酵解的逆转，遇到糖酵解途径中的不可逆反应则必须另辟途径。糖酵解的热力学平衡远远偏于丙酮酸的形成方面，因此葡糖异生以丙酮酸为出发点则需要一种不同的路线，要多消耗四分子 ATP，把热力学不利的过程变为热力学有利的过程。糖酵解中三个调控酶控制的反应是：

$$葡萄糖 + ATP \xrightarrow{\text{己糖激酶}} 葡萄糖\text{-}6\text{-}磷酸 + ADP$$

$$果糖\text{-}6\text{-}磷酸 + ATP \xrightarrow{\text{磷酸果糖激酶}} 果糖\text{-}1,6\text{-}二磷酸 + ADP$$

$$磷酸烯醇式丙酮酸 + ADP \xrightarrow{\text{丙酮酸激酶}} 丙酮酸 + ATP$$

糖酵解途径中这三个不可逆的反应，在葡糖异生中则用下列新的步骤由不同的酶催化绕行。

（1）磷酸烯醇式丙酮酸是由丙酮酸羧化生成草酰乙酸后再磷酸化获得。 反应消耗的两个高能键经两步生成。首先在线粒体中，在以生物素为辅酶的丙酮酸羧化酶催化下，丙酮酸羧化成草酰乙酸，消耗一分子的 ATP；然后在细胞溶胶中由 GTP 供能，在磷酸烯醇式丙酮酸激酶催化下，草酰乙酸脱羧并磷酸化，生成磷酸烯醇式丙酮酸。反应绕过了糖酵解中丙酮酸激酶催化的磷酸烯醇式丙酮酸生成丙酮酸的不可逆反应。这两步反应是：

$$丙酮酸 + CO_2 + ATP + H_2O \longrightarrow 草酰乙酸 + ADP + P_i + 2H^+$$

$$草酰乙酸 + GTP \longrightarrow 磷酸烯醇式丙酮酸 + GDP + CO_2$$

合起来反应为：

$$丙酮酸 + ATP + GTP + H_2O \longrightarrow 磷酸烯醇式丙酮酸 + ADP + GDP + P_i + 2H^+$$

（2）由果糖-1,6-二磷酸酶催化绕过了磷酸果糖激酶催化的不可逆反应。 果糖-6-磷酸（F-6-P）是由果糖-1,6-二磷酸（F-1,6-2P）的 C_1 上磷酸酯水解而来。

$$F\text{-}1,6\text{-}2P + H_2O \longrightarrow F\text{-}6\text{-}P + P_i$$

（3）葡糖异生中葡萄糖是由葡萄糖-6-磷酸水解形成。 由葡萄糖-6-磷酸酶催化的葡萄糖-6-磷酸（G-6-P）水解成葡萄糖（G）反应，绕过了己糖激酶催化葡萄糖磷酸化生成葡萄糖-6-磷酸的反应。

$$G\text{-}6\text{-}P + H_2O \longrightarrow G + P_i$$

葡糖异生和糖酵解作用是互相协调的。当一条途径活跃时,另一条途径的活性就相应降低。当细胞的能荷低时,糖酵解中的限速步骤果糖-6-磷酸的磷酸化被促进;反之,当能荷高而且柠檬酸循环的中间产物丰富时,果糖-1,6-二磷酸被水解而葡糖异生被促进。

葡糖异生由两分子丙酮酸形成一分子葡萄糖时,消耗六个高能磷酸键,总反应为:

$$2\text{丙酮酸}+4\text{ATP}+2\text{GTP}+2\text{NADH}+2\text{H}_2\text{O}+2\text{H}^+ \longrightarrow \text{葡萄糖}+2\text{NAD}^++4\text{ADP}+2\text{GDP}+6\text{P}_i$$

$\Delta G^{0'}=-9\,\text{kcal/mol}$,可自发进行。当肝细胞中燃料分子和ATP都多时,丙酮酸源源不断地变成磷酸烯醇式丙酮酸而葡糖异生受到促进。

反之,糖酵解时一分子葡萄糖转变成两分子丙酮酸,只产生两分子ATP,逆转化学总反应为:

$$2\text{丙酮酸}+2\text{ATP}+2\text{NADH}+2\text{H}_2\text{O}+2\text{H}^+ \longrightarrow \text{葡萄糖}+2\text{ADP}+2\text{P}_i+2\text{NAD}^+$$

$\Delta G^{0'}=+20\,\text{kcal/mol}$,为热力学不利的过程。即葡糖异生不能简单地按酵解逆反应进行。

(4) 科里(Cori)循环:收缩的肌肉所产生的乳酸被肝脏转变为葡萄糖(图 7-16)。机体在剧烈活动时,糖酵解中NADH形成的速率大于呼吸链中其氧化的速率,为提供足够的NAD$^+$使酵解继续进行,酵解中产生的丙酮酸被还原成乳酸,将NADH氧化为NAD$^+$。但乳酸的形成只是赢得了时间并将部分代谢负担从肌肉转嫁给肝脏。乳酸是代谢作用的盲端,它必须再变为丙酮酸,否则不能被代谢。乳酸扩散到血液中并被运送到肝脏,通过肝脏中的葡糖异生途径转变为葡萄糖。由此肝脏给收缩中的肌肉和脑提供葡萄糖,肌肉则由于糖酵解中葡萄糖转变为乳酸而产生ATP。然后肝脏又再从乳酸合成葡萄糖。这些转变组成了科里循环,活跃的肌肉所形成的乳酸被肝脏转变为葡萄糖,这一循环把活跃的肌肉的部分代谢负担转嫁给肝脏。

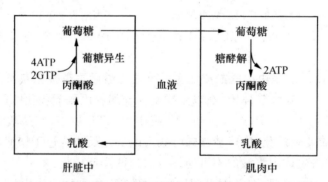

图 7-16 科里循环:肌肉中形成的乳酸被肝脏转变为葡萄糖

三、糖原代谢

糖原(glycogen)通式为$(\text{C}_6\text{H}_{10}\text{O}_5)_n$。糖原中大部分由 α-D-葡萄糖按 α(1→4)糖苷键缩合失水而成。糖原比淀粉具有更多的分支,大约每8~12个葡萄糖就有一个分支,分支处通过 α(1→6)糖苷键连接。肝脏中糖原(肝糖原)主要用于维持血液中葡萄糖的稳定水平,而肌肉中糖原(肌糖原)的作用主要是供给其连续收缩时能量的不断需要。血糖(血液中的葡萄糖)水平的稳定对于确保细胞执行其正常功能具有重要意义。正常人血糖水平指标为 4~6 mmol%(80~120 mg%),血糖水平过低为低血糖症,过高则为糖尿病。糖原的合成和降解是完全不相同的两条途径,都受到严格而复杂的别构调节和激素调节,它们对于调节血糖水平,为肌肉活动提供葡萄糖的贮备都十分重要。

1. 糖原的分解代谢

糖原的降解主要是由糖原磷酸化酶(调控酶)和糖原脱支酶联合作用(图 7-17)。

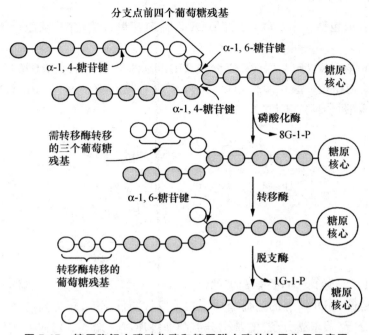

图 7-17 糖原降解中磷酸化酶和糖原脱支酶的协同作用示意图

(1) 糖原磷酸化酶:该酶催化糖原分子的非还原型末端磷酸解,依次移去葡萄糖单位,脱下的产物为葡萄糖-1-磷酸(G-1-P),同时又出现一个新的非还原型末端葡萄糖分子。该酶催化糖原(1→4)糖苷键磷酸解,只能断开糖原分子的 α(1→4)糖苷键,不能断开 α(1→6)糖苷键,且在距分支点前四个葡萄糖残基处作用停止。糖原分解反应为:

$$糖原(n \text{ 个残基}) + P_i \xrightarrow{\text{磷酸化酶}} 糖原(n-1 \text{ 个残基}) + 葡萄糖\text{-1-磷酸}$$

糖原磷酸化酶催化磷酸解作用,使糖原分子从非还原型末端逐个移去葡萄糖残基,直至临近分支点前四个葡萄糖残基处。最后形成一个许多短分支链的多糖分子,称为极限糊精,它的进一步分解需要糖原脱支酶(包括糖基转移酶)和磷酸化酶的协同作用。

(2) 糖原脱支酶(包括糖基转移酶):为分解支链糖原的降解还需要脱支酶,以使 α(1→6)糖苷键水解。当磷酸化酶的作用停止后,分支点前还剩四个葡萄糖残基,糖原脱支酶上的转移葡萄糖残基的活性部位先起催化作用,将原来分支前以 α(1→4)糖苷键连接的三个葡萄糖残基转移到另一个分支的非还原型末端的葡萄糖残基上,或者转移到糖原的核心链上,通过转移酶的转移作用,形成一个带有三个葡萄糖残基的新的 α(1→4)糖苷键,同时暴露出以 α(1→6)糖苷键相连的葡萄糖残基。这个分支点即由分支酶的另一种催化作用,水解 α(1→6)糖苷键,将其消除。

(3) 磷酸葡萄糖变位酶把葡萄糖-1-磷酸转变为葡萄糖-6-磷酸(G-6-P):在肝脏中葡萄糖-6-磷酸由葡萄糖-6-磷酸酶转变为葡萄糖而进入血液。骨骼肌缺乏葡萄糖-6-磷酸酶,而将葡萄糖-6-磷酸直接进入糖酵解,并进一步经氧化磷酸化产生供肌肉收缩的能量。

2. 糖原的合成

生物体中合成和降解几乎经过完全不同的途径,糖原的合成反应也不是其降解反应的逆转。糖原合成反应是糖原合酶催化葡萄糖从尿苷二磷酸葡萄糖(UDPG)转移到生长中的糖原链上,使糖原延伸。

糖原的生物合成包括三个步骤,分别在 UDP-葡萄糖焦磷酸化酶、糖原合酶和糖原分支酶催化下进行。

(1) 尿苷二磷酸葡萄糖(UDP-葡萄糖或 UDPG)的生成:葡萄糖-1-磷酸与尿苷三磷酸(UTP)在 UDP-葡萄糖焦磷酸化酶作用下,反应生成 UDPG 和焦磷酸(PP_i),PP_i 迅速被无机焦磷酸酶水解为磷酸,使反应不可逆。

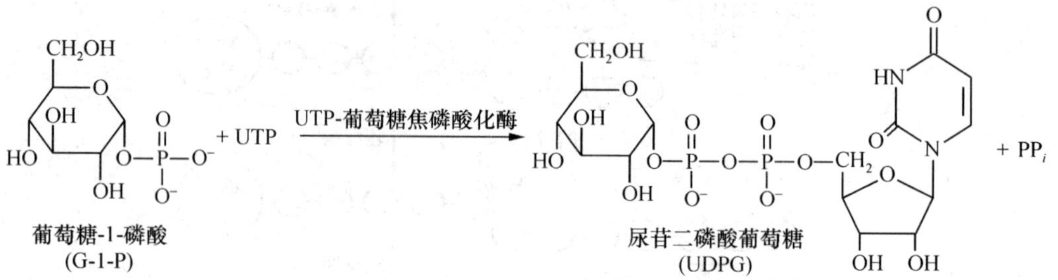

UDPG 是合成糖原的底物,是葡萄糖的一种活化形式(UDP 是尿苷二磷酸)。

(2) 糖原链延长:UDPG 上的葡萄糖分子在糖原合酶催化下,转移到已经具有四个以上葡萄糖残基的糖原分子(葡聚糖分子)的某个分支的非还原型末端上。每次催化反应使一个葡萄糖残基形成一个 α(1→4)糖苷键加到糖原分子的非还原型末端上,使糖原延长一个葡萄糖残基。形成的产物只以直链形式存在。

$$糖原(n 个葡糖分子)+UDPG \xrightarrow{糖原合酶} 糖原(n+1 个葡糖分子)+UDP$$

糖原合酶催化不能从零开始将两个葡萄糖分子互相连起。糖原起始合成需要一种引物,是一种相对分子质量为 37 000 的特殊蛋白质(生糖原蛋白)。这种蛋白质具有自动催化作用,可催化大约八个葡萄糖残基以 α(1→4)糖苷键相连成链。在此基础上,糖原合酶再延长糖基链。

(3) α(1→6)糖苷键的形成:糖原分支酶的作用包括断开 α(1→4)糖苷键并形成 α(1→6)糖苷键。糖原分支酶将糖原分子中处于直链状态的葡萄糖残基,从非还原型末端约七个葡萄糖残基的片段在 1→4 连接处切断,并将断下的葡萄糖残基片段转移到同一个或其他糖原分子比较靠内部的位置,以 α(1→6)糖苷键予以连接,形成新的分支点。分支是重要的,因为它增加糖原的溶解度,并造成了许多非还原型末端残基。分支可增加糖原合成和降解的速率。

3. 糖原代谢的调控

糖原的合成和分解是受到严格而复杂的别构调节和激素调节控制的。磷酸化酶和糖原合酶的作用都受到严格的调控。当磷酸化酶充分活动时,糖原合酶几乎不起作用;而当糖原合酶活跃时,磷酸化酶又受到抑制。这两种酶受到效应物的别构调控。别构效应物有 ATP、G-6-P、AMP 等。磷酸化酶受 AMP 活化,受 ATP、G-6-P 和葡萄糖的抑制;而糖原合酶却受 G-6-P 和葡萄糖的活化。激素中肾上腺素和胰高血糖素刺激糖原的降解,使血糖增高;胰岛素刺激糖原的合成,使血糖降低。

（1）**磷酸化酶存在的两种形式**：活化的磷酸化酶 a（酶分子丝氨酸 14 的羟基被磷酸化）和无活性的磷酸化酶 b（去磷酸化）在磷酸化酶激酶的作用下互变。肌肉紧张活动产生大量的 AMP 激活磷酸化酶 b 变成磷酸化酶 a，使糖原降解。静止时 AMP 被高浓度 ATP 和 G-6-P 取代，磷酸化酶 a 变成磷酸化酶 b 而失去活性。肝脏中磷酸化酶 b 不受 AMP 浓度的影响，磷酸化酶 a 的活性受葡萄糖浓度的抑制。只有当葡萄糖浓度低时，糖原才降解成葡萄糖。

（2）**糖原合成酶也有两种形式**：磷酸化的无活性 b（特殊的丝氨酸残基被磷酸化）和去磷酸化的有活性的 a 形式。高浓度的 G-6-P 可激活不活动肌肉中的糖原合酶 b 而合成糖原，活动的肌肉中 G-6-P 浓度降低又使磷酸合酶失去活性。

（3）**磷酸化作用对于磷酸化酶和糖原合酶的活性有相反的效应**：一套级联反应控制着磷酸化酶和糖原合酶的磷酸化作用。肾上腺素结合在肌肉质膜上活化腺苷酸环化酶，此环化酶催化 ATP 形成环 AMP（cAMP），高浓度 cAMP 活化一种蛋白激酶，该激酶使磷酸化酶磷酸化（活化），使糖原合酶磷酸化（失活）。这两种酶的磷酸化就是糖原分解和合成受到协调性的调节的基础。cAMP 是糖原合成和分解的协调控制中心。

4. 肝脏中的糖原代谢调节血糖水平

血液中葡萄糖的浓度通常在 80～120 mg/100 mL 范围内。当血液中葡萄糖浓度高时，肝脏中磷酸化酶 a 降低，并经过一段滞后期，糖原合成酶 a 量增多，肝脏吸取葡萄糖；血液葡萄糖浓度低时，肝脏就释放葡萄糖。研究表明，磷酸化酶 a 是肝细胞中葡萄糖的感受器。磷酸化酶与葡萄糖结合变构，使专一的丝氨酸的磷酰基暴露而被磷酸酶水解，磷酸化酶 a 变成 b 而活性降低，与磷酸化酶 a 紧密结合的磷酸酶也释放出，并去活化糖原合成，把钝化的糖原合酶 b 上的磷酰基去除，转化为活化的 a 形式。当大部分磷酸化酶 a 转变成 b 时，糖原合酶的活性才开始提高。在此过程中，结合的葡萄糖的变构部位和丝氨酸磷酸化之间通信，钝化磷酸化酶的同一种磷酸酶可活化糖原合酶，磷酸酶与磷酸化酶 a 的结合可防止糖原合酶的过早活化。

5. 胰岛素对糖原代谢的调节作用

由胰脏 β 细胞分泌的胰岛素可降低血糖，胰岛素缺乏会引起糖尿病。糖尿病发生的直接原因是由于血液胰岛素含量不足。胰岛素对升高血糖的胰高血糖素有拮抗作用，高浓度的胰岛素可以促进葡萄糖进入肌肉和脂肪组织。胰岛素是饱食状态的信号，它以多种方式促进燃料的贮存和蛋白质的合成。当血糖升高时，胰岛素在血液中浓度增高，可刺激肝脏和肌肉中糖原的合成，肝内的葡糖异生作用则受到抑制。胰岛素加速肝内的糖酵解作用并进而增加脂肪酸的合成。胰岛素可以与细胞质膜上的受体结合，受体磷酸化作用可进一步使酪氨酸激酶激活，再通过胰岛素敏感蛋白激酶使磷酸化激酶活化。一系列级联放大使糖原合酶脱去磷酸基团而活化，磷酸化酶去磷酸化而钝化，促进糖原合成并抑制它降解，从而降低血糖。

临床上将糖尿病分为Ⅰ型和Ⅱ型。Ⅰ型糖尿病又称为胰岛素依赖型糖尿病，往往在儿童时代就突然发作，被认为是自身免疫破坏了胰岛中的胰岛素分泌细胞——β 细胞，与遗传有关。Ⅱ型糖尿病又称非胰岛素依赖糖尿病，往往是 40 岁以后发病，也和遗传基础有关，主要是缺乏胰岛素受体，控制饮食常可控制病情。

四、淀粉、纤维素和双糖的消化

淀粉是食物的贮存多糖。人所摄取的糖中一半以上是淀粉，都能迅速被唾液腺和胰腺所分泌的 α-淀粉酶水解，生成麦芽糖、麦芽三糖和 α-糊精。β-淀粉酶也将淀粉水解为麦芽糖，但它仅作用于非还原型末端残基。麦芽糖和麦芽三糖进一步被麦芽糖酶水解成葡萄糖，α-糊精酶则水解 α-糊精为葡萄糖。

纤维素是另一种植物多糖。哺乳动物没有纤维素酶，不能消化纤维素，但某些反刍动物在消化道中有产生纤维素酶的细菌，可以消化纤维素。

麦芽糖酶水解麦芽糖为葡萄糖，蔗糖酶水解蔗糖为葡萄糖和果糖，乳糖酶催化乳糖水解为半乳糖和葡萄糖。麦芽糖酶、蔗糖酶、乳糖酶和 α-糊精酶都结合在小肠内壁的黏膜细胞中。几乎所有的婴儿和儿童都能消化乳糖，但许多成年人由于缺乏乳糖酶而不能消化和吸收乳糖。乳糖积累在小肠中，会使液体流入小肠，使人产生腹胀、恶心、腹泻和疼痛等症状。乳糖酶缺乏是遗传的，通常在青春期或青年期表现出来。不同群体的人乳糖酶缺乏的普遍性表现是不一样的，如丹麦人有 3%，而泰国人为 97%。成年期不食用奶类的人中，缺乏乳糖酶的趋势较大。人类成年时具有消化乳糖的能力，应是在大约万年前由于饲养牛并食用牛奶而出现的。

习　题

1. 简述糖的生物学作用。
2. 举例说明单糖的几种重要衍生物。
3. 环状结构的己醛糖有多少种立体异构体？
4. 何谓杂多糖？举出几种常见的杂多糖。
5. 写出透明质酸、肝素和硫酸软骨素的结构和作用。
6. 什么是糖蛋白？糖蛋白中糖与蛋白质结合键的两种类型是什么？
7. 写出糖酵解反应涉及的 10 个酶。指出哪几个是调节酶，分别都受哪些因素的调节？
8. 写出柠檬酸循环的八个步骤和柠檬酸循环的三个控制点。该循环有什么重要的生理意义？
9. 写出戊糖磷酸途径的主要生物学意义。
10. 什么是葡糖异生作用？糖酵解途径中的三个不可逆反应，在葡糖异生中用哪些新的步骤和不同的酶催化绕行？
11. 何谓科里(Cori)循环？其生理意义是什么？
12. 糖原分解代谢的产物是什么？合成糖原的前体分子又是什么？

第八章 生物氧化
——电子传递和氧化磷酸化作用

　　生物体所需能量大部分来自于糖、脂肪、蛋白质等有机物在体内的生物氧化。它们的氧化是在体温条件下通过酶催化作用先进行分解代谢，经脱氢将辅酶 NAD^+ 或 FAD 还原成携带氢离子(H^+)和电子的 $NADH$ 或 $FADH_2$。生物氧化有脱氢、脱电子和与氧结合三种方式。线粒体中含有呼吸酶集合体、柠檬酸循环的酶和脂肪酸氧化的酶。$NADH$ 和 $FADH_2$ 是燃料分子氧化作用中主要的电子载体，经线粒体电子传递链被氧化，对需氧生物，最终电子受体是氧。这种电子流动的氧化过程会释放出能量并与 ADP 和 P_i 合成 ATP 相偶联，这种 ATP 合成方式被定义为氧化磷酸化作用，它不同于可溶性酶催化 ADP 磷酸化生成 ATP 的底物水平磷酸化作用。

　　(1) 糖酵解、脂肪酸氧化和柠檬酸循环中所形成的 $NADH$ 和 $FADH_2$ 都带有一对高能电子，当这些电子转移到分子氧时，有大量的能量释放出来。

　　(2) 氢离子和电子都经过相同的电子载体传递过程，最终传递给氧并产生能量，产生的能量一般都贮存在 ATP 等特殊化合物中。ATP 以 $10^{-3}\sim10^{-2}$ $mol \cdot L^{-1}$ 的浓度存在于所有的活细胞中。

　　生物氧化实质上是氧化磷酸化和电子传递过程，是需氧生物的 ATP 主要来源。一个葡萄糖分子氧化时生成 32 个 ATP，其中 28 个来自氧化磷酸化。

§8.1　氧化还原电势

　　物质氧化还原电势 E 的大小代表它对电子的亲和力。生物体系中进行氧化还原反应时其基本原理与化学电池一致，将生物体内的氧化剂和还原剂连在一起，就可以组成化学电池。生物体内一些重要物质的标准氧化还原电势如表 8-1 所示。

表 8-1　生物体内一些重要物质的标准氧化还原电势

氧化还原反应式	标准电势 E_0'/V
乙酸＋CO_2＋2H^+＋2e^- ⟶ 丙酮酸＋H_2O	−0.70
琥珀酸＋CO_2＋2e^- ⟶ 酮戊二酸＋H_2O	−0.67
乙酸＋2H^+＋2e^- ⟶ 乙醛＋H_2O	−0.58
3-磷酸甘油酸＋2H^+＋2e^- ⟶ 甘油醛-3-磷酸＋H_2O	−0.55
α-酮戊二酸＋2H^+＋2e^- ⟶ 异柠檬酸	−0.38
乙酰-CoA＋CO_2＋2H^+＋2e^- ⟶ 丙酮酸＋CoA	−0.48
1,3-二磷酸甘油酸＋2H^+＋2e^- ⟶ 甘油醛-3-磷酸＋P_i	−0.29
硫辛酸＋2H^+＋2e^- ⟶ 二氢硫辛酸	−0.29
S＋2H^+＋2e^- ⟶ H_2S	−0.23
乙醛＋2H^+＋2e^- ⟶ 乙醇	−0.197
丙酮酸＋2H^+＋2e^- ⟶ 乳酸	−0.185
FAD＋2H^+＋2e^- ⟶ $FADH_2$	−0.18*
草酰乙酸＋2H^+＋2e^- ⟶ 苹果酸	−0.166
延胡索酸＋2H^+＋2e^- ⟶ 琥珀酸	−0.031
2H^+＋2e^- ⟶ H_2	−0.421
乙酰乙酸＋2H^+＋2e^- ⟶ β-羟丁酸	−0.346
胱氨酸＋2H^+＋2e^- ⟶ 2 半胱氨酸	−0.340
NAD^+＋2H^+＋2e^- ⟶ NADH＋H^+	−0.32
$NADP^+$＋2H^+＋2e^- ⟶ NADPH＋H^+	−0.32
NADH 脱氢酶(FMN 型)＋2H^+＋2e^- ⟶ NADH 脱氢酶(FMNH$_2$型)	−0.30
标准氢电极 E^0＝0.00	
CoQ＋2H^+＋2e^- ⟶ $CoQH_2$	＋0.045
细胞色素 b(ox)＋e^- ⟶ 细胞色素 b(red)	＋0.07
细胞色素 c_1(ox)＋e^- ⟶ 细胞色素 c_1(red)	＋0.215
细胞色素 c(ox)＋e^- ⟶ 细胞色素 c(red)	＋0.235
细胞色素 a(ox)＋e^- ⟶ 细胞色素 a(red)	＋0.210
细胞色素 a_3(ox)＋e^- ⟶ 细胞色素 a_3(red)	＋0.385
$\frac{1}{2}O_2$＋2H^+＋2e^- ⟶ H_2O	＋0.815
Fe^{3+}＋e^- ⟶ Fe^{2+}	＋0.77

* FAD/$FADH_2$ 的测定值仅为辅酶的单独测定值,当辅酶与酶蛋白结合后,E_0' 值在 0.0～＋0.3 V 之间,随特异蛋白而异。

　　任何具有氧化还原能力的物质与标准氢电极的电位差值,以 E^0 表示。在生物细胞中的 pH 通常为 7,此时测得的电位代表生物的标准氧化还原电位,用 E_0' 表示。标准氧化还原电势 E_0' 的测定条件是 pH7.0,25℃,电子供体和电子受体浓度均为 1 mol/L,和标准氢电极构成的化学电池的测定值,其单位用伏特(V)表示。E_0' 越负,越倾向于失去电子(还原剂氧化还原电势为负);E_0' 越正,越倾向于获得电子(氧化剂氧化还原电势为正)。底物和产物的氧化还原电势的变化为 E_0',反应的标准自由能变化在 pH7 时用 $\Delta G^{0'}$ 表示。

$$\Delta G^{0'} = -n F \Delta E_0'$$

其中 n 为所传电子数;F 为法拉第常数:23.062 kcal·V^{-1}·mol^{-1},$\Delta G^{0'}$ 的单位为 kcal·mol^{-1}。

$\Delta E_0'$ 为正值的反应 $\Delta G^{0'}$ 为负值，反应为放能反应。

如：NADH 被 O_2 氧化。从表 8-1 知：

电极反应：$\frac{1}{2}O_2 + 2H^+ + 2e^- \rightleftharpoons H_2O$ $\qquad E_0' = +0.815$

$\qquad\qquad NAD^+ + 2H^+ + 2e^- \rightleftharpoons NADH + H^+$ $\qquad E_0' = -0.32$ V

电池总反应：

$$\frac{1}{2}O_2 + NADH + H^+ \rightleftharpoons H_2O + NAD^+$$

电势差 $\Delta E_0' = +0.815 - (-0.32) = +1.135$（V），正号表示放能，即呼吸链的范围为 1.135 V。

自由能变化：$\Delta G^{0'} = -nF\Delta E_0' = -2 \times 23.062 \times 1.135 = -52.6$（kcal/mol）

即呼吸链的范围是 1.135 V，相当于 52.6 kcal。

同理计算：$FADH_2$ 被 O_2 氧化，可算得

$$\Delta G^{0'} = -42.4 \text{ kcal/mol}$$

§8.2　电子传递和氧化呼吸链

生物氧化过程中有酶、辅酶和电子载体参与。电子传递在真核细胞中存在于线粒体内膜上，在原核细胞中存在于质膜上。在电子传递过程中，电子传递仅发生在相邻的传递体之间，可根据各种氧化还原电对的 E_0' 值，判断电子流动方向。反应要在酶催化下才会发生。

一、电子传递链

线粒体中电子从 NADH 到 O_2 传递所经过的途径被称为电子传递链或呼吸链，主要由四种蛋白质复合体组成呼吸酶的集合体：① NADH-Q 还原酶（复合体Ⅰ）。② 琥珀酸-Q 还原酶（复合体Ⅱ），复合体Ⅱ借助 CoQ 催化 $FADH_2$ 氧化。③ 细胞色素还原酶（复合体Ⅲ）。④ 细胞色素氧化酶（复合体Ⅳ）。电子传递链中的电子载体及其顺序如图 8-1 所示。

黄素蛋白中的$FADH_2$

琥珀酸-Q 还原酶↓

NADH→NADH-CoQ 还原酶→CoQ→细胞色素还原酶→细胞色素 c→细胞色素氧化酶→O_2

图 8-1　电子传递链中的电子载体及其顺序

电子传递酶复合体含有下面一系列辅基，都是电子载体。

黄素蛋白类（flavins）：FMN，FAD。

铁硫聚簇（iron-sulfur clusters）：又称 Fe-S 复合体，与蛋白质结合为铁硫蛋白，是一种存在于线粒体内膜上的与电子传递有关的蛋白质。铁硫蛋白是一种非血红素铁蛋白，其活性部位（铁硫中心）含有非血红素铁原子和对酸不稳定的硫原子。铁原子通过半胱氨酸的硫或硫原子连接到蛋白质上，铁氧化态的变化可由电子自旋共振波谱（ESR）监测。根据铁硫蛋白中所含铁原子和硫原子的数量不同，可将其分为三类：Fe-S 中心、Fe_2-S_2 中心和 Fe_4-S_4 中心。在呼吸链的复合体Ⅰ、复合体Ⅱ、复合体Ⅲ中均结合有铁硫蛋白，通过铁离子的变价而传递电子，每次只传递一个电子，是一种单电子传递体。

醌类：CoQ(辅酶 Q)，又称泛醌(ubiquinone)，简称 Q，是脂溶性辅酶。

细胞色素(a,b,c)：是一类含有血红素辅基的电子传递蛋白质的总称。

铜离子：Cu_A，Cu_B。

这些辅基将电子从 NADH 带到 O_2。

二、电子传递链各个成员

包括 NADH-CoQ 还原酶、辅酶 Q、琥珀酸-Q 还原酶、细胞色素还原酶、细胞色素 c 和细胞色素氧化酶。

(1) NADH-CoQ 还原酶：又称复合体Ⅰ、NADH 脱氢酶、NADH-Q 还原酶。是一个具有相对分子质量 88 000 的大蛋白分子，至少包括 34 条多肽链。辅基：FMN 和铁硫聚簇(符号为 Fe-S)。铁硫聚簇有多种类型，分别含一个铁原子(Fe-S)、两个铁原子(2Fe-2S)、三个铁原子(3Fe-3S)和四个铁原子(4Fe-4S)。铁硫聚簇与蛋白质相结合为铁硫蛋白，又称非血红素铁蛋白。NADH-CoQ 还原酶的作用是催化 NADH 上的电子和氢转移到 CoQ 上。总的催化反应为：

$$NADH + H^+ + CoQ \longrightarrow NAD^+ + CoQH_2$$

反应分三步进行：

① 该酶作用为将 NADH 的两个高势能电子和氢转移到 FMN 辅基上，反应为：

$$NADH + H^+ + FMN \longrightarrow FMNH_2 + NAD^+$$

② 然后电子在酶内传递，将 $FMNH_2$ 上的电子转移到酶的第二种辅基铁硫聚簇(Fe-S)上。

$$FMNH_2 + Fe\text{-}S(氧化型) \longrightarrow FMN + Fe\text{-}S(还原型)$$

③ 再将 NADH-CoQ 还原酶的 Fe-S 辅基上的电子和氢转移到辅酶 Q 上，氧化型的 CoQ 转变为还原型的 $CoQH_2$，反应为：

$$Fe\text{-}S(还原型) + CoQ \longrightarrow Fe\text{-}S(氧化型) + CoQH_2$$

三步反应过程见图 8-2。

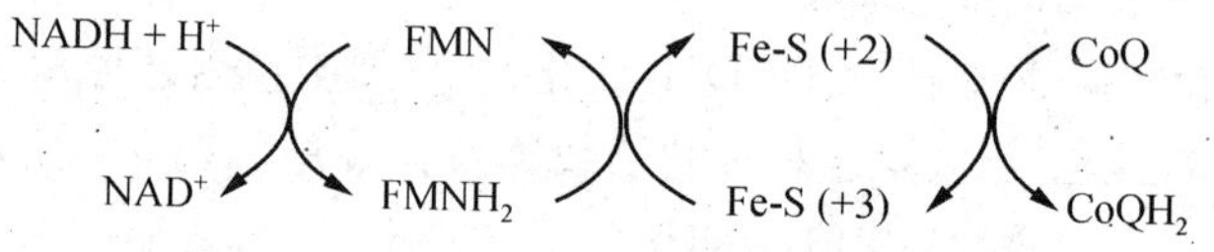

图 8-2　NADH-Q 还原酶催化的三步反应

(2) 辅酶 Q(CoQ)：又称泛醌(简称为 Q)，是苯醌衍生物，为易流动的非极性疏水电子载体，能够接受和给出一个或两个电子。辅酶 Q 存在于线粒体内膜中，与蛋白质结合不紧密，能自由地在膜内扩散，在电子传递链的黄素蛋白和细胞色素之间运动。有氧化型 CoQ(醌型)和还原型 $CoQH_2$(酚型)。它不只接受 NADH-Q 还原酶脱下的电子和氢原子，还接受线粒体其他黄素辅酶类脱下的电子和氢原子，在电子传递链中处于中心地位。辅酶 Q 结构式见图 8-3，带有异戊

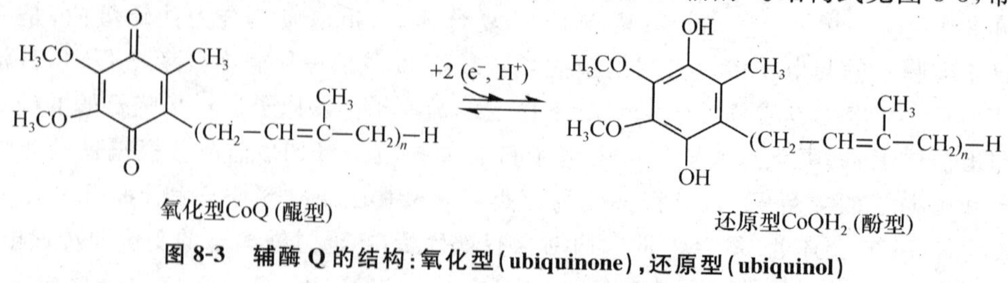

图 8-3　辅酶 Q 的结构：氧化型(ubiquinone)，还原型(ubiquinol)

二烯重复单位构成的长碳氢链。异戊二烯的数目 n 因动物种类而异,可根据重复单位的数目将其分类。哺乳动物 $n=10$,记做 CoQ_{10} 或 Q_{10}。$CoQH_2$ 上的电子随后传递给细胞色素还原酶。

(3) **琥珀酸-Q 还原酶**:又称复合体 II,是嵌在线粒体内膜上的酶蛋白。该酶与在柠檬酸循环中催化琥珀酸脱氢生成延胡索酸的琥珀酸脱氢酶构成完整的酶复合体,辅基为 FAD、CoQ。辅基 FAD 还原成 $FADH_2$ 后,将电子传递给该酶的铁硫聚簇(含有 2Fe-2S、3Fe-3S 和 4Fe-4S),再传递给辅基 CoQ,从而进入电子传递链。催化的反应为:

$$FADH_2 + CoQ \longrightarrow FAD + CoQH_2$$

此步的重要作用是使 $FADH_2$ 上高能电子进入电子传递链。但由于电子从 $FADH_2$ 转移到 CoQ 上的标准氧化还原电势变化不能产生足够的自由能用以合成 ATP,因此此步无 ATP 生成,该酶没有质子泵的作用。

反应分两步进行:

$$FADH_2 + Fe\text{-}S(+3) \longrightarrow FAD + Fe\text{-}S(+2)$$
$$Fe\text{-}S(+2) + CoQH_2 \longrightarrow Fe\text{-}S(+3) + CoQ$$

反应过程见图 8-4。

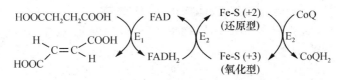

图 8-4　琥珀酸-Q 还原酶催化的反应

E_1:琥珀酸脱氢酶,E_2:琥珀酸-Q 还原酶

(4) **细胞色素还原酶**:又称辅酶 Q-细胞色素 c 还原酶、复合体 III、细胞色素 bc_1 复合体(简称 bc_1)等,是由细胞色素 b 和 c_1 以及铁硫蛋白构成的复合体。细胞色素还原酶在电子传递链中的作用是催化电子从 QH_2 传递到细胞色素 c 上,在传递电子过程中,细胞色素还原酶血红素辅基的铁原子发生 +2 价和 +3 价的价态变化。

(5) **细胞色素(cytochrome)**:细胞色素(Cyt)是一类含有血红素(铁卟啉)辅基的电子传递蛋白质的总称,因含血红素而显色,故称为细胞色素,几乎存在于所有生物体内。其中的铁原子在传递电子中,从 Fe^{3+} 到 Fe^{2+},当电子转移后再恢复 Fe^{3+} 状态。细胞色素是根据还原型细胞色素的光谱吸收而分类的,还原型细胞色素有明显的可见光谱吸收现象,可看到 α、β 和 γ 三条光谱吸收带,或称 α、β 和 γ 吸收峰,由 α 峰的吸收波长不同而分为 a、b、c 三类。吸收峰位置为 Cyt a:600 nm,Cyt b_{566}:566 nm,Cyt b_{562}:562 nm,Cyt c:550 nm,Cyt c_1:554 nm。b_{566} 又可写做 b_L 或 b_T,b_{562} 又可写做 b_H 或 b_K。

细胞色素 c(Cyt c)是唯一能溶于水的细胞色素,是水溶性的周边膜蛋白。细胞色素 c 是由 104 个氨基酸残基构成的单一多肽链,相对分子质量为 13 000,是一种较小球形蛋白,是结构了解最透彻的细胞色素。它的构象 10 亿年来基本未变,104 个残基中有 26 个毫无变化。

Cyt c 和 CoQ 都是传递电子的流动载体,细胞色素 c 在接受细胞色素还原酶电子后立即传递给细胞色素氧化酶。

(6) **细胞色素氧化酶**:又称细胞色素 c 氧化酶、复合体 IV,由 10 个亚基组成,相对分子质量大约 20 万,是嵌在线粒体内膜上的跨膜蛋白,把电子从 Cyt c 传递给氧。该酶有四个氧化还原活性中心,这四个氧化还原活性中心是两个 a 型血红素(血红素 a 和血红素 a_3)和两个铜离子(Cu_A 和 Cu_B)。在电子传递时,铜原子往复地发生 Cu^{2+} 和 Cu^+ 的价态变化。两个血红素

a 和 a_3 化学结构完全相同,但处于细胞色素氧化酶的不同部位而具有不同的性质,命名为血红素 a 和血红素 a_3。Cu_A 和 Cu_B 由于结合的蛋白不同,性质也有差异。

酶接受电子传递顺序为:$Cyt\ c \rightarrow a\text{-}Cu_A \rightarrow a_3\text{-}Cu_B \rightarrow O_2$。

最后,该酶传递四个电子到氧分子,氧为最终电子受体,形成两分子 H_2O。

沿电子传递链发生的氧化还原电势的变化是每一步自由能变化的依据。在氧化呼吸主链中的 NADH-Q 还原酶、细胞色素还原酶和细胞色素氧化酶催化的三步反应中,每一种酶都如同电子传递驱动的质子泵,是由电子传递的驱动力形成的。反应的自由能变化都足以将 H^+(质子)从线粒体内膜基质中泵出到线粒体的内膜外,产生氢离子梯度和膜电位;当质子经由通道流回内膜基质时就合成 ATP,完成氧化磷酸化作用。在此过程中,氧化作用和磷酸化作用由离子梯度偶联起来。

§8.3 电子传递的抑制剂

能够阻断呼吸链中某部位电子传递的物质称为电子传递的抑制剂。利用电子传递抑制剂选择性地阻断呼吸链中某个传递步骤,再测定链中各组分的氧化还原情况,是研究电子传递链顺序的一种重要方法。可阻断不同酶(不同部位)的常见抑制剂有以下几种:

(1) 鱼藤酮、安密妥:结构如下:

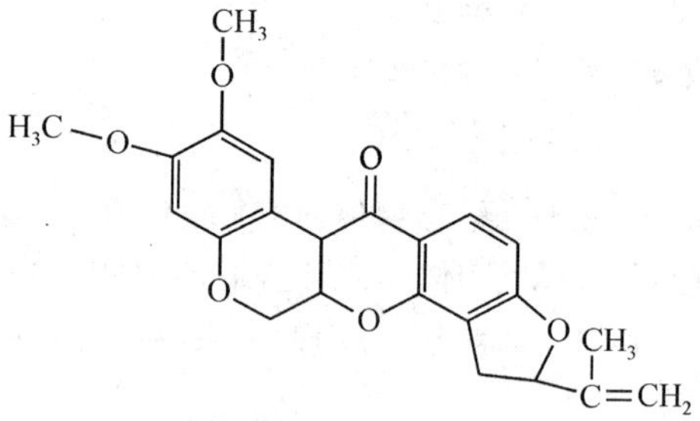

鱼藤酮 (rotenone) 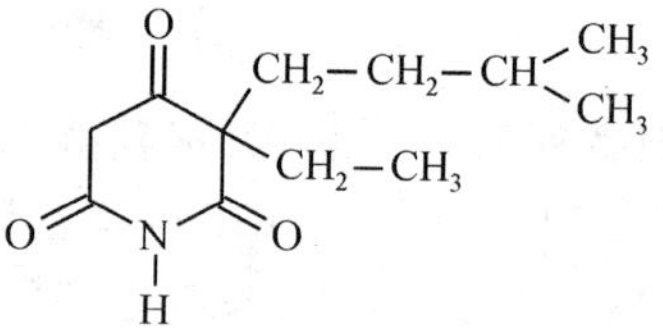　　　　　　　　　安密妥 (amytal)

它们阻断 NADH-Q 还原酶内的电子由 NADH 向 CoQ 的传递。鱼藤酮能和 NADH 脱氢酶牢固结合,但对黄素蛋白不起作用,可用来鉴定 NADH 呼吸链和 $FADH_2$ 呼吸链。

(2) 抗霉素 A:是由链霉素分离出来的抗生素。干扰细胞色素还原酶中电子从 $Cyt\ b_{562}$ 的传递,抑制细胞色素还原酶中电子从 QH_2 到 $Cyt\ c_1$ 的传递作用。

(3) 氰化物、叠氮化物、一氧化碳:CN^-、N_3^- 与 $Cyt\ a_3$ 中血红素 Fe^{3+} 作用,CO 与 $Cyt\ a_3$ 中 Fe^{2+} 作用,均阻断电子在细胞色素氧化酶中的传递作用,阻止了电子传递给 O_2。氰化物解毒:可用亚硝酸钠将 Fe^{2+} 氧化成 Fe^{3+},生成高铁血红蛋白,与氰化细胞色素氧化酶中的 CN^- 结合,置换出细胞色素氧化酶,使其恢复活性。残余的 CN^- 用硫代硫酸钠将 CN^- 变成无毒的 SCN^-,排出体外。

上述各种抑制剂的抑制部位见图 8-5 所示。

$$NADH \rightarrow \underset{\text{还原酶}}{NADH\text{-}Q} -\|\rightarrow CoQH_2 -\|\rightarrow Cyt\ c_1 \rightarrow Cyt\ c \rightarrow \underset{\text{氧化酶}}{\text{细胞色素}} -\|\rightarrow O_2$$

鱼藤酮,　　　　　　抗霉素 A　　　　　　　　　　　　　　　　　CN^-,N_3^-,
安密妥　　　　　　　　　　　　　　　　　　　　　　　　　　　　CO

图 8-5 几种电子传递抑制剂的作用部位

§8.4　氧化磷酸化作用

NADH 或 FADH$_2$ 上的电子可通过一系列电子传递载体传递给 O$_2$。在 NADH 和 FADH$_2$ 氧化过程中释放的自由能,被用来使 ADP 磷酸化形成 ATP。氧化作用和磷酸化作用是由一种跨越线粒体内膜的质子梯度偶联起来。

真核细胞电子传递和氧化磷酸化都发生在细胞线粒体内膜上,是由位于内膜中的呼吸酶集合体完成的。线粒体内膜是需氧细胞产生 ATP 的主要部位,而原核细胞则在浆膜中进行。氧化磷酸化是所有高级生命体代谢的中心,由此生成的 ATP 进一步水解产生的自由能被用于核酸、蛋白质等生物分子的合成,用于肌肉收缩及神经冲动传递等过程中。

氧化磷酸化全过程方程式为:

$$NADH + H^+ + 3ADP + 3P_i + \frac{1}{2}O_2 \longrightarrow NAD^+ + 4H_2O + 3ATP$$

电子由 NADH 到 O$_2$ 传递过程的化学反应式为:

$$NADH + H^+ + \frac{1}{2}O_2 \longrightarrow NAD^+ + H_2O$$

反应所释放的自由能:

$$\Delta G^{0'} = -220.5 \text{ kJ/mol} = -52.7 \text{ kcal/mol}$$

自由能贮存于 ATP 的过程反应式为:

$$3ADP + 3P_i \longrightarrow 3H_2O + 3ATP$$

反应吸收的自由能:

$$\Delta G^{0'} = 3 \times 7.3 = +91.6 \text{ kJ/mol} = +21.9 \text{ kcal/mol}$$

计算表明,三分子 ATP 的形成共俘获了电子由 NADH 传递到氧所释放出全部自由能的 42%(21.9/52.7)。

电子传递在正常情况下是与 ATP 的合成紧密相连的。只有当 ADP 被合成 ATP 时,电子才流经电子传递链传递到氧,这两者是同时发生的。ADP 供应充分,电子传递才能进行,ATP 才被合成。如果 ADP 浓度下降,电子传递也随之降低,称为呼吸控制。它保证了只有当 ATP 需要时,电子传递才能进行。

一、P/O 比(P∶O)

可反映一对电子通过呼吸链传至氧所产生的 ATP 分子数。实验证明,每消耗 1 分子氧约合成 3 分子 ATP,这个比例关系即为磷-氧比(P/O 比)。

一对电子流经 NADH-Q 还原酶所产生的质子动力足够形成 1 个 ATP 分子,流经细胞色素还原酶形成 0.5 个 ATP 分子,流经细胞色素氧化酶形成 1 个 ATP。每个 NADH 分子通过氧化磷酸化被氧化所产生的 ATP 分子是 2.5 个,NADH 的 P/O 比为 2.5(过去认为是 3)。而每一个 FADH$_2$ 被氧化只形成 1.5 个 ATP 分子,它是通过辅酶 Q 进入电子传递链的,P/O 比为 1.5(过去认为是 2)。

二、ATP 合成部位

ATP 的合成是在线粒体内膜上,将 NADH 和 FADH$_2$ 的电子传递给氧的过程中释放出自由能供给 ATP 合成。

（1）**能量释放的三个部位**：已发现有三个能量释放合成 ATP 的部位，在这三个部位产生质子梯度，它们是：① 由复合体 I 将 NADH 上的电子传递给 CoQ 时；② 复合体 III 将电子由 CoQ 传递给 Cyt c 时；③ 复合体 IV 将电子由 Cyt c 传递给 O_2 时。

一对电子经 NADH-Q 还原酶、细胞色素还原酶和细胞色素氧化酶泵出的质子数分别为 4、2 和 4 个。合成 1 个 ATP 要 3 个质子通过 ATP 合酶所释放的能量，合成 2.5 个 ATP 需 7.5 个质子驱动，合成 1.5 个 ATP 需 4.5 个质子驱动，多余的质子可能用于将 ATP 从基质运往膜外细胞溶胶。

（2）**ATP 合酶**：ATP 合成是在线粒体 ATP 合酶作用下完成的，此酶又称 F_0F_1-ATP 酶、复合体 V，由两个复合体单位 F_0 和 F_1 构成，为多酶复合体。电子传递酶类（复合体 I～IV）释放自由能，ATP 合酶则是将保存的能量释放，联合作用合成 ATP，为能量偶联或能量的转换。ATP 合酶存在于所有的能量传导膜中。连接 F_1 和 F_0 的"柄"约 5 nm，是由一种称为寡霉素敏感性付与蛋白和另一种被称为 F_6 的蛋白构成。F_1 复合体由五个独立的多肽链组成，F_0 为对寡霉素敏感的复合体，由多个亚基组成，疏水多肽链跨膜形成质子传递通道，并将质子梯度与 ATP 合成相偶联。F_1 复合体与 F_0 复合体的膜通道相连接，ATP 的合成部位是在 F_1 单位，质子流回基质通过 F_0 通道，与 ATP 合酶紧密结合着的 ATP 分子在质子流回基质时被释放出来。

三、氧化磷酸化的控制

氧化磷酸化的速率决定于对 ATP 的需要量。在大多数生理条件下，电子传递与磷酸化是紧密偶联的。电子通常不能经过电子传递链传递到 O_2，除非 ADP 同时被磷酸化为 ATP。ADP 水平对氧化磷酸化速率的调节称为呼吸控制。当 ATP 被消耗时 ADP 水平升高，需要合成 ATP 时电子才从燃料分子流到 O_2。

四、化学渗透假说

为说明电子传递所释放的自由能是如何保留下来并使 ATP 合酶用来合成 ATP，已提出多种能量偶联假说，其中被愈来愈多证据支持的是化学渗透假说（图 8-6）。该假说的要点是：电子传递释放出的自由能和 ATP 合成是与一种跨线粒体内膜的质子梯度相偶联的。即电子

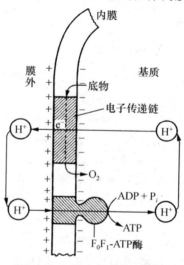

图 8-6　化学渗透假说示意图

传递所释放的自由能驱动 H^+ 从线粒体基质跨过内膜进入到膜间隙,从而形成跨线粒体内膜的 H^+ 电化学梯度,这个梯度的电化学电势驱动 ATP 的合成。此假说 1961 年提出,1978 年获诺贝尔化学奖。

具体过程为:电子传递链为一个 H^+ 泵,使 H^+ 从线粒体基质排到内膜外。内膜外 H^+ 浓度比内膜内高,形成 H^+ 浓度梯度(pH 梯度)。电化学电势驱动 H^+ 通过 ATP 合酶(F_0F_1-ATP 酶)回到线粒体基质,释放自由能与 ATP 合成偶联。ATP 合酶的 F_0 单位嵌入线粒体内膜中,是 ATP 合酶的质子通道;F_1 在膜外为球状体,由五种不同的多肽链组成,生理作用是催化 ATP 的合成。由 pH 梯度和膜电势驱动的质子通过 F_0 质子通道集中到 F_1 的催化部位,在 F_1 催化下质子与无机磷酸上的一个氧原子结合,继而与 ADP 反应合成 ATP。

§8.5　氧化磷酸化的解偶联和抑制

一般情况下,电子传递和磷酸化是紧密结合的。在静止状态下,线粒体内膜的电化学梯度的大小,正好能阻止质子泵的活动,电子传递也受到抑制。但特殊的试剂可将氧化磷酸化过程分解成单个反应,电子传递和磷酸化可被解偶联。

一、解偶联剂

这类试剂的作用是使电子传递和 ATP 合成两个过程分离,失掉其紧密的联系。它们阻止线粒体中 ATP 的合成,不抑制电子传递过程,但不能形成 H^+ 梯度,使电子传递产生的自由能变成热能。如 DNP(2,4-二硝基苯酚)$HO\!-\!\!\bigcirc\!\!-\!NO_2$(上有 NO_2),当 pH $=7$ 时,DNP 呈酚负离子形式,不能透过非极性膜;在酸性环境(H^+ 浓度提高),DNP 接受质子而成酚分子形式,为脂溶性而易于穿透膜。结果是将 H^+ 浓度高的膜外 H^+ 带入 H^+ 浓度低的膜内,并放出热能,破坏了跨膜 H^+ 梯度的形成,以致不能合成 ATP,电子传递自由进行,底物失去控制被快速氧化。故 DNP 又称质子载体。解偶联剂还有缬氨霉素、解偶联蛋白等。

动物的某些组织如褐色脂肪组织的线粒体,可被一些产热蛋白解偶联。褐色脂肪细胞线粒体内膜上有特殊 H^+ 通道,H^+ 流回可不经过 ATP 合酶,不产生 ATP 而只产生热。由脂肪组织形成的热称为非战栗产热,对新生儿有保护敏感机体组织的作用,对冬眠动物和在寒冷地区生活的人和动物有维持体温的作用。

二、氧化磷酸化抑制剂

因直接抑制 ATP 合成而使电子传递停止,并抑制氧的利用。氧化磷酸化抑制剂不直接抑制电子传递链上载体的作用,仍可形成 H^+ 梯度。如可抑制 ATP 合成的寡霉素,当寡霉素加入后,会由于直接抑制 ATP 合成,H^+ 梯度到达一定程度而使电子传递停止,表现为氧的消耗量减少。寡霉素抑制的电子传递会由于加入解偶联剂 DNP 使 H^+ 梯度消除,进而使电子传递恢复,见图 8-7。

图中,向线粒体悬浮液中加入 ADP 和底物,氧化磷酸化进行,耗氧而使氧浓度减少。当加

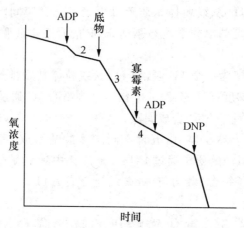

图 8-7 线粒体呼吸的四种状态,寡霉素对氧消耗的抑制作用及 DNP 解除寡霉素抑制作用

入寡霉素后,呼吸耗氧作用抑制,耗氧量减少,再加入 ADP 也不见氧的消耗增加。但当再加入 DNP 解偶联剂后,呼吸作用立刻加快,氧消耗增加,表明寡霉素对利用氧的抑制作用被解偶联剂解除。

三、离子载体抑制剂

离子载体抑制剂是一类脂溶性物质,为 H^+ 以外的一价阳离子的载体。它们能与某些离子,如 K^+ 等离子结合,作为离子载体穿过内膜,从而消除膜电势。如短杆菌肽可使 K^+、Na^+ 等阳离子穿过膜,缬氨霉素(由链霉素分离)可使 K^+ 透膜传递。膜电势消除,结果使 ATP 不能生成。

习 题

1. 写出电子传递链中的电子载体及其顺序。

2. 何谓氧化磷酸化作用?何谓磷-氧比?

3. 化学渗透假说(能量偶联假说)的要点是什么?

4. 何谓解偶联剂?2,4-二硝基苯酚为什么能使电子传递和 ATP 合成两个过程分离?

5. 指出将 NADH 和 $FADH_2$ 的电子传递给氧过程中释放出自由能供给 ATP 合成的部位。

6. KCN 中毒的机理是什么?为什么用亚硝酸盐并结合硫代硫酸钠可抢救 KCN 中毒者?

7. 琥珀酸脱氢酶能否用 NAD^+ 作辅基,为什么?

8. 常见的呼吸链电子传递抑制剂有哪些?作用机制是什么?

9. 一对电子经 NADH-Q 还原酶、细胞色素还原酶和细胞色素氧化酶泵出的质子数分别是多少?

10. NADH 通常将什么转移给氧,又产生什么来释放出能量?NADPH 通常作为供体提供些什么,在什么样的合成中提供还原力?

脂质与生物膜

§9.1 脂　　质

一、概述

脂质（lipid）又称脂类或类脂，是一类用弱极性或非极性溶剂如乙醚、氯仿等抽提而得到的不溶于水的化合物。脂质是基于它们的溶解性质，而不是基于它们的化学结构而定义的一类生物分子。它们的化学结构互不相同，分类有一定困难。脂质可用有机溶剂从组织中提取，用薄层层析或气相色谱进行分离而得。相对分子质量小的脂类化合物可根据其层析行为、对专一性酶水解的敏感性或质谱分析加以鉴定。

二、脂质的分类

脂质根据化学组成，可分为单纯脂质、复合脂质和衍生脂质；根据它们在水中和水界面上的行为不同，分为极性脂质和非极性脂质两大类；根据生物功能，则可分为贮存脂质、结构脂质和活性脂质。

1. 根据化学组成分类

（1）**单纯脂质**（simple lipid）：是由脂肪酸和甘油形成的酯，如甘油三酯、蜡（由长链脂肪酸和长链醇或固醇组成）。

（2）**复合脂质**（compound lipid）：分子中除含脂肪酸和醇成分外，还有非脂成分。按非脂成分不同可分为：

① **磷脂**：由分子内含醇成分不同，分为甘油磷脂（以甘油为分子骨架）和鞘氨醇磷脂（简称鞘磷脂，以鞘氨醇为分子骨架）。分子中非脂成分为磷酸，以及胆碱、胆胺和乙醇胺等含氮碱。

② **糖脂**：分子中非脂成分为糖。根据分子中醇的成分不同，分为甘油糖脂（如单半乳糖基二酰基甘油）和鞘糖脂（如脑苷脂、神经节苷脂等）。

鞘氨醇磷脂和鞘糖脂又合称为鞘脂（sphingolipid）。

（3）**衍生脂质**（derived lipid）：是由单纯脂质和复合脂质衍生而来，或与之关系密切且具有脂质一般性质的物质。

① **取代烃**：如脂肪酸及其皂化产物（脂肪酸盐）、高级脂肪醇，以及烃和脂肪醛、胺等。

② **固醇类（甾类）**：如固醇（甾醇）、胆酸、性激素、肾上腺皮质激素和强心苷等。

③ **萜**：可看成异戊二烯的聚合物，有倍半萜、双萜、三萜、四萜等。萜的结构有线性的，也有环状的。许多植物精油、天然色素（如胡萝卜素）等都是萜。

④ **其他脂质**：如脂溶性维生素，维生素 A、D、E、K，脂酰辅酶 A，类二十碳烷（前列腺素和白三烯等），脂蛋白，脂多糖等。

2. 根据在水中和水界面上的行为不同分类

（1）**非极性脂质**：在水中基本不溶，也不在空气-水界面或油-水界面分散成单分子层。如长链脂肪烃、胡萝卜素、鲨烯、胆甾烷、长链脂肪酸和长链脂肪醇形成的酯等。

（2）**极性脂质**：又分Ⅰ类、Ⅱ类和Ⅲ类极性脂质。Ⅰ类极性脂质在水中溶解度很低，自身不能成膜（双分子层），但具有界面可溶性，能在气-水表面分散形成单分子层，如甘油酯，长链醇，维生素 A、K、E 等。Ⅱ类极性脂质是成膜分子，能在水中形成单分子层、双分子层和微囊（成膜），可在水中膨胀形成液晶，如磷脂、鞘糖脂、单酰甘油、鞘氨醇等。Ⅲ类极性脂质溶于水，但在水中形成不稳定的单分子层。其中有可形成液晶的，如长链脂肪酸盐、洗涤剂、溶血卵磷脂等；也有不可形成液晶的，如游离胆汁盐、皂苷等。

3. 根据生物学作用分类

（1）**贮存脂质**：是能量的主要贮存形式，如甘油三酯和蜡。1 g 油脂在体内完全氧化产生 37 kJ（9 kcal）能量，为 1 g 糖或 1 g 蛋白产生能量（17 kJ）的 2.2 倍。

（2）**结构脂质**：为构成生物膜（细胞外周膜、核膜和各种细胞器的膜）的骨架。主要是磷脂，还有固醇和糖脂。

（3）**活性脂质**：具有专一的重要生物活性，包括数百种类固醇，雄性激素，雌性激素，维生素 A、D、E、K，前列腺素，泛醌（线粒体中），质体醌（叶绿体中）等。

4. 根据能否被碱皂化分类

分为能被碱水解的可皂化脂质（如脂肪酸酯）和不可被碱水解的不可皂化脂质（如类固醇和萜）。

§9.2 脂 肪 酸

脂肪酸（fatty acid，FA）是一类含有长烃链和一个末端羧基的化合物。在生物体内有 100 余种脂肪酸，大部分都以结合的方式存在。其羧基的 pK_a 大约为 5，在生理条件下游离羧基以负离子状态存在。不同脂肪酸的区别主要是烃链碳原子的数目、双键数目和位置不同。脂肪酸大部分由线性碳链组成，少数具有分支结构。它们除用系统命名和俗名表示外，还可由数字符号表示。如先写出脂肪酸的碳原子数目，再写双键数目，两个数目之间用冒号（:）隔开，如油酸 18:1。若需标出双键位置，可用 Δ（delta）右上标数字表示；数字指双键键合的两个碳原子编号较低的碳原子计数（碳原子计数从羧基端开始，羧基碳原子计数为 1），并在数字后面用 c（cis，顺式）或 t（trans，反式）标明双键的构型。如顺，顺-9,12-十八碳二烯酸(亚油酸),简写为 $18:2\Delta^{9c,12c}$,表明该脂肪酸有 18 个碳、两个双键,分别在第 $9\sim10$ 碳和第 $12\sim13$ 碳之间,且均为顺式。若为反式结构,命名必须加 t(trans);顺式的有时可不加 c。表 9-1 为某些天然存在的脂肪酸。

表 9-1　某些天然存在的脂肪酸

普通名称	系统名称	简写符号
硬脂酸	n-十八酸	$18:0$
软脂酸(棕榈酸)	n-十六酸	$16:0$
油酸	十八碳-9-烯酸	$18:1\Delta^9$
亚油酸	十八碳-9,12-二烯酸	$18:2\Delta^{9c,12c}$
α-亚麻酸	十八碳-9,12,15-三烯酸	$18:3\Delta^{9c,12c,15c}$
γ-亚麻酸	十八碳-6,9,12-三烯酸	$18:3\Delta^{6c,9c,12c}$
花生四烯酸	二十碳-5,8,11,14-四烯酸	$20:4\Delta^{5c,8c,11c,14c,17c}$
α-桐油酸	十八碳-9,11,13-三烯酸(顺,反,反)	$18:3\Delta^{9c,11t,13t}$
EPA	二十碳-5,8,11,14,17-五烯酸	$20:5\Delta^{5c,8c,11c,14c}$
DHA	二十二碳-4,7,10,13,16,19-六烯酸	$22:6\Delta^{4,7,10,13,16,19}$
反油酸	十八碳-9-烯酸(反)	$18:1\Delta^{9t}$

注:简写中 c(顺式)有时可省略,t(反式)必须注明。

一、脂肪酸的结构特点

(1) **碳原子数为偶数**:天然脂肪酸通常由偶数碳原子组成,这是由于在生物体内脂肪酸是以二碳单位(乙酰-CoA)形式聚合而成的(同时伴随还原)。碳原子数一般为 $4\sim36$ 个,多数为 $12\sim24$ 个,最常见的链长为十六碳和十八碳的脂肪酸。脂肪酸分子一般为线性分子。

(2) **不饱和脂肪酸双键常为顺式结构**:脂肪酸有饱和、单不饱和与多不饱和,双键数目一般是 $1\sim4$ 个,少数可多达 6 个。不饱和脂肪酸有一个不饱和双键几乎总是处于 $C_9\sim C_{10}$ 之间(Δ^9),且多数为顺式(cis)结构。不饱和脂肪酸烃链由于双键不能旋转而出现结节,顺式结构还会引起结构上的弯曲,不易折叠为晶体结构,熔点低于同样长度的饱和脂肪酸。如硬脂酸熔点为 69.9℃,而油酸(一个顺式双键)只有 13.4℃。细菌中有含甲基、环丙烷等侧链的脂肪酸,植物脂肪酸有的还含炔键、羟基和酮基等,这也会降低脂肪酸的熔点,如 10-甲基硬脂酸的熔点只有 10℃。脂肪酸的物理性质主要取决于其烃链的长度与不饱和程度,短的链长和高不饱和度提高其流动性。

(3) **多不饱和脂肪酸(PUFA)通常双键不共轭**:多不饱和脂肪酸双键之间往往隔着一个亚甲基,不共轭,局部为 1,4-戊二烯结构,熔点更低。

二、必需脂肪酸

必需脂肪酸(essential fatty acids,EFA)对人体正常机能和健康具有重要保护作用,但体内不能合成,必须由膳食提供脂肪酸,如亚油酸和亚麻酸(α-亚麻酸)。可将其定义为一类维持生命活动所必需的体内不能合成或合成速度不能满足需要而必须从外界摄取的脂肪酸。人体及哺乳动物能制造多种脂肪酸,但不能向脂肪酸中引入超过 Δ^9 的双键(即不能在从羧基碳开始第 10 个碳以上的碳碳键中引入双键)。必需脂肪酸主要包括两种:一种是

ω-3（读做 omega-3）系列的 α-亚麻酸（18:3），一种是 ω-6 系列的亚油酸（18:2）。ω-3 即第一个双键离甲基末端三个碳的多不饱和脂肪酸（PUFA），ω-6 指脂肪酸第一个双键离甲基末端六个碳的多不饱和脂肪酸。花生四烯酸虽然可由亚油酸衍生得来，但当合成不足时，必须由食物供给，也可列入必需脂肪酸。

$$CH_3—CH_2—CH=CH—CH_2—CH=CH—CH_2—CH=CH—CH_2—(CH_2)_6—COOH \quad α\text{-亚麻酸}$$
$$CH_3—(CH_2)_4—CH=CH—CH_2—CH=CH—CH_2—(CH_2)_6—COOH \quad \text{亚油酸}$$

（1）α-亚麻酸（亚麻酸）：是 ω-3 系列的前体，人体内可用其合成所需要的 ω-3 系列的脂肪酸，如二十碳五烯酸（EPA）和二十二碳六烯酸（DHA）（深海鱼油的主要成分）。DHA 在大脑皮层和视网膜中很活跃。大脑中约一半 DHA 是在出生前积累的，另一半是在出生后积累的，因此在怀孕和哺乳期获取 ω-3 系列的不饱和脂肪酸很重要。亚麻酸可从油脂、坚果、人乳和海洋动物中获取。

（2）亚油酸：是 ω-6 系列的前体，是人体进一步合成 ω-6 系列其他不饱和脂肪酸的原料。如合成 γ-亚麻酸，继而合成维持细胞膜的结构和功能所必需的花生四烯酸。它也是合成一类具有生理活性的类二十碳烷化合物的前体。亚油酸可从植物油和肉类中获取。膳食中一般有足够的 ω-6 系列的多不饱和脂肪酸。

多不饱和脂肪酸十分重要，若缺乏会引起动物生长停滞，生殖衰退和肝、肾功能紊乱。健康的食用油中必须有足量的 ω-6 系列和 ω-3 系列的多不饱和脂肪酸，还要有相当数量的单不饱和脂肪酸。ω-6 系列和 ω-3 系列多不饱和脂肪酸在人体内不能互相转变。ω-6 系列多不饱和脂肪酸能明显降低血清胆固醇水平，若缺乏会导致皮肤病变；ω-3 系列多不饱和脂肪酸能显著降低甘油三酯水平，若缺乏会导致心脏疾病和神经、视觉疑难症。

三、反式脂肪酸

含有一个以上独立的（即非共轭）反式构型双键的脂肪酸称为反式脂肪酸（trans fatty acids，TFAs），分子结构呈线性，理化性质趋近于饱和脂肪酸，熔点高于顺式脂肪酸，如反油酸（反十八碳-9-烯酸）的熔点为 46.5 ℃。反式脂肪酸异构体种类很多，不同异构体可能存在不同的生理作用。少量存在的天然反式脂肪酸主要来源于反刍动物的脂肪和乳，是由饲料中的不饱和脂肪酸在反刍动物胃中的丁酸弧菌属酶的生物氢化作用下产生，这类反式脂肪酸的双键位置基本固定，几乎全为反式十八碳单烯酸，以反十八碳-11-烯酸为主，可在体内转化为多种有益生理活性的共轭亚油酸。目前尚无资料证实天然的反式脂肪酸对人体健康有不利影响。危害人们健康的反式脂肪酸的主要来源是氢化植物油，以反十八碳-9-烯酸为主。氢化加工在高温下进行，一部分双键被饱和，而另一部分双键则发生位置异构转变为反式构型。此外，植物油在过度加热、反复煎炸等烹调过程中也会产生少量反式脂肪酸（0.4%～2.3%）。

反式脂肪酸的摄入可影响必需脂肪酸的消化吸收，导致心血管疾病的发生、大脑功能的衰退。反式脂肪酸结合至膜磷脂或血浆脂蛋白后，会影响膜或膜结合蛋白（脂肪酸链延长酶、去饱和酶、前列腺素合成酶）的功能，干扰必需脂肪酸和其他脂质的正常代谢。反式脂肪酸可使高密度脂蛋白（HDL）含量降低、低密度脂蛋白（LDL）含量升高，从而增加心血管疾病的发病风险。反式脂肪酸与细胞膜磷脂结合，可改变膜脂分布并最终导致膜的流动性和通透性的改变，影响膜蛋白结构和离子通道，改变心肌信号传导的阈值。

四、类二十碳烷

又称二十烷酸(eicosanoid)。它们是由二十碳多不饱和脂肪酸(至少含三个双键)衍生而来,合成前体主要是花生四烯酸($20:4\Delta^{5c,8c,11c,14c,17c}$),并因此得名,一般指前列腺素、凝血嘧烷和白三烯等。人体中可以从 ω-6 系列多不饱和脂肪酸合成,是体内的局部激素,效能一般局限在合成部位的附近,半衰期很短。

(1) **前列腺素**(prostaglandin,PG):存在于动物和人体中的一类不饱和脂肪酸组成的活性物质,存量甚微,但对内分泌、生殖、消化、呼吸、心血管、泌尿和神经系统均有作用。除来自精囊外,全身许多组织细胞都能产生前列腺素。前列腺素在体内由花生四烯酸合成,环加氧酶催化花生四烯酸中的 C_8 和 C_{11} 双键区域内的环化与氧的加入。前列腺烷酸为前列腺素的母体化合物,结构见图 9-1。前列腺素结构为一个取代的环戊烷环和两条脂肪族侧链构成的二十碳不饱和羧酸,由环戊烷环上取代基性质不同分为 A、B、C、D、E、F、G(H)和 I 等类型,下标数字标明脂肪链中双键总数。

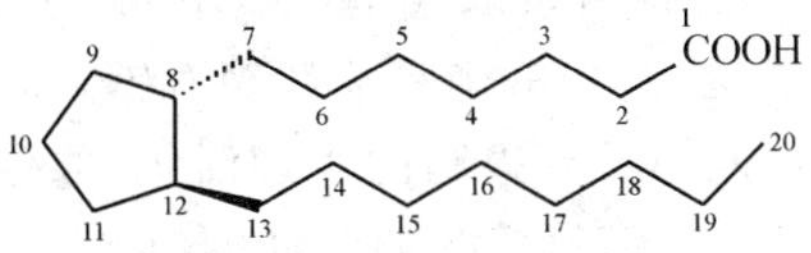

前列腺烷酸

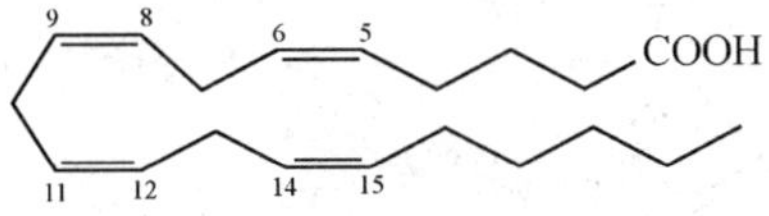

花生四烯酸

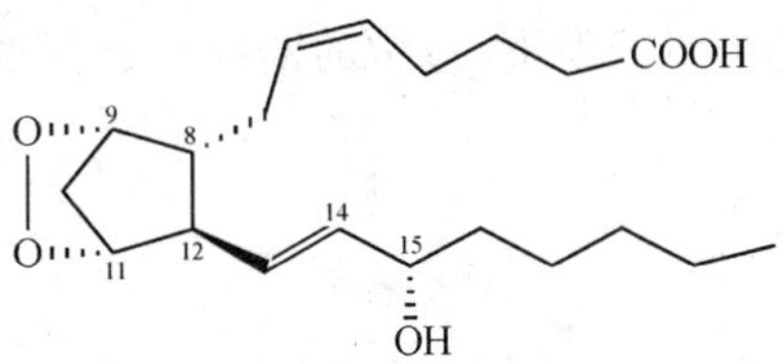

前列腺素G_2 (PGG_2)

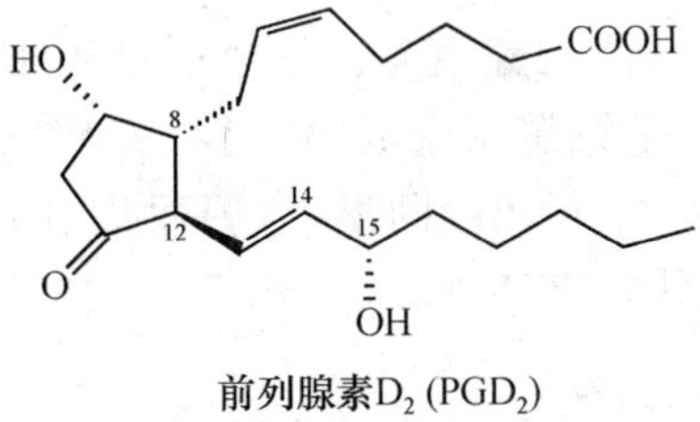

前列腺素D_2 (PGD_2)

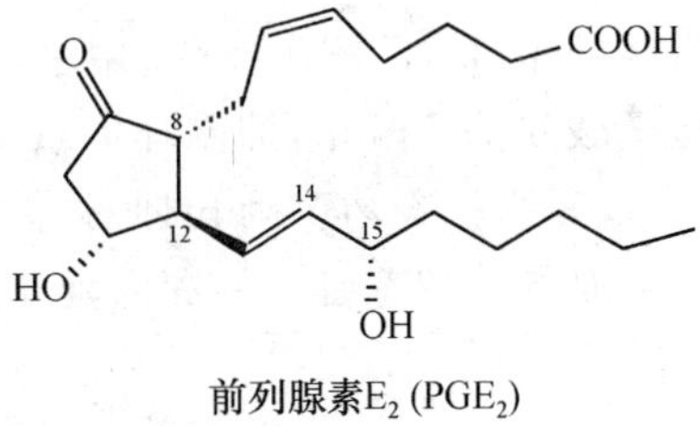

前列腺素E_2 (PGE_2)

图 9-1　前列腺素及其前体的结构

前列腺素的生理作用极为广泛:有升高体温(发烧),促进炎症(并产生疼痛),调节血流进入人特定器官,控制跨膜转运,调节突触传递,诱导睡眠等作用;能引起子宫收缩,故应用于足月妊娠的引产、人工流产以及避孕等方面;在治疗哮喘、胃肠溃疡病、休克、高血压及心血管疾病方面也有一定疗效。不同类型的前列腺素具有不同的功能,如 PGE 能扩张血管,增加器官血流量,降低外周阻力,并有排钠作用,从而使血压下降;而 PGF 可使兔、猫血压下降,却又使大鼠、狗的血压升高。PGE 使支气管平滑肌舒张,降低通气阻力;而 PGF 却使支气管平滑肌收缩。前列腺素的半衰期极短(1~2 分钟),是在局部产生和释放,只对产生前列腺素的细胞本身或对邻近细胞的生理活动发挥调节作用。

（2）**凝血噁烷**（thromboxane，TX）：花生四烯酸的衍生物。凝血噁烷 A_2（TXA_2）是该类化合物中最重要的一种，主要由血小板产生，促进血小板凝聚和平滑肌收缩。TXA_2 的效应与前列腺素相反，诱发血小板聚集，促进血栓形成，引起动脉收缩。结构中有环醚结构的含氧六元环，还有一个氧原子以环氧丙烷的形式存在于六元环的中央，其他与前列腺素相似，被认为是前列腺素类似物。ω-3 系列不饱和脂肪酸能抑制花生四烯酸转变为 TXA_2，可降低血小板聚集，有助于降低心脏病发作的危险。

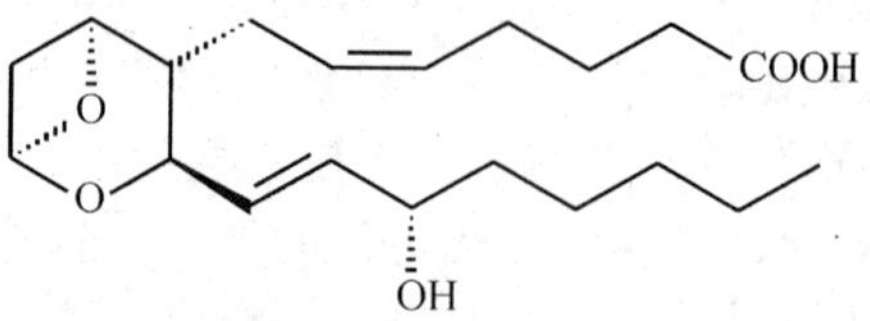

凝血噁烷 A_2（TXA_2）

（3）**白三烯**（leukotriene，LT）：具有共轭三烯结构的二十碳不饱和酸，是最早从白细胞中发现的线性氧化产物，因含三个共轭双键而得名。白三烯可按取代基性质不同，分为 A、B、C、D、E、F 六类。从花生四烯酸形成的白三烯含四个双键，其中一个是非共轭双键，缩写为 LT_4，右下标"4"表示双键总数。白三烯在体内含量虽微，但却具有很高的生理活性，能促进炎症和变态反应（过敏反应），是心血管等疾病中的化学介质，如引起平滑肌收缩、渗出液增多、冠状动脉缩小，以及肺气管缩小（发生哮喘），作用比组胺大 1000 倍。白三烯及其类似物阻断剂的研究，对于免疫以及发炎、过敏的治疗都有重要意义。

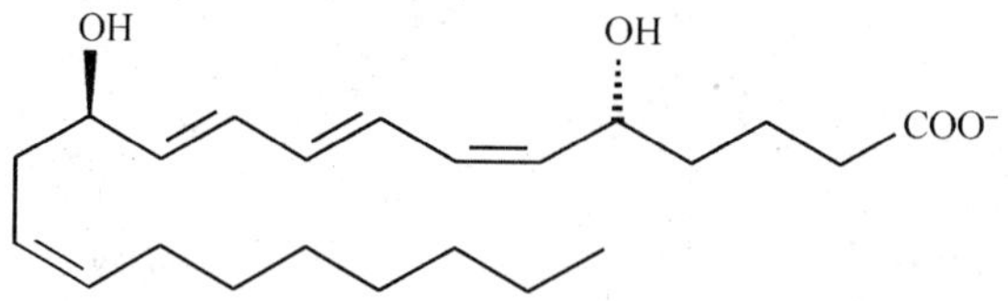

白三烯 B_4（LTB_4）

阿司匹林（aspirin，乙酰水杨酸）用于消炎、镇痛和退热已逾百年。它通过对环加氧酶活性中心处的丝氨酸残基乙酰化，抑制环加氧酶活性，抑制前列腺素合成第一步，从而关闭前列腺素的合成，所以是强抗炎药。阿司匹林也抑制凝血噁烷（TXA_2）的形成，因而抗血凝，被广泛用于防止过度血凝。随着研究的深入阿司匹林使用范围也在扩大。

§9.3 甘油三酯

甘油酯是甘油的羟基被酯化的一类酯，是动物体内含量最丰富的脂类。甘油三酯（triglyceride，TG）是甘油三个羟基都被酯化，又称三酰甘油（TAG），可分为简单三酰甘油和混合三酰甘油（分子中三个脂肪酸不同）。天然油脂是简单三酰甘油和混合三酰甘油的混合物，常温下呈液态的称为油，呈固态的称为脂。三酰甘油主要做贮存燃料。甘油酯还有二酰甘油和单酰甘油。

烷醚酰基甘油：甘油的三个羟基中两个为脂肪酸所酯化，而有一个 α-羟基与一个长链烷基或烯基以醚键相连。

一、甘油取代物的构型

三酰甘油和烷醚酰基甘油的化学通式如下：

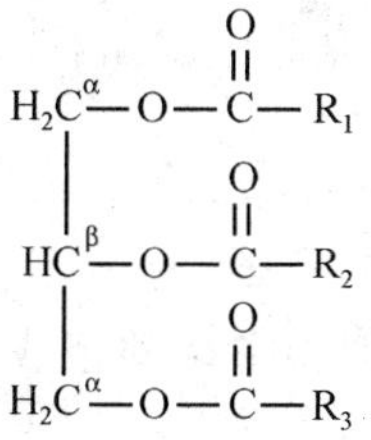

三酰甘油 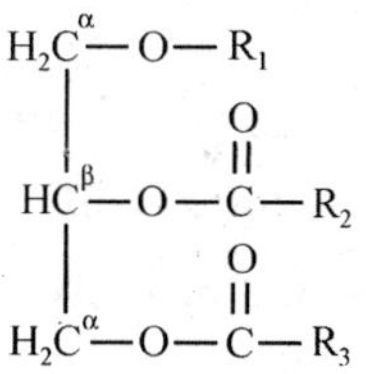　　　　　　　　　　烷醚酰基甘油

式中甘油骨架两端的碳原子为 α 位，中间的为 β 位。当甘油两端连接的取代基不同时，β-碳则为手性中心。为简单明确命名甘油取代物，1967 年国际纯粹与应用化学联合会—国际生物化学联合会（IUPAC-IUB）推荐采用立体专一编号（stereospecific numbering）即 sn-系统命名。

甘油的 sn 命名有以下几个规定：

（1）甘油结构用 Fischer 投影式表示，C_2（β-碳）的—OH 写在左边（即把甘油的潜手性 β-碳看成是 L-构型的）。

（2）三个碳原子从上到下顺序编号 1，2，3（立体专一编号）。

（3）用 sn（立体专一编号）写在甘油前面，表明采用这种编号系统命名。如 L-甘油-3-磷酸称为 sn-甘油-3-磷酸。

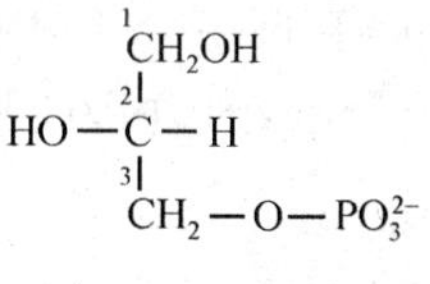

sn-甘油-3-磷酸 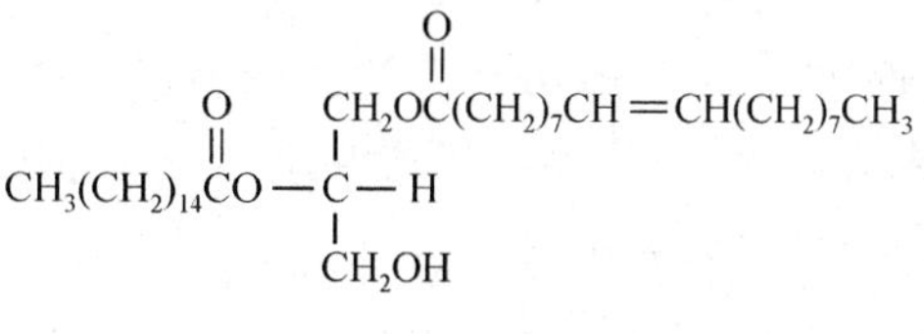　　　　　　　　　　1-油酰-2-棕榈酰-sn-甘油

二、脂质的过氧化作用

脂质的过氧化是多不饱和脂肪酸或多不饱和脂质的氧化变质，常表现为油脂的酸败，是典型的活性氧参与的自由基链式反应。多不饱和脂肪酸广泛存在于不饱和油脂及磷脂中。磷脂是构成生物膜的主要成分，因此脂质的过氧化将直接造成膜损伤，破坏膜的生物功能。许多疾病如肿瘤、血管硬化以及衰老都涉及脂质的过氧化作用。

脂质的过氧化中间产物可作为引发剂，使蛋白质分子变成自由基，进而导致蛋白质聚合和分子交联。膜蛋白的交联与聚合使膜蛋白平面运动受到限制，再加上过氧化作用使膜中不饱和脂肪酸减少、膜脂流动性降低，都使膜受到损害而功能异常。低密度脂蛋白的脂质过氧化加速动脉粥状硬化。脂质过氧化还加速老年斑的形成和加速衰老。老年斑是衰老的重要标志之一，主要由脂褐素和褐色素组成。脂褐素是不均一被氧化的不饱和脂质、蛋白质和其他细胞降解物的聚合物，是在自由基、酶和金属离子等的参与下膜分子发生裂解和过氧化的结果。脂褐素影响 RNA 代谢，使细胞萎缩和死亡。一些清除自由基的抗氧化剂（如维生素 E 和 C）能明显延缓老年色素的出现和增长，说明自由基和脂质过氧化与衰老有关。体内的抗氧化剂如超氧化物歧化酶(superoxide dismutase，SOD)、过氧化氢酶和维生素 E 均是与脂质过氧化抗衡的保护系统，可维持机体平衡，使之处于健康状态。

§9.4　磷　　脂

含磷的脂类统称为磷脂(phospholipid)，分成甘油磷脂(glycerophospholipid 或 glycerol phosphatide)和鞘磷脂(sphingolipid)两类。磷脂是两亲分子，有一个伸出的极性头基和两个非极性的尾链，并由连接基团连接在一起，主要参与细胞膜系统的组成。结构如下：

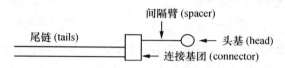

一、甘油磷脂的一般性质

（1）**物化性质**：甘油磷脂又称磷酸甘油酯(phosphoglyceride)，纯品为白色蜡状固体，遇氧颜色变深。溶于大多数含水非极性溶剂，难溶于无水丙酮。用氯仿-甲醇混合液可从细胞中进行提取。

（2）**为成膜分子**：属于两亲物质，分散在水中可形成双分子胶囊等膜结构。在烃链聚集的疏水作用、范德华力和极性头与水相互作用下，磷脂分子在水溶液中形成以下几种常见结构（图 9-2）：若分子只有一条尾链，则少量在水-空气边界聚集形成单分子层，大量分散在水中聚集形成可溶性的微团(micelle)，可为圆形、椭圆形、圆盘状和圆柱状；若两亲分子具有两条疏水烃链，体积相对较大，则在水中形成两层脂分子的烃链相对的双分子层，通过弯曲形成自我封闭的空心球状微囊(vesicle)。

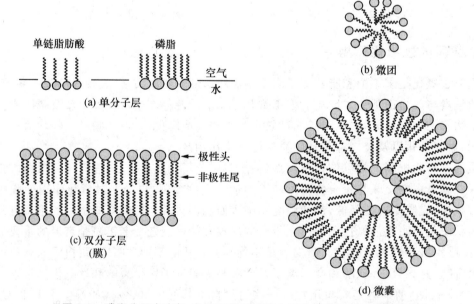

图 9-2　磷脂分子在空气-水界面和水系统中自发形成的几种常见结构

（3）**被磷脂酶专一水解**：磷脂酶 A_1、A_2、C 和 D 作用于甘油磷脂的不同位置（图 9-3），如磷脂酶 A_1 和 A_2，分别专一地除去 sn-1 位和 sn-2 位上的脂肪酸。

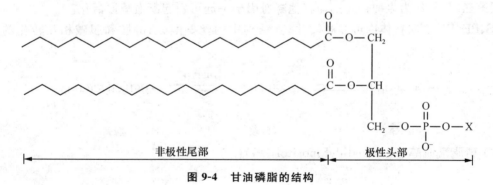

图 9-3　磷脂酶对磷脂的作用点（R_1，R_2 为长碳氢链）

磷脂酶 A_1 在自然界分布很广，磷脂酶 A_2 主要存在于蛇毒、蜂毒和以酶原形式存在于胰脏中。磷脂酶 A_1 或 A_2 作用于磷脂后，生成仅含一个脂肪酸的溶血甘油磷脂，达到一定浓度能使细胞膜（如红细胞膜）溶解。动物细胞中的磷酸甘油酯大约有 1% 是以甘油 C_2 上酰基丢失的溶血磷酸甘油酯的形式存在。它们的命名是在相应的磷酸甘油酯前加前缀"溶血"。

二、甘油磷脂的结构

甘油磷脂都是由 sn-甘油-3-磷酸衍生而来。甘油磷脂中两个脂肪酸分别与 sn-甘油-3-磷酸中的 C_1 和 C_2 位的羟基酯化，形成磷脂分子的非极性尾部；与 C_3 位羟基酯化的磷酸还有两个磷酸基，一个与极性醇 X（如胆碱、乙醇胺等）酯化，形成磷脂分子的极性头部，剩余一个在 pH 为 7 时形成带负电荷的阴离子（图 9-4）。

```
                                          O
                                          ‖
                                          C—O—CH₂
                                          O
                                          ‖
                                          C—O—CH
                                                        O
                                                        ‖
                                          CH₂—O—P—O—X
                                                        |
                                                        O⁻
        非极性尾部                         极性头部
```

图 9-4　甘油磷脂的结构

三、常见的甘油磷脂

（1）**磷脂酰胆碱**（phosphatidylcholine，PC）：系统名称为 1,2-二脂酰基-sn-甘油-3-磷酰胆碱。

```
        O          CH₂—O—C—R₁
        ‖                    O
R₂—C—O—CH               ‖
        CH₂—O—P—O—CH₂CH₂—N⁺(CH₃)₃
                    ‖
                    O⁻
```

又称卵磷脂（lecithin）、3-sn-磷脂酰胆碱，为细胞膜中最丰富的脂质。头基为胆碱，是代谢中的一种甲基供体,可归为 B 族维生素。乙酰胆碱是一种神经递质,与神经冲动的传导有关。卵磷脂和胆碱有防止脂肪肝形成的作用。一般从大豆油精炼过程中的副产物和蛋黄中提取,用层析法或超临界萃取法提取的精制卵磷脂含量可达 $85\% \sim 90\%$。

(2) **磷脂酰乙醇胺**(phosphatidylethanolamine,PE,cephalin):又称脑磷脂、3-sn-磷脂酰乙醇胺。头基为乙醇胺,又称胆胺。

$$
\begin{array}{c}
\quad\quad\quad\quad\quad\quad\quad O \\
\quad\quad\quad\quad\quad\quad\quad \parallel \\
\quad\quad\quad CH_2-O-C-R_1 \\
O\quad\quad\quad | \\
\parallel\quad\quad\quad | \\
R_2-C-O-CH \\
\quad\quad\quad\quad | \quad\quad O \\
\quad\quad\quad\quad | \quad\quad \parallel \\
\quad\quad\quad CH_2-O-P-O-CH_2CH_2-N^+H_3 \\
\quad\quad\quad\quad\quad\quad\quad | \\
\quad\quad\quad\quad\quad\quad\quad O^-
\end{array}
$$

为细胞膜中另一种最丰富的脂质。sn-2 位含有更多的 PUFA,包括花生四烯酸和 DHA。

(3) **磷脂酰丝氨酸**(phosphatidylserine,PS):系统名称为 3-sn-磷脂酰丝氨酸。

$$
\begin{array}{c}
\quad\quad\quad\quad\quad\quad\quad O \\
\quad\quad\quad\quad\quad\quad\quad \parallel \\
\quad\quad\quad CH_2-O-C-R_1 \\
O\quad\quad\quad | \\
\parallel\quad\quad\quad | \\
R_2-C-O-CH \\
\quad\quad\quad\quad | \quad O \\
\quad\quad\quad\quad | \quad \parallel \\
\quad\quad\quad CH_2-O-P-O-CH_2CH-COO^- \\
\quad\quad\quad\quad\quad\quad | \quad\quad\quad\quad | \\
\quad\quad\quad\quad\quad\quad O^- \quad\quad\quad N^+H_3
\end{array}
$$

头基为丝氨酸。分子净电荷为 -1(生物膜表面总带负电荷,PC、PE 带电荷均为 0)。又称血小板第三因子,作为表面催化剂与其他凝血因子一起可引起凝血酶原活化。

PS、PE、PC 之间在体内可互相转化,其结构中的丝氨酸、乙醇胺和胆碱相互转化的过程如下:

$$
-OCH_2CHN^+H_3 \underset{}{\overset{\text{脱羧}}{\rightleftharpoons}} -OCH_2CH_2N^+H_3 \underset{}{\overset{\text{甲基化}}{\rightleftharpoons}} -OCH_2CH_2N^+(CH_3)_3
$$
$$
\quad\quad | \\
\quad\quad COO^-
$$

丝氨酸 　　　　　　乙醇胺 　　　　　　胆碱

(4) **磷脂酰肌醇**(phosphatidyl inositol,PI):

$$
\begin{array}{c}
\quad\quad\quad\quad\quad\quad\quad O \\
\quad\quad\quad\quad\quad\quad\quad \parallel \\
\quad\quad\quad CH_2-O-C-R_1 \\
O\quad\quad\quad | \\
\parallel\quad\quad\quad | \\
R_2-C-O-CH \\
\quad\quad\quad\quad | \quad O \\
\quad\quad\quad\quad | \quad \parallel \\
\quad\quad\quad CH_2-O-P-O \\
\quad\quad\quad\quad\quad\quad |
\end{array}
$$

磷脂酸的磷酸基与肌醇的 C_1 位羟基以磷酸酯键相连接,分子净电荷 -1。在真核细胞质膜中,常含有磷脂酰肌醇-4-单磷酸(PIP,肌醇 4-位羟基磷酸化)和磷脂酰肌醇-4,5-双磷酸(PIP$_2$,肌醇 4,5-位两个羟基均磷酸化)。PIP$_2$ 是两个细胞内信使:肌醇-1,4,5-三磷酸(IP$_3$)和 1,2-二酰甘油(DAG)的前体。这些信使参与激素信号的放大,可将许多细胞外信号转换为细胞内信号,在许多细胞内引起不同反应,有相当的广泛性。

（5）磷脂酰甘油（phosphatidylglycerol，PG）：

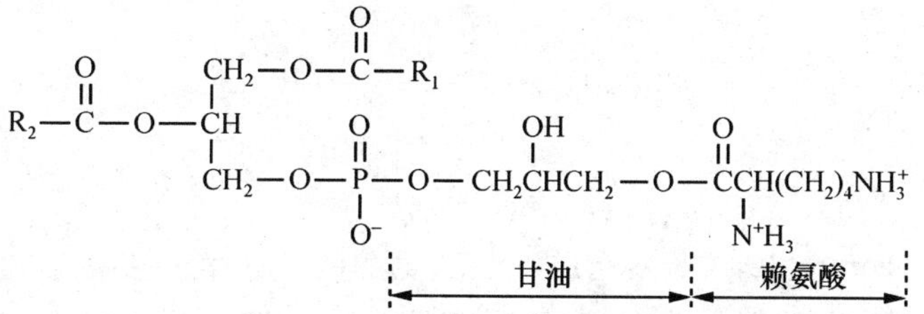

头基为甘油，且常与赖氨酸相连。磷脂酰甘油在细菌的细胞膜中常见。

四、醚甘油磷脂

某些动物组织和某些单细胞生物富含醚甘油磷脂（ether phosphoglyceride）。甘油骨架 sn-1 位碳上的羟基与另一个醇失水形成醚键。常见的有：

（1）缩醛磷脂（plasmalogen）：是醚甘油磷脂，结构中 sn-1 位的羟基与 α,β-不饱和（顺式）脂肪醇成醚，头基可为胆碱、乙醇胺和 Ser。脊椎动物心脏中富含缩醛磷脂，约占心脏磷脂的一半。

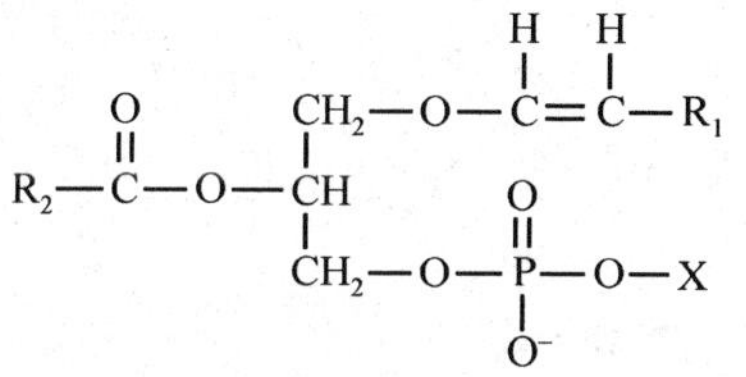

（X＝胆碱、乙醇胺或丝氨酸）

（2）血小板活化因子（platelet-activating factor，PAF）：甘油部分 sn-2 位的羟基被乙酰化，为乙酰基。

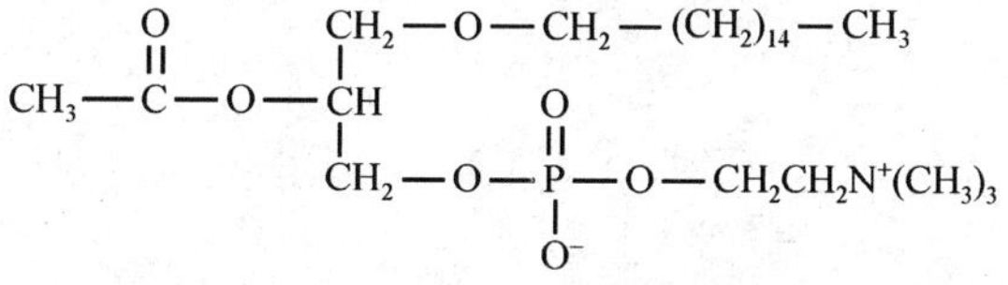

能引起血小板凝集和血管扩张，是炎症和过敏反应的有效介体，在水环境中可发挥信使作用。

五、鞘磷脂

鞘磷脂（sphingomyelin，SM）又称鞘氨醇磷脂（phosphosphingolipid），是由鞘氨醇代替甘油磷脂中的甘油形成的磷脂，由鞘氨醇、脂肪酸和磷酰胆碱（少数是磷酰乙醇胺）组成。鞘氨醇是一种长链的氨基醇。鞘磷脂在高等动物的脑髓鞘和红细胞膜中特别丰富。

（1）鞘氨醇（sphingosine）：已发现 60 多种，动物中有 D-鞘氨醇及饱和的二氢鞘氨醇（神经鞘氨醇）。D-鞘氨醇为反式-D-赤藓糖型-2-氨基-4-十八碳烯-1,3-二醇；二氢鞘氨醇可视为丝氨酸与软脂酸反应释放一个 CO_2 再还原而成。

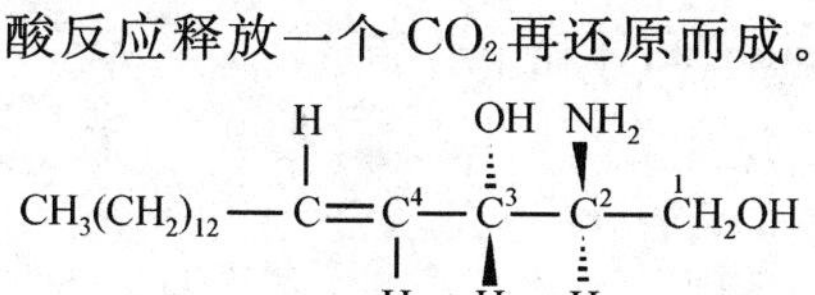

D-鞘氨醇

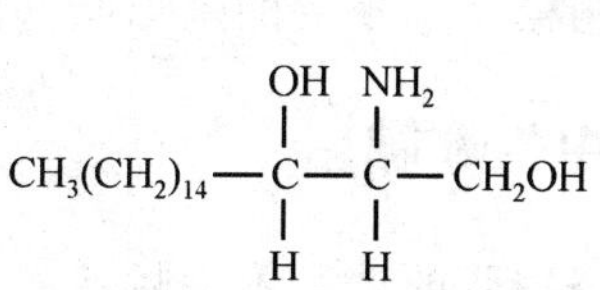

二氢鞘氨醇

在植物和真菌中主要为植物鞘氨醇（4-羟二氢鞘氨醇）。

$$CH_3(CH_2)_{13} - \overset{\overset{OH}{|}}{\underset{\underset{H}{|}}{C}} - \overset{\overset{OH}{|}}{\underset{\underset{H}{|}}{C}} - \overset{\overset{NH_2}{|}}{\underset{\underset{H}{|}}{C}} - CH_2OH$$

植物鞘氨醇

(2) 神经酰胺（ceramide，Cer）：脂肪酸与鞘氨醇的 2-位氨基发生酰化反应即形成神经酰胺，结构与二酰甘油相似，为鞘脂类（鞘磷脂和鞘糖脂）共同基本结构，是鞘脂类化合物的母体。结构如下：

$$R - \overset{\overset{O}{\|}}{C} - \overset{\overset{H}{|}}{N} - \overset{\overset{^1CH_2 - OH}{|}}{\underset{\underset{^3CH - OH}{|}}{^2CH}} \qquad (R \text{ 常见为 } C_{16}、C_{18} \text{ 和 } C_{24})$$

$$CH_3(CH_2)_{12} - CH = CH$$

(3) 鞘磷脂：又称磷酸鞘脂。神经酰胺的第一个（1-位）羟基被磷酰胆碱或磷酰乙醇胺酯化而成。胆碱鞘磷脂（choline sphingomyelin）结构如下：

$$CH_3(CH_2)_{14} - \overset{\overset{O}{\|}}{C} - \overset{\overset{H}{|}}{N} - \overset{\overset{^1CH_2 - O - \overset{\overset{O}{\|}}{P} - O - CH_2CH_2N^+(CH_3)_3}{|}}{\underset{\underset{^3CH - OH}{|}}{^2CH}}$$

$$CH_3(CH_2)_{12} - CH = CH$$

鞘磷脂与甘油磷脂一样，具有两条烃链和一个极性头，也是两亲分子。与—NH_2连接的脂肪酸最常见的有十六、十八和二十四碳酸。鞘磷脂也为细胞膜的主要成分，在人红细胞膜中约占脂质的 17.5%。

§9.5 糖　　脂

糖脂为糖通过其半缩醛羟基与脂质以糖苷键连接的化合物。由脂质部分不同，可分为鞘糖脂、甘油糖脂以及类固醇衍生糖脂，作为膜脂主要是前两类。糖脂分子中也含有疏水和亲水两部分，亲水部分为糖。糖脂在膜上分布不对称，仅分布在细胞膜外侧单分子层，约占膜脂的 5%。

糖脂中主要是鞘糖脂（glycosphingolipid）。鞘糖脂与鞘磷脂一样，也是以神经酰胺为母体的化合物，其神经酰胺的 1-位羟基通过糖苷键与糖基连接，形成糖苷化合物。作为膜脂的鞘糖脂与细胞识别和组织、器官的特异性有关。已发现至少 50 种鞘糖脂，每一种鞘糖脂的神经酰胺部分可含有不同的脂肪酸。由糖基是否含有唾液酸或硫酸基成分，鞘糖脂又分为中性鞘糖脂和酸性鞘糖脂。重要的鞘糖脂有脑苷脂（cerebroside）和神经节苷脂。

一、中性鞘糖脂

中性鞘糖脂的糖基不含唾液酸（sialic acid）成分，结构见图 9-5。细菌和植物细胞质膜中的糖脂几乎都是脑苷脂的衍生物。极性部分为糖残基，常见的有半乳糖、葡萄糖等单糖，此外还有二糖、三糖等寡糖；非极性部分为脂肪酸，以亚麻酸的含量较为丰富。脑苷脂是重要的中性鞘糖脂，现泛指半乳糖苷神经酰胺和葡萄糖苷神经酰胺。半乳糖苷神经酰胺最早从人脑中获得，约占脑干重的 11%。常见的鞘糖脂有半乳糖苷神经酰胺和红细胞糖苷脂，结构如下：

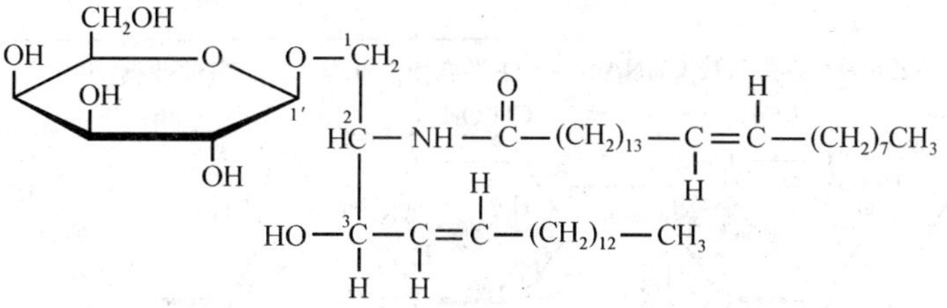

半乳糖苷神经酰胺

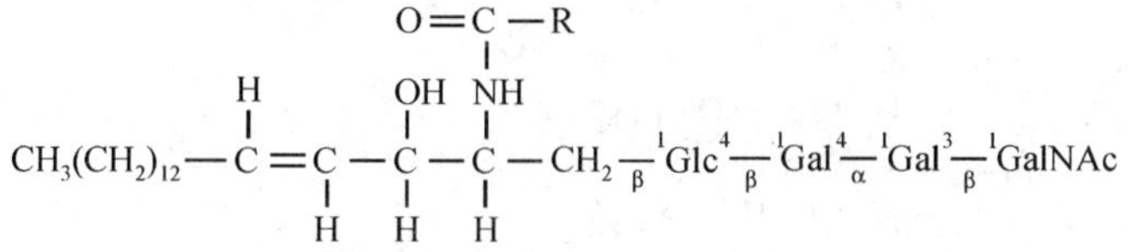

含四糖基的红细胞糖苷脂（Gb$_4$）

（葡萄糖：Glc，半乳糖：Gal，N-乙酰半乳糖：GalNAc）

半乳糖苷神经酰胺由 β-D-半乳糖（极性头基部分）、鞘氨醇和脂肪酸（图中为二十四碳烯酸）三部分组成。其中半乳糖（Gal）的 β-1-位羟基与神经酰胺（Cer）的 1-位羟基缩合成醚，记做 Gal(β1→1)Cer，脂肪酸部分均与神经酰胺的氨基成酰胺。上述红细胞糖苷脂记做 GalNAc (β1→3) Gal(α1→4)Gal(β1→4)Glc(β1→1)Cer。

二、神经节苷脂

神经节苷脂（ganglioside）又称唾液酸鞘糖脂，是糖基部分含有唾液酸的酸性鞘糖脂。糖基为寡糖链，含一个或多个唾液酸（Sia），还有神经酰胺。目前已知的神经节苷脂有 60 余种。人体内的神经节苷脂几乎全部都是 N-乙酰唾液酸。神经节苷脂是最重要的鞘糖脂，在神经系统特别是神经末梢中含量丰富。神经节苷脂具有受体的功能，如霍乱毒素、干扰素、促甲状腺素和破伤风素等的受体都是神经节苷脂类化合物。它们可能还有调节膜蛋白功能的作用，在神经冲动传递中也起重要作用。唾液酸（N-乙酰神经氨酸）结构见图 9-5。

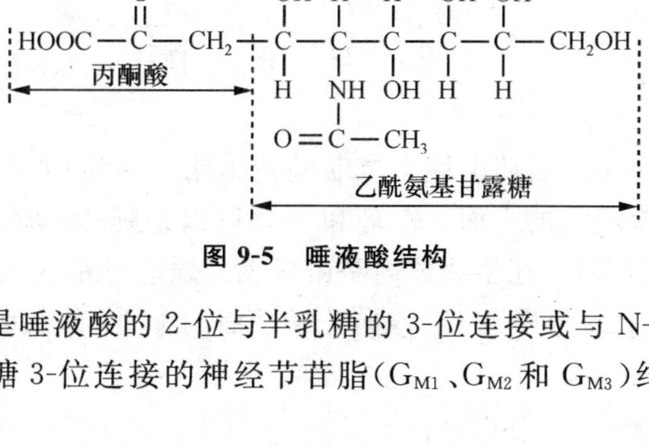

图 9-5 唾液酸结构

神经节苷脂中往往是唾液酸的 2-位与半乳糖的 3-位连接或与 N-乙酰半乳糖基的 6-位相连。唾液酸 2-位与半乳糖 3-位连接的神经节苷脂（G$_{M1}$、G$_{M2}$ 和 G$_{M3}$）结构见图 9-6。G 代表神经节苷脂,右下标 M、D、T 分别表示含 1、2、3 个唾液酸,下标 1、2、3 指与神经酰胺相连的不同糖链顺序。G_{M2} 比 G_{M1} 末端少一个半乳糖,G_{M3} 再少一个 N-乙酰半乳糖胺。

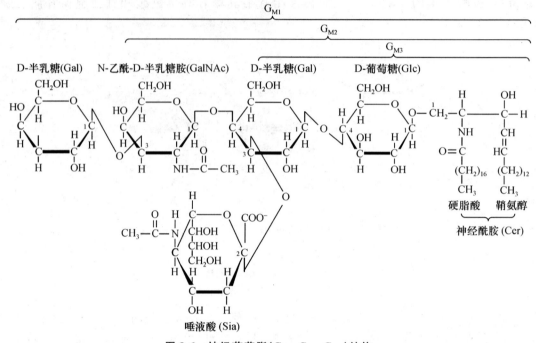

图 9-6 神经节苷脂(G_{M1}、G_{M2}、G_{M3})结构

图中 G_{M1} 记做:

$$Gal\beta1\rightarrow3GalNAc\beta1\rightarrow4Gal\beta1\rightarrow4Glc\beta1\rightarrow1Cer$$
$$3$$
$$\uparrow$$
$$2$$
$$\alpha\,Sia$$

G_{M2} 记做:

$$GalNAc\beta1\rightarrow4Gal\beta1\rightarrow4Glc\beta1\rightarrow1Cer$$
$$3$$
$$\uparrow$$
$$2$$
$$\alpha\,Sia$$

G_{M3} 记做:

$$4Gal\beta1\rightarrow4Glc\beta1\rightarrow1Cer$$
$$3$$
$$\uparrow$$
$$2$$
$$\alpha\,Sia$$

§9.6 类 固 醇

类固醇又称甾类(steroid),是环戊烷多氢菲的衍生物。甾核中三个六元环均采取无张力的椅式构象,基本上是一个刚性的平面。A 环和 B 环可以是顺式稠合,也可以是反式稠合;而 B-C 和 C-D 的稠合都是反式的。在生物体内是由异戊二烯通过角鲨烯合成的。

A-B 反式类固醇,C_{10} 上的角甲基 C_{19} 伸向分子平面的上方,称 β 取向;C_5 位的氢原子伸向分子平面的下方,称 α 取向。

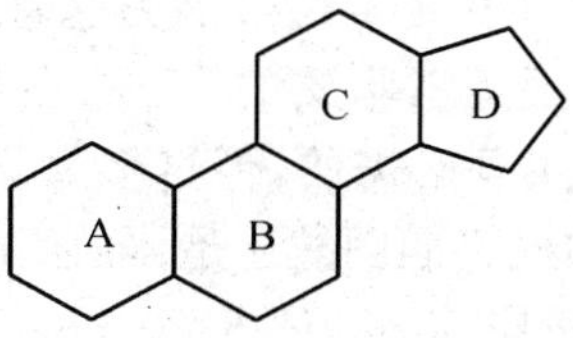

环戊烷多氢菲

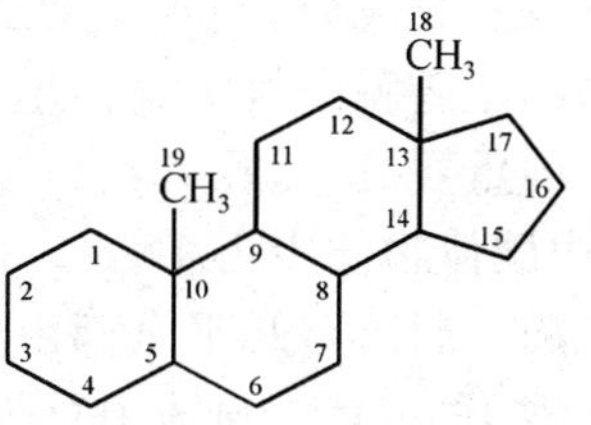

甾核

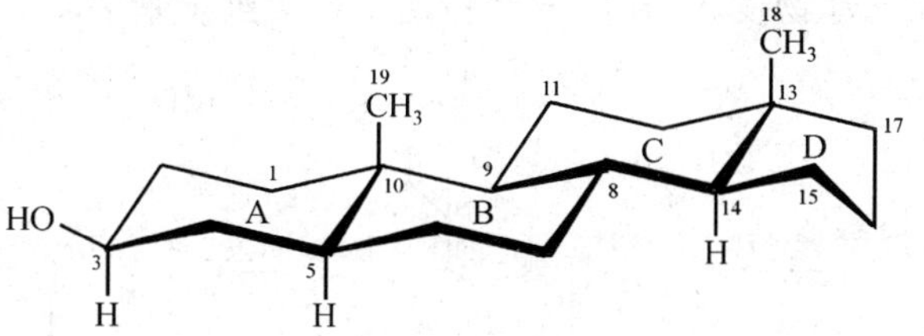

甾核 (A-B反式稠合)

类固醇中有一大类含一个或多个羟基的化合物称为固醇或甾醇，其结构特点是在甾核的 C_3 上有一个 β-羟基，在 C_{17} 上有一个含 8～10 个碳的烃链。固醇存在于大多数真核细胞的膜中，但细菌中不含固醇。其中最常见的动物固醇为胆固醇（cholesterol），参与动物的细胞膜的组成（图 9-7）。

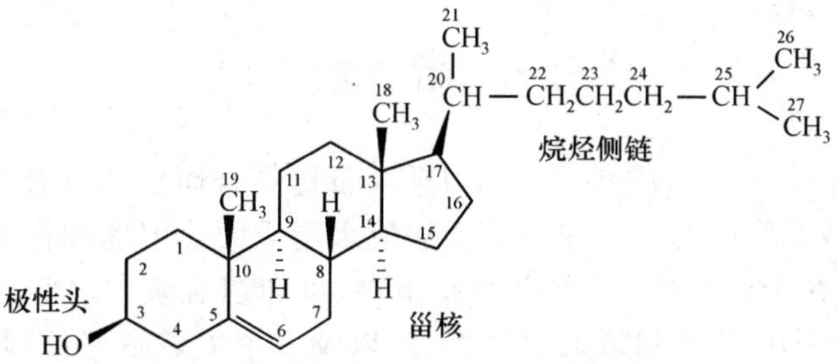
烷烃侧链
极性头
甾核

图 9-7　胆固醇（5-胆甾烯-3β-醇）结构

胆固醇的生物合成是由乙酰-CoA 开始，需 32 种不同的酶。胆固醇的基本碳骨架是异戊二烯。胆固醇生物合成的关键中间物如下：

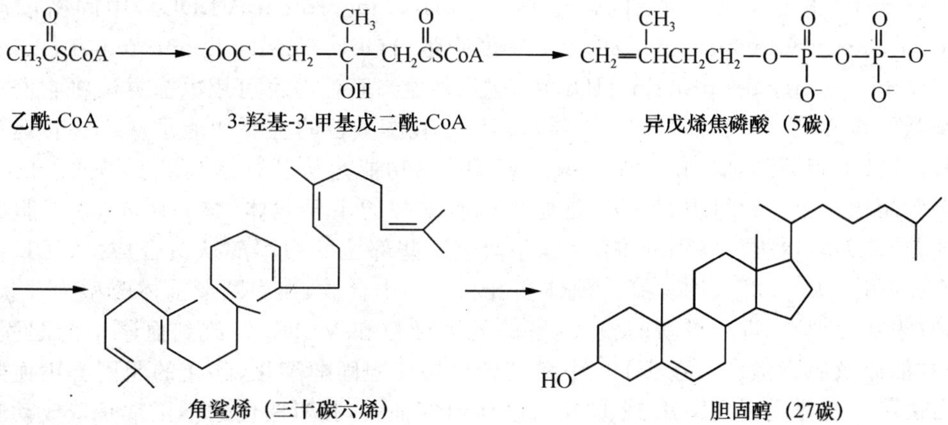
乙酰-CoA
3-羟基-3-甲基戊二酰-CoA
异戊烯焦磷酸（5碳）
角鲨烯（三十碳六烯）
胆固醇（27碳）

胆固醇除人体自身合成外,还可从食物中获得。胆固醇在脑、肝、肾和蛋黄中含量很高。胆固醇在真核生物细胞脂膜中对于维持生物膜流动性和正常透过能力起着重要的作用。胆固醇是脊椎动物细胞的重要成分,在人红细胞膜中胆固醇占脂质的 25%,在神经组织和肾上腺中含量丰富,在脑中固体物质中占 17%。胆固醇是生理必需的,但过多又会引起冠心病、动脉粥状硬化等严重疾病。胆结石几乎全部由胆固醇构成。胆固醇还是体内固醇激素和胆汁酸(胆酸、鹅胆酸和脱氧胆酸)的前体。血清中总胆固醇含量应为 3.30~6.20 mmol/L。研究胆固醇已使十几位学者获诺贝尔化学奖。

7-脱氢胆固醇存在于动物皮下,在紫外线作用下形成维生素 D_3,反应过程如下:

7-脱氢胆固醇　　　　　　前维生素D_3　　　　　　维生素D_3(胆钙化醇)

植物中很少含胆固醇,但含其他固醇,称为植物固醇(phytosterol)。其中最丰富的是存在于小麦、大豆中的 β-谷固醇,另外还有豆固醇、菜油固醇等。植物固醇自身不易被人肠黏膜吸收,并能抑制胆固醇的吸收,可用于开发降低胆固醇的药物。

§9.7 脂 蛋 白

脂蛋白(lipoprotein)是由脂质和蛋白质以非共价键结合而成的复合物。脂蛋白中的蛋白质部分称载脂蛋白,载脂蛋白的主要作用是增加疏水脂质的溶解度和作为脂蛋白受体的识别部位。脂蛋白广泛存在于血浆中,又称血浆脂蛋白,可转运血浆中的脂质。它们都是球形颗粒,有一个由三酰甘油和胆固醇组成的疏水核心,以及一个由磷脂、胆固醇和载脂蛋白参与的极性外壳。大多数脂质在血液中的转运是以脂蛋白复合体形式进行的。蛋白质的密度大于脂质聚集体密度,因此复合体中蛋白质愈多,脂质愈少,复合密度愈高。血浆脂蛋白为可溶性,根据各自的密度不同,可用超离心法把它们分成五个组分,按密度增加为序排列如下:乳糜微粒(chylomicron),极低密度脂蛋白(very low density lipoprotein,VLDL),中间密度脂蛋白(intermediate density lipoprotein,IDL),低密度脂蛋白(low density lipoprotein,LDL)和高密度脂蛋白(high density lipoprotein,HDL)。这几种血浆脂蛋白也可用电泳方法将它们分开。

乳糜微粒核心是三酰甘油,约占 85%~95%。乳糜微粒的主要功能是从小肠转运三酰甘油、胆固醇及其他脂类到血浆和其他组织。VLDL 的功能是从肝脏运载肝所需之外的多余的三酰甘油和胆固醇至各靶组织。LDL 是血液中胆固醇的主要载体,核心由 1500 个胆固醇酯分子组成,功能是转运胆固醇到外围组织,并调节这些部位的胆固醇从头合成。HDL 密度最高,含 50% 的蛋白质和 27% 的磷脂。前体在肝和小肠中合成,在扁圆形前体改型为球状 HDL 过程中,收集从死细胞、进行更新的膜、降解的乳糜微粒和 VLDL 释放到血浆中的胆固醇、磷脂、三酰甘油以及载脂蛋白。在 HDL 中酰基转移酶使胆固醇酯化,酯化的胆固醇由血浆脂质转移蛋白快速往复地送到 VLDL 或 LDL。临床研究证明,脂蛋白代谢不正常是造成动脉粥状硬化的主要原因。血浆中 LDL 水平高而 HDL 水平低的人容易患心血管疾病。

§9.8　生物膜的组成和性质

　　细胞都是由细胞膜将其内含物与环境分开并取得个性。真核细胞中细胞核、线粒体、内质网、溶酶体等亚细胞结构和细胞器,以及植物细胞中的叶绿体等都有内膜系统。原核细胞也有少量内膜结构,如某些细菌的间体(mesosome)。细胞的外周膜(质膜)和内膜系统称为生物膜,是具有高度选择性的半透性阻障。膜上含有专一性的分子泵和门,而不是不可穿透的壁。膜中的泵和门调节这些室中的分子和离子组成。生物膜结构是细胞结构的基本形式,它对细胞内很多生物大分子的有序反应和整个细胞的区域化都提供了必需的结构基础,使细胞整个活动有条不紊、协调一致。生物体系中最重要的能量转换过程都是在高度有序阵列的膜系统上执行的,光合作用在叶绿体内膜上进行,氧化磷酸化作用则是在线粒体内膜上进行。膜也控制着细胞和环境之间的信息流,膜上含有接受外来刺激的专一性受体。膜在生物通信中起着中心作用。

　　生物膜主要由蛋白质(包括酶)、脂质(主要是磷脂)和糖组成,由各组分通过非共价键结合而成。生物膜的组分因膜的种类不同而不同,见表9-2。一般功能复杂或多样的膜,蛋白质比例较大且种类多。蛋白质对脂质比例可从 $1:4$ 到 $4:1$。如线粒体内膜功能复杂,有 60 种蛋白质;神经髓鞘主要起绝缘作用,仅含 3 种蛋白质。

表 9-2　生物膜的化学组成(单位:%)

类　别	蛋白质	脂　质	糖　类
线粒体内膜	76	24	0
嗜盐菌紫膜	75	25	0
小鼠肝细胞	44	52	4
人红细胞	49	43	8
神经髓鞘脂膜	18	79	3

　　生物膜具有多种功能。物质运送、能量转换、细胞识别、信息传递、神经传导、代谢调控等多种生命重要过程,以及药物作用、肿瘤发生等都与生物膜有关。生物膜的研究不仅有理论意义,应用研究前景也很广阔。生物膜的各种功能都已成为模拟的对象。模拟生物膜的选择透过性功能,对提高污水处理、海水淡化以及工业副产品回收效率都有指导意义。从生物膜的结构和功能角度研究农作物抗旱、抗寒、耐盐和抗病等机制,将会为农业增产带来显著效益。由于疾病几乎都与膜的变异有关,很多细胞膜上的受体可能是药物靶体。人工膜(脂质体)作为药物载体研究已开始进入临床试验,靶向给药(生物导弹)已成为药剂学研究的热门。生物膜的研究已成为当前分子生物学、细胞生物学和化学生物学十分活跃的一个领域。

一、膜脂

　　膜的功能和结构都是多种多样的,但组成生物膜内的脂质主要只有三种:磷脂、胆固醇和糖脂。它们都是较小的两亲分子,分子都具有亲水和疏水两部分,在水介质中可自发地形成闭合的双分子层。

　　(1) 磷脂:构成生物膜的基质,为生物膜的主要成分,是主要的膜脂类。包括甘油磷脂和鞘磷脂,每个分子都既有亲水的头基,又有疏水的尾链,在生物膜中呈双分子排列,构成脂双层。

（2）糖脂： 动物的脂膜中几乎都含有糖脂，约占外层膜脂的 5%。大多为鞘氨醇衍生物，一个或多个糖与其相连。最简单的糖脂是脑苷脂类，只有一个糖残基（半乳糖或葡萄糖）。极性头部含一个半乳糖残基的半乳糖脑苷脂，是髓鞘膜的主要糖脂。糖脂中的神经节苷脂是比较复杂的糖脂，可以含有多到七个糖残基的分支链，已知有 60 多种。它们的分子中至少有一个唾液酸和带有数目不等糖残基的神经酰胺。

（3）胆固醇： 真核细胞的脂膜通常富含胆固醇，但在细胞器膜中含量较少。在多数原核生物中胆固醇并不存在。动物细胞一般含胆固醇比植物细胞多。胆固醇的两亲性对生物膜中脂质的物理状态、流动性、渗透性有一定调节作用，是脊椎动物膜流动性的关键调节剂。

膜分子的相变温度 T_c 为膜的凝胶相和液晶相相互转变的温度，可用差热扫描量热计（DSC）进行测量。磷脂分子成膜后头基排列整齐，在 T_c 以下时，尾链全部取反式构象（全交叉，全反式，trans），排列整齐，为凝胶相（gel）；而在 T_c 以上时，碳氢尾链中的碳碳键交叉旋转成邻位交叉（gauche），形成"结"而变成流动态，为液晶相（图 9-8）。

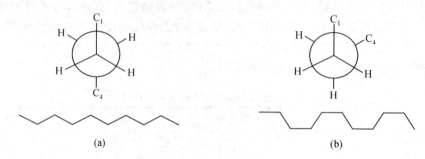

图 9-8　全反式和邻位交叉示意图

（a）当温度 $t < T_c$，碳链分子全反式，膜脂处于凝胶相；（b）当 $t > T_c$，碳链分子邻位交叉，膜脂处于液晶相

胆固醇的作用是：当温度在相变温度以上时（$t > T_c$），胆固醇阻挠磷脂尾链中碳碳键旋转引起的分子异构化运动，阻止向液晶态转化，使相变温度提高；而当温度在相变温度以下时（$t < T_c$），胆固醇又阻止磷脂尾链的有序排列，阻止向凝胶态转化，降低相变温度。胆固醇总的作用是使相变温度变宽，在较宽的温度范围内保持了膜的流动性。

（4）脂双层具有非共价的协同结构： 膜脂是两亲分子，具有表面活性剂分子在水中的多态性和各种性质。两亲分子在水-空气界面上形成单分子层，极性头基与水接触，疏水尾链伸向空气一侧。当浓度超过一定数值后，磷脂（两亲分子）就形成胶束（微团，micelles），其中极性头基向外，疏水尾链在胶束内部收缩在一起。大多数磷脂和糖脂含有两条疏水尾链，而倾向形成双层结构（bilayer），脂双层进一步自我组成闭合的脂质体（liposomes）。参见图 9-2。

疏水相互作用是形成脂双层的主要推动力，极性头基与水分子之间有静电力和氢键相互作用，疏水烃尾链之间还有范德华吸引力。脂双层是非共价的协同结构，倾向自我闭合而形成分隔，虽自我封闭但又具有进行扩展的内在倾向。脂双层对离子和大多数极性分子是高度不通透的，只有水是一个例外。Na^+ 和 K^+ 穿过膜要比水慢 10^9 倍。

生物膜在一般条件下都呈现脂双层结构，但在某些生理条件下，如在细胞的胞吞与胞吐、细胞融合、蛋白质跨膜运送等场合时，有可能出现非双层结构，如六角形相排列结构等，称为膜脂的多态性。

二、膜蛋白

细胞中大约有 20%～25% 的蛋白质是与膜结构连在一起的,为膜蛋白。膜的类型不同,膜所含的蛋白质数目也不同。嗜盐细菌的质膜中仅含细菌视紫红质一种蛋白质,大肠杆菌含有约 100 种,人体红细胞的质膜至少含有 17 种不同的蛋白质。它们承担着由膜实现的绝大多数膜过程。专一蛋白还担任独特的膜功能,如物质运送、能量转换、细胞通信等。而膜脂为膜蛋白功能的发挥提供了合适的环境,往往是膜蛋白表现功能所必需的。执行不同功能的膜含有不同的膜蛋白。由在膜上位置和与膜结合的紧密程度不同,将膜蛋白分为:

(1) **外周(peripheral)蛋白**:又称膜周边蛋白,分布在膜的脂双层(外层或内层)表面,一般占膜蛋白的 20%～30%。外周蛋白与脂双层结合不很紧密,一般溶于水。用稍高离子强度(如 $1\ mol \cdot L^{-1}\ NaCl$)或稍高 pH 的溶液浸泡洗涤,破坏外周蛋白与脂双层之间的离子和氢键相互作用,即可分离并易于纯化。外周蛋白可作为酶催化反应或参与信号分子的识别和信号传导。

(2) **内在(integral)蛋白**:又称膜内在蛋白质,一般占膜蛋白的 70%～80%,全部或部分埋在脂双层疏水区或跨全膜,主要靠疏水作用与膜脂紧密结合。内在蛋白不溶于水,有的部分嵌在脂双层中,有的横跨全膜。要深入了解膜内在蛋白的功能,必须解析它们的三维结构。由于它们难于分离且含量又低,要用表面活性剂或有机溶剂在超声波作用下溶解,才能从膜上分离。但去掉表面活性剂或有机溶剂后,内在蛋白又聚集成不溶性物质,构象与活性都发生很大变化,难于得到它们的三维结晶,因此已确定结构的不多。

膜过程的研究可以由纯化了的膜蛋白和磷脂或一些表面活性剂重组成的膜系统进行。用纯化组分来重组功能活跃的膜系统是阐明膜过程的一个重要实验途径。如视紫红质是一种光受体蛋白,分离后再将视紫红质在表面活性剂溶液中,在 500 nm 处测光吸收,结果与在视黄醛盘膜中测定值一致。

三、糖类

生物膜中含有一定量的糖类,约占质膜质量的 2%～10%,大多数糖与膜蛋白结合,少量(约 10%)与膜脂结合。糖残基总是定位在质膜的外表面,分布于质膜表面的一层多糖-蛋白复合物常称为细胞外壳,可能与大多数细胞的表面行为有关。细胞膜中的糖类如同细胞表面上的天线,在接受外界信息及细胞间相互识别方面具有重要作用。细胞与周围环境的相互作用都涉及糖蛋白。

§9.9　生物膜的分子结构

生物膜是蛋白质、脂质和糖类组成的超分子体系,彼此之间相互联系、相互作用。电子显微照片可以重建膜的三维图像。生物膜是片状结构,通常宽 7.5 nm。研究生物膜结构与功能时,必须注意它们之间的相互关系。

一、生物膜结构的主要特征

生物膜分子间作用力主要是静电力、疏水作用和范德华引力。

(1) **膜是不对称的**:膜在结构和功能上都是不对称的。所有已知生物膜在外部和内部表面上具有不同的组分和不同的酶活性。构成膜的脂质、蛋白质和糖类各组分在膜两侧分布是不对称的,从而导致膜两侧电荷数量、流动性等的差异,与膜蛋白定向分布及功能密切相关。周边蛋白有的分布在内侧,有的分布在外侧;内在蛋白有的部分嵌入或插入外侧,有的则从内侧嵌入或插入;跨膜蛋白无论在膜两侧的疏水区,还是暴露在两侧亲水部分的组分都是不同的。膜组成在膜两侧分布的不对称对于膜功能的表现是很重要的。

(2) **生物膜的流动性**:是生物膜结构的主要特征,它既包括膜脂,也包括膜蛋白的运动状态。合适的流动性对生物膜表现其正常功能具有十分重要的作用。生理条件下,磷脂大多呈液晶态,各种膜脂由于组分不同而具有各自的相变温度。温度降至相变温度,流动的液晶态转变为类似晶态的凝胶态。凝胶态和液晶态可随温度而互变。由于生物膜组成复杂,相变温度可有一很宽的范围。

磷脂的运动可归纳为以下几种方式:在膜内作侧向扩散或侧向移动,在脂双层中作翻转运动,烃链围绕碳碳键旋转而导致异构化运动,围绕与膜平面相垂直的轴左右摆动,围绕与膜平面相垂直的轴作旋转运动。膜蛋白的运动可分为侧向扩散和旋转扩散两种形式。

(3) **膜的流动性取决于脂肪酸组成和胆固醇含量控制**:

① **脂肪酸的链长与不饱和度**:磷脂中的脂肪酸链长度越长,相互作用越强,越易排列,链长要适中;链中双键越多,越不易排列。双键在烃链中产生弯曲,出现一个"结",这个弯曲对脂肪酸链井然有序的堆积很有妨碍,使 T_c 下降。如北极驯鹿由于常在冰雪中行走,小腿处细胞膜和质膜的不饱和脂肪酸比例大大增加,以维持正常功能。

另外,细菌中含有带有侧链的脂肪酸,如含甲基、环丙基的侧链等,作用与不饱和脂肪酸的双键相同。如结核硬脂酸,在脂肪酸的 10-位有甲基侧链($10\text{-}CH_3$),结核菌酸含 3,13,19-位三个甲基,乳杆菌酸在 10~11 位有环丙基。原核生物可以通过脂肪酸链的双键数目、侧链和链长度来调节膜的流动性。大肠杆菌($E.\ coli$)在 42℃ 时所含饱和与不饱和脂肪酸之比为 1.6:1,而 27℃ 时则为 1:1,不饱和脂肪酸比率增加,可防止膜在低温下变得过于刚硬。

② **胆固醇**:为真核生物膜流动的关键调节剂,使膜流动性适中,在很宽的温度范围内消除相变。

③ **其他**:膜蛋白和鞘磷脂含量、温度、pH、离子强度、金属离子等都对膜流动性有影响。

许多疾病患者的病变使细胞膜或红细胞膜的流动性异于正常。如急性淋巴细胞白血病患者淋巴细胞膜的流动性明显高于正常人;大骨节病患者的红细胞膜和克山病患者心肌线粒体膜的流动性低于正常人;"非典"病人的肺细胞膜变硬,形成气胸。

二、膜分子的运动

(1) 膜是动态结构,其中脂类和许多膜蛋白分子都不断进行侧向扩散或侧向移动,脂类在膜平面中扩散很快,而膜蛋白扩散速率只几个 $\mu m/min$。

(2) 在脂双层中从双层一侧转到另一侧的翻转,磷脂分子困难,膜蛋白则不能翻转,即膜蛋白不能从双层的一侧转到另一侧。

(3) 烃链围绕碳碳键旋转而导致异构化运动及凝胶相与液晶相的互变。

(4) 膜分子还有围绕与膜平面相垂直的轴左右摆动及旋转的运动。

三、生物膜的流体镶嵌模型

1972 年 J. Singer 和 G. Nicolson 提出了生物膜综合结构的"流体镶嵌"模型(图 9-9),并已获得比较广泛的支持。该模型认为,膜是由定向排列的脂质和球蛋白分子按二维排列的流体。

膜蛋白分布是不对称的,有的蛋白质镶在脂双层表面,有的则部分或全部嵌入其内部,有的则横跨整个膜。该模型主要特点是:

(1) 大多数膜磷脂和糖脂分子形成双层。这个脂类双层具有双重作用,既是膜内在蛋白的溶剂,也是一个通透性屏障。

(2) 小部分膜脂与特定膜蛋白发生专一相互作用,对它们的功能也是必需的。

(3) 除非为特殊的相互作用所限制,膜蛋白在脂质基质中可以自由地侧向扩散,但它们不能自由地从膜的一侧转到另一侧。

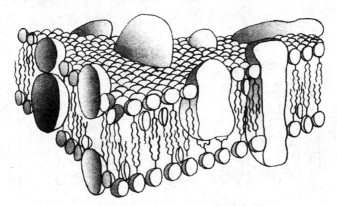

图 9-9 Singer 和 Nicolson 流体镶嵌模型

§9.10 生物膜的功能和物质运送

一、生物膜的主要功能

(1) **分隔细胞和细胞器**:分隔后使细胞和细胞器与环境隔离开而具有个性。细胞和细胞器功能的专门化与分隔密切相关。

(2) **物质运送**:生物膜具有高度选择性的半透性阻障作用。膜上含有专一性的分子泵和门,使物质进行跨膜运送,从而主动从环境摄取所需营养物质,同时排除代谢产物和废物,保持细胞动态恒定。生物界中许多生命过程都与物质跨膜运输密切相关。

(3) **能量转换**:如氧化磷酸化在线粒体内膜上进行,光合作用在叶绿体的内膜上进行。这两种生物界最重要的能量转换过程,均为在膜上进行的有序反应。

(4) **信息的识别和传递**:都在生物通信中起中心作用。控制着细胞及其环境之间的信息传递、细胞识别、细胞免疫、细胞通信等作用都是在膜上进行的,如膜上有专一受体。大部分激素都是先与它的靶细胞细胞膜上的受体结合,形成激素-受体复合物,再激活一系列蛋白和酶,产生级联反应,进而调节代谢及生理功能效应的。另外,有些膜还可产生化学或电信号。

二、生物膜的主动运送和被动运送

膜的物质运送由专一性蛋白质担任,膜脂为这些蛋白质创设了合适的环境。有些细胞有很高的浓缩功能,如海带收集碘,海带内碘的含量为周围环境的上千倍;甲状腺腺细胞使甲状腺中碘含量比血液中高 $25\sim50$ 倍;一种毛石藻浓缩铀可高达环境的 750 倍;大肠杆菌($E.coli$)可使自身细胞内乳糖浓度比胞外高 500 倍。

生物膜为在膜上定向运送物质的跨膜蛋白质形成通道,使被运输分子和离子穿过生物膜并被准确地调控。通过膜运输可以调节细胞体积,把细胞内 pH 和离子组成维持在一个狭窄范围,为酶活力提供一个有利的环境,使细胞从环境吸取有用的组分并排除有毒物质。膜运输还为神经和肌肉的兴奋性产生必需的离子梯度。由磷脂形成的脂双层允许水分子、气体分子(如 O_2、CO_2、N_2)和小的不带电的极性分子(如尿素、乙醇)通过,而不允许大的不带电的极性分子(如葡萄糖)、离子(如 Na^+、K^+、Cl^-、Ca^{2+})和带电极性分子(如氨基酸、ATP)通过。根据物质运输自由能变化,物质运送可分为被动运输和主动运输(图 9-10)。物质运送中的自由能变化取决于所运物质的浓度比,如果物质带电,还取决于膜电位。

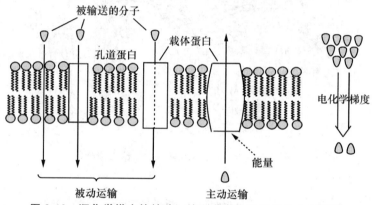

图 9-10 顺化学梯度的被动运输和逆电化学梯度的主动运输

(1) **被动运输**:物质从高浓度一侧顺浓度梯度的方向,通过膜运输到低浓度一侧,为不需要外界提供能量的自发过程,如上述脂双层允许分子通过的运输。运输速率取决于物质在膜两侧的浓度差及物质分子的大小、所带电荷和在脂双层中的溶解性。

(2) **主动运输**:物质逆电化学梯度的运输过程,需要外界供给能量方能进行,如上述脂双层不允许通过的物质的运送。主动运输具有以下一些特点:专一性,只运送特定的物质;饱和性,运送速率可达饱和状态;方向性,如细胞主动向外运输 Na^+,向内运输 K^+;选择性抑制,各种物质的运送有专一性抑制剂抑制运送;需提供能量,能源主要来自 ATP,也可用其他形式获取。

三、小分子物质的运输

根据运输物质分子的大小,物质运输又分为小分子运输与生物大分子运输。

由于膜脂双层内部的疏水性,疏水性小分子、N_2、苯等易通过膜;不带电荷的极性小分子,如甘油、脲,另外 CO_2 也可通过。

阳离子 Na^+、K^+、Ca^{2+} 等,阴离子 Cl^-、SO_4^{2-} 等,糖和氨基酸的跨膜运送均为小分子物质的运输,大多是通过膜上的专一性运输蛋白的作用实现的。

(1) **Na^+,K^+-泵**:为维持正常生理活动,动植物、细菌细胞内都是高 K^+ 低 Na^+,细胞外为高 Na^+ 低 K^+,存在明显的离子梯度,这是由蛋白主动运送的结果。执行这种运输功能的体系称为 Na^+,K^+-泵,在膜中是定向运输的。

(2) **Na^+,K^+-泵为分布在膜上的 Na^+,K^+-ATP 酶**:Na^+,K^+-ATP 酶只有在 Na^+、K^+ 同时存在时才可以水解 ATP,并需要 Mg^{2+} 的存在。通过水解 ATP 提供的能量,主动向外运输 Na^+ 而向内运输 K^+(图 9-11)。每分解一个 ATP 分子,泵出三个 Na^+,泵入两个 K^+。Na^+,

K^+-泵是跨膜寡聚蛋白质。

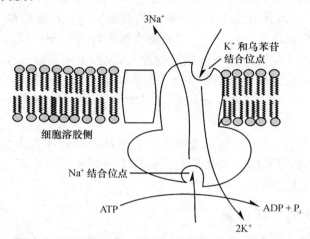

图 9-11　Na^+，K^+-ATP 酶逆浓度主动向细胞外泵出 Na^+ 和向细胞内泵入 K^+ 的功能图示

（3）**Na^+，K^+-ATP 酶作用机制——构象变化假说**：首先，ATP 短暂性地将 Na^+，K^+-泵磷酸化。在 Na^+ 存在时，ATP 使 ATP 酶 $\alpha_2\beta_2$ 中 α 亚基的一个天冬氨酸残基侧链磷酸化。如果有 K^+ 存在，这个磷酸化的中间体就水解，此水解受强心类固醇如毛地黄所抑制（为 Na^+，K^+-泵高专属抑制剂）。磷酸化反应不需要 K^+，而脱磷酸反应不需要 Na^+ 和 Mg^{2+}。由磷酸化和脱磷酸作用推动的构象变化循环造成的结果是 Na^+ 和 K^+ 离子的运输。

此过程已从纯化的 Na^+，K^+-ATP 酶和磷脂得到重建（图 9-12）：① Na^+ 与 ATP 酶结合。② 细胞质侧 ATP 酶短暂性地被 ATP 磷酸化，消耗一个 ATP 分子。磷酸基团转移到 ATP 酶上。③ 诱导 ATP 酶构象变化，将 Na^+ 运送至细胞膜外侧。④ K^+ 结合到细胞表面。⑤ ATP 酶去磷酸化。⑥ ATP 酶回到原来构象，K^+ 通过膜释放到细胞质侧。

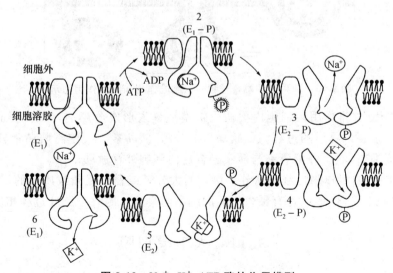

图 9-12　Na^+，K^+-ATP 酶的作用模型

这个泵的一个重要特征是偶联性，只有运输 Na^+ 和 K^+ 时才水解 ATP。泵每水解一个 ATP，有三个 Na^+ 和两个 K^+ 被转运，于是产生了一个跨质膜的电流。ATP 酶的最大转换数大约是 $100\ s^{-1}$。

（4）**Na$^+$,K$^+$-泵的生理意义**：不仅维持细胞的膜电位，使之成为可兴奋细胞，是神经、肌细胞等的活动基础，而且可调节细胞的体积并驱动某些细胞中糖和氨基酸的运送。动物细胞中大多数同向转运和反向转运由 Na$^+$,K$^+$-ATP 酶所产生的 Na$^+$ 梯度来推动。葡萄糖和氨基酸进入某些动物细胞的主动运输需要 Na$^+$ 的同时进入，称为协同运输。Na$^+$ 的流动推动了糖和氨基酸主动运输进入动物细胞。这个偶联进入的 Na$^+$ 梯度要由 Na$^+$,K$^+$-泵来维持。细菌通常用 H$^+$ 代替 Na$^+$ 推动同向转运和反向转运，如由乳糖透酶进行的乳糖的主动运输与质子进入细菌的运动相偶联。

另外，Ca^{2+} 在控制肌肉收缩中起重要作用。它是神经冲动和肌肉收缩之间的媒介物，由肌质网膜中一个不同的 ATP 酶系统运送。在运送中也是酶的一个天冬氨酸残基被磷酸化，Ca^{2+} 的运送由 ATP 的水解推动。每一个 ATP 的水解运输两个 Ca^{2+}。

四、生物大分子的跨膜运输

多核苷酸或多糖等生物大分子甚至颗粒物的跨膜运输，主要是通过胞吐作用、胞吞作用（包括受体介导的胞吞作用）进行（图 9-13）。受体介导的胞吞作用指内吞物与细胞表面受体结合引起的胞吞作用，专一性很强。

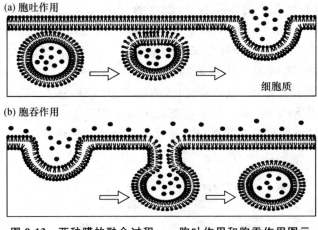

图 9-13　两种膜的融合过程——胞吐作用和胞吞作用图示

（1）**胞吐作用（外排作用）**：细胞内物质先被囊泡裹入形成分泌泡，然后与细胞质膜接触、融合并向外释放被裹入物质的过程。如胰岛素的分泌，胰岛素 β-细胞将胰岛素分子（51 肽）堆积在细胞内的囊泡中，然后分泌囊泡与质膜融合后向细胞外释放胰岛素。

（2）**胞吞作用（内吞作用）**：细胞从外界摄入的大分子或颗粒逐渐被质膜的一小部分包围，内陷，然后从质膜上脱落，形成含有摄入物质的细胞内囊泡。胞吞与胞吐过程相反。

§9.11　人工模拟膜

具有两条疏水烷基尾链的亲水亲油物质在水相中形成的聚集体具有双层结构，与生物膜结构类似，可用来研究和模拟生物膜的结构与功能。为简单起见，常用不含蛋白质的磷脂和表面活性剂分子制备功能泡囊膜，模拟生物膜的多种功能。

一、模拟生物膜功能

（1）模拟物质的运送和调控：用于分离、提取和浓缩所需物质，如污水处理、海水浓缩、海水淡化等。

如目前已用于工业含酚废水处理的液膜分离技术。其原理是：用表面活性剂分子包结氢氧化钠形成泡囊，并将它们放入含有苯酚的中性废液中。苯酚在 pH 中性时为不带电荷的分子，有一定的疏水性，可以通过疏水的泡囊膜进入泡囊。苯酚分子在泡囊中遇囊中氢氧化钠形成苯酚负离子，由于苯酚负离子带负电而有一定亲水性，无法再穿过泡囊膜而固定在泡囊内，即达到从废液中清除苯酚的目的。将包结苯酚负离子的泡囊收集后破乳，泡囊破裂，苯酚还可以回收。

苯酚（疏水）　　　　　　苯酚负离子（亲水）

（2）靶向给药和可控缓释给药：用脂质体对药物或疫苗进行包结，在体内可控释放，可延长和增强药效。如若将包结药品的脂质体表面连接上抗体等物质，抗体在体内寻找到抗原后与抗原特异性结合，在病灶区酶作用下脂质体破裂，药物就可定点释放，从而实现靶向给药。又如将包结有治疗肝病药物的脂质体表面连接糖分子，由于糖分子对肝脏的亲和性，使脂质体随血液到肝脏后停留，脂质体为肝脏中的酶水解后药物放出，实现肝脏的靶向给药。

（3）模拟膜上的化学反应：利用膜分子排列有序，使反应按一定方向有序进行，如已实现氨基酸在脂质体中定向合成肽。生物膜提供的疏水微环境如有机溶剂，可加速反应进行，在体内为一些酶促反应提供场所。由此用带有催化基团的表面活性剂制备的胶束和脂质体，可用做胶束催化和胶束模拟酶。

（4）生物传感器：生物传感器的研究已成为仿生学的重要内容。如模拟叶绿素类囊体膜，建造可分别进行氧化或还原的半电池，防止或阻碍光照下已分离的电荷的复合，将太阳能转化成电能或化学能。这是具有重要意义的研究课题。

视网膜杆细胞外段膜是视觉系统检测光子的重要部分，由此已开展了模拟视觉的研究。目前化学传感器的研究还远落后于物理传感器的研究，即我们对动物嗅觉和味觉的了解远落后于对视觉和听觉的了解。模拟嗅细胞膜的研究，研究气味分子引起嗅细胞膜电位的变化，制备嗅觉传感器，才能解决机器人没有真正嗅觉的遗憾。

（5）制备纳米材料：用超声法制备单层小泡囊（尺寸 20～50 nm），进而包结制备纳米材料。

二、模型膜的主要类型

（1）LB(Langmuir-Blodgett)膜：最适宜研究两亲分子的排列和取向及脂质分子微小结构变化。

Langmuir 膜（单层膜）：将不溶或难溶于水的两亲成膜化合物溶于有机溶剂中，滴加此溶液于洁净的水面上，有机溶剂挥发后，成膜化合物在水面上自动展开形成单分子膜。水面上成膜后其表面张力、对光吸收等表面性质均发生变化。如借助膜天平可测表面压(Π)-面积(A)

等温图,可测膜分子成膜后的分子的截面积,从而了解两亲分子构造、排列和取向,以及膜中分子的相互作用等。

LB膜:单分子层膜淀积在固体基片上而成的多分子层膜称为LB膜。制备可用固体基板(玻璃或金属片等)多次插入或提出具有不溶膜的水面,使漂移在水面上的单分子层在固定表面压力下按预定顺序一层一层叠加并转移到固体基板上。根据膜中层与层的分子排列方式不同,LB膜又分为X、Y和Z型膜。X型多分子层中,膜分子以基板-尾-头-尾-头方式排列;Y型膜中分子以基板-尾-头-头-尾方式排列;Z型膜中以基板-头-尾-头-尾方式排列(图9-14)。

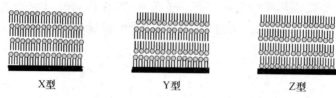

X型　　　　　　　　Y型　　　　　　　　Z型

图 9-14　LB膜的类型示意图

由于LB膜具有规则的排列和取向,几乎无缺陷的高度各向异性,超薄(一般几个nm,甚至零点几nm)均匀,厚度可控,可在分子水平上任意组建分子聚集体,将功能分子引入后可构成分子器件,构筑各种新的功能材料。使用LB膜技术可得到在三维空间内,按需要控制组成、结构和尺寸的薄膜,若再把一些化学或生物功能的分子引入膜中,就可制备仿生元件。以叶绿素、维生素、磷脂和胆固醇等物质制备的LB膜可用于模拟生物膜,研究生物膜中电子传递、能量输送、物质跨膜输送等过程,利用制备出的对抗原、病原敏感的LB膜传感器可了解和检疫病情。LB膜提供了在分子水平上依照一定要求控制分子排布的方式和手段,对研制新型电子器件及仿生元件等有广泛的应用前景。在微电子技术中可应用它生产高性能的集成电路器件。

(2) **双层膜**(bilayer membrane,BLM):在水溶液中到达一定浓度的两亲分子类脂,可自发定向排列形成双分子层薄膜。在固体基质的小孔处形成的平面脂膜,常用于研究膜电容、厚度和电阻,进行电学测量,也可用于研究透膜传输过程,如离子等小分子的运输。为了提高BLM的稳定性,又创造了固体支撑的自组装双层类脂膜(S-BLM)及支撑的混合双层膜(hybrid bilayer membrane,HBM),为生物传感器的研究奠定了基础。S-BLM中若嵌入具有电子传递功能的化合物并作为电极使用,与其他电极组合,就形成一个固体支撑的双层脂膜研究体系。该体系超薄(6~10 nm),易于形成,又具有较好的稳定性,应用电化学手段,可以获取有关电子跨膜传递的重要信息。HBM是一种内层为硫醇、外层为磷脂的双层膜,可得到特定功能的外表面层,为制备纳米级功能修饰层提供了更多的灵活性,可望进一步发展成为新型传感器和生物催化器件。

(3) **脂质体**(liposome):天然磷脂分子在水溶液中可自发形成具有双层封闭结构的泡囊(vesicle),称为脂质体。脂质体按照所含类脂质双分子层的层数不同,分为单层脂质体和多层脂质体。由磷脂等双亲分子形成的脂质体,由封闭式双分子层构成外壳,内含微量水,具有球形或椭球形单层或多层结构。单层泡囊只有一个封闭双分子层,由尺寸大小分为单层小泡囊和单层大泡囊;多层泡囊具有由多个封闭双层组成的类似洋葱式层状结构(表9-3)。多层泡囊各层都含水,每层水都是彼此分开的。用可聚合的磷脂等双亲分子形成的泡囊经紫外线照射或自由基引发聚合后,可使泡囊的稳定性大大增加。

表 9-3　脂质体的分类

类　　型	缩　　写	大小/nm	制备方法
单层小泡囊	SUV	$20\sim80$	可用超声法制备
单层大泡囊	LUV	$100\sim10^4$	可用反向蒸发法制备
多层大泡囊	MLV	$100\sim800$	可用剧烈摇动法制备

脂质体与细胞膜相似,适合于大量的生物物理和生物化学研究。脂质体已用于研究表面识别反应、动态膜过程,还用来测量膜的渗透性,研究活性膜蛋白的重组,进行模拟生物膜的研究。脂质体能包容多种分子并与它们相互作用,有明显的表面电势。脂质体可用于转基因,或在药剂学上用做药物载体,利用脂质体可以与细胞膜融合的特点,将药物送入细胞内部。用脂质体包接的药物、疫苗,接上抗体可进行靶向给药,是临床应用较早、发展最为成熟的一类靶向制剂。脂质体给药有如下优点:实现肝、脾网状内皮系统的被动靶向性和淋巴定向性,如使用肝利什曼原虫药锑酸葡胺脂质体剂型,使肝中浓度比普通制剂提高了 $200\sim700$ 倍;使药物缓慢释放,从而延长作用时间;降低药物毒性,如降低两性霉素 B 脂质体对心脏的毒性;提高药物如胰岛素、疫苗等的稳定性。脂质体已用做抗肿瘤药物载体、抗寄生虫药物载体、抗菌药物载体和激素类药物载体。此外,用脂质体包结碱性物质,可用于胃中阿司匹林、安眠药等酸性药物的去除;用脂质体包结脲酶,在小肠中释放,可水解尿素生成的氨,再用含酒石酸的液膜去除,使血液中的尿素不断被抽吸到肠中排出,起到人工肾的作用。

脂质体还用于化合物分离的研究,用于分开一些物化性质接近而不好分离的物质,如庚烷和甲苯、己烷和甲苯,可通过对膜的通透性不同而分离。脂质体还可用做液膜反应器,如将反应物包结在膜内水相中,催化剂引入到膜上,并将疏水性产物通过疏水膜提取到膜外部的溶剂中而完成反应,制成脂质体液膜反应器。

习　　题

1. 简述脂肪酸的结构特点。

2. 何谓必需脂肪酸? 包括哪两种? 举例说明。

3. 二十烷酸主要包括哪三种化合物? 生理作用是什么? 阿司匹林(Aspirin)为何具有消炎、抗凝血等作用?

4. 写出五种常见的甘油磷脂,画出它们的结构式。

5. 写出鞘氨醇、神经酰胺和鞘磷脂的结构式。

6. 什么是糖脂、鞘糖脂? 脑苷脂中半乳糖苷神经酰胺的组成是什么? 神经节苷脂的组成成分又是什么?

7. 生物膜的主要组成是什么? 生物膜有哪些主要功能?

8. 胆固醇是如何调节生物膜中脂质的流动性的?

9. 简述生物膜结构的主要特征。

10. 何谓 Na^+,K^+-泵? 生理意义是什么? 简述 Na^+,K^+-ATP 酶的作用机制。

11. 举例说明模型膜的主要类型。

12. 一个含有磷脂酰肌醇、磷脂酰乙醇胺、磷脂酰丝氨酸和磷脂酰甘油的混合物在 pH 7 时电泳,指出这些化合物分别移动的方向。

脂肪酸代谢

脂类的消化是在小肠中完成的,由分别作用于三酰基甘油的脂酶和作用于磷脂的磷脂酶催化水解。水解下的脂肪酸在体内主要用做燃料分子。脂肪酸的分解代谢又称脂肪酸 β-氧化,主要是脂肪酸的碳-氢长链被氧化,最终以生成 ATP 形式产生能量。长链脂肪酸氧化产生的 ATP 是动物、一些细菌和许多原生生物获取能量的主要途径。脂肪酸代谢的过程是脂肪酸先与辅酶 A 相连,形成脂酰-CoA 衍生物,随后经代谢反应,自脂肪酸的羧基端脱掉两个碳原子,即脱去乙酰辅酶 A(乙酰-CoA)。乙酰-CoA 再经柠檬酸循环和氧化磷酸化产生能量。脂肪酸的彻底氧化是上述步骤的多次反复。在植物中,乙酰-CoA 首先是生物合成前体,其次才用做燃料。在脊椎动物中,乙酰-CoA 在肝脏中会转化为可溶于水的酮体;当葡萄糖不能供应时,它可向其他组织提供能量。

§10.1　三酰基甘油的代谢

一、三酰基甘油是高度密集的能量贮库

三酰基甘油完全氧化产生的能量约为 9 kcal/g 或 37.8 kJ/g(碳水化合物和蛋白质约 4 kcal/g 或 16.8 kJ/g)。1 g 无水的脂肪贮藏的能量约为 1 g 水化糖原的 6 倍以上。利用三酰基甘油为能源的第一步是被脂肪酶水解,脂肪酶有三种:甘油三酯脂肪酶(限速酶)、甘油二酯脂肪酶和甘油单酯脂肪酶。脂肪酶的活性为激素所调节,环 AMP(cAMP)为活化脂肪细胞进行脂解的第二信使。肾上腺素、去甲肾上腺素、胰高血糖素和促肾上腺皮质激素都能促进脂肪细胞中的腺苷酸环化酶的作用生成 cAMP,为正调节作用。cAMP 高水平促进一种蛋白激酶,此激酶将脂肪酶磷酸化而使之活化。活化的脂肪酶将三酰基甘油水解成甘油和脂肪酸。胰岛素和前列腺素 E_1 加速 cAMP 分解,对脂肪水解有负调节作用。甘油为甘油激酶磷酸化后,再被甘油磷酸脱氢酶脱氢生成二羟基丙酮磷酸;脂肪酸则通过 β-碳原子氧化,自脂肪酸的羧基端相继除去二碳单位而降解。

二、脂肪酸的分解代谢

脂肪酸分解代谢即为脂肪酸氧化,发生在原核生物的细胞溶胶及真核生物的线粒体基质

中,分为活化、转运入线粒体和氧化为乙酰-CoA 三步。

(1) 脂肪酸被活化:脂肪酸被氧化前先与辅酶 A 连接,脂肪酸的羧基与辅酶 A(HSCoA)的—SH 基反应,以硫酯键连接形成高能化合物脂酰辅酶 A(脂酰-CoA)而被活化,反应发生在线粒体膜上。活化需消耗一个 ATP,由于生成的焦磷酸(PP$_i$)立即被水解成两分子磷酸(P$_i$),使反应不可逆。脂酰-CoA 的形成是靠 ATP 的两个高能键的水解。

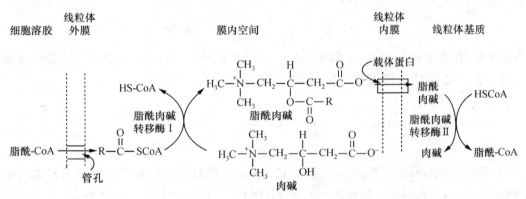

(2) 肉碱携带活化的长链脂肪酸进入线粒体:长链脂酰-CoA 不易透过线粒体内膜,为此需一特殊运送机制才可进入线粒体。长链脂酰-CoA 穿过线粒体外膜后,在线粒体内膜表层存在的脂酰肉碱转移酶Ⅰ(carnitine acyltransferase Ⅰ)催化下,脂酰-CoA 与极性的肉碱(carnitine)分子反应生成脂酰肉碱,反应在线粒体膜内空间进行。脂酰基在转移酶作用下转移到肉碱上,肉碱分子取代辅酶 A,形成脂酰肉碱,释出辅酶 A。经传送系统,脂酰肉碱能通过线粒体内膜上的载体蛋白透过线粒体内膜,到达线粒体基质。肉碱携带活化的长链脂肪酸进入线粒体基质后,脂酰肉碱再在脂酰肉碱转移酶Ⅱ催化下释放出游离肉碱,脂酰基又转移到来自线粒体的辅酶 A 上,回归为脂酰-CoA。游离肉碱被运出,回到细胞溶胶中。由此完成脂酰-CoA 穿过线粒体内膜的过程,即肉碱携带活化的长链脂肪酸进入线粒体基质(图 10-1)。

图 10-1 脂酰-CoA 跨线粒体内膜机制

从以上机制可以看出,转移酶的缺陷或肉碱的缺乏都会减少长链脂肪酸的氧化,影响脂肪酸在机体运动时产生能量。有这种问题的病人由于脂肪酸转移减慢,在饥饿时血浆中脂肪酸浓度升高,因此饥饿、运动或高脂肪的饮食都会引起肌肉痉挛的疼痛。这说明,代谢物从细胞的一个区域流向另一个区域的速率减慢也能引起疾病。

(3) 脂肪酸 β-氧化生成乙酰-CoA:β-氧化是指脂肪酸在一系列酶的作用下,在 α-和 β-碳原子间氧化脱氢并断裂,产生乙酰-CoA 和含少量碳原子的脂肪酸的反应。饱和的脂酰-CoA 是由下面重复进行的四个反应降解的:与黄素腺嘌呤二核苷酸(FAD)相关联的氧化作用、水合作用、与 NAD$^+$ 相关联的氧化作用和与辅酶 A 发生的硫解。每一轮经过这四个反应的结果都使脂肪酰链少了两个碳原子,并产生乙酰-CoA、NADH 和 FADH$_2$。脂肪酸是通过相继除去二碳单位而降解的。

① **脱氢**：是脂酰辅酶 A 与黄素腺嘌呤二核苷酸（FAD）相联的氧化作用。在脂酰辅酶 A 脱氢酶催化下脂酰-CoA 被 FAD 氧化，在羧基的 β-位脱下两个氢原子，转化为反式-Δ^2-烯酰-CoA。

$$R-CH_2-CH_2-\overset{O}{\overset{\|}{C}}-SCoA + FAD \xrightarrow{\text{脂酰辅酶 A 脱氢酶}} R-\underset{\underset{H}{|}}{\overset{\overset{H}{|}}{C}}=\overset{H}{\overset{|}{C}}-\overset{O}{\overset{\|}{C}}-SCoA + FADH_2$$

脂酰-CoA　　　　　　　　　　　　　　　　　　　反式-Δ^2-烯酰-CoA

② **水合**：在烯酰-CoA 水合酶催化下，烯酰-CoA 中反式 α,β-双键立体特异性加水，生成 L-3-羟脂酰基-CoA。

$$R-\underset{\underset{H}{|}}{\overset{\overset{H}{|}}{C}}=\overset{H}{\overset{|}{C}}-\overset{O}{\overset{\|}{C}}-SCoA + H_2O \xrightarrow{\text{烯酰辅酶 A 水合酶}} R-\underset{\underset{OH}{|}}{\overset{\overset{H}{|}}{C}}-CH_2-\overset{O}{\overset{\|}{C}}-SCoA$$

L-3-羟脂酰基-CoA

③ **再脱氢**：是与 NAD$^+$ 相联的氧化作用。在 L-3-羟酰基-CoA 脱氢酶催化下，NAD$^+$ 对 L-3-羟脂酰基-CoA 进行氧化，生成 β-酮脂酰-CoA，产生 NADH。

$$R-\underset{\underset{OH}{|}}{\overset{\overset{H}{|}}{C}}-CH_2-\overset{O}{\overset{\|}{C}}-SCoA + NAD^+ \xrightarrow{\text{L-3-羟脂酰基辅酶 A 脱氢酶}} R-\overset{O}{\overset{\|}{C}}-CH_2-\overset{O}{\overset{\|}{C}}-SCoA + NADH + H^+$$

β-酮脂酰-CoA

④ **硫解**：在 β-酮脂酰-CoA 硫解酶催化下，β-酮脂酰-CoA 与辅酶 A（HSCoA）发生硫解反应，生成一分子乙酰-CoA 和减少了两个碳原子（$n-2$）的脂酰-CoA。

$$R-\overset{O}{\overset{\|}{C}}-CH_2-\overset{O}{\overset{\|}{C}}-SCoA + HSCoA \xrightarrow{\text{硫解酶}} R-\overset{O}{\overset{\|}{C}}-SCoA + CH_3-\overset{O}{\overset{\|}{C}}-SCoA$$

脂酰-CoA（少两个碳原子）

以上反应形成脂肪酸降解的一个循环，其结果是脂肪酸链以乙酰-CoA 形式自羧基端脱下两个碳原子单元，氧化的每一轮都产生一个 FADH$_2$、一个 NADH 和一个乙酰-CoA。FADH$_2$ 和 NADH 直接进入氧化磷酸化，乙酰-CoA 则进入柠檬酸循环，进一步产生 FADH$_2$ 和 NADH。然后减少了两个碳的脂酰-CoA 进入下一轮的 β-氧化。如果是软脂酸（16 个碳），就要转化为软脂酰-CoA 后，经过七轮降解产生 8 个乙酰-CoA 分子（最后一轮产生两分子乙酰-CoA），其总反应式可写为：

软脂酰-CoA$+7FAD+7NAD^++7HSCoA+7H_2O \longrightarrow 8$ 乙酰-CoA$+7FADH_2+7NADH+7H^+$

(4) 脂肪酸氧化是高度放能过程：β-氧化每一轮回产生一个 NADH、一个 FADH$_2$ 和一个乙酰-CoA。1 个乙酰-CoA 进入柠檬酸循环、氧化磷酸化，可生成 10 个 ATP（过去理论值为 12 个 ATP）；1 个 NADH 经氧化呼吸链产生 2.5 个 ATP（过去理论值为 3 个 ATP）；1 个 FADH$_2$ 氧化产生 1.5 个 ATP（过去理论值为 2 个 ATP）。以软脂酸彻底氧化为例，8 个乙酰-CoA 产生 $8\times10=80$ 个 ATP，7 个 NADH 产生 $7\times1.5=10.5$ 个 ATP，7 个 FADH$_2$ 产生 $7\times2.5=17.5$ 个 ATP。

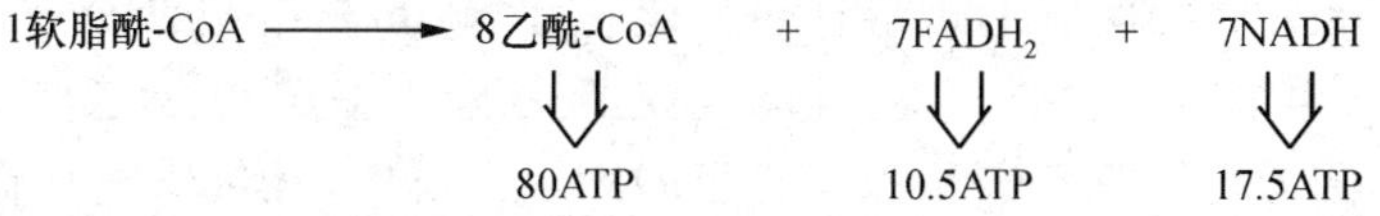

$$1\text{软脂酰-CoA} \longrightarrow 8\text{乙酰-CoA} \quad + \quad 7FADH_2 \quad + \quad 7NADH$$

$$\Downarrow \qquad\qquad\qquad \Downarrow \qquad\qquad\qquad \Downarrow$$

$$80ATP \qquad\qquad 10.5ATP \qquad\qquad 17.5ATP$$

则，$80+10.5+17.5=108$ 个 ATP(按过去理论计算净生成 131 个 ATP)。但软脂酸活化为软脂酰-CoA 消耗 2 个 ATP,净算下来 1 分子软脂酸完全氧化可产生 106 个 ATP(按过去理论计算为 129 个 ATP)。106 个 ATP 水解释放的标准自由能为:$106\times(-30.54\ kJ)=-3237\ kJ$($-773.8\ kcal$)。软脂酸完全燃烧释放的标准自由能为 $-9790\ kJ$($-2340\ kcal$)。软脂酸降解并氧化时能量转换率约为 33%(过去理论计算为 40%)。

(5) 不饱和脂肪酸在它的 β-氧化途径中需有异构酶、水合酶,多不饱和脂肪酸还需要脱氢酶、还原酶:

① 偶数碳原子的单不饱和脂肪酸:如棕榈油酸是在 C_9 和 C_{10} 间有一个双键的 16 个碳的不饱和脂肪酸。活化进入线粒体基质,按正常 β-氧化进行三轮降解后,生成顺式(cis)-Δ^3-烯酰-CoA,这时必须有异构酶参与,将顺式-Δ^3 构型转化为反式(trans)-Δ^2 构型,才可继续沿 β-氧化途径进行(图 10-2)。

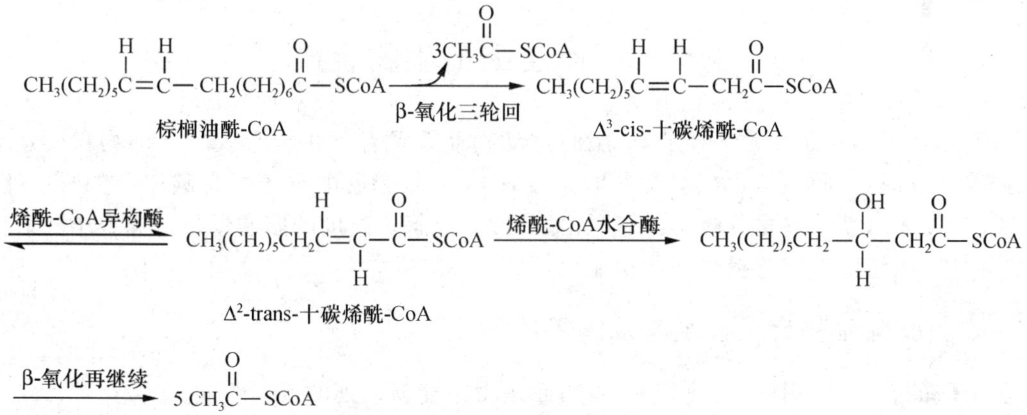

图 10-2 偶数碳原子的单不饱和脂肪酸在线粒体中降解

② 偶数碳原子的多不饱和脂肪酸:除需烯酰-CoA 异构酶将顺式双键变为反式双键外,还要有脂酰-CoA 脱氢酶,如将有 Δ^4-cis 双键的脂肪酸脱氢增加一个双键 Δ^2-trans,成为 Δ^4-cis,Δ^2-trans 脂肪酸;然后 2,4-烯酰-CoA 还原酶再将 Δ^4-cis,Δ^2-trans 还原成 Δ^3-trans,再在烯酰-CoA 异构酶作用下成为 Δ^2-trans 脂肪酸,最后使 β-氧化继续到底。

③ 奇数碳原子的脂肪酸在最后一步轮回后产生丙酰辅酶 A:奇数碳链脂肪酸在脂肪酸中是少见的,它们和具有偶数碳原子的脂肪酸一样被氧化,只是在最后一步轮回降解中,硫解产生乙酰-CoA(两个碳)和丙酰-CoA(三个碳),丙酰-CoA 可转变为琥珀酰-CoA 后进入柠檬酸循环。

(6) 脂肪分解占优势时过量乙酰-CoA 会形成酮体:脂肪酸 β-氧化产生的乙酰-CoA 若过量(没有足够的草酰乙酸与乙酰-CoA 缩合),就会在肝脏中转化为乙酰乙酸及 D-3-羟丁酸。它们与其甚少量的转化物和丙酮一起被称为酮体。

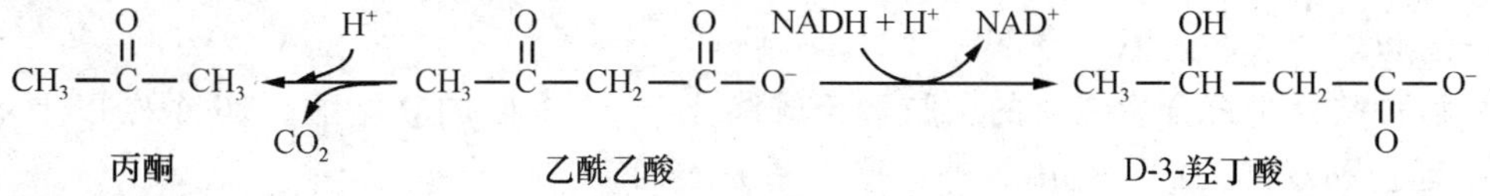

乙酰乙酸可以看做含乙酰基的水溶性可转运分子，它可转变成两分子的乙酰-CoA，进入柠檬酸循环，是某些组织中的主要燃料。血液中乙酰乙酸水平高，表示乙酰单位太多并使脂肪组织中脂解的速率降低。乙酰乙酸和 D-3-羟丁酸产生于肝脏，在饥饿或患糖尿病时可以给脑组织提供选择性燃料。它们也是呼吸作用的正常燃料，可作为重要的能源，如用于心脏和肾脏皮质。在饥饿或患糖尿病时，草酰乙酸离开柠檬酸循环，去参与葡萄糖合成。草酰乙酸浓度低时，乙酰-CoA 进入柠檬酸循环也很少，大量酮体会聚集在血液中。脑能适应于利用乙酰乙酸，长期饥饿时乙酰乙酸可满足脑燃料的 75% 的需要。

(7) 哺乳动物不能把脂肪酸转变成葡萄糖：哺乳动物没有使乙酰-CoA 转化成草酰乙酸、丙酮酸或其他葡糖异生的中间产物的途径。在柠檬酸循环中，乙酰-CoA 与草酰乙酸反应进入柠檬酸循环，但是在异柠檬酸脱氢酶和 α-酮戊二酸脱氢酶所催化的脱羧反应中脱去两个 CO_2，草酰乙酸只是再生出来，并没有从乙酰-CoA 生成草酰乙酸。某些植物和微生物的柠檬酸循环发生一些变化，可以将乙酰-CoA 通过其他途径转化成草酰乙酸。它们含有另外两种酶，其中异柠檬酸酶可催化异柠檬酸进行醛醇裂解，形成琥珀酸和乙醛酸，而苹果酸合成酶则催化乙酰-CoA、乙醛酸和水形成苹果酸，结果可使乙酰-CoA 转化为草酰乙酸。

§10.2 脂肪酸的生物合成

虽然脂类的功能是多种多样的，但脂肪是动物能量贮存的主要形式。当动物自膳食获取能量需要贮存时，脂肪酸的合成就会发生。乙酰-CoA 是脂肪酸分子所有碳原子的唯一来源，乙酰-CoA 可来自糖的氧化分解，也可来自氨基酸的分解。过度的脂肪动员可导致脂肪肝的生成，使肝脏细胞组织被脂肪浸渗而非功能化。

一、脂肪酸生物合成途径与降解不同

脂肪酸的合成并不是降解途径的逆转，而是由一套新系列的反应组成。

(1) 脂肪酸生物合成在细胞溶胶中进行。脂肪酸降解在线粒体基质中进行，乙酰-CoA 的产生是在线粒体中进行的，而脂肪酸的合成是在细胞溶胶中进行。乙酰-CoA 要合成脂肪酸必须先穿透线粒体内膜到细胞溶胶中。为此乙酰-CoA 要借助柠檬酸-丙酮酸循环，即乙酰-CoA 先与草酰乙酸合成柠檬酸，跨过线粒体内膜，进入细胞溶胶后又裂解形成乙酰-CoA 和草酰乙酸。细胞溶胶中的乙酰-CoA 即可用于脂肪酸生物合成，草酰乙酸可转化成苹果酸或丙酮酸，两者都可再被运送回线粒体进行降解。

(2) 脂肪酸合成时中间体与酰基载体蛋白（ACP）的巯基形成共价键。降解时中间体与辅酶 A 成键。

(3) 高等动物的催化脂肪酸合成的酶组成多酶复合体，称为脂肪酸合酶。催化降解反应的酶不是结合在一起的。

(4) 脂肪酸链的加长是由二碳单位乙酰-CoA 逐步加入进行的。脂肪酸延长步骤中活化的二碳单位是丙二酰-ACP，反应是由 CO_2 的释放而推动的。

(5) 脂肪酸合成的还原剂是 NADPH。

(6) 脂肪酸合酶复合物催化的脂肪酸合成终止于 16 个碳的软脂酸。16 个碳以上的脂肪酸进一步延长和双键的插入是由另外的酶体系完成的。

二、脂肪酸合酶

脂肪酸合成起始于乙酰-CoA,在乙酰-CoA 羧化酶催化下转化成丙二酸单酰-CoA。丙二酰辅酶 A 的形成是脂肪酸合成的关键步骤。在乙酰-CoA 和丙二酸单酰-CoA 准备好后,脂肪酸合成的下一步反应是在脂肪酸合酶复合体催化下进行。脂肪酸合酶复合体包含有催化脂肪酸合成七步反应的七种酶和一个酰基载体蛋白质(acyl carrier protein,ACP)。ACP 在脂肪酸合成中的作用如同辅酶 A 在脂肪酸降解中的作用。它的辅基是磷酸泛酰巯基乙胺(phosphopantetheine),是辅酶 A 分子中的一部分,磷酸泛酰巯基乙胺犹如"摆臂",把底物从酶复合体上一处的催化中心转移到另一处,它的—SH 基与脂酰基形成硫酯键,可把脂酰基从一个酶反应转移到另一个酶反应。脂肪酸合成的中间产物都连在一个 ACP 上。

三、脂肪酸合酶催化的七步反应

脂肪酸生物合成的酶在哺乳动物几乎都在一个大酶复合体中,合成步骤如下:

(1) 启动:乙酰-CoA 的乙酰基转移到 ACP 上,生成乙酰-ACP,随后转移到脂肪酸合酶(HS-合酶)上,形成乙酰合酶。但在哺乳动物体内不经过乙酰-ACP。反应是在乙酰-CoA:ACP 转酰酶催化下实现的。

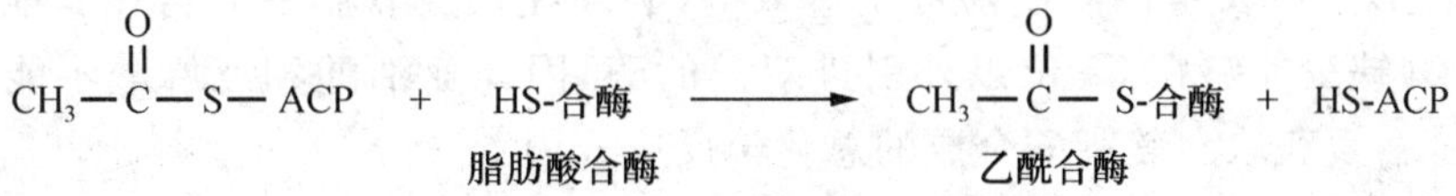

(2) 装载:丙二酸单酰-CoA 转化为丙二酸单酰-ACP。丙二酸单酰-CoA:ACP 转酰酶催化此反应。

(3) 缩合:乙酰合酶与丙二酸单酰-ACP 在 β-酮酰-ACP 合酶催化下缩合形成乙酰乙酰-ACP,并放出 HS-合酶和 CO_2。

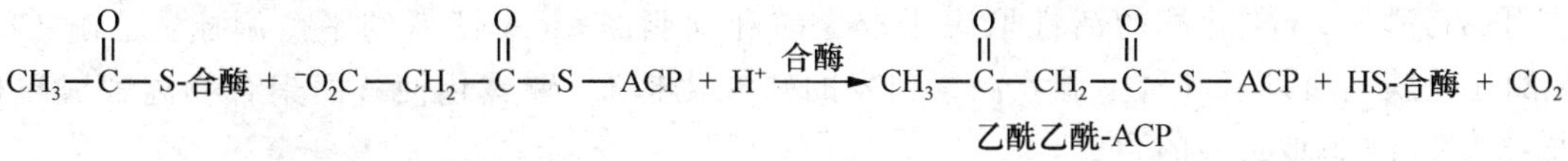

(4) 还原:β-酮酰-ACP 还原酶催化下,NADPH 将乙酰乙酰-ACP 还原成 D-β-羟丁酰-ACP,产物为 D-构型。

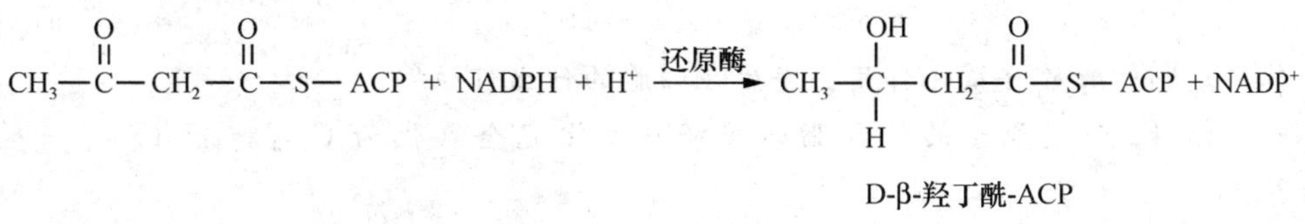

(5) **脱水**：β-羟酰-ACP 脱水酶催化 D-β-羟丁酰-ACP 脱水生成 α,β-反式丁烯酰-ACP。

$$CH_3-\overset{\overset{\displaystyle OH}{|}}{\underset{\underset{\displaystyle H}{|}}{C}}-CH_2-\overset{\overset{\displaystyle O}{||}}{C}-S-ACP \xrightarrow{\text{脱水酶}} CH_3-\overset{\overset{\displaystyle H}{|}}{\underset{\underset{\displaystyle H}{|}}{C}}=\overset{\displaystyle C}{}-\overset{\overset{\displaystyle O}{||}}{C}-S-ACP + H_2O$$

α,β-反式丁烯酰-ACP

(6) **还原**：为总反应的第二次还原，仍发生在 β 位。α,β-反式丁烯酰-ACP 在烯酰-ACP 还原酶作用下被 NADPH 还原成丁酰-ACP。产物为连接在 ACP 上的四碳脂肪酸，乙酰基接受了丙二酸衍生物的二碳原子的片段而增长了碳链。丁酰-ACP 再进入第二轮循环，与丙二酸单酰-ACP 缩合，继续进行碳链延伸。如此可知，每一循环脂肪链延长了两个碳原子，七轮延长反应产生软脂酰-ACP。

$$CH_3-\overset{\overset{\displaystyle H}{|}}{C}=\overset{\displaystyle C}{\underset{\underset{\displaystyle H}{|}}{}}-\overset{\overset{\displaystyle O}{||}}{C}-S-ACP + NADPH + H^+ \xrightarrow{\text{还原酶}} CH_3-CH_2-CH_2-\overset{\overset{\displaystyle O}{||}}{C}-S-ACP + NADP^+$$

丁酰-ACP

(7) **释放**：在脂肪酸合成的每一循环中，脂肪酸链延伸两个碳原子。动物细胞中延伸的程序在到达 16 个碳原子时即停止。如生成的软脂酰-ACP 在软脂酰-ACP 硫酯酶作用下水解，生成软脂酸，从脂肪酸合酶复合体中释放、游离出来。

$$软脂酰\text{-}ACP + H_2O \xrightarrow{\text{软脂酰-ACP 硫酯酶}} 软脂酸 + ACP$$

软脂酸合成需要 8 个乙酰-CoA、14 个 NADPH 和 7 个 ATP。脂肪酸合成酶的主要产物为软脂酸，若形成更长链的脂肪酸或引进双键，必须在形成软脂酸后再在其他酶系作用下实现。哺乳动物缺少能够在 C$_9$ 位以外引进双键的酶，因此亚油酸和亚麻酸不能经生物合成得到，只能通过膳食获取。软脂酸合成的总化学反应式为：

$$8乙酰\text{-}CoA + 7ATP + 14NADPH \longrightarrow 软脂酸 + 14NADP^+ + 8HSCoA + 6H_2O + 7ADP + 7P_i$$

四、脂肪酸合成的调节

在细胞或机体的代谢燃料超过需要时，一般会将脂肪酸转化为脂肪并贮存。此反应是由乙酰-CoA 羧化酶催化实现的。此酶也在脂肪酸合成中将乙酰-CoA 转化为丙二酸单酰-CoA，此步又是脂肪酸合成中的限速步骤，是脂肪酸合成调控的关键所在。线粒体乙酰-CoA 的浓度增高，ATP 的浓度增高，柠檬酸转化为细胞溶胶乙酰-CoA，都是乙酰-CoA 羧化酶的活化的别构信号。而在脊椎动物中，脂肪酸合成的主要产物软脂酰-CoA 对乙酰-CoA 羧化酶有反馈抑制作用。乙酰-CoA 羧化酶的活性取决于柠檬酸和软脂酰-CoA 两者的平衡调控。乙酰-CoA 羧化酶还受胰高血糖素和肾上腺素激素引发的磷酸化抑制，磷酸化使该酶聚合物离解成单体而失去活性，减弱脂肪酸的合成。

习　　题

1. 什么是脂肪酸的 β-氧化作用？发生在细胞的什么部位？

2. 一分子 14 个碳原子的饱和脂肪酸经 β-氧化完全氧化为 CO_2 和 H_2O，可产生多少个 ATP？

3. 不饱和脂肪酸氧化有什么特点?

4. 什么是酮体? 是怎样生成的? 有什么生理作用?

5. 简述脂肪酸生物合成的七个步骤。

6. 什么是 ACP? 其生物功能是什么?

7. 脂肪酸合成和脂肪酸分解的作用部位、酶、是否需要活化和能量变化上有什么差异?

8. 乙酰-CoA 可进入哪些代谢途径?

第十一章 氨基酸代谢

　　细胞的组成成分总是不断地转换更新,不同的蛋白质也有不同的存活时间。细胞不断地从氨基酸合成蛋白质,又把蛋白质降解为氨基酸,由此可达到两个目的:其一是排除不正常蛋白质,它们一旦积累,对身体是有害的;其二是排除积累过多的酶和"调节蛋白",使细胞代谢井然有序、正常进行。氨基酸与葡萄糖和脂肪酸不同,超过蛋白质和其他生物分子所需要量的氨基酸是不能被贮存起来的。对正常蛋白质细胞要进行有选择的降解,对于非正常蛋白质更要发生降解。细胞中蛋白质的降解速度与其营养状态和激素的作用有关。细胞要有效地对环境及代谢需求作出应答,酶的数量和构象也要作出相应的变化。真核细胞对蛋白质降解有两种体系,一个是依靠含有约 50 种水解酶的溶酶体,另一个是依赖 ATP 的以细胞溶胶为基础的降解机制。溶酶体是具有单层膜被的细胞器,可无选择性地降解蛋白质,溶酶体的融合细胞可通过自体吞噬来分解细胞内容物并对细胞内各组分再利用;依赖 ATP 的蛋白质分解则需要泛肽(ubiguitin,含 76 个氨基酸残基的蛋白质)相伴,为泛肽标记的选择性降解。泛肽连接的降解酶是相对分子质量为 10 万的复合体,专一降解与泛肽共价相连的蛋白质。

　　蛋白质降解成氨基酸后会继续进行分解代谢。氨基酸在细胞内的代谢有多种途径,一种是经生物合成形成蛋白质,一种是继续进行分解代谢。

§11.1　氨基酸分解代谢

　　超出代谢需要的氨基酸将被代谢掉,氨基酸的分解代谢总是先脱去 α-氨基,降解为相应的碳骨架。陆生脊椎动物将脱下的氨基转变成尿素,其碳骨架(α-酮酸)则转变成乙酰-CoA、乙酰乙酰-CoA、丙酮酸或柠檬酸循环中的一个中间产物,然后形成脂肪酸、酮体和葡萄糖。过量的氨基酸也可以经柠檬酸循环和氧化磷酸化,成为燃料分子,最后氧化成 CO_2 和水并释放出能量。

　　氨基酸脱氨基的方式,不同生物并不完全相同。氧化脱氨基作用普遍存在于动植物中,非氧化脱氨基作用主要存在于微生物当中;转氨基作用是氨基酸脱去氨基的另一种重要方式。哺乳动物氨基酸降解的主要场所是肝脏。

一、氨基酸的脱氨基作用

（1）**氨基转移反应**：绝大多数氨基酸脱氨基出自转氨基作用。转氨作用是由以磷酸吡哆醛为辅基的转氨酶（或氨基转移酶）催化的。α-酮戊二酸与许多 α-氨基酸经转氨基反应后形成谷氨酸，在氨基酸的分解代谢中占有重要地位。转氨基反应分两步进行：① 氨基酸先将氨基转移到酶分子的辅酶磷酸吡哆醛（PLP）上，自身形成 α-酮酸；PLP接受氨基，形成磷酸吡哆胺（PMP）。② PMP上的氨基转移到 α-酮戊二酸（或草酰乙酸）上，生成 Glu（或 Asp），PLP恢复。

现已发现有50种以上的转氨酶，催化氨基从 α-氨基酸上转移到 α-酮酸上，催化的反应是可逆的。大多数氨基酸均可进行转氨基作用，大多数需要 α-酮戊二酸为氨基受体，转氨酶把各种 α-氨基酸的氨基集中到 Glu 中，再氧化脱氨转变成 NH_4^+。

$$α\text{-氨基酸}+α\text{-酮戊二酸}\rightleftharpoons α\text{-酮酸}+Glu$$

重要的转氨酶有：天冬氨酸转氨酶（AST），催化下述可逆反应：

$$α\text{-酮戊二酸}+Asp\rightleftharpoons \text{草酰乙酸}+Glu$$

丙氨酸转氨酶（ALT），在哺乳动物组织中也是很多的，它催化的可逆反应为：

$$α\text{-酮戊二酸}+Ala\rightleftharpoons \text{丙酮酸}+Glu$$

组织损伤或细胞死亡后，丙氨酸转氨酶和天冬氨酸转氨酶都会被释放到血液中。丙氨酸转氨酶又称谷丙转氨酶（G. P. T），主要存在于肝细胞浆中，用于诊断肝病（肝细胞病变，ALT会大量释放到血液中）。天冬氨酸转氨酶又称谷草转氨酶（G. O. T），在心、肝中含量丰富，可用于测定心肌梗死和肝病（AST大量释放到血液中）。同样道理，血浆中肌酸激酶或乳酸脱氢酶同工酶的出现是心肌受损的特征表现。

（2）**氧化脱氨基作用及谷氨酸脱氢酶**：氨基酸经氧化脱氨以后，形成相应的酮酸。在催化氧化脱氨基作用的酶中，以谷氨酸脱氢酶活性最高，为氧化脱氨的主要方式。该酶能以 NAD^+，又能以 $NADP^+$ 为辅酶，使 Glu 经氧化脱氢，再水解脱去氨基生成 α-酮戊二酸和 NH_4^+。该酶广泛存在于动植物和微生物中。

$$Glu+NAD(P)^++H_2O\rightleftharpoons α\text{-酮戊二酸}+NH_4^++NAD(P)H+H^+$$

NAD^+ 和 $NADP^+$ 都可以是该反应的电子受体。谷氨酸脱氢酶由六个相同的亚基构成，相对分子质量为33万，是变构调节酶。鸟三磷（GTP）和腺三磷（ATP）是变构抑制剂，鸟二磷（GDP）和腺二磷（ADP）是变构活化剂。酶的活性还受底物及产物浓度影响，能荷降低时，加速氨基酸的氧化。

（3）**非氧化脱氨基作用**：包括无氧下还原脱氨基、水解脱氨基、脱水脱氨基、脱巯基脱氨基、氧化还原脱氨基等。

二、联合脱氨基作用

氨基酸脱氨基的最重要方式是联合脱氨基作用，可迅速使不同氨基酸脱掉氨基。与转氨作用相偶联的反应有氨基酸的氧化脱氨基作用和嘌呤核苷酸循环两种方式。

（1）**氨基酸的氧化脱氨基作用**：氨基酸的 α-氨基借助转氨作用转移到 α-酮戊二酸的分子上，生成相应的 α-酮酸和 Glu，然后 Glu 在谷氨酸脱氢酶催化下，脱氨基生成 α-酮戊二酸（再生），同时释放出氨。在陆生脊椎动物中，NH_4^+ 转变成脲再排出体外。各种氨基酸和 α-酮戊二酸经转氨形成谷氨酸和各种 α-酮酸,在氨基酸分解代谢和生物体内氮代谢中占有重要地位。哺乳动物氨基酸降解的主要场所是肝脏。转氨酶和谷氨酸脱氢酶所催化的反应的总和是:

$$\alpha\text{-氨基酸}+NAD(P)^{+}+H_2O\rightleftharpoons\alpha\text{-酮酸}+NH_3+NAD(P)H+H^{+}$$

主要的转氨酶和谷氨酸脱氢酶在各组织中的浓度高于其他酶如糖酵解途径中的酶,以谷氨酸脱氢酶为主的联合脱氨基作用在机体中广泛存在,氨基能够快速交换,α-氨基酸转换成 α-酮酸。反应过程见图 11-1。

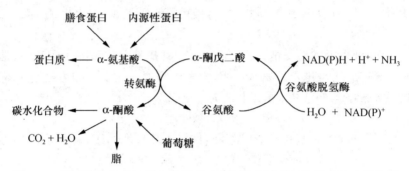

图 11-1　转氨酶和谷氨酸脱氢酶的联合脱氨基作用在氮代谢中的主要作用

(2) 嘌呤核苷酸循环联合脱氨:将氨基酸的 α-氨基与次黄嘌呤核苷酸结合形成腺嘌呤核苷酸,再经水解脱下氨基形成 NH₃,过程见图 11-2。次黄嘌呤核苷酸(IPM)与天冬氨酸作用形成中间产物腺苷酸代琥珀酸,后者在裂合酶作用下分解成腺嘌呤核苷酸(AMP)和延胡索酸,腺嘌呤核苷酸水解脱下氨基生成 NH₃ 和次黄嘌呤核苷酸(图 11-3)。天冬氨酸(Asp)由谷草转氨酶催化的草酰乙酸和谷氨酸转氨而来。骨骼肌、心肌、肝脏及脑的脱氨方式以嘌呤核苷酸循环为主。

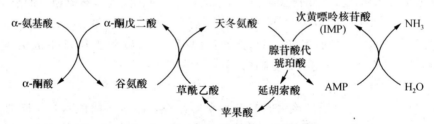

图 11-2　从 α-氨基酸开始通过嘌呤核苷酸循环的联合脱氨基过程

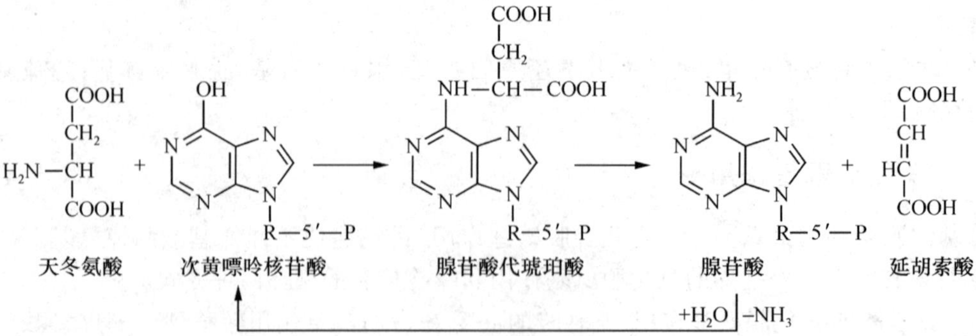

图 11-3　嘌呤核苷酸的联合脱氨基作用

三、氨基酸的脱羧基作用

在脱羧酶催化下机体内部分氨基酸生成相应的一级胺,产物常有重要生理作用。催化脱羧反应的酶称为脱羧酶,一般是一种氨基酸对应一种脱羧酶,且只对 L-氨基酸起作用。

谷氨酸脱氨基生成 γ-氨基丁酸,为神经递质,有抑制神经作用;组氨酸脱氨基生成组胺,可降血压,刺激胃液分泌;酪氨酸脱氨基生成酪胺,可升高血压。

四、大多数陆生脊椎动物体内 NH_4^+ 转变为脲

氨对生物机体有毒。脑对氨极为敏感,血液中含 1‰ 的氨就可引起中枢神经系统中毒,因此生物体必须排泄氨。水生动物可通过皮肤直接排氨;大多数陆生动物排尿素,需大量的水;鸟类和陆生爬行动物氨转变为尿酸,以固体形式排出。尿酸结构参见图 16-1。人除了排出尿素外,也可少量排出作为嘌呤代谢终产物的尿酸,还可以在肾脏内通过 NH_4^+ 与 K^+、Na^+ 的交换,保留 K^+、Na^+ 而排出 NH_4^+。

(1) 氨的运输形式主要是形成谷氨酰胺(Gln): 谷氨酸带负电荷,不能透过细胞膜,要变成中性物质 Gln,才容易透过细胞膜。生成谷氨酰胺的反应如下:

$$Glu+NH_4^+ +ATP \xrightarrow{\text{谷氨酰胺合成酶}} Gln+ADP+P_i+H^+$$

Gln 由血液运送到肝脏,在肝细胞中在谷氨酰胺酶作用下分解成 Glu 和 NH_4^+。Gln 是体内氨的一种运输、贮存形式,也是氨的暂时解毒方式。

(2) 葡萄糖-丙氨酸循环: 肌肉中可通过葡萄糖-丙氨酸循环转运氨。肌肉在活动时消耗糖产生能量时,会产生大量丙酮酸,同时产生氨。两者都需要运送到肝脏中进一步转化,若先将两者转化成 Ala 再转运到肝脏则更为经济。在肝脏中 Ala 与 α-酮戊二酸反应生成丙酮酸和 Glu,丙酮酸经葡糖异生生成葡萄糖,经血液到肌肉中,再供产生能量使用,由此形成循环。反应过程见图 11-4。

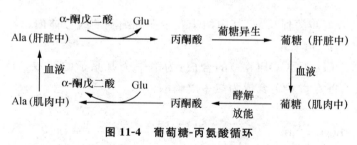

图 11-4 葡萄糖-丙氨酸循环

§11.2 尿素的形成

在陆生脊椎动物体内,由氨合成尿素的生物合成过程是由尿素循环(又称鸟氨酸循环)完成的。尿素分子中的两个—NH_2,一个由谷氨酸联合脱氨产生,另一个来自天冬氨酸;其中的羰基来自 CO_2,由柠檬酸循环产生。尿素溶于水。一般人每日排除约 30 g 尿素,高蛋白饮食则会增加到 100 g。人体血液中氨浓度的正常上限值约为 $70\,\mu mol \cdot L^{-1}$,尿素循环使氨的浓度保持在 $20\,\mu mol \cdot L^{-1}$。在 pH 7.2 的生理条件下,99% 的氨以离子形式存在。形成尿素不仅可

解除氨的毒性,还可减少溶于血中的 CO_2。

　　尿素在形成过程中是以鸟氨酸为载体形成尿素循环,如图 11-5 所示。在尿素循环中,一分子鸟氨酸和一分子氨及 CO_2 结合形成瓜氨酸,瓜氨酸与另一分子氨结合形成精氨酸(Arg),Arg 是尿素的直接前体,Arg 被精氨酸酶水解形成尿素和鸟氨酸,完成一次循环。

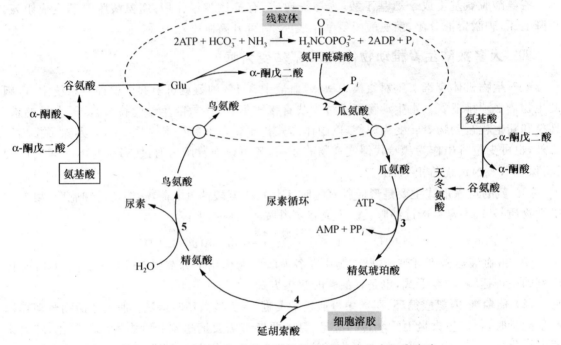

图 11-5　尿素循环部分发生在线粒体,部分发生在细胞溶胶

一、尿素循环的五步反应

　　尿素循环包括有五步酶促反应,其中两步发生在肝细胞的线粒体内,另三步发生在细胞质中。这五步反应如下:

　　(1) 氨甲酰磷酸（$H_2NCOOPO_3^{2-}$）的合成:为第一个氮原子的获取。反应中消耗两分子 ATP,反应不可逆。将氨和 CO_2 合成为氨甲酰磷酸。

$$2ATP + HCO_3^- + NH_3 + H_2O \xrightarrow{\text{氨甲酰磷酸合成酶}} H_2N-\overset{O}{\overset{\|}{C}}-OPO_3^{2-} + 2ADP + P_i$$

Glu $\longrightarrow$ HOOCC-$(CH_2)_2$—COOH

氨甲酰磷酸

　　(2) 瓜氨酸生成:氨甲酰磷酸中有酸酐键,为高能键,在鸟氨酸转氨甲酰基酶催化下,转移氨甲酰基给鸟氨酸,生成瓜氨酸。鸟氨酸和瓜氨酸都是 L-氨基酸,无遗传密码子。

$$H_2N-\overset{O}{\overset{\|}{C}}-OPO_3^{2-} + NH_3^+-(CH_2)_3-\overset{NH_3^+}{\overset{|}{C}}H-COO^- \xrightarrow{\text{酶}} H_2N-\overset{O}{\overset{\|}{C}}-NH-(CH_2)_3-\overset{NH_3^+}{\overset{|}{C}}H-COO^- + P_i$$

氨甲酰磷酸　　　　　　鸟氨酸　　　　　　　　　　　瓜氨酸

　　(3) 精氨琥珀酸的生成:瓜氨酸离开线粒体,进入细胞溶胶中,与天冬氨酸反应生成精氨琥珀酸(尿素中第二个氮原子的获取)、AMP 和焦磷酸,推动力为随后的焦磷酸水解。焦磷酸为此反应的强抑制剂,因水解而不起抑制作用。

$$\underset{\text{瓜氨酸}}{\overset{O}{\overset{\|}{H_2N}CNH(CH_2)_3}\overset{NH_3^+}{\overset{|}{C}HCOO^-}} + Asp + ATP \xrightarrow{\text{精氨琥珀酸合成酶}}$$

$$\underset{\text{精氨琥珀酸}}{^-OOCCH_2\overset{COO^-}{\overset{|}{C}H}-NH-\overset{NH_2^+}{\overset{\|}{C}}-NH-(CH_2)_3\overset{NH_3^+}{\overset{|}{C}HCOO^-}} + AMP + PP_i$$

(4) **精氨酸形成**:精氨琥珀酸裂解成精氨酸和延胡索酸。生成的延胡索酸为柠檬酸循环的中间产物,从而将尿素循环和柠檬酸循环联系在一起。

$$\underset{}{^-OOCCH_2\overset{COO^-}{\overset{|}{C}H}-NH-\overset{NH_2^+}{\overset{\|}{C}}-NH-(CH_2)_3\overset{NH_3^+}{\overset{|}{C}HCOO^-}} \xrightarrow{\substack{\text{精氨琥珀酸}\\\text{裂解酶}}} \underset{\text{延胡索酸}}{\overset{H}{\underset{HOOC}{}}C=C\overset{COOH}{\underset{H}{}}} + \underset{\text{精氨酸}}{Arg}$$

此反应可为蛋白质合成提供精氨酸。

(5) **尿素形成**:尿素的直接前体是精氨酸,为精氨酸水解所得。

$$Arg + H_2O \xrightarrow{\text{精氨酸酶}} \underset{\text{鸟氨酸}}{^+NH_3-(CH_2)_3-\overset{NH_3^+}{\overset{|}{C}H}-COO^-} + \underset{\text{尿素}}{H_2N-\overset{O}{\overset{\|}{C}}-NH_2}$$

生成的鸟氨酸进入下一循环。尿素经转运蛋白的运载进入血液,流至肾脏滤过排入尿中。

二、尿素合成的总反应

尿素合成的总反应式为:

$$CO_2 + NH_3 + 3ATP + \text{天冬氨酸} + 2H_2O \longrightarrow \text{尿素} + 2ADP + 2P_i + AMP + PP_i + \text{延胡索酸}$$

焦磷酸迅即水解。总反应耗能,使用 3 个 ATP,生成 2 个 ADP、1 个 AMP。共消耗 4 个高能磷酸键。但在 Glu 氧化脱氨生成 NH_3 时,产生一分子 NADH,可放能。反应产生的延胡索酸是重要的,它把尿素循环和柠檬酸循环联系起来。

尿素循环出现问题或遗传性的尿素循环酶有缺陷,会发生"高血氨症"。高浓度的铵离子会使 α-酮戊二酸生成谷氨酸,进而生成谷氨酰胺,α-酮戊二酸浓度减少会影响柠檬酸循环的进行,导致 ATP 形成速率降低,从而使脑高度受损。"高血氨症"会使人智力迟钝,神经发育停滞,以至死亡。

§11.3 氨基酸碳骨架的代谢

氨基酸脱去氨基后,氨基酸的碳骨架继续代谢。氨基骨架降解的路线是,形成的主要代谢中间产物要能转变为葡萄糖或被柠檬酸循环氧化。柠檬酸循环是糖、脂肪、蛋白三大物质代谢的共同通路。自乙酰-CoA 起,经柠檬酸等三羧酸,最终氧化成 CO_2 和水。20 种氨基酸碳骨架,由 20 种不同的多酶体系进行氧化分解,最后集中形成七种产物,它们是:丙酮酸、乙酰-

CoA、乙酰乙酰-CoA、α-酮戊二酸、琥珀酰-CoA、延胡索酸和草酰乙酸,见图11-6中方框所示。这七种产物又是通过下面五条途径进入柠檬酸循环的:① 乙酰-CoA(包括丙酮酸、乙酰乙酰-CoA):Ala、Thr、Gly、Ser和Cys都能变为丙酮酸进入柠檬酸循环,而Phe、Tyr、Leu、Lys和Trp等通过乙酰乙酰-CoA再转变为乙酰-CoA进入柠檬酸循环,简称C₃族;② α-酮戊二酸入口处:涉及Arg、His、Gln、Pro和Glu等五种氨基酸碳骨架,简称C₅族;③ 琥珀酰-CoA:是Ile、Met和Val等氨基酸碳原子的入口处,它们都能通过形成甲基丙二酰-CoA转变为琥珀酰-CoA;④ 延胡索酸:涉及的氨基酸为Phe和Tyr,它们除可生成乙酰-CoA外,还可代谢成延胡索酸;⑤ 草酰乙酸:Asp和Asn都能变为草酰乙酸,可简称C₄族。此外,Phe和Tyr通过两条途径进入柠檬酸循环,除上述通过乙酰乙酰-CoA再形成乙酰-CoA外,另一条途径是延胡索酸途径。氨基酸碳骨架进入柠檬酸循环途径见图11-6。

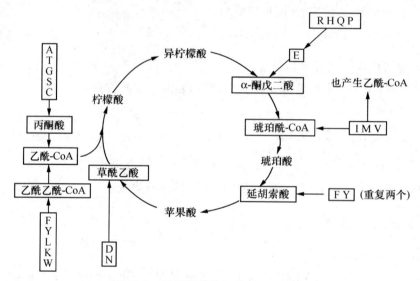

图 11-6 氨基酸碳骨架进入 TCA 途径

从图11-6中可看出:

(1) C₃族:丙氨酸(A)、苏氨酸(T)、甘氨酸(G)、丝氨酸(S)、半胱氨酸(C)五种氨基酸的入口是丙酮酸,丙酮酸再而形成乙酰辅酶A;苯丙氨酸(F)、酪氨酸(Y)、亮氨酸(L)、赖氨酸(K)、色氨酸(W)五种氨基酸经乙酰乙酰辅酶A再形成乙酰辅酶A。

(2) C₅族:精氨酸(R)、组氨酸(H)、谷氨酰胺(Q)、脯氨酸(P)四种氨基酸通过谷氨酸(E)转变成α-酮戊二酸。

(3) 异亮氨酸(I)、甲硫氨酸(M)、缬氨酸(V)三种氨基酸经琥珀酰辅酶A进入柠檬酸循环。

(4) 苯丙氨酸(F)、酪氨酸(Y)还可以被加氧酶催化,被氧分子破坏芳香环,降解为乙酰乙酰辅酶A和延胡索酸,从而进入柠檬酸循环。

(5) C₄族:天冬氨酸(D)、天冬酰胺(N)直接转氨成柠檬酸循环的中间产物草酰乙酸。

§11.4　生糖氨基酸和生酮氨基酸

（1）**生糖氨基酸**（glucogenic amino acid）：能增加尿中葡萄糖排出量，包括能生成丙酮酸、α-酮戊二酸、琥珀酸和草酰乙酸的氨基酸。除亮氨酸外，大多数氨基酸最终因生成丙酮酸而进入葡糖异生途径，为生糖氨基酸。

（2）**生酮氨基酸**（ketogenic amino acid）：能增加尿中酮体排出量，包括在分解过程中转变成乙酰乙酰辅酶 A 的氨基酸（可进一步生成乙酰乙酸和 β-羟丁酸）。

（3）**生酮生糖氨基酸**：既可生成酮体又可生成糖，如苯丙氨酸、色氨酸、异亮氨酸和酪氨酸。

生酮、生糖氨基酸界限并不十分严格。虽然苯丙氨酸、酪氨酸、亮氨酸、异亮氨酸、色氨酸、赖氨酸由于在分解过程中转变为乙酰乙酰辅酶 A，被称为生酮氨基酸，但实际上只有亮氨酸为纯粹的生酮氨基酸。生糖氨基酸丙氨酸、丝氨酸、半胱氨酸也可以通过乙酰辅酶 A 进一步生成乙酰乙酸而产生酮体。

糖尿病人尿中酮体除来源于脂肪酸外，还来源于生酮氨基酸。

§11.5　由氨基酸衍生的其他重要物质

一、氨基酸与一碳单位

生物体中许多重要的生物分子都是由氨基酸衍生而来。许多氨基酸都可作为一碳单位的来源，如 Gly、Thr、Ser 和 His 等。甲基转移是常见的生化反应，引入甲基是修饰分子生物活性的重要途径。一碳单位（指甲基、次甲基、亚甲基、甲酰基、羟甲基、亚氨甲基等具有一个碳原子的基团）与氨基酸代谢、嘌呤和嘧啶生物合成以及肾上腺素和去甲肾上腺素有关。许多生物合成中的甲基的直接供体是 S-腺苷甲硫氨酸（S-adenosyl methionine，SAM）。甲硫氨酸的甲基由相邻硫原子的正电荷所活化，比 N^5-甲基四氢叶酸中的甲基活泼。SAM 是通过从 ATP 转移一个腺苷基团给甲硫氨酸的硫原子而合成的，ATP 的三个磷酸基断裂成焦磷酸和磷酸，反应如下所示：

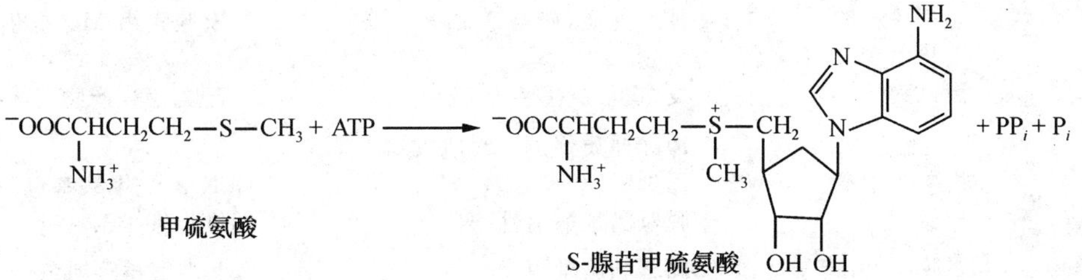

体内许多带有甲基的化合物，如磷脂酰胆碱、肌酸、肾上腺素等 50 多种化合物所需甲基都由 SAM 提供，SAM 是活化甲基的主要供体。这些化合物都有重要的生物功能。SAM 将甲基转移给受体（如磷脂酰乙醇胺），转变为 S-腺苷高半胱氨酸，继而水解成高半胱氨酸和腺苷。高半胱氨酸在高半胱氨酸甲基转移酶（辅酶为甲基钴胺素）催化下，可从 N^5-甲基四氢叶酸接

受甲基(或由甜菜碱接受甲基)再生成甲硫氨酸,然后与 ATP 反应又生成 SAM。由此构成的甲硫氨酸代谢循环如图 11-7 所示。

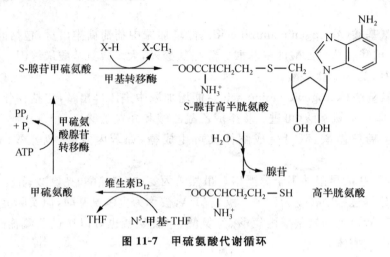

图 11-7　甲硫氨酸代谢循环

二、氨基酸与生物活性物质

氨基酸本身是生物活性物质,但又是许多生物活性物质的前体。表 11-1 列举了一些氨基酸来源的生物活性物质。

表 11-1　氨基酸来源的生物活性物质

氨基酸	转变产物	生物学作用	备　注
甘氨酸	嘌呤碱	核酸及核苷酸成分	与 Gln、Asp、CO_2 共同合成
	肌酸	组织中贮能物质	与 Arg、Met 共同合成
	卟啉	血红蛋白及细胞色素等辅基	与琥珀酸-CoA 共同合成
丝氨酸	乙醇氨及胆碱	磷脂成分	胆碱由 Met 提供甲基
	乙酰胆碱	神经递质	
半胱氨酸	牛磺酸	结合胆汁酸成分	
天冬氨酸	嘧啶碱	核酸及核苷酸成分	与 CO_2、Gln 共同合成
谷氨酸	γ-氨基丁酸	抑制性神经递质	
组氨酸	组胺	神经递质	
酪氨酸	儿茶酚胺类	神经递质,使血管收缩	肾上腺素由 Met 提供甲基
	甲状腺素	激素	
	黑色素	发、皮形成黑色	多巴醌聚合产物
色氨酸	5-羟色胺	神经递质促进平滑肌收缩	
	松果体激素	促进睡眠,调时差	即 N-乙酰甲氧基色胺
	烟酸	脱氢酶辅酶活性部位	即维生素 PP
鸟氨酸	腐胺、亚精胺	促进细胞增殖	Arg 水解得鸟氨酸

1. 酪氨酸代谢产物

(1) **黑色素**(melanin):Tyr 在酪氨酸羟化酶作用下氧化生成二羟苯丙氨酸(多巴),再在酪氨酸酶催化下氧化成苯丙氨酸-3,4-醌(多巴醌),然后形成吲哚-5,6-醌,再聚合成黑色素。反应过程见图 11-8。

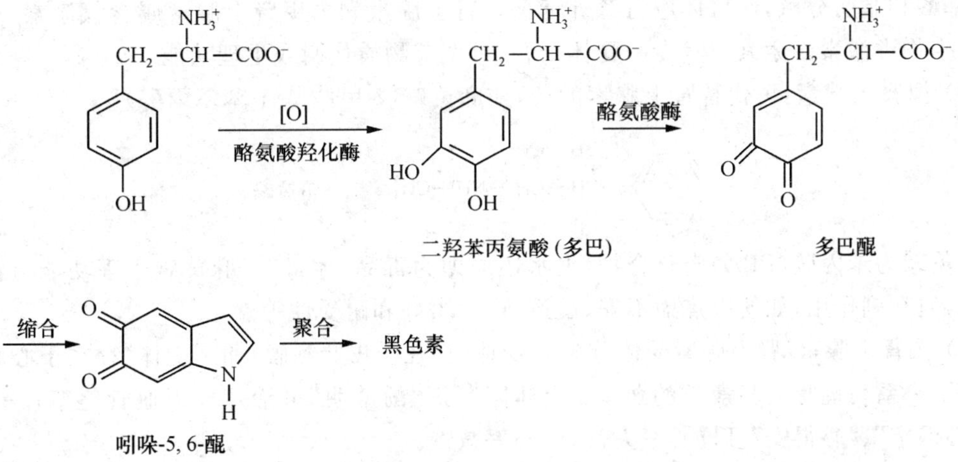

图 11-8　酪氨酸代谢产生黑色素

　　黑色素过多会产生雀斑、老年斑,过少则引起白癜风等白化病。用酪氨酸酶抑制剂可治疗黑色素过多,用激活剂可治疗白化病,如白癜风。用 Vit C、氢醌单苄醚等还原剂也可以抑制黑色素的生成。

　　(2) 儿茶酚胺类物质:Tyr 在酪氨酸羟化酶作用下氧化成多巴,在芳香族氨基酸脱羧酶作用下失羧生成二羟苯乙胺(多巴胺),然后在多巴胺-β-羟化酶作用下氧化生成 1-(3,4-二羟苯基)-2-氨基乙醇(去甲肾上腺素,或称正肾上腺素),最后在苯乙醇胺-N-转甲基酶作用下甲基化生成肾上腺素,化学名称 1-(3,4-二羟苯基)-2-甲胺基乙醇。多巴、多巴胺、去甲肾上腺素、肾上腺素等统称儿茶酚胺(catecholamine)类物质。反应过程见图 11-9。

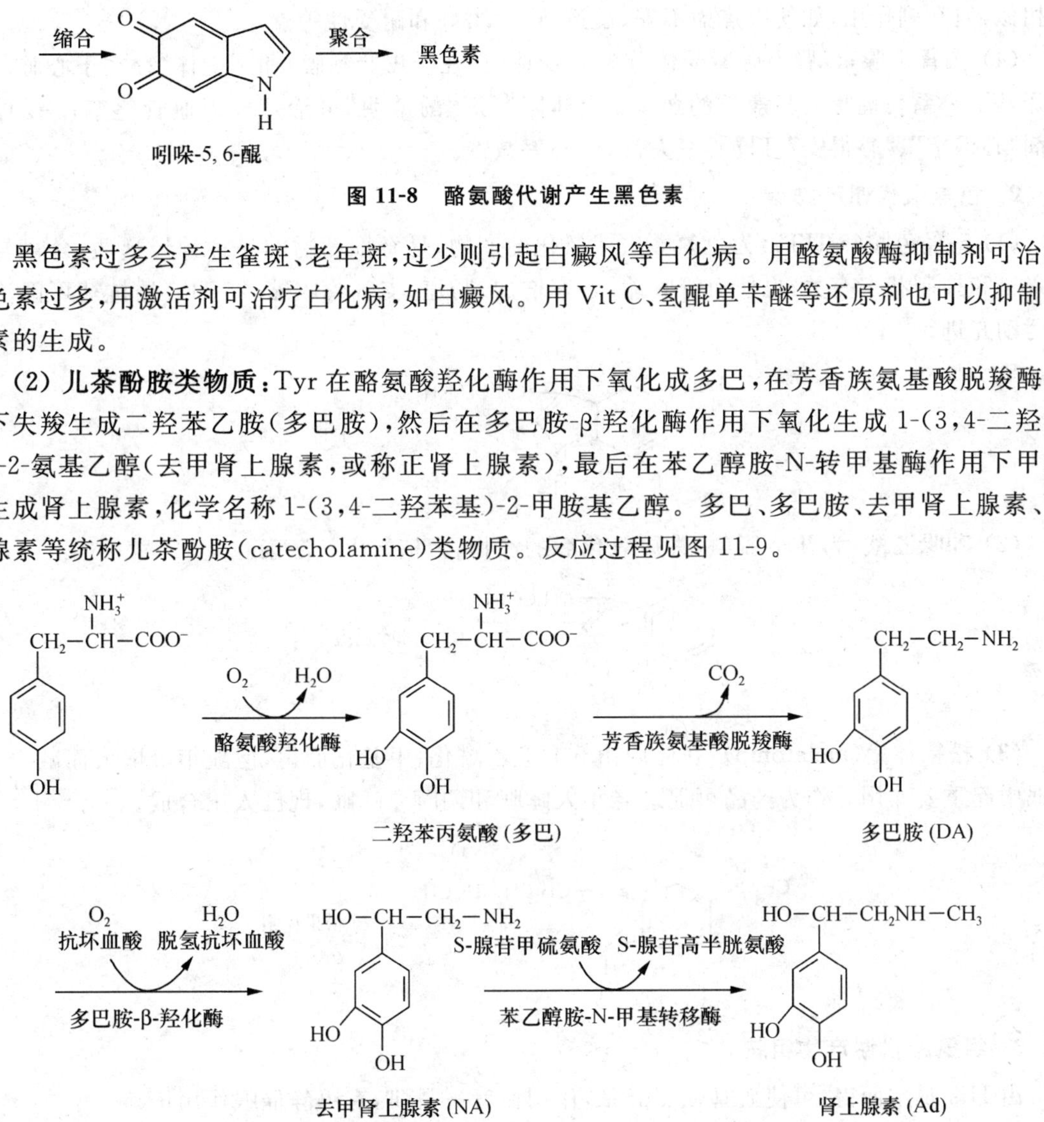

图 11-9　酪氨酸产生的儿茶酚胺类物质

　　多巴和多巴胺都在神经系统中起重要作用,它们与神经活动、行为以及大脑皮层的醒觉和睡眠节律等都有关系。肾上腺素和去甲肾上腺素均为交感神经末梢的化学介质,使交感神经兴奋,对心脏、血管有生理作用,使血管收缩、血压急剧上升。肾上腺素使血糖升高,促进蛋白质、氨基酸和脂肪分解,使机体应付意外情况。肾上腺素和去甲肾上腺素属含氮激素,或称氨基酸衍生物类激素。激素与其专一受体结合,可调节物质代谢或生理功能。

（3）**拟肾上腺素**:可代替肾上腺素的药,如麻黄碱(2-甲胺基-1-苯基丙醇)。

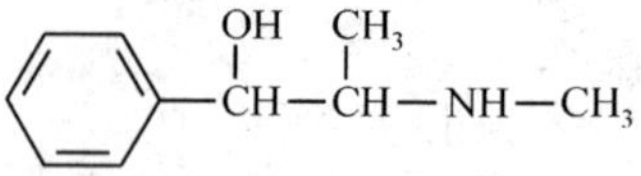

麻黄碱

麻黄碱为苯丙胺(PPA)类化合物,失水还原即为毒品"冰毒"。麻黄碱生理功能与肾上腺素相似,但有副作用,如使人焦虑不安、震颤,产生嗜好和耐受性等。

（4）**抗肾上腺素**:肾上腺素受体分为 α-受体(存在于皮肤黏膜)和 β-受体(存在于心脏),由此开发了一系列抗肾上腺素类的药。α-受体阻断剂"酚苄明"可治疗外周血管痉挛;β-受体阻断剂"心得宁"、"心得安"可抗心率失常,使心率减慢。

2. 色氨酸代谢产物

（1）**5-羟色胺(5-HT)**:为色氨酸失羧氧化的产物,是脊椎动物的一种神经递质,含量与神经兴奋和抑制状态有关,也使血管收缩,心率增加,肠道、支气管收缩。5-HT 拮抗药可医治肠道运动亢进。

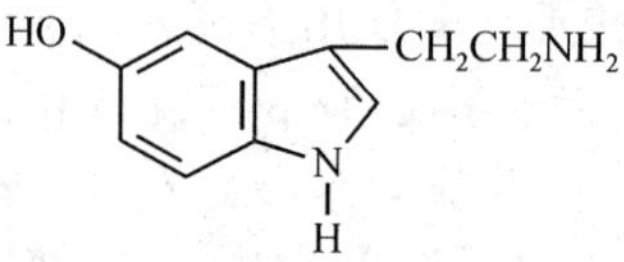

5-HT

（2）**吲哚乙酸**:为 Trp 脱氨、失羧氧化后的产物,为植物生长激素。

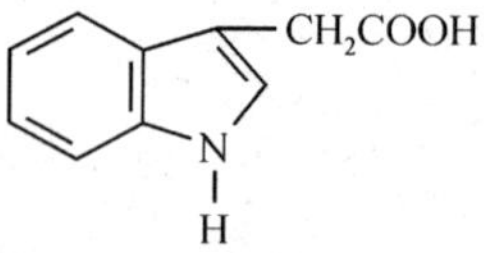

吲哚乙酸

（3）**松果体素(melatonin)**:在体内由 5-HT 乙酰化、甲基化而得,但随年龄增大而减少,在睡眠中起重要作用。作为药品可促进老年人睡眠和调时差睡眠,现已人工合成。

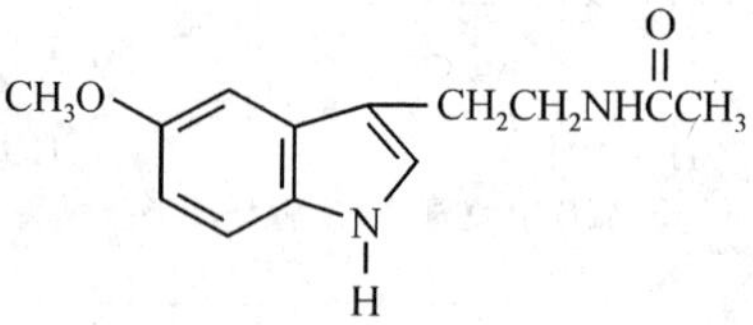

松果体素

3. 组氨酸代谢产物组胺

由 His 脱羧而得,可使血管强烈舒张,作用血管平滑肌,有镇静催眠作用。

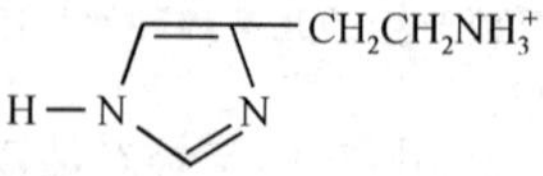

组胺

4. 半胱氨酸代谢产物牛磺酸(氨基乙磺酸)

牛磺酸($NH_3^+ CH_2CH_2SO_3^-$)为 Cys 氧化脱羧的产物,是一种抑制性神经递质。

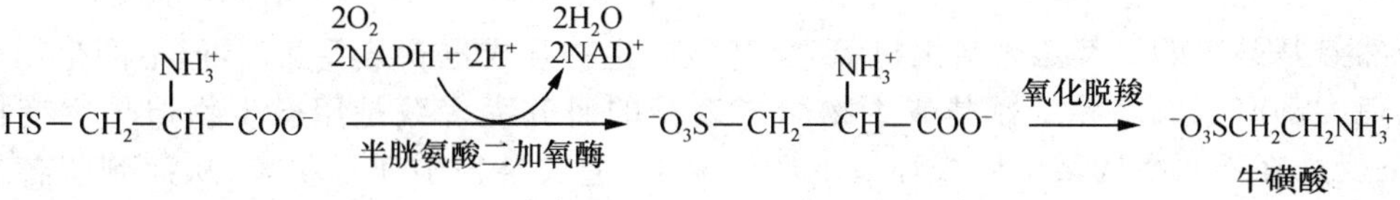

$$HS-CH_2-\overset{NH_3^+}{\underset{}{CH}}-COO^- \xrightarrow[\text{半胱氨酸二加氧酶}]{\underset{2NADH+2H^+ \quad 2NAD^+}{2O_2 \quad 2H_2O}} {}^-O_3S-CH_2-\overset{NH_3^+}{\underset{}{CH}}-COO^- \xrightarrow{\text{氧化脱羧}} {}^-O_3SCH_2CH_2NH_3^+$$

$$\text{牛磺酸}$$

§11.6　氨基酸代谢缺陷症

氨基酸代谢中缺乏某一种酶都可引起症患,称代谢缺陷症,是分子疾病,病因与 DNA 分子突变有关。已发现氨基酸代谢病 30 多种。如白化病,缺失黑色素细胞的酪氨酸酶,使头发变白、皮肤呈粉色、皮肤白滑、眼睛缺少色素。又如苯丙酮尿症,缺少苯丙氨酸 L-单加氧酶,是先天性苯丙氨酸代谢障碍引起的。苯丙酮酸聚集在血中,由尿排出,会使新生儿呕吐、智力迟钝,产生神经疾患。又如尿黑酸症,Tyr 代谢可转氨生成 4-羟苯丙酮酸,再失羧氧化生成尿黑酸。若体内缺乏尿黑酸氧化酶,尿黑酸不能进一步氧化代谢,则尿中含有尿黑酸,碱性条件下在空气中发黑,使得成人皮肤、软骨变黑,结缔组织有不正常的色素沉着。

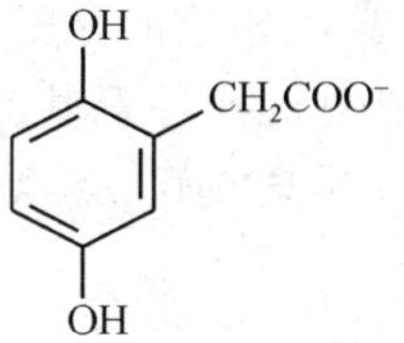

$$\text{尿黑酸}$$

§11.7　必需氨基酸和非必需氨基酸

不同生物合成氨基酸的能力不同,合成氨基酸的种类也有很大差异。有的生物可以合成蛋白质的全部氨基酸,有的生物则不能全部合成,所需氨基酸必须从其他生物获得。在 20 种基本氨基酸中,有十种是通过很简单的反应,从柠檬酸循环和其他主要代谢中间产物合成的。

(1) **必需氨基酸**(essential amino acids):机体维持正常生长所必需而又不能自己合成,需从外界获取的氨基酸。必需氨基酸合成途径比较复杂,这些途径多数由反馈抑制来调节,其中的关键步骤受最终产物的变构性抑制。

人和大白鼠的必需氨基酸是相同的,为以下十种氨基酸(由大白鼠喂饲试验得来):Phe、Lys、Ile、Leu、Met、Thr、Trp、Val、His、Arg,最后两种仅对幼年动物必需。即对于成年动物必需氨基酸为前八种,对幼年动物必需氨基酸为十种。在大白鼠膳食中缺乏这十种氨基酸中的任何一种,动物都不能正常生长。

(2) **非必需氨基酸**:机体可以通过其他原料自己合成的氨基酸。非必需氨基酸的合成途径简单。

高等植物可以合成自己所需要的全部氨基酸,而且既可以利用氨,又可以利用硝酸根作为合成氨基酸的氮源。微生物合成氨基酸的能力有很大差距。大肠杆菌(*E. coli*)可合成自己全部所需氨基酸,乳酸菌则不能合成全部,需从外界获取某些氨基酸。

§11.8 氨基酸生物合成途径

虽然氨基酸中的氮都是来自无机氮,氨基酸的生物合成也有某些共性,但不同生物合成氨基酸的能力却有很大差异。氨基酸生物合成途径的研究大多数是用微生物遗传突变株为材料,使突变株在氨基酸的某个合成环节上产生缺失,造成某种中间物积累,从而判明各个中间代谢环节。由此已阐明 20 种基本氨基酸的生物合成途径。

生物体内氨基酸中氮的来源都起始于无机氮,如 N_2、NH_3。首先,是具有生物固氮能力的微生物(如根瘤菌属细菌),利用 ATP 和一种强还原剂把 N_2 转变为 NH_4^+ 的作用。生物固氮即指某些微生物和藻类通过其体内固氮酶的作用将分子氮转变为氨的作用。固氮酶复合物由两种蛋白质组分构成:一种是还原酶,它提供还原力很强的电子;另一种是固氮酶,它利用电子把 N_2 还原成 NH_4^+。NH_4^+ 的转化进入生物体内的第二步是进入氨基酸,NH_4^+ 经由 Glu 和 Gln 被同化进入氨基酸,Glu 和 Gln 在这方面起着枢纽作用,为氮被同化进入生物分子的重要一步。多数氨基酸的 α-氨基都是通过转氨作用得自谷氨酸的 α-氨基和谷氨酰胺的侧链氮原子。而各种碳骨架起源于代谢的几条主要途径,即柠檬酸循环、糖酵解及戊糖磷酸途径等。由此,将这几条途径中与氨基酸合成密切相关的几种化合物看成是氨基酸生物合成起始物。氨基酸生物合成可按碳来源的途径分为若干类型。

非必需氨基酸的合成需要一定的 α-酮酸,由相应的酮酸经转氨基作用可生成丙氨酸、丝氨酸、天冬氨酸和谷氨酸,其他非必需氨基酸都由这四种氨基酸衍生。图 11-10 为必需和非必需氨基酸生物合成的分族情况,分为丝氨酸族、丙氨酸族、谷氨酸族、天冬氨酸族和必需氨基酸的芳香族氨基酸及组氨酸。

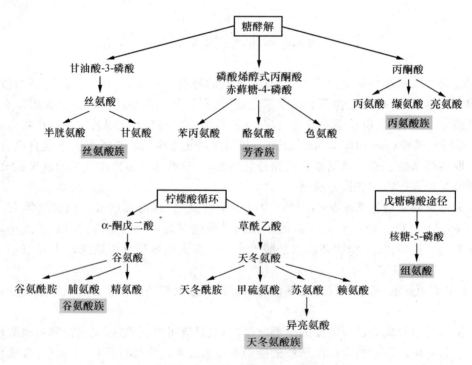

图 11-10 氨基酸生物合成类别

氨基酸的生物合成根据需要有严格的调控机制,调控机制中最有效的是通过合成过程的终产物抑制反应系列中的第一个酶的活性。氨基酸的生物合成有以下六种类别。

一、谷氨酸族氨基酸(α-酮戊二酸衍生物类型)的生物合成

包括 Glu、Gln、Pro 和 Arg 等。均以 α-酮戊二酸为前提,先合成 Glu 后再合成其他氨基酸。α-酮戊二酸在酶催化下形成 Glu,Glu 再生成 Gln、Pro 和 Arg;在真菌中还可生成 Lys。表示如下:

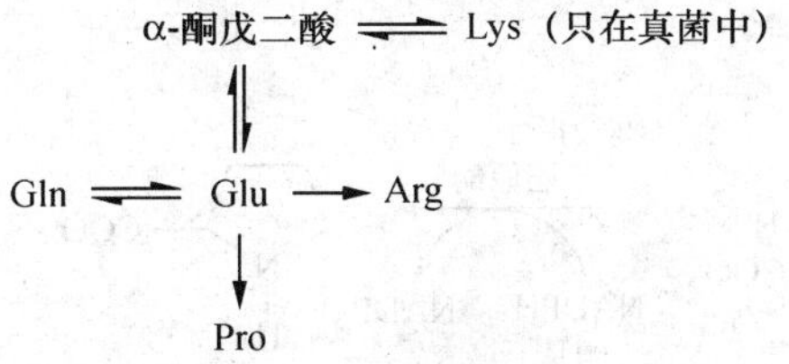

$$\alpha\text{-酮戊二酸} \rightleftharpoons Lys\ (只在真菌中)$$

$$Gln \rightleftharpoons Glu \longrightarrow Arg$$

$$Pro$$

(1) Glu:在一般环境下合成 Glu 途径为在谷氨酸合成酶作用下,由谷氨酰胺供氮,形成两分子谷氨酸。为此先合成 Gln,为谷氨酰胺合成酶途径。NH_3 主要通过谷氨酰胺合成酶催化,与 Glu 反应生成 Gln,氨进入氨基酸;Gln 再在谷氨酸合成酶作用下,将酰胺上的氨基转移到 α-酮戊二酸上,生成 Glu。

$$\alpha\text{-酮戊二酸} + Gln \rightleftharpoons 2Glu$$

谷氨酸还可在谷氨酸脱氢酶作用下将 NH_3 转变成氨基酸:

$$\alpha\text{-酮戊二酸} + NH_3 + NADPH + H^+ \rightleftharpoons Glu + NADP^+ + H_2O$$

在生物合成方式中,NADPH 是还原剂。谷氨酸脱氢酶对 NH_4^+ 亲和力差(K_m 高),要在环境中 NH_4^+ 的浓度高时才能进行。

(2) Gln:通过谷氨酰胺合成酶 NH_4^+ 掺入谷氨酸,酰胺化作用为 ATP 水解所驱动。谷氨酰胺合成酶的调节在控制氮代谢方面起关键性作用。反应过程见图 11-11。

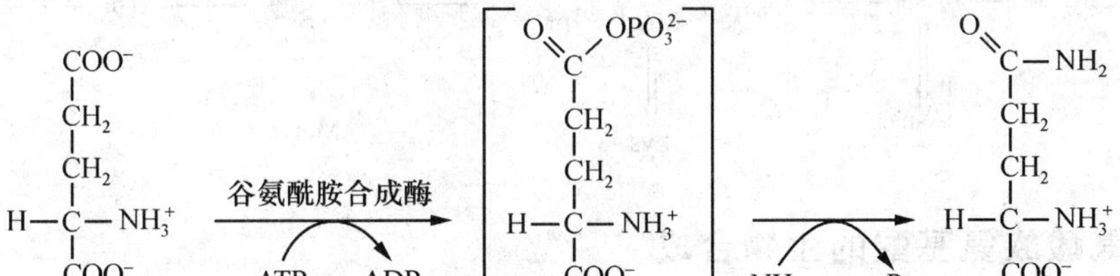

图 11-11 谷氨酰胺的生物合成

大部分谷氨酸合成是由谷氨酰胺合成酶和谷氨酸合成酶按顺序依次进行的,先将体内过多的 NH_4^+ 转化成 Gln,再转化成 Glu,这是一条合成谷氨酸更好的路线,可使体内 NH_4^+ 以最小限量存在。谷氨酰胺合成酶对 NH_4^+ 有很强的亲和力(K_m 值小)。

(3) Pro:Glu 是 Pro 的前体。其生物合成过程见图 11-12。

(4) Arg:脲循环中由鸟氨酸和天冬氨酸合成精氨酸,可满足成年人对 Arg 的需要,但孩童不成。合成 Arg 需从 Glu 和乙酰-CoA 开始合成,要经八步才可合成 Arg。

(5) Lys:Lys 在不同生物体内有完全不同的两条途径进行合成。蕈类(和眼虫)可由 α-酮戊二酸和乙酰-CoA 开始,经十步合成 Lys;细菌和绿色植物则是通过丙酮酸和天冬氨酸的途径,从 Asp 开始也需要十步。

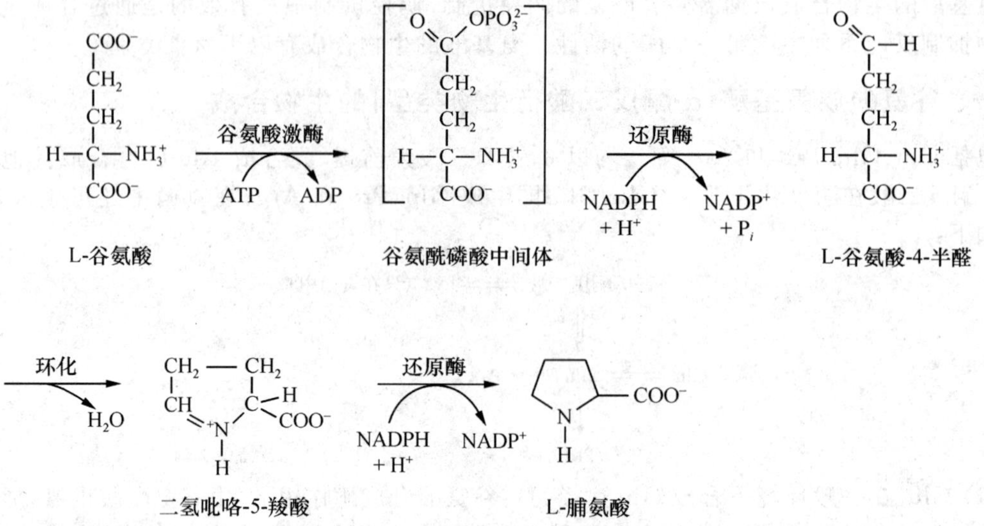

图 11-12　脯氨酸的生物合成

二、天冬氨酸族氨基酸的生物合成

包括 Asp、Asn、Met、Thr 和 Ile。碳架来源于草酰乙酸。草酰乙酸与 Glu 在谷草转氨酶作用下转氨生成 Asp，Asp 在天冬酰胺合成酶作用下可进一步生成 Asn。在细菌和植物中 Asp 经天冬氨酸-β-半醛可生成 Lys，天冬氨酸-β-半醛再经高丝氨酸可生成 Thr，进一步生成 Ile，高丝氨酸还可生成 Met。

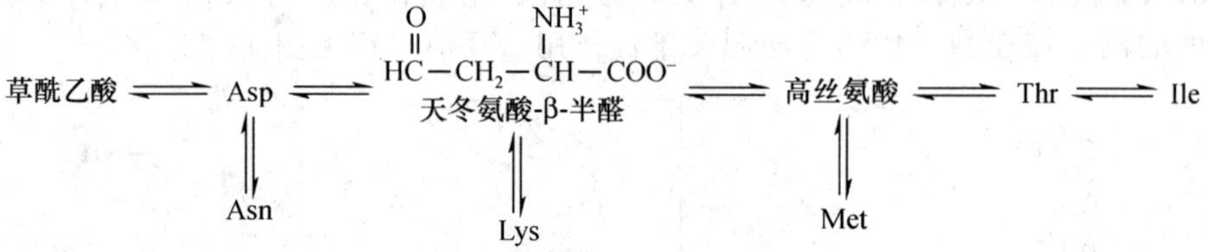

三、丙氨酸族氨基酸的生物合成

包括 Ala、Val 和 Leu，其共同碳源为丙酮酸。丙酮酸可直接生成 Ala，经 α-酮异戊酸可生成 Val，经 α-酮异己酸可生成 Leu。

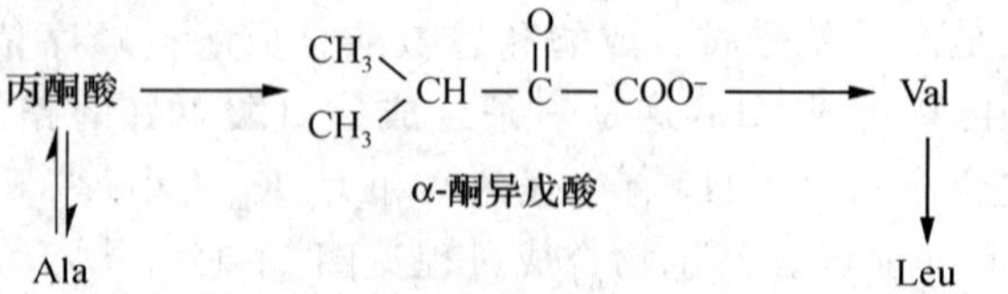

四、甘油酸-3-磷酸衍生类型（丝氨酸族）氨基酸的生物合成

包括 Ser、Cys 和 Gly。以甘油酸-3-磷酸（酵解中间产物）为出发点先合成 Ser，然后合成 Gly 和 Cys。Cys 是从 Ser 和高半胱氨酸合成的。

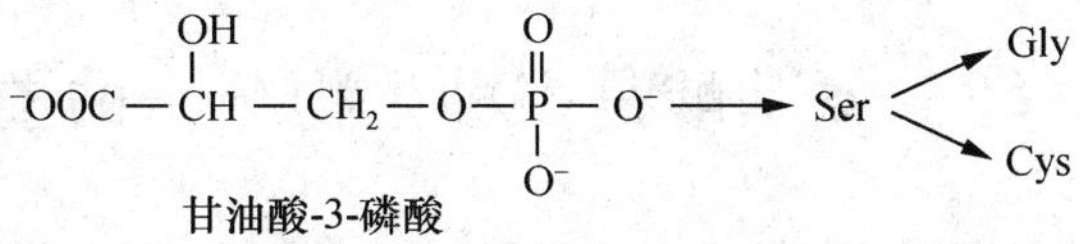

$$\text{-OOC}-\overset{\overset{\text{OH}}{|}}{\text{CH}}-\text{CH}_2-\text{O}-\overset{\overset{\text{O}}{\|}}{\underset{\underset{\text{O}^-}{|}}{\text{P}}}-\text{O}^- \longrightarrow \text{Ser} \longrightarrow \begin{matrix} \text{Gly} \\ \\ \text{Cys} \end{matrix}$$

甘油酸-3-磷酸

Ser 也可以在丝氨酸羟甲基转移酶催化下由 Gly 转化而来,反应可逆,但净通量是有利于甘氨酸合成的方向。反应为一碳单位并入叶酸的主要途径,为叶酸代谢的基础。

$$\text{Ser} + \text{四氢叶酸(THF)} \Longrightarrow \text{Gly} + N^5, N^{10}\text{-亚甲基-THF}$$

五、芳香族氨基酸的生物合成

Phe、Tyr、Trp 合成起始物为赤藓糖-4-磷酸和磷酸烯醇式丙酮酸,经莽草酸生成分支酸,经预苯酸,再氧化脱羧形成对羟基苯丙酮酸,再转氨分别生成 Phe 和 Tyr。分支酸可生成邻氨基苯甲酸,再与磷酸核糖焦磷酸(PRPP,核糖磷酸的活化形式)缩合,再重排、脱水脱羧生成吲哚-3-甘油磷酸,最后与 Ser 反应生成 Trp。莽草酸和分支酸是芳香族氨基酸生物合成的中间产物。反应过程见图 11-13。

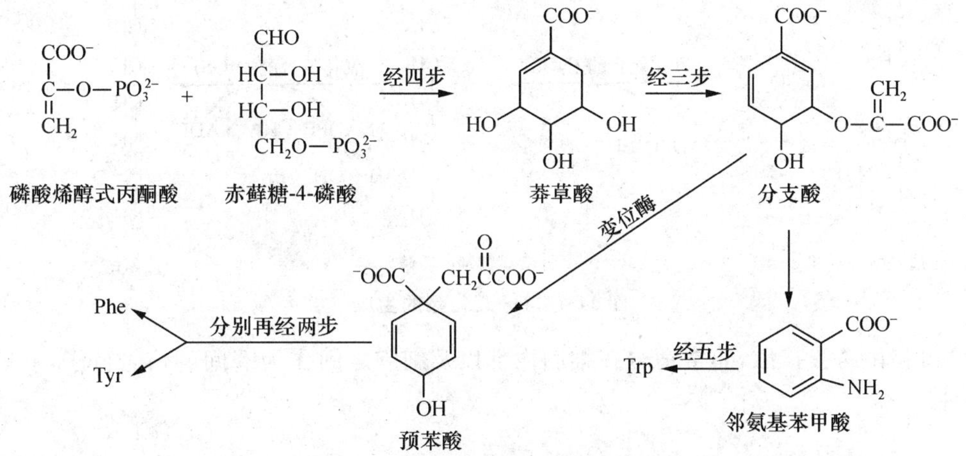

图 11-13 芳香族氨基酸的生物合成

Tyr 也可由 Phe 在苯丙氨酸羟化酶催化下生成,反应中还原动力由 NADPH 提供,氧源于氧分子。苯丙氨酸羟化酶缺乏,会使 Phe 不能转化为 Tyr 而积蓄,机体将以苯丙酮酸的形式排除,称为苯丙酮酸尿症。

$$\text{Phe} + O_2 + \text{NADPH} + H^+ \longrightarrow \text{Tyr} + \text{NADP}^+ + H_2O$$

六、组氨酸的生物合成

His 是以 5-磷酸核糖-1-焦磷酸(5-PRPP)、ATP 和 Gln 为原料合成的。经十步反应生成 His。可认为是嘌呤核苷酸代谢的一个分支。

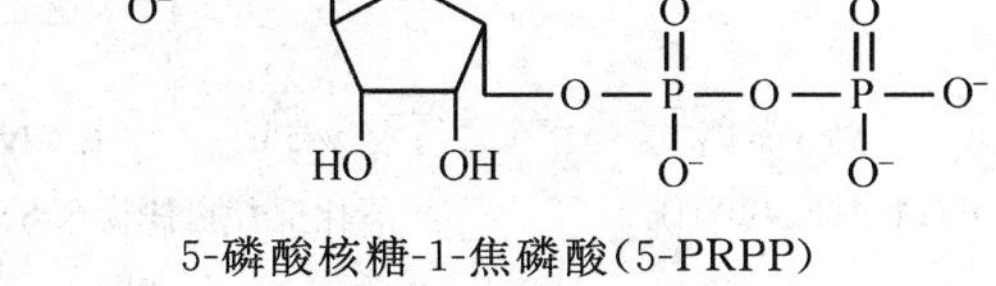

5-磷酸核糖-1-焦磷酸(5-PRPP)

§11.9 氨基酸是多种生物分子的前体

氨基酸是蛋白质和肽的构造单元，也是多种生物小分子的前体，许多重要的生物活性物质均来源于氨基酸，如氧化氮、谷胱甘肽、肌酸、卟啉及短杆菌肽 S 等。D-氨基酸大多是由 L-氨基酸经过消旋酶作用形成的。嘌呤环的九个原子中，有六个是从氨基酸演变来的；嘧啶环的六个原子中有四个来自氨基酸。鞘氨醇的活泼末端来自丝氨酸。

一、氧化氮的形成

氧化氮（NO，或称一氧化氮）是脊椎动物体内一种重要的信息分子，在信号传导过程中起重要作用。它是由 Arg 在氧化氮合酶（NOS）催化下形成的，反应过程见图 11-14。

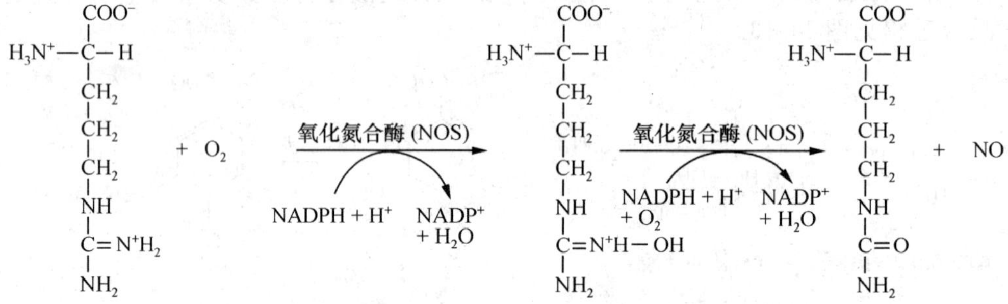

精氨酸　　N-ω-羟精氨酸　　瓜氨酸

图 11-14　一氧化氮的生成

NO 可自由跨膜扩散，非常适合在细胞内部以及细胞之间作为瞬间的信号分子，一般只存在几秒钟。

二、谷胱甘肽

(1) 谷胱甘肽(glutathione)结构：还原型谷胱甘肽结构如下，注意是 Glu 的 γ-COOH 与 Cys 的氨基形成肽键。

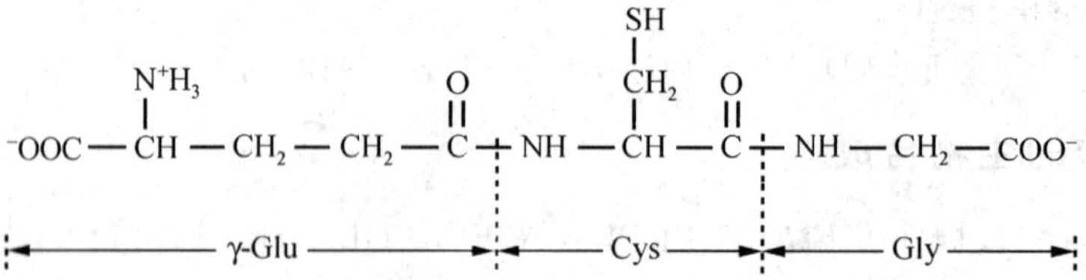

简写为：

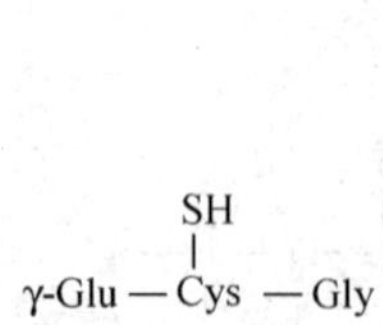

还原型谷胱甘肽 (GSH)

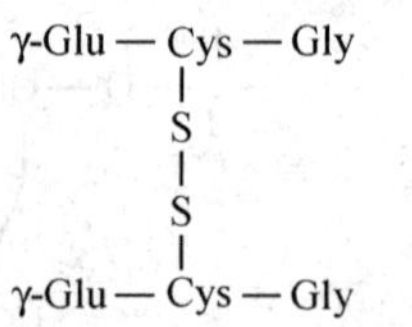

氧化型谷胱甘肽 (GSSG)

氧化型谷胱甘肽（GSSG）在谷胱甘肽还原酶催化下被 $NADPH+H^+$ 还原成还原型谷胱甘肽（GSH），则还原型 GSH 再生。

（2）谷胱甘肽作用：① GSH 保护血液中红细胞，维持血红素中的 Cys 处于还原态，防止蛋白分子之间通过二硫键共价连接。正常情况下 GSH：GSSG＞500：1，谷胱甘肽起到巯基缓冲剂作用。② GSH 起解毒作用，可清除 H_2O_2 或有机氧化物。③ 参与氨基酸转运，经 γ-谷氨酰循环，帮助氨基酸完成跨膜吸收，生成 γ-谷氨酰氨基酸，使氨基酸从膜外转运到细胞内被细胞吸收。

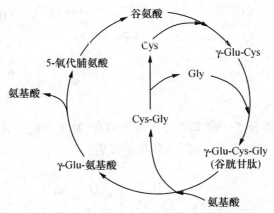

图 11-15 谷胱甘肽在氨基酸跨膜转运的作用机制

如图 11-15 所示，谷胱甘肽通过 γ-谷氨酰循环完成氨基酸的跨膜转运，氨基酸以 γ-谷氨酰衍生物（γ-glutamyl derivative）的形式，从一个细胞转移到另一个细胞，谷胱甘肽与氨基酸形成 γ-谷氨酰氨基酸的反应发生于细胞质膜的外表面。循环中所有其他反应都在细胞溶胶内进行。5-氧代脯氨酸又称焦谷氨酸，结构为：

5-氧代脯氨酸

三、肌酸的生物合成

肌酸（creatine）可形成磷酸肌酸，含 N～P 高能键，在肌肉和神经的贮能中占有重要地位。磷酸肌酸（phosphocreatine）的生成速率是恒定的，生成量取决于肌肉的量。

肌酸　　　　　　　　　　　　　　　　磷酸肌酸

肌酸的生物合成是由 Arg 与 Gly 在转脒基酶作用下生成胍基乙酸，再与 S-腺苷甲硫氨酸（SAM）在甲基转移酶作用下甲基化生成肌酸，肌酸被 ATP 磷酸化成磷酸肌酸。人体排出磷酸肌酸的量基本恒定，如成年男性每日排出 1～1.5 g。肌酸是尿中重要的含氮成分，磷酸肌酸的排除意味着甲基的净丢失。

四、卟啉的生物合成

卟啉(porphyrin)是以 Gly 和琥珀酰-CoA 为原料合成的,经下面四步反应:

(1) 以 Gly 和琥珀酰-CoA 为原料合成 3-氨基乙酰丙酸(δ-氨基-γ-酮戊酸):反应在线粒体中进行,由 δ-氨基-γ-酮戊酸合成酶催化,需辅酶磷酸吡哆醛和 Mg^{2+}。此为卟啉生物合成的关键步骤,反应可逆,是可以调节的。

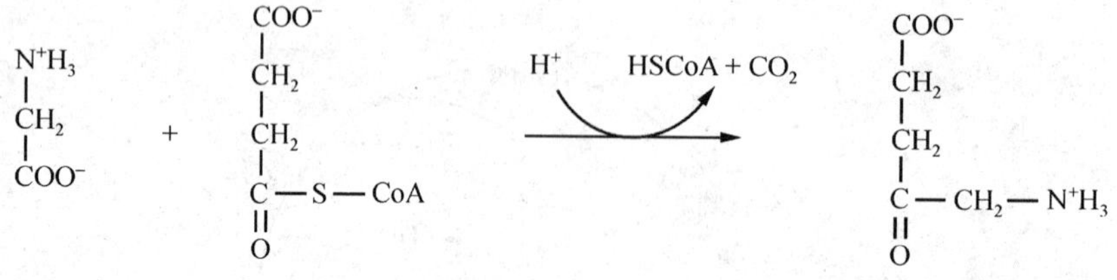

甘氨酸　　　琥珀酰-CoA　　　　　　　　　　　　　　3-氨基乙酰丙酸

(2) 形成胆色素原:两分子 3-氨基乙酰丙酸再缩合、脱水环化生成胆色素原。反应由 δ-氨基-γ-酮戊酸脱水酶催化,在细胞质中进行,并且不可逆。

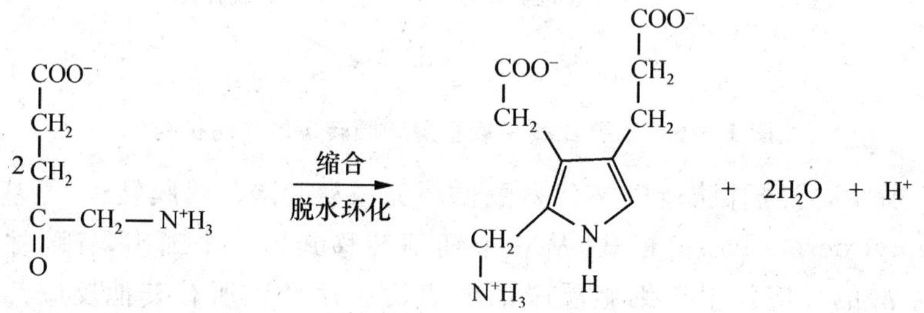

3-氨基乙酰丙酸　　　　　　胆色素原

(3) 生成线性四氢吡咯:四个胆色素原分子在胆色素原脱氨酶作用下脱去三个 NH_3 分子,首尾相接,生成线性四氢吡咯。

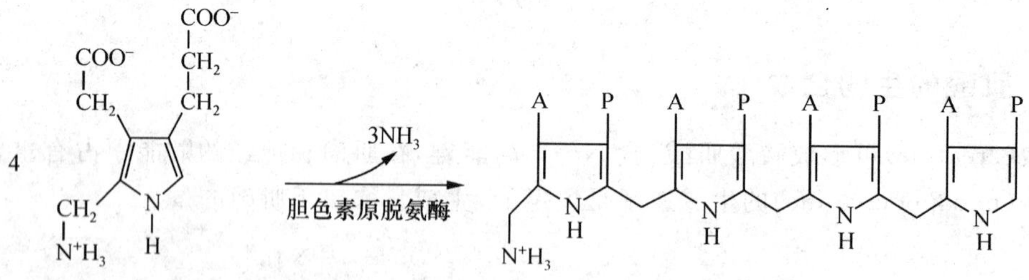

胆色素原　　　　　　　　　　　　　　线性四氢吡咯

A: 乙酸 (CH_2COOH)　　　P: 丙酸 (CH_2CH_2COOH)

(4) 环化成尿卟啉原Ⅲ:线性四氢吡咯可自行脱 NH_3 而环化,只有胆色素原脱氨酶单独存在时生成尿卟啉原Ⅰ;而在胆色素原脱氨酶和尿卟啉原Ⅲ同合酶共同催化下,生成具有不对称侧链排列的尿卟啉原Ⅲ(其中一个吡咯环异构化)。尿卟啉原Ⅲ才是血红素的前体。它与尿卟啉原Ⅰ的区别,仅在于一个吡咯环的侧链上的乙酸基和丙酸基的位置不同(D 环)。此时卟啉的骨架已经形成,以后的反应只是改变侧链和卟啉环的饱和度。

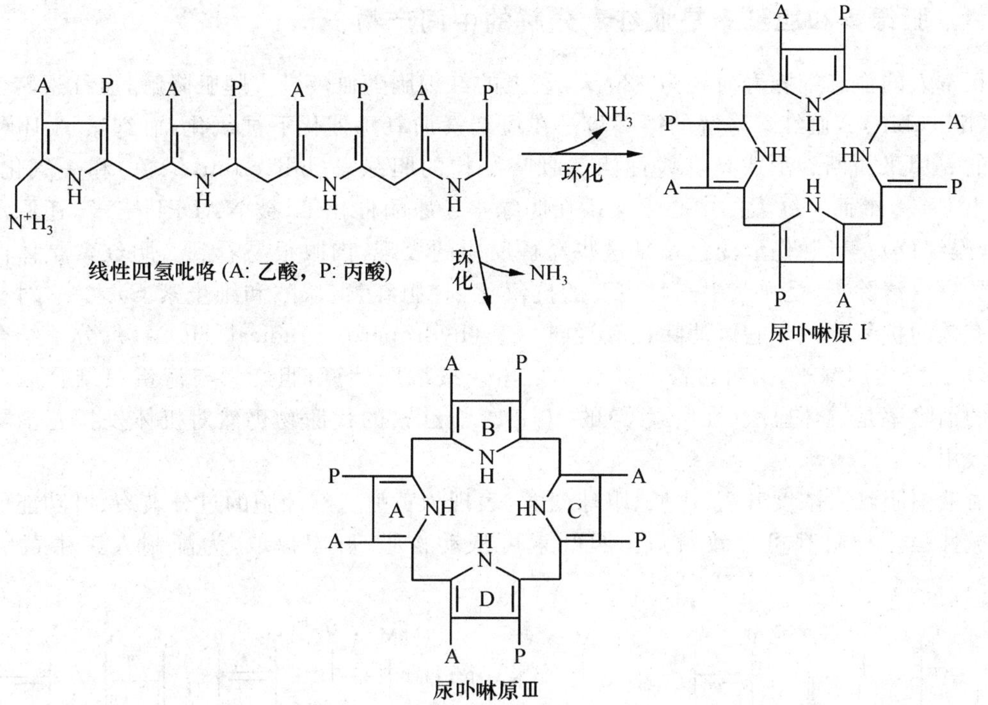

线性四氢吡咯 (A: 乙酸，P: 丙酸)

尿卟啉原 I

尿卟啉原Ⅲ

五、血红素的生物合成

尿卟啉原Ⅲ在尿卟啉原Ⅲ脱羧酶的作用下形成血红素（heme）的前体类卟啉Ⅲ，接着对吡咯环取代基的氧化作用和侧链修饰产生关键的卟啉中间体原卟啉Ⅸ，其乙酸基脱羧为甲基，A环和 B 环上的丙酸基脱羧为乙烯基，饱和的亚甲基桥（—CH_2—）变为不饱和的次甲基桥（—CH=）。原卟啉Ⅸ分子具有芳香族平面，在线粒体中与亚铁 Fe^{2+} 螯合形成血红素。血红素是具有不同功能的肌红蛋白、血红蛋白、过氧化氢酶、过氧化物酶及细胞色素 c 等的辅基。

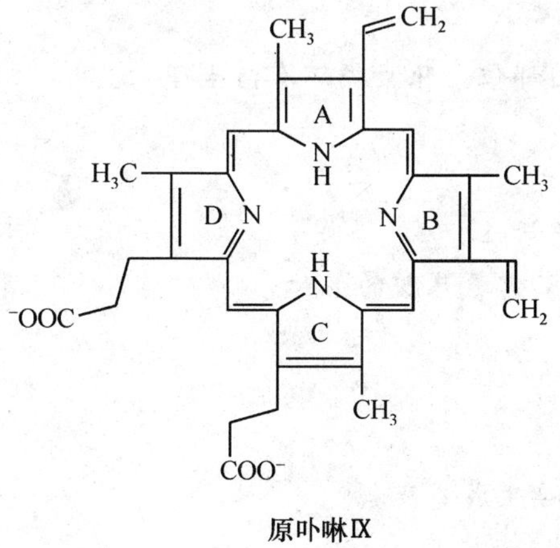

原卟啉Ⅸ

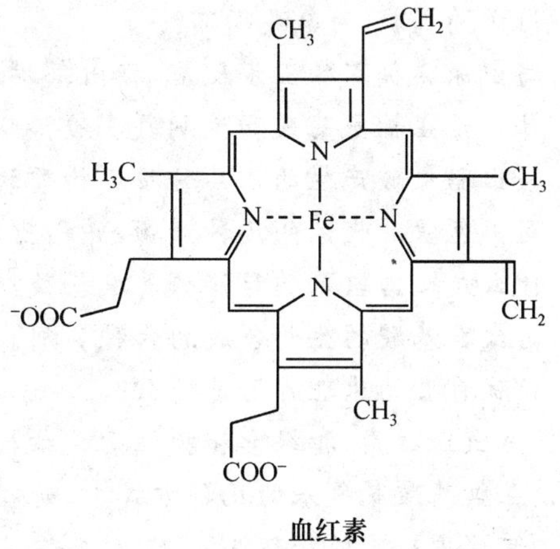

血红素

六、胆绿素和胆红素是血红素分解的中间产物

正常人的血红细胞寿命约为 120 天,衰老的红细胞随血液进入脾脏降解,血红素转变为胆红素(bilirubin)。血红素降解的第一步是在血红素加氧酶催化下被氧化,血红素 A 环和 B 环之间的 α-甲叉桥断裂形成具有线性四氢吡咯结构的胆绿素(biliverdin,绿色)和一氧化碳,并释放出 Fe^{2+},继而胆绿素的中心甲叉桥在胆绿素还原酶催化下,被 NADPH+H^+ 还原形成胆红素(橙红色)。青肿伤痕变色正是这些降解反应的表现,肉眼很易看到。胆红素是体内过氧化物的有效清除剂,是血浆中三种主要的抗氧化剂(胆红素、尿酸和维生素 C)之一,对机体是非常有效的抗氧化剂。它可消除过氧羟自由基(hydroperoxy radical,HO_2),每分子结合两分子 HO_2 转变为胆绿素,又可再被还原成胆红素。按浓度计算,胆红素与清蛋白结合后对过氧化物的消除率是抗坏血酸(维生素 C)的 10 倍。血红素的代谢物仍然对机体发挥着消除自由基的效用。

血液中胆红素浓度升高,皮肤、眼球变黄,表现为黄疸。红细胞的过分破裂、肝功能的损坏或机械性胆管梗阻都可导致黄疸。胆红素可从动物胆、肝中提取,为配制人工牛黄的重要原料。

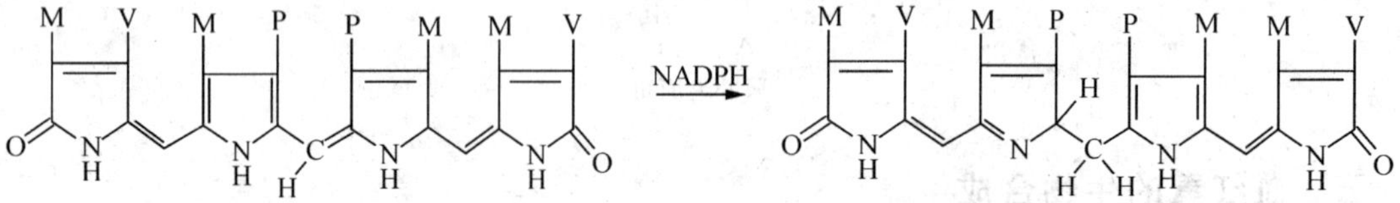

胆绿素(绿色) → NADPH → 胆红素(橙红色)

$$M = CH_3 \quad V = CH_2=CH_2 \quad P = CH_2CH_2COO^-$$

习　题

1. 简述氨基酸的几种脱氨基的方式。

2. 何谓葡萄糖-丙氨酸循环?

3. 写出尿素循环的五步反应,指出每步进行的部位。尿素循环有何生理意义?

4. 什么是生糖氨基酸和生酮氨基酸?

5. 写出酪氨酸产生的儿茶酚胺类物质的反应式。

6. 写出色氨酸代谢的几种产物,并指出其生理活性。

7. 什么是必需氨基酸和非必需氨基酸?写出必需氨基酸的名称。

8. 写出氨基酸的生物合成的六种类别。

9. 谷胱甘肽的生理作用是什么?

10. 写出血红素、胆绿素和胆红素的结构。

11. 在氨基酸脱氨基的几种方式中,哪些可直接生成游离氨?

12. 何谓甲硫氨酸循环?

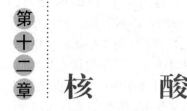

第十一章 核 酸

核酸研究是生命化学、分子生物学和医药学等发展的重要内容之一。生命体内的生物功能依靠蛋白质来实现(核酸的合成也有赖于某些蛋白质的作用),但蛋白质结构是由遗传信息携带者 DNA、RNA 所决定的,蛋白质的合成取决于核酸,核酸保证了生命精确复制自己。核酸不仅与生长繁殖、细胞分化、遗传变异等正常生命活动密切相关,也与肿瘤发生、代谢或遗传疾病、病毒感染等异常生命活动息息相关。

§12.1　核酸是生命信息的物质基础

一个物种区别于另一个物种,一个个体在性状上区别于另一个个体,生物体能够繁衍出与自己类似的后代,这些信息都是通过核酸来贮存、传递和表达的。

真核生物的遗传组成层次,是从细胞、细胞核、染色体、基因到核酸、核苷酸。人体约有 10^{13} 个细胞(万亿),婴儿 10^{12} 个,成人 10^{14} 个。在细胞核的染色体中贮存着遗传信息。染色体是由蛋白质包裹着的双螺旋 DNA,人体共有 23 对、46 条。染色体的 DNA 中包含着成千上万个基因。基因是含特定遗传信息的核苷酸序列,是遗传物质的最小功能单位。除某些病毒的基因由核糖核酸(RNA)构成以外,多数生物的基因由脱氧核糖核酸(DNA)构成,并在染色体上作线状排列。人体内估计约有 20 000~25 000 个蛋白质编码基因。除了蛋白质编码基因之外,人类的基因组还包含数千个 RNA 基因(由 RNA 组成),其中包括用来转录转运 RNA (tRNA)、核糖体 RNA(rRNA)与信使 RNA(mRNA)的基因。核苷酸的排列顺序编码着遗传信息。

§12.2　核酸发展简史

一、核酸的发现

1868 年瑞士青年科学家 F. Miescher 从外科绷带的脓细胞的细胞核中分离得到一种有机物质,呈酸性且含磷量很高。当时他的导师十分惊讶于他的实验结果,担心实验有问题,让他进行重复实验。经过多次验证确认是胞核的特性物质,三年后发表了这一结果,并把这个新发现的物质称为核素(nuclein)。以后他又从鲑鱼精子头部分离出一种相似的物质。F. Miescher 发现的核素实际上是一种含有蛋白质的核酸制品。1889 年 R. Altmann 建立了从动物组织和酵母细胞中制备不含蛋白质的核酸的方法,并首先使用"核酸"来命名。由于 F. Miescher 杰出的工作,人们将 DNA 发现者的荣誉给予了他,同时认为他是细胞核化学的创始人。RNA 的研究始于 19 世纪末,O. Hammars 于 1894 年证明酵母核酸中的糖是戊糖,15 年后被鉴定是 D-核糖。核酸约占细胞干重的 5%～15%。DNA 和 RNA 都是细胞的重要组成成分,并且是特异的大分子。

二、核酸成分的研究

A. Kossel 等人鉴定了核酸的碱基成分,为腺嘌呤、鸟嘌呤、尿嘧啶、胸腺嘧啶和胞嘧啶。P. A. Levene 和 W. A. Jacobs 确定了核酸中的糖是 D-核糖和 2-脱氧-D-核糖,对核酸的化学结构以及核酸中糖的鉴定作出了重要贡献。但是他的"四核苷酸假说"是错误的,流行长达 30 年之久,阻碍了核酸的研究。直到 20 世纪 50 年代才发现,不同生物的 DNA 碱基组成不同,有严格的种特异性,而且碱基存在着 A 等于 T、G 等于 C 的碱基比例关系。

三、DNA 是主要遗传物质的验证

肺炎球菌中外包有多糖荚膜的为正常细菌,能形成光滑菌落,称为 S 型,多糖荚膜是致病的必要成分;缺乏多糖外壳的变种缺乏合成荚膜多糖的酶,是非致病性的,形成粗糙的菌落,称为 R 型。1944 年 O. Avery 等人将菌落光滑的ⅢS 型肺炎球菌细胞(光滑型)制成无细胞的物质,与活的菌落粗糙的ⅡR 型肺炎球菌(粗糙型)细胞混合,意图将提取出的ⅢS 型细胞的 DNA 加入到ⅡR 型细胞的培养液中,结果一部分粗糙型ⅡR 型细胞也具有与之混合的ⅢS 型光滑型的荚膜。进而发现这部分细菌的后代仍然保留了合成ⅢS 型荚膜的能力。也就是说,亲代细胞过去没有、但是现在接受了的新功能可以遗传给子代。实验还证明,蛋白质和多糖都没有这种转化能力,只有 DNA 有此能力。而且一旦 DNA 被酶降解,将失去此能力。脱氧核糖核酸 DNA 是ⅢS 型肺炎球菌转化要素的基本单位。此实验证明,使肺炎球菌的遗传性发生变化的物质是核酸,而不是蛋白质。肺炎球菌被 DNA 转化的事实揭示了核酸才是真正的遗传物质,基因是由 DNA 组成的。

1952 年 A. D. Hershey 和 M. Chase 用 ^{32}P 标记噬菌体 DNA,再用 ^{35}S 标记蛋白质,然后感染大肠杆菌,结果只有 ^{32}P-DNA 进入大肠杆菌的细胞内,而 ^{35}S-蛋白质仍然留在细胞外。这一实验证明,噬菌体 DNA 携带了噬菌体的全部遗传信息。

四、DNA 双螺旋结构模型

核酸研究的技术突破带动了核酸的理论突破。1953 年 J. D. Watson 和 F. Crick 依据 E. Chargaff 发现的 DNA 碱基配对规律,和 M. Wilkins 等人的 X 射线衍射 DNA 分子的清晰衍射结果,提出了 DNA 双螺旋结构学说,说明了基因结构与信息、功能之间的关系,而且为 DNA 的复制,即一个 DNA 分子怎样才能产生两个相同结构的 DNA 分子以及 DNA 分子如何传递生物体的遗传信息提供了合理的说明,奠定了分子生物学基础。这是核酸研究史上的一个里程碑,被认为是 20 世纪自然科学领域最伟大的成就之一。由于这一理论的重大贡献,

J. D. Watson 和 F. Crick 于 1962 年分别获得诺贝尔生理学与医学奖,同时获此奖的还有对 DNA 结构进行 X 射线研究的 M. Wilkins。

五、"中心法则"和遗传密码的发现

1956 年 A. Kornberg 发现,DNA 聚合酶可用在体外复制 DNA。1958 年 F. Crick 总结了当时分子生物学领域的研究成果,概括性地提出了 DNA 表达过程的"中心法则"(central dogma),见图12-1。其基本内容是:遗传信息从 DNA 传递给 RNA,又由 RNA 传至蛋白质,传给蛋白质后遗传信息就不再转移。而 1970 年从致瘤 RNA 病毒中发现的逆转录酶只是对"中心法则"的重要补充。

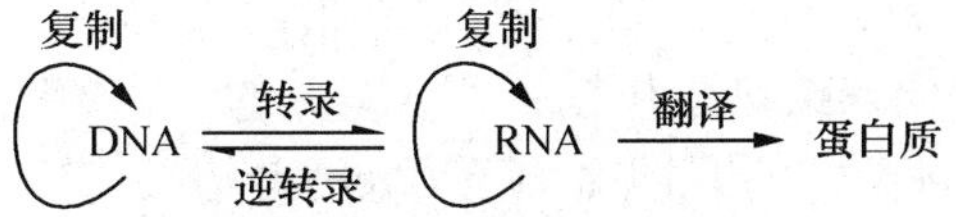

图 12-1　中心法则图示

在"中心法则"的框架下,1961 年 F. Jacob 和 J. Monod 等人预言并最终证实了遗传信息的传递物质 mRNA 的存在,阐明了基因对酶和病毒合成的控制,并提出了操纵子(operon)学说。DNA 研究的成功带动了 RNA 的研究。1965 年 R. W. Holley 等人测定了酵母丙氨酸 tRNA 的一级结构,以后又进一步证明所有 tRNA 都具有相似的结构。1966 年 M. W. Nirenberg 等多个实验室共同破译了遗传密码,阐明了三类 RNA 参与蛋白质生物合成的过程。DNA 链中的核苷酸顺序标示着蛋白质分子中氨基酸残基的顺序。

由于 F. Jacob、J. Monod、M. W. Nirenberg、R. W. Holley 和 A. Kornberg 的出色工作,他们均荣获诺贝尔生理学与医学奖。

六、RNA 研究的发展

当 DNA 的研究取得重要突破时,必将推动 RNA 研究的发展,一系列具有新功能的 RNA 的发现,冲击了传统观点。1981 年,T. Cech 发现四膜虫 rRNA 前体能够通过自我拼接切除内含子,提示 RNA 具有类似酶的催化功能,因而称其为核酶(ribozyme),这对"酶是蛋白质"的传统观念提出了巨大挑战。20 世纪 80 年代对 RNA 的研究揭示了 RNA 的功能多样性和种类多样性。RNA 具有诸多功能,无不关系着生物机体的生长和发育,它在生命活动的各个方面和生物进化过程中都起着相当重要的作用,其核心作用是基因表达的信息加工和调节。小分子 RNA(small RNA)是近年来分子生物学领域最突出的发现之一。小分子 RNA 是在极小基因的转录中产生的一些长度较短的 RNA,具有广泛性和多样性。1983 年,R. Simons 等和 T. Mizuno 等人分别发现了反义 RNA(antisense RNA)的存在,表明 RNA 还具有调节功能。反义 RNA 是指与 mRNA 互补的 RNA 分子,也包括与其他 RNA 互补的 RNA 分子。反义 RNA 与 mRNA 特异性的互补结合,抑制了 mRNA 的翻译。通过反义 RNA 控制 mRNA 的翻译本来是原核生物基因表达调控的一种方式,现在通过人工合成反义 RNA 的基因,并将其导入细胞内转录成反义 RNA,即能抑制某特定基因的表达,阻断该基因的功能,有助于了解该基因对细胞生长和分化的作用。同时,也暗示了该方法对肿瘤实施基因治疗的可能性。

一个基因转录产物通过选择性拼接可以形成多种同源异形体(isoform)蛋白质,从而使

"一个基因一条多肽链"的传统概念受到冲击。1986年R.Benne等发现锥虫线粒体mRNA的序列可以发生改变，称为编辑（editing），于是打破了基因与其产物蛋白质的共线性关系。同年，W.Gilbert提出"RNA世界"的假说，这对"DNA中心"的观点又是一个巨大的冲击。1987年，R.Weiss论述了核糖体移码，证明遗传信息的解码是可以改变的。综上所述，目前RNA已成为最活跃的研究领域之一。

七、人类基因组计划

著名生物学家、诺贝尔奖金获得者H.Dulbecco于1986年提出了"人类基因组计划"（Human Genome Project，HGP）。1990年10月美国政府投资30亿美元宣布启动该计划。HGP与曼哈顿原子计划、阿波罗登月计划并称为20世纪人类科学史上最伟大的科学工程，原定15年（1990—2005年）完成人类单倍体基因组DNA的3×10^9 bp全序列测定，在美国、英国、日本、法国、德国和中国科学家的共同努力下，2000年6月26日提前完成。"人类基因组计划"的实施极大地推动了核酸研究自身的发展，对生命起源、生命奥秘的揭示，以及医学的发展作出了重大的贡献，使人类第一次在分子水平上全面地认识自我。人类基因组计划发现了所有人类基因并搞清其在染色体上的位置，破译了人类全部遗传信息，最终弄清了每种基因制造的蛋白质及其作用。

人类基因组计划测定表明：人类基因组由31.647亿个碱基对组成，真正用于编码蛋白质的序列仅占基因组的1.1%～1.4%，基因组中超过一半是各种类型的重复序列，其中45%为各种寄生的DNA；不同人群仅有140万个核苷酸的差异，人与人之间99.99%的基因密码是相同的，来自不同人种的人比来自同一人种的人在基因差异的数目上更小；人体中存在着非常复杂繁多的蛋白质，一个基因可以编码多种蛋白质，蛋白质比基因具有更为重要的意义；发现了大约140万个单核苷酸多态性，并进行了精确的定位，初步确定了30多种致病基因。随着进一步的分析，我们不仅可以确定遗传病、肿瘤、心血管病、糖尿病等危害人类生命健康最严重疾病的致病基因，寻找出个体化的防治药物和方法，同时也能更进一步了解人类的进化。

在完成3.2×10^9 bp全序列的测定后，生命科学进入后基因组时代（post-genome era）。研究重心从揭示基因序列转移到在整体水平上对基因组功能的研究，因而产生了功能基因组学（functional genomics）。由于生物功能是由结构决定的，功能基因组学需要从基因产物的结构研究入手，又产生了结构基因组学（structural genomics）。结构基因组学的任务是系统测定基因组所代表的全部大分子的结构。RNA也是基因组产生的重要的功能分子，所以RNA结构与功能的研究是功能基因组学的一个重要方面，从而形成了RNA组学（RNomics）或核糖核酸组学（ribonomics），以研究细胞全部功能RNA的结构和作用。RNA结构基因组学的任务是研究所有编码RNA（encoded RNA）以及与其作用的分子和所形成复合物的结构特征。

由于生物功能是通过蛋白质体现的，因此，在功能基因组学的基础上又产生了蛋白质组学（proteomics），蛋白质组学是在整体水平上研究细胞内蛋白质组分及其活动规律的新学科，是指细胞内基因组表达的所有蛋白质。人类基因组中编码蛋白质的基因总数不到30 000，能够产生蛋白质的数目是基因数的10倍。通常细胞内只有部分基因表达，合成的肽链需经加工修饰才成为有活性的蛋白，mRNA或cDNA谱并不代表蛋白质组。蛋白质的许多性质和功能，不仅要在蛋白质的一级结构和表达水平的差异上来认识，还必须从蛋白质空间结构、动态变化以及分子间相互作用等方面来加以阐明。

随着人类基因组研究的迅速进展,生物技术产业也获得了空前规模的发展。据统计,信息技术对世界经济的贡献比率达到 18%,而生物技术对世界经济的推动作用将不亚于或超过信息技术。

八、DNA 重组和基因工程

在 DNA 分子切割技术、分子克隆技术和 DNA 分子快速测序技术的基础上,20 世纪 70 年代 DNA 重组(DNA recombinant)技术诞生了,并带动生物技术迅猛发展。基因工程(genetic engineering)就是将 DNA 重组技术应用于改造生物机体的性状特征,改造基因、改造物种。通过对 DNA 分子进行人工"剪切"和"拼接",对生物的基因进行改造和重新组合,然后导入受体细胞内,使重组基因在受体细胞内表达,产生出人类所需要的基因产物,亦称为遗传工程。基因工程技术使人们可以对基因进行分子施工,按照人们预想的目的来设计和改造生物体。

基因药物的出现与基因工程技术的发展息息相关。基因工程技术在生产重要的药物方面已取得了很多成果,如已生产治疗贫血、糖尿病、病毒性肝炎及粒细胞减少等的药物,并将在生产治疗心血管病、癌症、镇痛和清除血栓等药物方面发挥更大的作用。1978 年合成了人工胰岛素,1979 年实现了生长激素基因在大肠杆菌中的表达,1982 年研制成功了人工干扰素,基因制药从此走上了产业化道路。利用基因重组与移植技术来培育转基因动物生产药物方面,英国科学家在 1997 年年底,利用克隆"多利"所采用的"细胞核转变"法,培育出 200 头携带人体基因的绵羊,并成功地从奶汁中提取了 α-1 抗胰蛋白酶,为建立"动物药厂"打下了基础。芬兰科学家将人体的促红细胞生长素基因,植入乳牛的受精卵中,创造了一种能生产出促红细胞生长素的乳牛。从理论上说,这种乳牛一年可提取 60~80 kg 促红细胞生长素,比目前全世界的使用量还多。

九、克隆

克隆(clone)是生物体通过体细胞进行无性繁殖,形成基因完全相同的后代个体组成的种群。克隆可以是克隆一个基因或是克隆一个物种。克隆一个基因,是指从一个个体中获取一段基因,然后通过载体将其插入另外一个个体,再加以研究或利用;克隆一个生物体,意味着创造一个与原先的生物体具有完全一样的遗传信息的新生物体。包括细胞核移植在内的现代克隆技术已经成功地在一些物种上进行实验。克隆动物是先从动物身上提取一个单细胞,作为含有遗传物质的供体细胞,再将其核移植到去除了细胞核的卵细胞中,通常卵母细胞和它移入的细胞核均应来自同一物种。利用微电流刺激等使两者融合为一体,然后促使这一新细胞分裂繁殖发育成胚胎,将胚胎植入雌性动物体内。当胚胎发育到一定程度后,再被植入动物子宫中发育,便可产下与单细胞供体完全相同的特征的动物。由于细胞核几乎含有生命的全部遗传信息,宿主卵母细胞将发育成为在遗传上与核供体相同的生物体。由此已培育出"克隆羊"和"克隆猴"等多种克隆动物。在此过程中若对供体细胞进行基因改造,克隆产生的动物后代基因就会发生相同的变化。克隆技术已展示出广阔的应用前景,如可用于培育优良畜种和生产实验动物,生产转基因动物;生产人胚胎干细胞已用于细胞和组织替代疗法,如诱导各种干细胞定向分化为特定的组织类型,来替代那些受损的体内组织,由此可把产生胰岛素的细胞植入糖尿病患者体内;克隆还可用于复制濒危的动物物种,保存和传播动物物种资源等。在医学方面,通过"克隆"技术已生产出治疗糖尿病的胰岛素、使侏儒症患者重新长高的生长激素和能抗多种病毒感染的干扰素。

十、生物芯片

根据分子间特异性相互作用的原理,将生命科学领域中不连续的分析过程集成于芯片表面,进行微型生物化学分析,以实现对细胞、蛋白质、基因及其他生物组分的准确、快速、大信息量的检测。按照芯片上固化的生物材料的不同,可以将生物芯片划分为基因芯片、蛋白质芯片、细胞芯片和组织芯片等。目前,最成功的生物芯片形式是以基因序列为分析对象的基因芯片(gene chip)或 DNA 芯片。按照载体上点的 DNA 种类的不同,基因芯片可分为寡核苷酸芯片和 cDNA 芯片两种。按照基因芯片的用途,又可分为表达谱芯片、诊断芯片、指纹图谱芯片、测序芯片、毒理芯片等等。

基因芯片工作原理与核酸分子杂交方法一致。① 芯片:制备芯片主要以玻璃片或硅片为载体,采用原位合成和微矩阵的方法将寡核苷酸片段或 cDNA 作为探针有规律排列固定在载体上,每平方厘米点阵密度高于 400;② 样品:将样品进行提取、PCR 扩增、体外转录,获取其中的蛋白质或 DNA、RNA,然后用荧光或放射性同位素标记,以提高检测的灵敏度和使用者的安全性;③ 杂交反应:荧光标记的样品与芯片上的探针按碱基配对原理进行杂交,选择合适的反应条件使生物分子间反应处于最佳状况,减少生物分子之间的错配率;④ 检测:通过荧光或同位素检测系统对芯片进行扫描,检测每个探针分子的杂交信号强度,获取样品分子的数量和序列信息,由计算机系统对每一探针上的信号作出比较和检测,得出所需要的信息;⑤ 信号分析:杂交反应后芯片上各个反应点的荧光或同位素信号图像的位置和强弱,经过芯片扫描仪和相关软件分析,转换成数据,即可以获得有关生物信息。由此,可以在一个封闭的系统内以很短的时间完成从原始样品到获取所需分析结果的全套操作。

§12.3 核酸的种类和功能

核酸分为核糖核酸(ribonucleic acid,RNA)和脱氧核糖核酸(deoxyribonucleic acid,DNA)。生物细胞均含有 DNA 和 RNA 两类核酸。病毒的遗传物质也是 DNA,极少数为RNA,极其特别的病毒以蛋白质为遗传物质(阮病毒)。

一、DNA 是主要的遗传物质

DNA 在原核细胞中主要集中于核区,在真核细胞中分布于细胞核内组成染色体,也分布在线粒体、叶绿体和质粒等细胞器中。DNA 分子比蛋白质大得多。原核生物的染色体 DNA、质粒DNA 以及真核生物的细胞器 DNA 和某些病毒 DNA 均为环状双链 DNA(circular double-stranded DNA);真核生物染色体 DNA 以及某些病毒 DNA 是线性双链分子(linear double-stranded DNA),其末端具有高度重复序列形成的端粒结构。病毒 DNA 还有环状单链和线性单链的分子。DNA 具有基因的所有属性,基因只是 DNA 的一个片段,通过复制将遗传信息由亲代传递给子代。DNA 分子的功能是贮存决定物种性状的几乎所有蛋白质和 RNA 分子的全部遗传信息,编码和设计生物有机体在一定时空中有序地转录基因和表达蛋白完成定向发育的所有程序,初步确定了生物独有的性状和个性以及与环境相互作用时所有的应激反应。

二、RNA 控制蛋白质的生物合成

RNA 普遍存在于动物、植物、微生物及某些病毒和噬菌体内,分子大小与蛋白质接近。细胞 RNA 通常都是线性单链分子,而病毒 RNA 有双链、单链、环状、线性等多种形式的结构。RNA 主要分布在细胞质中,通过 RNA 转录和翻译使遗传信息在子代得以表达,RNA 和蛋白质生物合成有密切的关系,是遗传信息由 DNA 到蛋白质的中间传递体。有三类 RNA 共同控制蛋白质的生物合成:信使 RNA(messenger RNA,mRNA),携带 DNA 的遗传信息并作为蛋白质合成的模板;转移 RNA(transfer RNA,tRNA),携带氨基酸并识别密码子;核糖体 RNA(ribosomal RNA,rRNA),在蛋白质合成中起装配和催化作用。无论是原核生物还是真核生物,都含有这三类 RNA。这些 RNA 在蛋白质的生物合成中是遗传信息的携带者和转换器,是多肽链的装配者。RNA 与遗传信息在子代的表达相关。基因的功能最终由蛋白质来执行,RNA 控制着蛋白质的合成。

除了参与蛋白质合成的上述三种 RNA 外,生物体内还有多种与遗传信息的表达和表达调控有关的 RNA。RNA 几乎涉及细胞功能的各个方面。

§12.4　核酸的组成

核酸是一种线性多聚核苷酸(polynucleotide),基本结构是核苷酸,包括 DNA 和 RNA。DNA 主要由四种脱氧核糖核苷酸组成,RNA 主要由四种核糖核苷酸组成。核苷酸由核苷(nucleoside)和一个或更多个磷酸组成,核苷由一个含氮碱基(base)和一个糖(主要是戊糖)组成(图 12-2)。含氮碱基是嘧啶或嘌呤的衍生物。用酸将 DNA 或 RNA 完全水解,则可生成含氮碱基、2-脱氧-D-核糖或 D-核糖和正磷酸的混合物。

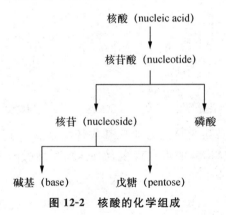

图 12-2　核酸的化学组成

核酸根据其所含戊糖的种类不同,分为 DNA 和 RNA 两类(表 12-1)。DNA 中所含戊糖为 D-2-脱氧核糖(D-2-deoxyribose),RNA 中所含戊糖为 D-核糖(D-ribose)。DNA 和 RNA 所含碱基也不全部相同,DNA 主要含有的四种碱基是腺嘌呤、鸟嘌呤、胞嘧啶和胸腺嘧啶,而RNA 主要含的四种碱基是腺嘌呤、鸟嘌呤、胞嘧啶和尿嘧啶。即不同之处是 DNA 中含胸腺嘧啶,而 RNA 中含尿嘧啶。此外,核酸中还有少量稀有碱基。碱基排列携带遗传信息。

表 12-1 两类核酸的基本化学组成

	DNA	RNA
嘌呤碱（purine base）	腺嘌呤（adenine） 鸟嘌呤（guanine）	腺嘌呤 鸟嘌呤
嘧啶碱（pyrimidine base）	胞嘧啶（cytosine） 胸腺嘧啶（thymine）	胞嘧啶 尿嘧啶（uracil）
戊糖（pentose）	D-2-脱氧核糖（D-2-deoxyribose）	D-核糖（D-ribose）
酸（acid）	磷酸（phosphoric acid）	磷酸

一、碱基和戊糖的化学结构

（1）嘌呤和嘧啶碱基：组成核酸的碱基主要为嘌呤和嘧啶的衍生物，编号按国际纯粹与应用化学联合会（IUPAC）的规定进行。

嘌呤　　　　　　嘧啶（新系统）　　　　嘧啶（旧系统）

核酸中无论是 DNA 还是 RNA，嘌呤衍生物都是腺嘌呤（6-氨基嘌呤）和鸟嘌呤（2-氨基-6-氧嘌呤）。核酸中常见的嘧啶有三种：胞嘧啶（2-氧-4-氨基嘧啶）、尿嘧啶（2,4-二氧嘧啶）和胸腺嘧啶（5-甲基-2,4-二氧嘧啶，又称 5-甲基尿嘧啶）。DNA 中为胞嘧啶和胸腺嘧啶，RNA 中为胞嘧啶和尿嘧啶，但 tRNA 中含有少量胸腺嘧啶。嘧啶环的原子编号有新旧两个系统，通常使用新的命名法：嘧啶环编号从最下 N 原子开始，按顺时针排序。

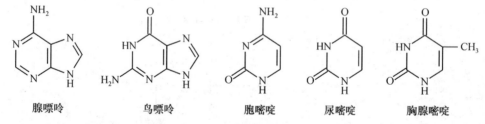

腺嘌呤　　　　鸟嘌呤　　　　胞嘧啶　　　　尿嘧啶　　　　胸腺嘧啶

碱基上的氨基或酮基可以互变异构为亚氨基或烯醇基，不同 pH 条件下核苷有不同的解离态。嘧啶和嘌呤能以互变异构体的形式存在，如尿嘧啶、鸟嘌呤的酮式和烯醇式结构分别表示如下：

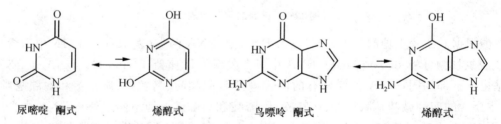

尿嘧啶 酮式　　　　烯醇式　　　　鸟嘌呤 酮式　　　　烯醇式

（2）稀有碱基：除上述五种基本碱基外，核酸中还发现一些修饰碱基，也称稀有碱基，已发现 70 种以上；它们绝大部分也都是嘌呤和嘧啶类化合物。稀有碱基含量很少，种类却很多，

DNA 约 9 种,RNA 约 69 种,以甲基化的碱基居多,甲基化在遗传物质及其表达的保护方面具有重要的生物学意义。核酸分子中,DNA 含稀有碱基很少,tRNA 含稀有碱基最多,含量可高达 10%。表 12-2 是部分稀有碱基的名称。

表 12-2　部分稀有碱基的名称和缩写符号

DNA	RNA
尿嘧啶(U)	5,6-二氢尿嘧啶(DHU)
5-羟甲基尿嘧啶(hm^5U)	5-甲基尿嘧啶,即胸腺嘧啶(T)
5-甲基胞嘧啶(m^5C)	4-硫尿嘧啶(s^4U)
5-羟甲基胞嘧啶(hm^5C)	5-甲氧基尿嘧啶(mo^5U)
N^6-甲基腺嘌呤(m^6A)	N^4-乙酰基胞嘧啶(ac^4C)
	2-硫胞嘧啶(s^2C)
	1-甲基腺嘌呤(m^1A)
	N^6,N^6-二甲基腺嘌呤(m_2^6A)
	N^6-异戊烯基腺嘌呤(iA)
	1-甲基鸟嘌呤(m^1G)
	N^2,N^2,N^7-三甲基鸟嘌呤($m_3^{2,2,7}G$)
	次黄嘌呤(I)(6-氧嘌呤)
	1-甲基次黄嘌呤(m^1I)
	黄嘌呤(X)(2,6-二氧嘌呤)

　　(3) 戊糖:核酸根据戊糖的种类分为 DNA 和 RNA。RNA 中的戊糖是 D-核糖,DNA 中的戊糖是 D-2-脱氧核糖。为与碱基区别,在同一分子中,糖环上的 C 原子编号右上角加一撇,为 $1'$、$2'$、$3'$、$4'$、$5'$(参见图 12-3 中所示)。核糖核苷的 D-核糖上有三个自由羟基,分别可形成 $2'$、$3'$、$5'$ 三种核苷酸。脱氧核糖核苷中的 D-2-脱氧核糖有两个自由羟基,只能形成 $3'$ 和 $5'$ 两种核苷酸。$2'$-O-甲基核苷也只有两种核苷酸。核糖也能被修饰,主要是甲基化,如核糖 2-位氧甲基化的 D-2-O-甲基核糖。

　　核酸中也发现几种己糖的存在,如葡萄糖、甘露糖、半乳糖等等。但它们不构成核酸的骨架,只是与碱基侧链相连。

二、核苷

　　戊糖与碱基缩合而成的化合物称为核苷。核苷中糖基与碱基之间的糖苷键发生在嘧啶或嘌呤中的 N 原子上,是 N—C 键,称为 N-糖苷键。核苷中戊糖均为呋喃型环状结构,糖环中的 C_1 是不对称 C 原子,可以有 α、β 两种构型,但核酸中的糖苷键均为 β 构型,为 β-糖苷键。

　　(1) 核苷的分类:按照戊糖种类的不同,核苷可分为核糖核苷(简称核苷)和脱氧核糖核苷(简称脱氧核苷);按照碱基的不同,核苷可分为嘌呤核苷和嘧啶核苷(表 12-3)。嘌呤核苷中糖环的 C_1 与嘌呤碱的 N_9 相连;嘧啶核苷中糖环的 C_1 与嘧啶碱的 N_1 相连。

表 12-3　常见核苷的名称和符号

碱基	核糖核苷	符号	脱氧核糖核苷	符号
腺嘌呤	腺嘌呤核苷(腺苷)(adenosine)	A	腺嘌呤脱氧核苷(脱氧腺苷)(deoxyadenosine)	dA
鸟嘌呤	鸟嘌呤核苷(鸟苷)(guanosine)	G	鸟嘌呤脱氧核苷(脱氧鸟苷)(deoxyguanosine)	dG
胞嘧啶	胞嘧啶核苷(胞苷)(cytidine)	C	胞嘧啶脱氧核苷(脱氧胞苷)(deoxycytidine)	dC
胸腺嘧啶		T	胸腺嘧啶脱氧核苷(脱氧胸苷)(deoxythymidine)	dT
尿嘧啶	尿嘧啶核苷(尿苷)(uridine)	U		dU

（2）核苷的结构特点：核苷分子在空间结构上碱基与糖环平面互相垂直。核苷中的 N-糖苷键由于空间障碍，转动受到限制，核糖和碱基呈反式（anti-form）构象应当较顺式（syn-form）更合适。在 DNA 双螺旋中碱基配对也是以反式定位的。但目前由于习惯，书写的结构却是为顺式，四种主要核苷结构见图 12-3。

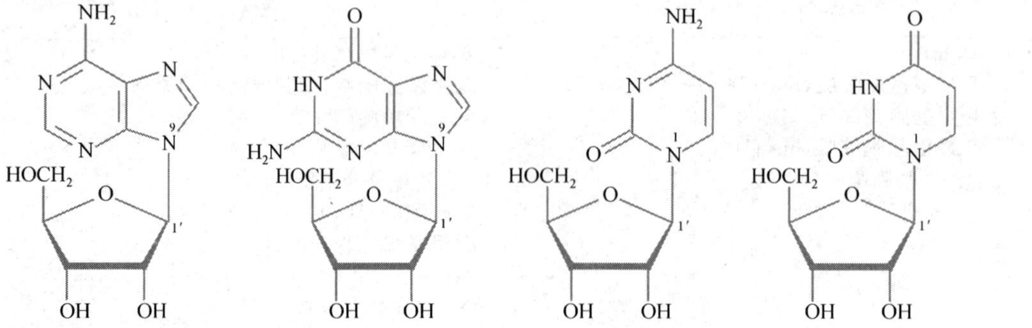

| 腺嘌呤核苷 | 鸟嘌呤核苷 | 胞嘧啶核苷 | 尿嘧啶核苷 |

| 腺嘌呤脱氧核苷 | 鸟嘌呤脱氧核苷 | 胞嘧啶脱氧核苷 | 胸腺嘧啶脱氧核苷 |

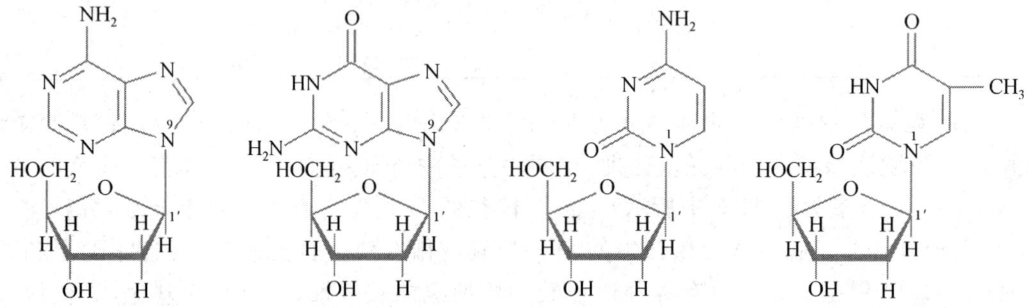

图 12-3　主要核苷和脱氧核苷结构图

核苷除 N-糖苷键外，还有 C-糖苷键。如 tRNA 和 rRNA 中含有的少量稀有碱基假尿嘧啶核苷（pseudouridine）为 C—C 糖苷键（参见图 14-2），核糖不是与尿嘧啶的 N_1，而是与第五位碳（C_5）相连接。有些 tRNA 中还含有 W（Y）核苷（wyosine）和 Q 核苷（queuosine）。它们的核苷碱基母核是鸟嘌呤衍生物。W（Y）核苷碱基是二甲基三杂环，称为 1，N^2-异丙烯-3-甲基鸟苷，杂环上的 R' 侧链由于来源不同而不同；Q 核苷的碱基骨架是 7-去氮鸟嘌呤，第七位（C_7）上侧链 R' 对于不同 Q 核苷也有所不同。

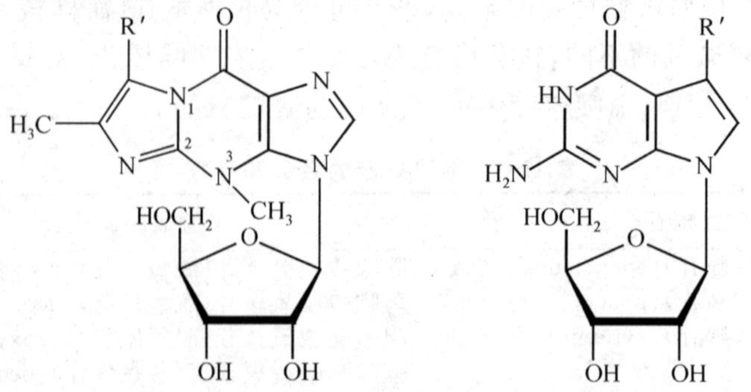

| W（Y）核苷 | Q核苷 |

三、核苷酸

核苷酸是核苷的磷酸酯,分为核糖核苷酸(ribonucleotide)和脱氧核糖核苷酸(deoxyribo-nucleotide)两大类。

(1) 单磷酸核苷酸:一般核苷只被一个磷酸酯化的为单磷酸核苷酸。在核苷酸中的戊糖上有三个位置($2'$、$3'$、$5'$)有羟基,至少有一个羟基被酯化,生成三种不同的核苷酸。核苷最常见的酯化位置是与戊糖 $5'$-C 相连接的羟基,称为核苷-$5'$-磷酸或 $5'$-核苷酸;另外,还有 $2'$-核苷酸和 $3'$-核苷酸,但不是核酸组分。脱氧核苷酸戊糖只有两个位置($3'$、$5'$)有羟基,只生成 $5'$-脱氧核糖核苷酸和 $3'$-脱氧核糖核苷酸两种脱氧核苷酸。若为核苷-$5'$-磷酸,则 $5'$ 可以省去,而核苷-$2'$-磷酸和核苷-$3'$-磷酸中的 $2'$ 或 $3'$ 必须标出,如腺苷-$3'$-磷酸,应标出 $3'$,记做 $3'$-AMP。生物体内存在的游离核苷酸多以 $5'$ 形式存在,为 $5'$-核苷酸和 $5'$-脱氧核苷酸。常见的四种 $5'$-核苷酸和两种 $3'$-核苷酸的结构列于图 12-4 中。

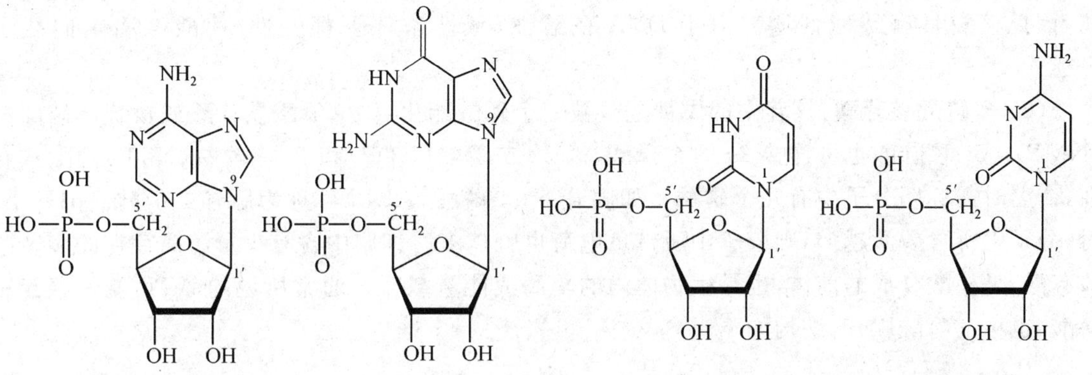

5′-腺嘌呤核苷酸 (AMP)　　5′-鸟嘌呤核苷酸 (GMP)　　5′-尿嘧啶核苷酸 (UMP)　　5′-胞嘧啶核苷酸 (CMP)

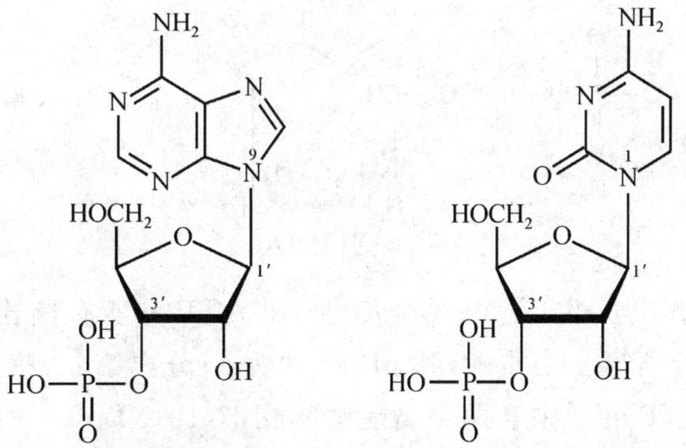

3′-腺嘌呤核苷酸 (3′-AMP)　　3′-胞嘧啶核苷酸 (3′-CMP)

图 12-4　几种核苷酸的结构

常见的核苷酸如表 12-4 所示。

表 12-4　常见的核苷酸

碱　基	核糖核苷酸	缩　写	脱氧核糖核苷酸	缩　写
腺嘌呤 A	腺嘌呤核苷酸（腺苷酸）	AMP	腺嘌呤脱氧核苷酸（脱氧腺苷酸）	dAMP
鸟嘌呤 G	鸟嘌呤核苷酸（鸟苷酸）	GMP	鸟嘌呤脱氧核苷酸（脱氧鸟苷酸）	dGMP
胞嘧啶 C	胞嘧啶核苷酸（胞苷酸）	CMP	胞嘧啶脱氧核苷酸（脱氧胞苷酸）	dCMP
胸腺嘧啶 T			胸腺嘧啶脱氧核苷酸（脱氧胸苷酸）	dTMP
尿嘧啶 U	尿嘧啶核苷酸（尿苷酸）	UMP		

注：脱氧核糖核酸缩写中第一个字母 d 表示它们为 2′-脱氧核苷酸。

　　核苷单磷酸上的磷酸基是二元酸，pK_a 值接近 1，在体内只有一级解离，在中性 pH 时，核苷酸是电负性的；磷酸第二次电离 pK_a 值大约为 6，有助于核苷酸在中性 pH 时保持电负性。核苷和核苷酸中的碱基杂环中的氮具有结合和释放质子的能力，它们的碱基与游离碱基的解离性质相近，是兼性离子，在中性 pH 时，碱基上不带电荷。核酸的碱基和磷酸基均能解离，因此核酸具有酸碱性质。由于 DNA 在酸性、碱性条件下都变性，使酸碱滴定曲线不可逆。

　　（2）多磷酸核苷酸：核苷中的戊糖羟基被一个磷酸酯化，称单磷酸核苷酸或核苷单磷酸酯（NMP）。5′-核苷酸也可连接 2～3 个磷酸，以 5′-二磷酸（NDP）和 5′-三磷酸（NTP）的形式存在，命名时需标明分子中有几个磷酸。如腺苷-5′-二磷酸（ADP）可称为腺苷二磷酸。pH 为 7 时，分子中所含磷酸越多，则分子中所带负电荷也就越多。细胞中含有少量游离存在的多磷酸核苷酸，是核酸合成的前体，也是生物体内的辅酶或能量载体。通常所说的 ATP 就是腺苷三磷酸，也称三磷酸腺苷，结构如下：

ATP（三磷酸腺苷）

　　中性 pH 时，ATP 为电负性，含 2～4 个负电荷。ATP 和所有核苷三磷酸都可以从磷酸基团上分离出四个质子，分离第一个质子，其 pK_a 大约为 1；分离第二、第三和第四个质子，pK_a 在 6～7 的范围内变化。ATP 分子中含两个高能磷酸酯键（P～O）。

　　（3）环核苷酸：在核苷酸环化酶作用下，三磷酸核苷可形成环核苷酸。它们广泛存在于动植物和微生物中，虽然在细胞中的含量很低，但却有极重要的生理功能，在细胞内往往作为重要的调节分子和信号分子，如 cAMP 被称为"第二信使"（激素为第一信使），会放大或缩小激素的作用，调节细胞内糖原和脂肪的分解代谢、蛋白质和核酸的生物合成、细胞膜上的物质运转及细胞的分泌作用等。常见的环核苷酸有 3′,5′-环化腺苷酸（cAMP）和 3′,5′-环化鸟苷酸（cGMP）。cAMP 和 cGMP 是一对互相制约的化合物，它们的生理作用往往是相反的，共同调节着细胞的许多代谢过程。另外，根据核苷酸分子内磷酸酯连接部位不同，还有 2′,3′-环核苷

酸和 $2',5'$-环核苷酸。

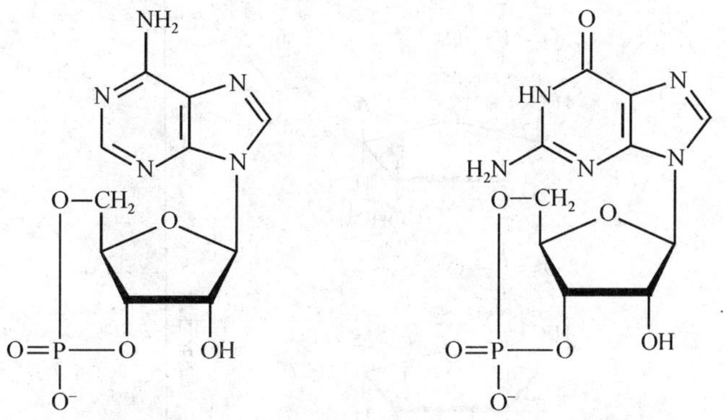

cAMP　　　　　　　　　　　　　cGMP

(4) 核苷酸及其衍生物的生理功能：它们参与了生物体内几乎所有的生物化学反应过程。

① 核苷酸是合成生物大分子核糖核酸(RNA)及脱氧核糖核酸(DNA)的前身物。

② 三磷酸腺苷(ATP)在细胞能量代谢上起着极其重要的作用。物质在氧化时产生的能量一部分贮存在 ATP 分子的高能磷酸键中,ATP 是能量代谢转化的中心。

③ ATP、UTP、CTP 及 GTP,它们不但在有些合成代谢中是能量的直接来源,而且在某些合成反应中,有些核苷酸衍生物还是活化的中间代谢物。如 UTP 参与糖原合成作用以供给能量,并且 UDP 还有携带转运葡萄糖的作用。

④ 腺苷酸还是几种重要辅酶,如辅酶Ⅰ(烟酰胺腺嘌呤二核苷酸,NAD$^+$)、辅酶Ⅱ(磷酸烟酰胺腺嘌呤二核苷酸,NADP$^+$)、黄素腺嘌呤二核苷酸(FAD)及辅酶 A(CoA)的组成成分。NAD$^+$ 及 FAD 在传递氢原子或电子中有着重要作用;CoA 作为一些酶的辅酶成分,参与糖有氧氧化及脂肪酸氧化作用。

⑤ 环核苷酸对于许多基本的生物学过程有一定的调节作用,为第二信使。

§12.5　核酸分子的结构及表示方法

一、核酸分子的结构

核酸是由各种核苷酸通过 $3',5'$-磷酸二酯键连接而成的线性分子,无分支结构,磷酸二酯键走向为 $3'\rightarrow5'$。连接一个核苷酸的 $3'$-碳和相邻的另一个核苷酸的 $5'$-碳之间的磷酸二酯键重复多次,就形成了含有上百到上百万个核苷酸的巨大分子。图 12-5 所示结构为 RNA 链中三个核苷酸的一段,具有 $5'\rightarrow3'$ 向下的方向,表示在 RNA 链中此部分的顺序是腺嘌呤、鸟嘌呤、胞嘧啶。此段三核苷酸可简写成 AGC,简写从左到右书写,核苷酸的顺序一般按 $5'\rightarrow3'$ 的方向,$5'$端在左,$3'$端在右。为表明此段结构的 $5'$ 和 $3'$ 端均与磷酸连接,精确的写法为 pApGpCp。但 AGC 也表示可能是一个只含有 $5'$ 或 $3'$ 端被磷酸化的三核苷酸。

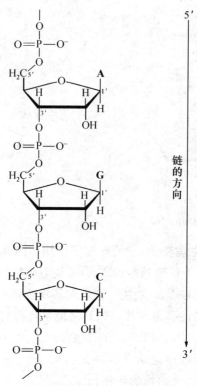

图 12-5　一段三核苷酸结构

将核酸与蛋白质两种生物大分子进行比较，会发现二者的相似之处：核酸是线性分子，蛋白质主链也是线性分子；蛋白质由氨基酸聚合而成，核酸由核苷酸聚合而成；蛋白质的功能基是支链上的 R 基团，核苷酸的功能基则是碱基。

二、核酸一级结构表示方法

由于有关核酸的研究工作极多，而核苷酸在核酸链中的排列顺序及方向性对核酸结构及功能的表达至关重要，因此统一缩写符号及书写方式非常重要，这里介绍文献上常用的几种表示法。

（1）**碱基表示法**：碱基可以用三个字母表示，即取碱基英文名称的前三个字母。

adenine：Ade，　　guanine：Gua，　　cytosine：Cyt，　　thymine：Thy

但是一般不使用碱基符号，通常核酸的结构是以核苷或核苷酸符号表示的。

（2）**核苷的表示法**：核苷一般以单字母表示：A，G，C，U，脱氧核苷需要加小写英文字母 d：dA，dG，dC，dT。修饰碱基组成的核苷的表示，一般规律是：在缩写符号左面以小写英文字母和其右上角数字注明取代基的种类、数目和位置（参见表 12-2）。

例如，m^2A 表示腺苷 2-位上有甲基；m_2^6A：表示腺苷 6-位 N 上有甲基，一共两个甲基，即 N^6，N^6-二甲基腺苷；$m_3^{2,2,7}G$：表示鸟苷共有三个甲基，2-位有两个甲基，7-位有一个甲基，即 N^2，N^2，N^7-三甲基鸟苷。另外，N^6-甲基脱氧腺苷为 m^6dA，2-硫代尿苷为 s^2U。如果在核苷符号右边有小写字母，则表示为糖环上的取代基团的种类，如 $2'$-O-甲基腺苷写成 Am，$2'$-O-甲基胞苷写成 Cm。

（3）**核苷酸的表示法**：在核苷符号左方的小写字母 p，表示 $5'$-磷酸酯，如 pA 为 $5'$-腺苷酸；在核苷符号右方的小写字母 p，表示 $3'$-磷酸酯，如 Cp 为 $3'$-胞苷酸。pGA 表示 p 在 $5'$-位，而 AGp 表示 p 在 $3'$-位。

多磷酸酯以小写字母 p 的数目表示，如 ppU 为 $5'$-尿苷二磷酸；pppA 为 ATP；ppGpp 为鸟苷四磷酸，其中两个磷酸在 $5'$-位，另两个磷酸在 $3'$-位。

环化核苷酸，$3',5'$-环化核苷酸书写为 cAMP、cGMP 等。

（4）**核酸链的表示法**：核酸链一端是一个 $5'$-OH，另一端是未与其他核苷酸相连的 $3'$-OH。核酸的共价结构有几种表示法：一般书写从左向右，从 $5'$ 端写至 $3'$ 端，如（$5'$）pApG-pCpUpC（$3'$），或 $5'$pAGCUC$3'$。为简便起见，人们常常将小写的 p 省略，写成 A·G·C·U·C，现在最普遍的写法是：AGCUC。若为 DNA 则含 T，如 ACTG；若为 RNA 则含 U，如 ACUG。ACTG 和 GTCA 代表不同的化合物：前者 $5'$ 端为 A，A 上有游离的 $5'$-OH；后者 $5'$ 端为 G，G 上有游离的 $5'$-OH。若用线条式表示，其中竖线表示核酸的碳链，A、G、C、T 表示碱基，大写 P 代表磷酸基，P 引出的斜线一端与 $3'$-C 相连，另一端与 $5'$-C 相连。如：

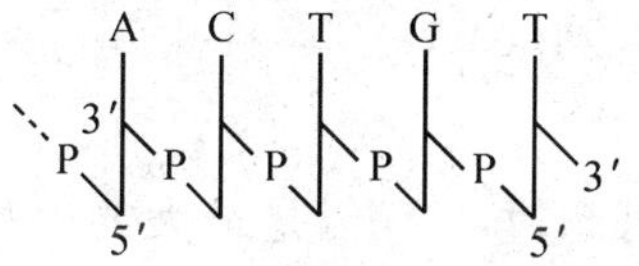

简写为：

----- pApCpTpGpT----- 或 ----- pACTGT-----

习 题

1. 人类基因组计划是何时完成的？它有何重大的意义？
2. 核酸是怎样分类的？各类中又包含哪些类型？
3. 写出常见核苷酸的名称、缩写和结构式。
4. 举例说明常见的环化核苷酸的重要生理功能。
5. 核苷酸及其衍生物有哪些重要的生理功能？
6. 怎样用缩写符号表示核酸链、核苷酸、核苷和碱基？
7. 将核酸完全水解后可得到哪些组分？DNA 和 RNA 的水解产物有何不同？
8. 什么是中心法则？对中心法则的重要补充又是什么？
9. 什么是生物芯片？其工作原理是什么？
10. 核酸分子中是通过什么键连接起来的？

DNA 的结构

§13.1　DNA 的一级结构

DNA 由脱氧核糖核苷酸组成,所含核苷酸数目可超过 10^8 个,是最大的生物大分子。遗传信息就是由 DNA 分子整条链精确的核苷酸序列编码。DNA 分子的大小通常用千碱基对(kb,1000 碱基对)表示,如大肠杆菌染色体的大小为 4639 kb。病毒和细菌基因组的千碱基对数目可粗略地认为与基因数相等,每一个基因编码一个蛋白质产物。真核生物的千碱基对数目与基因数目不等,因为真核生物的 DNA 内有不表达的碱基序列。

一、DNA 的碱基组成

20 世纪 40 年代,E. Chargaff 等人应用纸层析及紫外分光光度技术测定了多种生物 DNA 的碱基组成后发现:

(1) **所有 DNA 中 A＝T,G＝C:** DNA 中腺嘌呤(A)与胸腺嘧啶(T)的摩尔含量相等(A＝T),鸟嘌呤和胞嘧啶的摩尔含量相等(G＝C)。也就是说,嘌呤碱基的总含量等于嘧啶碱基的总含量,即 A＋G＝T＋C。

(2) **不同生物的 DNA 有自己独特的碱基组成:** 不同生物的 DNA 碱基组成均不同于其他物种而具有自身的特异性(表 13-1);同一生物的 DNA 碱基组成具有一个特性,没有组织和器官的区别,也不随年龄、环境和营养状态而变化。这反映出,核苷酸序列及其编码的遗传信息在同一生物体的不同类型细胞中是相同的(虽然这种信息在各类细胞中表达各异)。

表 13-1　不同生物的 DNA 碱基组成

来　源	碱基相对摩尔含量/(%)			
	A	G	C	T
人	30.9	19.9	19.8	29.4
母鸡	28.8	20.5	21.5	29.2
扁豆	29.7	20.6	20.1	29.6
酵母	31.3	18.7	17.1	32.9
大肠杆菌	24.7	26.0	25.7	23.6
小麦胚	27.3	22.7	22.8*	27.1

（续表）

来　源	碱基相对摩尔含量/(%)			
	A	G	C	T
牛胸腺	28.2	21.5	22.5*	27.8
牛脾	27.9	22.7	22.1	27.3
蚕	28.6	22.5	21.9	27.2
噬菌体	21.3	28.6	27.2	22.9

* 胞嘧啶加甲基胞嘧啶。

二、DNA 分子的一级结构

DNA 的一级结构通常指核苷酸在 DNA 分子中的排列序列，也就是核酸的共价结构。生命信息绝大部分以核苷酸不同的排列顺序编码在 DNA 分子上，核苷酸排列顺序变了，其生物学含义也就不同了。

DNA 分子的骨架由四种脱氧核糖通过 $3',5'$-磷酸二酯键连接，DNA 的可变部分是它的碱基的顺序。DNA 为直线形或环形多聚体，并无支链。核苷酸的连接是 $3' \rightarrow 5'$ 走向。图 13-1 是 DNA 多核苷酸链的一个四核苷酸片段 ACTG 的结构。

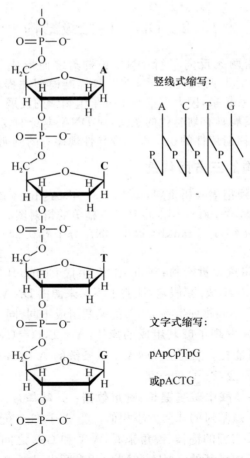

竖线式缩写：

文字式缩写：

pApCpTpG

或pACTG

图 13-1　DNA 中多核苷酸链的四核苷酸片段

通常一个染色体就是一个 DNA 分子,相对分子质量一般在 $10^6 \sim 10^9$ 之间。最大的染色体 DNA 可超过 10^8 个碱基对,相对分子质量大于 1×10^{11};最小的天然 DNA 分子有几千个碱基对,相对分子质量在 10^6 以上,如大肠杆菌有 4×10^6 个碱基对。DNA 分子所编码的信息量是十分巨大的。

基因是具有遗传效应的 DNA 片段,基因组是指单倍体细胞中包括编码序列和非编码序列在内的全部 DNA 分子。不同的生物体基因数目不同。人类基因组大约有 2.5 万～3 万个基因,有 3.1647×10^9 个碱基对。原核生物基因序列是连续的,没有内含子,功能相关的基因可组成操纵子,有共同的调节和控制序列,且很少重复序列。真核生物的基因是不连续的、断裂的,含有内含子(又称沉默 DNA,silent DNA),真核基因中的非翻译区不被表达于蛋白质分子或成熟的 mRNA 中,但它与基因的表达有着很大的关系,能够调控遗传信息的表达,功能相关的基因也不组成操纵子。真核生物基因含有较高比例的重复序列:高度重复 DNA 约占基因组的 30%,可由一个频繁重复的简单序列构成,如…GATCGATCGATC…,它不被转录,如出现在端粒和着丝粒中的 DNA;中度重复 DNA 约占基因组的 30%,DNA 序列比较复杂,其重复的频度较小,大概是 100 次,核蛋白体基因和组蛋白体基因属于此类;非重复 DNA 约占基因组的 40%,其中大部分的功能是未知的,只有约 5% 是由编码蛋白质的基因构成的。进化程度越高级的真核生物,调控序列和重复序列所占的比例越大。

§13.2　DNA 的二级结构

DNA 的二级结构是指两条反向平行 DNA 长链盘绕而形成的有规则的双螺旋结构。1953 年,J. Watson 和 F. Crick 两人提出了 DNA 双螺旋模型并提出其复制机理,第一次将 DNA 分子的结构与功能联系起来,极大地推动了分子生物学的发展。该模型的建立对促进分子生物学及分子遗传学的发展具有划时代意义,对 DNA 本身的复制机制、遗传信息的贮存方式和遗传信息的表达、生物遗传性的稳定性和变异性规律等的阐明起了很大的作用。

一、建立双螺旋结构的三方面依据

(1) **DNA 纤维的 X 射线衍射分析资料**:早在 1931 年,Astbury 就开始用 X 射线衍射法研究 DNA 纤维的结构,后来 M. Wilkins 等人得到了更精美的衍射图。这些衍射图提示 DNA 分子可能具有螺旋结构。1951 年,R. Franklin 提出 DNA 分子有 0.34 nm 和 3.4 nm 的周期性结构(图 13-2)。

(2) **DNA 碱基组成的定量分析资料**:20 世纪 40 年代 Chargaff 对碱基组成的分析,推翻了"DNA 是由等量 A、T、G、C 组成的"假定,证明了不同来源的 DNA 碱基比例各不相同,具有物种特异性(参见表 13-1)。不同物种生物 DNA 的碱基组成不同,同一物种不同组织和器官的 DNA 碱基组成是一样的。并发现了碱基组成的规律:A＝T,G＝C,A＋C＝G＋T,A＋G＝C＋T,揭示了碱基互补的可能性。若已知 DNA 中一条链的 A 和 G 的摩尔百分比含量,即可知它的互补链的 T 和 C 含量及 T＋C 的含量。

(3) **核酸的化学结构和核酸中碱基键长、键角数据**:① 碱基有大小两种,嘌呤比嘧啶大,当 A-T 或 G-C 配对时,两个碱基对的几何大小相似。② A-T,G-C 配对在化学上是合理的,从嘌呤和嘧啶的氨基和酮基及它们的键长、键角来看,A-T 和 G-C 之间可以形成氢键。③ 由酸碱滴定结果可知,DNA 分子中碱基的—NH_2 和酮基可能形成了氢键。碱基互补原则:A 与 T 配对,形成两个氢键;G 与 C 配对,形成三个氢键(图 13-3)。该原则有极重要的生物学意义,是 DNA 复制、转录等的分子基础。

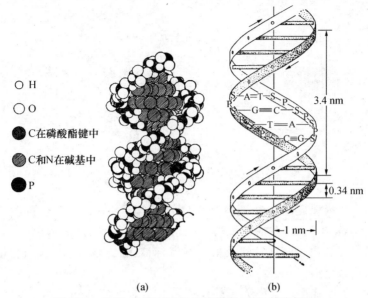

（a）　　　　　（b）

图 13-2　DNA 分子双螺旋结构模型（a）及其图解（b）

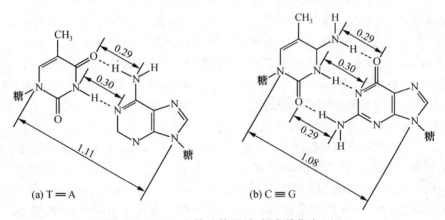

（a）T＝A　　　　　　（b）C≡G

图 13-3　DNA 中的碱基配对（长度单位为 nm）

二、双螺旋结构的基本特征

（1）**主链**：DNA 是两条反向平行的多核苷酸链围绕同一中心轴以右手螺旋相互盘绕而成的双螺旋分子，两链方向相反，一链糖环向上，一链糖环向下。

多核苷酸链的方向习惯上以 $3'→5'$ 为正向，磷酸核糖处于螺旋外侧，是亲水性的，糖环平面与中心轴平行，与碱基平面几乎成直角。

（2）**碱基对**：一条链上的嘧啶碱基与另一条链上的嘌呤碱基配对，两条链互相匹配。碱基位于双螺旋内侧，通过磷酸二酯键相连，形成双螺旋分子的骨架。碱基平面与中心轴垂直，脱氧核糖平面则与中心轴平行。碱基按 A-T、G-C 配对互补，两条核苷酸链依靠碱基之间的氢键维系。碱基之间的疏水作用可导致碱基堆积，碱基堆积力同碱基对之间的氢键共同稳定了双螺旋结构。用梯形结构示意图表示在图 13-4 中，其中虚线表示碱基之间的氢键。

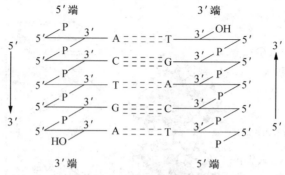

图 13-4　DNA 双螺旋中碱基对的堆积

(3) **大沟和小沟**：双螺旋结构表面有两条螺形凹沟，一条深，一条浅，深的称大沟（major groove），宽 1.2 nm，深 0.8 nm，浅的称小沟（minor groove），宽 0.6 nm，深 0.75 nm。双螺旋表面的沟很重要，只有在沟内才能察觉到碱基的顺序，而双螺旋表面只是脱氧核糖和磷酸基的重复结构，没有信息可言。

(4) **结构尺寸**：双螺旋平均直径为 2 nm，相邻碱基对之间的距离（也称碱基堆积距离）是 0.34 nm，相邻碱基之间的夹角为 36°，每 10 个核苷酸形成一个螺旋，每周螺距高度 3.4 nm。

(5) **碱基顺序**：碱基在一条链上的排列顺序不受任何限制，但一条多核苷酸链的序列被确定后，则决定了另一条互补链的序列。遗传信息由碱基的精确顺序所携带。

上述 Watson-Crick 的模型是根据 DNA 纤维的 X 射线衍射数据推导来的，它是 DNA 结构的平均特征，根据 DNA 晶体的 X 射线衍射的分析表明，真正的 DNA 分子结构不那么均一。实际上，平均每一螺周含 10.4 个碱基对，而且两个配对碱基并不在同一平面上，而是扭曲成螺旋桨状，以提高碱基堆积力，使 DNA 结构更稳定。

DNA 分子的双螺旋结构是很稳定的，主要靠以下几种力维持：① 氢键：在两条走向相反的互补链间碱基配对形成大量氢键，在 G-C 间有三条，在 A-T 间有两条；② 碱基堆积力：碱基有规则的堆积形成的碱基堆积力，是由碱基芳环的 π 电子之间的相互作用而产生的，碱基芳环具有很强的疏水性，在 DNA 内部形成一个疏水核心区，也有助于氢键的形成；③ 离子键：磷酸残基上的负电荷与介质中阳离子形成离子键，消除自身各部位之间因负电荷而产生的斥力。

三、双螺旋结构的类型

DNA 的结构可受环境条件的影响而改变，能以多种不同的构象存在，如 A 型、B 型、C 型、D 型、E 型和 Z 型。A 型和 B 型是 DNA 基本构象，Z 型为左手双螺旋。它们在结构上有明显不同。

(1) **B-DNA**：20 世纪 50 年代，还不能够得到 DNA 分子的结晶，Watson-Crick 推论双螺旋结构所使用的 X 射线衍射数据来自相对湿度为 92%（较高）时得到的 DNA 钠盐纤维，这种 DNA 称 B 型 DNA（B-DNA）。生物体内天然状态的 DNA 几乎都以 B-DNA 形式存在，以上讨论的双螺旋特征均为 B 型双螺旋。大肠杆菌染色体有 4639 kb，B 型 DNA 每 10.4 个碱基对长 3.4 nm，故大肠杆菌染色体长约 1.5 mm。

(2) **A-DNA**：当 DNA 钠盐（或钾盐、铯盐）在相对湿度较低（75%）时，DNA 纤维就处于 A 型构象。A-DNA 也是由两条反向的多核苷酸链组成的双螺旋，也为右手螺旋，螺体宽而短。

碱基平面与螺旋轴有 19°的倾角,每对碱基只升高 0.26 nm,两个相邻碱基的夹角是 32.7°,螺距较短,只为 2.46 nm,11 个碱基对形成一个螺旋。RNA 分子由于 2′-OH 的影响,不能形成 B 型构象,所以,RNA 分子的双螺旋区及 RNA-DNA 杂交双链的结构类似于 A-DNA。

A 型和 B 型结构是 DNA 分子的两种基本双螺旋形式,各个参数都有变化。B 型螺旋在细胞中占优势。A 型螺旋比 B 型螺旋拧得更紧一些,大沟的深度比小沟深得多。将一个 DNA 纤维由高湿度转移到低湿度,即由 B 型转变为 A 型,其螺距缩小,纤维缩短。

(3) Z-DNA:自然界中还有一种 Z-DNA,结构中的糖-磷酸骨架为交错的 Z 字形,并因此得名。它为左手螺旋,又称左旋 DNA。B-DNA 与 Z-DNA 之间可以互变。表 13-2 列出了 A、B、Z 型 DNA 参数的平均值。如 B 型 DNA 平均碱基轴升(碱基对间距离)为 0.34 nm,实际距离范围是 0.25～0.44 nm。

表 13-2　A 型、B 型和 Z 型 DNA 的比较

	A-DNA	B-DNA	Z-DNA
外形	粗短	适中	细长
螺旋方向	右手	右手	左手
螺旋直径/nm	2.55	2.37	1.84
碱基轴升/nm	0.26	0.34	0.37
碱基夹角/(°)	32.7	34.6	60*
每圈碱基数	11	10.4	12
螺距/nm	2.46	3.32	4.56
碱基倾角/(°)	19	1	9

* Z-DNA 的核苷酸交替出现顺反式,故以两个核苷酸为单位,转角为 60°。

某些双链 DNA 分子中还存在一种特殊的二级结构,即回文结构(palindrome)。具有回文结构的双链 DNA 中含有的两个结构相同、方向相反的序列,称为反向重复序列,顺读和反读都一样。回文结构序列是一种旋转对称结构,广泛存在于各种生物体基因组中。

四、三螺旋 DNA

DNA 二级结构主要是形成双螺旋。K. Hoogsteen 首先发现,寡聚嘌呤核苷酸-寡聚嘧啶核苷酸双螺旋的大沟可以结合第三条寡聚嘌呤或寡聚嘧啶核苷酸,形成 Hoogsteen 配对。当 DNA 的一段多聚嘧啶核苷酸或多聚嘌呤核苷酸组成镜像重复时,即可回折产生三股螺旋,称 H-DNA。该重复序列又称为 H-回文结构(H-palindrome sequence),是一种不寻常的二级结构。三股螺旋 DNA 碱基配对,有 Py•Pu * Py 配对、Py•Pu * Pu 配对和 Py•Pu * rPy 配对等,其中“•”表示 Watson-Crick 配对,“*”表示 Hoogsteen 配对。图 13-5 显示了 T•A * T 配对和 C•G * C$^+$ 配对,其中 C$^+$ 表示 C 必须质子化,以提供与 G 的 N$_7$ 结合的氢键所需的氢。在三螺旋 DNA 中,通常是一条同型寡聚核苷酸与寡聚嘧啶核苷酸-寡聚嘌呤核苷酸双螺旋的大沟结合,第三股核苷酸链与寡聚嘌呤核苷酸之间为同向平行,第三股链的碱基可与 Watson-Crick 碱基对中的嘌呤碱基形成 Hoogsteen 配对。三股螺旋中的第三股既可以来自分子间,也可以来自分子内,铰链 DNA 就是一种分子内折叠形成的三股螺旋。DNA 的三链结构常出现在 DNA 复制、重组、转录的起始或调节位点,第三股链的存在可能使一些调控蛋白或 RNA 聚合酶等难以与该区段结合,从而阻遏有关遗传信息的表达,因而有重要生物学意义。

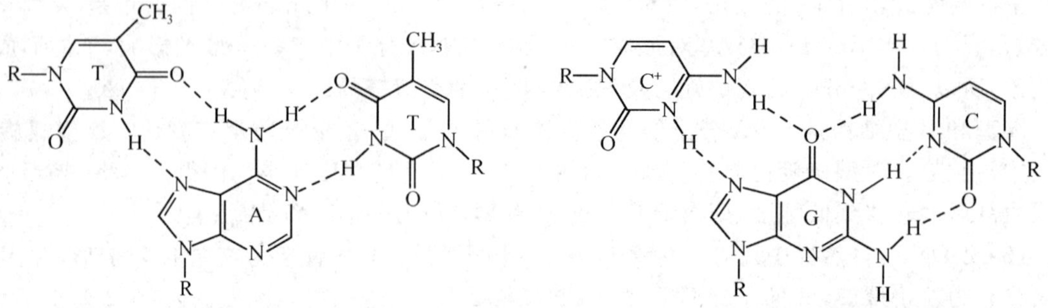

(a) T·A*T   (b) C·G*C+

图 13-5   三螺旋 DNA 中的 T·A*T 配对和 C·G*C+ 配对

§13.3   DNA 的三级结构

一、DNA 超螺旋是 DNA 三级结构的主要形式

双螺旋 DNA 分子的三级结构是指 DNA 分子在空间通过扭曲、折叠、盘绕所形成的特定构象,包括不同二级结构单元间的相互作用、单链与二级结构的相互作用以及 DNA 的拓扑特征等。如某些病毒和细菌的环状双螺旋 DNA,可以多次扭曲而形成的超螺旋结构,就是一种三级结构。另外,真核生物的线性双螺旋 DNA 分子,在核小体结构中的扭曲方式,也是一种三级结构。

(1) 超螺旋:超螺旋是 DNA 三级结构的主要形式。按照 Watson-Crick 的双螺旋结构模型,每个螺旋由 10 个核苷酸组成,这种正常的 DNA 分子处于能量最低状态,因而也最稳定。如果将正常的双螺旋拧紧或拧松几下,分子会产生额外的张力。若双螺旋末端是开放的,张力可以通过链的转动而释放;如果末端被固定或形成环状分子,张力便只有在内部消化,使 DNA 内部原子的位置重排,导致分子扭曲以抵消张力,这种扭曲就称为超螺旋。超螺旋使 DNA 的轴再曲绕起来,是 DNA 双螺旋进一步缠绕形成的。按曲绕方向分为正超螺旋(右旋)和负超螺旋(左旋)两种。对于右手螺旋的 DNA 分子,如果每圈螺旋的碱基对数小于 10.4,则其二级结构处于紧缠状态,形成正超螺旋;如果每圈螺旋的碱基对数大于 10.4,则其二级结构处于松弛状态,形成负超螺旋。天然 DNA 双螺旋为右旋,形成的超螺旋一般为负超螺旋(左旋),负超螺旋有利于双螺旋解旋。

不具任何超螺旋的环状 DNA 称为松弛分子,将一个松弛 DNA 分子转变成超螺旋分子需要能量。超螺旋的 DNA 结构比较紧密,密度较大,在离心场中移动较快,在电泳中泳动的速度也比较快,应用超离心及凝胶电泳可以分离不同构象的 DNA。超螺旋在生物学上有着重要作用。DNA 分子非常长,只有以超螺旋的形式才能组装到有限的空间内。如细菌中的 DNA 分子伸长后,大约是杆状细胞直径的 1000 倍,DNA 压缩比达 1000~2000。DNA 组装成染色体,压缩比高达 8000~10 000,如人类第一号染色体 DNA 长 7.2 cm,经曲绕后只有近 10 μm(压缩比为 7700)。结构紧密有利于染色体的组装。

DNA 复制、重组或转录时,必须解旋解链,暴露出 DNA 结合位点,使各种调控蛋白发挥作用;复制后再次形成超螺旋,这就存在拓扑学问题。拓扑异构可加深对 DNA 分子构象的了解。生物过程需不同程度的负超螺旋,可通过 DNA 拓扑异构来调节。

（2）**三级结构物化性质**：与二级结构的 DNA 分子相比，三级结构的 DNA 具有以下不同特征：熔解温度高，如具超螺旋的多瘤病毒 DNA，熔点达 140℃，而当它的复制型双螺旋 DNA 存在时，熔点只有 89℃；三级结构的 DNA 分子结构紧密，由此浮力密度较大，沉降速率也较快，黏度也较低；三级结构的 DNA 抗 pH 变化能力也比较强，要较大的 pH 变化才会将其超螺旋结构中的碱基对破坏。

二、DNA 的拓扑异构

拓扑学（topology）是数学的一个分支。拓扑学研究物体变形后仍保留下的结构特性，研究曲线或曲面的空间关系和内在的数学性质，而不考虑它们的度量（大小、形状等）。

根据 DNA 分子的形状，可把 DNA 分为线性和环状两种类型。原核生物（病毒和细菌）的 DNA 普遍为环状 DNA，真核生物中每一个染色体包含一条线性双螺旋 DNA 分子。在环状 DNA 中又可分为双链环状和单链环状两种，在线性 DNA 中也有双链线性和单链线性之分。细胞内很多 DNA 是双链环状分子，一条链断裂可以形成开环分子，两条链断裂为线性分子。生物体内以双链环状 DNA 形式存在的有：某些病毒 DNA、噬菌体 DNA、细菌染色体 DNA、细菌质粒 DNA、真核细胞中的线粒体 DNA 和叶绿体 DNA 等。环状 DNA 或两端固定的线性 DNA 分子增加或减少螺旋圈数都可引起超螺旋，超螺旋主要在天然状态的环状 DNA 和通过与蛋白质的复合拓扑被限制的 DNA 中存在。下面讨论环状 DNA 的一些重要拓扑学性质。

（1）**连环数 L**：为双螺旋 DNA 中，一条链以右手螺旋绕另一条链缠绕的次数，它为一个整数，以大写 L 表示。L 值不同互为拓扑异构体。

（2）**扭转数 T**：指 DNA 分子中的 Watson-Crick 螺旋数，以大写 T 表示。天然 DNA 的 T 变化不大，变化时有张力。

（3）**超螺旋数 W**：为超螺旋的超绕数，以 W 表示，右旋为正，左旋为负。

对于 DNA 双螺旋，连环数为扭转数和超螺旋数之和，即

$$L = T + W \quad (L \text{ 为整数}，T、W \text{ 可为小数})$$

（4）**比连环差 λ**：表示 DNA 的超螺旋程度。

$$\lambda = (L - L_0) / L_0$$

式中 L_0 为松弛环状 DNA（无超螺旋）的 L 值。

以 260 bp 组成的线性 B-DNA 为例（图 13-6），螺旋周数 260/10.4＝25，可得不同构象的

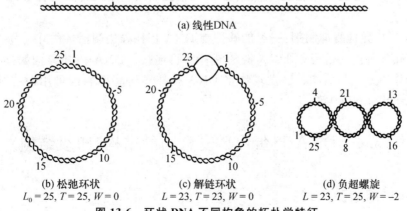

(a) 线性DNA

(b) 松弛环状
$L_0 = 25, T = 25, W = 0$

(c) 解链环状
$L = 23, T = 23, W = 0$

(d) 负超螺旋
$L = 23, T = 25, W = -2$

图 13-6　环状 DNA 不同构象的拓扑学特征

拓扑学特性:① 松弛型环状 DNA:$L_0 = 25, T = 25, W = 0$;② 解链环状 DNA:拧松两周后,可形成两种环状 DNA,一种即为解链环,$L = 23, T = 23, W = 0$;③ 负超螺旋 DNA:形成超螺旋(左旋)消除解链影响,在热力学上有利,为自发过程,$L = 23, T = 25, W = -2$。

DNA 拓扑异构体(topoisomer)是指除连环数不同外,其他性质均相同的 DNA 分子。双螺旋 DNA 在拓扑异构变化中,T(Watson-Crick 螺旋数)相同,由于 W 不同导致 L 不同。DNA 拓扑异构现象是 DNA 超螺旋状态与解旋状态之间的相互转换,不发生碱基组成或顺序(一级结构)的任何变化,是 DNA 复制、重组或转录时所必需的。天然 DNA 的超螺旋密度一般为平均每 100 bp 上有 3~9 个负超螺旋。核酸分子的空间结构是一种拓扑结构,拓扑结构的转变与 DNA 的复制、转录、重组和组装关系密切。

三、拓扑异构酶

DNA 拓扑异构之间的转变是通过拓扑异构酶(topoisomerase)来实现的。拓扑异构酶存在于细胞核内,催化 DNA 链的断裂和结合,能引起 DNA 拓扑异构体之间相互转变,从而控制 DNA 的拓扑状态。主要存在两种拓扑异构酶,均有切断 DNA 分子中的磷酸二酯键,并随即又将其连接起来的功能。

(1) **拓扑异构酶 I**:催化 DNA 链的断裂和重新连接,每次只作用于一条链,即催化瞬时的单链的断裂和连接。它们不需要能量辅因子如 ATP 或 NAD^+。催化双链超螺旋 DNA 转变成松弛型环状 DNA,每一次催化作用可消除一个负超螺旋,L 值增加 1,对正超螺旋无作用。DNA 拓扑异构酶 I 对单链 DNA 的亲和力要比双链高得多,因为负超螺旋 DNA 常常会有一定程度的单链区,由此可识别负超螺旋。负超螺旋含量越高,DNA 拓扑异构酶 I 作用越快。

(2) **拓扑异构酶 II**:同时断裂并连接双股 DNA 链,通常需要能量辅因子 ATP。通过瞬间双链断裂后再封闭,以改变 DNA 的拓扑状态,使松弛型环状 DNA 转变成负超螺旋 DNA。每次催化作用可增加两个负超螺旋,使 L 减少 2,又称促旋酶(gyrase)。拓扑异构酶 II 又分为两个亚类:一个亚类是 DNA 旋转酶,其主要功能为引入负超螺旋,在 DNA 复制中起十分重要的作用,但目前只在原核生物中发现了 DNA 旋转酶。另一个亚类是转变超螺旋 DNA(包括正超螺旋和负超螺旋)成为没有超螺旋的松弛形式,反应虽然热力学有利,但仍然像 DNA 旋转酶一样需要 ATP,可能与恢复酶的构象有关。这一亚类在原核生物和真核生物中都有发现。

拓扑异构酶 I 和 II 的作用相反,生物体通过严格控制细胞内两种酶的含量,使负超螺旋达到一个稳定状态。

(3) **DNA 拓扑异构酶抑制剂**:一类能够抑制 DNA 拓扑异构酶活性的化合物。DNA 拓扑异构酶参与催化各种遗传过程中 DNA 链的断开和再连接。DNA 拓扑异构酶抑制剂有助于研究异构酶的作用方式和功能。已发现许多 DNA 拓扑异构酶抑制剂可用做抗肿瘤药,如鬼臼素(epipodophyllotoxins)等。

§13.4 DNA 与蛋白质复合物的结构(四级结构)

一、DNA 的组装和压缩

DNA 相对分子质量很大,长度与宽度比极不对称,为使之稳定,特别是使其能存在于有限的空间内,病毒、细菌拟核和真核生物都存在 DNA 的组装和一定程度的压缩。DNA 分子长度与组装后特定结构的长度比叫做压缩比。真核生物中的 DNA 不能游离存在,而是与等量的碱性蛋白(组蛋白)形成复合物。细菌中含有似组蛋白蛋白质,可帮助 DNA 凝聚成致密的拟核形式。凝聚的基本单位是核小体。DNA 与蛋白质复合物的结构是其四级结构。核酸与蛋白质结合形成核蛋白,核蛋白复合物称为染色质。染色质能从核中像纤维一样分离出。

二、染色质的基本结构单位是核小体

核小体(nucleosome)使染色质中 DNA、RNA 和蛋白质组织成为一种致密的结构形式。它由八个组蛋白(H2A、H2B、H3、H4)$_2$ 核心和外绕 1.8 圈、大约 200 个碱基对的 DNA 所组成,其中约 60 个碱基对为连接 DNA,与组蛋白 H1 连接。核小体由核心颗粒(core particle)和连接区 DNA(linker DNA)两部分组成,在电镜下可见其成捻珠状。核小体能进一步组成更紧密的结构而形成染色体。11 nm 核小体链是 DNA 紧缩的第一阶段,DNA 组装成核小体后,长度缩短了 7 倍,核小体再由连接 DNA 连接,进一步盘绕成 30 nm 的染色质纤丝,每圈六个核小体,直径 30 nm,使 DNA 压缩约 100 倍。由核小体链形成纤丝,进而折叠、螺旋化,组装成不同层次结构的染色体,使 DNA 进一步致密。30 nm 纤丝折叠组装成 150 nm 的突环(loop),每六个突环形成一个 300 nm 的玫瑰花结(rosette)结构,进而螺旋化组装成 700 nm 的螺旋圈(coil),最后装配成 1400 nm 的染色体。形成过程见图 13-7。核小体的形成以及 DNA 超螺旋结构和功能可能与基因的转录调控有关。

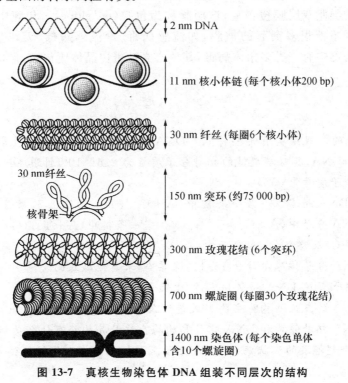

图 13-7 真核生物染色体 DNA 组装不同层次的结构

三、病毒的基本化学组成是核酸和蛋白质

病毒(virus)是体积非常微小、结构极其简单的非细胞形式的生命体,无完整细胞结构,但具有遗传、变异、进化、复制等生命特征。病毒颗粒主要由核酸和蛋白质组成,通常只有几个至几十个基因。核酸位于它的中心,称为核心(core)或基因组(genome),决定病毒的侵染性;蛋白质包围在核心周围,形成衣壳(capsid)。衣壳是病毒颗粒的主要支架结构和抗原成分,保护核酸免受损伤,同时与病毒宿主的专一性有关。核心和衣壳合称核心壳(nucleocapsid),有的还有脂蛋白被膜,含有脂质和糖类。结构复杂的病毒有较多的核酸,结构简单的病毒只需较少的核酸。核酸是病毒的遗传物质,携带着病毒的全部遗传信息,是病毒遗传和感染的物质基础。一种病毒只含有一种核酸,DNA病毒只含DNA,RNA病毒只含RNA,不可兼有DNA和RNA,这与某种特定类型的病毒起源有关。病毒的种类很多,结构各异。

病毒有高度的寄生性,完全依赖宿主细胞的能量和代谢系统,来获取其生命活动所需的物质和能量。离开宿主细胞,它只是一个化学大分子而停止活动,可制成蛋白质结晶,为一个非生命体。病毒遇到宿主细胞会通过吸附而进入,一旦侵入细胞后即向宿主细胞提供遗传信息,通过宿主细胞的合成作用来复制、装配、释放子代病毒而显示典型的生命体特征。病毒是介于生物与非生物之间的一种原始生命体。

从遗传物质分,病毒有DNA病毒、RNA病毒和蛋白质病毒(如:阮病毒)。从寄主类型分,有噬菌体,是细菌病毒,宿主为细菌;植物病毒,宿主为植物,大多为RNA病毒,如烟草花叶病毒;动物病毒,宿主为动物,含DNA或含RNA,是较复杂的病毒,其核心壳外还被一层含蛋白质或糖蛋白的类脂双层膜覆盖着,这层膜称为包膜(envelope)。包膜中的类脂来自宿主细胞膜,有的表面还带很多突起的被膜,如流感病毒、禽流感病毒、天花病毒、艾滋病病毒(HIV)等。昆虫病毒中有一类多角体病毒,其核心壳被蛋白晶体所包被,形成多角形包涵体。

习 题

1. DNA分子的二级结构有哪些特点?DNA双螺旋的建立有什么生物学意义?

2. T7噬菌体DNA,其双螺旋链的相对分子质量为2.5×10^7,计算DNA链的长度(设核苷酸的平均相对分子质量为650)。

3. 对一双链DNA而言,① 若一条链中$(A+G)/(T+C)=0.7$,求互补链中$(A+G)/(T+C)$及整个DNA分子中$(A+G)/(T+C)$;② 若一条链中$(A+T)/(G+C)=0.7$,求互补链中$(A+T)/(G+C)$及整个DNA分子中$(A+T)/(G+C)$。

4. 某双链DNA分子按摩尔计含15.1%腺嘌呤,求其他碱基的含量。

5. 什么是B-DNA、A-DNA和Z-DNA?比较它们的特点。

6. 什么是DNA的三级结构?主要形式是什么?物化性质有什么特点?

7. 什么是DNA拓扑异构和DNA拓扑异构酶?拓扑异构酶有什么功能?

8. 如何让一个超螺旋的环状病毒DNA分子采取松弛状态?线性双链DNA什么时候才能形成超螺旋?

9. 在稳定的DNA双螺旋中,哪几种力在维系分子立体结构方面起主要作用?

10. 如果人体有10^{14}个细胞,每个体细胞的DNA含6.4×10^9个碱基对。则人体每个体细

胞的 DNA 的总长度是多少？所有体细胞的 DNA 的总长度是多少，是太阳与地球之间距离 $(2.2 \times 10^9$ 公里$)$ 的多少倍？

11. λ-噬菌体 DNA 长 17 μm，一突变体 DNA 长 15 μm，问该突变体缺失了多少碱基对？

12. 什么是 H-DNA？它有何生物学意义？

第十四章

RNA 的结构和类型

§14.1　RNA 分子的结构

一、RNA 的一级结构

RNA 是由腺苷酸、鸟苷酸、尿苷酸和胞苷酸等核苷酸通过 $3',5'$-磷酸二酯键（而不是 $2',5'$-键）连接而成的多核苷酸链。与 DNA 类似，RNA 也无分支结构。多核苷酸链中核苷酸排列顺序是一级结构研究的主要内容。RNA 一般是单链线性分子，也有双链分子如呼肠孤病毒 RNA，环状单链的如类病毒 RNA；1983 年还发现了有支链的 RNA 分子。RNA 一级结构的测定，常利用一些具有碱基专一性的工具酶，将 RNA 降解成寡核苷酸，然后根据两种（或更多）不同工具酶交叉分解的结果测出重叠部分，来决定 RNA 的一级结构。

二、RNA 的二级结构

多数 RNA 只含一条多核苷酸链，但它能通过自我折叠形成含有 A-U 和 G-C 碱基对的双螺旋区域，为 RNA 的二级结构。双螺旋区约占 RNA 分子的一半。双螺旋区至少要有 4～6 个 bp，结构类型为 A-DNA 型。

三、RNA 的高级结构

具有局部双螺旋的 RNA 二级结构进一步折叠则形成 RNA 分子的三级结构。细胞中的 RNA，除 tRNA 外都可以与蛋白质形成核蛋白复合物，称为四级结构。具有四级结构的 RNA 复合物有多种功能，如核糖体、信息体、拼接体、编辑体和信号识别颗粒等。RNA 病毒是具有感染性的 RNA 复合物。

§14.2　RNA 的类型

根据结构与功能的不同，生物体中存在三种主要的 RNA，它们是信使 RNA(mRNA)、转运 RNA(tRNA)和核糖体 RNA(rRNA)。其中 rRNA 是核糖体的组成成分,由细胞核中的核仁合成,而 mRNA 和 tRNA 在蛋白质合成的不同阶段分别执行着不同功能。在大肠杆菌中,rRNA 量占细胞总 RNA 量的 75%～85%,tRNA 占 15%,mRNA 仅占 3%～5%。另外,生物体内还存在着多种具有特定生物功能的 RNA 分子。

RNA 主要存在于细胞质中。但由于 RNA 大多是在细胞核中由细胞核 DNA 转录产生的,因此细胞核中也存在各种 RNA。细胞核中的 RNA 有的就是细胞质 RNA 的前体,如 tRNA 前体、rRNA 前体、mRNA 前体等。前体 RNA 相对分子质量往往很大,经过剪切、装配和修饰等一系列加工过程,才能产生成熟的 RNA,进入细胞质中行使生物学功能。上述三种存在于细胞质中发挥作用的 RNA 都称为"成熟 RNA"。

一、tRNA

tRNA(transfer RNA)在蛋白质生物合成过程中接受、转运符合要求的氨基酸,是多肽链合成的连接物。tRNA 约占细胞内总 RNA 的 10%～20%,因其在蛋白质生物合成过程中具有转运氨基酸的作用而得名。生物体内每一种氨基酸都有相应的一种或几种 tRNA。

(1) **tRNA 的特征**:tRNA 的结构研究是几种 RNA 分子中最为详细和透彻的。第一个被测序的 RNA 是酵母丙氨酰-tRNA,由 76 个核苷酸组成。根据目前测定的几百种 tRNA 的二级结构,tRNA 具有如下共同的特征:一般由 75～90 个核苷酸组成,沉降系数为 4S,细胞中最小的一种 RNA 分子,其相对分子质量约为 25 000～30 000。稀有碱基较多,在已发现的 70 多种稀有碱基中,有将近 50 种存在于 tRNA 中。含有相对高比例的罕见核苷,如假尿苷、肌苷和 2′-O-甲基核苷,其中肌苷在密码子-反密码子配对中起重要作用。有多种类型的修饰碱基,如甲基化或乙酰化的腺嘌呤、鸟嘌呤、胞嘧啶和尿嘧啶。每个 tRNA 分子至少有 2～19 个修饰碱基,可达碱基总数的 10%～15%。稀有碱基的作用是提高 tRNA 与 rRNA 和蛋白质等特定分子的识别能力,并增强疏水作用。3′端都为 CpCpA-OH,用来接受活化的氨基酸,3′端也称接受末端;5′端多为 pG 或 pC。

(2) **tRNA 的二级结构**:二级结构均呈三叶草形,结构很稳定,双螺旋区比例较大,构成叶柄,三个突环区好像是三片叶子。

三叶草结构由五部分组成(图 14-1):

① **氨基酸臂**(amino acid arm):含七个 bp,富含 G,末端为 CCA,可接受活化的氨基酸。

② **二氢尿嘧啶环**(dihydrouridine loop):由 8～12 个核苷酸组成,其中含两个二氢尿嘧啶。通过二氢尿嘧啶臂(3～4 bp 组成的双螺旋区)与 tRNA 分子的其余部分相连。

③ **反密码环**(anticodon loop):含七个碱基,环中部的三个碱基是反密码子,反密码子与 mRNA 上的密码子互补,因而可以识别 mRNA。反密码环通过反密码臂(5 bp 组成的双螺旋区)与 tRNA 其余部分相连。

④ **额外环**(extra loop):含 3～18 个核苷酸。不同的 tRNA,其额外环大小不同,所以可以作为 tRNA 的分类标志。

⑤ **假尿嘧啶核苷-胸腺嘧啶核糖核苷环**(TψC 环):七个核苷酸通过由五对碱基组成的 TψC 臂与 tRNA 的其余部分相连。绝大多数的 tRNA 在此环中都含有 TψC,大多数 tRNA 的第 54～56 位存在 TψC 序列,它对于 tRNA 分子与 5S rRNA 的结合和 tRNA 高级结构的维系

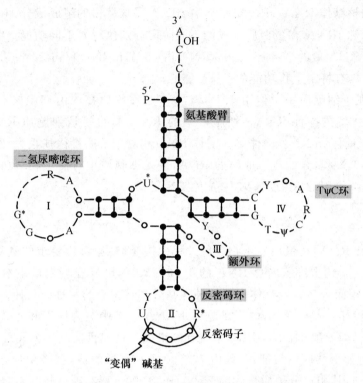

图 14-1 tRNA 三叶草形二级结构模型

R:嘌呤核苷酸,Y:嘧啶核苷核,T:胸腺嘧啶核糖核苷酸,ψ:假尿嘧啶核苷酸。带 ∗ 的表示可以被修饰的碱基,黑圈代表螺旋区的碱基,白圈代表不互补的碱基

有重要作用。假尿苷(ψ)的糖苷键连接方式与众不同,它是由嘧啶环的 C_5 与核糖的 $1'$-C 形成的碳糖苷键(图 14-2)。

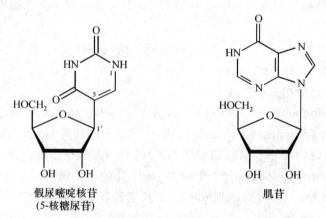

图 14-2 假尿嘧啶核苷和肌苷结构式

(3) tRNA 的三级结构:X 射线衍射分析证明,tRNA 的三级结构类似于一个倒 L 形。氨基酸臂与 TψC 臂形成连续的双螺旋区,并形成字母 L 下面的一横,二氢尿嘧啶臂与反密码臂及反密码环共同构成 L 的一竖。tRNA 的生物功能与三级结构密切相关。

二、mRNA

mRNA(messenger RNA)是以 DNA 的一条链为模板,以碱基互补配对原则转录而形成的一条单链。每一条 mRNA 分子携带一段 DNA 序列的拷贝,接受遗传密码的信息,在细胞质中通过翻译装置再被转换成一条或多条多肽链,实现遗传信息在蛋白质上的表达。mRNA 占细胞 RNA 总量的 3%～5%,不同的 mRNA 有不同的长度,相对分子质量变化很大,平均相对分子质量约 500 000,沉降系数 8S。

细胞内 mRNA 种类繁多,因为每一种多肽都由一种特定的 mRNA 编码,是异源性很高的 RNA。原核生物 mRNA 为多顺反子结构(polycistronic mRNA),即一条 mRNA 链上有多个编码区,它以操纵子为转录单位,3'-和 5'-末端都有一段非翻译区,并且原核生物的 mRNA 无修饰碱基。

1. 真核细胞 mRNA

(1) **在 3'-末端有 poly A 结构**:3'-末端具有一段聚腺苷(poly A)结构,长约 20～250 个核苷酸,是转录后经 poly A 聚合酶催化添加上去的,不同的 mRNA 的 poly A 长度是不同的。poly A 的主要功能是帮助 mRNA 从核内迁移到胞质,它的存在还与 mRNA 的半衰期有关。

(2) **在 5'-末端有帽子(cap)结构**:mRNA 的 5'端也有经过特殊修饰形成的特殊帽子结构。帽子结构通常有三种类型:$m^7G^{5'}ppp^{5'}Np$(0 式帽状结构),$m^7G^{5'}ppp^{5'}NmpNp$(I 式帽状结构,图 14-3)和 $m^7G^{5'}ppp^{5'}NmpNmpNp$(II 式帽状结构)。

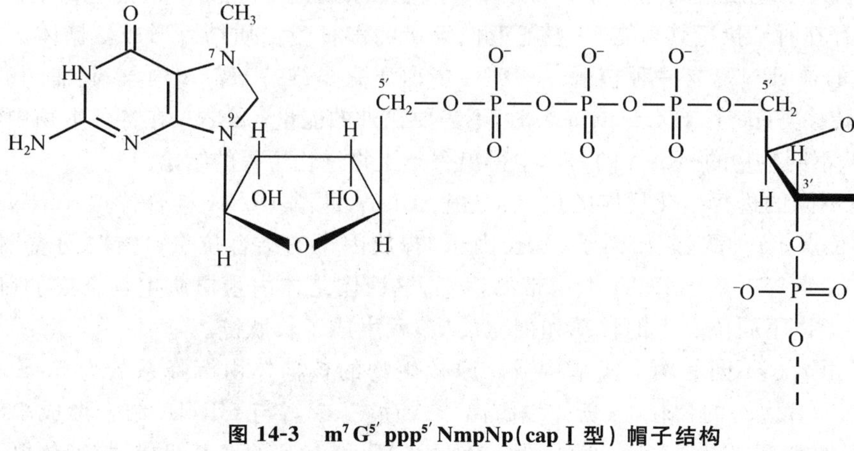

图 14-3 $m^7G^{5'}ppp^{5'}NmpNp$(cap I 型) 帽子结构

$m^7G^{5'}ppp^{5'}NmpNp$ 型帽子结构中,m^7 在 G 左侧表示碱基 G 的 7-位被甲基化,$m^7G^{5'}p$ 右侧的 pp 表示 7-位甲基化的核苷酸 G 通过焦磷酸与 mRNA 的 5'-末端核苷酸 Nmp 以 5',5'-磷酸二酯键相连,N 表示任意核苷酸,Nmp 中 N 右边的小写字母 m 表示该核苷的核糖 2'-OH 被甲基化,再通过 p 与下一个核苷酸 Np 连接。字母右上角数字为甲基化的位置,若右下角有数字,则表示甲基的数目。

帽子结构在翻译中有重要作用:抗 5'-核酸外切酶的酶解,增加了 mRNA 的稳定性,这对保证翻译活性是必要的;5'-cap 与蛋白质合成的正确起始有关,它能协助核糖体识别并结合 mRNA,使翻译从 AUG 起始密码子处开始,保证蛋白质合成的正确性。没有帽状结构的 mRNA 不能作为蛋白质的合成模板。

除真核生物外,某些病毒 mRNA 也有 5′-末端帽子结构。

(3) **有编码区和非编码区**:mRNA 的编码区也是所有 mRNA 分子的主要结构部分,编码区包含蛋白质的信息,编码特定的蛋白质分子。三联体密码在所有生物中通用。无论原核还是真核生物的 mRNA 都存在 5′端和 3′端两个非编码区,非编码区常常含有起调控作用的区域。

此外,真核生物 mRNA 一般为单顺反子,即一个 mRNA 只含一条肽链的信息,指导一条肽链的合成。且 mRNA 的代谢较慢,半衰期较长,如兔珠蛋白 mRNA 可以存在几天。真核生物游离的 mRNA 可以有高级结构,但翻译时必须首先解开高级结构,所以 mRNA 形成高级结构后不利于翻译进行。

2. 原核生物 mRNA

5′-末端无帽子结构;3′-末端不含 poly A 结构;一般为多顺反子结构,即一个 mRNA 常含几条肽链的信息,指导几条肽链的合成;代谢很快,代谢半衰期一般以秒记,很少超过 10 分钟。

三、rRNA

rRNA(ribosome RNA)是细胞中含量最多、相对分子质量最大的 RNA,约占 RNA 总量的 82% 左右。原核细胞中有三类 rRNA:含有 120 个核苷酸的 5S rRNA、含有 1540 个核苷酸的 16S 和含有 2900 个核苷酸的 23S rRNA,大肠杆菌中 23S rRNA 能够催化肽键的形成。真核细胞中有四类 rRNA:5S rRNA、5.8S rRNA、18S rRNA 和 28S rRNA,分别具有大约 120、160、1900 和 4700 个核苷酸。在人基因组的四种 rRNA 基因中,18S、5.8S 和 28S rRNA 基因是串联在一起的,每个基因被间隔区隔开,5S rRNA 基因则是编码在另一条染色体上。

rRNA 单独存在时不执行其功能,一般与近似等量的多种蛋白质结合形成核糖体。核糖体中催化肽键合成的是 rRNA,是一种核酶。核糖体蛋白质只是维持 rRNA 构象,起辅助的作用。rRNA 作为肽酰转移酶(peptidyl transferase)时,不需要额外的能量。rRNA 在各种生物中都有其特性,因此可以从不同生物的 rRNA 的对比中得出关于生物进化历程的结论。

核糖体上有不同的进行生化反应的位点:氨酰-tRNA、肽酰-tRNA 结合位点,mRNA 结合位点,GTP 水解位点,各种酶、起始因子、延长因子、释放因子的结合位点,肽链"附着"位点和催化肽键形成的位点等。基于 DNA 上携带的信息,核糖体是体内蛋白质生物合成的制造者。通过氨基酸在核糖体不同位点上的移动和催化反应,就生成了长肽链。

核糖体都是由大小不同的两个亚基构成。原核生物的核糖体由沉降系数为 50 S 和 30 S 的亚基构成一个 70 S 大小的颗粒,核糖体以游离形式存在,或者与 mRNA 结合形成串状的多核糖体;真核生物的核糖体为 80 S 大小的颗粒,是由 60 S 和 40 S 的亚基组成,核糖体既可游离存在,也可与细胞内质网相结合形成粗面内质网。

2009 年,美国的 Venkatraman Ramakrishnan、Thomas Steitz 和以色列的 Ada Yonath 三位科学家因对核糖体结构和功能的研究而获诺贝尔化学奖。他们利用 X 射线结晶学技术标出了构成核糖体的无数个原子每个所在的位置,在原子水平上显示了核糖体的形态和功能,制造出核糖体的 3D 模型。他们借助 X 射线晶体成像技术,发现了不同抗生素与细菌核糖体结合的 20 多种模式,展示了不同的抗生素如何绑定到核糖体上。Steitz 利用 X 射线结晶学和分子生物学摸清了蛋白质及核酸的构造和运行机制,有助于人们理解基因表达、复制和重组。DNA 贮存的生命信息通过核糖体的作用被"翻译"成生命,制造身体内存在的成千上万种蛋白质,且各自具有不同的形态和功能,如运输氧的血红蛋白、免疫系统的抗体、胰岛素等激素、皮肤胶原质或分解糖的酶等。这些蛋白质具有不同的形式和功能,在化学层面上组成并控制着生命和所有生命体内的化学。核糖体对于生命至关重要,没有核糖体存在,病菌就无法存活。当今医学上很多抗生素类药物都是通过抑制病菌的核糖体来达到治疗目的的。核糖体是新抗生素的一个主要靶标,其模型已被用于开发新的抗生素。

四、具有特殊功能的 RNA

除了参与蛋白质合成这一核心功能之外,生物体内还有许多具有特殊功能的 RNA。核内小 RNA(small nuclear RNA,snRNA),是真核生物转录后加工过程中 RNA 剪接体(spilceosome)的主要成分。现在发现有五种 snRNA,其长度在哺乳动物中约为 100~215 个核苷酸。snRNA 一直存在于细胞核中,与 40 种左右的核内蛋白质共同组成 RNA 剪接体,在 RNA 转录后加工中起重要作用。此外还有:端粒酶 RNA(telomerase RNA),它与染色体末端的复制有关;反义 RNA(antisense RNA),它参与基因表达的调控;小 RNA(small RNA,sRNA);核仁小 RNA(small nucleoar RNA,snoRNA);胞质小 RNA(small cytoplasmic RNA,scRNA)和核酶(ribozyme)等。

RNA 的功能几乎涉及细胞功能的所有方面,与遗传信息的表达和表达调控有关,可以概括为五类功能:控制蛋白质的合成;作用于 RNA 转录后加工与修饰;基因表达与细胞功能的调节;生物催化与其他细胞持家功能;遗传信息的加工与进化。

习 题

1. 根据结构与功能的不同,生物体中存在着哪几种主要的 RNA? 它们的主要生物功能是什么?

2. 真核 mRNA 和原核 mRNA 各有什么特点?

3. 编码 88 个核苷酸的 tRNA 的基因有多长?

4. 写出 tRNA 三叶草形二级结构五部分组成的名称、特点和功能。

5. 说明真核生物 mRNA 的结构特点及作用。

6. 核糖体中 rRNA 和蛋白质都分别起什么作用? 催化肽链合成的核糖体上有哪些进行生化反应的位点?

7. 编码相对分子质量为 9.6 万的蛋白质的 mRNA,其相对分子质量为多少(设每个氨基酸的平均相对分子质量为 120,核苷酸平均相对分子质量为 320,三联体密码)?

8. 写出由一条 DNA 编码链的序列 TCGTCGACGATGATCATCGGC 转录得到的 mRNA 序列。

9. 写出几种具有特殊功能的 RNA 的名称。RNA 的功能都涉及哪些方面?

10. 写出假尿嘧啶核苷的结构式。

11. 写出 $m^7G^{5'}ppp^{5'}NmpNp$ 型帽子结构中各部分的含义。

12. 获 2009 年诺贝尔化学奖的研究是什么? 简述该研究内容。

第十五章 核酸的物理化学性质

§15.1 核酸的分离与纯化

要研究核酸的物化性质、结构和功能,核酸的分离和纯化是开始工作的第一步。核酸制备中要防止核酸的降解和变性,采取温和条件以尽量保持其天然状态。

一、核酸的提取和分离

(1) DNA:① 破碎细胞后用浓盐溶液抽提,用蛋白强变性剂苯酚或氯仿除蛋白质,得含DNA 的水相,再加冷乙醇沉淀 DNA。② 常用的方法是,用广谱蛋白酶(如蛋白酶 K)在 SDS存在下保温消化细胞悬液,使细胞蛋白质全部降解,用苯酚抽提除去蛋白酶和降解物,再用RNA 酶除去少量的 RNA 后沉淀 DNA。③ 用氯化铯密度梯度离心法可制备高质量的 DNA。

(2) RNA:RNA 分子没有 DNA 稳定,因为环境中到处存在 RNA 酶(RNase)。提取RNA 时必须防止 RNase 对 RNA 的降解,注意须破坏 RNase 的活性。为此,器皿要高温处理或用 0.1% 焦碳酸二乙酯(DEPC)破坏 RNase;破碎细胞的同时就加入强变性剂(如胍盐)使RNase 失活;RNA 反应体系中加入 RNase 抑制剂。制备少量 RNA,可用强蛋白变性剂异硫氰酸胍使蛋白变性,再用苯酚和氯仿多次抽提除尽蛋白质,所获核酸溶液用乙醇沉淀;制备较大量高纯度 RNA,可用胍盐、氯化铯将细胞抽提物进行密度梯度离心。此外,还可用亲和层析法制备 RNA。

二、凝胶电泳

凝胶电泳是实验室中分离分析核酸最常用的研究方法,可用来制备和分析不同构象的DNA 及不同大小的 DNA 片段或 RNA 片段。它简单、快速、分离效果好,样品还可以回收。凝胶电泳对核酸的分离作用主要依赖于它们的相对分子质量及分子构型,而凝胶的类型及其浓度与被分离核酸的分子大小关系重大。

目前一般使用的凝胶电泳有琼脂糖凝胶电泳(agarose gel electrophoresis)和聚丙烯酰胺凝胶电泳(polyacrylamide gel electrophoresis,PAGE)两种。它们兼有分子筛和电泳作用的双重分离效果,所以分离效率很高。在琼脂糖凝胶电泳中,琼脂糖浓度一般在 2.5%~0.1% 之间,可以分离相对分子质量 $5 \times 10^4 \sim 5 \times 10^8$ 的核酸片段;而在 PAGE 中,胶的浓度一般在 24%~2.4% 的范围内,能分离相对分子质量 $3.3 \times 10^2 \sim 1 \times 10^6$ 的核酸片段。

电泳的迁移率与相对分子质量的对数、胶浓度成反比,与电压或电流大小成正比。一般来说,超螺旋 DNA 迁移最快,线性 DNA 次之,开环 DNA 最慢;碱基组成影响不大;在室温下进行,温度升高电泳异常。在同一胶上,将待测样品的 DNA 片段与已知相对分子质量的样品同时电泳,经染色比较后,即可推算出未知样品的相对分子质量。琼脂糖凝胶分析 DNA 较好,分析 RNA 时容易降解,因为琼脂糖中常含有 RNase 杂质,故必须加入蛋白质变性剂。PAGE 可分析小于 1000 个碱基对的 DNA 和 RNA 片段。

§15.2　核酸的紫外吸收

一、核酸最大紫外吸收在 260 nm 处

核酸的碱基具有共轭双键,有芳香性,所以核酸在紫外区具有强吸收,吸收波段范围在 240~290 nm,最大吸收波长 λ_{max} 在 260 nm 处。在 pH 7 的条件下,腺嘌呤、鸟嘌呤、胞嘧啶、胸腺嘧啶、尿嘧啶的最大吸收峰分别为:260、252、267、265 和 260 nm。利用核酸的吸收特性,可以用分光光度计定量测定核酸浓度和进行核酸纯度的定性鉴定,也可鉴定缓冲液中核苷酸的种类。

二、根据紫外吸收判断样品纯度

对于纯的核酸分子或寡核苷酸,在 $\lambda_{max} = 260$ nm 处测定吸光度 A_{260},即可以估算样品的含量。通常 $A = 1$ 相当于 50 $\mu g/mL$ 双螺旋 DNA,或 40 $\mu g/mL$ 单链 DNA(或 RNA),或 20 $\mu g/mL$ 寡核苷酸。不纯的核酸应先用琼脂糖凝胶电泳等方法分离。

不纯的样品不能用紫外法定量,但可以粗略地判断其纯度。因为核酸的吸收范围为 240~290 nm,纯核酸样品 260 nm 与 280 nm 的吸光度比值 A_{260}/A_{280} 基本为一固定值。纯 DNA 的 $A_{260}/A_{280} = 1.8$,而纯 RNA 的 $A_{260}/A_{280} = 2.0$。由于核酸常与蛋白质混合在一起,而蛋白质的最大吸收在 280 nm 处,所以当样品混含杂蛋白时,该比值会明显降低。

三、用摩尔磷吸光系数 $\varepsilon(P)$ 表示溶液中核酸的含量

由于核酸制品的纯度不一,相对分子质量很大且大小又不相同,很难用 1 mol 核酸测摩尔吸光系数。一分子的核苷酸含一原子的磷,摩尔磷即相当于摩尔核苷酸。用溶液中一克原子磷在 260 nm 处的紫外吸收值来表示核酸的吸光系数,称为摩尔磷吸光系数 $\varepsilon(P)$,又称克原子磷吸光系数。

$$\varepsilon(P) = \frac{A}{CL} = \frac{30.98A}{WL}$$

式中:A 为吸光度值(光密度 D);C 为磷的摩尔浓度,即每升溶液中磷的摩尔数;L 为比色杯内径的厚度;W 为每升溶液中磷的质量(g);30.98 为磷的相对原子质量。

ε(P)一般天然 DNA 为 6600，RNA 为 7700～7800。因为双螺旋结构使碱基对的 π 电子云发生重叠，使双链的紫外吸收比单链减少，单链多核苷酸的 ε(P) 比双螺旋多核苷酸的 ε(P) 要高，所以当核酸变性和降解时，双螺旋解链，ε(P) 增加（图 15-1）。此现象称增色效应（hyperchromic effect），是螺旋中的碱基不再堆积的结果，由此可鉴别核酸制剂的质量。而当核酸复性时，ε(P) 又降低，此现象称减色效应（hypochromic effect）。核酸的 ε(P) 比所含核苷酸单体的 ε(P) 要低。

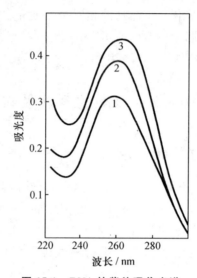

图 15-1　DNA 的紫外吸收光谱
1. 天然 DNA；2. 变性 DNA；3. 核苷酸总吸光度值

§15.3　核酸的沉降特性

超速离心是研究核酸的重要方法。常采用密度梯度离心法测定核酸密度、核酸中 G＋C 的含量和研究核酸的构象。超速离心机的离心速度为每分钟 60 000 转（$6×10^4$ r/min）或更高，不同构象的分子在超速离心机的强大引力场中会下沉，沉降速度有很大差异。应用超速离心技术，可以分离纯化核酸，也可以测定核酸的沉降系数和相对分子质量。

一、密度梯度超离心

可分离沉降系数接近的物质。这种方法可在离心管中形成从上到下密度连续增高的梯度，使用不会使所分离的物质凝聚或失活的溶剂系统，离心后各物质颗粒能按其各自的比重平衡在相应的溶剂密度中形成区带。一般分离 RNA 常用蔗糖密度梯度，先将蔗糖溶液制成密度梯度溶液，在其顶端加入样品后离心。若欲收集所分离的组分，可在离心管的下端刺一小洞，然后分部收集。分离 DNA 常用 CsCl 密度梯度（可制成浓度高达 8.0 mol/L 的 CsCl 水溶液）。用这种密度大又扩散迅速的溶剂系统时，可将样品均匀地混合于溶剂中。离心达到平衡后，CsCl 溶液形成密度梯度，样品中各组分也在相应密度处形成区带。

二、超离心的应用

(1) 测定 DNA 中 G＋C 的含量：G＋C 含量越高，DNA 的密度越大，因为 G-C 有三个氢键。DNA 的密度 ρ 与 G＋C 含量成正比：

$$\rho=1.660+0.098\times(G+C)\%$$

(2) 进行核酸的分离制备和构象研究：核酸大分子在引力场中的沉降速度因核酸的构象不同而不同，利用超离心密度梯度技术可将不同构象的 DNA 分开。RNA 只有局部双螺旋，密度高于双链 DNA；双螺旋 DNA 变性成单链，密度增高，且两者密度都大于蛋白质。利用超离心质粒 DNA 密度大小排列顺序为：超螺旋 DNA＞闭环质粒 DNA＞开环及线性 DNA＞蛋白质。目前实验室纯化质粒 DNA 最常用的方法是染料（如溴化乙锭）-CsCl 密度梯度超离心。用垂直管转头离心分离，单管容量 0.2～40 mL，最高转速为 50 000～120 000 r/min。此法很容易将不同构象的 DNA、RNA 和蛋白质分开，得到的 DNA 纯度较高，可用于 DNA 重组、DNA 测序及限制酶图谱等。

§15.4　核酸的变性、复性及杂交

一、DNA 的变性

(1) 变性（denaturation）和降解：将 DNA 的稀盐溶液加热到 100℃时，DNA 的双螺旋结构解体，两条链分开形成无规线团。变性的结果导致 DNA 的物化性质改变、生物活性丧失。所以，DNA 变性就是 DNA 双螺旋结构的破坏，双链分离为柔性单链（图 15-2）。

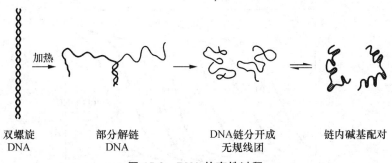

| 双螺旋
DNA | 部分解链
DNA | DNA链分开成
无规线团 | 链内碱基配对 |

图 15-2　DNA 的变性过程

核酸的变性并不是降解，共价键并未断裂。变性只是核酸分子双螺旋区的氢键断裂，双链解体可以是部分或全部，也可以是可逆或非可逆。DNA 变性不涉及其一级结构的改变，即不涉及共价键的断裂。而核酸的降解则是指多核苷酸骨架上共价键（$3'$,$5'$-磷酸二酯键）的断裂，因而引起核酸相对分子质量的降低。换句话说，核酸分子中氢键的破坏导致变性，共价键的破坏才导致降解。

(2) 变性导致物化及生物学性质改变：天然 DNA 分子长度可达几厘米而直径却只有 2 nm，长度与直径之比极不对称，其直径与长度之比可达 $1:10^7$，这就赋予 DNA 一系列显著的物化特性。DNA 分子由于双螺旋结构而有刚性，又由于它过于细长而呈现柔性，这种刚柔并济的状态，导致分子黏度很大。DNA 易形成纤维状物质，易受机械力作用而断裂。DNA 在稀盐溶液中加热变性时,分子由双螺旋结构转变为柔软而松散的无规则单股线性线团。DNA黏度因此而显著下降,沉降速度提高,沉降系数增加,浮力密度增大,260 nm 处的紫外吸收增加,比旋光值下降,酸碱滴定曲线改变。最重要的是,由于二级结构的改变,DNA 会部分甚至全部失去生物活性。DNA 变性的方便检测方法是测定紫外吸收值,在最大吸收波长 260 nm处,单链 DNA 吸收比双链 DNA 高大约 40%(增色效应)。

(3)**影响核酸变性的因素**:维持 DNA 双螺旋结构的作用力主要是氢键和堆积的碱基对之间的疏水作用,凡是破坏氢键和疏水作用的因素都能导致双螺旋的破坏。使核酸变性的因素主要有:加热引起热变性;过酸或过碱(溶液 pH 的改变)能增加碱基的电荷,引起酸碱变性;有机溶剂、尿素、甲醛等变性剂引起化学变性。

(4)**DNA 的熔解温度**(melting temperature)T_m:DNA 变性的特点是爆发式的,即变性作用发生在很窄的温度区间。当温度提高到某一个温度范围,DNA 突然变性。在温度提高的过程中,以温度对紫外吸收作图,会得到 S 形曲线(图 15-3),这就是 DNA 的变性曲线。

通过加热使 DNA 的双螺旋结构失去一半时的温度叫做 DNA 的熔点,也叫变性温度或熔解温度,用 T_m 表示。DNA 的 T_m 一般在 82~95℃之间。影响 T_m 值的因素主要有:

① DNA 的均一性:均一性愈高,熔点范围越窄。

② DNA 分子中的 G+C 含量:G+C 含量越高,T_m 越高。可由 DNA 的 T_m 值计算 G+C的含量,或反之计算。T_m 值与 G+C 含量的关系有一个经验公式:

$$(G+C)\% = (T_m - 69.3) \times 2.44$$

③ 介质的离子强度:中性 pH 时,T_m 主要与介质的盐浓度(离子强度)有关。在低离子强度介质中,DNA 的 T_m 下降,熔解温度范围较宽;离子强度较高时,DNA 较稳定,T_m 值较高,熔解温度范围窄(图 15-3)。

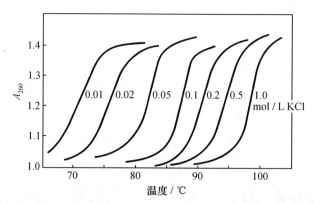

图 15-3 大肠杆菌 DNA 在不同 KCl 浓度下的变性曲线

在表示某一来源的 DNA 的 T_m 值时,必须指出其测定的条件。在纯水中,DNA 的阴离子不被相反电荷的离子保护,其静电排斥会使解链温度大为下降。DNA 一般在含盐缓冲溶液中保存。

(5)**RNA 的变性**:RNA 分子没有 DNA 分子长,结构也不十分规整,只有部分双螺旋,所以 RNA 的黏度要小得多,不像 DNA 那样呈纤维状,而呈无定形。RNA 分子内有局部双螺旋区,所以 RNA 也会发生变性,但 RNA 的 T_m 较低,变性曲线较宽。但 tRNA 因为双螺旋区较大,因此 T_m 较高;而双链 RNA 的变性与 DNA 相同。

二、DNA 的复性

在适当条件下,变性 DNA 的两条互补链重新缔合成双螺旋结构的过程称为复性(renaturation)。复性后 DNA 的物化性质得以恢复,生物活性也可部分或全部恢复。

DNA 复性的影响因素:① 缓慢降温可以复性,陡降温度不能复性。当温度低于 T_m 时,热变性 DNA 缓慢冷却而复性的过程称为退火(annealing)。② DNA 的片段越大,复性越慢。③ DNA 的浓度越高,复性越快。④ 核苷酸顺序越简单,重复序列越多,复性越快。⑤ 阳离子的存在可中和 DNA 中带负电荷的磷酸基团,减弱 DNA 链间的静电作用,促进 DNA 的复性。

DNA 复性是一种双分子二级反应,单链消失的速度可用下面公式表示:

$$-\frac{\mathrm{d}C}{\mathrm{d}t} = kC^2, \quad 即 \quad -\frac{\mathrm{d}C}{C^2} = k\mathrm{d}t$$

其中,C 为单链 DNA 的摩尔浓度;t 是时间,单位为 s;k 是二级反应常数,单位是 $\mathrm{L \cdot mol^{-1} \cdot s^{-1}}$,$k$ 值取决于离子浓度、温度、DNA 分子序列的复杂性和片段大小。当 $t=0$ 时,$C=C_0$,所有的 DNA 都是单链。

将上式积分得:

$$\frac{C}{C_0} = \frac{1}{(1+kC_0t)}$$

$\frac{C}{C_0}$ 是起始 C_0 和时间 t 乘积 C_0t 的函数,这样的函数绘成的图称为 C_0t 曲线。当 $\frac{C}{C_0} = \frac{1}{2}$ 时的 C_0t 值定义为 $C_0t_{1/2}$,代入整理得 $C_0t_{1/2} = \frac{1}{k}$。$C_0t_{1/2}$ 亦称为 DNA 分子的复杂度,表示复性的快慢。$C_0t_{1/2}$ 值越高,DNA 分子越复杂。

细菌 DNA 比病毒 DNA 复杂(序列异源性更高),基因组携带的基因较多。在特定量的 DNA 中,病毒基因比细菌基因的拷贝数多,病毒 DNA 中各种序列出现重复的机会也相对较多,因此病毒 DNA 比细菌 DNA 复性快。小鼠高重复基因组包含大约 10^6 个含 300 个碱基对的重复序列,为高重复 DNA,结构相对简单,摩尔浓度相对较高,复性较快,$C_0t_{1/2}$ 大约为 10^{-3} $\mathrm{mol \cdot L^{-1}}$,数值较低;而基因组高度复杂的牛胸腺非重复 DNA 的 $C_0t_{1/2}$ 接近 10^4 $\mathrm{mol \cdot L^{-1}}$,数值很高。以 C_0t 分析动物细胞的总 DNA,由 $C_0t_{1/2}$ 数值大小可分为有高重复、中等重复和非重复独特序列的三种曲线。非重复独特序列 $C_0t_{1/2}$ 数值大,是编码蛋白质产物的序列;高重复序列 $C_0t_{1/2}$ 小,位于染色体的着丝粒区域,主要参与染色体与染色体的识别。病毒和细菌 DNA 的 C_0t 分析表明,它们的 DNA 内不包含高重复和中等重复序列。

变性和复性作用提供了各种来源的 DNA 性质的重要信息,变性作用还为 DNA 和 RNA 特异序列的精细鉴别提供基础,对分子遗传学快速发展有重要意义。

三、核酸的杂交

核酸的杂交(hybridization),是指将来源不同的 DNA 或 RNA 片段一起变性,若它们之间有部分序列相同,复性时就可能按碱基互补关系形成杂交双链分子(heteroduplex)。杂交双链可以在 DNA 与 DNA 链之间退火时形成,也可在 RNA 与 DNA 链之间形成。核酸的杂交是分子生物学和分子遗传学等研究中的重要手段,可用于检测 DNA 或 RNA 分子的特定序列(靶序列)。

核酸的杂交既可以在液相进行,也可以在固相进行。其基本过程包括:

(1) **制备样品,转移并固定到硝酸纤维素或尼龙膜上**:首先从待检测组织样品提取 DNA 或 RNA。若为 DNA 样品,应先用限制性内切酶消化以产生特定长度的片段,然后用凝胶电泳将消化产物按分子大小进行分离,在凝胶上形成特定的区带。再将含有 DNA 片段的凝胶进行变性处理后,直接转印到支持膜上并使其牢固结合。若为 RNA 样品,则可直接在变性条件下电泳分离,然后转印并交联固定。

(2) **制备探针**:探针是指带有某些标记物(如放射性同位素^{32}P,荧光物质异硫氰酸荧光素等)的特异性核酸序列片段,它可以是一段 DNA、RNA 或合成的寡核苷酸。

(3) **杂交**:使标记好的探针变性,再让探针与膜上已经变性的样品分子在特定的温度下杂交,探针通过氢键与其互补的靶序列结合。若用一个带有^{32}P 的核酸序列作为探针,那么它与靶序列互补形成的杂交双链就会带有放射性。

(4) **检测**:洗去未结合的游离探针,检测的方法依标记探针的方法不同而不同。放射性同位素标记的,以适当方法接受来自杂交链的放射信号,即可对靶序列 DNA 的存在及其分子大小加以鉴别;而如果是用生物素等非同位素方法标记的探针,则需要用相应的免疫组织化学的方法进行检测。知道被检测的核酸片段在电泳凝胶上的位置,也就知道了它的分子大小。

根据检测样品的不同,又被分为 DNA 印迹杂交和 RNA 印迹杂交。DNA 印迹杂交又称 Southern Blotting 或 Southern 印迹法,用于分析 DNA 序列;RNA 印迹杂交又称 Northern blotting 或 Northern 印迹法,用于分析总 RNA 或 mRNA 特定靶序列。另外,根据免疫学的抗原抗体反应进行的蛋白质分析,称做 Western Blotting。

§15.5 核酸的水解

核酸分子的糖苷键和磷酸二酯键都可以被酸、碱和酶水解。如果是初步水解,则水解为寡聚核苷酸、核苷酸和核苷;如果是完全水解,DNA 水解为磷酸分子、脱氧核糖和四种含氮碱基 A、T、C、G,RNA 则水解为磷酸分子、核糖和四种含氮碱基 A、U、C、G。

一、核酸分子的水解

(1) **酸水解**:核苷酸中糖苷键(醚键)比磷酸酯键更易被酸水解,嘌呤碱的糖苷键比嘧啶碱的易于水解,脱氧核糖与嘌呤碱基形成的糖苷键最易水解。所以,DNA 在 pH 1.6 于 37℃水中透析时就可以脱嘌呤,得到无嘌呤酸(apuricnic acid)。

(2) **碱水解**:使核酸的磷酸酯键水解(糖苷键对碱相对稳定)。碱性条件下 DNA 的磷酸酯键又相对比 RNA 的稳定。由于 RNA 的核糖有 2′-OH,会与它临近的磷酸游离羟基生成 2′-磷酸酯(分子内邻位反应),形成不稳定的磷酸三酯,随即链间 5′-位的磷酸酯键断裂,产生 2′,3′-环磷酸酯,继而产生 2′-核苷酸和 3′-核苷酸。所以,在化学合成 RNA 分子片段时一定要避免高 pH 条件。

(3) **酶水解**:非特异性水解磷酸二酯键的酶称磷酸二酯酶(phosphodiesterase),特异性水解核酸的磷酸二酯酶叫核酸酶(nuclease)。水解产物为 3′-或 5′-磷酸加 5′-OH 或 3′-OH。细胞内有各种核酸酶可以分解核酸。

二、磷酸二酯酶

蛇毒磷酸二酯酶(venom phosphodiesterase)和牛脾磷酸二酯酶(bovine spleen phospho-diesterase)是非专一性的外切酶,对核糖和脱氧核糖核酸都能水解,但它们识别不同位置的羟基形成的磷酸二酯键。

蛇毒磷酸二酯酶催化水解多核苷酸链时,水解具有 3′-OH 末端的 DNA 或 RNA 单链或双链,水解 3′-OH 与磷酸基形成的磷酸酯键,从 3′-OH 末端逐个水解,产物为 5′-核苷酸。以 DNA 为底物时,此酶催化的反应最快。对大分子 DNA 而言,在 10^{-2} mol/L NaCl、10^{-3} mol/L $MgCl_2$ 存在的适当条件下,可完全分解。反应最适宜 pH 为 8.9～9.3。此酶被广泛用于碱基组成的分析,以及 3′-末端碱基的鉴定。牛脾磷酸二酯酶将具有 5′-OH 末端的 DNA 或 RNA 单链或双链水解,水解 5′-OH 与磷酸基形成的磷酸酯键,逐个水解得 3′-核苷酸。两种酶的水解位置见图 15-4。

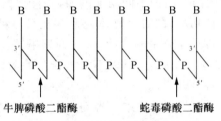

图 15-4 多核苷酸链被磷酸二酯酶水解的位置

B 代表碱基,竖线代表核糖或脱氧核糖,与 P 相连的斜线表示 3′,5′-磷酸二酯键

三、核酸酶的分类

(1) **按底物专一性分类**:特异性作用于 RNA 的核酸酶,称为核糖核酸酶(RNA 酶,RNase);特异性作用于 DNA 的,称为脱氧核糖核酸酶(DNA 酶,DNase)。

(2) **按作用位置分类**:分为核酸外切酶(exonuclease)和核酸内切酶(endonuclease)。核酸外切酶作用于核酸链的末端(5′或 3′),每次切去一个或几个核苷酸,不作用于环状核酸。5′→3′外切核酸酶只作用于 5′-末端,从 5′→3′方向水解核苷酸;3′→5′外切核酸酶只作用于 3′-末端,从 3′→5′方向水解核苷酸。只作用于 DNA 的称为脱氧核糖核酸外切酶,只作用于 RNA 的称为核糖核酸外切酶;也有一些核酸外切酶既可以作用于 DNA 也可作用 RNA。

核酸内切酶作用不需要末端,特异地水解多核苷酸链内部的磷酸二酯键,有一个或多个切割位点。有些核酸内切酶仅水解 5′-磷酸二酯键,把磷酸基团留在 3′位置上,产生 3′-p 末端寡核苷酸,称为 5′-内切酶;而有些仅水解 3′-磷酸二酯键,把磷酸基团留在 5′位置上,产生 5′-p 末端寡核苷酸,称为 3′-内切酶。许多核酸内切酶具有对多核苷酸某些具有特异碱基序列位点的特异性。一些核酸内切酶对磷酸酯键一侧的碱基有专一要求,如牛胰核糖核酸酶(EC 2.7.7.16),又称 RNase Ⅰ,只作用于 RNA,是一种高度专一性的核酸内切酶,它只作用于嘧啶核苷酸的 3′-磷酸和相邻核苷酸 5′-OH 的磷酸酯键,产物为 3′-嘧啶单核苷酸或以 3′-嘧啶核苷酸结尾的低聚核苷(图 15-5)。

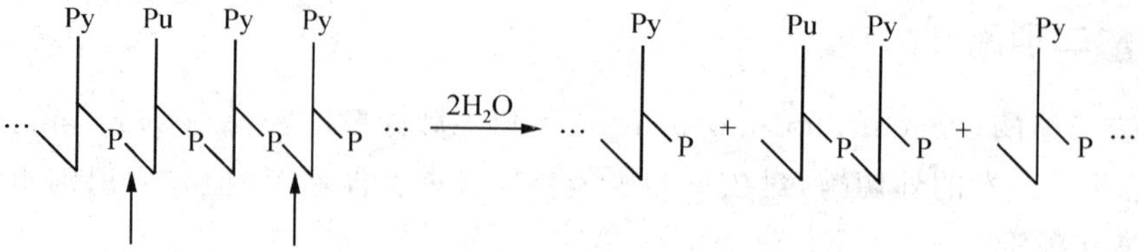

图 15-5　牛胰核糖核酸酶作用部位及产物

Pu 表示嘌呤碱，Py 表示嘧啶碱

另外，有的酶既可内切也可外切，如小球菌核酸酶。

（3）**按对底物二级结构的专一性分类**：双链酶，只作用双链核酸；单链酶，只作用于单链核酸。

四、限制性内切酶

（1）**修饰和限制现象**：细菌内有两种不同功能的酶，一种是核酸内切酶，识别并切开 DNA 的某特定碱基序列，为限制性内切酶；同时生物体内还存在另一种酶，也能识别限制性酶所识别的碱基顺序，为修饰酶。修饰酶也是甲基化酶，被修饰酶甲基化了的 DNA 不会被限制性酶降解。细菌自身的 DNA 已被修饰甲基化，所以不会被自身的酶降解；而异源 DNA 没有被修饰，侵入细菌体内后，就会被限制酶降解。

（2）**限制性核酸内切酶**：在细菌和霉菌中发现的一类核酸内切酶，能专一性地识别并水解外源 DNA 上的特异核苷酸顺序，称为限制性核酸内切酶（restriction endonuclease），简称限制酶。限制性内切酶是细菌中"DNA 免疫系统"的一部分，是细菌的自卫方式之一。目前已找到限制性内切酶数千种，可识别和降解外源 DNA。当外源 DNA 侵入时，限制性内切酶可将其水解切成片段，从而限制了外源 DNA 在细菌细胞内的表达。由于限制性内切酶往往与甲基化酶成对存在，使自身酶作用位点的碱基甲基化，不被内切酶降解，从而得到保护。甲基化的甲基供体为 S-腺苷甲硫氨酸，甲基受体为 DNA 上的腺嘌呤和胞嘧啶。限制性核酸内切酶是基因工程研究中必不可少的工具酶，目前已提纯的有几百种。

（3）**限制性核酸内切酶分类**：可分成三种类型。Ⅰ型和Ⅲ型水解 DNA 需要消耗 ATP，全酶中的部分亚基有使特殊碱基甲基化的功能，对 DNA 进行化学修饰。Ⅰ型和Ⅲ型酶具有限制和修饰两种作用，特异性弱，切割位点的序列不固定、不已知，不宜用于基因克隆中。第一个限制性内切酶是于 1968 年在大肠杆菌中发现的，就存在识别序列下游随机切割 DNA 的缺陷。通常所说的限制性内切酶是指Ⅱ型酶，它能够识别与切割 DNA 链上的特定的核苷酸顺序，产生特异性的 DNA 片段。大部分酶的识别序列长度为 4～6 个核苷酸。限制性酶不但有特定的识别序列，并且任何一种酶切割 DNA 时，总是水解核苷酸 $3',5'$-磷酸二酯键的 $3'$-位磷酸酯键，使产物的 $5'$ 端带磷酸单酯基团，而 $3'$-末端则为游离羟基。Ⅱ型限制性内切酶对 DNA 分子的分解和形成非常有用，水解 DNA 不需要 ATP，也不以甲基化或其他方式修饰 DNA，是剪裁 DNA 的理想工具，可谓天赐神刀，已被广泛用于 DNA 分子核酸测序和基因工程。它们在特异性位点切割双链 DNA，位点由 4～8 个核苷酸序列组成。切割位点处常有二重旋转（轴）对称性（回文结构，palindromic structure，正读反读相同，如回文结构的诗句："花落正啼鸦　鸦啼正落花"，正读反读相同，左右对称），为重复序列的反向重复，现已确定近 300 种Ⅱ型限制性内切酶的切割位点。

用限制性核酸内切酶在特定位点两条链切断后,根据切点序列的结构特点会产生两种末端:平末端和黏性末端。黏性末端指酶切后 DNA 片段末端带有 1~4 个核苷酸残基的单链结构,而片段两端突出的单链具有互补性,突出的单链带 5′-磷酸单酯的称 5′-黏性末端,而突出的单链含 3′-羟基的则称 3′-黏性末端。平末端是限制酶在它识别的序列的中心轴线处对称切开,切割出来的 DNA 分子片段的尾端对应吻合,无碱基暴露的一种末端,片段为齐头末端结构。在 DNA 体外重组时,黏性末端是 DNA 连接酶的有效底物,有很高的连接效率。

如限制性内切酶 EcoRⅠ,相对分子质量只有 58 000,不需 ATP,只需 Mg^{2+},专一性很强,能识别 DNA 链六对碱基组成的序列,交错切割形成的产物,产生重叠的 3′-羟基或 5′-磷酸基末端,为黏性末端。该酶识别一段六个碱基对的序列,切割位点和序列的识别如下所示,箭头代表每条链切割的位点。

$$3′-C-T-T-A-A-G-5′ \qquad\longrightarrow\qquad 3′-C-T-T-A-A \qquad G-5′$$
$$5′-G-A-A-T-T-C-3′ \qquad\qquad\qquad 5′-G \qquad A-A-T-T-C-3′$$

(4) 限制性内切酶命名:限制性内切酶的命名与一般酶的命名原则不同(非习惯命名法,亦非国际系统命名法)。限制性内切酶的命名中,第 1 个字母为该酶所属的细菌属名的第 1 个字母,用大写字母表示;第 2、3 两个字母是这种细菌的种名的前两个字母,用小写;如果这个细菌有不同株系,还需加第 4 个代表株系的字母或数字;若同一细菌有不同种类的限制酶,要用大写罗马数字表示。

如 EcoRⅠ,第 1 个字母 E(大写),为大肠杆菌(E.coli)属名的第 1 个字母,第 2、3 两个字母 co(小写)为种名的前两个字母,第 4 个字母 R,表示菌株,最后一个罗马数字Ⅰ为该细菌中已分离这一类酶的编号。又如,HindⅢ是从流感嗜血杆菌(Haemophilus influenzae)d 株分离到的第三种内切酶。

五、DNA 的限制酶物理图谱

又称限制酶图谱(restriction map),是限制性内切酶酶解 DNA 分子片段的排列顺序。对同一 DNA 用不同的 DNA 限制酶进行切割,并获得各种限制酶的切割位点,由此建立的位点图谱有助于对 DNA 的结构进行分析。

限制性内切酶分析(restriction endonuclease analysis,REA)是检测病原微生物 DNA 常用的方法,是病原变异、毒株鉴别、分型及了解基因结构和进行流行病学研究的有效方法,对动物检疫,尤其对区别进出境动物及动物产品携带病毒是疫苗毒还是野毒,是本地毒还是外来毒有很重要的意义。

酶切反应步骤:①(病毒)DNA 的提取和纯化。② 通过酶切消化 DNA,将 DNA 在缓冲液中用限制酶在一定温度下酶解。③ 电泳染色。依据酶切片段的大小选择不同浓度的琼脂糖或聚丙烯酰胺凝胶作为支持物进行电泳,同时加入标准 DNA 作相对分子质量参照物,经溴化乙锭(EB)或硝酸银染色,呈现出大小不一的多个片段。通过对这些片段的迁移率、数量和相对分子质量的分析,便可了解到病原微生物遗传物质的许多特性。④ 采用双酶切割或杂交等方法,进一步推论出哪些片段相邻、片段的排列顺序和酶切位点的位置,推断出 DNA 间存在的相似性或差异性。如一个 DNA 片段有 1030 个 bp,一种酶酶解后得到四个小片段,分子大小分别是 750 bp 、150 bp 、80 bp 和 50 bp,再用另一种酶部分酶解得到 800 bp、230 bp 和 130 bp 三个片段,于是可以推测出原来四个片段的排列顺序。

限制性核酸内切酶在分子生物学研究中占有极其重要的地位,DNA 研究领域都离不开限制性内切酶,如病原微生物 DNA 分析、DNA 序列分析、DNA 重组和组建新质粒、DNA 物理图谱的建立等。

习　　题

1. 计算下列各核酸水溶液在 pH 7.0,通过 1.0 cm 光径杯时的 260 nm 处的吸光度值 A。已知:磷摩尔吸光系数:AMP:15 400,GMP:11 700,CMP:7500,UMP:9900,dTMP:9200。求:① 32 μmol/L AMP 的光吸收值;② 47.5 μmol/L CMP 的光吸收值;③ 6.0 μmol/L UMP 的光吸收值;④ 48 μmol/L AMP 和 32 μmol/L UMP 混合物的光吸收值 A_{260};⑤ $A_{260}=0.325$ 的 GMP 溶液的摩尔浓度(以 mol/L 表示,溶液 pH 7.0);⑥ $A_{260}=0.090$ 的 dTMP 溶液的摩尔浓度(以 mol/L 表示,溶液 pH 7.0)。

2. 什么是 T_m 值? 它与哪些因素有关?

3. 在 pH 7.0,0.165 mol/L NaCl 条件下,测得某一 DNA 样品的 T_m 为 89.3℃。求出其四种碱基的百分组成。

4. 什么是 DNA 变性? 什么是 DNA 降解? DNA 变性后物化性质有何变化?

5. 什么是 DNA 复性? 下列因素如何影响 DNA 的复性过程:① 阳离子的存在;② 低于 T_m 的温度;③ 高浓度的 DNA 链?

6. 简述核酸杂交的基本过程。

7. 为什么 RNA 比 DNA 更容易被碱水解?

8. 蛇毒磷酸二酯酶和牛脾磷酸二酯酶水解多核苷酸链的位置和产物各是什么?

9. 蛇毒磷酸二酯酶作用于 ApUpApApCpU 的反应产物是什么? 牛胰核糖核酸酶作用于 ApUpApApCpU 的反应产物又是什么?

10. 何谓限制性核酸内切酶? 其切割位点有何特点? 在分子生物学研究中有什么用途?

第十六章

核苷酸的代谢和生物合成

细胞内存在多种游离核苷酸,它们在代谢过程中起着十分重要的作用,几乎参与细胞内所有生化过程。核苷酸代谢与核酸代谢密切相关。

(1) 核苷酸是核酸合成的原料,是 DNA 和 RNA 生物合成的前体。

(2) 核苷酸衍生物是许多生物合成的活性中间物,如 UDP-葡萄糖是合成糖原、糖蛋白的活性原料;S-腺苷蛋氨酸是活性甲基载体。

(3) 核苷酸是体内能量的利用形式,如 ATP、GTP 是生物能量代谢中通用的高能化合物。

(4) 核苷酸参与组成辅酶,如腺苷酸是三种重要辅酶——烟酰胺核苷酸(NAD^+)、黄素腺嘌呤二核苷酸(FAD)和辅酶 A(CoA)的组分。

(5) 某些核苷酸是代谢的调节物质,参与细胞间信息传递,调节生理和代谢活动,如 cAMP 为多种细胞膜受体激素作用的第二信使,ATP 引起的共价修饰可以改变某些酶的活性、糖原合成酶的磷酸化作用等。

§16.1　核酸和核苷酸的分解代谢

食物和内源性的核酸水解都可产生核苷酸。RNA 可以按与蛋白质相似的途径被转换,在体内代谢快,含量变化快;DNA 在体内代谢慢而不能被快速转换,含量相对稳定,除非细胞死亡或 DNA 在修复过程中。

一、核酸和核苷酸的降解

核酸分解代谢的第一步是水解连接核苷酸之间的 $3',5'$-磷酸二酯键,使大分子的核酸降解为寡聚核苷酸或单核苷酸。催化这个反应的酶是磷酸二酯酶,作用于核酸的磷酸二酯酶又称为核酸酶。核酸酶中水解核糖核酸的叫核糖核酸酶,水解脱氧核糖核酸的叫脱氧核糖核酸酶。脱氧核糖核酸酶含量在大多数细胞中很高,有助于消除异常的或外源的 DNA。

核苷酸在核苷酸酶(磷酸单酯酶)催化下水解脱去磷酸生成核苷。核苷继续降解有两种方式:一种是在植物和微生物体内可以在核糖水解酶(nucleoside hydrolase)作用下生成嘌呤或嘧啶碱基和戊糖,反应不可逆,且只对核糖核苷作用,对脱氧核糖核苷无作用;另一种是广泛存在的，核苷在核苷磷酸化酶（nucleoside phosphorylase）作用下与磷酸作用，生成嘌呤或嘧啶碱基和戊糖-1-磷酸，反应可逆。核酸和核苷酸的降解可表示如下：

$$\text{核酸} \xrightarrow[\text{或磷酸二酯酶}]{\text{核酸酶}} \text{核苷酸} \xrightarrow[\text{（磷酸单酯酶）}]{\text{核苷酸酶}} \text{核苷} + H_3PO_4 \underset{\text{核苷磷酸化酶}}{\overset{\text{核苷磷酸化酶}}{\rightleftharpoons}} \text{嘌呤 (或嘧啶)} + \text{戊糖-1-磷酸}$$

$$\xrightarrow[+ H_2O]{\text{核苷水解酶}} \text{嘌呤 (或嘧啶)} + \text{戊糖}$$

生成的嘌呤或嘧啶碱基可以经体内核苷酸的补救途径合成核苷酸，也可以进一步降解排出体外；生成的核糖-1-磷酸在变位酶作用下生成核糖-5-磷酸，再在焦磷酸激酶作用下与 ATP 反应生成 5-磷酸核糖焦磷酸（5-PRPP），用于经核苷酸的从头合成途径合成嘌呤核苷酸，或经核苷酸补救途径合成 AMP、GMP 和 UMP，以及用于糖代谢中。

核苷酸及其水解产物核苷、碱基均可被细胞吸收和利用，可促进核酸的分解更新。核酸分解产物嘌呤和嘧啶会继续降解。

二、嘌呤碱的降解

（1）**嘌呤碱降解生成尿酸**：腺嘌呤在腺嘌呤脱氨酶（adenine deaminase）作用下水解脱氨生成次黄嘌呤（I），再在黄嘌呤氧化酶作用下氧化成黄嘌呤（X）后进一步氧化生成尿酸；鸟嘌呤在鸟嘌呤脱氨酶（guanine deaminase）作用下水解脱氨生成黄嘌呤（X）后，进一步在黄嘌呤氧化酶作用下氧化生成尿酸（图 16-1）。

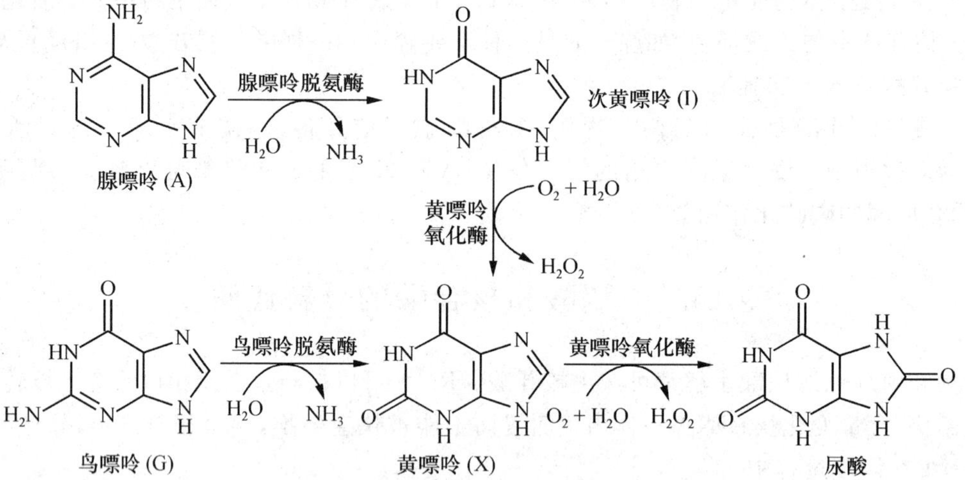

图 16-1 嘌呤碱基降解成尿酸

在动物组织中，由于腺嘌呤脱氨酶含量很少，而腺嘌呤核苷脱氨酶（adenosine deaminase）和腺嘌呤核苷酸脱氨酶（adenylate deaminase）活性较高，所以腺嘌呤的脱氨分解常发生在核苷和核苷酸的水平上，然后再水解生成次黄嘌呤；鸟嘌呤的脱氨分解主要是在鸟嘌呤脱氨酶的作用下进行的。腺苷脱氨酶缺少的患者不能将腺苷降解为肌苷或脱氧腺苷降解为脱氧肌苷。蓄积的脱氧腺苷会被转换成 dATP，而毫摩尔的 dATP 即可杀死 T 和 B 细胞，导致免疫缺损。

（2）**不同动物嘌呤最终降解产物不同**：各种生物对嘌呤碱的分解能力不一样，代谢终产物也不同。人和猿类及一些排尿酸的动物（如鸟类、某些爬虫类）以尿酸为嘌呤碱代谢的最终产物。正常情况下人类每日仅分泌很少量尿酸，一些进入消化道并为微生物降解。排尿酸动物排出多余氮的形式是尿酸。除人、猿以外的哺乳动物，由于体内存在尿酸氧化酶，会进一步将尿酸降解成尿囊素后排除。

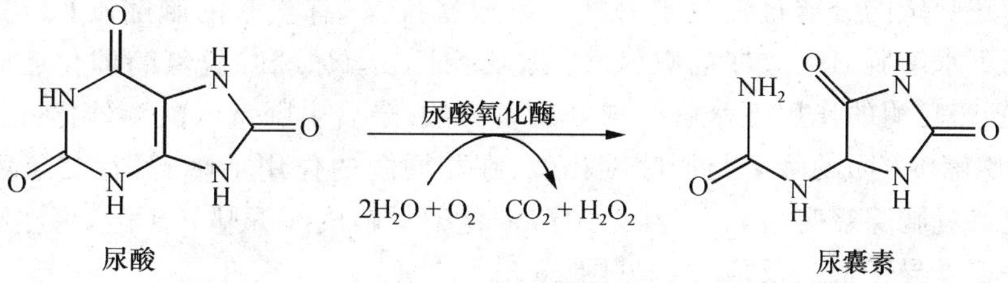

硬骨鱼等体内存在尿囊酸酶，会将尿囊素再降解成尿囊酸并排除；多数鱼类和两栖类动物则将尿囊酸降解成尿素和乙醛酸后排除；一些低等生物如海洋无脊椎动物、微生物则是在脲酶作用下，将尿素分解成 NH_3 和 CO_2 后排除。

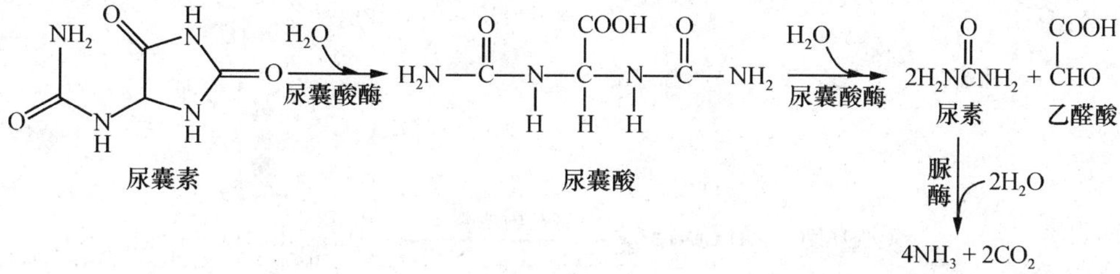

（3）尿酸过多是痛风病的起因：痛风病是由于体内嘌呤过量生成导致尿酸过多，又不能从肾脏排出引起的。病人的血尿酸含量＞7 mg％，尿酸以钠盐的形式沉积在关节（首发部位在脚的大拇指处），关节红肿、灼热发胀，也可沉积在软组织、软骨和肾脏中，引起组织的异物炎性反应。一种治疗痛风的药物别嘌呤醇（allopurinol），结构与次黄嘌呤相似，是黄嘌呤氧化酶底物的类似物，也是黄嘌呤氧化酶的抑制剂。别嘌呤醇经服用进入体内，会被黄嘌呤氧化酶氧化成别黄嘌呤（alloxanthine），它与该酶活性中心的 Mo(Ⅳ) 牢固结合，使 Mo(Ⅳ) 不易转变成 Mo(Ⅵ)，抑制了黄嘌呤氧化酶，使次黄嘌呤生成黄嘌呤受阻，黄嘌呤氧化成尿酸也受阻（见图 16-2），从而使血尿酸含量降低，痛风症状消失。这种底物类似物经酶作用后转变为酶的灭活物，称为自杀作用物。

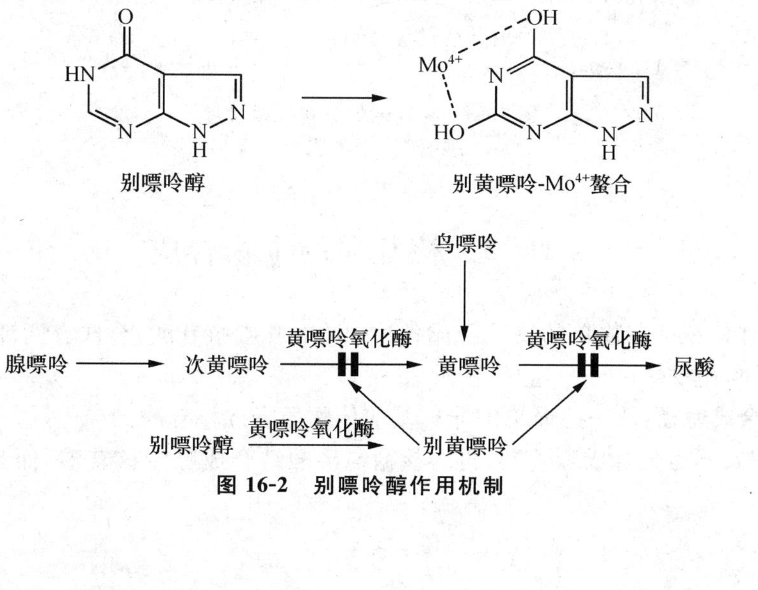

图 16-2 别嘌呤醇作用机制

三、嘧啶碱的分解

不同生物嘧啶碱的分解过程也不一样。一般来说,具有氨基的胞嘧啶(C)需要先在胞嘧啶脱氨酶作用下水解脱氨生成尿嘧啶(U)。尿嘧啶经二氢尿嘧啶脱氢酶催化还原成二氢尿嘧啶,然后在二氢嘧啶酶的作用下水解生成 β-脲基丙酸,最后由脲基丙酸酶催化进一步水解生成 β-丙氨酸。胸腺嘧啶(T)的降解与尿嘧啶相似,在相同酶的作用下降解,在二氢尿嘧啶脱氢酶作用下还原成二氢胸腺嘧啶后,在二氢嘧啶酶催化下水解成 β-脲基异丁酸,再在脲基丙酸酶作用下水解成 β-氨基异丁酸。反应过程见图 16-3。

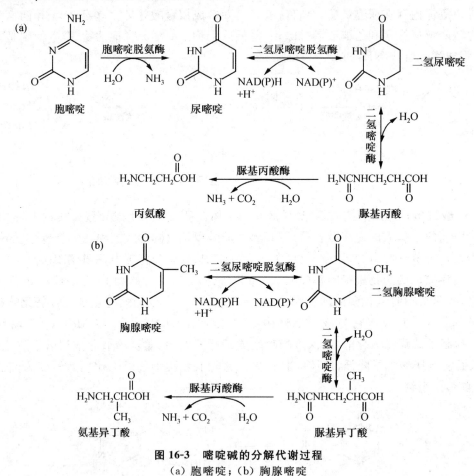

图 16-3　嘧啶碱的分解代谢过程
(a) 胞嘧啶;(b) 胸腺嘧啶

§16.2　核苷酸的生物合成

通常生物体能从一些简单的物质合成各种嘌呤和嘧啶核苷酸,合成有两种途径:从头合成(de novo)途径和补救(salvage)途径。

(1) 从头合成途径:从一些简单的非碱基前体物质合成核苷酸。

嘌呤核苷酸:不是先合成嘌呤环,再与核糖与磷酸结合成嘌呤核苷酸,而是从 5-磷酸核糖焦磷酸(5-PRPP,含核糖和磷酸部分)开始,在一系列酶催化下在 5-磷酸核糖基础上先合成嘌呤的五元环,后合成六元环,然后经十步反应先合成次黄嘌呤核苷酸,最后再转变成腺嘌呤核苷酸和鸟嘌呤核苷酸。

嘧啶核苷酸:首先合成嘧啶环(乳清酸),嘧啶碱基再与 5-PRPP 反应生成乳清苷酸,脱羧生成尿嘧啶核苷酸(UMP),再由尿嘧啶核苷酸转变成其他嘧啶核苷酸。尿嘧啶核苷酸转变为胞嘧啶核苷酸是在尿嘧啶核苷三磷酸的水平上进行的,尿嘧啶核苷三磷酸经嘧啶碱基氨基化后生成胞嘧啶核苷三磷酸。

(2) 补救途径:生物体可利用外源或体内已经存在(包括降解产生)的碱基和核苷直接合成核苷酸,这种再利用的方法更为便捷,是从头合成的一种补救途径,以便更经济地利用已有的成分。从头合成途径需要很多步骤和很多酶,是相当耗能的,当从头合成途径受阻时(如遗传缺陷或药物中毒),补救途径启动。在磷酸核糖转移酶催化下,碱基与 5-磷酸核糖的活化形式 5-PRPP 反应生成相应的 5′-磷酸核苷(NMP),再在激酶催化下 NMP 转化为核苷二磷酸(NDP)和核苷三磷酸(NTP)。

一、嘌呤核糖核苷酸的合成

1. 嘌呤核糖核苷酸的从头合成途径

同位素实验证明,生物体能利用 CO_2、甲酸盐(一碳单位)、谷氨酰胺(Gln)、天冬氨酸(Asp)和甘氨酸(Gly)合成嘌呤环。

嘌呤环的元素来源(见图 16-4):环中 1-位氮来源于 Asp,2-位和 8-位碳均来源于甲酸盐,3-位和 9-位氮来源于 Gln 中的酰胺基,4-位和 5-位碳及 7-位氮来源于 Gly,6-位碳来源于 CO_2。

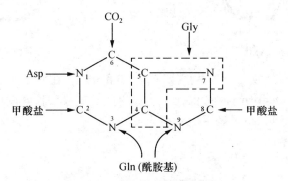

图 16-4　嘌呤环的元素来源

(1) 次黄嘌呤核苷酸(肌苷酸,IMP)的合成:从 5-磷酸核糖焦磷酸(5-phosphoribosyl pyrophosphate,5-PRPP)开始,经过一系列酶促反应,生成次黄嘌呤核苷酸。5-PRPP 提供核苷酸的磷酸和核糖部分,在体内它由 5-磷酸核糖与 ATP 在磷酸核糖焦磷酸激酶(phosphoribosyl pyrophosphokinase)作用下生成。次黄嘌呤核苷酸的合成共有十步反应,分两个阶段。

第一阶段:形成嘌呤碱基的咪唑五元环。

第一步:5-PRPP 与谷氨酰胺、H_2O 在磷酸核糖焦磷酸转酰胺酶(phosphoribosyl pyrophosphate transamidase)作用下(有 Mg^{2+} 参加),反应形成 5-磷酸核糖胺(5-phosphoribosyl-amine),Gln 供—NH_2,并释放出谷氨酸和焦磷酸。结果引入嘌呤环 9-位上的氮原子 N_9。特

点是核糖构象发生变化，C_1 位上的取代基由 α 型转变成 β 型。酶为变构酶，可为 AMP、也为 GMP 所抑制，为第一个调控位点。任何一个嘌呤核苷酸 AMP 或 GMP 过多，都抑制此步的合成，也即抑制整个的从头合成，因此是嘌呤核苷酸从头合成的最重要的控制位点。AMP、GMP 类似物 6-巯基嘌呤（6-MP），Gln 类似物重氮丝氨酸、6-重氮-5-氧-正亮氨酸也抑制此步反应，抑制癌细胞嘌呤合成，为抗癌药。

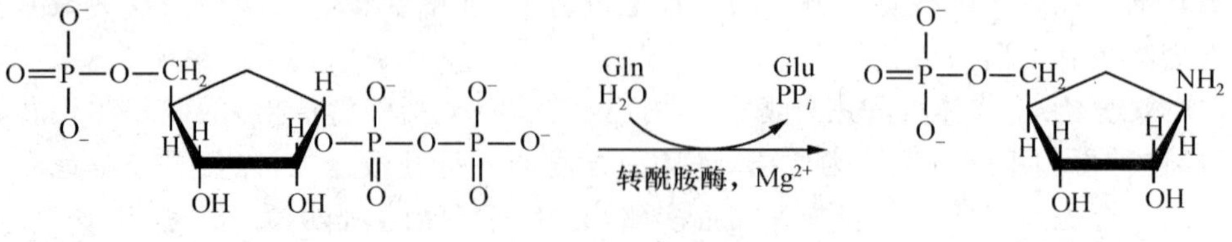

5-PRPP　　　　　　　　5-磷酸核糖胺

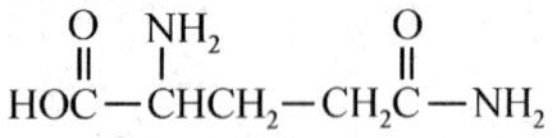

谷氨酰胺 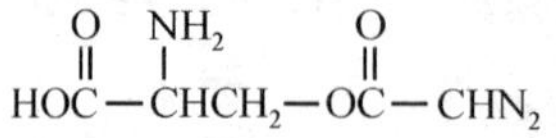　　　　　　重氮丝氨酸 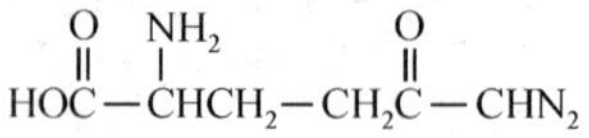　　　　　　6-重氮-5-氧-正亮氨酸

第二步：5-磷酸核糖胺与甘氨酸和 ATP 在甘氨酰胺核苷酸合成酶（glycinamide ribotide synthetase）催化下生成甘氨酰胺核苷酸、ADP 和焦磷酸。结果是掺入甘氨酸，引入 C_4、C_5 和 N_7，反应由 ATP 供能，且反应可逆。

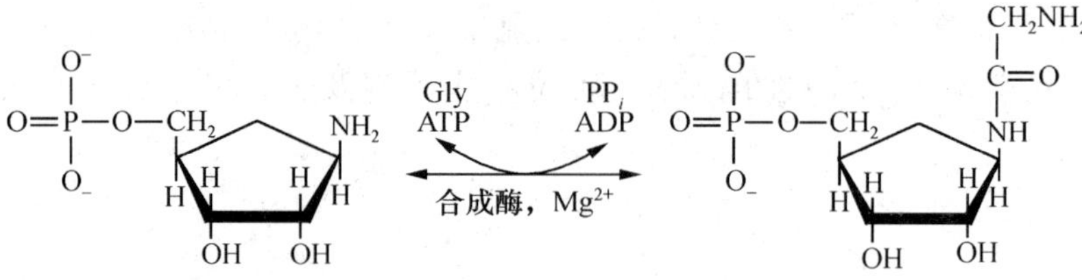

5-磷酸核糖胺　　　　　　　　　　甘氨酰胺核苷酸

第三步：甘氨酰胺核苷酸与 N^{10}-甲酰四氢叶酸和 H_2O 在甘氨酰胺核苷酸转甲酰基酶（glycinamide ribotide transformylase）催化下生成甲酰甘氨酰胺核苷酸（formylglycinamide ribotide）和四氢叶酸（THF）。结果经甲酰化引入 C_8。

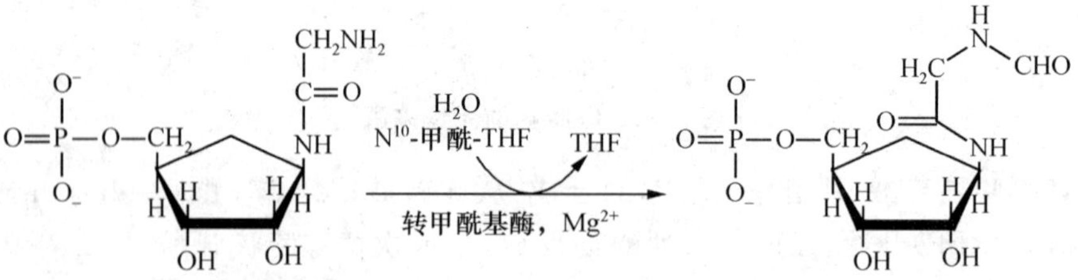

甘氨酰胺核苷酸　　　　　　　　　甲酰甘氨酰胺核苷酸

此步反应中—CHO 是由 N^{10}-甲酰四氢叶酸提供的，在体内 N^{10}-甲酰四氢叶酸中的—CHO 又是由甲酸盐供给的，故图 16-4 中 C_8 是由甲酸盐提供的。甲酸盐在酶催化下，经 ATP 活化，以甲酰基的形式转移给 THF 生成甲酰-THF，甲酰四氢叶酸再将甲酰基转给甘氨酰胺核苷酸，实际上 THF 是一个传递一碳单位的辅酶。由此可知，THF 的类似物氨甲喋呤、

氨基喋呤(结构参见图 16-7)应可抑制此步反应。

第四步:甲酰甘氨酰胺核苷酸与谷氨酰胺、ATP、H_2O 在甲酰甘氨脒核苷酸合成酶 (formylglycinalimidine ribotide synthetase)催化下生成甲酰甘氨脒核苷酸(formylglycinalimidine ribotide)、谷氨酸、ADP 和焦磷酸。结果是由 Gln 经脒化提供 N_3。

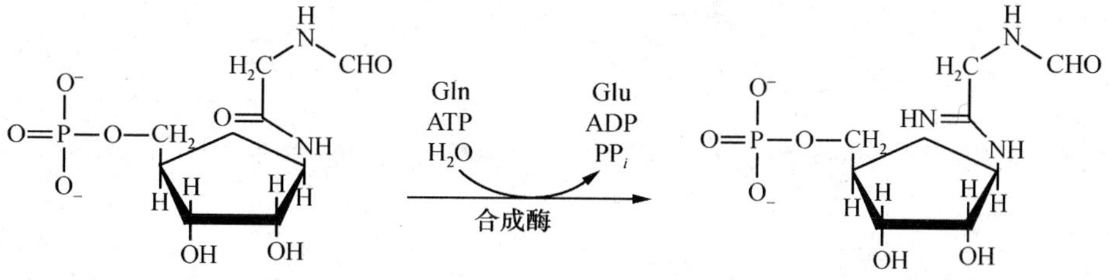

甲酰甘氨酰胺核苷酸　　　　　　　　　　　　　　甲酰甘氨脒核苷酸

此步反应涉及 Gln,因此也被谷氨酰胺结构类似物重氮丝氨酸和 6-重氮-5-氧-正亮氨酸不可逆抑制。它们抑制有谷氨酰胺参与的反应,为抗生素,也有抗癌作用,但对身体副作用也大。

第五步:甲酰甘氨脒核苷酸与 ATP 在氨基咪唑核苷酸合成酶(5-aminoimidazole ribotide synthetase)作用下(Mg^{2+} 和 K^+ 参与),脱水关五元环。生成 5-氨基咪唑核苷酸(5-aminoimidazole ribotide)、ADP 和焦磷酸。

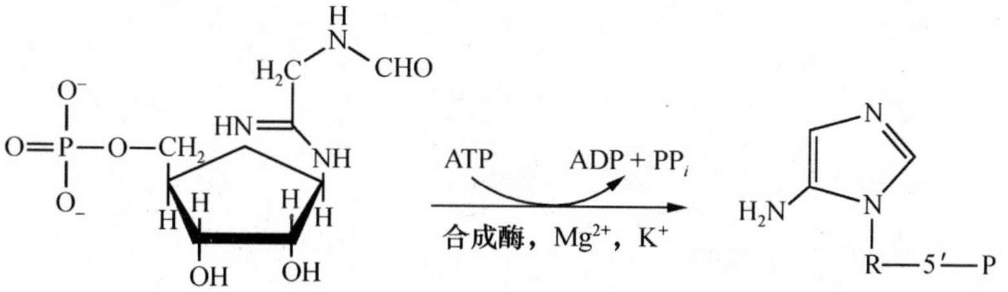

甲酰甘氨脒核苷酸　　　　　　　　　　　　　5-氨基咪唑核苷酸

至此,第一阶段的反应完成,嘌呤碱双环上的五元环合成完毕。

第二阶段:引入嘌呤环左边环上的各原子,关六元环形成次黄嘌呤核苷酸。

第六步:5-氨基咪唑核苷酸与 CO_2 在氨基咪唑核苷酸羧化酶(aminoimidazole ribotide carboxylase)催化下生成 5-氨基咪唑-4-羧酸核苷酸(5-aminoimidazole-4-carboxylate ribotide),引入的 CO_2 形成 6-位 C,反应可逆。

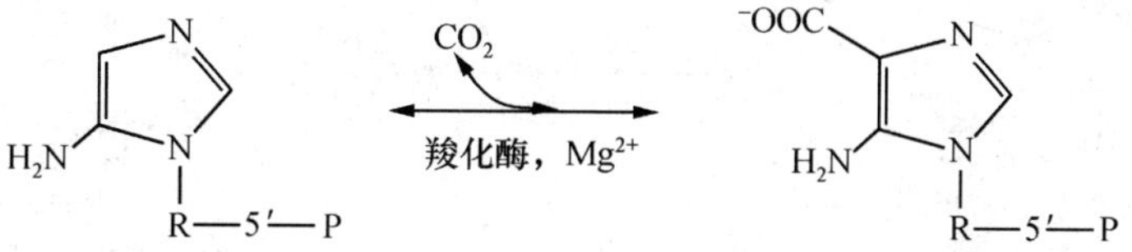

5-氨基咪唑核苷酸　　　　　　　　　　　　5-氨基咪唑-4-羧酸核苷酸

第七步:5-氨基咪唑-4-羧酸核苷酸与天冬氨酸、ATP,在氨基咪唑琥珀基氨甲酰核苷酸合成酶(5-aminoimidazole-4-(N-succino)-carboxamide ribotide synthetase)催化下生成 5-氨基-4-(N-琥珀基)氨甲酰基咪唑核苷酸(5-amino-4-(N-succino)-carboxamide-imidazole ribotide)、ADP 和 P_i,Asp 提供 1-位上的 N 原子,反应可逆。Asp 类似物可抑制此步反应,如 N-羟基-N-

甲酰甘氨酸,又称羽田杀菌剂(未临床)。

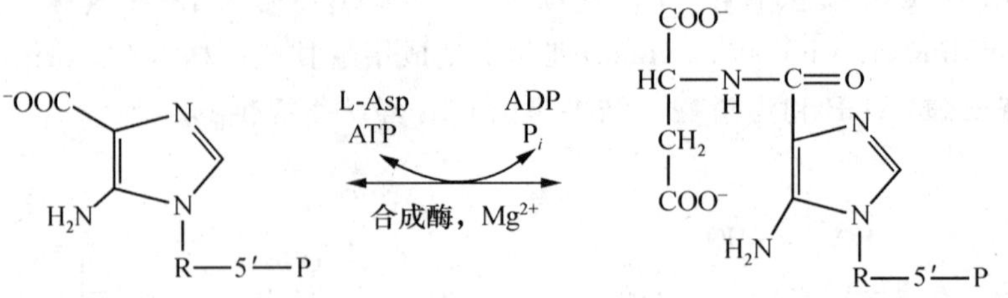

5-氨基咪唑-4-羧酸核苷酸　　　　　　　　合成酶,Mg²⁺　　　　　5-氨基-4-(N-琥珀基)氨甲酰基咪唑核苷酸

Asp　　　　　　　　　　　　　　　　　　　N-羟基-N-甲酰甘氨酸

第八步:5-氨基-4-(N-琥珀基)氨甲酰基咪唑核苷酸在腺苷酸琥珀酸裂解酶(adenylosucci-nate lyase)作用下脱琥珀酰基生成 5-氨基-4-氨甲酰基咪唑核苷酸(5-amino-4-carboxamide-imidazole ribotide),脱去延胡索酸,反应可逆。腺苷酸琥珀酸裂解酶同时具有分解腺苷酸琥珀酸的能力。

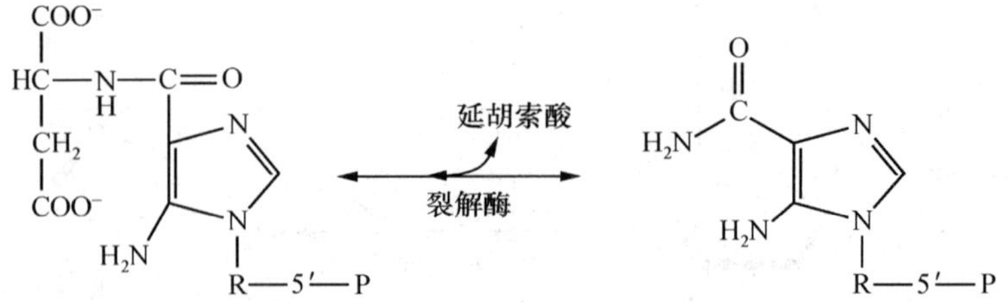

5-氨基-4-(N-琥珀基)氨甲酰基咪唑核苷酸　　　　　　　5-氨基-4-氨甲酰基咪唑核苷酸

第九步:5-氨基-4-氨甲酰基咪唑核苷酸与 N^{10}-甲酰四氢叶酸在氨基咪唑氨甲酰核苷酸转甲酰基酶催化下,经甲酰化生成 5-甲酰胺基-4-氨甲酰基咪唑核苷酸(5-formamidoimidazole-4-carboxamide ribotide),反应可逆。THF 类似物如氨甲喋呤、氨基喋呤(结构参见图 16-7)可抑制此反应。

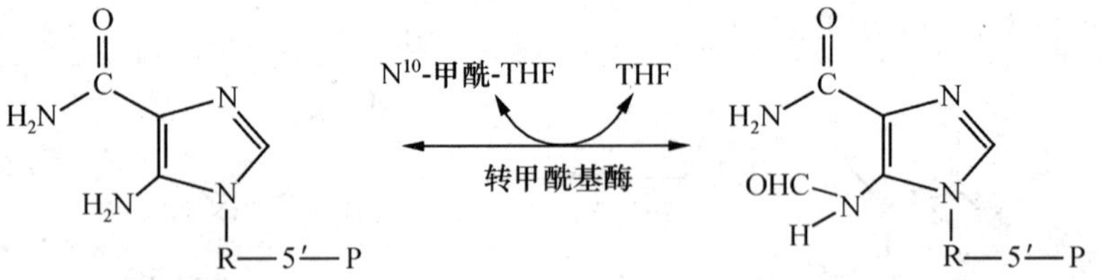

5-氨基-4-氨甲酰基咪唑核苷酸　　　　　　　5-甲酰胺基-4-氨甲酰基咪唑核苷酸

第十步:脱水环化关六元环,形成次黄嘌呤核苷酸(IMP)。5-甲酰胺基-4-氨甲酰基咪唑核苷酸在次黄嘌呤核苷酸合酶(IMP synthase)作用下脱水环化生成次黄嘌呤核苷酸,反应可逆。反应式见下页。

(2) 腺嘌呤核苷酸的合成:腺嘌呤核苷酸由次黄嘌呤核苷酸在核苷一磷酸水平上转化而来。次黄嘌呤核苷酸(IMP)氨基化生成腺嘌呤核苷酸(AMP),反应分两步进行。次黄嘌呤核

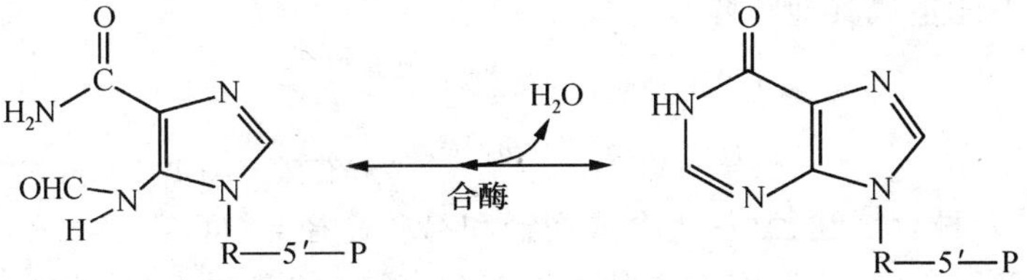

5-甲酰胺基-4-氨甲酰基咪唑核苷酸   次黄嘌呤核苷酸（IMP）

苷酸与 Asp 在腺苷酸琥珀酸合成酶（adenylosuccinate synthetase）催化下，由 GTP 供能反应生成腺苷酸琥珀酸（adenylosuccinacic acid），再在腺苷酸琥珀酸裂解酶催化下分解成腺嘌呤核苷酸（AMP）。AMP 反馈抑制自身的合成，此步为 AMP 合成的又一个控制位点。

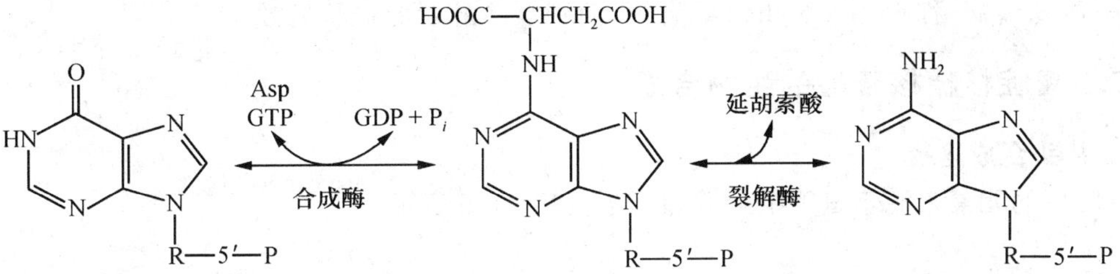

IMP   腺苷酸琥珀酸   AMP

（3）鸟嘌呤核苷酸（GMP）的合成：由次黄嘌呤核苷酸氧化成黄嘌呤核苷酸（XMP），再氨基化形成。次黄嘌呤核苷酸的氧化由次黄嘌呤核苷酸脱氢酶（inosine-5-phosphate dehydrogenase）催化，NAD^+ 为辅酶，K^+ 激活，生成黄嘌呤核苷酸。氨基化反应则由鸟嘌呤核苷酸合成酶（guanylate synthetase）催化，氨基由 Gln 的酰胺基（动物）或由 NH_3（细菌）提供，由 ATP 供能。GMP 反馈抑制自身的合成，此步为 GMP 合成的一个控制位点。

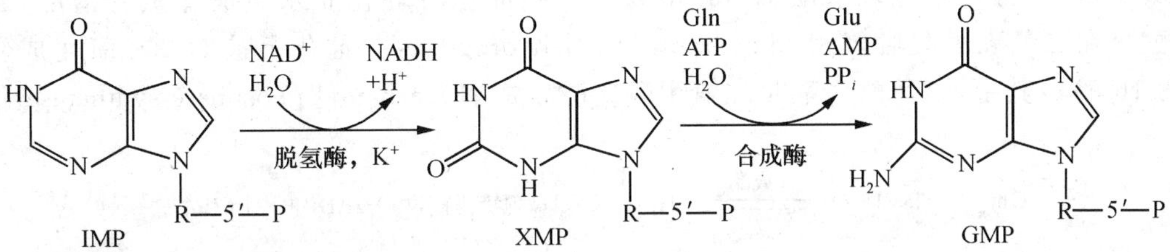

IMP   XMP   GMP

2. 嘌呤核苷酸合成的补救途径

由预先形成的嘌呤碱和核苷合成核苷酸。嘌呤碱的再利用有两条途径，主要是通过磷酸核糖转移酶直接由碱基和 5-PRPP 生成核苷酸。

（1）**嘌呤碱基与 5-磷酸核糖焦磷酸（5-PRPP）经磷酸核糖转移酶催化，一步形成嘌呤核苷酸**：在腺嘌呤磷酸核糖转移酶和次黄嘌呤（鸟嘌呤）磷酸核糖转移酶催化下进行。

$$腺嘌呤（或鸟嘌呤，或次黄嘌呤）+5\text{-}PRPP \xrightleftharpoons[\quad]{磷酸核糖转移酶} AMP（或 GMP，或 IMP）+PP_i$$

外源和代谢得到的嘌呤核苷也可先分解成碱基，再通过此途径形成嘌呤核苷酸。PP_i 水解为磷酸，使反应向前。此反应由碱基直接得到 NMP。

（2）**碱基先生成核苷，再磷酸化生成核苷酸**：嘌呤碱基与 1-磷酸核糖在核苷磷酸化酶催化下生成核苷，核苷再在磷酸激酶作用下，由 ATP 供给磷酸基形成核苷酸。但这条途径对嘌呤核苷酸合成并不重要，因为生物体内只有腺苷磷酸激酶，只能生成腺苷酸，而缺乏其他的嘌呤核苷激酶,所以不能生成其他嘌呤核苷酸。

$$\text{碱基} + \text{1-磷酸核糖} \xrightleftharpoons{\text{核苷磷酸化酶}} \text{核苷} + PP_i$$

$$\text{腺苷} + ATP \xrightleftharpoons{\text{腺苷磷酸激酶}} \text{腺苷酸} + ADP$$

嘌呤核苷的两种合成途径(从头合成途径和补救途径)之间存在着平衡关系。补救途径十分重要,若补救途径受阻,代谢产物再利用不充分,嘌呤核苷酸不足,本为 AMP、GMP 所抑制的从头合成第一步解除抑制,从头合成会加速制备嘌呤核苷酸。多余的嘌呤核苷酸代谢造成尿酸积累,会导致肾结石或痛风发生。更严重的是,有一种病人先天缺乏次黄嘌呤(鸟嘌呤)磷酸核糖转移酶,补救途径受阻,体内产生过量嘌呤和 5-PRPP 积聚,5-PRPP 过多刺激从头合成嘌呤核苷酸,再降解得过量尿酸。此病患者智力迟钝,严重时会产生神经疾病症状——自残肢体,为一种遗传病,称 Lesch-Nyhan 综合征,而别嘌呤醇对此症状无效。

二、嘧啶核糖核苷酸的生物合成

1. 从头合成途径

嘧啶环的元素来源于氨甲酰磷酸和天冬氨酸,如下所示:

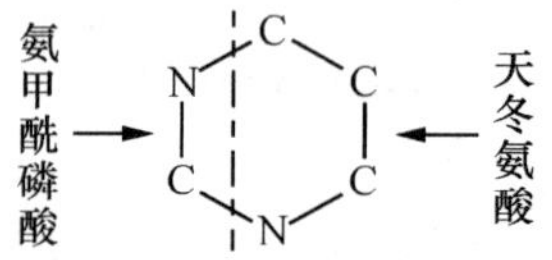

(1) 尿嘧啶核苷酸(UMP)的合成:

① 乳清酸的合成:形成第一个嘧啶环的化合物是乳清酸(orotic acid,6-羧基尿嘧啶),是由氨甲酰磷酸与 Asp 在天冬氨酸转氨甲酰酶(aspartate carbamyl teansferase)催化下先合成氨甲酰天冬氨酸,再在二氢乳清酸酶(dihydroorotase)催化下环化脱水生成二氢乳清酸,二氢乳清酸再在二氢乳清酸脱氢酶(dihydroorotate dehydrogenase)催化下被 NAD^+ 氧化成乳清酸(图 16-5)。其中,氨甲酰磷酸是在氨甲酰磷酸合成酶(carbamyl phosphate synthetase)催化

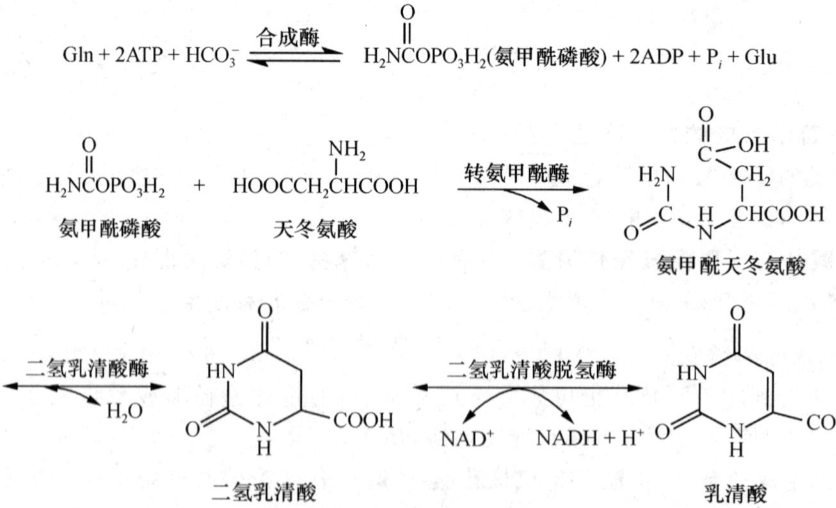

$$Gln + 2ATP + HCO_3^- \xrightleftharpoons{\text{合成酶}} H_2NCOPO_3H_2(\text{氨甲酰磷酸}) + 2ADP + P_i + Glu$$

图 16-5 氨甲酰磷酸和乳清酸的合成

下由 Gln（供 NH_3）、ATP 和 CO_2 反应生成的。

② 尿嘧啶核苷酸的合成：乳清酸与 5-磷酸核糖焦磷酸（5-PRPP）在乳清苷酸焦磷酸化酶（orotidylic acid pyrophosphorylase）催化下反应生成乳清苷酸，反应可逆，镁离子活化此反应。乳清苷酸再在乳清苷酸脱羧酶（orotidylic acid decarboxylase）作用下脱羧生成尿嘧啶核苷酸（简称尿苷酸，UMP）。

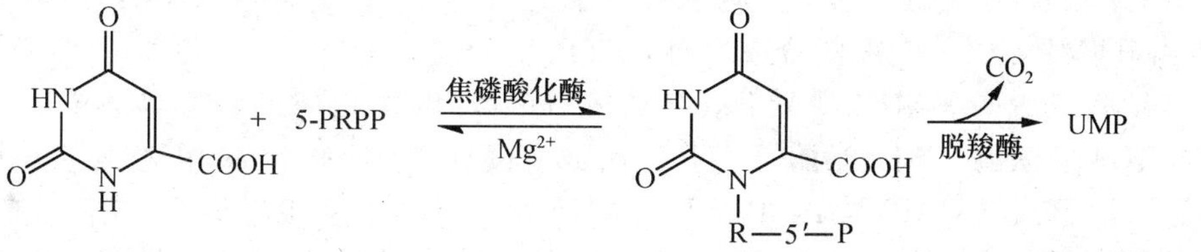

乳清酸　　　　　　　　　　　　　乳清苷酸　　　　　　尿嘧啶核苷酸

（2）UTP 经氨化作用生成 CTP：尿嘧啶、尿苷和尿嘧啶核苷酸都不能直接氨基化生成相应的胞嘧啶化合物。CTP 要由尿嘧啶核苷三磷酸（UTP）中尿嘧啶碱基氨化生成，UTP 则由 UMP 分别在尿嘧啶核苷激酶（uridine-5-phosphate kinase）和特异性较广的核苷二磷酸激酶（nucleoside diphosphokinase）催化下生成。

$$UMP+ATP \xrightleftharpoons[Mg^{2+}]{尿嘧啶核苷激酶} UDP+ADP$$

$$UDP+ATP \xrightleftharpoons[Mg^{2+}]{核苷二磷酸激酶} UTP+ADP$$

UTP 经氨化作用生成 CTP，动物组织中所需要的氨基由 Gln 提供，ATP 供能。

$$UTP+Gln+ATP+H_2O \xrightarrow{CTP合成酶} CTP+Glu+ADP+P_i$$

2. 补救途径

尿嘧啶转变成尿嘧啶核苷酸有两种方式：

（1）尿嘧啶在磷酸核糖转移酶催化下与 5-PRPP（包含核糖和磷酸）反应，一步生成尿嘧啶核苷酸，但胞嘧啶不能如此产生胞苷酸。

$$尿嘧啶+5\text{-}PRPP \xrightleftharpoons{磷酸核糖转移酶} 尿嘧啶核苷酸+PP_i$$

（2）尿嘧啶与 1-磷酸核糖反应先生成尿苷，再被 ATP 磷酸化生成尿苷酸：

$$尿嘧啶+1\text{-}磷酸核糖 \xrightleftharpoons{尿苷磷酸化酶} 尿嘧啶核苷（尿苷）+P_i$$

$$尿嘧啶核苷+ATP \xrightleftharpoons[Mg^{2+}]{尿苷激酶} 尿嘧啶核苷酸（尿苷酸）+ADP$$

胞嘧啶核苷酸也可由胞苷被 ATP 磷酸化形成。尿苷激酶也能催化胞苷的磷酸化：

$$胞嘧啶核苷+ATP \xrightleftharpoons[Mg^{2+}]{尿苷激酶} 胞嘧啶核苷酸+ADP$$

三、脱氧核苷酸在核苷二磷酸水平上经还原合成

（1）**核糖核苷酸的还原**：生物体内，脱氧核糖核苷酸可由核糖核苷酸还原而来，还原发生在核苷二磷酸的水平上，底物为四种核糖核苷二磷酸（NDP）。腺嘌呤核苷二磷酸（ADP）、鸟嘌呤核苷二磷酸（GDP）和胞嘧啶核苷二磷酸（CDP）在核糖核苷酸还原酶系作用下可被还原成相应的脱氧核糖核苷二磷酸（dNDP）。该酶系包括硫氧还蛋白、硫氧还蛋白还原酶以及核糖核苷酸还原酶。如脱氧腺苷二磷酸（dADP）的合成反应式为：

$$ADP + NADPH + H^+ \longrightarrow dADP + NADP^+ + H_2O$$

dGDP 与 dCDP 的合成类似,UDP 则还原成 dUDP,再转变成 dUMP。

胸腺嘧啶脱氧核苷酸(dTMP)的合成是由脱氧尿苷酸(dUMP)经甲基化作用而成,反应要经过两步:第一步得到 dUMP,可由尿嘧啶核糖核苷酸(UMP)还原成尿嘧啶脱氧核糖核苷酸(dUMP),或由尿嘧啶核苷二磷酸(UDP)还原成尿嘧啶脱氧核糖核苷二磷酸(dUDP),再转变成 dUMP;第二步为关键一步,在胸腺嘧啶核苷酸合酶催化下由 dUMP 甲基化而得到 dTMP,再由 dTMP 合成 DNA 的合成原料 dTTP。

核苷二磷酸或脱氧核苷二磷酸(NDP 或 dNDP)可以在相应的特异性核苷一磷酸激酶(AMP 激酶、GMP 激酶、CMP 激酶、UMP 激酶或 dTMP 激酶)作用下,由核苷一磷酸或脱氧核苷一磷酸(NMP 或 dNMP)与 ATP 反应转变而成。核苷二磷酸与核苷三磷酸可在核苷二磷酸激酶的作用下互相转变。核苷二磷酸激酶的特异性很低,与核酸有关的所有核苷(包括脱氧核苷)二磷酸(NDP)和三磷酸(NTP)都可在此酶的作用下作为磷酸基的受体和供体:

$$N_1DP(或\ dN_1DP) + N_2TP(或\ dN_2TP) \xrightarrow{\text{核苷二磷酸激酶}} N_1TP(或\ dN_1TP) + N_2DP(或\ dN_2DP)$$

(2) 脱氧核糖核苷酸的补救途径合成:利用碱基和核苷也可经补救途径合成脱氧核糖核苷酸:四种脱氧核糖核苷可以分别在特异的脱氧核糖核苷激酶作用下,被 ATP 磷酸化形成相应的脱氧核糖核苷酸;也可由相应的碱基和脱氧核糖-1-磷酸在相应的核苷磷酸化酶催化下形成。

(3) 胸腺嘧啶核苷酸的合成和抗癌药的开发:癌细胞与正常细胞的不同之处在于,它生长迅速和连续不断地循环分裂。核苷酸合成的抑制剂对癌细胞有选择性毒性。迅速分裂的细胞需要有充足的胸腺嘧啶核苷酸(dTTP)的供应,抑制 dTMP 的合成可以抑制 dTTP 的合成,使这些细胞受损,能封闭 dTMP 的合成的物质就有可能被开发为抗癌药。dTTP 合成的关键一步是由尿嘧啶脱氧核糖核苷酸(dUMP)在胸腺嘧啶核苷酸合酶催化下甲基化成 dTMP。甲基供体是 N^5,N^{10}-亚甲基四氢叶酸(N^5,N^{10}-methylenetetrahydrofolate),它在给出甲基后被氧化成二氢叶酸。

反应生成的二氢叶酸须在二氢叶酸还原酶催化下还原成四氢叶酸,再在丝氨酸羟甲基转移酶催化下由 Ser 提供甲基再转变成 N^5,N^{10}-亚甲基四氢叶酸,以继续使 dUMP 甲基化(见图 16-6)。dTMP 合成中两个关键酶是胸腺嘧啶核苷酸合酶和二氢叶酸还原酶,因此这两种酶的抑制剂即可封闭 dTMP 的合成,即封闭了 dTTP 的合成。由此设计并合成的胸腺嘧啶核苷酸合酶抑制剂 5-氟尿嘧啶(5-FU)和二氢叶酸还原酶抑制剂氨甲喋呤、氨基喋呤(图 16-7),均已作为抗癌药被临床应用。

5-FU 在体内转变成氟脱氧尿苷酸 FdUMP,为 dUMP 和 dTMP 的类似物,可抑制催化 dUMP 甲基化合成 dTMP 的胸苷酸合酶,使其永久失活,结果是 T 的合成和掺入 DNA 受阻。胞内蓄积的 FUTP 可整合到 RNA 上,导致遗传密码错编,而 FdUTP 整合到 DNA 上,可引起致命突变。5-氟尿嘧啶被细胞吸收与代谢过程见图 16-8。

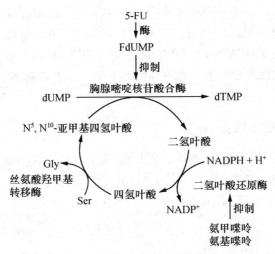

图 16-6　dTMP 生成过程的三个基本反应

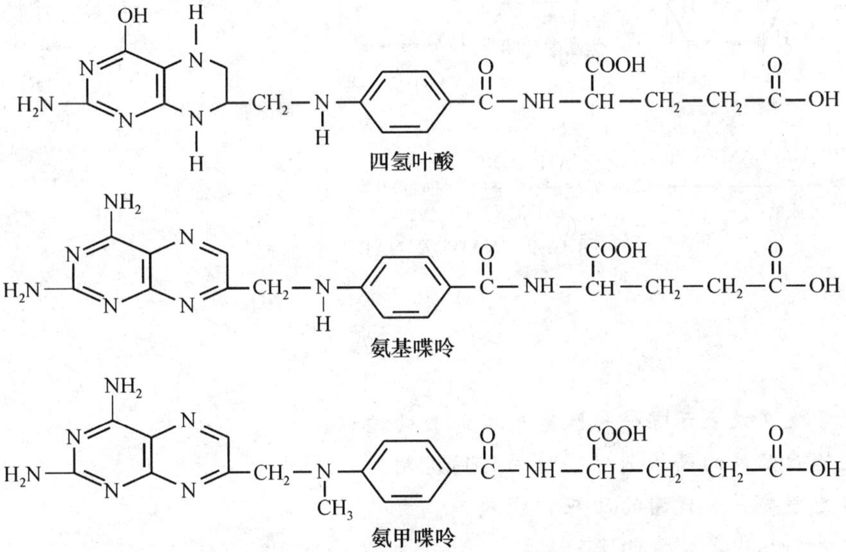

四氢叶酸

氨基喋呤

氨甲喋呤

图 16-7　四氢叶酸和氨基喋呤、氨甲喋呤的结构比较

FU→FUMP→FUDP→FUTP

FdUDP→FdUTP→FdUMP

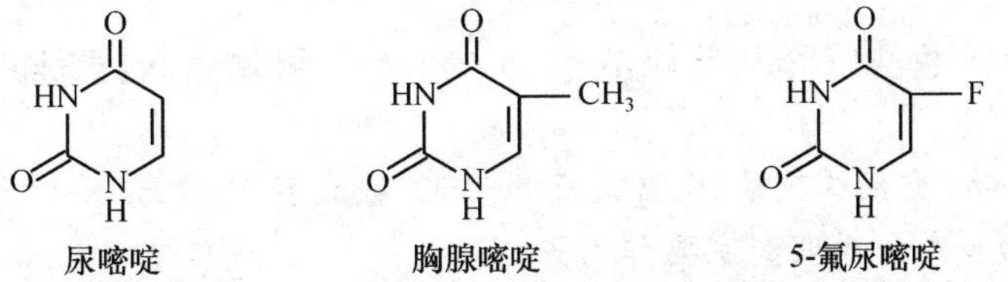

尿嘧啶

胸腺嘧啶

5-氟尿嘧啶

图 16-8　5-氟尿嘧啶代谢过程,以及与尿嘧啶、胸腺嘧啶结构比较

　　氨甲喋呤和氨基喋呤为叶酸的类似物,可抑制催化二氢叶酸还原成四氢叶酸的二氢叶酸还原酶,使 N^5, N^{10}-亚甲基四氢叶酸不能回复,从而使 dUMP 甲基化无法进行。

5-FU 及氨甲喋呤等可封闭 dTMP 合成。由于癌细胞 DNA 合成水平增加,对 dTTP 需要量增高,dTMP 合成阻遏可引起四种 dNTP 中 dTTP 缺失,可抑制癌细胞内的 DNA 合成,随之细胞死亡。若 DNA 复制中四种 dNTP 原料只是 dTTP 减少,细胞内 dNTP 失衡会导致密码编码错误,继而产生致命突变体。而在正常细胞内 5-FU 会被降解为 α-氟-β-氨基丙酸,不再有抑制酶活性的作用。

四、辅酶核苷酸的生物合成

烟酰胺核苷酸(NAD$^+$)、黄素腺嘌呤二核苷酸(FAD)和辅酶 A(CoA)等重要辅酶的分子结构中包含有腺苷酸部分,ATP 是 NAD$^+$、FAD 和 CoA 的前体,这几种辅酶的合成亦与核苷酸代谢有关。NAD$^+$ 及 NADP$^+$ 合成途径见图 16-9。

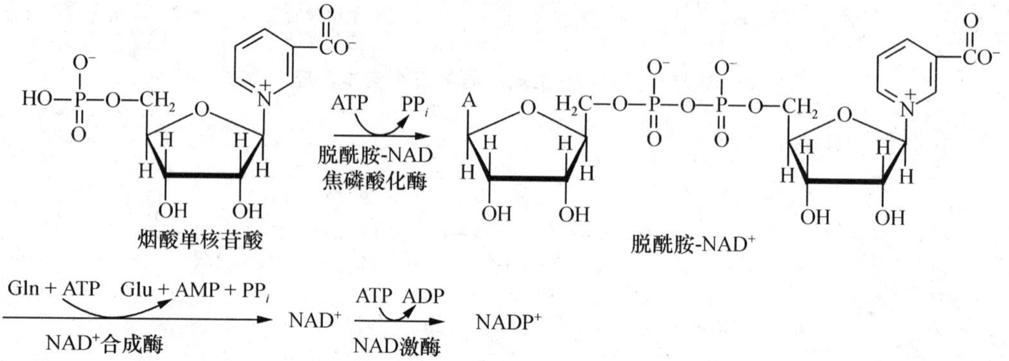

图 16-9　NAD$^+$ 及 NADP$^+$ 的合成

习　题

1. 用化学反应式表示嘌呤碱降解生成尿酸的过程。

2. 简述治疗痛风的药物别嘌呤醇的作用机制。

3. 写出胞嘧啶分解代谢的反应方程式。

4. 写出嘌呤环中各元素的来源。

5. 什么是核苷酸的从头合成途径？什么是补救途径？

6. 嘌呤和嘧啶核苷酸从头合成均需要的原料有哪些？

7. 核苷酸从头合成中,嘌呤环和嘧啶环是如何合成的？有哪些氨基酸直接参与核苷酸的合成？

8. 腺嘌呤核苷酸和鸟嘌呤核苷酸从头合成有哪些调控位点,最重要的调控位点是哪一个？

9. 说明抗代谢物:重氮丝氨酸、6-重氮-5-氧-正亮氨酸和 N-羟基-N-甲酰甘氨酸(羽田杀菌剂)抑制核苷酸生物合成的原理和主要作用点。

10. 嘌呤核苷酸合成的补救途径有哪两条？其中哪一条更重要？催化作用的酶是什么？

11. 生物体内核糖核苷酸是如何变为脱氧核糖核苷酸的？还原的底物是什么？

12. 5-氟尿嘧啶(5-FU)和氨甲喋呤、氨基喋呤作为抗癌药的作用机理是什么？

第十七章

DNA 的复制、修复和研究方法

生物的遗传信息以密码的形式贮存在 DNA 分子中,并通过复制将这些生命信息传递给子代。遗传信息是指决定生物体结构、性状和代谢类型的特殊生物指令,它保证了生物物种、代谢类型及其他各种生物学特征在时代交替中保持相对稳定性。DNA 分子的两条链都含有合成它的互补链的全部信息,能指导 DNA 自身的合成(复制)。生命信息的表达就是将遗传信息由 DNA 转录给 RNA(转录),再翻译成特异的蛋白质(翻译),从而执行各种生命功能。DNA 依靠碱基互补进行合成有两种形式,即 DNA 的复制和 DNA 的修复。在细胞分裂期间,DNA 分子通过产生它自身的精确复制物(拷贝),将遗传信息由亲代传递给子代,称为 DNA 复制;为保护 DNA 不受到损害,细胞必须具有校正或修复所受各种损害的能力,消除局部 DNA 偶然引起的碱基改变,维持 DNA 的正常结构,称为 DNA 修复。

某些情况下,RNA 也可以携带遗传信息,如病毒 RNA 能以自身为模板进行复制,致癌 RNA 病毒还能通过逆转录(reverse transcription)的方式将遗传信息传递给 DNA。无论复制、转录或逆转录,都是建立在碱基配对的基础上。碱基配对是核酸分子间传递信息的结构基础。

§17.1 DNA 的半保留复制

DNA 复制是以 DNA 分子本身为模板进行的 DNA 生物合成的过程。DNA 复制是 DNA 双链在细胞分裂以前进行的复制过程,复制的结果是一条双链变成两条相同的双链,每条双链都是它自身的精确拷贝,保证了遗传信息准确无误地传给后代。DNA 复制时能提供合成一条互补链所需要的精确信息的核酸链称为模板链,DNA 的两条链互为模板链。

原核生物每个细胞只含一个染色体,真核生物每个细胞可含多个染色体,所以真核生物的复制是以染色体组为单位进行的,复制的基因组分配给两个子细胞,一旦复制完成,细胞分裂就启动,当分裂结束,各个细胞又开始新一轮的复制。

一、半保留复制机制的提出和证实

1958年,Meselson和Stahl用^{15}N同位素标记大肠杆菌DNA的实验证明了DNA的复制方式是半保留复制。他们将 *E. coli* 在以^{15}NH$_4$Cl为唯一氮源的培养基中连续培养12代,使所有DNA都被^{15}N标记,再转移至正常的^{14}NH$_4$Cl培养液中,用CsCl密度梯度离心,发现^{15}N-DNA密度比普通^{14}N-DNA大,离心后位于重密度区;^{15}N-DNA经过一代传代后,重密度区的区带消失,所有DNA都介于^{15}N-DNA和^{14}N-DNA之间的中间密度区;传代二代后,中间密度区和轻密度区各给出一条等量带,它意味着^{14}N-DNA和^{14}N-^{15}N杂合分子等量存在,加热杂合分子,则得到等量的^{14}N链和^{15}N链;若继续培养,轻密度区的量增加了,即^{14}N-DNA分子增多了。由此可知,DNA复制时原来的分子被分成两个亚单位,分别构成子代分子的一半,并且经过多代复制后,这些亚单位仍保持完整。经多代复制仍可保持亚单位的完整是DNA代谢稳定性的表现,符合DNA作为遗传物质的要求。由此证明,DNA复制是一个半保留的过程,其中子代分子的双链中一条链来自亲代分子,另一条链是新合成的(图17-1)。

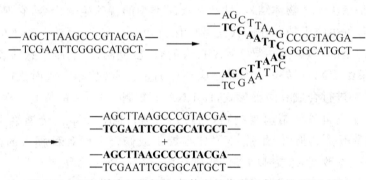

图17-1　DNA的半保留复制(粗体字母代表新合成的DNA链)

实验还发现,对一些在生命周期某部分出现单链DNA的病毒,也要先形成双链DNA再进行复制。

二、DNA复制的起点和方向

1. 复制子和复制叉

基因组能够独立进行复制的单位称复制子(replicon)。原核生物的DNA和真核生物细胞器的DNA是单个复制子,真核生物染色体DNA是多复制子。高等真核生物复制子的长度一般为100～200 kb,每一复制单位在30～60分钟内复制完毕。复制子都含有控制复制起始的起点(origin)和终止复制的终点(terminus)。复制的控制只表现在起始阶段,一旦复制开始,就会继续下去,直至复制子完成复制。DNA复制生长点处形状为叉形,故称为复制叉(replication fork)。新DNA合成与亲代DNA解链在同一部位同时进行。

2. 复制的起点和方式

DNA的复制开始于特殊的起点。原核生物DNA的复制都在固定位置起始,只有一个复制起始点,复制方向大多是双向的,即形成两个复制叉或生长点,分别向两侧复制,也有一些是单向的,只形成一个复制叉或生长点(图17-2)。真核生物的复制也是从特定的位置起始,双向延伸,但真核生物染色体DNA是线性双链分子,含有许多复制起点,因此是多复制子(multireplicon,图 17-3）。DNA 有线性也有环状,复制可以对称,也可以不对称,复制存在着各种不同的方式。相对分子质量较小的环状 DNA 可以按滚动环或 D 环方式复制。

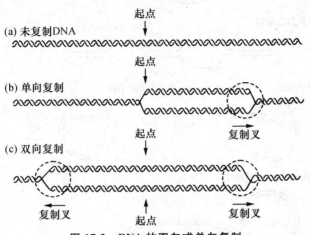

图 17-2　DNA 的双向或单向复制

通过放射自显影实验,可以判断 DNA 的复制方向是单向还是双向。大多数生物的染色体 DNA 的复制是双向对称的,但也有些 DNA 的复制虽为双向,但不对称,两个复制叉移动的距离不同,如质粒 R6K 的一个复制叉只移动 1/5 距离,然后反向形成第二个复制叉,完成其余 4/5 的复制。也有的复制完全是单向的,复制叉只向一个方向移动。下面简述另外几种 DNA 复制方式的模型（图 17-3）。

（1）θ 模型:如大肠杆菌的复制从环状双链 DNA 特定的复制点开始,以正负两链为模板双向进行。正链膨大,负链内陷,形成 θ 形分子。一条新生子链沿母链正链内侧延长,另一条子链沿母链负链外侧延长,到一定长度时,由连接酶连接闭环,形成两个子代 DNA 分子。

（2）滚动环模型:为单向复制的特殊形式。如噬菌体 ΦX174 DNA 是环状单链分子,复制时首先合成一条互补链（负链）,形成闭环双链分子,被称为复制型（RF 型）。RF 分子中正链被内切酶切开,游离出 3′-OH 端和 5′-磷酸基,5′端在酶作用下固着到细胞膜上。然后在 DNA 聚合酶催化下以环状负链为模板,从正链的 3′-OH 端使链延长,滚动合成出新的正链。同时,固定在膜上的亲代正链也作为模板合成新的负链。当到达一定长度时,正负链被切割下来,经 DNA 连接酶作用形成双链环状分子。

（3）D-环（D-loop）模型:是一种单向复制的特殊方式,如真核生物线粒体 DNA 的复制。它的特点是两条链的复制起点间隔一定距离,两条链的合成高度不对称。复制时在固定点解开,一条链先复制,待其复制到某一位置暴露出另一链的复制起点,另一链才开始复制。复制到一定程度时,正负链分开,两条链继续复制并闭环,但正链先于负链完成复制。

原核生物和真核生物的 DNA 的复制速度不同。细菌 DNA 复制叉移动速度大约为 50 000 bp/min,大肠杆菌（E. coli）完成复制需 40 分钟,在丰富的培养基中 20 分钟即可分裂一次。高等生物复制叉移动速度大约为 1000～3000 bp/min,每一复制单位 30～60 分钟复制完毕,整个细胞完成染色体复制要 6～8 小时。

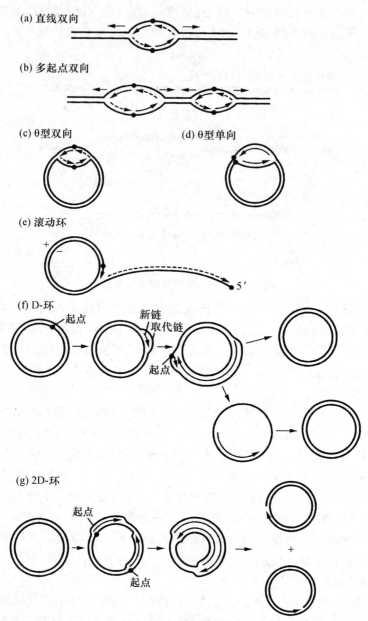

(a) 直线双向

(b) 多起点双向

(c) θ型双向　　　　(d) θ型单向

(e) 滚动环

(f) D-环

起点　　新链　取代链　　起点

(g) 2D-环

起点　　起点

图 17-3　DNA 的不同复制方式

三、DNA 聚合反应和聚合酶

1. DNA 聚合反应

催化 DNA 聚合反应的酶为 DNA 聚合酶。DNA 聚合反应是从引物 RNA 的 3′-OH 末端开始，以四种 dNTP 为底物，按模板 DNA 的指令在 DNA 聚合酶催化下逐个将核苷酸加上去，催化 DNA 链由 5′→3′ 方向延伸 (图 17-4)。DNA 聚合酶只能催化 dNTP 加到已有核酸链的 3′-OH 上，而不能使 dNTP 自身聚合，催化的反应需要有引物存在。核酸链延长过程中，加入哪一种碱基则取决于模板链。酶的专一性主要表现为，新进入的脱氧核苷酸必须与模板 DNA

配对时才有催化作用。产物分子只取决于模板分子,与何种聚合酶及四种底物的比例无关,因此 DNA 聚合酶是一种模板指导的酶。

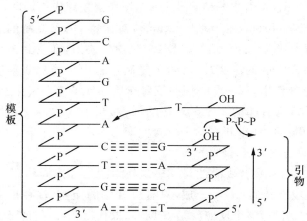

图 17-4　模板指导下的 DNA 聚合酶催化的 DNA 合成反应

DNA 聚合酶催化的反应可以双链 DNA 为模板和引物,也可利用单链 DNA 作模板和引物。在单链 DNA 的复制中,3′-末端可自身回折成为引物链,其余部分为模板链。此外,DNA 聚合酶催化的反应需要金属离子的存在,所以 DNA 聚合反应有五个要素:① 底物:四种脱氧核苷三磷酸(dATP、dGTP、dCTP 和 dTTP,统称为 dNTP),且四种都必须存在。② 模板:指导反应进行。模板可以是单链 DNA,也可以是在一处或几处断开的双链 DNA。进入的 dNTP 的碱基要与模板链的碱基配对。③ 引物链:为具有 3′-OH 的 RNA(体内)或 DNA 短链(体外)。④ DNA 聚合酶:为模板指导的酶,可以根据碱基互补配对原则,按照模板链上的碱基催化底物 dNTP 加到引物链的 3′-OH 端,形成磷酸二酯键。⑤ 金属离子:Mg^{2+}。

聚合反应为:

$$(dNMP)_n + dNTP \xrightleftharpoons[Mg^{2+}]{DNA 聚合酶} (dNMP)_{n+1} + PP_i$$

反应是可逆的,但随后焦磷酸水解,推动反应完成。

2. 大肠杆菌 DNA 聚合酶

大肠杆菌共有五种不同的 DNA 聚合酶,称为 DNA 聚合酶 Ⅰ、Ⅱ、Ⅲ、Ⅳ、Ⅴ。

(1) **DNA 聚合酶 Ⅰ**:DNA 聚合酶 Ⅰ 是 1956 年 Kornberg 等人最先从大肠杆菌中分离出来的,所以也叫 Kornberg 酶。相对分子质量 109 000,单一肽链,含有一个 Zn 原子,形状像球体。在 37℃下,每分子 DNA 聚合酶 Ⅰ 每分钟可以催化约 1000 个核苷酸的聚合。

DNA 聚合酶 Ⅰ 是个多功能酶,可以表现出多种酶活性:① DNA 聚合酶活性:催化 DNA 链沿 5′→3′ 方向延长。② 3′→5′ 核酸外切酶活性:从 3′-末端水解 DNA 链,一旦出现错配碱基对时,聚合反应立即停止,生长链的 3′-末端核苷酸迅速被切除。③ 5′→3′ 核酸外切酶活性:从 5′ 端水解 DNA 链,方向是 5′→3′。这种酶活性在 DNA 损伤的修复中可能起着重要作用。④ 从 3′ 端使 DNA 链发生焦磷酸水解(聚合反应的逆反应)。⑤ 无机焦磷酸盐与脱氧核糖核苷三磷酸之间的焦磷酸基交换(PP_i 交换反应是前两个反应连续重复多次引起的)。

在 DNA 聚合酶 Ⅰ 的众多功能中,以前三个功能最重要。所以,一般我们说 DNA 聚合酶 Ⅰ 兼有聚合酶、3′→5′ 外切酶和 5′→3′ 外切酶活性(后两种均为磷酸二酯键的水解外切酶)。

DNA 聚合酶 I 的 $5' \rightarrow 3'$ 外切酶活性是其他种类 DNA 聚合酶所没有的,它只作用于双链 DNA 的碱基配对部分,所以可能在切除由紫外线照射形成的嘧啶二聚体时起重要作用,对半不连续合成中冈崎片段 $5'$ 端的 RNA 引物的切除及 DNA 损伤修复起作用。DNA 聚合酶 I 的 $3' \rightarrow 5'$ 外切酶活性具有核对功能(proofreading function),对保持 DNA 复制的忠实性具有十分重要的意义。DNA 聚合酶大都具有这一活性。DNA 是遗传物质,在复制传代过程只有极低的碱基错配率才能保证 DNA 复制的忠实性。DNA 复制过程中会受到双重校对。第一次校对是由于 DNA 聚合酶的选择作用,这一专一性的校对作用保证了掺入核苷酸的错误率仅为 10^{-5}。第二次校对是由于 DNA 聚合酶的 $3' \rightarrow 5'$ 外切酶活性,当加入的核苷酸与模板不互补而游离时则被 $3' \rightarrow 5'$ 外切酶切除,以便重新在这个位置上聚合对应的核苷酸。$3' \rightarrow 5'$ 外切酶的核对作用可使错配率再降低两个数量级,降低至 5×10^{-7}。

DNA 聚合酶 I 的 DNA 聚合酶活性与 $5' \rightarrow 3'$ 外切酶活性协同作用,可以使 DNA 链上的切口向前推进,结果是没有新的 DNA 合成,只有核苷酸的交换,这种反应叫缺口平移。如在 DNA 复制后切除 RNA 引物,整个反应就是以 DNA 取代 RNA,一直持续到缺口越过 RNA 部分。另外,当双链 DNA 上某个磷酸二酯键断裂产生切口时,DNA 聚合酶 I 能从切口开始合成新的 DNA 链,同时切除原来的旧链,从切口开始合成一条与被取代的旧链完全相同的新链。如果新掺入的脱氧核苷酸三磷酸为 α-^{32}P-dNTP,则重新合成的新链即为带有同位素标记的 DNA 分子,可以用做探针进行分子杂交实验。

DNA 聚合酶 I 是第一个被鉴定的 DNA 聚合酶,但它不是大肠杆菌中 DNA 复制的主要聚合酶,它的合成速度只有细胞内 DNA 复制速度的 1/100,持续合成能力也较低。有证据表明,只有 1% DNA 聚合酶 I 活性的变异细胞株仍然能以正常速度繁殖,而在缺少 DNA 聚合酶 I 的细胞中 DNA 的复制是正常的。DNA 聚合酶 I 的主要作用是修复 DNA。此酶的模板专一性和底物专一性均较差,可以用人工合成的 RNA 作为模板,用核苷酸为底物,在无模板和引物时还可以从头合成同聚物或异聚物。

DNA 聚合酶 I 被蛋白酶水解酶有限水解可生成两个片段:大片段称为 Klenow 片段,相对分子质量为 76 000,有聚合和 $3' \rightarrow 5'$ 核酸外切酶活性;小片段,相对分子质量为 33 000,只有 $5' \rightarrow 3'$ 核酸外切酶的活性。

(2) **DNA 聚合酶 II 和 III**:DNA 聚合酶 II 的相对分子质量为 88 000,是一条单一肽链。它的作用是以 dNTP 为底物,以小缺口的双链 DNA 为引物,从 $5' \rightarrow 3'$ 合成 DNA,每分子酶每分钟可催化约 2400 个核苷酸聚合。它也具有 $3' \rightarrow 5'$ 外切酶活性,但不具备 $5' \rightarrow 3'$ 外切酶活力。它也不是复制酶,而是修复酶。

DNA 聚合酶 III 由多个亚基组成,是大肠杆菌(*E. coli*)内真正起复制作用的 DNA 复制酶。它由 10 条多肽链组成,相对分子质量 830 000,为全酶;只含其中三条多肽链(α、ε 和 θ)并展现聚合酶活性的为核心酶。该酶在细胞内存在的数量较少,由它催化的 DNA 合成速度达到了体内 DNA 的合成速度,催化速率是 DNA 聚合酶 II 的 15~30 倍,最适模板与 DNA 聚合酶 II 相同。DNA 聚合酶 III 也有 $3' \rightarrow 5'$ 和 $5' \rightarrow 3'$ 外切酶活性,但是 $3' \rightarrow 5'$ 外切酶活性的最适底物是单链 DNA,每次只能从 $3'$ 端开始切除一个核苷酸。$5' \rightarrow 3'$ 外切酶活性也要求有单链 DNA 为起始作用底物,但一旦开始,便可作用于双链区。细胞内缺乏 DNA 聚合酶 III 的温度突变株在限制温度内是不能生长的,但加入 DNA 聚合酶 III 则可以恢复其合成 DNA 的能力,而诱变消除 DNA 聚合酶 I 和 II 的聚合反应活力后,大肠杆菌仍能进行 DNA 的复制和正常生长。

DNA 片段合成后,RNA 引物必须除去并以 DNA 代替,该过程是由 DNA 聚合酶Ⅰ完成的。引物切除时 DNA 聚合酶Ⅰ还要在切口处完成复制,以 DNA 取代 RNA 引物。一旦 DNA 合成越过切口,切口就可以进行连接。$E.coli$ 中 DNA 聚合酶Ⅰ、Ⅱ、Ⅲ的性质比较见表 17-1。

表 17-1 *E. coli* 中三种 DNA 聚合酶的性质比较

	DNA 聚合酶Ⅰ	DNA 聚合酶Ⅱ	DNA 聚合酶Ⅲ(全酶)
相对分子质量	109 000	88 000	830 000
$5'→3'$聚合作用	+	+	+
$3'→5'$核酸外切酶	+	+	+
$5'→3'$核酸外切酶	+	−	+
功能	切除引物,修复	修复	复制

(3) DNA 聚合酶Ⅳ和Ⅴ:这两种酶在 1999 年被发现,主要功能是参与 DNA 易错修复。当 DNA 严重受损时,其他 DNA 聚合酶会停止复制,而 DNA 聚合酶Ⅳ和Ⅴ可以通过高突变率跳过障碍,继续复制。但由于它们使修复准确性降低,可导致高突变率。

3. Taq DNA 聚合酶

是实验室常用的耐热 DNA 聚合酶,是由一种水生栖热菌分离提取出来的,是发现的耐热 DNA 聚合酶中活性最高的一种。具有 $5'→3'$外切酶活性,但不具有 $3'→5'$外切酶活性,因而在合成中对某些单核苷酸错配没有校正功能。Taq DNA 聚合酶还具有非模板依赖性活性,可将聚合酶链反应(PCR)所得双链产物的每一条链 $3'$-末端加入单核苷酸尾,使 PCR 产物具有 $3'$突出的单 A 核苷酸尾。

四、DNA 连接酶

DNA 聚合酶只能催化链的延长,不能进行链末端的连接。然而环状 DNA 复制完毕后,必须要有一种酶将两个末端连接起来才能形成完整的子代分子。DNA 连接酶的作用就是封闭 DNA 链上缺口。DNA 连接酶只能连接已形成双螺旋结构的断开链,这两条 DNA 链必须紧邻在一起,且与同一条互补链配对结合。DNA 连接酶不能将两条独立的 DNA 链连接起来。DNA 连接酶有缺陷的突变株不能进行 DNA 复制、修复和重组。DNA 连接酶催化双链 DNA 切口处的 $5'$-磷酸基团和 $3'$-OH 共价连接生成磷酸二酯键。连接反应需要能量:细菌以 NAD^+ 为能源,反应中 NAD^+ 与酶形成共价中间体,缺口的 $5'$-磷酸末端通过 NAD^+ 的腺嘌呤转移形成一个 DNA-腺苷酸而活化,通过 $3'$-羟基进攻活化的 $5'$-磷酸而形成磷酸二酯键(图 17-5);真核生物细胞则以 ATP 作能源。大肠杆菌 DNA 连接酶的主要功能就是封闭 DNA 双链上的缺口。T_4DNA 连接酶不仅可以连接双螺旋缺口,还可连接 DNA-DNA、DNA-RNA、RNA-RNA 和双链 DNA 黏性末端或平头末端。

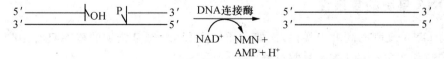

图 17-5 大肠杆菌 DNA 连接酶催化的反应

§17.2 DNA 的半不连续复制

一、冈崎片段

DNA 双螺旋结构中的两条链是反向平行的，一条是 $3'{\rightarrow}5'$ 走向的模板链，复制时 DNA 聚合酶催化合成的方向是 $5'{\rightarrow}3'$。那么，另一条 $5'{\rightarrow}3'$ 走向的 DNA 链作为模板时，DNA 又是如何进行复制的呢？

1968 年，日本学者冈崎（Okazaki）等人提出了 DNA 的半不连续复制（semidiscontinuous replication）模型（图 17-6）。他们认为，DNA 复制时一条链的合成是连续的，另一条链是不连续的，新合成的 $3'{\rightarrow}5'$ 走向的 DNA 链实际是由许多小的 $5'{\rightarrow}3'$ 方向的片段经 DNA 连接酶连接起来的。冈崎等人用 [3]H-脱氧胸苷标记噬菌体 T[4] 感染的 *E. coli*，离心分离标记的 DNA 产物后，发现短时间内首先合成的是长度约为 $1000{\sim}2000$ 个核苷酸的较短的 DNA 片段，他们将这些片段称为冈崎片段（Okazaki fragment）。随着时间延长，冈崎片段可被连接酶转变为成熟的 DNA 链，如果抑制连接酶，会积累冈崎片段。此时，新合成的 DNA 约有一半标记出现在冈崎片段中，另一半进入大的片段，证明不连续合成只发生在一条链上。

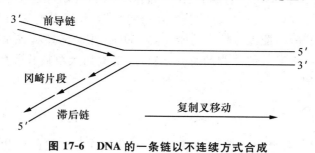

图 17-6 DNA 的一条链以不连续方式合成

二、滞后链的半不连续复制

DNA 复制时，沿复制叉移动方向，一条模板链是 $3'{\rightarrow}5'$ 方向，与复制叉方向一致，称前导链（leading strand），DNA 在前导链上能以 $5'{\rightarrow}3'$ 方向连续合成；另一条模板链是 $5'{\rightarrow}3'$ 走向，与复制叉方向相反，称滞后链（lagging strand），滞后链上 DNA 的合成不连续。滞后链上首先形成许多不连续的小片段（冈崎片段），最后由 DNA 连接酶连接成一条完整的 DNA 链。前导链的连续复制和滞后链的不连续复制在生物界具有普遍性。真核生物染色体 DNA 的复制也采用了不连续合成机制，真核生物的冈崎片段大小约为 $100{\sim}200$ 个核苷酸，相当于一个核小体 DNA。

三、DNA 复制的复杂性

为维持 DNA 复制的高度忠实性，比如大肠杆菌 DNA 碱基错配的概率只有 $10^{-9}{\sim}10^{-10}$，生物体必定有相当复杂的 DNA 复制机制。

(1) DNA 合成由 RNA 引物引发：DNA 片段合成初期，首先引入了一段引物。用 RNA 引物来引发 DNA 复制，可尽量减少 DNA 复制起始处的突变。冈崎片段的合成是以 RNA 为引物的,引物的合成方向也是 $5'\rightarrow3'$,互补于 DNA 链。催化 RNA 引物合成的酶称引物酶(primase),是一种特殊类型的 RNA 聚合酶。它以 $5'\rightarrow3'$ 方向的 DNA 为模板进行合成,模板在 DNA 双螺旋的解旋过程中不断地显露。每一个引物复制完成后引物酶就释放。随后 DNA 链复制延伸,直到新合成的 DNA 片段与相邻片段的 RNA 引物的 $5'$-末端相遇。以 DNA 为模板形成 RNA 是从 DNA 的启动子位点开始的,这个启动子是一个可沿模板移动的启动子。为在移动的复制叉上形成引物,该启动子每隔一定的间距能够促进引物酶催化 RNA 引物合成的起始。RNA 聚合酶没有校对功能,所以引物合成时错配的可能性较大,为保证复制的忠实性,复制完此段 DNA 后必须删除 RNA 引物并代之以高保真的 DNA。RNA 引物的消除和缺口的填补是由 DNA 聚合酶 I 完成的。最后,由连接酶将各冈崎片段连接起来,完成滞后链的合成。

(2) **DNA 聚合酶的独立核对功能**:DNA 聚合酶不但有选择正确碱基的能力,根据模板碱基顺序选择相应的碱基配对,同时还有独立的核对功能。DNA 聚合酶在延长一个核苷酸之前首先必须识别末端是否正确配对,如果发现错配末端,聚合酶会运用它的 $3'\rightarrow5'$ 外切酶活力切去错配的碱基,直至出现正确配对的末端才开始下一次合成,使错配率减低至 10^{-6}。

(3) **蛋白因子及调控**:DNA 两条链解开为单链后即被单链结合蛋白(single-strand binding protein,SSB)所覆盖,用以稳定 DNA 解开的单链,阻止 DNA 复性和保护单链部分不被核酸酶降解。DNA 的生长点即复制叉的复杂结构也进一步提高 DNA 复制的准确性。复制叉上有许多酶和辅助蛋白参与,使 DNA 复制的变异率进一步下降。DNA 复制还存在正调控和负调控,调控分子可为蛋白质或 RNA。

(4) **DNA 损伤修复系统**:DNA 即使出现错误也能及时修复,以保证 DNA 分子遗传信息的稳定性和忠实性,使错配进一步减少至 10^{-9} 以下。

四、DNA 复制的拓扑性质

DNA 复制时首先要将超螺旋解开。生物体内的 DNA 分子通常处于负超螺旋状态,负超螺旋状态有利于 DNA 两条链的解链。原核生物拓扑异构酶 I 可以消除负超螺旋状态,过程热力学有利,不需 ATP 供能,每次反应改变连环数 $\Delta L=+1$。拓扑异构酶 III 也有类似功能。DNA 复制后,拓扑异构酶 II(旋转酶)使 DNA 连续引入负超螺旋,需 ATP 供能,每次反应改变 DNA 的连环数 $\Delta L=-2$。拓扑异构酶 I 和 II 共同控制着 DNA 的超螺旋水平,从而影响 DNA 的功能。拓扑异构酶 IV 主要作用为分离 DNA 复制后形成的连锁体。真核生物的拓扑异构酶与原核生物有些不同。真核生物的拓扑异构酶 I 既能消除负超螺旋,也能消除正超螺旋。真核生物的拓扑异构酶 II 有 IIα 和 IIβ 两种,它们分别能够消除正或负超螺旋,但不能导入负超螺旋。真核生物染色体 DNA 的负超螺旋可能是在 DNA 盘绕组蛋白核心时产生的。

§17.3   DNA 的复制过程

DNA 的复制过程分为三个阶段:起始、延伸和终止。DNA 复制过程十分复杂,涉及几十种酶和蛋白质的协同作用,蛋白质至少有 50 种以上,它们分布在 DNA 合成的生长点(growth point),即复制叉上,构成的复合物称复制体(replisome)。大量特殊蛋白质参与复制的起始,但并不参与 DNA 链的生长。复制体的基本活动为:解开 DNA 双链,合成 RNA 引物,DNA 链的延长,切除 RNA 引物、填补缺口、连接 DNA 片段,切除和修复错配碱基。

一、复制的起始

复制的起始是指复制叉的产生,是从 DNA 复制起点处的双链解开开始,包括 RNA 引物合成。

原核生物复制开始的复制原点常用 *ori* C。原核生物只有一个起始点,富含 A-T 序列;真核生物有多个起始点。大肠杆菌的复制起点由 245 个碱基对组成,其中三个 13 bp 的重复序列和四个 9 bp 的重复序列非常重要。在前导链的复制引发过程中还需要其他一些蛋白质,如大肠杆菌的 Dna A 蛋白在类组蛋白 HU 和 RNA 聚合酶帮助下识别并结合到起点的四个 9 bp 的重复序列上,解开富含 A-T 区。一些蛋白质与 DNA 复制起点结合后能促进 DNA 聚合酶 Ⅲ 复合体的七种蛋白质在复制起点处装配成有功能的全酶。DNA 复制开始时,由 Dna B、Dna C、DNA 旋转酶(也是拓扑异构酶 Ⅱ)等六种蛋白质组成的引发前体,在单链结合蛋白(SSB)保护和配合下在复制起点处将双链 DNA 解开,形成开链复合物,并进一步与引物合成酶组装成引发体(primosome)。由 ATP 供能,引发体可以在单链 DNA 上沿 $5' \rightarrow 3'$ 方向移动。

通过转录激活(transcriptional activation),在前导链上以 DNA 为模板由引物合成酶催化合成一段 RNA 引物,引物长度为几个至 10 个碱基,引物的 $5'$ 端含有三个磷酸残基,$3'$ 端为游离的羟基。前导链上只需一个引物,滞后链上需多次引发,合成多个引物。由于引发体在滞后链模板上的移动方向与其合成引物的方向相反,所以在滞后链上所合成的 RNA 引物非常短,一般只有 3~5 个核苷酸长。在同一种生物体细胞中这些引物都具有相似的序列,表明引物合成酶要在 DNA 滞后链模板上比较特定的位置(序列)上才能合成 RNA 引物。RNA 引物合成后,DNA 聚合酶将第一个脱氧核苷酸加到引物 RNA 的 $3'$-OH 末端,DNA 复制开始。DNA 复制一旦发动,通常会进行到底,不会在中间终止。

二、复制的延伸

DNA 链的延伸是复制叉围绕染色体前进,包括前导链及滞后链上 DNA 新生链的生长、切除 RNA 引物后填补空缺及连接冈崎片段。复制开始后同时进行前导链的连续合成和滞后链的分段合成。由旋转酶在复制叉处边移动边解开双链,DNA 前导链在 DNA 聚合酶 Ⅲ 的催化下,按碱基互补配对原则,以四种 dNTP 为底物,在引物 $3'$ 端逐个合成 DNA 核苷酸序列,延伸方向为 $5' \rightarrow 3'$,持续合成直至完成。前导链合成是连续的,滞后链合成是不连续的,由许多冈崎片段组成。

三、复制的终止

复制的终止为接近的两个复制叉的融合,产生两条完整且彼此分离的染色体。细菌染色体 DNA 为环状,单方向复制终点就是复制原点,双向复制有的有固定终点,有的没有,则终止在两个复制叉相遇点。在两个复制叉相汇的终止区,形成的连锁体由拓扑异构酶 Ⅳ 分开。正常情况下,两个复制叉的移动速度相同,到达终止区会同时停止复制。若其中一个复制叉移动受阻或速度降低,终止蛋白会阻碍另一个复制叉前行,直到两个复制叉移动距离相等时,才会再次同时移动。

DNA 链延长结束后,在 DNA 聚合酶 Ⅰ 的作用下,切除引物 RNA,并以碱基互补配对原则合成一段 DNA 填补空缺,再由连接酶连接相邻的两个 DNA,形成新的子链 DNA。

四、真核生物 DNA 的复制

(1) **真核生物 DNA 复制的特点**:真核生物 DNA 一般与组蛋白结合构成核小体,以染色质形式存在于细胞核中。复制过程需疏松染色质和解开核小体,再分配到两个子细胞中去。核小体解开时,组蛋白八聚体并不散开,它们能以完整的八聚体形式与子代 DNA 链结合。真核生物基因组比原核生物大,复制过程更为复杂。

真核生物 DNA 的复制有一些原核生物没有的特点:① 复制速度比原核生物慢。细菌 DNA 复制叉的移动速度为 50 000 bp/min,哺乳类动物只有 1000～3000 bp/min。② 有多个复制起点,可以分段复制。真核生物的 DNA 比原核生物大得多,但它的复制子较小,只有细菌的几十分之一,因此就复制单位而言,复制时间基本相同。为满足快速生长的需要,真核生物采用更多的复制起点加速复制,而原核生物采用起点连续发动复制的方式。③ 复制完成前,起点不再开始新的复制。原核生物则可连续发动复制。

(2) **真核生物的 DNA 聚合酶**:真核生物的 DNA 聚合酶共有五种,α、β、γ、δ 和 ε。与原核生物 DNA 聚合酶相比,它们也需要模板和引物,以 dNTP 为底物,依靠 Mg^{2+} 激活,链的延伸方向为 $5'\rightarrow3'$;真核生物的 DNA 聚合酶与原核生物的主要区别是,一般不具有外切酶活力。DNA 聚合酶 α 具有引物合成酶的活性,主要功能是合成引物,也与 DNA 聚合酶 δ 一起完成合成细胞核染色体。DNA 聚合酶 β 是修复酶。DNA 聚合酶 γ 是线粒体 DNA 的合成酶。DNA 聚合酶 δ 是复制酶,有 $3'\rightarrow5'$ 外切酶活力,该酶既有持续合成能力,又有校对功能,是真核生物 DNA 复制的主要聚合酶,相当于原核生物的 DNA 聚合酶 III。真核生物 DNA 复制中前导链和滞后链的合成分别由两个 DNA 聚合酶 δ 完成。DNA 聚合酶 ε 是一种具有校对功能的修复酶,负责修复合成和填补缺口,相当于细菌的 DNA 聚合酶 I。

(3) **真核生物 DNA 的端粒结构**:真核生物染色体 DNA 的两个末端都有一个特殊结构,叫做端粒(telomere)。DNA 复制时,滞后链的不连续复制涉及 RNA 引物的形成和去除,对于线性结构的双链 DNA 复制叉无法正确复制 DNA 的末端。但若末端有许多成串重复的(上百个)富含 G-C 的六聚体序列以及末端复制的专有机制,即可解决此问题。端粒的功能是稳定染色体末端结构,防止末端连接,并且对线性分子可以补偿滞后链 $5'$-末端 RNA 引物消除后的空隙。形成端粒结构后,端粒酶可外加重复单位以保持端粒的长度。组织培养的细胞证明,端粒在决定动植物细胞的寿命中起着重要作用,经过多代培养的老化细胞端粒变短,染色体也变得不稳定。细胞分裂次数越多,其端粒磨损越多,寿命越短。在大多数真核生物中,端粒的延长是由端粒酶催化的,重组机制也介导端粒的延长。端粒酶可外加重复单位到 $5'$-末端上,维持端粒一定长度。端粒酶是一种逆转录酶,分子内含一条约有 150 个碱基的 RNA 链,能为富含 G 的 $5'\rightarrow3'$ 链的延伸提供模板。合成端粒结构时,端粒酶可结合到端粒的 $3'$-末端上,以自身携带的 RNA 的 $5'$ 端识别 DNA $3'$-末端,并与之互补结合,然后以 RNA 链为模板延伸 DNA 链的端粒结构。端粒的 $3'$-末端又可回折作为引物合成互补链。

细胞内的端粒酶可以维持 DNA 端粒结构的长度,若端粒酶活性降低,细胞在连续分裂时,其端粒结构越来越短,最终将导致细胞的凋亡。有实验证明,细胞老化时,端粒都会变短,所以端粒对细胞寿命有重要影响。由于发现肿瘤细胞中存在有活性的端粒酶,端粒酶已成为靶点来开发抗癌药物。

(4) 细胞周期(cell cycle):指细胞从第一次分裂产生新细胞并开始生长,到第二次分裂开始形成子细胞结束所经历的全过程。细胞的生命开始于它的母细胞分裂,结束于它的子细胞形成,或是细胞的自身死亡。在一个细胞周期中染色体的复制只发生一次,所有基因既无丢失,也不过剩。真核生物的细胞周期分为四个时期:DNA 合成前期(G_1 期,合成准备期;G 表示"代")、DNA 合成期(S 期)、DNA 合成后期(G_2 期,细胞分裂准备期)和细胞分裂期(M 期,有丝分裂期)。

G_1 期通常是时间持续的主要时期,在这一时期,细胞合成 DNA 复制时所要求的蛋白质和RNA,包括底物、DNA 复制酶系、辅助因子和起始因子等。DNA 的复制从 S 期开始,到进入G_2 期之前结束。G_2 期为 DNA 合成后期,也叫细胞分裂准备期,是有丝分裂前的准备期。M期为有丝分裂期,细胞进行实质性的细胞分裂,包括染色体分离和分配到两个子细胞中的过程。细胞的有丝分裂需经前、中、后、末期,是一个连续变化的过程,由一个母细胞分裂成为两个子细胞,一般需 1~2 小时。S、G_2 和 M 期长短相对比较恒定,只有 G_1 期变动较大,一般 12小时以上。细胞分裂后,一部分细胞重新进入 G_1 期,开始第二个增殖周期;一部分细胞失去分裂能力;一部分细胞或是进行分化,或是进入静止状态 G_0 期(G_1 期的早期阶段特称 G_0 期,指暂时离开细胞周期,停止细胞分裂,去执行一定生物学功能的细胞所处的时期)。成年动物组织的大部分细胞处于 G_0 期,G_0 期解除抑制后,即可进入 G_1 期。

§17.4　DNA 的损伤及修复

一、DNA 损伤的原因

造成 DNA 损伤的原因很多,如紫外线、电离辐射和化学诱变剂等均会造成碱基丢失或改变、磷酸二酯键断裂、碱基或链的交联等损伤,还有病毒基因整合等生物因素也会造成 DNA的损伤。DNA 损伤会对机体造成伤害甚至致死,也可能导致生物突变。为了抵制各种外来因素引起的 DNA 的破坏,生物机体逐渐建立了一种修复机制,使受到损伤的 DNA 在一定条件下可以修复。未被修复的 DNA 损伤,便是突变的根源。DNA 修复的意义在于保证 DNA 分子遗传信息的稳定性。

二、损伤 DNA 的修复方式

目前已经了解的 DNA 修复系统有五种,它们是:错配修复(mismatch repair)、直接修复(direct repair)、切除修复(excision repair)、重组修复(recombination repair)和易错修复(error prone repair)。

(1) 错配修复:错配修复系统只校正新合成的 DNA,因为新合成 DNA 链,如 GATC 序列中的 A(腺苷酸残基)开始未被甲基化,亲代 DNA 会利用甲基化酶将自身 GATC 序列中 A 的N^6 甲基化生成 Gm^6ATC 而实现对自己的标记。因此修复系统的识别蛋白(如 *E. coli* 中的三个蛋白 Mut S,Mut H 和 Mut L)识别错配碱基,只需检验哪条链没有被甲基化,断开未甲基化的 GATC 的 5′端,将错配碱基切除,再由 DNA 聚合酶Ⅲ沿模板链复制,由 DNA 连接酶将其连接起来形成完整的分子。新复制的子代分子在几分钟内尚不会被标记,此时双链 DNA 处于半甲基化状态,识别蛋白可以方便地识别带有标记的 DNA 链为模板链。总之,修复系统对模板链的识别来自于 DNA 的自我标记。

真核生物的错配修复机制与原核生物类似。人类由 h*MSH*2 和 h*MSH*1 基因编码的蛋白质能够识别错配碱基和 GATC 序列,这两个基因若发生突变,意味着错配修复系统缺陷,修复能力降低,机体发生癌症的概率会远远高于正常人。

(2) 直接修复:紫外线照射可以使同一条 DNA 链相邻的两个嘧啶碱基(主要是 TT,也有少数 CT、CC)发生类似于[2+2]的反应形成环丁烷结构,从而影响 DNA 复制和转录。对于这种损伤,修复是由细菌中的 DNA 光解酶(photolyase)完成的。此酶能特异性识别紫外线造成的核酸链上相邻嘧啶共价结合的二聚体,并与其结合。结合后如受 300~600 nm 波长的光照射,酶被激活,可高度专一地分解紫外线照射形成的嘧啶二聚体(图 17-7)。然后酶从 DNA 链上释放,DNA 恢复正常结构。类似的修复酶广泛存在于动植物体中,人体细胞中也有发现。光复活是直接修复的一种方式,但是在生物进化过程中,光修复逐渐被暗修复替代。暗修复采用直接切除的方法切除含嘧啶二聚体的一段序列,然后修复合成。

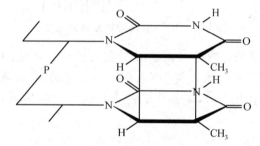

图 17-7　胸腺嘧啶二聚体结构

(3) 切除修复:切除修复是指在一系列酶(核酸内切酶、外切酶、聚合酶和连接酶)的作用下,DNA 分子的损伤部位被识别和切除,以露出的单链为模板合成新的互补链,最后用连接酶将缺口连接起来。切除修复是所有修复机制中最普遍的一种,它是非专一性的,可以修复多种损伤。若切除修复系统有缺陷,DNA 损伤不能及时修复,会使突变率提高而导致癌症等疾病。此种功能对保护遗传物质 DNA 具有重大意义。

切除修复有主要针对单个碱基缺陷的碱基切除修复(base-excision repair)和针对 DNA 双螺旋结构变形较大时的核苷酸切除修复(nucleotide-excision repair)。碱基切除修复,比如胞嘧啶脱氨会转变成尿嘧啶,腺嘌呤脱氨转变成次黄嘌呤,烷基化试剂会使碱基的 N 原子被烷基化,酸性条件下会脱嘌呤形成无嘌呤(apurinic)或脱嘧啶成无嘧啶(apyrimidinic)位点,也叫 AP 位点。这些碱基缺陷可被相应的糖苷酶识别和切除,形成的 AP 位点可由核酸内切酶在其附近切开,再由外切酶切去包含 AP 位点的一段 DNA,然后由聚合酶催化合成,连接酶连接完成修复。生物体采用的核苷酸切除修复方式是由核酸内切酶在损伤部位两侧同时切开,依靠解旋酶解链脱去切除部分,再由聚合酶和连接酶修复。DNA 损伤的切除修复过程如图 17-8 所示。

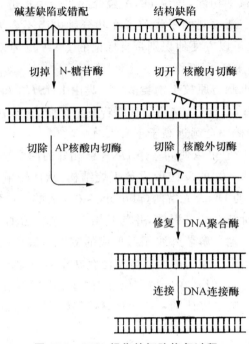

图 17-8　DNA 损伤的切除修复过程

如大肠杆菌中有一种糖基化酶可以识别受损伤或错配的碱基,水解除去该碱基成为 AP 位点,特异的 AP 内切酶识别并切断其与 DNA 骨架链的连接,而后再由外切酶切除损伤的部位,再在 DNA 聚合酶Ⅰ的作用下,以未损伤的链为模板合成新的碱基,最后在连接酶作用下形成一条完好的 DNA 链。

(4) **重组修复**:切除修复是复制前修复,修复发生在 DNA 复制之前,但在有些情况下,复制开始后,DNA 受损部位尚未被修复,此时细胞内的重组修复系统开始工作,它可以使未修复的损伤部位先复制再修复。重组修复也是比较普遍的修复机制。

重组修复过程(图 17-9)如下:① 复制:受损伤的 DNA 链复制时,跳过损伤部位合成下一个冈崎片段,产生的子代 DNA 在损伤的对应部位出现缺口;② 重组:完整的另一条母链 DNA 与有缺口的子链 DNA 进行重组交换,将母链 DNA 上相应片段填补到子链缺口处,而母链 DNA 出现缺口;③ 再合成:以另一条子链 DNA 为模板,经 DNA 聚合酶催化合成一新 DNA 片段以填补母链 DNA 的缺口,最后由 DNA 连接酶连接,完成修补。

重组修复不能完全去除损伤,虽然损伤的 DNA 片段仍然保留在亲代 DNA 链上,但重组修复后合成的 DNA 分子不带有损伤。经过多次复制后,损伤已被逐渐稀释,在几代众多子代细胞中只有一个细胞 DNA 是带有损伤的,实际上已经消除了损伤的影响。参与重组修复的酶系统包括与重组有关的酶和修复合成的酶,其中 Rec A 蛋白具有交换 DNA 链的能力,在重组修复中起关键作用。

(5) **应急(SOS)反应和易错修复**:前面介绍的错配修复、直接修复、切除修复和重组修复等修复过程并不引入错配的碱基,都是避免差错的修复(error free repair)。而 SOS 反应是易产生差错的修复(error prone repair)。细胞 DNA 高水平损伤或抑制复制的处理时会引起一系列复杂的诱导效应,引起的多种基因的协同诱导作用称为应急反应(SOS response)。SOS

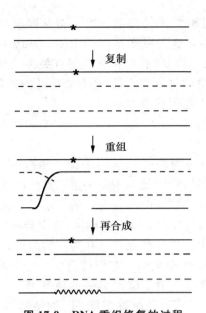

图 17-9　DNA 重组修复的过程
＊表示受损伤的部位，虚线表示通过复制新合成的 DNA 链，
锯齿线表示重组后缺口处再合成的 DNA 链

反应包括诱导修复、诱变效应、抑制细胞分裂以及溶原性细菌释放噬菌体等。如诱导产生没有校对功能的 DNA 聚合酶 Ⅳ 和 Ⅴ，它们允许损伤部位的碱基错配并继续复制，如此虽可以大大提高细胞的存活能力，但也带来了高的突变率，并且突变常常是不利的，比如癌变也许就是由 SOS 反应诱导而来。但在某些特殊条件下会有利于生物体的生存，因此它在生物进化过程中可能起了重要的作用。SOS 反应广泛存在于原核生物和真核生物中，它是生物在不利环境中求得生存的一种基本功能。引起 SOS 反应的作用剂常有致癌作用，目前有关致癌的一些简便检测方法即是根据细菌的 SOS 反应设计的。

§17.5　DNA 的突变

　　DNA 作为遗传物质有三个功能：① 通过复制将遗传信息由亲代传给子代；② 在后代的生长发育过程中遗传信息通过转录传递给 RNA；③ 通过变异获得新的遗传信息。变异包括 DNA 突变和不同 DNA 分子之间交换而引起的遗传重组。DNA 突变是由于 DNA 损伤和错配得不到修复而引起结构或功能的异常变化（注意：不是 DNA 变性），大量突变属于自发性突变。引发 DNA 突变的因素有：紫外线和各种辐射等物理因素、化学诱变剂等化学因素和病毒等生物因素。

一、突变类型和意义

　　按照基因结构改变的类型，DNA 突变可分为碱基对置换、移码、缺失和插入四种。碱基对置换指原来一个碱基被另一碱基所取代，狭义的专指点突变，广义的包括染色体畸变；移码突变是由于一个或多个非三整倍数的核苷酸对的插入或缺失，使该位点后的三联体密码改变，导致后面翻译的氨基酸都发生错误。按照遗传信息的改变方式，突变又可分为错义、无义两类。三联体密码子发生突变导致蛋白质中原来的氨基酸被另一种氨基酸取代称为错义突变，当氨基酸密码子变为终止密码子时称为无义突变。野生型基因通过突变成为突变型基因,"突变型"一词既指突变基因,也指具有这一突变基因的个体。基因突变(gene mutation)的发生与脱氧核糖核酸的复制、DNA损伤修复、癌变和衰老都有关系。基因突变也是生物进化的重要因素之一,研究基因突变除本身的理论意义外,还有着广泛的生物学意义。基因突变为遗传学研究提供突变型基因,为育种工作提供素材。

二、诱变剂的作用

导致或提高DNA突变率的物理或化学因子称为诱变剂。化学诱变剂都具毒性,其中90%以上是致癌物质或极毒药品,影响效果主要决定于其浓度和处理时间。DNA复制的诱变剂往往是致癌剂,但在杀菌和治疗癌症时却很有价值。常见的诱变剂有:

(1)**碱基类似物**:正常的碱基存在着同分异构体,互变异构现象在嘧啶分子中以酮式和烯醇式的形式出现,而嘌呤分子中以氨基和亚氨基互为变构的形式出现,一般互变异构现象在碱基类似物中比正常DNA碱基中频率更高。它们的诱变作用是取代核酸分子中原有碱基的位置,再通过DNA的复制引起突变。用于诱发突变的碱基类似物有:5-溴尿嘧啶(5-BU)、5-氟尿嘧啶(5-FU)、5-碘尿嘧啶(5-IU)等,是胸腺嘧啶(T)的结构类似物;2-氨基嘌呤(AP)、6-巯基嘌呤(6-MP),是腺嘌呤(A)的结构类似物(图17-10和图17-11)。最常用的是5-BU和AP。5-BU导致A-T碱基对转换为G-C碱基对,AP可以诱发DNA分子中A-T对转换为G-C对或G-C对转换为A-T对。

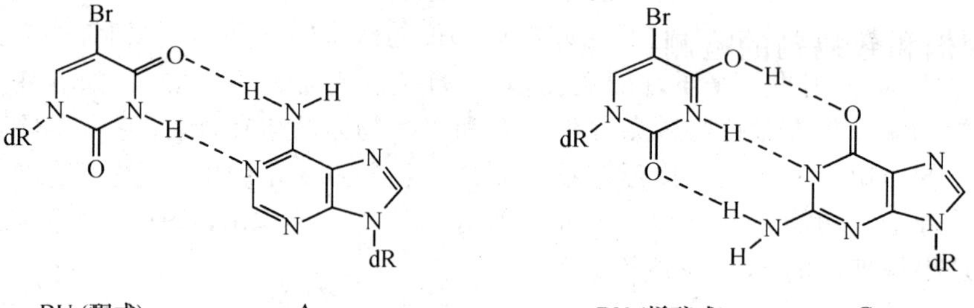

BU (酮式)　　　　　A　　　　　BU (烯醇式)　　　　　G

图 17-10　5-溴尿嘧啶(酮式)与腺嘌呤配对,5-溴尿嘧啶(烯醇式)与鸟嘌呤配对

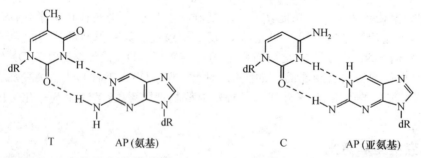

T　　　　　AP(氨基)　　　　　C　　　　　AP(亚氨基)

图 17-11　2-氨基嘌呤(氨基)与胸腺嘧啶配对,2-氨基嘌呤(亚氨基)与胞嘧啶配对

(2)**碱基修饰剂**:通过对DNA碱基的修饰改变其配对性质。如HNO_2可脱去碱基上氨基,使腺嘌呤(A)变成次黄嘌呤(I),胞嘧啶(C)变成尿嘧啶(U)。烷化剂则使碱基N-烷基化后而使糖苷键断开并水解脱落,形成碱基空缺;又可使同一条链或两条不同链上的鸟嘌呤连成二聚体,两条DNA链交联而致癌。双功能烷化剂有硫芥、氮芥,可同时与DNA两条链作用,使双链交联,失去模板功能。

$$R$$
$$ClCH_2CH_2SCH_2CH_2Cl \qquad\qquad ClCH_2CH_2NCH_2CH_2Cl$$
硫芥(芥子气) 　　　　　　　　　　　　氮芥

烷化剂主要是通过烷化基团使 DNA 分子上的碱基及磷酸部分烷化,干扰 DNA 复制或引起碱基配对错误而引起突变。碱基中容易发生烷化作用的是嘌呤类。其中鸟嘌呤 N_7 是最易起反应的位点,几乎可以和所有烷化剂起烷化作用,腺嘌呤的 N_1、N_3 和 N_7 以及胞嘧啶的 N_1 也可被烷基化。此外,DNA 分子中烷化位点还有鸟嘌呤 O_6 和胸腺嘧啶 O_4。这些可能都是引起突变的主要位点。烷化剂也能与磷酸基作用形成磷酸三酯,磷酸三酯很不稳定,导致 DNA 共价键断裂,使复制和转录都不能进行。

(3) **嵌入染料**:一些扁平的稠环分子如吖啶橙等,可插入到 DNA 的碱基对之间,使碱基对之间的距离撑大近一倍,造成两条链错位,相当于核苷酸的插入或核苷酸的缺失,导致移码突变。

$$H_3C-N \overset{CH_3}{\underset{}{}} \qquad HCl \qquad N-CH_3 \overset{}{\underset{CH_3}{}}$$
吖啶橙

三、诱变剂和致癌剂的检测

(1) **检测诱变剂和致癌剂的 Ames 试验**:B. N. Ames 等人经十余年努力,于 1975 年建立并不断发展完善的沙门氏菌回复突变试验,称为 Ames 试验。该法比较快速、简便、敏感、经济,适用于测试混合物来反映多种污染物的综合效应,可用来检测对人类健康有害的在食品、日用品和环境中存在的诱变剂和致癌剂;也用来筛选抗突变物,研究开发新的抗癌药等。

鉴于化学物质的致突变作用与致癌作用之间密切相关,现广泛应用于致癌物筛选的方法如下:采用鼠伤寒沙门氏菌(*Salmonella typhimurium*)的组氨酸营养缺陷型菌株,它的合成组氨酸的酶的基因发生突变而使酶失活。在含微量组氨酸的培养基中,除极少数自发回复突变的细胞外,一般只能分裂几次,形成在显微镜下才能见到的微菌落。在受诱变剂作用后,大量细胞发生回复突变,自行合成组氨酸,会产生肉眼可见的菌落。根据菌落的多少,可判断诱变力的强弱。某些化学物质需经代谢活化才有致突变作用,在测试系统中加入哺乳动物微粒体酶,可弥补体外试验缺乏代谢活化系统之不足。

(2) **利用溶原菌被诱导产生噬菌斑法检测致癌剂**:通常引起细菌 SOS 反应的化合物对高等动物都是致癌的。大肠杆菌的 SOS 反应可以使处于溶原状态的 λ 噬菌体被激活,从而裂解宿主细胞产生噬菌斑,利用溶原菌被诱导产生噬菌斑的方法可大大简化致癌剂的检测。

§17.6　DNA 的固相合成

DNA 固相合成一般是指用 DNA 合成仪(DNA synthesizer 或 gene machine)进行的固相合成。合成时将 DNA $3'$ 端固定于基质上,然后沿 $3'\to5'$ 方向依次添加核苷酸,直至合成所需要的 DNA 片段。此法不同于应用 DNA 聚合酶的 DNA 合成。

一、固相载体

作为 DNA 固相合成中使用的载体,应有合适的大小和孔径,适于液体输送,还要有一定的机械强度。固相载体有多种,目前最常用的载体叫 CPG(controlled-pore glass beads),能在其上合成大于 60 个核苷酸的寡核苷酸,最长可达 175 个核苷酸。CPG 活化后通过连接物(linker)与核苷相连。要选择合适的连接物,其性质会影响合成效率。

CPG 的核苷衍生化有多种途径。如将 5′ 端保护了的核苷首先琥珀酰化,得到琥珀酸单核苷酯,再与带有连接物、末端为 —NH₂ 的 CPG 结合,在缩合剂(如 DEC)作用下,形成酰胺键,得到 5′ 端保护的核苷衍生化的固相载体。也可以先将 CPG 与连接物相连后,再琥珀酰化,最后使核苷的 3′-OH 与琥珀酸的 —COOH 酯化,同样得到核苷衍生化的固相载体。琥珀酰化的固相载体可预先制备,长久保存,需要时可以随时进行核苷的衍生化。

二、化学合成步骤

目前 DNA 合成仪使用的方法大部分是亚磷酸酯法的固相合成。一条寡核苷酸链通过一个核苷酸残基的 5′-羟基和下一个的 3′-磷酸之间连续地形成磷酸二酯键而合成。第二个核苷酸的 5′-OH 被二对甲氧三苯甲基(DMT)保护起来,3′-磷酸被二烷基磷酰胺(DPA)取代激活,为与第一个核苷酸的 5′-OH 反应作好准备。在核酸的合成中,重要的是如何将不参与反应的基团保护起来,需要时又能选择性地脱保护。此方法具有高效(偶合效率 98%～100%)、迅速(30～40 分钟增长一个核苷酸)和起始物稳定等优点。由于增长中的链与载体相连,过量的试剂可被滤除,合成中不需要纯化。具体步骤为:

(1) **制备固相载体**:首先将第一个核苷的 3′-末端固定在载体上,完成作支持物的固相载体核苷衍生化。准备连接的核苷酸的 5′-OH 用 DMT 保护,碱基上的氨基用苯甲酸保护,3′-OH 用氨基磷酸化合物进行活化。

(2) **DNA 固相合成的四个步骤**(图 17-12):第一步是酸化,脱保护使 5′-OH 游离出来,进行下一步反应。一般 5′-OH 常用的保护基是 DMT,在酸性条件下(如加入二氯乙酸)极易脱去。第二步是偶合,是链的延长步骤,也是合成中最关键的一步。已经游离了 5′-OH 的核苷在四唑的催化下,与一个 3′-位带有亚磷酰胺的活化核苷酸单体反应偶合。第三步为保护,目的是封闭任何未参与反应的 5′-OH。尽管偶合效率可达到 98%,仍会有 1%～2% 游离的 5′-OH,如果不封闭,它们有可能参加下一轮的偶合,而得到少一个核苷酸的链,从而会得到一系列的副产物。所以,此步不能省略。保护试剂常用乙酸酐。第四步是氧化,偶合之后的产物是三价的亚磷酸酯,必须氧化成五价的稳定的磷酸三酯。用 I_2/H_2O 氧化,仅 30 秒就完成了。以上四步完成一个循环,即合成一个核苷酸,然后进入下一个循环,加入下一个核苷酸。根据所需要合成的多核苷酸链的数目,如此往复多个循环,直至链延伸到所需的长度。

(3) **去保护基**:合成完毕后,用苯硫酚除去 5′-OH 上的保护基 DMT;用浓氢氧化铵将片段与固相载体断开并洗脱;在加热的条件下用浓氢氧化铵除去碱基上的保护剂;除去氢氧化铵,真空抽干;最后,产品用电泳(PAGE)或高效液相(HPLC)纯化,回收片段最长的 DNA 纯品。

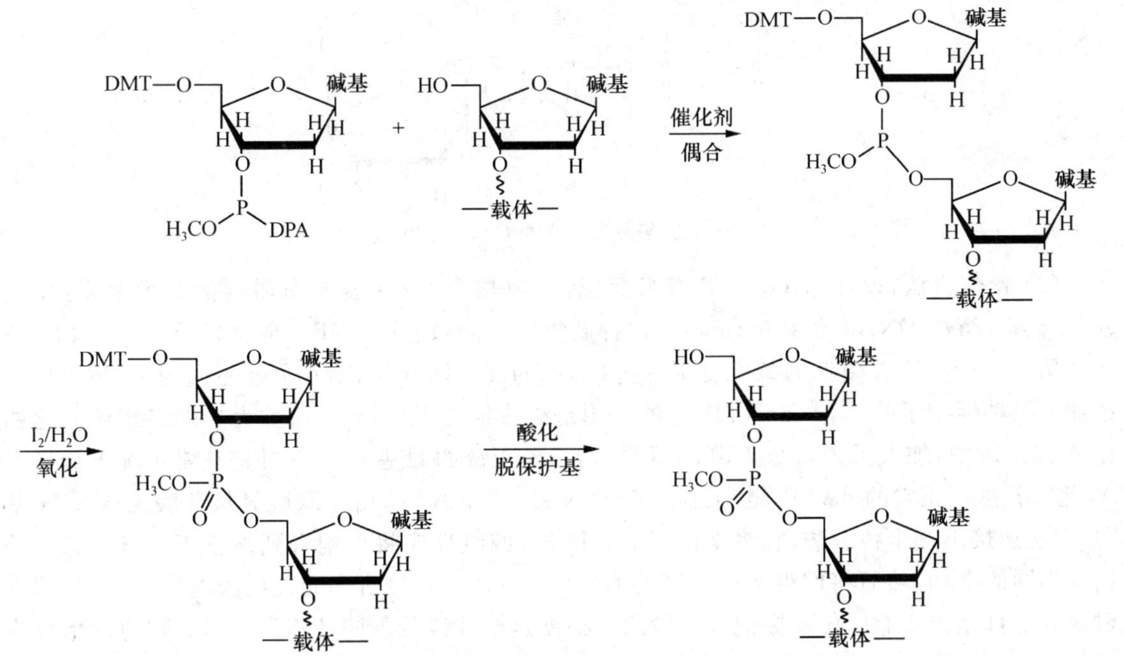

图 17-12　DNA 的亚磷酸酯法固相合成中的三个步骤

§17.7　DNA 测序

生物体的遗传信息以核苷酸不同的排列顺序编码在 DNA 分子上,测定 DNA 的碱基顺序是分子生物学的基本课题之一,是进一步研究和改造目的基因的基础。当前测序技术已成为分子生物学实验室的常规技术之一。

一、两种测序方法

主要有 F. Sanger 等发明的双脱氧链末端终止法(Sanger 法)与 Maxam 和 Gilbert 发明的化学测序法。Sanger 法利用 $2',3'$-双脱氧核苷三磷酸($2',3'$-ddNTP,为核苷酸类似物)终止链的延伸,可以测定更长的序列,并已实现自动化,比化学法应用更广泛。

二、双脱氧链末端终止法

(1) **原理**:以待测 DNA 单链作模板合成新 DNA 片段,分为四组,每组分别按一定比例混入一种 $2',3'$-ddNTP,分别混入四种 ddNTP,在 DNA 聚合酶的催化下合成 DNA 片段。由于 ddNTP 缺乏延伸所需的 $3'$-OH 基团,一旦掺入 DNA 合成,立即选择性地使新链分别在 G、A、T 或 C 处终止反应,终止点由反应中的 ddNTP 而定。各种大小不同新合成的 DNA 片段的末端即为混入的相应 ddNTP。每一种 dNTP 和 ddNTP 的相对浓度可以调整,使反应得到的一组长几百至几千脱氧核苷酸链终止于某特定脱氧核苷酸上,从而可得到不同长度的 DNA 片段。通过电泳分离、放射自显影等方法检测,即可读出碱基顺序。

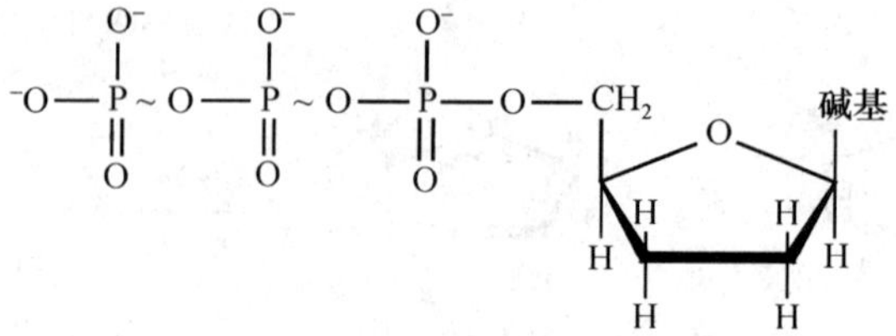

$2',3'$-双脱氧核苷三磷酸($2',3'$-ddNTP)

(2) **操作方法**：设计 A、G、C、T 四组反应，每组均含 DNA 复制所需要的五大要素：单链 DNA 模板（待测 DNA）、引物（primer）、四种脱氧三磷酸核苷（dNTP）、金属离子 Mg^{2+} 和 DNA 聚合酶 I，按照 DNA 复制的条件复制待测 DNA 的互补链。与 DNA 复制不同的是，每组反应还加入一种标记了的 $2',3'$-ddNTP，它的作用是终止链的延伸，故此法称为末端终止法。比如在 A 组反应中，加入了 $2',3'$-ddATP，复制时，当模板链的碱基为 T，互补链正常情况下应掺入 A，此时若掺入正常的 dATP，链会延伸，若掺入 $2',3'$-ddATP，由于双脱氧核苷酸无 $3'$-OH 基团，无法连接下一个核苷酸，链将终止于 A。同理，四组反应将分别得到终止于 A、G、C、T 的长度不同的产物，然后将四组不同长度的 DNA 片段通过高分辨率变性凝胶电泳分离，再用 X 射线放射自显影或非同位素标记进行检测。根据这些片段的不同迁移率可以完整地读出合成链的 DNA 序列，而这条合成链的互补链就是待测 DNA 的核苷酸序列。

例如，A、G、C、T 四组实验可能得到的片段有：

A：ddAGGC, ddATCTGCAGGC, ddAATCTGCAGGC

G：ddGC, ddGGC, ddGCAGGC

C：ddC, ddCAGGC, ddCTGCAGGC

T：ddTGCAGGC, ddTCTGCAGGC, ddTAATCTGCAGGC

则得到的序列是：$5'$ CGGACGTCTAAT $3'$

根据碱基互补配对原则，推知原序列是：$3'$ GCCTGCAGATTA $5'$

§17.8 聚合酶链式反应（PCR）

聚合酶链式反应（polymerase chain reaction，PCR）是体外快速酶促扩增 DNA 的一种生物技术，是一种无细胞分子克隆法，用于放大特定的 DNA 片段。这种生物体外的特殊 DNA 复制，于 1985 年由 Kary Mullis 发明。他在研究 DNA 聚合酶时发现，当 DNA 复制的基本条件具备时，选择合适的聚合酶可以实现 DNA 的体外扩增。该方法一改传统分子克隆技术的模式，不通过活细胞，数小时内即可使几个拷贝的模板序列甚至一个 DNA 分子扩增 $10^7 \sim 10^8$ 倍，大大提高了 DNA 的得率。K. Mullis 因发明了聚合酶链式反应而获 1993 年度诺贝尔化学奖。

一、基本原理

PCR 技术的基本原理与 DNA 在生物体内的复制相仿。PCR 是在体外模拟 DNA 复制的过程，由于无法模拟体内的复制叉解链，不得不用加热的办法让所研究的 DNA 片段变性，使双链分开成为两条单链。人工合成两个引物，依赖于引物与靶单链 DNA 互补序列在退火过程中进行杂交,让它们结合到 DNA 模板的两端,产生 3′-OH,并作为 DNA 聚合酶作用的开始位点。然后在一种耐热的 DNA 聚合酶(如 Taq 聚合酶)作用下,以四种脱氧核糖核苷三磷酸(dNTP)为底物,大量复制该模板 DNA 相应的互补链。PCR 技术操作简便,扩增效率极高,没有序列要求,可用于扩增任意的 DNA 片段。

二、基本步骤

将要合成的特异 DNA 片段,经高温变性解链、低温退火和适温延伸组成的热循环,反复进行反应(图 17-13)。作为将要扩增的 DNA 模板,每经过一次解链、退火、延伸三个步骤的热循环就变成两条双链 DNA 分子,即每一次循环将产生大约两倍的靶 DNA 分子,所产生的 DNA 又能成为下一次循环的模板,这使 PCR 产物得以按 2^n 的倍数扩增。经过约 30 个循环,理论上可使基因扩增上亿($>10^9$)倍以上,实际上一般可达 $10^6 \sim 10^7$ 倍。

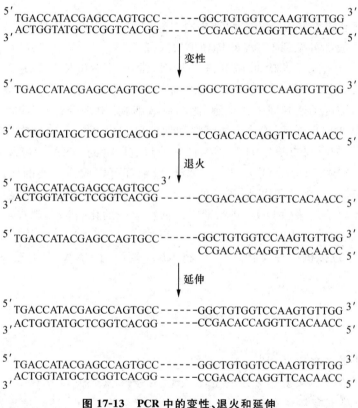

图 17-13 PCR 中的变性、退火和延伸

(1) **设计合适的两个引物**:作为 DNA 聚合酶的开始位点,并最大限度地减少非特异产物,引物长度应大于 16 个核苷酸(大约 20 个),有一个暴露的 3′ 端,能与靶互补链的特定位点退火。DNA 聚合酶不能重新开始 DNA 的合成,只能从退火引物开始延伸 DNA 链。引物决定了 PCR 的特异性,引物序列不同,扩增得到的靶序列也不同。引物需要仔细选择以使它们与靶系列互补。反应混合物中过剩的引物为扩增产物的产生提供了充足的原材料。引物与靶序列间的 T_m 值一般不低于 55℃,不应有发夹结构,即不能有 4 bp 以上的回文序列。3′ 引物和 5′ 引物之间不应有大于 4 bp 以上的互补序列或同源序列。引物中碱基的分布要尽可能均匀,

G+C 含量接近 50%。

（2）优化反应条件：包括模板、引物、四种脱氧核糖核苷三磷酸 dNTP（dATP、dCTP、dGTP 和 dTTP）、耐热 DNA 聚合酶、Mg^{2+} 和 pH 缓冲溶液。PCR 中常用的聚合酶是耐热的 Taq DNA 聚合酶，不耐热的酶在热循环的温度下会变性。

（3）选择热循环温度：PCR 过程的温度控制十分关键。反应开始时的变性温度为 94℃，45～60 秒，待扩增的靶 DNA 双链受热变性成为两条单链 DNA 模板。退火温度 37～55℃，一般低于引物 T_m 值约 2～3℃，停留 60 秒。两条人工合成的寡核苷酸引物与互补的单链 DNA 模板结合，形成部分双链。此过程决定了将要扩增的 DNA 序列，且要求两个引物均要与靶序列结合。延伸温度是 Taq 酶的最适温度 72℃，约 60～90 秒，以引物 3′-羟基端为合成的起点，以单核苷酸为原料，沿模板以 5′→3′方向延伸，最终产物为双链 DNA 产物，其中一条链为模板，另一条链为新合成的链。经过 25～30 次循环，最后一次延伸时间可延伸到 10 分钟。

（4）通过凝胶电泳等方法检测扩增结果：扩增产物进行电泳，经溴化乙锭染色，在紫外光（254 nm）照射下一般都可见到 DNA 的特异扩增区带。

PCR 技术非常灵敏，可以检测到单拷贝基因，常用于小量原始靶序列的检测或分析。PCR 已广泛地用于基因克隆和制造突变。在临床医学检验上，被用于鉴别遗传疾病和快速检测病毒、病菌感染，即可迅速判断人体细胞（比如血液细胞）中是否存在病毒、病菌的 DNA（比如艾滋病病毒 HIV 的 DNA）而确诊。法医学和刑侦鉴定以及分子生物学各项研究中也广泛应用，成为发现罪证的重要方法。如 0.1 μL 的唾液痕迹所含的 DNA 就可以通过 PCR 扩增而获得足够量的 DNA 鉴定罪犯。毛发、血迹、唾沫、精液都可以成为重要的罪证。利用 PCR 技术，科学家们已从林肯的头发和血液、埃及的木乃伊、琥珀中八千万年前的昆虫、恐龙的骨头等不寻常的样品中提取了足够的 DNA 进行研究。博物馆中的化石标本都有可能成为遗传学的研究对象，分子古生物学因此而诞生。

RNA 也可以通过提供一种反转录步骤，将 RNA 复制为 DNA，产生互补的 DNA 而应用 PCR 进行检测。

习　题

1. 何谓 DNA 的半保留复制？

2. 简述以下几种 DNA 复制方式模型：θ 模型、滚动环模型和 D-环模型。

3. DNA 聚合酶 Ⅰ 有哪些重要功能？比较 DNA 聚合酶 Ⅰ、Ⅱ、Ⅲ 性质的异同。DNA 聚合酶 Ⅳ 和 Ⅴ 的功能是什么？

4. DNA 聚合反应的五个要素是什么？

5. 什么是 DNA 的半不连续复制？何谓冈崎片段？简述冈崎片段合成过程。

6. DNA 的复制是怎样进行的？如何保证复制的精确性？

7. 简述大肠杆菌 DNA 复制的起始过程。

8. 什么是细胞周期？真核生物细胞周期分为哪几个时期？

9. 什么是真核生物 DNA 的端粒结构？端粒酶的作用是什么？

10. 简述修复损伤 DNA 的几种方式。

11. 对 DNA 损伤进行错配修复时,生物体如何判断错误链和模板链?

12. 举例说明 DNA 复制的常见诱变剂。

13. 简述 DNA 亚磷酸酯法固相合成的几个步骤。

14. DNA 测序的双脱氧链末端终止法的基本原理是什么?

15. 何谓聚合酶链式反应(PCR)? 简述 PCR 的基本原理。

RNA 的生物合成和加工

　　遗传信息从 DNA 经过 RNA 传递到蛋白质,这一完整过程被称为基因表达。基因表达终产物是蛋白质,主要是酶类,其表达水平被严格控制至关重要。RNA 的生物合成有三种类型:① 转录(transcription):是信息由 DNA 流向 RNA 的过程,是基因调节的主要阶段。DNA 中一段脱氧核苷酸序列(即基因)首先被转录为 RNA 中的一段核糖核苷酸序列。细胞中的各类 RNA,包括 mRNA、tRNA、rRNA 等多种 RNA 都是以 DNA 为模板合成的。② 自我复制:RNA 合成还包括携带遗传信息的 RNA 指导 RNA 的合成,为 RNA 复制。③ 逆转录:RNA 指导 DNA 的合成,再以 DNA 为模板合成 RNA。

　　此外,RNA 还具有催化功能,为核酶;在控制基因表达调控中十分重要的小分子 RNA 的研究,进一步揭示了 RNA 功能的多样性和种类多样性。最初生成的 RNA 分子往往不具有生物功能,RNA 转录后要经过链的断裂、末端的切除与修饰,以及拼接和编辑、再编码等一系列复杂的加工过程,才能得到成熟的 RNA 分子。遗传信息表达过程中存在着复杂的调控机制。RNA 信息加工和众多功能的研究,使人们推测在生命起源早期甚至会存在一个 RNA 世界。

§18.1　DNA 指导下 RNA 的合成

　　在 DNA 指导下的 RNA 的生物合成称为转录。转录是以 DNA 为模板,在 RNA 聚合酶催化下,合成出与 DNA 碱基互补的 RNA 的过程。Mg^{2+} 能促进反应的进行。DNA 序列中被转录为 mRNA 的,最终被翻译成蛋白质。但 RNA 种类最多的是 rRNA 和 tRNA,它们不编码蛋白质,而是在翻译过程中起作用。它们由少数 rRNA 基因和 tRNA 基因大量转录而形成。

一、RNA 的转录过程

　　转录从 DNA 链上一个特定起点开始,在终点处结束,此转录区域称为一个转录单位。转录的起始是由 DNA 上的启动子(promoter)控制,由 DNA 上称为终止子(terminator)的部位控制终止。一个转录单位可以是一个基因,也可以包含多个基因。基因是遗传物质的最小功能单位,相当于 DNA 的一个片段。基因的转录具有选择性,随细胞的不同生长发育阶段和细胞内外环境的不同而转录不同基因。

(1) **RNA 的转录为不对称转录**：生物体内的基因转录具有非对称性，一般 DNA 双链只有一条用于转录，该链称模板链或负链（一链），又叫反义链（antisense strand）。基因转录具有明确的转录解读方向，$3' \rightarrow 5'$；与之互补的另一条 DNA 链没有转录功能，称非模板链或正链（＋链），其碱基排列顺序与所得 RNA 产物的序列一致（需要注意的是，DNA 分子中的 T 在 mRNA 中是 U），又称编码链。此链在蛋白质的翻译合成中是有意义的，又叫有义链（sense strand）。在多基因的 DNA 双链中，每个基因的模板链并不总在同一条链上。对同一条 DNA 链来说，编码链和模板链都是相对的，也许该链的某一区域是模板链，而另一些区域是编码链，即某些区域以这条链转录，另一些区域以另一条链转录。编码链与转录出来的 RNA 链的碱基序列相同，只是新生成的 RNA 中用尿苷酸 U 替代了 DNA 中的脱氧胸苷酸 T。编码链没有转录功能，但有复制功能。在体外若 DNA 断裂失去控制序列，会使控制机能失去。

(2) **RNA 转录的要素**：RNA 的转录通过 DNA 指导的 RNA 聚合酶（DNA-directed RNA polymerase）来实现，以四种核糖核苷三磷酸（NTP）为底物（不是 dNTP），需要 DNA 链作模板（双链或单链），Mg^{2+} 或 Mn^{2+} 促进聚合反应。该聚合反应不需引物，也无校对功能，反应是可逆的，但焦磷酸分解提供的能量可推动反应的进行。RNA 链的合成方向是 $5' \rightarrow 3'$，反应式为：

$$n_1 ATP + n_2 GTP + n_3 CTP + n_4 UTP \xrightarrow[Mg^{2+} \text{或} Mn^{2+}]{RNA \text{聚合酶,DNA 模板}} RNA + (n_1 + n_2 + n_3 + n_4) PP_i$$

双链 DNA（天然）作为模板比单链 DNA（变性）更有效。RNA 转录时，RNA 聚合酶可以将 DNA 双链局部解开，并选择其中一条链为模板就可合成出互补的 RNA 链，已合成的 RNA 链离开 DNA 链。RNA 转录后的 DNA 仍保持双螺旋结构，是全保留方式。

二、RNA 聚合酶（转录酶）

1. 原核生物的 RNA 聚合酶

原核生物的 RNA 聚合酶能催化所有类型的 RNA（包括 mRNA、rRNA、tRNA）的生物合成。它们在 37℃ 时的转录速度约为 50 个核苷酸/秒，这与多肽链的合成速度（15 个氨基酸/秒）相当，但比 DNA 分子合成速度（800 bp/s）慢得多。从大肠杆菌中高度提纯的 RNA 聚合酶全酶（holoenzyme），相对分子质量为 465 000，含五个亚基（$\alpha_2\beta\beta'\sigma$）和两个 Zn^{2+}。不含 σ 亚基的酶（$\alpha_2\beta\beta'$）叫核心酶（core enzyme）。核心酶的功能类似于 DNA 聚合酶，它只能延长已有的 RNA 链，但不能开始一次新的转录。被称做转录过程起始亚基的 σ 可引导 RNA 聚合酶稳定结合在 DNA 启动子上，因此只有加入 σ 亚基的全酶才能启动转录过程。另外，RNA 聚合酶全酶还含有一种相对分子质量较小、功能未知的 ω 亚基。在不同种的细菌中，RNA 聚合酶中的 α、β 和 β' 亚基的大小比较恒定，只有 σ 亚基变化较大，相对分子质量在 32 000～92 000 之间变动。

2. 转录反应的四个阶段

原核生物 RNA 聚合酶催化的转录过程包括模板识别、转录起始、延伸和终止四个阶段。

(1) **模板识别**：RNA 聚合酶在 σ 亚基引导下识别并稳定结合到启动子上，启动子是 DNA 分子上的起始信号，合成 RNA 的起始部位。然后 DNA 双链被局部解开，形成转录泡（解链区），RNA 聚合酶识别 DNA 的模板链，并转移到合成起点。

(2) **起始阶段**：酶仍然与启动子结合，并不移动。模板链上通过碱基互补配对原则合成最初的 RNA 链,一般是 2～9 个核苷酸,而且第一个核苷酸常常是三磷酸鸟苷(GTP)或三磷酸腺苷(ATP)。然后 σ 亚基从 RNA 聚合酶脱落,核心酶才沿 DNA 链向前移动。

(3) **延伸阶段**:核心酶沿模板向前移动,催化新生 RNA 链延长并形成 DNA-RNA 杂交体。解链区前移,RNA 链增长到一定长度后即脱离 DNA 模板,核心酶后面的杂交体中的 RNA 被 DNA(编码链)置换,DNA 恢复双螺旋结构,而生长中的 RNA 被置换,离开模板链成为单链分子。由此,RNA 链不断增长直至合成到终点。

(4) **终止阶段**:RNA 聚合酶识别 DNA 上的终止子也需要特殊的辅助因子。当 RNA 链合成至转录终点时,终止因子 Nus A(Nus 是 N utilization substance 的缩写,是研究 N 蛋白抗终止作用时发现的)可与 RNA 聚合酶的核心酶结合,形成 $\alpha_2\beta\beta'$Nus A 复合物,帮助 RNA 聚合酶识别转录终止信号以终止 RNA 的合成。终止信号有的能被 RNA 聚合酶自身识别即可终止 RNA 合成,有的需 ρ 因子的帮助才能终止 RNA 的合成。然后 RNA 聚合酶和 RNA 分别离开模板,DNA 恢复双螺旋,转录到此结束。

σ 因子的存在对核心酶的构象有较大影响,它增加了 RNA 聚合酶对启动子序列的亲和力和停留时间,降低了酶与一般序列的亲和力和停留时间。σ 因子还可以帮助 RNA 聚合酶选择不同的转录基因。σ 亚基完成起始功能后即脱落下来,由核心酶 $\alpha_2\beta\beta'$ 催化合成,延伸 RNA。终止时,终止因子 Nus A 结合到核心酶上,由 Nus A 识别终止子序列。转录终止后,RNA 聚合酶脱离模板,Nus A 又被 σ 所取代,由此形成 RNA 聚合酶起始复合物和终止复合物两种形式的循环。因此,Nus A 因子也可以看做 RNA 聚合酶的亚基。

3. 真核生物的 RNA 聚合酶

比原核生物的 RNA 聚合酶结构复杂,相对分子质量约 50 万,通常由 8～14 个亚基组成,含 Zn^{2+}。根据它们对转录抑制剂 α-鹅膏蕈碱(一种由毒蕈产生的对真核生物有较大毒性的双环八肽,又称鬼笔鹅膏蘑菇毒素)的抑制作用不同,可分为 Ⅰ、Ⅱ、Ⅲ 三类,分别转录 rRNA、mRNA 和小 RNA。

(1) **RNA 聚合酶 Ⅰ**:位于核仁中,合成 RNA 的活性最显著,负责转录编码 rRNA 的基因,转录 45 S rRNA 前体,转录后加工产生 5.8 S、18 S 和 28 S rRNA。对 α-鹅膏蕈碱不敏感,可抵制其作用,不被抑制。

(2) **RNA 聚合酶 Ⅱ**:位于核浆中,负责转录所有编码蛋白质基因和大多数核内的小 RNA,合成的核内不匀一 RNA(hnRNA)是 mRNA 的前体。对 α-鹅膏蕈碱非常敏感,可被低浓度($10^{-9}\sim10^{-8}$ mol/L)α-鹅膏蕈碱抑制。

(3) **RNA 聚合酶 Ⅲ**:负责合成 tRNA 和 5S rRNA、U6 snRNA 及不同胞质的小 RNA(scRNA)等低相对分子质量 RNA 的转录。对 α-鹅膏蕈碱中度敏感,在动物细胞中可被高浓度($10^{-5}\sim10^{-4}$ mol/L)α-鹅膏蕈碱抑制。

另外,线粒体还含有其他类型的 RNA 聚合酶,不受 α-鹅膏蕈碱的影响,而对抑制细菌 RNA 聚合酶的化合物敏感。

三、启动子和转录因子

启动子是指 RNA 聚合酶识别、结合和开始转录的一段 DNA 序列。启动子的结构不对称决定了转录的方向,转录的起始是由 DNA 的启动子控制的。RNA 聚合酶需要辅助因子激活转录,它们被称为转录因子,转录因子是蛋白质。RNA 聚合酶与这些转录因子构成基本的转录装置。

启动子的序列以及它在 DNA 中的位置可以测定。测定时先将能起始转录的 DNA 片段分离出来,然后与 RNA 聚合酶结合,再用酶将结合物进行水解。与 RNA 酶结合的部位被保护不会水解,而该部位的序列即为启动子序列,对照 DNA 测序结果,即知启动子的位置和序列。

习惯上 DNA 编码链从左到右依然是按 $5' \rightarrow 3'$ 方向书写,转录起点的核苷酸为 +1,左侧是上游(up stream)区,用负的数码表示,以转录起点左侧第一个核苷酸开始向左计数为 -1,-2,…;右侧是下游(down stream)区,也叫转录区,以转录起点开始向右计数为 +1,+2,…。

1. 原核生物的启动子

原核生物的启动子有两个保守系列:位于 -10 的 Pribnow 框和位于 -35 的识别区。从转录起点上游(向左)约 10 个核苷酸处,有一个 6bp 的保守序列:TATAAT,称 Pribnow 框(Pribnow box),或称 -10 序列。-10 序列由于含较多 A-T 碱基对,打开双链所需能量较低,所以有利于 DNA 局部解链。从转录起点上游(向左)约 35 个核苷酸处还有一个保守序列 TTGACA,中心约在 -35 bp 处,叫做识别区或 -35 序列。-35 序列能够提供全酶的识别信号,为 RNA 聚合酶的识别区域。σ 因子能直接与启动子的 -35 序列和 -10 序列相互作用,不同的 σ 因子能识别不同的启动子序列。

2. 真核生物的启动子

真核生物的三种 RNA 聚合酶 I、II、III 分别识别不同类型的启动子。启动子通常由一些短的保守序列组成,它们被适当种类的辅助因子识别。真核生物的 RNA 聚合酶识别启动子往往需要多种蛋白质因子(转录因子和辅助转录因子)协助。为了开始转录,聚合酶首先与各种转录因子在起点上装配成活性转录复合物,借助各种转录因子选择识别和结合到启动子上才开始转录。真核生物 RNA 聚合酶催化的转录过程经历以下四个阶段:装配、起始、延长和终止。

RNA 聚合酶 I 和 III 的启动子种类有限,识别所需辅助因子的数量也少。类别 I 启动子包括核心启动子和上游控制元件两部分,由被隔开约 70 bp 的两个保守区域构成,需要 UBF1 和 SL1 因子参与作用。类别 III 启动子有两类,上游启动子和基因内启动子,分别由装配因子和起始因子促进形成转录起始复合物后再进行转录。RNA 聚合酶 II 的启动子包括四类控制元件,基本上由各种顺式作用元件(cis-acting element)组合而成。它们分布在转录起点上游大约 200 bp 的范围内。顺式作用元件是指同一 DNA 分子中具有转录调节功能的特异 DNA 序列。真核基因顺式作用元件包括启动子、增强子及沉默子等。真核生物的转录调控是调控的最重要的途径,大多是通过顺式作用元件和反式作用因子复杂的相互作用而实现的。顺式作用元件的作用是参与基因表达的调控,本身不编码任何蛋白质,仅仅提供一个作用位点,要与反式作用因子相互作用而起作用。这些元件的不同组合,加上其他序列变化,构成数目庞大的各种启动子。

识别这些元件的转录因子数目也很大,可分为三类:通用转录因子、上游转录因子和可诱导因子。对 RNA 聚合酶 II 来说,至少有三个 DNA 的保守序列与其转录的起始有关。第一个其位置在转录起始点的上游约 25 个核苷酸处,称为 TATA 框(TATA box 或 Horness 框),具有共有序列 TATAAAA,其作用可能与原核生物中的 -10 的 Pribnow 框相似,与转录起始位置的确定有关。第二个位于转录起始位置上游约为 50~500 个核苷酸处,共有序列称为

CCAAT 框(CCAAT box),具有共有序列 GGAACCTCT,如果该序列缺失,会极大地降低生物的活体转录水平。第三个其位置可以在转录起始位置的上游,也可以在下游或者在基因之内,一般称为增强子(enhancer),它虽不直接与转录复合体结合,但可以显著提高转录效率。启动子决定着基因将在何时、何地及以什么样的频度被转录。

许多人类疾病起因于重要基因启动子区域的点突变。如遗传性疾病地中海贫血症,即由 β-珠蛋白基因的启动子的突变引起,该突变常造成其启动子对正向转录因子的亲和力减少,使 β-珠蛋白合成减少并导致贫血。

(1) 增强子:真核细胞中,在远离转录起点 60 kb 的 DNA 的区域可影响基因转录水平。这些 DNA 区域被称为增强子,可大大增强启动子的活性。增强子对于启动子的位置不固定,能有很大的变动,不论在启动子的上游或下游都有作用,并能在任意方位起作用,无方向性,并且位于基因的 5′端或 3′端。一个增强子并不限于促进某一特殊启动子的转录,而是能刺激在它附近的任一启动子。首先被发现的增强子是 SV40 增强子。两个增强子位于基因组的两个串联的 72 bp 重复中,约在转录起始点上游 200 bp 处。基因中增强子顺序差别较大,但基本核心顺序为:AAAGGTGTGGGTTTGG。增强子具有组织特异性,例如免疫球蛋白基因的增强子只有在 B 淋巴细胞内活性才最高。

(2) 沉默子:某些基因含有的一种负性调节元件,当其结合特异蛋白因子时,对基因转录起阻遏作用。

四、终止子、终止因子、抗终止因子和通读

细菌和真核生物的转录一旦开始,就会继续下去直至转录完成。虽然在转录的延伸阶段,RNA 聚合酶可能会遇到各种障碍而受阻甚至停顿,导致酶脱离模板终止转录,但真核生物中的延伸因子可抑制这种停顿,防止受阻。转录结束,RNA 聚合酶和转录产物会释放出来。

(1) 终止子(terminator):转录的终止控制元件,是提供转录停止信号的 DNA 序列。终止信号应位于已经转录的序列当中,RNA 聚合酶所感受的信号只能来自正在转录的序列。终止子可用于控制下游基因的表达。

(2) 终止因子(termination factor):指协助 RNA 聚合酶识别终止信号的辅助因子(蛋白质)。DNA 的转录终止信号可被 RNA 聚合酶本身或其终止因子所识别。

(3) 抗终止因子(anti-termination factor):引起抗终止作用的蛋白质。抗终止因子能够阻止终止子的作用,使酶越过终止子继续转录,称为通读。抗终止作用主要见于某些噬菌体的时序控制。早期基因与其后期基因之间以终止子相隔开,通过抗终止因子可以打开其后期基因的表达,新的基因表达是由于 RNA 链延长所致。

(4) 通读(readthrough):有些终止子的作用可被特异因子(抗终止因子)所阻止,使酶得以越过终止子继续转录。

大肠杆菌(*E. coli*)有两类终止子,一类是简单终止子,也叫做不依赖 ρ(rho)的终止子,还有一类终止子叫做依赖 ρ 的终止子。所有原核生物的终止子在终止点之前都有一个回文结构(二重对称区,图 18-1),产生的 RNA 可形成由茎环组成的发夹结构,此结构可使聚合酶减慢移动或暂停 RNA 的合成。不依赖 ρ 的终止子在信号区有一个 15～20 个核苷酸的回文结构,能形成富含 G-C 序列的发夹结构,紧接着在终点前还有一系列尿苷酸 U(约 6 个)。由 rU-dA 组成的 RNA-DNA 杂交分子片段结合力弱,当聚合酶暂停时,杂交分子会在 rU-dA 弱结合的

末端区解链,该系列 U 序列可提供信号阻止 RNA 聚合酶前进和促使 RNA 链脱离模板。依赖 ρ 的终止子必须在 ρ 因子存在时才发生终止作用。其终止子的回文结构不富含 G-C 序列,回文结构之后也不存在一系列 U。ρ 因子是一种蛋白质,在 RNA 存在时它能水解核苷三磷酸。当 ρ 与 RNA 新生链结合时,借助水解 NTP 获得的能量,可以推动其沿 RNA 链向前移动。当聚合酶遇到终止子而暂停时,ρ 就会追上酶,两者相互作用的结果会使 RNA 释放出来,而 ρ 和 RNA 聚合酶则离开 DNA。

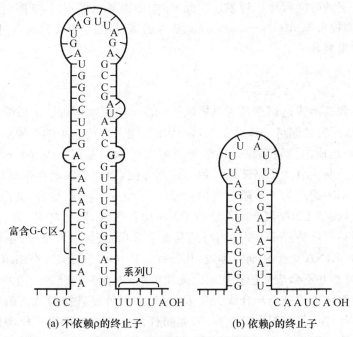

(a) 不依赖 ρ 的终止子   (b) 依赖 ρ 的终止子

图 18-1 两类终止子的回文结构

五、真核生物与原核生物的 RNA 转录的区别

(1) **真核生物 RNA 必须从核内运输到细胞质**:真核生物 RNA 的转录是在细胞核内进行的,蛋白质的翻译在细胞质中,RNA 转录后首先必须从核内运输到细胞质内,才能指导在细胞质内进行的蛋白质合成。

(2) **真核生物的 mRNA 分子为单顺反子**:除少数较低等真核生物外,真核生物一个 mRNA 分子一般只含有一个基因,编码一条多肽链,为单顺反子,即合成单一多肽链的模板(能产生一种多肽的是一个顺反子,顺反子是基因的同义词)。原核生物的一个 mRNA 分子通常含有多个基因,是多顺反子,如 lac mRNA 是三个多肽链的模板。

(3) **真核生物中的 RNA 由三类 RNA 聚合酶合成**:在原核生物中只有一种 RNA 聚合酶,催化所有 RNA 的合成;而真核生物中的 RNA 由三类 RNA 聚合酶合成,即 RNA 聚合酶 I、RNA 聚合酶 II 和 RNA 聚合酶 III 三种不同酶,分别催化不同种类 RNA 的合成。三种 RNA 聚合酶都是由 10 个以上亚基组成的复合酶。

(4) **需蛋白质转录因子协助**:真核生物 RNA 聚合酶都必须在蛋白质转录因子的协助下才能进行 RNA 的转录。RNA 聚合酶对转录启动子的识别,也比原核生物更加复杂。

§18.2 转录过程的调控

转录调控是基因表达调节的重要环节,主要发生在起始阶段和终止阶段,包括时序调控和适应调控。细胞基因的表达是在严格的调控下进行的。在细胞的生长、发育和分化过程中的不同阶段,细胞会表达不同的基因,这就是所谓的时序调控(temporal regulation)。时序调控指遗传信息按照一定的时间程序进行表达。此外,细胞内外条件不同,细胞会表达不同的遗传信息,这就是适应调控(adaptive regulation)。基因的表达经历转录和翻译过程,转录水平的调控是基因表达的重要环节。

一、操纵子

原核生物大多数基因表达调控是通过操纵子(operon)机制实现的。操纵子既是表达单位又是协同单位,有共同的控制区和调节系统,包括在功能上彼此有关的结构基因及由启动子和操纵基因(operator)组成的控制部位。操纵基因可接受调节基因(regulatory gene)所表达产物(如阻遏蛋白)的控制。启动子是转录起始的控制部位,启动子区域存在调节因子结合位点。当操纵序列与调节基因的产物——阻遏蛋白(repressor protein)相结合,会阻碍 RNA 聚合酶与启动序列的结合,或使 RNA 聚合酶不能沿 DNA 向前移动,阻遏转录,为负调节(抑制);操纵子调节序列中还有一种特异 DNA 序列可结合激活蛋白,使转录激活,为正调节(促进)。

由于细胞中的 mRNA 的半衰期非常短(几分钟),转录水平的调控在细菌中特别有效。出于经济原则,细菌通常并不合成那些在代谢上无用的酶,因此一些分解代谢的酶类只在有关的底物或底物类似物存在时才被诱导合成。如 E. coli 利用外界乳糖时所需的三种酶都是诱导酶,一般情况下极少产生,只有当乳糖存在时,大肠杆菌才按乳糖操纵子模型诱导产生这三种利用乳糖所必需的酶。它们的合成是由与决定它们结构的三个结构基因相关的调节基因的编码产物所控制;而一些合成代谢的酶要在它催化的反应产物或产物类似物足够量存在时,其合成才被阻遏。

大肠杆菌乳糖(lac)操纵子是第一个被发现的转录调控的模型。它是大肠杆菌染色体的一个近 5.3 kb 的区域,依次排列着调节基因、启动子、操纵基因和负责乳糖代谢三种酶基因编码的三个结构基因(图 18-2)。乳糖是 lac 操纵子的诱导物。调节基因 R 编码阻遏蛋白,也有自己的启动子和终止子。阻遏蛋白是一种变构蛋白,可与操纵基因 O 结合,阻止产生酶的三个结构基因的表达。但当培养基中只有乳糖时,乳糖结合在阻遏蛋白的变构位点上,使构象发

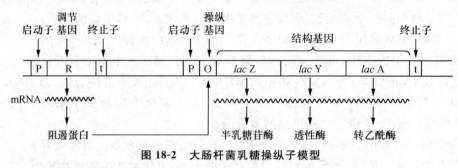

图 18-2 大肠杆菌乳糖操纵子模型

生改变,破坏了阻遏蛋白与操纵基因的亲和力,使阻遏蛋白不能与操纵基因 O 结合。于是 RNA 聚合酶结合于启动子,并顺利地通过操纵基因,进行结构基因的转录,产生大量分解乳糖的酶。结构基因 *lac* Z 编码分解乳糖的 β-半乳糖苷酶,*lac* Y 编码吸收乳糖的 β-半乳糖苷透性酶,*lac* A 编码 β-半乳糖苷乙酰转移酶。这就是当大肠杆菌的培养基中只有乳糖时利用乳糖的原因。如果培养基中没有乳糖或其他诱导物与阻遏蛋白结合,阻遏蛋白就特异地结合在操纵基因 O 上,阻止结合在启动子 P 上的 RNA 聚合酶向前移动,使转录不能进行。总之,大肠杆菌的 *lac* 操纵子受到两方面的调控:当诱导物与阻遏蛋白结合使阻遏蛋白不能结合在操纵基因上,结构基因可以表达,RNA 聚合酶可以转录;而当代谢产物不与阻遏蛋白结合,阻遏蛋白能够结合在操纵基因上,结构基因不表达。

原核生物以负调控为主。阻遏蛋白的作用属于负调控,阻遏蛋白称为负调控因子。调控蛋白(激活子)与 DNA 结合时,使转录发生,为正调控。真核生物的调节更为复杂,基因不组成操纵子,以正调控为主,并可在染色质结构水平上进行调节。

二、调节子、衰减子

受一种调节蛋白控制的几个操纵子系统的调节系统称为调节子(regulon)。通常一个调节子中的不同操纵子都属于同一代谢途径或与同一种功能有关。如果一种调节蛋白控制几个不同代谢途径的操纵子,不同调节系统之间构成一个调节网络,这样的调控系统称为综合性调控(global regulation)。

除了启动子外,终止子也是转录过程的可调控部位。在某些负责氨基酸合成的操纵子中,有一类称做衰减子(attenuator)的特殊序列,该序列既是终止信号,又是调节信号。比如,合成 His 的操纵子的前导序列存在一个衰减子,若转录在此处终止,就不会表达结构基因,即不会产生组氨酸。但如果需要,操纵子可通过衰减子转录出全部有关的结构基因。

三、真核生物的转录调节

真核生物与原核生物的转录调节有相同之处,也有显著的不同。真核生物基因表达调控最重要的是在转录水平上发生的。人类基因组比大肠杆菌基因组要大 1000 倍,但基因数量只多 50 倍。真核生物基因组的绝大部分应与基因调节有关,如决定是否转录。

(1) 真核生物基因拥有独立的启动子和调节元件:原核生物功能相关的基因常常组织在一起构成操纵子,既是基因表达单位又是协同调节单位。真核生物基因不组成操纵子,每个基因拥有独立的启动子和调节元件各自转录。

(2) 真核生物的转录调控更加复杂:真核基因顺式作用元件提供一个作用位点,要与反式作用因子相互作用来调节转录。反式作用因子(trans-acting factor)是指能直接或间接地识别或结合在各类顺式作用元件核心序列上参与调控靶基因转录效率的蛋白质。大多数真核转录调节因子由某一基因表达后,可通过另一基因的特异的顺式作用元件相互作用,从而激活另一基因的转录。另外研究还发现,除了蛋白,DNA、RNA 也有调控功能,所以现在也称反式调控元件,主要有小 RNA、转录因子等,它们以反式作用影响转录。

(3) 受转录激活因子或抑制因子调节:无论是原核生物还是真核生物,其转录受反式调节因子(转录激活因子或抑制因子)所调节,而受活性调节影响的调节因子在原核生物中以负调节为主,而在真核生物中以正调节为主。可诱导因子以共价修饰为主。

（4）**需染色质结构水平上的调节**：真核生物具有染色质结构，基因活化前首先需要改变染色质状态，要求染色质改型，真核生物具有染色质结构水平上的调节。包括染色体的活化和基因的活化，通过染色质改建、组蛋白乙酰化，染色质变得疏松化，可被酶和调节蛋白质作用。

（5）**转录产物的加工和转运的调节**：转录后水平的调节包括转录产物的加工和转运的调节，通过拼接、编辑和再编码等信息加工方式可产生不同的 mRNA。

§18.3　RNA 生物合成的抑制剂

RNA 生物合成抑制剂可用于研究核酸的代谢过程，另外由于它们在抗肿瘤和抑制病毒等临床医学上具有巨大潜力，越来越受到普遍关注。RNA 生物合成抑制剂的结构许多与 DNA 复制的抑制剂相同或类似。根据作用性质不同，可分为三类。

一、嘌呤和嘧啶类似物

这类抑制剂的化学结构与核酸的碱基类似，能够抑制和干扰核酸的合成。首先，它们能作为代谢拮抗物（antimetabolite），直接抑制核苷酸生物合成有关的酶而抑制核酸的前体合成；其次，它们能掺入核酸分子中，形成异常 DNA 或 RNA，影响核酸功能，并导致突变。常见嘌呤和嘧啶类似物有：6-巯基嘌呤（6-mercaptopurine，6-MP）、硫鸟嘌呤（thioguanine，6-TG）、2,6-二氨基嘌呤（2,6-diaminopurine）、8-氮鸟嘌呤（8-azaguanine）、5-氟尿嘧啶（5-fluorouracil，5-FU）以及 6-氮尿嘧啶（azauracil）等。

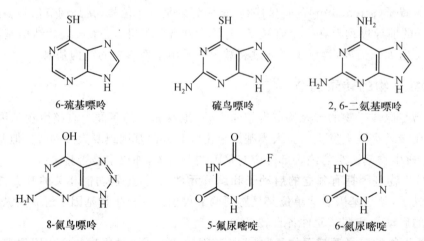

6-巯基嘌呤　　　　　　硫鸟嘌呤　　　　　　2,6-二氨基嘌呤

8-氮鸟嘌呤　　　　　　5-氟尿嘧啶　　　　　　6-氮尿嘧啶

6-巯基嘌呤在体内可形成 6-巯基嘌呤核苷酸（6-巯基嘌呤-5′-磷酸），抑制次黄嘌呤核苷酸转变为 A 或 G，并通过反馈抑制从头合成的第一步，抑制 5-PRPP 与 Gln 反应生成 5-磷酸核糖胺，从而阻断核苷酸的生物合成。6-巯基嘌呤也可整合入 DNA，引起遗传密码错编。6-巯基嘌呤（乐疾宁）在临床上用于治疗急性白血病和绒毛膜上皮癌，对多种动物肿瘤有效。8-氮鸟嘌呤既可以抑制核苷酸的生物合成，还能够显著掺入 RNA 分子中，少量掺入 DNA 分子中，抑制蛋白质的合成。5-氟尿嘧啶是治疗直肠癌、结肠癌、胃癌、肺癌和肝癌的药物。一方面由于它结构和大小都类似于尿嘧啶，掺入 RNA 后会造成不正常的 RNA；另一方面它进入体内能形成 F-dUMP，抑制胸腺嘧啶核苷酸合成酶的活性，使 T 的合成受阻，从而导致 DNA 合成被

抑制。5-氟尿嘧啶对癌细胞的杀伤具有选择性,因为它在正常细胞内会被分解,不再具有抑制酶活性的作用,对正常细胞无害。

二、DNA 模板功能的抑制剂

此类抑制剂能与 DNA 结合,从而削弱甚至使 DNA 失去模板功能,抑制其复制和转录。由此也开发出一些抗癌药和抗病毒药。

(1) **烷基化试剂**(alkylating agent):它们带有一个或多个活性烷基,可使 DNA 碱基烷基化,如 G 的 N_7,A 的 N_1、N_3、N_7 和 C 的 N_1 等位置均可被烷基化。烷基化后碱基不稳定,易被水解而脱落,留下空隙或引起错误碱基掺入错配,从而削弱 DNA 的模板功能,干扰 DNA 的复制。带双功能基团的烷基化试剂能同时与 DNA 两条链作用,还会使 DNA 双链发生交联,由此抑制模板功能。另外,核酸中的磷酸基也可被烷基化,形成不稳定的磷酸三酯,而使 DNA 链的磷酸二酯键断裂。

通常烷基化试剂毒性较大,如硫酸二甲酯、氮芥等。但经过改造有些可以选择性杀伤癌细胞,因而可用于临床治疗。如常用的抗癌药环磷酰胺(cyclophosphamide,癌得星,安道生),在体外几乎无毒性,但在体内肿瘤细胞中,在磷酰胺酶的作用下可以水解成活性氮芥,可用于多种癌症的治疗;又如苯丁酸氮芥(chlorambucil)所含羧基有酸性,一般不易进入正常细胞,但癌细胞由于代谢旺盛,其酵解过程会积累大量乳酸,造成癌细胞内 pH 较低,使得苯丁酸氮芥能够很容易地进入癌细胞而杀伤之。

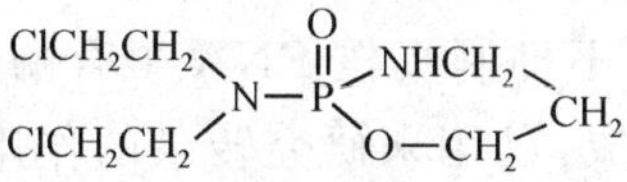

环磷酰胺 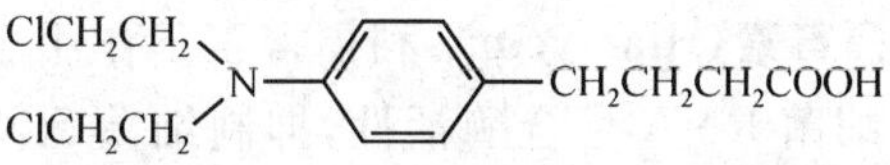   苯丁酸氮芥

(2) **放线菌素**(actinomycin):放线菌素 D(结构见图 18-3)在临床上对恶性葡萄胎、绒毛膜上皮癌、何杰金氏病等都有一定疗效,有抗菌和抗癌作用。它特异性地与双链 DNA 非共价结合,使之失去作为 RNA 合成的模板功能,抑制了复制和转录。放线菌素 D 与模板 DNA 结合时,它的吩噁嗪环(phenoxazine)平面嵌入两个相邻的 G-C 碱基对平面,通过范德华力与上下鸟嘌呤平面结合。两个环肽位于小沟内,一个环肽在吩噁嗪环上方,另一个在环的下方,两个环肽上的羰基与两个鸟嘌呤的 2-氨基形成氢键。由此放线菌素 D 的环肽堵塞了小沟,妨碍了

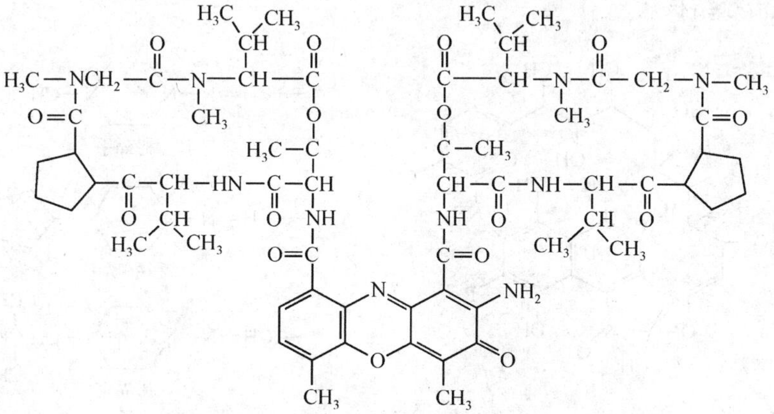

图 18-3 放线菌素 D 的结构

RNA 聚合酶沿 DNA 模板继续移动,阻碍 RNA 链的延长,抑制细菌生长。放线菌素在低浓度(1 mmol/L)时可有效地抑制转录过程,在高浓度(10 mmol/L)时能抑制 DNA 的复制,已被广泛用做原核细胞和真核细胞中 RNA 合成的高专一性抑制剂。

(3)**嵌入染料**:这是一类具有扁平芳香族发色团的染料,能够嵌入双链 DNA 的相邻碱基对之间,使 DNA 增减一个核苷酸,导致移码突变。嵌入染料在结构上常含有吖啶(acridine)或菲啶环(phenanthridine),如原黄素、吖啶黄、溴化乙锭。这类化合物能与 DNA 结合,抑制 DNA 的复制、RNA 的转录起始和质粒的复制。其中溴化乙锭除可抑制 DNA 的复制和转录外,更常用做高灵敏的荧光试剂来检测 DNA。

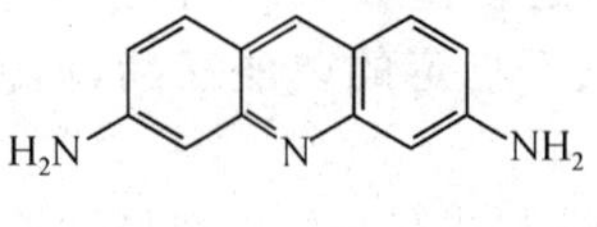

原黄素 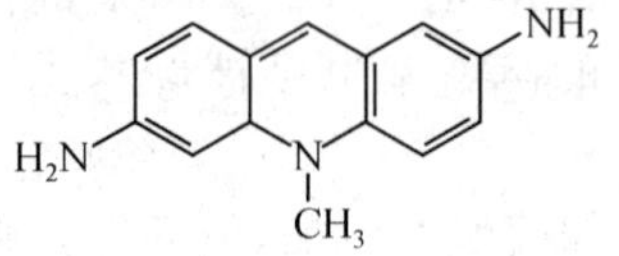　　　　　吖啶黄 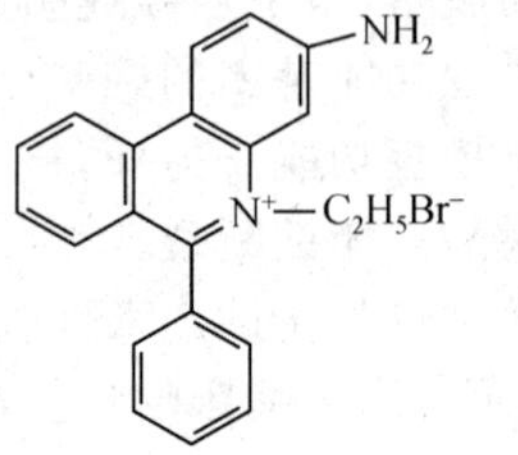　　　　　溴乙锭

三、RNA 聚合酶的抑制剂

此类物质通过抑制 RNA 聚合酶的活性,发挥其效用。

(1)**利福霉素**(rifamycin):利福霉素不作用于 DNA,不抑制真核 RNA 聚合酶,而只通过特异地抑制细菌 RNA 聚合酶活性,抑制细菌 RNA 的合成,已用来研究转录的作用机制。利福霉素是一类广谱抗微生物药品,对多数革兰氏阳性及革兰氏阴性菌、厌氧菌、结核杆菌和麻风杆菌都有抗菌活性。目前临床上主要使用的是其半合成衍生物,例如利福平(Rifampicin)、利福定(Rifadin)、利福喷丁(Rifapentine),见图 18-4。利福平(甲哌利福霉素)专门抑制转录的开始,但不妨碍聚合酶与 DNA 模板结合。利福平与起始的嘌呤核苷三磷酸(GTP 或 ATP)竞争与酶的结合部位,干扰 RNA 链的第一个磷酸二酯键的形成,但并不影响链的延长。利福平抗菌谱广,主要用于肺结核和其他结核病,在结核病治疗中是首选药之一,也可用于麻风病治疗等。而利福喷丁(环戊去甲利福平)抗结核杆菌的作用比利福平强 10 倍,常与其他抗结核药联用,主要用于治疗结核病。

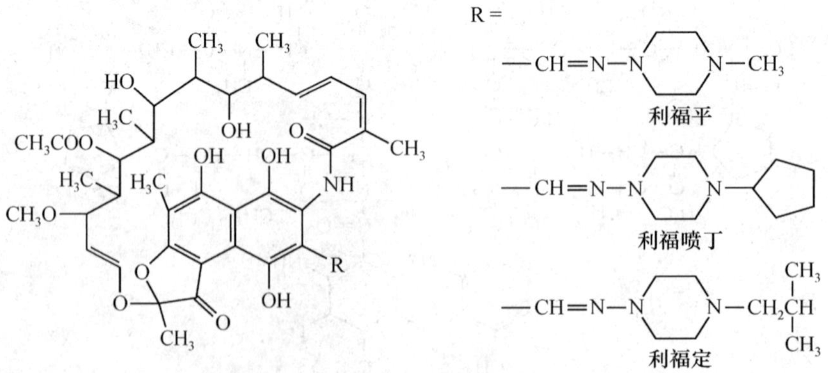

图 18-4　利福霉素的结构

（2）**利链菌素**（streptolydigin）：在抑制细菌的 RNA 聚合酶方面，它与利福霉素相似，阻止 RNA 链的延长，其作用机制是与细菌的 RNA 聚合酶的 β 亚基结合，抑制转录过程中 RNA 链的延伸。

（3）**α-鹅膏蕈碱**：一种八肽化合物，抑制真核生物 RNA 聚合酶，但对细菌 RNA 聚合酶的抑制作用极为微弱。

§18.4 RNA 的转录后加工

在大多数原核生物中，初级转录物提供了可进行翻译的功能性 mRNA。在真核生物中，绝大多数初级转录物是没有功能的 RNA 分子，称为 RNA 前体。它们必须经过剪切和化学修饰等一系列复杂的加工过程，其中某些序列要被移去，才能得到具有生物活性的成熟的 RNA 分子。此过程称做转录后加工（post-transcriptional processing），亦称 RNA 的成熟。

一、原核生物转录后加工

原核细胞的 mRNA 一般无特殊的转录后加工过程，而 rRNA 和 tRNA 存在切割、剪切、附加、修饰和异构化等加工过程。

（1）**rRNA 转录后加工**：原核生物的 rRNA 的基因和某些 tRNA 的基因组成混合操纵子，tRNA 基因大多成簇存在，与 rRNA 基因或与编码蛋白质的基因组成混合转录单位，转录为多顺反子后，必须断裂为 rRNA 和 tRNA 的前体，再进一步加工成熟。① 如大肠杆菌共有七个 rRNA 的转录单位，每个转录单位由三个 rRNA 基因和一个或若干个 tRNA 基因组成，rRNA 基因常由 tRNA 基因隔开。转录产物被剪切成 rRNA 前体，为 30S，再由特异的核糖核酸酶催化，逐步裂解为 16S、23S 和 5S rRNA。rRNA 转录和加工往往同时进行。② rRNA 在修饰酶催化下进行碱基修饰，生成含有多个甲基化的修饰成分，包括甲基化碱基和甲基化核糖，特别是 $2'$-甲基核糖。原核生物除 5S rRNA 外，16S 和 23S rRNA 均含有甲基化碱基，都是在前体转录和加工过程中产生的。③ rRNA 与蛋白质结合形成核糖体的大、小亚基。

（2）**tRNA 前体加工**：原核生物 tRNA 基因转录单元大多是多基因的，多个 tRNA 转录在一条 RNA 链上，有的还与 rRNA 组成转录单元，必须由内切酶切开。有的 tRNA 前体分子在 $5'$ 端和 $3'$ 端均有附加序列，必须除去。① 内切酶在 tRNA 两端切断。② 外切酶从 $3'$ 修剪，逐个除去附加序列。③ $3'$ 端加上胞苷酸-胞苷酸-腺苷酸（-CCA$_{OH}$），可由核苷酸转移酶催化外加，由 CTP 和 ATP 供给 C 和 A。而对某些自身具有-CCA 的 tRNA，切除附加序列后即露出该末端结构。④ 核苷的修饰和异构化。修饰成分包括甲基化碱基和假尿苷，每一种修饰都有特定的修饰酶。甲基化对碱基和 tRNA 序列都有严格要求，一般以 S-腺苷甲硫氨酸（SAM）为甲基供体。

（3）**mRNA 大多数不需加工**：原核生物中没有核膜，往往转录还未完成，翻译就已开始，转录与翻译是偶联的，因此原核生物中转录生成的 mRNA 大多数不需加工。但少数原核生物转录时生成多顺反子 mRNA，则需内切加工。若几个结构基因利用共同的启动子和共同终止信号经转录生成一条 mRNA，此 mRNA 分子编码几种不同的蛋白质，则需通过内切酶切成较小的单位再进行翻译。如乳糖操纵子上的结构基因 Z、Y 及 A 转录时生成一条 mRNA，编码三种不同的蛋白质，可翻译生成三种酶：β-半乳糖苷酶、β-半乳糖苷透性酶和 β-半乳糖苷乙酰转移酶；又如核糖体大亚基蛋白质基因与 RNA 聚合酶的 β 和 β′亚基的基因组成混合操纵子，转录出的多顺反子 mRNA 需将核糖体蛋白质的 mRNA 与聚合酶亚基的 mRNA 切开，各自翻译。切开可改变 RNA 的二、三级结构，有利于对各自 mRNA 的翻译进行调控。

二、真核生物转录后加工

真核生物的遗传信息贮存在细胞核的 DNA 之中，而蛋白质的合成部位却是在细胞质中，转录与翻译在时间和空间上彼此分离。另外，大多数基因还被内含子分隔为断裂基因，因此真核生物 rRNA 和 tRNA 前体需要加工，而 mRNA 前体则更是要经过复杂的加工。

(1) rRNA 前体加工：真核生物 rRNA 前体比原核生物大，基因拷贝数多，基因成簇排列，彼此被间隔区分开。不同生物的 rRNA 前体大小不同，哺乳动物的初级转录产物为 45S。细胞的核仁是 rRNA 转录、加工和装配成核糖体的场所。rRNA 前体在成熟过程中的甲基化、假尿苷酸化和切割是由核仁中存在种类甚多的核仁小 RNA（small nucleolar RNA，snoRNA）指导的，甲基化的位置主要在核糖 $2'$-OH 上。多数真核生物的 rRNA 基因没有内含子。四膜虫核和酵母线粒体的 rRNA 基因含内含子，它们的转录产物可自动切去内含子序列。

(2) tRNA 前体加工：tRNA 的基因数目比原核生物大得多，由 RNA 聚合酶 Ⅲ 负责转录。转录产物大约含 100 个左右核苷酸，成熟的 tRNA 约含 70～80 个核苷酸。前体加工与原核生物相似，先由内切酶和外切酶切除前体分子在 $5'$端和 $3'$端的附加序列和居间序列，不需 ATP；再由 RNA 连接酶连接，需要 ATP。具有居间序列的前体还需将居间序列切掉。真核生物的 $3'$端的-CCA 序列都是在核苷酰转移酶催化下后加上的。tRNA 的修饰成分由特异的修饰酶所催化，$2'$-O-甲基核糖含量约为核苷酸的 1%。

(3) mRNA 前体只有 10%转变为成熟的 mRNA：真核生物编码蛋白质的基因转录产物单位为单顺反子（cistron），其中内含子需在转录后被切除。刚转录出来的 mRNA 是分子很大的前体，即核内不均一 RNA（heterogeneous nuclear RNA，hnRNA）。hnRNA 的相对分子质量分布极不均一，在核内可迅速合成和降解，并且半衰期短，为几分钟至 1 小时。大多数真核基因都是断裂基因，在转录后的加工过程中通过拼接去除其中不被翻译的居间序列（内含子，intron），使编码区（外显子，extron）成为连续序列。为形成功能信息，内含子的删除反应是非常精细的。hnRNA 分子中大约只有 10%的部分转变成成熟的 mRNA，其余部分将在转录后的加工过程中被降解掉。mRNA 加工还包括 $5'$端形成特殊的帽子结构（m^{7}G$^{5'}$ppp$^{5'}$NmpNp-），$3'$端切断并加上多聚腺苷酸（poly A）尾巴，链内核苷甲基化，拼接除去内含子转录的序列，编辑和再编码等信息加工过程。信息加工可以消除错误、抽提有用信息，适应调节和选择性的表达。

① 在 $5'$端加帽子：成熟的真核生物 mRNA 的 $5'$端都有一个被称为甲基鸟苷的帽子，如 m^{7}G$^{5'}$ppp$^{5'}$N$_1$mpN$_2$p（帽Ⅰ）结构（参见图 14-2）。该结构在 hnRNA 中就已存在，可能在转录早期或转录终止前已经形成。初级转录物的 $5'$端为三磷酸嘌呤核苷 pppPu，转录起始后首先从 hnRNA 的 $5'$端的 pppPu 脱去一个磷酸；再与 GTP 生成 $5'$,$5'$-三磷酸相连的键，通过 $5'$,$5'$-焦磷酸键 GTP 与初级转录物的 $5'$端相连，同时释放一分子焦磷酸；最后以 S-腺苷甲硫氨酸（SAM）分步进行甲基化，可形成几种帽子结构。反应如下：

pppN$_1$pN$_2$p-RNA $\longrightarrow$ ppN$_1$pN$_2$p-RNA+P$_i$　（脱去一个磷酸）

ppN$_1$pN$_2$p-RNA+GTP $\longrightarrow$ G$^{5'}$ppp$^{5'}$N$_1$pN$_2$p-RNA+PP$_i$　（与 GTP 反应）

$$G^{5'}ppp^{5'}N_1pN_2p\text{-}RNA+SAM \longrightarrow m^7G^{5'}ppp^{5'}N_1pN_2p\text{-}RNA（帽0）+S\text{-}腺苷高半胱氨酸 \quad （甲基化）$$

$$m^7G^{5'}ppp^{5'}N_1pN_2p\text{-}RNA+SAM \longrightarrow m^7G^{5'}ppp^{5'}N_1mpN_2p\text{-}RNA（帽Ⅰ）+S\text{-}腺苷高半胱氨酸 \quad （甲基化）$$

$$m^7G^{5'}ppp^{5'}N_1mpN_2p\text{-}RNA+SAM \longrightarrow m^7G^{5'}ppp^{5'}N_1mpN_2mp\text{-}RNA（帽Ⅱ）+S\text{-}腺苷高半胱氨酸 \quad （甲基化）$$

帽子结构有多种,起识别和稳定作用。鸟苷的 7-位被甲基化形成 m^7Gppp,被称为"帽0";除鸟苷第七位碳原子甲基化外,m^7Gppp 之后的第一个核苷 N_1 的核糖 $2'$-OH 也甲基化,形成 m^7GpppN_1mp,称为"帽Ⅰ";如果 $5'$-末端 m^7Gppp 之后的 N_1 和 N_2 中的两个核糖中的 $2'$-OH 均甲基化,形成 $m^7GpppN_1mpN_2mp$,称为"帽Ⅱ"。从真核生物帽子结构形成的复杂程度可以看出,生物进化程度越高,其帽子结构越复杂。$5'$端帽子结构的重要性在于,它是 mRNA 在翻译时起始的必要结构,可对核糖体识别 mRNA 提供信号,还可能增加 mRNA 的稳定性,保护 mRNA 免遭 $5'$外切核酸酶的攻击。

② **在 $3'$端加尾**:大多数的真核 mRNA 在 $3'$端都有 $20\sim200$ 个腺苷酸残基构成的多聚腺苷酸尾巴。poly A 尾巴不是由 DNA 编码的。hnRNA 链先在 $3'$端被切断,然后在多聚腺苷酸聚合酶(poly A polymerase)催化下附加上 poly A。该酶以末端带有 $3'$-OH 的 RNA 为受体,由 ATP 作供体,在 Mg^{2+} 或 Mn^{2+} 的辅助下进行催化反应,还需十多个蛋白质参与。多聚腺苷酸化对 mRNA 的成熟是必要的,但它存在与否不影响翻译。加 poly A 与通过核膜有关,且影响 mRNA 的稳定性,它的存在能够减少核酸外切酶对 mRNA 的降解作用。

③ **甲基化**:甲基化的碱基主要是 N^6-甲基腺嘌呤(m^6A),在 hnRNA 中就已经存在,可能对前体的加工起识别作用。该修饰成分对翻译没有影响。

三、RNA 的拼接、编辑和再编码

1. RNA 拼接(splicing)

真核生物基因大部分都是断裂基因。断裂基因中转录后被除去的序列称为内含子,而成熟 RNA 中出现的序列称为外显子。拼接就是删除内含子,使编码区的外显子成为连续序列。RNA 的拼接共有四种方式:类型Ⅰ、类型Ⅱ、核 mRNA 拼接体(hnRNA)的拼接和核 tRNA 的酶促拼接。类型Ⅰ、类型Ⅱ都能进行自我催化拼接,拼接过程中没有蛋白质参加。

(1) 类型Ⅰ的自我拼接:四膜虫的 rRNA 初级转录前体 35S 含 6400 个核苷酸,经过拼接切除其中长 413 bp 的内含子序列,并使两个外显子连在一起(参见图 18-5),为自我催化拼接,需尿苷酸(或鸟苷)辅助。

(2) 类型Ⅱ的自我拼接:如某些真菌线粒体和植物叶绿体的拼接。其典型特征是形成套索结构,无须游离鸟苷酸(或鸟苷)发动转酯反应,而是由内含子自我催化完成。内含子靠近 $3'$端的腺苷酸 $2'$-OH 攻击 $5'$磷酸基,经过两次转酯反应,内含子成为套索结构被切除,两个外显子得以连接在一起。

(3) hnRNA 的拼接:切除 mRNA 前体中数目庞大的内含子并进行拼接,由剪接体实施,剪接体是由一组核内小核糖核酸(snRNA)和蛋白质构成的复合物。尿嘧啶含量较高的核内小 RNA 称为 U 系列 snRNA,这些 U 系列 snRNA(U1,U2,U4,U5,U6)与大约 50 种蛋白质被组装在 RNA 分子上,形成剪接体,参与 hnRNA 的拼接。此种拼接需要三段信号序列:左边界序列、右边界序列和分支点序列。左侧外显子的 $3'$端羟基进攻内含子的 $3'$端酯键,完成第二次酯转移反应,使两个外显子连接在一起,释放出内含子。

(4) 核内 tRNA 前体的酶促拼接:tRNA 前体有共同的二级结构,通常内含子靠近反密码

子处,与反密码子碱基配对,由内含子构成的环代替反密码子环。反应分两步进行:RNA 内切酶识别 tRNA 前体共有的二级结构,切去内含子插入序列,反应不需 ATP;连接酶催化使切开的 tRNA 两部分共价连接,反应需要 ATP。

以上为分子内拼接,即顺式拼接。另外,还有比较少见的分子间的拼接,为反式拼接,即具有 5′拼接点的 RNA 与靠得很近的另一个具有 3′拼接点的 RNA 的拼接。此外,还有广泛存在的选择性拼接,同一基因转录产物在不同发育阶段、不同的分化细胞和不同的生理状态下,可有不同的拼接方式,从而得到不同的 mRNA 和翻译产物。由此产生的多个蛋白质为同源体。选择性拼接在基因表达的调节控制中十分重要,如蝇就是通过关键基因转录物的选择性拼接决定了雄性和雌性的差别。

2. RNA 编辑(RNA editing)

DNA 序列拼凑出了制造蛋白质的指令,但是蛋白质的制造却不总是按照这些密码来进行的。如果将 DNA 看做是只读的遗传密码拷贝,那么 RNA 则可以看成是可改写的工作拷贝,细胞能够对它进行增减和修饰。通常即使是很简单的编辑,都会影响最终形成的蛋白质功能。基因的多样性决定了蛋白质的多样性,但通过 RNA 的剪接可以使一个基因产生多种蛋白质。RNA 编辑是指在 mRNA 水平上改变 RNA 编码序列的过程,是基因转录后在 mRNA 中插入、缺失或核苷酸的替换而改变了 DNA 模板来源的遗传信息,基因转录物的 RNA 序列不与基因编码 DNA 序列互补,使翻译生成的蛋白质的氨基酸组成,不同于基因序列中的编码信息。这是因为 RNA 是多变的,通过分子内和分子间转酯反应可进行重排或由酶进行修饰。指导 RNA 编辑的模板称为指导 RNA(guide RNA,gRNA),编辑通常沿 mRNA 从 3′向 5′端方向进行。当 gRNA 与 mRNA 配对而遇到第一个不能配对的核苷酸时,gRNA 末端 U 的 3′-OH 攻击该核苷酸的 5′-P,发生转酯反应,mRNA 游离出来的 3′-OH 攻击 gRNA 寡聚 U 第一个不配对核苷酸的 5′-P,发生第二次转酯反应。这个过程可重复进行,直到全部编辑完成。RNA 编辑使得一个基因序列有可能产生几种不同的蛋白质,应是生物在长期进化过程中形成的更经济有效地扩展原有遗传信息的机制。RNA 编辑包括尿嘧啶(U)突变为胞嘧啶(C),胞嘧啶突变为尿嘧啶,腺嘌呤(A)转变成次黄嘌呤(I),尿嘧啶的插入或缺失,多个鸟嘌呤(G)或胞嘧啶的插入等,甚至涉及上百个尿嘧啶的缺失和插入。RNA 编辑的结果不仅扩大了遗传信息,而且使生物更好地适应生存环境。有些基因的主要转录产物必须经过编辑才能有效地起始翻译,或产生正确的阅读框架。如锥虫线粒体细胞色素氧化酶亚基Ⅲ中来自原始基因的遗传信息只占成熟 mRNA 的 45%,而 55%的遗传信息需要通过 RNA 编辑。甚至某些基因在突变过程中丢失一半以上的遗传信息都可凭借 gRNA 一一加以补足。RNA 编辑还可以消除移码突变等基因突变的危害,增加基因产物的多样性,是基因调控的一种重要方式,还能使基因产物获得新的结构和功能,有利于生物进化。

3. RNA 再编码(RNA recoding)

编码在 mRNA 上的遗传信息不总是以固定的方式进行译码,在某些情况下可以不同的方式译码,即改变了原来编码的含义,称为再编码。RNA 再编码的一种重要方式是校正 tRNA,通常是由一些变异的 tRNA 来进行的,这些变异的 tRNA 的反密码环碱基发生改变,或是决定 tRNA 特异性的碱基发生改变,从而改变了译码规则,使错误的编码信息受到校正。校正 tRNA 在错义和无义突变的位置上引入一个与原来氨基酸相同或性质相近的氨基酸,恢复或部分恢复基因编码蛋白质的活性,通过阅读一个二联体密码子或四联体密码子消除−1 移码

或 +1 移码的效应。在蛋白质合成过程中核糖体还可以通过移码或程序性阅读框架移位进行翻译移码，从而使一个 mRNA 产生两个或更多相互有关但是不同的蛋白质，或借以调节蛋白质的合成。

RNA 再编码还是细胞用于扩大由单个 DNA 密码装配蛋白数目的遗传编辑方法。RNA 再编码方式可以发生在特定位点改变 RNA 的碱基，即将腺苷(A)改成次黄苷(I)，从而改变昆虫的 RNA 折叠成独特的结构，其主要靶标是与动物神经系统中的化学和电信号传递有关的蛋白质。特殊的 RNA 采用形状决定特异性 RNA 编辑模式，决定编辑酶如何修饰细胞内的信息分子，这可能有助于解释动物神经系统(包括人类大脑)的非凡适应性和进化。负责调节折叠 RNA 的区域定位在一个内含子中。没有内含子，RNA 再编码就无法发生，因此内含子成为细胞用以减缓拼接以使编辑酶能够完成工作的手段。这些发现表明，之前认为没有什么功能的内含子序列在这些基因的精确表达和调节中具有重要作用。RNA 再编码揭示出了一种新类型的遗传密码，它与序列和结构信号相互协作，极大地增长了人们解开基因组中的编码信息的能力。

§18.5 RNA 生物功能的多样性

RNA 具有诸多功能，无不关系着生物机体的生长和发育，它在生命活动的各个方面和生物进化过程中都起着相当重要的作用，其核心作用是基因表达的信息加工和调节。小分子 RNA(small RNA)是在极小基因的转录中产生的一些长度较短的 RNA，具有广泛性和多样性。小分子 RNA 不会被翻译以合成蛋白质，但在控制基因表达的调控作用方面与转录因子一样重要，可能代表新层次上的基因表达的调控方式。它们可打开或关闭多种基因，删除一些不需要的 DNA 片段，指导染色体中物质形成正确的结构，防止 DNA 片段位移出错，在细胞分裂过程中发挥关键的控制作用。

一、生物体内的多种 RNA

随着研究的深入，生物体内除了已知的核糖体 RNA(rRNA)、转运 RNA(tRNA)和信使 RNA(mRNA)外，还发现以下多种 RNA。

(1) **核酶(ribozyme，酶性核酸)**：具有催化作用的 RNA。

(2) **基因组 RNA(genome RNA)**：作为遗传物质的 RNA(如 RNA 病毒)。RNA 生物都是基因组小、结构简单的生物。

(3) **指导 RNA(guide RNA)**：指导 RNA 编辑的小 RNA。

(4) **非编码 RNA**：目前已发现 20 多种。它们的转录和加工方式同 mRNA，但不翻译为蛋白质。如女性细胞中的 *Xist* 基因，可转录为 *Xist* RNA 但不编码蛋白质，它的作用是与一条 X 染色体的 *Xist* 结合，使其失去活性。X 染色体失活的起始和维持均由 *Xist* RNA 介导，该 RNA 是从失活 X 染色体上所产生。由此，虽然第 23 对染色体女性是 XX，男性为 XY，但女性 X 染色体编码基因的表达量并不是男性的 2 倍，两者 X 染色体编码蛋白的表达是一致的。这种具有调节功能的非编码 RNA 分子基因的鉴定和功能研究，对阐明生命调控的机理具有重要的意义。

(5) **tmRNA**：既可作转运 RNA，也可作翻译 RNA，一身兼二任，如大肠杆菌中的 10Sa

RNA,它的结构一半类似 tRNA,并携带一个丙氨酸;另一半作为 mRNA,翻译出一个 11 肽。

(6) **小胞质 RNA**(small cytoplasmic RNA,scRNA):存在于细胞质中,如信号识别颗粒组分中含有的 7S RNA。

(7) **核仁小 RNA**(small nucleolar RNA,snoRNA):作为剪接体的组分的小核 RNA(small nuclear RNA,snRNA),与 rRNA 前体加工有关,包括断裂、甲基化、假尿嘧啶核苷的形成。

(8) **端粒酶 RNA**:用做真核生物端粒复制模板。

(9) **反义 RNA**(antisense RNA):为可通过与靶位序列互补而与之结合的 RNA,可直接阻止靶序列的功能,或通过改变靶部位构象而影响其功能。

(10) **引物 RNA**:在 DNA 复制中起重要作用且降解很快。

二、RNA 的功能

(1) **控制蛋白质合成**:蛋白质的合成相当复杂,需要三类 RNA 并在许多蛋白因子参与下共同合作完成。其中 mRNA 负责传递信息,并作为蛋白质合成的模板;tRNA 负责信息转换并转运氨基酸;而 rRNA 则负责催化氨基酸肽键的形成并装配成蛋白质,催化肽键形成的肽基转移酶活性由大亚基 rRNA 所承担,实质上核糖体就是一种核酶。RNA 在遗传信息的翻译中起着决定性的作用。

(2) **作用于 RNA 转录后的加工与修饰**:RNA 转录后的加工、编辑和修饰依赖于各类小RNA 和其蛋白质的复合物。在 mRNA 剪切过程中要除去内含子,snRNA 分别和 59 种蛋白质组装成剪接体,对 mRNA 前体的内含子进行正确的剪接。snoRNA 与 rRNA 前体加工有关,有趣的是,snoRNA 不是由单独的基因编码,而是由蛋白质切除的内含子片段加工而成。snoRNA 还参与 rRNA 中碱基的甲基化和假尿嘧啶化。

(3) **调控基因表达与细胞功能的调节**:人类基因组图谱初步分析表明,人类基因组真正用于编码蛋白质的序列仅占基因组的 1.1%~1.4%,而编码非蛋白质的各种 RNA 基因占基因组的比例要大得多。基因图谱破译表明,小鼠基因的 99% 与人类基因相似,但是却是不同的物种。可以认为,由于 RNA 通过各种剪接、编辑和再编码方式可调控基因的表达方向,开放或关闭基因,增加或减少遗传信息,从而可合成出多种蛋白质,调控生物的不同发育分化。两种重要的基因表达方式是反义 RNA 和 RNA 干扰,已用于研究农作物和家畜的抗病毒新品种改造和抑制癌等有害基因的表达。反义 RNA 可通过互补序列与特定靶序列结合,从而抑制mRNA 的翻译;RNA 干扰是通过双链 RNA 介导,引起特异 mRNA 的降解,抑制相关基因的表达。RNA 干扰技术(RNAi)是高效、特异性强的基因阻断技术,基因功能可因 RNAi 而受调节,在功能基因组研究、干细胞研究、基因药物研制与开发方面具有广泛的应用前景。另外研究发现,大肠杆菌在氧应力诱导下产生一种稳定的小 RNA,可激活或阻碍 40 多种基因的表达,包括转录调节因子和具有抗诱变作用;异配动物的性决定和转录表达补偿也可由 RNA决定。

(4) **生物催化与其他细胞持家功能**(house-keeping function):1981 年,美国卡罗拉多大学的 Thomas Cech 教授发现四膜虫 rRNA 的前体能够通过自我拼接切除内含子,该结果表明RNA 具有催化功能。不久,耶鲁大学的 S. Altman 教授发现,tRNA 也具有催化功能。他们突破了人类一个世纪以来一直认为"酶一定是蛋白质"的传统观念,证明了其他生物大分子也可以有催化功能,具有催化功能的生物分子不一定都是蛋白质。此种具有催化功能的酶称为核酶(ribozyme)。Cech 和 Altman 也因此荣获 1989 年诺贝尔化学奖。

持家功能是细胞的基本功能,如噬菌体的装配 RNA 参与了染色体结构的组成和装配,端粒酶中的 RNA 参与端粒 DNA 的合成等。端粒酶是一种含 RNA 的逆转录酶,可以自身 RNA 为模板,合成端粒 DNA 并加到染色体末端,稳定染色体结构。端粒 RNA 应与细胞寿命和癌症的发生有关。

(5) **遗传信息的加工与进化**:核酸可以自身切割,剪接、切割其他 RNA,合成肽键、核糖核苷酸、RNA 分子,转移氨基酸。RNA 既是信息分子,又是功能分子,生命起源的早期很可能最先出现的是 RNA,最初的生化系统可能是以 RNA 为中心的,生命起源的早期可能存在 RNA 世界。但随着生命的发展,催化会从碱基配对的刚性的 RNA 向柔性的蛋白质转变,因为蛋白质催化更有效;编码功能会从具有 $2'$-OH 引起磷酸二酯键相对不稳定性的 RNA 向更稳定的 DNA 分子转化,因为 DNA 遗传功能更稳定。RNA 是具有最复杂演化历史的生物大分子,因为它的转录后加工比任何一类生物大分子的后加工都复杂得多。RNA 也可能是某些生物获得性遗传的分子基础。

三、核酶

核酶(ribozyme)又称酶性核酸,为具有催化活性的 RNA。核酶的作用底物可以是不同的分子,也可以是同一 RNA 分子中的某些部位。核酶的功能很多,有的能够切割 RNA,有的能够切割 DNA,有些还具有 RNA 连接酶、磷酸酶等活性。与蛋白质酶相比,核酶的催化效率较低,是一种较为原始的催化酶。

(1) **四膜虫 rRNA 前体的自我拼接**:四膜虫转录产物 rRNA 前体 35S rRNA(约 6400 个核苷酸),在其加工生成的 26S rRNA 编码的区域内有一个内含子,为长 413 bp 的插入序列。1981 年,T. Cech 等人进行四膜虫的 26S rRNA 前体加工去除基因内含子的研究,发现在不含有任何蛋白质催化剂的溶液中,仍然有 26S rRNA 前体的内含子切除反应发生。由此认为,内含子切除不是由蛋白质酶催化,而是由 26S rRNA 前体自身催化的。为了证明这一发现,他们将编码 26S rRNA 前体 DNA 克隆到细菌中,并且在无细胞系统中转录成 26S rRNA 前体分子。结果发现,这种人工制备的 26S rRNA 前体分子在没有任何蛋白质催化剂存在的情况下,仍可以自我剪接(self-splicing)切除前体分子中的内含子。这是人类第一次发现 RNA 具有催化反应的活性,具有这种催化活性的 RNA 称为核酶。它可以不消耗能量从 rRNA 前体中除掉内含子,产生成熟的 26S rRNA。后深入研究发现,用 SDS 煮沸和用蛋白酶水解等破坏酶活性的办法,都不能破坏 26S rRNA 前体的拼接活性,但反应中一价和二价阳离子以及鸟嘌呤核苷酸(或鸟苷)是需要的。拼接实际上是磷酸酯的转移反应,此内含子具有高度保守的二级结构和三级结构,导致某些活性部位形成。

26S rRNA 前体分子是由外显子Ⅰ、插入的内含子和外显子Ⅱ组成。内含子的剪接分为三个主要阶段。用 ^{32}P-GTP 进行追踪实验表明该过程机理(图 18-5)如下:第一阶段是从内含子的 $5'$ 端开始切割。鸟苷酸(G)提供游离的 $3'$-OH,与插入的内含子 $5'$ 端发生亲核反应,与 $5'$ 端切点形成磷酸二酯键,同时左边的外显子Ⅰ与右边的内含子-外显子Ⅱ的磷酸二酯键断裂,为第一次转酯反应。第二阶段是在内含子的 $3'$ 端切割。外显子Ⅰ的 $3'$-OH 攻击外显子Ⅱ的 $5'$-磷酸基,形成磷酸二酯键,外显子Ⅰ和外显子Ⅱ共价连接获得成熟的 rRNA,同时内含子和外显子Ⅱ之间的磷酸二酯键断开,释放线性内含子,为第二次转酯反应。第三阶段被切除的线性内含子片段发生环化,形成一个环状结构,同时从其5′端去掉一小段15个核苷酸的聚核苷酸,为第三次转酯反应。最后,环状内含子进行自我切割和转酯反应,产生一个含395个核苷酸的线性分子,称为L-19,它具有催化活性,可以催化适当的RNA底物的水解和转酯反应。

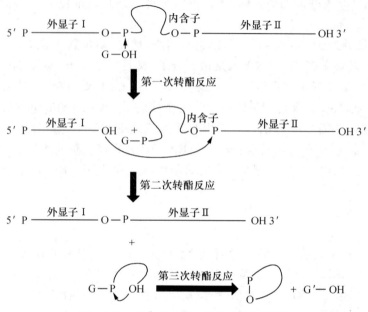

图18-5 四膜虫rRNA前体的拼接过程

(2) **核酶的普遍性**:在发现四膜虫中rRNA具有自我剪接的催化功能后,在酵母和真菌的线粒体mRNA和tRNA前体加工,叶绿体的tRNA和rRNA前体加工,某些细菌、病毒的mRNA前体加工中也都陆续发现了自我剪接现象。

(3) **核酶的锤头结构**:从多种植物病毒卫星RNA及类病毒RNA的自我剪接研究中,观察到自我切割区内有锤头结构(hammer-head structure),其结构特点是:三个茎区形成局部的双链结构,其中含有13个保守的核苷酸;自我切割位点位于GUX的X外侧,X可表示为C、U或A,不能是G。

(4) **核酶催化的反应**:已发现核酶可以催化核苷酸转移反应,如同磷酸二酯酶催化的磷酸二酯键水解反应;类似磷酸转移酶催化的磷酸转移反应,如同酸性磷酸酶催化的脱磷酸反应;类似RNA限制性内切酶催化的RNA内切反应,如同核酸内切酶催化的多核苷酸内部的磷酸二酯键水解反应等。

(5) **核酶的生物学意义**:核酶的发现在生命科学中具有重要意义,打破了酶是蛋白质的传统观念。在生命起源问题上,为"先有核酸"提供了依据。使我们有理由推测早期遗传信息和遗传信息功能体现者是一体的,只是在进化的某一进程中蛋白质和核酸才分别执行这些功能。核酶的发现为临床的基因治疗,如治疗破坏有害基因(遗传病)、肿瘤等疾病提供手段,具有重要的应用前景。研究艾滋病病毒HIV表明,它的转录信息来源于RNA而非DNA。如果被病毒感染的细胞内能存在一个专一识别HIV的RNA的核酶,在特定位点切断RNA,使它失去活性,那么它就能建立抵抗入侵的第一防线。甚至当HIV进入到细胞内并进行复制,核酶也可以在病毒生活史的不同阶段切断 HIV 的 RNA 而不影响自身的 RNA。另外,在国外药物研究中,锤头状核酶已经在小白鼠体内实验防治白血病方面取得了较好的效果,为白血病的基因治疗带来了希望。

(6) 脱氧核酶(deoxyribozyme 或 DNAzyme):继核酶发现以后,又报道了一个人工合成的 35bp 的多聚脱氧核糖核苷酸,能够催化特定的核糖核苷酸或脱氧核糖核苷酸形成磷酸二酯键,并将这一具有催化活性的 DNA 称为脱氧核酶或 DNA 酶。脱氧核酶具有结构稳定、成本低廉、易于合成和修饰以及半衰期较长等特点。迄今虽已经在体外选择得到了数十种脱氧核酶,但还未发现自然界中存在天然的脱氧核酶。对 RNA 有切割活性的脱氧核酶能催化 RNA 特定部位的切割反应,还能从 mRNA 水平对基因进行灭活,从而调控蛋白的表达。脱氧核酶有望成为基因功能研究、核酸突变分析、治疗肿瘤、对抗病毒及肿瘤等疾病的新型基因治疗药物,以及防治动植物病毒侵害的新型核酸工具酶。

§18.6 RNA 指导下的 RNA 和 DNA 合成

一、RNA 的复制

以 RNA 为模板,在 RNA 复制酶催化下合成与模板互补的 RNA 序列,称为 RNA 复制。一般来说,RNA 是遗传信息的传递者,但是在有些生物中,RNA 也可以是遗传信息的携带者和贮存者,并能进行自我复制。有些病毒的基因组为 RNA 分子,病毒的全部遗传信息都贮存在 RNA 之中,RNA 可借助复制将遗传信息由亲代分子传给子代分子。RNA 复制由 RNA 指导的 RNA 聚合酶所催化,在模板 RNA 存在下,以四种 NTP 为底物,需要 Mg^{2+},但不需引物,复制出与模板性质相同的 RNA,新合成链的方向为由 $5' \rightarrow 3'$ 延长。复制酶具有极高的模板特异性,它只识别自身的 RNA,而宿主细胞 RNA 和其他无关 RNA 都不能作为其模板进行复制。

1. 噬菌体 Qβ RNA 的复制

当噬菌体 Qβ 的 RNA 侵入 *E.coli* 细胞后,本身就成为 mRNA,可以进行病毒蛋白质的合成。通常将具有 mRNA 功能的链称为(+)RNA(正链),它的互补链为(−)RNA(负链)。噬菌体 Qβ 的 RNA 为正链,复制时除复制酶外还需要两个来自宿主细胞的蛋白因子。复制酶先与模板(+)RNA 链的 $3'$ 端结合,复制出互补的负链,再以负链为模板,复制出正链,从而完成自身的复制。在最适宜条件下,合成速度为 35 个核苷酸/秒。

2. 病毒 RNA 复制的主要方式

病毒 RNA 有很多种,复制方式也不一样,大致可有以下几类:

(1) 含正链(+)RNA 的病毒:(+)RNA 病毒进入宿主细胞后,以(+)RNA 充当 mRNA,利用宿主细胞的条件,先合成复制酶及相关蛋白质,然后在复制酶作用下进行病毒 RNA 的复制,先复制互补(−)RNA 链,再复制(+)RNA。最后,病毒(+)RNA(mRNA)和蛋白质装配成新的病毒颗粒。

表示为: (+)RNA→(−)RNA→(m)RNA

代表性病毒为噬菌体 Qβ 病毒和灰质炎病毒。灰质炎病毒感染细胞后,病毒 RNA 与宿主核糖体结合,合成一条长多肽链。在宿主蛋白酶作用下水解成六个蛋白质,包括复制酶,在形成复制酶后病毒 RNA 开始复制。

(2) **含负链(一)RNA 的病毒**：含(一)RNA 和复制酶。(一)RNA 病毒侵入细胞后,先借助复制酶合成出(＋)RNA(mRNA),再以(＋)RNA 为模板合成病毒蛋白和复制病毒(一)RNA,并组装成病毒粒子。代表性病毒为狂犬病病毒(rabies virus)。

表示为:　　　　　　　　(一)RNA→(＋)RNA→(一)RNA

(3) **含双链(±)RNA 的病毒**：含双链 RNA 和复制酶。侵入细胞后以(一)RNA 为模板,在病毒复制酶作用下通过不对称转录先合成出(＋)RNA,并以(＋)RNA 为模板翻译出病毒蛋白质,再合成(一)RNA,形成(±)RNA(双链 RNA)组装成病毒。代表性病毒为呼肠孤病毒(reovirus)。

表示为:　　　　　　　　(±)RNA→mRNA→(±)RNA

(4) **逆转录病毒**：又称致癌 RNA 病毒,如白血病病毒(leukemia virus)和肉瘤病毒。此种病毒的复制经过 DNA 前病毒阶段,由逆转录酶催化。

表示为:　　　　　　(＋)RNA→(一)DNA→(±)DNA→(＋)mRNA

当致癌 RNA 病毒,如鸟类劳氏肉瘤病毒进入宿主细胞后,其逆转录酶先催化合成与病毒 RNA 互补的(一)DNA(DNA 单链),继而复制出(±)DNA(双螺旋 DNA),并经另一种病毒酶的作用整合到宿主的染色体 DNA 中。此整合的 DNA 可能潜伏(不表达)数代,待遇到适合条件时被激活,利用宿主的酶系统转录成相应的 RNA。其中一部分作为病毒的遗传物质,另一部分则作为 mRNA 翻译成病毒特有的蛋白质,最后,(＋)RNA 和蛋白质被组装成新的病毒粒子。在一定条件下,整合的 DNA 也可使细胞转化成癌细胞。

由此可见,病毒 mRNA 的合成在病毒复制中处于中心地位,只有合成出病毒 mRNA,才可由病毒 mRNA 合成各种病毒蛋白,并最终装配成病毒。不同类型的 RNA 病毒产生 mRNA 的机制大致可分为四类,如图 18-6 所示。

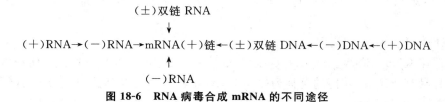

图 18-6　RNA 病毒合成 mRNA 的不同途径

二、RNA 的逆转录

以 RNA 为模板,在逆转录酶作用下合成出与模板互补的 DNA,遗传信息由 RNA 传给 DNA。逆转录过程是先以 RNA 为模板,合成 RNA-DNA 杂化双链,然后水解 RNA 链,再以剩下的 DNA 单链为模板合成 DNA 双链。逆转录病毒的逆转录酶具有催化这三个过程进行的活性。目前已发现不少动物逆转录病毒和几种人类逆转录病毒。

(1) **逆转录酶**(reverse transcriptase)：逆转录 RNA 病毒是一大类病毒,能引起哺乳类动物患白血病及多种肿瘤。此类病毒不同于其他 RNA 病毒的复制行为,它们可以被放线菌素 D 所抑制,而放线菌素 D 却是以 DNA 为模板的聚合反应的特异性抑制剂。因此,1964 年 Temin 在研究致癌 RNA 病毒时提出了前病毒假设。他认为,此类病毒的复制过程一定经过 DNA 中间体,该中间体可部分或完全地整合到宿主 DNA 中,并随细胞增殖传递至子代,细胞的恶性转化就是由前病毒引起的。前病毒学说对于当时盛行的信息是由 DNA 流向 RNA 再到蛋白质的"中心法则"提出了挑战。1970 年，Temin 和 Baltimore 等人从两种致癌 RNA 病毒中分别发现了逆转录酶。

逆转录酶与 DNA 聚合酶类似，要求有模板和引物。模板为 RNA，底物为四种脱氧核糖核酸(dNTP)，需要适当浓度的二价阳离子 Mg^{2+} 或 Mn^{2+} 和用来保护酶蛋白中的巯基的还原剂。反应开始时，引物以氢键与病毒单链 RNA 模板相连，从引物 $3'$-OH 端进行反应，DNA 链延伸方向为 $5'\rightarrow3'$。逆转录酶亦含 Zn^{2+}。逆转录酶无校正功能，因此错误率较高。

逆转录酶是一种多功能酶，兼有三种酶活力：① 能以 RNA 为模板合成互补 DNA 链，并形成 RNA-DNA 杂合分子；② 具有 DNA 指导的 DNA 聚合酶活力，可以在新生 DNA 链上合成另一条互补 DNA 链，形成双链 DNA；③ 有核糖核酸酶 H 的活力，专一水解 RNA-DNA 杂合分子中的 RNA。逆转录酶可被用做合成与某些特定 RNA 互补的 DNA 的工具酶，也可用于 DNA 序列分析和克隆重组 DNA。

(2) **模板**：带有适当引物的任何种类的 RNA 都能作为逆转录酶合成 DNA 的模板，如一些人工合成的多聚核苷酸 poly A · dT_{12-18}，poly C · dG，polydA · dT 等，但以自身病毒的 RNA 为模板时活力最高。由于几乎所有真核生物的 mRNA 的 $3'$-末端都有一段 poly A，加入寡聚 dT 就是逆转录的模板，由此可合成与一定 mRNA 互补的 DNA(称为 cDNA)。

(3) **引物**：与模板互补的寡聚 DNA 或寡聚 RNA，长度至少四个核苷酸，且有游离的 $3'$-OH。病毒 RNA 的逆转录要求特定的 tRNA 为引物。

(4) **逆转录过程**：在病毒逆转录酶作用下，以病毒 RNA 为模板逆转录合成 cDNA(负链 DNA)，构成 RNA-DNA 中间体。通过逆转录酶具有的核糖核酸酶 H(RNase H)活性水解中间体中的 RNA；再以剩下的(−)DNA 为模板，在病毒体相关 DNA 多聚酶的作用下，复制双链 DNA(前病毒 DNA)，并进入细胞核；在病毒插入酶的催化下插入宿主 DNA，成为细胞染色体的一部分。宿主细胞染色体上的病毒基因，称为前病毒，可随宿主染色体 DNA 一起复制和转录。只有整合的前病毒 DNA 转录出来的 mRNA 才能翻译出病毒蛋白质。在宿主 RNA 聚合酶的作用下，病毒 DNA 转录出 RNA，并分别经过拼接、加帽、加尾形成 mRNA 或子代病毒 RNA。mRNA 在宿主细胞核糖体上翻译蛋白质，经过进一步酶解和修饰形成病毒结构蛋白或调节蛋白；子代 RNA 则与病毒源结构蛋白装配成核衣壳，从宿主细胞释放出时获得包膜，形成具有感染性的子代病毒。

(5) **逆转录的生物学意义**：逆转录最初发现于致癌 RNA 病毒，但并不仅限于病毒，在细胞中也频繁发生，但要在一定条件下才表达。端粒酶就是一种逆转录酶，其活性只存在于胚胎和肿瘤细胞中。

艾滋病病毒(人类免疫缺陷病毒 HIV-1)就是一种逆转录病毒。在疫苗和杀微生物剂都在试验中失败后，已把预防艾滋病的研究重点放在抗逆转录病毒药物上。逆转录 HIV-1 复制的重要环节已成为抗 HIV-1 药物研究开发的重要靶标。

HIV-1 借助其薄膜蛋白刺突 gp120 与具有表面分子 CD4 的 T 淋巴细胞和巨噬细胞表面 CD4 结合，并进一步通过包膜与宿主细胞膜融合，核衣壳进入细胞与细胞质内脱壳释放出 RNA 和逆转录过程所需要的引物及酶。HIV-1 病毒侵入 T 淋巴细胞后即杀死细胞，造成宿主机体免疫系统损伤。由此设计作用靶部位为 HIV-1 特异的逆转录酶和蛋白酶的药物，如 AZT($3'$-叠氮基-$2'$,$3'$-双脱氧胸苷，叠氮胸苷)和 DDI($2'$,$3'$-双脱氧肌苷，双脱氧肌苷)。AZT

在 T 淋巴细胞内转变成 AZT-三磷酸,对 HIV-1 的逆转录酶有高亲和力,可竞争性抑制酶对 dTTP 的结合,使病毒的 DNA 链合成终止。DDI 具有类似的作用机制。

AZT   DDI   替诺福韦富马酸酯

替诺福韦富马酸酯(tenofovir disoproxil fumarate)是一种新型核苷酸类逆转录酶抑制剂,以与核苷类逆转录酶抑制剂类似的方法抑制逆转录酶,从而具有抗 HIV-1 的活性。替诺福韦酯的活性成分替诺福韦双磷酸盐可通过竞争性直接与天然脱氧核糖底物相结合而抑制病毒聚合酶,还可通过插入 DNA 中终止 DNA 链。替诺福韦酯还被开发为由乙型肝炎病毒(HBV)引起的乙型肝炎治疗药物。HBV 基因组虽为双链环状 DNA,但其复制过程有 RNA 逆转录病毒的特性,需要逆转录酶催化产生 RNA/DNA 中间体,再继续进行复制。

习　题

1. 简要说明 RNA 生物合成的几种类型。
2. 原核生物 RNA 聚合酶催化的转录过程包括哪几个阶段?
3. 什么是启动子、转录因子、终止子、终止因子、抗终止因子和通读?
4. 真核生物与原核生物的 RNA 转录有何不同?
5. 何谓操纵子?简述大肠杆菌乳糖操纵子模型。
6. 分析 6-巯基嘌呤和 5-氟尿嘧啶进入体内抗癌的作用机制。
7. 利福霉素作为广谱抗微生物药品的作用机制是什么?
8. 简述原核生物的 tRNA 前体加工和真核生物的 mRNA 前体加工。
9. 何谓 RNA 的拼接、编辑和再编码?
10. 简述生物体内多种 RNA 的名称和作用。
11. 用四膜虫 rRNA 前体的自我拼接,说明什么是核酶。
12. 简述病毒 RNA 复制的几种主要方式。
13. 何谓逆转录?逆转录酶有哪几种酶活力?
14. 替诺福韦富马酸酯为什么具有抗 HIV-1 的活性?

蛋白质的生物合成——翻译

蛋白质是生物体中的重要成分,是生物体内主要的功能分子,参与所有的生命活动过程并起主导作用,它们的生物合成在细胞代谢中占有十分重要的地位。蛋白质的一级结构(即氨基酸序列和长度)直接取决于 DNA 中的核苷酸序列,氨基酸序列决定着蛋白质的自我折叠形式和生物学功能。在某一特定的生物细胞中 DNA 的含量是恒定的,不同物种的细胞中 DNA 含量与物种进化相关。DNA 的信息量与 DNA 的复杂度有关,其复杂度是指单倍体细胞基因组 DNA 非重复序列的碱基对数。DNA 大小只能表明它可能编码的信息的多少,而实际具有的信息量是物种在进化过程中自然选择得到的。DNA 并不直接指导蛋白质的合成,需要先通过转录将信息传递给 RNA。RNA 在转录后进行的信息加工是一个抽提信息、转换信号、消除错误和调节表达的过程。

以 mRNA 为模板合成蛋白质的生物合成过程叫做翻译(translation)。蛋白质的生物合成过程非常复杂,几乎涉及细胞内所有种类的 RNA 和氨酰-tRNA 合成酶等多种酶及众多蛋白质因子(起始因子、延伸因子、释放因子等)。总共大约有 200 多种生物分子协同完成,ATP或 GTP 提供反应能量。翻译过程可以概括地描述为:① 信息由 mRNA 携带,mRNA 是蛋白质合成的直接模板,mRNA 上的遗传信息以三个核苷酸编码一个氨基酸的三联体密码规则存在,遗传密码是把 mRNA 中核苷酸序列转换为多肽中氨基酸序列的基础;② 蛋白质合成的原料是氨基酸,由 tRNA 负责运输、转运,相应的氨基酸与特定的 tRNA 共价结合形成氨酰-tRNA,通过反密码子环识别 mRNA 上的密码子并与之结合;③ 由 rRNA 和多种蛋白质组成的核糖体是蛋白质合成的场所,核糖体与 mRNA 的起始部位结合,沿 mRNA $5'→3'$读码,经历肽链合成的起始、延伸和终止三个阶段,完成肽链合成,肽链合成方向为从氨基端(N 端)向羧基端(C 端)进行。

生成的肽链要成为有功能的蛋白质,还需要进行翻译后修饰加工,再运送到各细胞器、细胞质和胞外,在合适的场所行使正常的生物功能。原核生物和真核生物的翻译步骤基本相同,但也有区别。原核生物参与起始的是甲酰甲硫氨酰-tRNA(fMet-tRNA^{fMet}),mRNA 的转录与多肽链的翻译同时进行,即互相偶联,可加快蛋白质合成速度;真核生物参与起始的是甲硫氨酰-tRNA(Met-tRNA$_m^{Met}$),转录和翻译被核膜分隔开,分别在细胞核和细胞质中进行,两者不能偶联。

为提高翻译效率,两者都存在多个核糖体翻译一个 mRNA 分子的现象。

§19.1 遗 传 密 码

把核苷酸链上单核苷酸序列与多肽链上氨基酸序列联系起来的信号称为遗传密码(genetic code)。遗传密码描述了 DNA 或 mRNA 上四种碱基的排列顺序与多肽链氨基酸序列之间的对应关系。由于 DNA 携带基因的遗传信息是通过转录为 mRNA 再传递给多肽,氨基酸的排列顺序是由 mRNA 上的遗传密码所决定,因此遗传密码常用 mRNA 的碱基序列表示。mRNA 上由三个相邻核苷酸组成一个密码子(codon),称为三联体密码(triplet code),代表 20种基本氨基酸和肽链合成的起始或终止信号。编码 20 种基本氨基酸的遗传密码是一套包括61 种密码子(包括一个翻译开始的起始密码子)以及 3 种终止密码子(termination codon)组成的遗传密码字典(表 19-1)。

表 19-1 遗传密码字典

第一位碱基 (5′端)	第二位碱基(中间)				第三位碱基 (3′端)
	U	C	A	G	
U	Phe	Ser	Tyr	Cys	U
	Phe	Ser	Tyr	Cys	C
	Leu	Ser	终止	终止	A
	Leu	Ser	终止	Trp	G
C	Leu	Pro	His	Arg	U
	Leu	Pro	His	Arg	C
	Leu	Pro	Gln	Arg	A
	Leu	Pro	Gln	Arg	G
A	Ile	Thr	Asn	Ser	U
	Ile	Thr	Asn	Ser	C
	Ile	Thr	Lys	Arg	A
	Met(起始)	Thr	Lys	Arg	G
G	Val	Ala	Asp	Gly	U
	Val	Ala	Asp	Gly	C
	Val	Ala	Glu	Gly	A
	Val	Ala	Glu	Gly	G

一、遗传密码的阐明

20 世纪 60 年代初,科学家发现核苷酸数目与氨基酸数目的对应比例为 3∶1,即三个核苷酸对应于一个氨基酸,这说明三联体密码是正确的。

(1) 数学观点:核酸由核苷酸组成,核苷酸只有四种,而氨基酸则有 20 种。若两种核苷酸为一组,所能代表的氨基酸只能有 $4^2=16$ 种,不能满足 20 种氨基酸的要求。如果三个核苷酸为一个氨基酸编码,则可能编码 $4^3=64$ 种氨基酸,这是能够包容所有 20 种氨基酸的最低比例的,因此估计密码子至少为三联体(triplet)。

（2）**生物化学实验**：从对遗传密码性质的推论到决定每个密码子的含义，科学家用多种方法对各氨基酸的密码子进行研究，合成了多种模板来指导氨基酸的合成。如用人工合成的均聚或共聚核糖核苷酸作模板，用化学合成结合酶促反应合成了含有各种二、三和四个核苷酸重复序列的多聚核苷酸作模板。特别是核糖体结合技术，发现三核苷酸能促进特殊携带有氨基酸的 tRNA 与核糖体结合。为此，用已知碱基序列的三核苷酸和标记的氨酰-tRNA 以及核糖体混合，然后用硝酸纤维素膜过滤。不与核糖体结合的 tRNA 能通过过滤，而与核糖体结合的 tRNA 不能通过过滤。由此即可测知哪一个三核苷酸对哪一种 tRNA 是专一的。终于在 1966 年全部阐明 20 种氨基酸遗传密码的碱基组成和排列。确认三个相邻的核苷酸编码一个氨基酸，组成一个密码子。

二、遗传密码的基本特性

（1）**密码的基本单位是三联体密码**：密码子在核酸分子中按 $5'→3'$ 方向、不重叠、无标点符号的方式编码。"无标点"即两个密码子之间没有任何核苷酸加以间隔。"不重叠"是指一个密码子中的三个核苷酸，不能再用其中任何一个核苷酸与前面或后面的核苷酸组成新的密码子。遗传密码的密码子共有 64 个（表 19-1），每个密码子代表一个特定的氨基酸或肽链合成的起始、终止信息。

密码子阅读方向和 mRNA 编码方向一致，都是 $5'→3'$ 方向，三联体密码的第一个位置表示三联体 $5'$ 端核苷酸，第三个位置表示 $3'$ 端核苷酸，所以 UUG（Leu）和 GUU（Val）是不等同的。必须按一定的读码框架（reading frame）从一个正确的起点开始连续读下去，直至终止信号，不允许插入或删去一个碱基。其中 AUG 有双重作用，既是蛋氨酸（甲硫氨酸）Met 的密码子，又是翻译开始的起始密码子，蛋氨酸总是第一个被组入新生多肽链的氨基酸（少数情况下是 GUG 编译的缬氨酸）。mRNA 序列中位于上游的起始位点 AUG 决定着阅读的框架。UAA、UAG 和 UGA 为 3 个终止密码子；其余 61 个密码子对应于组成蛋白质的 20 种氨基酸。遗传密码具有连续性，从 AUG 开始，各密码子连续阅读而无间断，若有碱基插入或缺失，会造成读码框架移动而引起突变。

在绝大多数生物中按不重叠规则读码，每三个碱基编码一个氨基酸，碱基的使用不允许重复。密码的不重叠与基因重叠是两个不同的概念。对一个蛋白质来说密码子是不重叠的，但同一段基因可以编码不止一种蛋白质，即基因是可能重叠的。

（2）**密码子的简并性（degeneracy）**：同一种氨基酸可由两个或更多密码子编码的现象称为密码子简并。事实上，除了色氨酸 Trp 和蛋氨酸 Met 只有一个密码子编码外，大多数氨基酸对应的密码子都不止一种，大部分氨基酸的密码子以 2～4 个居多，Leu 可有 6 个。编码同一种氨基酸的不同密码子称为同义密码子（synonymous codon）。表 19-2 为 20 种氨基酸密码子的简并。

（3）**密码子的变偶性（wobble）**：又称摆动性，即一个 tRNA 的反密码子可以识别多个简并密码子。密码子的专一性主要由前二位碱基决定，密码的简并性往往只涉及第三位碱基，所以第三位碱基发生点突变时仍可翻译出正常的氨基酸。如编码 Gly 的密码子为 GGN，N 可以是 G、A、U、C 中的任意一种，实际上 GG 就已经决定了所编码的氨基酸为 Gly。64 种密码子中的一半（32 种）都属于这种情况，前两位碱基是严格的，决定了编码的氨基酸。而另外 28 种密码子的第三位碱基或是嘌呤碱基或是嘧啶碱基，即同类碱基可以通用。由此，将第三位碱基可以在一定范围内变动而不影响所编码的氨基酸的这一特性称为变偶性。

表 19-2　氨基酸密码子的简并

氨基酸	密码子数目	氨基酸	密码子数目
Ala	4	Leu	6
Arg	6	Lys	2
Asn	2	Met	1
Asp	2	Phe	2
Cys	2	Pro	4
Gln	2	Ser	6
Glu	2	Thr	4
Gly	4	Trp	1
His	2	Tyr	2
Ile	3	Val	4

　　反密码子的第一位若是 U,可以和密码子第三位 A 或 G 配对;若是 G,可以和密码子第三位 U 或 C 配对。在 tRNA 的反密码子中,除 A、U、G、C 外,黄嘌呤(I)也常出现,I 的特点是可与 U、A、C 三者配对,因而带有 I 的反密码子能识别更多简并密码子,最大限度地阅读 mRNA 的密码子,从而减少由于突变而引起的误差。如酵母丙氨酸 tRNA 的反密码子为 IGC,可阅读 GCU、GCC 和 GCA 三个密码子。

　　(4) **密码子近于完全通用**:不论体内、体外,不论高等生物还是低等生物,基本上都使用这同一套遗传密码,说明地球上的生物有共同起源。密码子的通用性只有个别例外,如线粒体 DNA 编码方式就有其特殊的变偶规律,密码子的氨基酸特异性只决定于三联体的前两位碱基,第三位碱基是不起作用的;或者 tRNA 只区分嘌呤和嘧啶,如识别第三位为嘌呤(A、G)的密码子,或第三位为嘧啶(U、C)的密码子。

　　(5) **密码的防错系统**:密码的编排方式使密码子中一个碱基被置换后,所编码的氨基酸常常仍然不变(简并性),或只是变成物理化学性质最接近的氨基酸,即生物体密码的编排具有防错功能。在密码子编排中,第三位碱基决定简并性,第二位碱基常常可以决定氨基酸的极性。例如,密码子第二位碱基是 U,编码非极性疏水性氨基酸;若是 C,编码非极性或侧链不带电荷的氨基酸;若是 A 或 G,编码亲水性氨基酸。第一位碱基是 A 或 C,第二位碱基是 A 或 G,编码具有亲水侧链的碱性氨基酸。前两位是 GA,编码有亲水侧链的酸性氨基酸。密码子的碱基如此安排,可以使得碱基在一定范围内变动却不改变编码氨基酸,达到基因突变时并不改变蛋白质结构的目的;或以物理性质最接近的氨基酸相取代,可以最大限度地降低基因突变对生物体造成的影响,对维持生物物种的稳定性有重要意义。密码编排的防错功能是在进化过程中获得的。

§19.2　蛋白质的生物合成

　　蛋白质合成是最复杂的生物化学过程之一。参与蛋白质生物合成的物质包括 20 种氨基酸原料、30 多种 RNA、上百种不同的蛋白质和蛋白质因子(起始因子 IF、延长因子 EF 及释放因子 RF)、酶、ATP、GTP 等,共同协调完成蛋白质合成。原核生物和真核生物的蛋白质生物合成机制大同小异。

一、mRNA 是蛋白质合成的模板

肽链上各个氨基酸排列顺序是由 mRNA 上的核苷酸排列顺序决定的。mRNA 信号被转译的方向是从 5′端→3′端，密码以连续的方式组成读码框架，称为编码区。读码框架以外的序列称为非编码区，通常与遗传信息表达调控有关。框架的 5′端以起始密码子 AUG 开始，翻译出肽链的第一个氨基酸为蛋氨酸；3′端含一个或多个终止密码子 UAA、UAG 或 UGA，以终止这一肽链合成。

原核生物一个 mRNA 上可以有多个起点，起始 AUG 可以在 mRNA 的任何位置。为识别起始密码子，细菌通常在 mRNA 起始密码子 AUG 上游 10 个碱基左右的位置，有一段富含嘌呤碱基的特殊序列，称为 SD 序列，是核糖体的结合位点（图 19-1）。核糖体一旦与 mRNA 结合，立刻识别附近的起始密码子开始翻译。真核生物可能是通过 mRNA 5′端的帽子结构，增强核糖体对 mRNA 序列中结合部位的识别能力。当核糖体正确地结合到这个部位，就可以向 mRNA 的 3′端逐一扫描至第一个起始密码子 AUG，从而启动翻译过程。

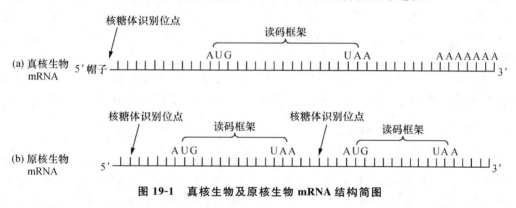

图 19-1　真核生物及原核生物 mRNA 结构简图

二、tRNA 的接头作用和氨酰-tRNA

（1）**tRNA 的接头（adaptor）作用**：tRNA 的作用相当于信息语言和功能语言之间的一个接头，是遗传信息的转换器。两种语言之间的对应和翻译由 mRNA 来完成，而翻译的操作和两种语言间的连接由 tRNA 完成，将碱基的 4 字语言转换成氨基酸的 20 字语言。tRNA 有四个重要的识别位点，分别可识别特定氨基酸、mRNA、氨酰-tRNA 合成酶和核糖体，其中最重要的是接受臂和反密码环两个部位。tRNA 携带并负责转运特异氨基酸，其 3′端的-CCA 序列是结合氨基酸的部位，为接受臂；tRNA 反密码环中含反密码子，可识别 mRNA 上的密码子，为与 mRNA 的结合部位。识别的专一性只与反密码子有关，而与所携带的氨基酸无关。tRNA 在阅读密码时起重要作用，通过识别特定氨基酸和 mRNA，将信息语言和功能语言接头。特定的 tRNA 运送特定的氨基酸，每种氨基酸至少有一个对应的 tRNA 来运送。在书写时，tRNA 运送的氨基酸可以表示在 tRNA 的右上角。如 tRNA^{Ala} 表示转运丙氨酸的 tRNA。大多数氨基酸都分别具有几种用来转运自身的 tRNA，一个细胞中通常有 50 个或更多的不同的 tRNA。

（2）**起始 tRNA（tRNA$_f^{Met}$）启动了蛋白质的合成**：这是一类功能特殊的 tRNA，它们特异地识别 mRNA 上的起始密码子，故称为起始 tRNA，对选择在 mRNA 上什么位置开始翻译起重要作用。起始 tRNA 都携带 Met,所以新生肽链 N-末端均为 Met,这类 tRNA 可以简写成 $tRNA_i^{Met}$。其他 tRNA 在蛋白质合成延伸中起作用,统称延伸 tRNA。原核生物蛋白质前体 N 端的 Met 的 α-NH$_2$ 会被特异的甲酰化酶甲酰化,得到甲酰甲硫氨酸(fMet),转运甲酰甲硫氨酸的 tRNA 表示为 $tRNA_i^{fMet}$,它只参与起始,不参与肽链延伸。因此,细胞中有两种可携带 Met 的 tRNA,一种是 $tRNA_i^{Met}$(原核生物为 $tRNA_i^{fMet}$),另一种是延伸肽链的 $tRNA^{Met}$,这两种 tRNA 被同一种 Met-tRNA 合成酶催化。换句话说,Met-tRNA 合成酶不能区别这两种 tRNA,它可将这两种 tRNA 分别催化生成 Met-$tRNA^{Met}$ 和 Met-$tRNA_i^{Met}$。但这两种 tRNA 可被蛋白因子区分,蛋白质合成的起始因子可识别 $tRNA_i^{Met}$,而延伸因子识别 $tRNA^{Met}$。

(3) tRNA 的突变与校正基因(suppressor gene):当基因突变后,tRNA 的基因也发生突变,使 tRNA 上的反密码子随之改变,在阅读 mRNA 密码子时仍能阅读突变后的密码,掺入正常氨基酸。例如,某肽链的基因发生了突变,mRNA 上编码 Glu 的密码子由 GAG 突变成了 UAG(终止密码子),蛋白质合成在此处也就由 Glu 残基变成结束合成。但此时若 tRNA 也发生一个点突变,比如 $tRNA^{Tyr}$ 的反密码子 3'-AUG-5'突变成 3'-AUC-5',经过这样的校正突变,$tRNA^{Tyr}$ 所阅读的密码子变成终止密码子 UAG,$tRNA^{Tyr}$ 仍可将自身携带的 Tyr 掺入肽链,使合成得以继续,只是肽链中一个 Glu 变为 Tyr。如此形成的多肽可以具有部分甚至全部活性。于是基因突变造成的影响部分被校正突变恢复了。

(4) tRNA 循环:tRNA 在蛋白质生物合成中按照 mRNA 模板的序列要求携带对应的氨基酸进入核糖体,肽链合成完毕,不带氨基酸的"空的"tRNA 离开核糖体,构成循环。

三、核糖体及多核糖体

(1) **核糖体(ribosome)**:核糖体又称核糖核蛋白体,是一种亚细胞颗粒,是蛋白质生物合成的场所,由大、小亚基构成,亚基含 rRNA(约占 60%)和不同的蛋白质(约占 40%)。rRNA 在核糖体中既具有结构上的功能,又参与转译过程中的起始等反应。核糖体的结构相当复杂,包含有许多转译过程中必不可少的因子,各种酶和起始因子,延伸因子、终止因子等的作用位点,是与蛋白质合成的复杂过程相匹配的。核糖体大亚基有转肽酶活性,并有容纳 tRNA 的两个部位:A 位点,即氨酰基位点;P 位点,即肽酰基位点。A 位点为新掺入的氨酰-tRNA 进入并结合的部位,P 位点为起始氨酰-tRNA 或正在延伸的肽酰-tRNA 结合的部位,也是无负载的 tRNA 从核糖体离开的部位。为与核糖体相应的位点严格地相互作用,tRNA 必须具有与位点相似的空间大小。

大肠杆菌核糖体为 70S,由 30S 亚基和 50S 亚基两个亚基组成。其中 30S 亚基含有 21 种蛋白质和 1 种 16S 的 rRNA,能单独与 mRNA 结合形成核糖体-mRNA 复合体,并进一步与 tRNA 专一性结合。50S 亚基中含 34 种蛋白及 5S 和 23S 两种 rRNA。50S 亚基不能单独与 mRNA 结合,但可与 tRNA 非专一地结合。50S 亚基上有两个 tRNA 结合位点——A 位点和 P 位点,另外还有一个 GTP 水解位点,水解 GTP 获得的能量供移位过程使用。结合 mRNA 的位点位于 30S 和 50S 的接触面上。在细菌细胞中,核糖体呈游离的单核糖体或与 mRNA 结合成多核糖体存在于胞液中。

真核细胞核糖体为 80S,由 40S 亚基和 60S 亚基两个亚基组成。40S 亚基中有 30 多种蛋白质和 1 种 18S rRNA;60S 亚基中有 50 多种蛋白质及 5S、28S 两种 rRNA。哺乳类动物核糖体的 60S 大亚基中还有一分子 5.8S rRNA。核糖体一部分与原核生物一样分布在胞液中,另一部分与内质网结合形成粗面内质网。

（2）**多核糖体的结构**：多核糖体是由一个 mRNA 分子与一定数目的单个核糖体结合而成的念珠状结构，两个核糖体之间有一段裸露的 mRNA。多核糖体中每个核糖体可以独立完成一条肽链的合成，所以多核糖体可以在一条 mRNA 上同时合成几条肽链，大大提高了翻译效率。

四、氨酰-tRNA 合成酶

（1）**氨酰-tRNA 合成酶特点**：tRNA 通过 $3'$-末端(-CCA)腺苷酸的 $2'$ 或 $3'$-OH 与氨基酸的—COOH 之间的成酯反应生成氨酰-tRNA，携带所需要的氨基酸，这一反应需要氨酰-tRNA 合成酶催化。该酶结构很复杂，有三个活性部位：tRNA 识别部位、氨基酸识别部位和ATP 结合部位。氨酰-tRNA 合成酶帮助特定的氨基酸结合到与此氨基酸对应的 tRNA 的特定部位。氨酰-tRNA 合成酶有如下特点：

具有很高的专一性：① 对氨基酸有极高的选择性。氨酰-tRNA 合成酶可高度特异识别氨基酸及 tRNA 底物，保证各氨基酸与相应的数种 tRNA 准确结合。每一个氨基酸至少有一种氨酰-tRNA 合成酶与其对应，所以细胞内至少有 20 种氨酰-tRNA 合成酶。② 只作用于 L-氨基酸，不作用于 D-氨基酸。③ 能专一性地识别与氨基酸相对应的 tRNA，生成氨酰-tRNA，起到"专车专用"的效果。

具有纠正酰化错误的功能（水解功能）：该酶有一个活性部位，叫做校正部位，可以水解错误掺入的氨基酸。比如，Ile 和 Val 结构只差一个甲基，tRNA^{Ile} 偶尔会将 Val 当成 Ile，与 Val 生成 Val-tRNA^{Ile}，此时 Ile-tRNA 合成酶会觉察出这种错误，利用它自身具有的水解酶活性水解掉这个 Val。经过这种校正，翻译过程的错误率可小于万分之一。

（2）**氨酰-tRNA 合成酶的催化机制**：氨酰-tRNA 合成酶催化的反应分为两步。

氨基酸活化：

$$E+氨基酸+ATP \longrightarrow E\text{-}氨酰\text{-}AMP+PP_i$$

氨酰-tRNA 合成酶（E）识别并结合它所催化的氨基酸及另一底物 ATP，然后催化氨基酸的羧基与 ATP 的 γ-磷酸基结合生成一个高能酸酐键，同时释放出一分子焦磷酸 PP_i。复合物氨酰-AMP 本身不稳定，但它尚未脱离酶蛋白，可被酶所稳定。

氨酰-tRNA 的生成：

$$E\text{-}氨酰\text{-}AMP+tRNA \longrightarrow 氨酰\text{-}tRNA+AMP+E$$

该步反应是氨酰-tRNA 合成酶识别与该氨基酸对应的 tRNA，并催化氨酰-AMP 中的高能键断裂，同时释放能量，通过氨基酸的—COOH 与 tRNA 氨基酸臂末端-CCA 的腺苷酸上的 $3'$-OH 结合成酯，生成氨酰-tRNA，并在蛋白因子帮助下进入核糖体参与蛋白质的生物合成。

总反应式：

$$氨基酸+tRNA+ATP \longrightarrow 氨酰\text{-}tRNA+AMP+PP_i$$

反应可逆，但由于 PP_i 的水解而使该反应趋于完全。

五、蛋白质合成的起始、延伸和终止

1. 蛋白质合成的起始

蛋白质的合成开始于氨酰-tRNA 的合成。起始 tRNA 与核糖体小亚基结合，在 mRNA 上找到合适的起始密码子，完成小亚基和起始 tRNA 以及 mRNA 的结合，最后再与大亚基结合，生成起始复合物（核糖体-mRNA-起始 tRNA）。整个过程需要起始因子（initiation factor，

IF)的帮助,GTP 或 ATP 提供能量。起始因子是一类参与蛋白质生物合成起始的可溶性非核糖体蛋白质。与核糖体蛋白质不同,它们只是在起始阶段暂时与核糖体结合,起始阶段结束就会自动脱离核糖体,而核糖体蛋白则不会脱离核糖体。

原核生物的起始氨基酸是甲酰甲硫氨酸(fMet),起始氨酰-tRNA 是甲酰甲硫氨酰-tRNA($fMet\text{-}tRNA_i^{fMet}$)。它们的 mRNA 在起始密码 AUG 上游约 10 个碱基处通常有一段富含嘌呤碱基的序列,称为 SD 序列,能与核糖体 16S 中的 rRNA $3'$ 端的 7 个嘧啶碱基互补结合。大肠杆菌有三个起始因子(IF)能与核糖体的 30S 小亚基结合。其中 IF-3 的功能是使核糖体的大小亚基分开,IF-1 和 IF-2 的功能是促进 $fMet\text{-}tRNA_i^{fMet}$ 及 mRNA 与 30S 亚基形成 30S 亚基-$fMet\text{-}tRNA_i^{fMet}$-mRNA 复合物。复合物形成后 IF-3 解离,以利于 50S 大亚基与 30S 小亚基结合。$tRNA_i^{fMet}$ 的反密码子与起始密码 AUG 配对结合,起始复合物形成,并使 IF-1 和 IF-2 离开核糖体,由结合在 IF-2 上的 GTP 水解提供能量。

真核生物的起始因子(eIF)有 10 种。首先 eIF-3 与 40S 亚基结合,使大小亚基分开,然后 $Met\text{-}tRNA_i^{Met}$ 与 40S 亚基结合,再与 eIF-2 和 GTP 结合形成四元复合物。再在多个蛋白因子辅助下,复合物与 mRNA 的 $5'$ 端结合。eIF-4 能够特异地结合于 mRNA 的帽子结构上。随后由 ATP 供能,使小亚基向 $3'$ 端移动至第一个 AUG,被 $tRNA_i^{Met}$ 的反密码子识别。eIF-2 和 eIF-3 离去,60S 大亚基与起始复合物结合,完成起始过程。此时 Met-tRNA 占据了核糖体上的肽酰位点(P 位点),空着的氨酰位点(A 位点)准备接受另一个氨酰-tRNA,为肽链延伸作好了准备。

2. 肽链的延伸

起始过程结束后,继续按 mRNA 密码子的顺序翻译。mRNA 的读码方向是 $5' \rightarrow 3'$,肽链延伸方向是 N 端→C 端,C 端部分总是最后被合成。mRNA 结合到核糖体上时,A 位点和 P 位点正对应于 mRNA 上两个相邻的密码子。核糖体确保 mRNA 上的密码子与相应的 tRNA 的反密码子相对应。tRNA 携带氨基酸(氨酰-tRNA)进入核糖体合成多肽链,进入肽链的延伸循环。每一次循环掺入一个氨基酸,每个循环都包括氨酰-tRNA 的掺入、肽键的形成和移位过程三个步骤。延伸因子(elongation factor,EF)是一类参与蛋白质合成过程中肽链延伸的蛋白因子。肽链延长过程的三个步骤中除肽键的形成外,有两个步骤都需要延伸因子参与。

(1) **氨酰-tRNA 的掺入**:肽链的延伸是从与起始密码 AUG 相邻的密码子被相应的氨酰-tRNA 的反密码子识别开始。肽链 N 端的第二个氨基酸由相应的 tRNA 携带,由氨酰-tRNA 结合因子(原核生物为 EF-Tu,真核生物为 EF-1)催化结合。氨酰-tRNA 通过互补识别 mRNA 的密码子,与 70S 核糖体 A 位点结合。原核生物中有两个延伸因子:EF-Tu 和 EF-Ts。EF-Tu 的功能是携带 tRNA 进入 A 位点,它与 GTP、氨酰-tRNA 结合后,和核糖体形成四元复合物,此过程伴随 GTP 的水解。当氨酰-tRNA 与核糖体结合后,EF-Tu 和 GDP 形成复合物脱离核糖体。EF-Tu 高度专一,能识别和结合除 fMet-tRNA 外的所有氨酰-tRNA,但甲酰和非甲酰的起始 tRNA 不能与 EF-Tu 和 GTP 生成复合物,这样就保证了起始 tRNA 携带的 fMet 不能进入肽链内部。第二个延伸因子 EF-Ts 则负责催化 EF-Tu-GTP 的再生,为结合下一个氨酰-tRNA 作准备。真核生物的 EF-1 同时具备 EF-Tu 和 EF-Ts 的性质。

(2) **肽键的形成**:此时,核糖体的 P 位点由 $Met\text{-}tRNA_i^{Met}$ 占据,进入 A 位点的氨酰-tRNA 携带的第二个氨基酸,在核糖体催化下以其氨基亲核进攻 P 位点上 Met 与 AMP 之间的酯羰基形成第一个肽键,酯键转变成肽键,肽链延长一个氨基酸(图 19-2)。此时 P 位点的 tRNA 由于氨基酸的离去已无负载,离开核糖体,而 A 位点上的 tRNA 则携带了一个二肽。在下一循环的肽键形成步骤中,占据 P 位点的 Met 被一条多肽链取代,新进入 A 位点的氨酰-tRNA

的氨基亲核进攻 P 位点上肽链与 AMP 之间的酯羰基。

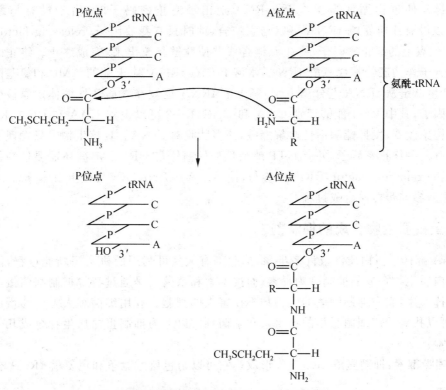

图 19-2　蛋白质合成中第一个肽键的形成

此步肽键的形成是三个步骤中唯一不需要蛋白质因子参与的过程。已有研究证明,肽键的形成是由核糖体自身催化完成的。

（3）**移位**(translocation)：当 A 位点上延长了一个氨基酸之后,生成的二肽酰-tRNA 占据 A 位点,P 位点上的空载 tRNA 自动离开核糖体,P 位点成为空位。在移位因子(原核中为 EF-G,真核中为 EF-2)催化下,依靠 GTP 提供的能量,核糖体可以沿 mRNA 从 $5'\rightarrow3'$ 相对移动一个密码子的距离(图 19-3)。结果,原来的 A 位点由于移动的结果成为现在的 P 位点,并携带了一个二肽(多肽链);而现在的 A 位点空出,可以继续接受与下一个密码子对应的氨酰-tRNA。如此每循环一次,肽链增长一个氨基酸。

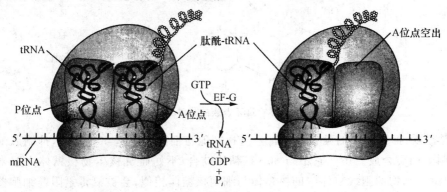

图 19-3　原核生物蛋白质合成中的移位

3. 肽链的终止与释放

当肽链延伸过程循环多次直至 mRNA 上出现终止密码子时,由于没有与之对应的 tRNA,所以没有任何氨酰-tRNA 可以与它结合,此时只有释放因子(releasing factor,RF)可以识别 A 位点上的终止密码子,终止肽链合成并使肽链释放出来,完成终止。终止时肽酰转移酶将水分子作为底物替代氨酰-tRNA,水解 P 位点 tRNA $3'$-末端的 AMP 和氨基酸之间的酯键,使新生肽链从 tRNA 上分离下来,剩下的 tRNA 也被释放离开核糖体。原核生物中有三个释放因子,其中 RF-1 能够识别 UAA 和 UAG,RF-2 可以识别 UAA 和 UGA,RF-3 可使转肽酶的构象改变,发挥酯酶活性水解酯键,使多肽脱离 tRNA。真核生物中只发现一个 RF,可识别所有三种终止密码子,并有 GTP 酶活性。核糖体与 mRNA 解离还需要核糖体释放因子(ribosome releasing factor,RRF)的参与,使 tRNA、mRNA、RF 与核蛋白体分离。大、小亚基分开,重新参与蛋白质合成过程。

六、蛋白质生物合成的抑制剂

mRNA 翻译成蛋白质涉及许多步骤,抑制剂有大量可利用的机会阻断此过程,能抑制真核生物蛋白质生物合成的抑制剂为毒素;而抗生素和杀菌剂是通过特异抑制细菌蛋白质合成过程而发挥作用,它们抑制细菌的生长却不损害人的细胞。利用细菌和人类生物蛋白质合成的差异,可以找到治疗细菌感染的抗生素和杀菌剂。以下为抑制蛋白质生物合成几个主要环节的抗生素:

(1)**吲哚霉素**:抑制氨酰-tRNA 的形成。它可以与色氨酸竞争和色氨酰-tRNA 合成酶的结合。

(2)**氨基环醇类抗生素**:抑制细菌蛋白质合成起始,包括链霉素、庆大霉素、新霉素、卡那霉素和巴龙霉素等。专一而敏感地与细菌 30S 亚基结合,干扰密码子和反密码子相互作用,引起原核细胞 mRNA 密码的错读,抑制起始从而阻碍蛋白质合成。

(3)**四环素族(金霉素、土霉素和四环素)**:抑制肽链的延长,化学结构见图 19-4。它们能封闭 30S 亚基上的 A 位点,使氨酰-tRNA 的反密码子不能在 A 位点与 mRNA 结合,从而阻断了肽链的生长。四环素由于不能透过真核细胞膜,所以不能抑制活体真核细胞的蛋白质合成。抗四环素的菌株即是改变了膜通透性或产生钝化四环素的酶的结果。金霉素和土霉素都是四环素的衍生物。

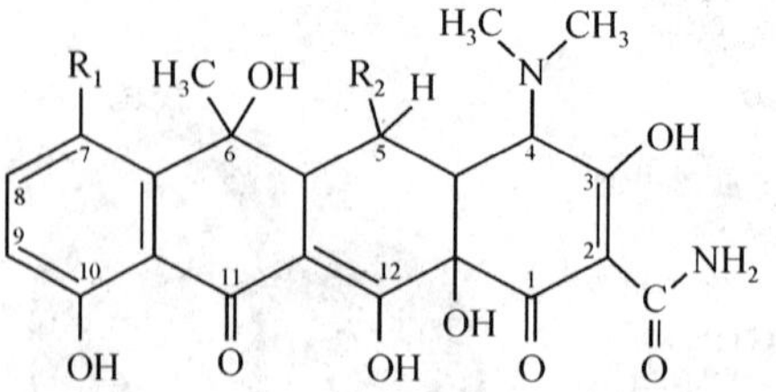

图 19-4　四环素族的化学结构

(4)**氯霉素**:抑制肽链的延长。氯霉素选择性地与细菌大亚基 50S 结合,抑制肽酰转移酶活性而抑制蛋白质合成。虽然它不与 80S 核糖体结合,不妨碍真核生物核糖体大亚基的肽酰转移酶,但由于动物细胞线粒体中的核糖体与细菌核糖体相似,会被氯霉素阻断细胞器的蛋白质合成,造成副作用。

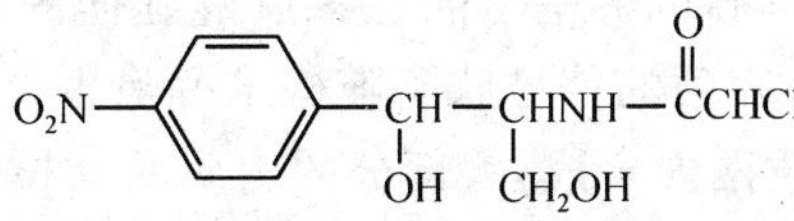

氯霉素

（5）**嘌呤霉素**：抑制蛋白质合成的终止，是氨酰-tRNA 的类似物，结构与氨酰-tRNA 3′-末端的 AMP 结构类似，只是核糖 3-位氨基代替羟基。在所有生物中，氨酰-tRNA 3′-末端的结构是相同的。嘌呤霉素能和核糖体的 A 位点结合，并能在肽酰转移酶的催化下，接受 P 位点肽酰-tRNA 上的肽酰基，与氨酰-tRNA 竞争，增长的肽链转移到嘌呤霉素的—NH_2 上，连接键不是酯键而是酰胺键，产物是肽酰嘌呤霉素，并易从核糖体上释放出来，但能使未成熟的肽链延伸过早终止。由此，可阻断细菌和真核生物中的翻译过程。嘌呤霉素曾用于确定核糖体的功能状态，利用嘌呤霉素研究肽酰-tRNA 的位置并搞清了核糖体上的 A、P 位点。

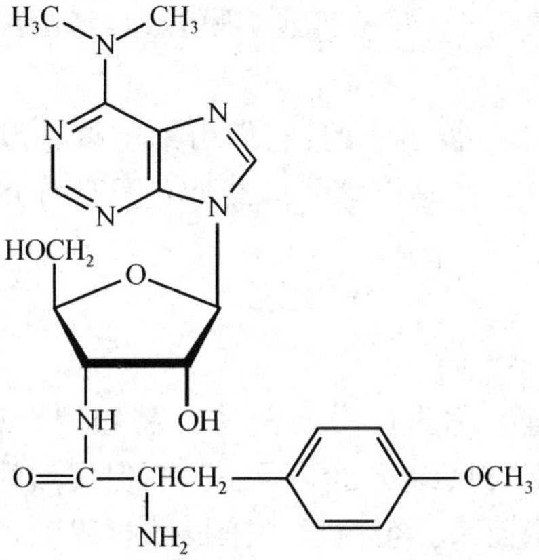

嘌呤霉素

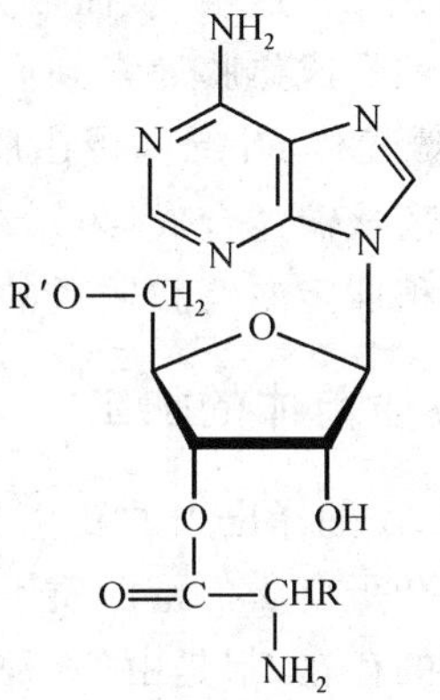

氨酰-tRNA

（6）**白喉毒素**：白喉杆菌产生的白喉毒素是一条含有两个链内二硫键的多肽，为毒素。不抑制细菌蛋白质的合成，而对真核生物的 EF-2 化学修饰，使其失活，使多肽链的生长阻断。

§19.3　蛋白质的运输和蛋白质前体的加工

一、蛋白质合成后的定向运输

（1）**信号肽**：在细胞生命周期的各个阶段都需要不断补充和更新蛋白质（或酶）。新合成的多肽的输送是有目的并且定向进行的。蛋白质合成后运送到相应功能部位，称为蛋白质的定向运输，为信号肽所控制，机制较为复杂。每一种需要运输的多肽在 N-末端通常都有一段可被剪切的 15～30 个疏水氨基酸残基构成的信号序列，称为信号肽序列（signal sequence）。该序列以某种方式附着在膜上，一旦信号肽出现在新生肽链上，此肽链合成后的去向也就决定了。含有疏水区的信号肽用于指导蛋白质跨膜转移，引导多肽至不同的转运系统。信号肽结构有一些特征，可被信号识别体识别。mRNA 在翻译时首先合成的是 N-末端的信号肽，由于它的引导，新生的多肽就能够通过内质网膜进入腔内，最终被分泌到胞外。信号肽在体内合成后的加工成熟的蛋白质中是不存在的。信号肽在多肽链延伸的同时，就经膜中蛋白质形成的孔道到达内质网内腔，被位于腔表面的信号肽酶随机水解除去。

（2）**分泌型真核蛋白在内质网内合成**：大部分的内质网与核糖体相结合形成粗面内质网，分泌型蛋白由结合于粗面内质网的核糖体合成，通常以前体的形式合成，在高尔基体包装成分泌颗粒出胞转运至细胞表面或溶酶体中。信号肽对分泌蛋白的靶向运输起决定作用。在细菌中，信号肽可把蛋白质转运到细胞膜的内膜和外膜之间或全部转运出细胞。在真核细胞中，在某一多肽的 N 端刚开始合成不久，它合成后的去向就已被决定。信号肽把蛋白质转移到内质网腔中，再以其他机制转运出细胞。如胰岛素是一个分泌蛋白质，由 mRNA 翻译的直接产物是一条称为前胰岛素原的多肽。如猪的前胰岛素是个 107 肽，信号肽在核糖体上合成后，识别内质网上的受体并与其结合，引导 107 肽通过膜后进入内质网腔中被加工蛋白质（如酶）等所修饰。23 个残基的信号肽被除去，生成一条 84 个残基的短链，84 肽自身折叠，链中半胱氨酸残基形成两个分子内二硫键，为胰岛素原。胰岛素原被膜囊包裹运到高尔基体，通过裂解未交联链、移去分子中的"连接"肽而成为 51 肽的胰岛素，再向细胞质膜转运，释放由两条二硫键连接的多肽链构成的成熟胰岛素到血液中。

（3）**一些线粒体、叶绿体蛋白质是翻译完成后被运输的**：它们由细胞核基因组 DNA 编码，在胞浆中由游离核糖体合成，再运载到细胞器中，都是由信号肽或起信号肽作用的线粒体定向肽或叶绿素转移肽定向跨膜输送的。

二、蛋白质前体的加工

刚由 mRNA 翻译出来的新生肽链没有功能，称为蛋白质前体。需经翻译后加工，才能成为有功能的复杂蛋白质。蛋白质生物合成的密码只指导 20 种氨基酸，但成熟的蛋白质中却有上百种氨基酸的存在，都是由 20 种氨基酸衍生而来。蛋白质加工成熟过程除了对氨基酸残基的侧链基团修饰外，还会切除部分肽段。蛋白质前体的加工过程在多肽合成开始时就开始进行了，而运往别处的蛋白质则在运送过程中发生大量的修饰。在内质网上，多肽可被糖基化修饰形成糖蛋白，切去信号肽，形成二硫键等。在高尔基体中多肽链还会被进一步修饰，然后分类并输送到各处。

1. 一级结构的修饰

（1）**N 端 Met 或 fMet 的除去**：蛋白质前体 N 端永远是 Met（真核）或 fMet（原核），而成熟蛋白质 N 端大都不是 Met。脱甲酰基酶或氨基肽酶切去起始 N-甲酰基或 N 端甲硫氨酸，有时还一起切去 N 端少数几个氨基酸。

（2）**二硫键的形成**：由于 mRNA 中没有胱氨酸的密码子，但许多蛋白质含有胱氨酸二硫键。肽链内或肽链间的二硫键都是在特异酶的催化下，通过两个半胱氨酸的—SH 氧化而来，是一些蛋白折叠成高级结构所必需的。

（3）**个别氨基酸的修饰**：除侧链为脂肪族的氨基酸外，大多数氨基酸残基的侧链都可被修饰，同一残基的侧链也有多种修饰方式。① 磷酰化：某些蛋白质的丝氨酸、苏氨酸和酪氨酸残基可被磷酸化；② 糖基化：天冬酰胺、丝氨酸和苏氨酸残基与糖结合，使多肽链转变成各种糖蛋白；③ 羟基化：胶原蛋白链合成后由特定的羟化酶对脯氨酸、赖氨酸残基进行修饰，生成羟脯氨酸和羟赖氨酸；④ 另外，还有甲基化和乙酰化等。

（4）**切除前体中不必需的肽段**：过长的 C 端或前体分子内部过长的肽段均须被切除。胰岛素、甲状旁腺素、生长素等激素初合成时是无活性的前体，经水解剪去部分肽段而成熟。信号肽在传送过程中完成了传送任务后通常由特异的信号肽酶催化除去。

（5）**加辅基**：蛋白质与辅基结合也是在翻译之后进行的。如细胞色素 c 与血红素结合，乙酰-CoA 羧化酶与生物素的结合等。

2. 高级结构的修饰

由多条肽链构成的蛋白质，各亚基合成后，须聚合形成四级结构。细胞内多种结合蛋白，如脂蛋白、核蛋白、糖蛋白等，合成后蛋白须和相应的生物分子结合。

习　　题

1. 什么是遗传密码？什么是密码子和反密码子？

2. 什么是密码子的通用性、简并性和变偶性？各自有什么生物学意义？

3. 写出蛋白质生物合成时，核糖体沿 mRNA 的移动方向及肽链合成的方向。

4. tRNA 在蛋白质生物合成中的重要作用是什么？有哪些蛋白质合成的重要识别位点？

5. 什么是核糖体？核糖体有什么功能？什么是多核糖体？

6. 氨酰-tRNA 合成酶有什么特点？简述其催化机制。

7. 在蛋白质生物合成中保证准确翻译的关键是什么？

8. 简述原核生物蛋白质生物合成的过程。

9. 详细说明真核生物蛋白质生物合成起始复合物的形成。

10. 常见的蛋白质生物合成的抑制剂有哪些？作用原理是什么？

11. 蛋白质合成后是如何进行定向运输的？

12. 蛋白质合成后的前体加工修饰都有哪些方式？

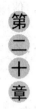

第二十章　DNA 的重组和基因工程

DNA 作为遗传物质具有保守性、变异性和流动性。DNA 重组是通过不同 DNA 链的断裂和连接，DNA 片段的交换和重新组合，形成新 DNA 分子的过程。重组时 DNA 分子内或分子间发生遗传信息的重新组合，又称遗传重组（genetic recombination）。重组产物称为重组体 DNA（recombinant DNA），其序列来源于一个 DNA 分子的不同部分或来源于两个或两个以上亲本 DNA 序列。DNA 重组增加了基因和基因组的多样性，增加了群体的遗传多样性，有利于识别有利突变和不利突变，通过优化组合积累有意义的遗传信息。DNA 重组还参与许多重要的生物学过程，如 DNA 的复制与修复，基因表达与细胞功能的调节，生物发育与进化等，在生物进化中起关键作用。

基因工程是生物工程的一个重要分支，与细胞工程、酶工程、蛋白质工程和微生物工程共同组成了生物工程。基因工程促进了生物技术产业的发展，是生物技术的前沿和核心。基因工程实际上是一种用人工方法构建重组体 DNA 的技术，和 DNA 重组技术有时就是同义词。它将不同来源，包括不同种属的基因（DNA 片段），按预先设计的蓝图，在体外构建杂种重组 DNA 分子，并将此重组 DNA 分子引入活细胞中并大量复制或表达，从而改变生物原有的遗传特性，获得新品种，生产新产品。这种完全按照人的意愿，由重新组装基因到新生物产生的生物科学技术称为基因工程，或称为遗传工程。

基因工程技术最大的应用领域在医药方面，包括各类激素、酶、酶的激活剂和抑制剂、受体和配体、抗原和抗体、活性多肽、蛋白质和疫苗等的生产，还有疾病发生机理、诊断和治疗，新基因的分离以及环境监测与净化。许多具有治疗和预防疾病作用的活性多肽和蛋白质，由于在组织细胞内产量极微，为获得足够量供临床应用，也常用基因工程技术生产。应用基因工程生产的多肽、蛋白质、疫苗、抗生素等防治药物不仅可有效控制疾病，而且在避免毒副作用方面也往往优于以传统方法生产的同类药品。用 DNA 重组生物技术还可制备基因工程疫苗。为此可将有关抗原的 DNA 导入活的微生物，把天然的或人工合成的遗传物质定向插入细菌、酵母菌或哺乳动物细胞中，使之充分表达，经纯化后而制得的基因工程疫苗，具有抗原刺激剂量大、持续时间长等优点，并可获得既保证与抗原结合的专一性和亲和力，又能保证正常功能发挥的人源性抗体。用此技术能制出不含感染性物质的亚单位疫苗、稳定的减毒疫苗及能预防多种疾病的多价疫苗。如把编码乙型肝炎表面抗原的基因插入酵母菌基因组，制成 DNA 重组乙型肝炎疫苗;把乙肝表面抗原、流感病毒血凝素、单纯疱疹病毒基因插入牛痘疫苗基因组中,制成多价疫苗等。采用 DNA 重组技术还可以获取更多的新型抗生素。目前人们已获得数十种基因工程"杂合"的抗生素,为临床应用开辟了新的治疗途径。

§20.1　DNA 的重组

DNA 重组(DNA recombination)是生物遗传变异的一种机制,增加了基因和基因组的多样性,使有利突变和有害突变分离,通过优化组合可积累有意义的遗传信息。DNA 重组有多种类型,包括同源重组(homologous recombination)、位点特异重组(site-specific recombination)、转座重组(transpositional recombination)和异常重组(illegitimate recombination)四大类。

一、同源重组

又称一般性重组,是最基本的重组方式。它是由两条同源区的 DNA 分子通过配对、链的断裂和再连接,在两条 DNA 分子同源序列间进行单链或双链片段的交换。只要两条 DNA 序列相同或接近,重组即可在此序列的任何一点发生。其基本过程是:一个 DNA 的一条链断裂,与另一个 DNA 对应链交换连接,形成连接分子;通过分支移动产生异源双链 DNA;连接分子中间体切开并修复,形成两个双链重组体 DNA。在重组过程中,由一个 DNA 两条链断裂启动,分别与另一 DNA 分子同源区配对再发生链的交换连接,相互交换对等的部分。真核生物的非姐妹染色单体的交换、细菌以及某些低等真核生物的转化、细菌的转导接合、噬菌体的重组等都属于同源重组。大肠杆菌的同源重组需要 Rec A 蛋白,类似的蛋白质也存在于其他细菌中。

二、位点特异重组

发生在两个 DNA 分子中很短的相同序列区(20～200 bp)内,通过链的连接和再连接产生片段的交换。该序列属于独特的重组位点,故称为位点特异重组。重组限于小范围,只涉及特定位点的同源区,并有特异的重组酶参与作用。两个 DNA 分子并不交换对等的部分,有时是一个 DNA 分子整合到另一个 DNA 分子中。这种重组不需要 Rec A 蛋白的参与。位点特异重组包括 λ 噬菌体的整合与切除、细菌的特异位点重组和免疫球蛋白基因的重排。

三、转座重组

转座重组是借助转座因子实现 DNA 的重组。转座因子可以从染色体的一个位置转移到另一个位置,或从一条染色体转移到另一条染色体的遗传因子,是一段可以发生转座的 DNA,又称转座子(transposon)。某些基因的活性受到一些能在不同染色体间转移的转座因子所决定。转座子对基因组是不稳定的因素,可引起靶位点基因失活,具有不稳定诱变效应,必须受到控制。细菌的转座子,一类是简单转座子,为插入序列,除转座所需基因外不携带任何标记基因;另一类为复杂转座子,除转座酶基因外还携带各种标记基因,易于检测其存在。转座子按其结构又分两类:组合型转座子,由两个插入序列中间加一个标记基因所组成;复合型转座子,不含插入序列但有转座酶基因、解离酶基因和标记基因,两端重复。真核生物的转座因子如玉米转座子,转座依赖于转座酶,转座因子两端有被转座酶识别的反向重复序列,转位靶位点交错切开,插入转座因子后经修复形成两侧正向重复序列。

四、异常重组

又称复制性重组(replicative recombination),完全不依赖于序列间的同源性,发生在顺序不相同的 DNA 分子间,使一段 DNA 序列插入另一段中,在形成重组分子时往往依赖于 DNA 的复制而完成重组过程。

DNA 重组广泛存在于各类生物中。

§20.2 基 因 工 程

基因工程是对携带遗传信息的分子进行设计和施工的分子工程,包括基因重组、克隆和表达,核心是构建重组体 DNA 的技术。经基因工程获得的重组 DNA 是一种含有不同生物体 DNA 片段的人造分子。为此,需要用人为方法将某一供体生物的遗传物质 DNA 提取出来,在体外用限制性内切酶切割,再用连接酶与载体的 DNA 分子连接起来,进行基因拼接技术或 DNA 重组,然后与载体一起导入更易生长、繁殖的受体细胞中,让外源遗传物质在受体细胞中在 DNA 聚合酶等的作用下进行正常的复制和表达,以获得新的物种。

基因工程的第一个重要特征是:外源核酸分子在不同的寄主生物中进行繁殖,由此能够跨越天然物种屏障,把来自任何一种生物的基因放置到不同物种的生物中,两者之间可以毫无亲缘关系;第二个重要特征是:一种很少量的 DNA 样品在新的寄主细胞中,通过扩增可"拷贝"出大量的这种 DNA,而且是没有污染任何其他 DNA 序列的、绝对纯净的 DNA 分子群体。改变个体生殖细胞 DNA 的基因工程都将可能使其后代发生同样的改变。

基因工程的基本操作步骤如下:

一、提取目的基因

目的基因可以是植物的抗病(抗病毒、抗细菌)基因、人的胰岛素基因、干扰素基因等。为取得人们所需要的目的基因有两条重要途径:一条是从供体细胞的 DNA 中直接分离基因。为此,先用限制酶将供体细胞中的 DNA 切成许多片段并分别载入运载体,通过运载体再分别转入不同的受体细胞,让供体细胞提供的外源 DNA 的所有片段分别在各个受体细胞中大量复制扩增,从中找出含有目的基因的细胞,再把带有目的基因的 DNA 片段分离出来。如许多抗虫、抗病毒的基因都可以用上述方法获得。另一条是人工合成目的基因。其中一种方法是以目的基因转录成的 mRNA 为模板,通过逆转录得到互补的单链 DNA,再在酶的作用下合成双链 DNA,从而获得所需要的基因。另一种方法是根据已知蛋白质的氨基酸序列,推测出相应的 mRNA 序列,然后按照碱基互补配对原则,推测出该基因的 DNA 序列,再通过化学方法,以核苷酸为原料合成目的基因。如人的血红蛋白基因、胰岛素基因的人工合成。

二、目的基因与载体结合

此步是将目的基因与载体结合在一起,构建基因表达的载体,采用的是体外不同来源 DNA 重组技术,核心是基因工程。载体是将外源 DNA 带入宿主细胞并进行复制的运载工具,能在宿主细胞内稳定存在并复制。载体一般具有多个限制酶切点,便于与外源基因连接;具有某些标记基因,便于筛选,并带有复制起点。载体通常是由质粒、病毒(如 λ 噬菌体)、真核细胞病毒或一段染色体 DNA 改建而成。它们能够携带的外源 DNA 片段大小不同,用途各异。

质粒(plasmid)是指真核生物细胞核外或原核生物拟核区外能够进行自主复制的遗传单位,为染色体外基因,含有染色体外 DNA。包括真核生物的细胞器(主要指线粒体和叶绿体)中和细菌细胞拟核区以外的 DNA,多为共价闭合环状双链分子。质粒相对较小,最多 200 kb,自身具有复制和控制机制,能够在寄生的细胞(如细菌、酵母、真菌和植物)中独立自主地复制,并能在子代细胞中维持恒定的拷贝数。其存在与否基本上不妨碍细胞的存活,属于寄生性自主复制子。质粒上常有抗生素的抗性基因。质粒在宿主细胞体内外都能够自主复制,并给出附加的性状。

质粒作载体时,首先要选用一种限制性内切酶(限制酶)切割质粒,使质粒出现一个缺口,露出黏性末端。然后用同一种限制酶切断目的基因,使其产生相同的黏性末端。限制酶如同基因的剪刀,一种限制酶只能识别一种特定的核苷酸序列,并在特定的切点切割 DNA 分子。

将切下的目的基因的片段插入质粒的切口处,再加入适量的 DNA 连接酶,把两条 DNA 末端连接起来。质粒的黏性末端与目的基因 DNA 片段的黏性末端会因碱基互补配对而连接(平末端连接效率较低),形成一个重组 DNA 分子,使质粒携带某种基因(如含有抗药基因等)。如用人的胰岛素基因与大肠杆菌中的质粒 DNA 分子结合,形成重组 DNA 分子(也叫重组质粒)。

三、外源基因导入宿主细胞进行扩增

将重组 DNA 分子引入宿主细胞中进行扩增。宿主细胞应根据载体的性质来选定,要求宿主细胞应易于接受外源 DNA,且易于生长和筛选。常用的宿主细胞有大肠杆菌、枯草杆菌、土壤农杆菌、酵母菌和动植物细胞等。将外源 DNA 导入宿主细胞,从而改变细胞遗传性状,称为转化。将病毒 DNA 直接导入细胞称为转染。导入宿主细胞可借鉴细菌或病毒侵染细胞的方法,如将大肠杆菌用氯化钙处理,以增大细胞壁的通透性,使含有目的基因的重组质粒导入大肠杆菌,随着宿主细胞的繁殖而复制。大肠杆菌繁殖速度非常快,在很短的时间内就能够获得大量的目的基因。外源 DNA 导入真核细胞常用能促使细胞吸收的 DNA 复合物、脂质体、电穿孔等方法。外源基因进入宿主细胞,会使宿主细胞获得新遗传性状(如对抗生素的抗性),或产生新的代谢物如胰岛素等。

四、目的基因的检测和表达

在全部的宿主细胞中,真正能够摄入重组 DNA 分子的宿主细胞是很少的。因此,目的基因导入宿主细胞后,是否可以稳定维持和表达其遗传特性,必须通过检测和鉴定。检测的方法很多,可根据宿主细胞是否具有某些标记基因判断目的基因导入与否。例如,大肠杆菌的某种质粒具有青霉素抗性基因,当这种质粒与外源 DNA 组合在一起形成重组质粒,并被转入宿主细胞后,就可以根据宿主细胞是否具有青霉素抗性来判断宿主细胞是否获得了目的基因。重组 DNA 分子进入宿主细胞后,宿主细胞必须表现出特定的性状,才能说明目的基因完成了表达过程。

最后分离筛选出带有目的基因的重组体并进行克隆。可按重组体的某种特征,如抗药性选择、营养标记选择等在特定培养基上进行筛选后繁殖形成菌落。每个菌落的细胞将含有同样的重组质粒 DNA,这些质粒 DNA 又含有同样的外源 DNA 片段。

五、转基因技术

传统的遗传改良(如杂交)主要是对自然突变产生的优良基因及重组体的选择和利用,虽有人工干预,但还是通过随机和自然的方式来积累优良基因达到对品种改良的目的。而转基因技术与传统技术相比,虽然本质都是通过获得优良基因进行遗传改良,但转基因技术与传统育种技术有两点重要区别。第一,遗传改良一般是在本物种内个体间实现基因转移,而转基因技术所转移的基因则不受生物体间亲缘关系的限制,常常是不同物种的基因转移,是在体外将分离或合成的目的基因(object gene),通过与载体重组连接,然后将其导入不含该基因的其他物种受体细胞中,使受体细胞产生新的基因产物或获得新的遗传特性。如将细菌中的抗虫基因转移到棉花中培育抗虫棉。第二,传统的杂交和选择技术一般是在同物种的生物个体水平上进行,操作对象是整个基因组,所转移的是大量的基因,不可能准确地对某个基因进行操作和选择,对后代的表现预见性较差。而转基因技术所操作和转移的一般是经过明确定义的基因,功能清楚,后代表现可准确预期。

在农业方面,转基因主要集中在品种改良上,目前已上市的转基因农作物有抗除草剂大豆、抗虫玉米、抗病毒油菜、抗病毒土豆、抗虫棉花,其中转基因大豆和棉花已有大面积种植。转基因动物首先在小鼠中获得成功,而研究则集中在家禽、家畜的品种改良和利用转基因动物来生产药物方面。如转基因瘦肉型猪、高产奶牛和快速生长鱼已进入实用阶段。转基因动物也用来代替发酵罐生产珍贵的蛋白质,如将外源基因在乳腺细胞中表达,再从乳汁中提取所需要的蛋白质,结果一头绵羊一年可相当于一个一吨的发酵罐。利用基因工程技术已使很多种珍贵药物得以生产,如胰岛素是最早应用的基因工程药物,转基因疫苗目前已广泛应用。现代科学研究发现,除一些常见遗传病外、肿瘤、糖尿病、心脑血管疾病、老年痴呆、肥胖等疾病也与基因的错误表达或调控有关。要根治这些疾病须从基因水平入手,也就是基因治疗,用正常的基因纠正错误的基因或者补偿缺失的基因从而治愈疾病。很多现在尚无有效治疗手段的疾病,有希望通过基因治疗的方法治愈。

转基因产品也要注意其安全性,要关心转基因食品转入的基因会不会更容易发生突变,会不会在生物体内发生漂移,会不会诱导原癌基因的表达,会不会对人体产生不良作用等等。目前尚无证据表明,转基因食品对人体有害。但转基因食品上市时间太短,其安全性的证实需要时间。

§20.3 基因文库和 cDNA 文库

基因文库(genomic library)是利用基因工程把一种生物的整个基因组 DNA 切成的众多片段,插入载体中,形成整个基因组所有片段克隆的全体。基因文库可以使遗传信息贮存并长期保存,需要时只需培养被这些重组体转化的细胞,就能分离足够的 DNA 片段。基因文库在阐明基因结构、基因表达调控机制、个体发育和繁殖的机制等方面已发挥了重要作用,并还将促进遗传育种、疾病基因治疗等方面的进步。cDNA 文库(cDNA library)则是为研究基因功能建造的更专门的文库,是把一个基因组、一些细胞或组织中用来表达成 mRNA 的基因顺序组成文库。这种文库缺少许多组成真核基因的大部分非编码 DNA 顺序。在 cDNA 文库中寻找一个基因的表达顺序比在基因文库中寻找要容易得多。

一、基因文库

基因文库是某一生物类型全部基因以重组体形式出现的集合,是整套由基因组 DNA 片段插入克隆载体获得的分子克隆之总和。理想情况下,基因文库应包含该基因组的全部遗传信息。基因文库与基因库的概念不同。基因库是指某一生物群体中的全部基因。基因文库包含着为数众多的克隆,建成后可供随时选取其中任何一个基因的克隆供使用。

基因文库的建立和使用是早期重组 DNA 技术的一个发展。人们为了分离基因,特别是分离真核生物的基因,相继建立了大肠杆菌、酵母菌、果蝇、鸡、兔、小鼠、人、大豆等生物以及一些生物的线粒体和叶绿体 DNA 的基因文库。基因文库使生物的遗传信息以稳定的重组体形式贮存起来,是分离克隆目的基因的主要途径。对于复杂的染色体 DNA 分子来说,单个基因所占比例十分微小,要想从庞大的基因组中将其分离出来,一般需要先进行扩增,所以需要构建基因文库。在基因文库中,不同的 DNA 片段都分别在不同的克隆中扩增了,只要有该基因的探针存在,则从许多克隆中筛选一个所需的克隆就比较简单了。此外,基因文库中被克隆的 DNA 都是基因组中各种随机的顺序片段,某些 DNA 片段还包括基因外部的邻近的甚至互相跨叠的序列,所以基因文库特别有利于研究天然状态下基因的顺序组织。基因文库还可以应用在个体发育的研究中,有助于对发育过程中基因调控进行研究。基因文库也可以应用在高等生物的基因定位工作中。基因文库在生产实际中也是取得所需要的基因的一种重要方法,在很多情况下目的基因的分离都离不开基因文库。此外,基因文库也是复杂基因组作图的重要依据。

基因文库的构建包括以下基本程序:① DNA 提取及片段化:将一个生物体提取的基因组 DNA 用限制性内切酶部分酶切随机片段化。② 载体 DNA 的选择及制备:可用 λ 噬菌体或柯斯质粒作载体。③ DNA 片段与载体连接:用重组 DNA 技术将此种生物细胞的总 DNA 或染色体 DNA 的所有酶切片段随机地插入到载体 DNA 分子中,用连接酶连接。所有这些集合体,将包含这个生物体的整个基因组,也就是构成了这个生物体的基因文库。④ 将重组体转移到适当的宿主细胞如大肠杆菌中。⑤ 基因文库的鉴定和扩增:随机挑选一定数量的克隆,筛选各种克隆的基因,通过克隆细胞增殖而构成各个片段的无性繁殖系。在制备的克隆数目多到可以把某种生物的全部基因都包含在内的情况下,这一组克隆的总体就被称为某种生物的基因文库。转化细胞在选择培养基上生长出的单个菌落,或噬菌斑,或成活细胞即为一个 DNA 片段的克隆。由于制备 DNA 片段的切点是随机的,所以每一克隆内所含的 DNA 片段既可能是一个或几个基因,也可能是一个基因的一部分或除完整基因外还包含着两侧的邻近 DNA 顺序。

一个基因文库中应包含的克隆数目与该生物的基因组的大小和被克隆 DNA 片段的长度有关。原核生物的基因组较小,需要的克隆数也较少;真核生物的基因组较大,克隆数需相应增加,才能包含所有的基因。此外,每一载体 DNA 中所允许插入的外源 DNA 片段的长度较大,则所需总克隆数越少;反之,则所需数越多。

二、cDNA 文库

cDNA 文库是某生物某一发育时期所转录的细胞全部 mRNA 经逆转录形成的 cDNA 片段与某种载体连接而形成的克隆的总和。在分离 RNA 病毒基因，研究功能蛋白序列，分离特定发育阶段或特定组织特异表达的基因时，应构建 cDNA 文库。cDNA 并不是真正意义上的基因，cDNA 文库只反映 mRNA 的分子结构。

真核生物细胞的基因是断裂的，只有用它的 mRNA 经逆转录后获得互补的 DNA（cDNA），才能得到连续的编码序列。若将逆转录合成 cDNA 接上原核生物表达控制元件，就可以在原核生物中表达。cDNA 中不含有真核基因的间隔序列及调控区，但真核生物的基因表达和有关 mRNA 都常通过其 cDNA 来进行研究。

cDNA 文库构建的起始信息物质是 mRNA。因此，构建 cDNA 文库首先要考虑的是 mRNA 的含量及质量。生物细胞中 mRNA 含量较低。通常 cDNA 文库的构建需要 μg 级的 mRNA。对于低丰度的 mRNA（$<0.5\%$），要通过富集或增大克隆数目来保证构建的文库中能够含有它们的克隆。cDNA 文库应包括各种稀有 mRNA 的 cDNA 克隆，克隆的 cDNA 应避免丢掉 5′端的序列，是全长的。

cDNA 文库构建的基本步骤与基因文库构建十分相似：① mRNA 的制备和 cDNA 的合成；② 载体 DNA 的选择及制备；③ cDNA 与载体连接制备载体 DNA；④ 重组体转移到宿主细胞中，双链 cDNA 的分子克隆；⑤ 对构建的 cDNA 文库进行鉴定，测定文库包含的克隆数，检查克隆的质量和异质性，如需要可扩增。

习　题

1. 什么是 DNA 重组？DNA 重组有哪几种类型？
2. 什么是基因工程？基因工程的基本操作步骤有哪些？
3. 何谓转基因技术？转基因技术与传统育种技术有什么区别？
4. 基因工程需要的最常用的工具酶有哪些？
5. 基因工程的载体通常使用什么？载体的必要条件有哪些？
6. 什么是基因文库？基因文库构建包括哪些基本程序？
7. 什么是 cDNA 文库？cDNA 文库构建的起始信息物质是什么？
8. 基因文库和 cDNA 文库有何不同？为什么要建立 cDNA 文库？

部分习题答案

第一章 氨 基 酸

3. 9.83 和 4.16。

4. 小于 6.0。溶液中 H^+ 来源于氨基酸,此时氨基酸带负电荷。要使此氨基酸所带净电荷为零,需再加入 H^+,则溶液 pH 进一步下降而小于 6.0。

10. 兼性、负、正。

第二章 多肽和蛋白质

1. 7.0。

第三章 蛋白质的结构和功能

3. Ala-Ser-Lys-Phe-Gly-Lys-Tyr-Asp。

4. 环七肽,序列为-Pro-Arg-Phe-Ser-Ala-Tyr-Lys-。

9. 氢键、盐键、疏水作用和范德华力;氢键。

11. 一级结构变异与分子病,如镰刀状细胞贫血症;一级结构与生物进化比较不同生物的细胞色素 c 的一级结构,来自任两个物种的细胞色素 c 间其结构差异越大,亲缘关系越远。

12. 60.75 nm,141.75 nm。

13. 48.5%。

14. 氨基酸残基平均相对分子质量 120。长度(15 120/120)×0.15 nm=18.9 nm,圈数 35。

15. 对肌红蛋白均无影响,对血红蛋白① 降低;② 增加;③ 降低。

16. 生物体内具有多个亚基的蛋白质与变构剂结合后引起的构象改变,使蛋白质分子改变生物活性大小的现象,是生物体代谢调节的重要方式之一,如血红蛋白分子。

17. 煤气中的 CO 和血红蛋白结合后,血红蛋白失去运输氧的功能,使机体缺氧而亡。

18. +2。

19. 这些在亚基外面的疏水残基的侧链对维持血红蛋白的四级结构会起到重要作用,使亚基紧密结合。虽然疏水残基在亚基外面,但仍折叠到 Hb 分子的内部,不影响整个分子的亲水性。

20. 由于体积增大,表面积与体积比相对减少,此比率必定增大。

第四章 蛋白质分离、纯化和表征

1. 解:异亮氨酸/亮氨酸=2.48%/1.65%=1.5/1=3/2,此蛋白质中的亮氨酸至少有 2 个,异亮氨酸至少有 3

个。蛋白质最低相对分子质量为 $2\times(131-18)\div1.65\%=13\,697$。

2. ③、①、②。

3. 沉降法、凝胶过滤法、SDS-聚丙烯酰胺凝胶电泳法。

6. ①、③、②、④。

7. 变性为生物活性丧失,溶解度下降,物化常数改变,变性实质为蛋白质分子中次级键破坏,引起天然构象破坏,有序结构变为无序分子,只是三维构象改变,不涉及一级结构。物理因素:热、光、声、压;化学因素:有机溶剂、酸、碱、脲、胍等。复性为在一定条件下重建天然构象,恢复生物活性。

8. 向溶液中加入大量中性盐使蛋白质析出;硫酸铵。

9. 双电层和水化层。

10. 正极、负极、基本不动。此肽三个羧基、三个氨基、一个咪唑基,等电点在咪唑基 $pK_a=6$ 和氨基 $pK_a=9.0\sim10.0$ 之间,约 pH 7.75 左右。

第五章　酶

1. 单纯蛋白质和缀合蛋白质;全酶=脱辅酶(酶蛋白)+辅助因子,酶的专一性取决于酶蛋白本身,辅助因子直接对电子、原子或某些化学基团起传递作用,又分辅酶和辅基,包括金属离子或小分子有机化合物。

2. 每一种酶有一个系统命名和一个习惯命名。系统名称要能确切表明底物的化学本质及酶的催化性质,包括底物名称和反应类型两部分。若列出两种底物名称,则用":"分开,其中之一为水,"水"字可省略。根据酶所催化反应的类型将酶分为六大类,每一大类分若干亚类,下又分亚亚类和顺序号。

3. 反应条件温和,但易失活,具有很高催化效率和高度专一性,活性可被调节控制。

4. 含—SH 的酶,容易氧化生成—S—S—,HS—CH_2CH_3 可防止酶失活。

5. 酶催化某一化学反应的能力;酶促反应时间延长,由于底物浓度下降和酶部分失活等,酶促反应速率会下降。初速度时,产物增加量与时间成正比。

7. ① 250 单位,② 0.625 g,2.5×10^5 单位,③ 400 单位/毫克蛋白。

8. 500 U/mg,766.7 s^{-1}。

9. 202.5 U/mg 蛋白质,1.7%,10 倍。

12. 变大,不变;不变;减小。

13. 对氨基苯甲酸;竞争,二氢叶酸合成酶。

14. 每 mL 酶制剂含有 $42\times12=504$ IU,20 μL 酶反应速度 $20\times10^{-3}\times504=10.08$ $\mu mol/$ mL · min ;50 μL 酶反应速度 2.52 $\mu mol/mL$ · min;要保证酶促反应 10 分钟内底物消耗低于 5%,50 μL 酶制剂 10 分钟就消耗底物 2.52×10^{-2} mol/L,则需[S]>0.5 mol/L,要求底物浓度太大,为此酶制剂在使用前应稀释。

15. v-[S]作图法:直观,但不准确;双倒数作图法:纵轴截距 $1/V_{max}$,横轴截距 $-1/K_m$,使用方便,但实验点过分集中在直线左下方,影响准确性;v-$v/$[S]作图法:斜率 $-K_m$,纵轴截距 V_{max},求 K_m 很方便,但作图前计算较繁琐;[S]/v-[S]作图法:斜率 $1/V_{max}$,横轴截距 $-K_m$,求 K_m 很方便,但作图前计算较繁琐;直接线性作图法:不需计算,作图方便,结果准确。

16. $V_{max}=3.45\times10^{-5}$ mol · L^{-1} · min^{-1},$K_m=1.9\times10^{-5}$ mol/L。

17. 竞争性抑制剂。

18. 此时反应速率对底物浓度变化较为敏感,有利于反应速率的调解。底物浓度太低,酶的利用太低,不经济。

第七章　糖与糖代谢

3. 32。

第八章　生物氧化——电子传递和氧化磷酸化作用

7. 不能；$NAD^+ + 2H^+ + 2e^- \longrightarrow NADH + H^+$ 的标准电势 -0.32 V，延胡索酸 $+ 2H^+ + 2e^- \longrightarrow$ 琥珀酸的标准电势 -0.031 V，标准电势越大，越易得电子而不能给出电子。

10. $2H^+$、$2e^-$，ATP；$2H^+$、$2e^-$，还原性生物合成。

第九章　脂质与生物膜

12. 阳极、停在原处、阳极、阳极。

第十章　脂肪酸代谢

2. 94 个。

7. 合成：在细胞溶胶中，脂肪酸合成酶为多酶体系，不需活化，耗能，消耗 $NADPH + H^+$；分解：在线粒体中，为一系列酶，脂肪酸需活化，产能。

8. 柠檬酸循环分解产能、合成脂肪酸、合成酮体作为能源。

第十一章　氨基酸代谢

11. 氧化脱氨基和嘌呤核苷酸循环。

第十三章　DNA 的结构

1. 两条反向平行的多核苷酸链围绕同一中心轴互绕；碱基位于结构的内侧，而亲水的糖磷酸主链位于螺旋的外侧，通过磷酸二酯键相连，形成核酸的骨架；碱基平面与轴垂直，糖环平面则与轴平行。两条链皆为右手螺旋；双螺旋的直径为 2 nm，碱基堆积距离为 0.34 nm，两核酸之间的夹角是 $36°$，每对螺旋由 10 对碱基组成；碱基按 $A \equiv T$、$G \equiv C$ 配对互补，彼此以氢键相连。维持 DNA 结构稳定的力量主要是碱基堆积力；双螺旋结构表面有两条螺形凹沟，一大一小。

2. $(2.5 \times 10^7 / 650) \times 0.34$ nm $= 1.3 \times 10^4$ nm $= 13\ \mu$m。

3. ① 互补链中 $1/0.7 = 1.43$，整个 DNA 分子中 $= 1$；② 互补链中 0.7，整个 DNA 分子中 $= 0.7$。

4. $T = 15.1\%$，$G = C = 34.9\%$。

8. 用核酸内切酶切割环状病毒 DNA 分子的一条链，释放张力；将线性双链 DNA 两端固定时。

9. 氢键、碱基堆积力和离子键。

10. 每个体细胞的 DNA 的总长度为：2.176×10^9 nm $= 2.176$ m；人体内所有体细胞的 DNA 的总长度为：2.176 m $\times 10^{14} = 2.176 \times 10^{11}$ km；与太阳-地球之间距离相比为：$2.176 \times 10^{11} / (2.2 \times 10^9) = 99$ 倍。

11. $(17 - 15) \times 10^3 / 0.34 = 5.88 \times 10^3$ bp。

第十四章　RNA 的结构和类型

3. 88×0.34 nm $= 30$ nm $= 0.3\ \mu$m。

7. $(96\,000 / 120) \times 3 \times 320 = 76\,800$。

8. 5′ GCCGAUGAUCAUCGUCGACGA 3′。

第十五章　核酸的物理化学性质

1. ① $A_{260} = 32 \times 10^{-6} \times 15\,400 = 0.493$；② $A_{260} = 47.5 \times 10^{-6} \times 7500 = 0.356$；
③ $A_{260} = 6.0 \times 10^{-6} \times 9900 = 0.0594$；④ $A_{260} = 32 \times 10^{-6} \times 9900 + 48 \times 10^{-6} \times 15\,400 = 1.056$；

⑤ 0.325/11 700＝2.78×10^{-5} mol/L;⑥ 0.090/9200＝9.78×10^{-6} mol/L。

3. G＝C＝24.4％,A＝T＝25.6％。

5. 均促进 DNA 的复性。

9. A＋pU＋pA＋pA＋pC＋pU;ApUp＋ApApCp＋U。

第十六章 核苷酸的代谢和生物合成

6. Gln、CO$_2$、Asp 和 PRPP。

第十九章 蛋白质的生物合成——翻译

7. 氨酰-tRNA 合成酶的特异识别;tRNA 与氨基酸特异结合;密码子与反密码子的特异结合。

附录 与本书有关的历届诺贝尔化学奖获奖者及其主要贡献

1902 年,费歇尔(Emil Fischer,德国),研究糖和嘌呤衍生物的合成,证明蛋白质是多肽。

1907 年,爱德华·布赫纳(Edward Buchner,德国),发现无细胞发酵现象,证实了生物催化剂。

1915 年,威尔斯泰特(Richard Willstater,德国),分离并研究植物色素,特别是叶绿素。

1927 年,海因里希·维兰德(Heinrich Wieland,德国),研究胆酸的组成。

1928 年,文道斯(Adolf Windaus,德国),研究胆固醇的组成及其与维生素的关系,证明麦角固醇是维生素 D 的前体。

1929 年,哈登(Sir Arthur Harden,英国),研究糖的发酵作用及其与酶的关系,证明乙醇发酵需磷酸盐;奥伊勒(Sir Arthur Harden vonEuler,瑞典),研究辅酶。

1930 年,费歇尔(Uails Fischer,德国),研究血红素和叶绿素,合成血红素。

1937 年,哈沃斯(Sir Walter Haworth,英国),研究碳水化合物和维生素 C;保尔·卡雷(Paul Karrer,瑞士),研究类胡萝卜素、核黄素和维生素 B_2。

1938 年,库恩(Riehard Kuhn,德国),研究类胡萝卜素和维生素,证明核黄素是黄酶的组分。

1939 年,布泰南特(Adolf Butenandt,德国),研究性激素。

1943 年,海维西(Gyorgy von Hevesy,匈牙利),利用同位素作为化学研究中的示踪原子。

1946 年,詹姆斯·萨姆纳(James Batcheller Sumner,美国)、诺思罗普(John Howard Northrop,美国)和斯坦利(Wendell Meredith Stanley,美国),发现结晶蛋白酶,制备酶和病毒蛋白质结晶,证明其化学本质。

1947 年,罗伯特·鲁滨孙(Sir Robert Robinson,英国),研究生物碱和其他植物制品。

1948 年,梯塞留斯(Arme Wilhelm Kaurin Tiselius,瑞典),研究电泳、吸附分析和血清蛋白。

1952 年,马丁(Arcger Martin,英国)和辛格(Richard Synge,英国),发明分配色谱法,用于分离鉴定氨基酸。

1954 年,鲍林(Linus Pauling,美国),首次用 X 射线晶体衍射研究生物大分子结构。

1955 年,杜·维尼奥(Vincent Du Vigneaud,美国),合成多肽激素、催产素和加压素。

1957 年,托德(Sir Alexander Robertus Todd,英国),研究核苷酸和核苷酸辅酶及细胞内蛋白质的组成。

1958 年,桑格(Frederick Sanger,英国),建立氨基酸序列分析法,测定胰岛素分子序列和结构。

1961 年,开尔文(Melvin Calvin,美国),研究光合作用的化学过程。

1962 年,约翰·肯德鲁(John Cowdery Kendrew,英国)和马克斯·佩鲁兹(Max Ferdinand Perutz,英国),测定并阐明肌红蛋白和血红蛋白的三维结构。

1964 年,霍奇金(Dorothy Crowfoot Hodekin,女,英国),测定抗恶性贫血症化合物维生素 B_{12} 的结构。

1965 年,伍德沃德(Robert Burns Woodward,美国),人工合成固醇、叶绿素、维生素 B_{12} 和其他只存在于生物体中的物质。

1970 年,莱洛伊尔(Luis Federico Leloir,阿根廷),发现核糖核苷酸及其在碳水化合物合成中的作用。

1972 年,安芬林(Christian Borhmer Anfinsen,美国),研究核糖核酸酶的变性和复性作用,证明蛋白质的三维结构取决于它的氨基酸序列;摩尔(Stanford Moore,美国)和斯坦(William H. Stein,美国),发明氨基酸序列仪。

1978 年,米切尔(Peter D. Mitchell,英国),提出化学渗透假说,研究生物氧化中利用能量转移过程。

1980 年,吉尔伯特(Walter Gilbert,美国),第一次制备出混合脱氧核糖核酸;伯格(Paul Berger,美国),建立脱氧核糖核酸结构的化学和生物分析法;桑格(Frederick Sanger,英国),建立脱氧核糖核酸结构的化学和生物分析法。

1984 年,梅里菲尔德(R. Brace Merrifield,美国),研究多肽合成。

1988 年,罗伯特·休伯(Robert Huber,德国)、约翰·戴森霍弗(Johann Deisenhofer,德国)和哈特穆特·米歇尔(Hartmut Michel,德国),首次确定了光合作用反应中心的立体结构,揭示了膜蛋白三维结构。

1989 年,奥特曼(S. Altman,美国)和切赫(T. R. Cech,美国),发现 RNA 的生物催化作用。

1993 年,史密斯(M. Smith,加拿大),发明了重新编组 DNA 的"寡聚核苷酸定点突变"法,即定向基因的"定向诱变",该技术能够改变遗传物质中的遗传信息;穆利斯(K. B. Mulis,美国),发明了高效复制 DNA 片段的"聚合酶链式反应(PCR)"方法,利用该技术可从极其微量的样品中大量生产 DNA 分子,极大地推动了核酸化学及分子生物学的研究。

1997 年,生命的能量货币——腺三磷的研究上的突破。保罗·波耶尔(Panl D. Boyer,美国),提出 F_0F_1-ATP 酶上 ATP 合成的旋转催化理论;约翰·沃克(John E. Walker,美国),发布中心线粒体 F_0F_1-ATP 酶的高分辨率晶体结构,证实了波耶尔关于腺三磷怎样合成的提法,即"分子机器"是正确的;因斯·斯寇(Jens C. Skou,丹麦),最早描述了离子泵——一个驱使离子通过细胞膜定向转运的酶,并发现了 Na^+,K^+-ATP 酶——一种维持细胞中钠离子和钾离子平衡的酶。

2004 年,阿龙·切哈诺沃(A. Ciechanover,以色列)、阿夫拉姆·赫什科(A. Hershko,以色列)和罗斯(I. Rose,美国),发现细胞内蛋白质降解的泛素调节,即发现了一种蛋白质"死亡"

的重要机理。

2006 年,罗杰·科恩伯格(R. D. Kornberg,美国),开创性研究真核细胞 RNA 聚合酶Ⅱ,揭示了真核生物体内的细胞如何利用基因内贮存的信息生产蛋白质。

2008 年,下村修(Osamu Shimomura,美籍日裔)、马丁·沙尔菲(Martin Chalfie,美国)和钱永健(Roger Yonchien Tsien,美籍华裔),发现、利用和改造水母绿色荧光蛋白(GFP)。

2009 年,万卡特拉曼·莱马克里希南(Venkatraman Ramakrishnan,美国)、托马斯·施泰茨(Thomas A. Steitz,美国)和阿达·尤纳斯(Ada E. Yonath,女,以色列),利用 X 射线结晶学技术标出了构成核糖体的无数个原子每个所在的位置,在原子水平上显示了核糖体的形态和功能,制造出核糖体的 3D 模型。

参考文献

1. 王镜岩,朱圣庚,徐长法,主编. 生物化学. 第 3 版. 北京:高等教育出版社,2002

2. Nelson D L,Cox M M,Lehnigner A L. Principles of Biochemistry. 4th ed. New York:W. H. Freeman and Company, 2004

3. Stryer L 著. 生物化学. 唐有祺,张惠珠,吴相钰,等译校. 北京:北京大学出版社,1990

4. Berg J M, Tymoczko J L, Stryer L. Biochemistry. 6th ed. New York:W. H. Freeman and Company,2007

5. 李建武,等合编. 生物化学实验原理和方法. 北京:北京大学出版社,1997

6. 张来群,谢礼涛,李宏,主编. 生物化学习题集. 第 2 版. 北京:科学出版社,2002